U0212931

先进航空发动机设计用关键材料断口图谱

刘丽玉　何玉怀　郑　真　等编著

国防工业出版社

·北京·

内 容 简 介

全书共4章：第1章为变形/粉末高温合金断口特征，第2章为铸造高温合金断口特征，第3章为钛合金断口特征，第4章为其他合金断口特征。全书共介绍17种材料牌号，包括6种变形高温合金、1种粉末高温合金、5种铸造高温合金、3种钛合金、2种其他材料。本书针对这几种材料开展了不同试验条件下、不同类型（拉伸、冲击、扭转、疲劳等）的断裂断口特征研究。本书还总结了上述材料在不同试验条件下的断口特征随应力、温度等条件的变化趋势，通过断口特征的变化规律研究可以用有限的断口和篇幅尽可能反映材料断口特征随应力、温度、应变比等条件变化下的发展趋势和规律。此外，本书研究还突出先进航空发动机长寿命性能要求的特点，对一些材料的长时持久蠕变组织进行了观察，研究长时服役环境下材料断裂机理和演变规律。

本书可为从事失效分析与预防的科技人员、从事高温合金、钛合金、结构钢研制与工程应用科技人员、从事设计等科技人员提供借鉴和帮助。

图书在版编目（CIP）数据

先进航空发动机设计用关键材料断口图谱 / 刘丽玉等编著. 一北京：国防工业出版社，2022.9
ISBN 978-7-118-12635-8

Ⅰ. ①先… Ⅱ. ①刘… Ⅲ. ①航空发动机—航空材料—图谱 Ⅳ. ①V25-62

中国版本图书馆 CIP 数据核字（2022）第 158919 号

※

国防工业出版社出版发行

（北京市海淀区紫竹院南路 23 号 邮政编码 100048）
北京虎彩文化传播有限公司印刷
新华书店经售

*

开本 787×1092 1/16 印张 40¼ 字数 983 千字
2022 年 9 月第 1 版第 1 次印刷 印数 1—1000 册 定价 298.00 元

（本书如有印装错误，我社负责调换）

国防书店：（010）88540777 书店传真：（010）88540776
发行业务：（010）88540717 发行传真：（010）88540762

编审委员会

前　言

大型机械运载装备的优异性能，很大程度上取决于发动机的水平。高推比涡扇发动机的应用，大大提高了航空战斗机的巡航速度、机动性和作战半径。结构材料是航空发动机设计成功的基础，其性能数据是设计、定寿和结构完整性评定的主要依据，也是安全性、可靠性和维修性的重要保证。随着先进航空发动机的发展，各种新型材料和工艺也得到了一定的工程应用，但航空发动机在服役过程中，存在着各种复杂的影响因素，不可避免会出现各种不同程度的零部件失效，对零部件失效的分析和研究不仅仅是找出发生失效的原因和条件，更重要的是反馈给结构设计和选材，并进一步提高材料综合性能的手段。研究分析材料与构件的断裂及其特征已成为人们关注的重大课题，成为材料科学与工程领域的重要组成部分。

断裂是作为结构破坏最危险的一种方式，要了解断裂的起因和失效机理，寻求防止部件发生意外断裂的事故，就必须研究断裂与合金力学性能、显微组织结构、工作应力状态以及工作环境之间的复杂关系。从工程应用的角度来讲，断裂分析也是最基本的研究手段。断裂分析中的重要任务之一就是通过对断口特征的观察，结合与断裂力学相关的理论和知识来分析断裂起因、性质以及机理等。通过断裂分析，不仅可以弄清材料的力学行为和失效规律，更重要的是为发动机关键构件的损伤容限设计、先进工艺研发及应用提供宝贵的技术依据，并对先进发动机的研制生产、寿命评估、安全评定和使用起到重要的推动作用。

本书涉及的材料，均应用于大推力的大型涡扇航空发动机。这些材料和制备技术在该型航空发动机上的应用也需要材料的力学性能数据以及断裂失效行为作为支持，从而为发动机结构设计、生产制造和故障分析中提供相关材料的信息和可靠的参考依据。因此，中国航发北京航空材料研究院联合中国航发沈阳发动机研究所、中国航发黎明发动机有限公司和中国航发西安航空发动机有限公司开展了针对"先进航空发动机设计用关键材料断口图谱"的系统研究。经过四个单位研究人员开展调研、梳理、研讨、协调和试验工作，完成了所负责的包括6种变形高温合金、1种粉末高温合金、5种铸造高温合金、3种钛合金和2种其他材料共17种材料（19种状态）的性能断口图谱工作，撰写了本书。

本书编撰了17种材料的断口图谱，包括静力（拉伸、扭转等）、疲劳（应力、应变或轴向、旋弯）、持久等试验条件。相比于2007年和2013年出版的《航空发动机用材料断裂分析及断口图谱》和《航空发动机关键材料断口图谱》，本书进一步补充了一些全面性能的断口，疲劳试验的条件也相对更为系统完整，尤其是对这些断口特征随应力、温度、应变比等条件变化下的规律进行了归纳总结，用有限的断口和篇幅尽可能反映其断裂规律。此外，本书还突出了长寿命发动机的特点，对一些材料的长时持久蠕变组织进行了分析研究，为长时服役环境下材料断裂机理和演变规律的研究奠定了基础。

本书是在发动机关键材料设计用长寿命性能测试的基础上开展的，是集体智慧和共同辛勤工作的产物。第1章由刘丽玉、陈俊、侯学勤、刘荣、张爽、杨健、张银东、刘晶撰写；第 2 章由刘丽玉、侯学勤、郑真撰写；第 3 章由李青、郑真、刘荣、张爽、杨健撰写；第 4 章由张银东、刘晶、刘洲撰写。本书所涉及的试验数据和断口实物由钟斌、焦泽辉等提供；刘丽玉、何玉怀、郑真负责文字图片编辑及统稿工作，全书由陶春虎和刘昌奎审订。在本书撰写过程中，很多材料和力学专家提出了宝贵的指导意见，北京航空材料研究院的相关同事给与了工作上的支持，在此表示衷心的感谢。

由于作者水平有限，书中的不足在所难免，恳请读者批评指正。愿本书的出版发行能为从事航空发动机设计、制造、使用以及材料研制等领域科技工作者提供有益的信息，并为我国航空发动机的发展起到一定的推动作用。

作者

2022 年 1 月

目　　录

第1章 变形/粉末高温合金断口特征

1.1 GH141

1.1.1 概述

GH141 是沉淀硬化型镍基变形高温合金，在 650 ～ 900℃ 范围内，具有高的拉伸和持久蠕变强度和良好的抗氧化性能，适用于制造在 870℃ 以下要求高强度和 980℃ 以下要求抗氧化的航空、航天发动机的涡轮盘、导向叶片、燃烧室板材承力件、涡轮转子、导向器、紧固件、高温弹簧等零部件。由于合金中 Al、Ti、Mo 含量较高，铸件开坯比较困难，但变形后的材料具有较好的塑性，在退火状态下可以冷态成形，也可以进行焊接。焊接部件热处理时易产生应变时效裂纹。

1.1.2 组织结构

本书中 GH141 性能试样采用的热处理制度为：退火 1080℃×240min，迅速油冷；固溶 1120℃×90min，分散空冷；时效 900℃×4h，空冷。该热处理制度下的合金显微组织特征见图 1.1-1，组织由不同大小（尺寸约几十微米到数百微米）的奥氏体晶粒组成，除 γ 基体外，还有 γ′、M_6C、$M_{23}C_6$、MC 等相，晶界上细小的 M_6C 和 $M_{23}C_6$ 呈链状连续析出，该合金长期时效后有 μ 相析出。

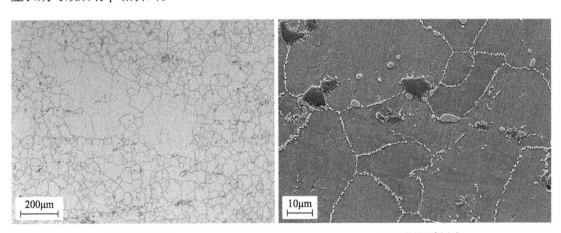

（a）奥氏体晶粒　　　　　　　　　　　　（b）晶界及析出相

图 1.1-1　GH141 显微组织结构特征

1.1.3 断口特征

1.1.3.1 光滑拉伸

（1）宏观特征：GH141 在室温～ 600℃下的拉伸断口未见明显颈缩。室温下整个断口呈一个与轴向垂直的平面，500℃和 600℃下断口部分断面呈斜面和起伏，700℃下断口出现颈缩，且随温度逐步升高颈缩现象逐渐明显，见图 1.1-2（a）。光滑拉伸断口断面粗糙，室温下基本未见分区，整个断口为纤维区特征，无明显放射区和剪切唇区；500℃和 600℃下整体也为纤维区特征，仅在试样局部边缘可见斜面，但断面的粗糙度明显增大。760℃开始，断口有明显的二区或三区形貌，杯锥状断口特征逐渐明显，且断口附近表面出现周向微裂纹，见图 1.1-2（b）～（d）和图 1.1-3。

| 室温 | 500℃ | 600℃ | 700℃ | 760℃ | 850℃ | 900℃ |

（a）断口侧面形状

（b）700℃下侧面微裂纹　　　　　（c）760℃下侧面微裂纹　　　　　（d）900℃下侧面微裂纹

图 1.1-2　不同温度条件下光滑拉伸断口侧面形貌

  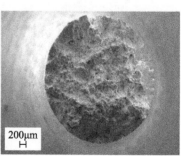

（a）室温　　　　　　　　　　　（b）600℃　　　　　　　　　　　（c）700℃

（d）760℃　　　　　　　（e）850℃　　　　　　　（f）900℃

图 1.1-3　不同温度条件下光滑拉伸断口宏观形貌

随着温度升高，断口氧化逐渐加重，断面颜色从金黄色→红褐色→蓝色→蓝绿色→灰绿色。

（2）微观特征：室温拉伸断口呈沿晶韧性断裂特征，沿晶面上可见细小的韧窝特征。随着温度不断升高，韧窝大小不一，周边剪切区增大，呈剪切韧窝特征；760℃开始出现明显的拉伸孔洞，且随着温度升高孔洞加深，数量增多，850℃和900℃下孔洞深且大，见图 1.1-4。

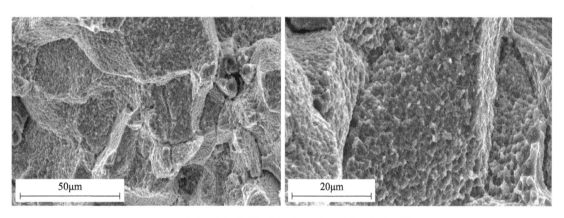

（a）室温下断口沿晶韧性断裂及沿晶面上细小韧窝形貌

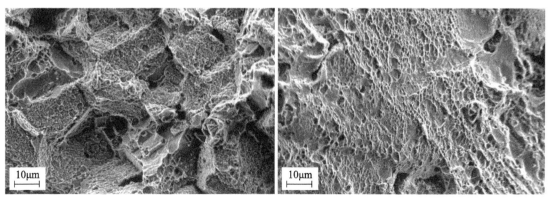

（b）600℃下断口中部沿晶韧性断裂　　　　　　　（c）600℃下断口边缘剪切韧窝断裂

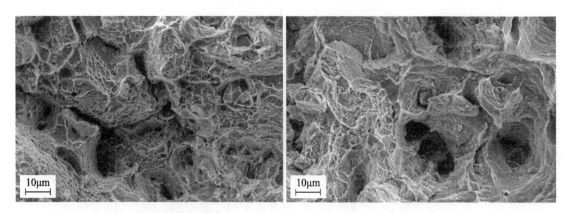

（d）760℃下断口沿晶韧性断裂　　　　　　　　（e）850℃下断口中部

（f）850℃下断口边缘　　　　　　　　（g）900℃下断口中部

图 1.1-4　不同温度条件下拉伸断口微观形貌

1.1.3.2　缺口拉伸

1. 不同缺口系数

（1）宏观特征：3 个断口断裂均起始于边缘，断面较平较粗糙，形貌相似，整体看缺口系数为 $K_t=2$ 的缺口拉伸断口断面更为粗糙，见图 1.1-5。

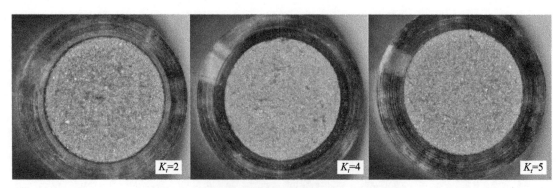

图 1.1-5　500℃、不同缺口系数下断口宏观形貌

（2）微观特征：3 个拉伸断口微观形貌相似，断口均呈沿晶断裂特征，沿晶分离面可见韧窝撕裂特征，韧窝大小不一，与光滑拉伸断口微观特征一致，均为沿晶韧性断裂。$K_t=4$

和 $K_t=5$ 缺口拉伸断口可见沿晶二次裂纹，见图 1.1-6。

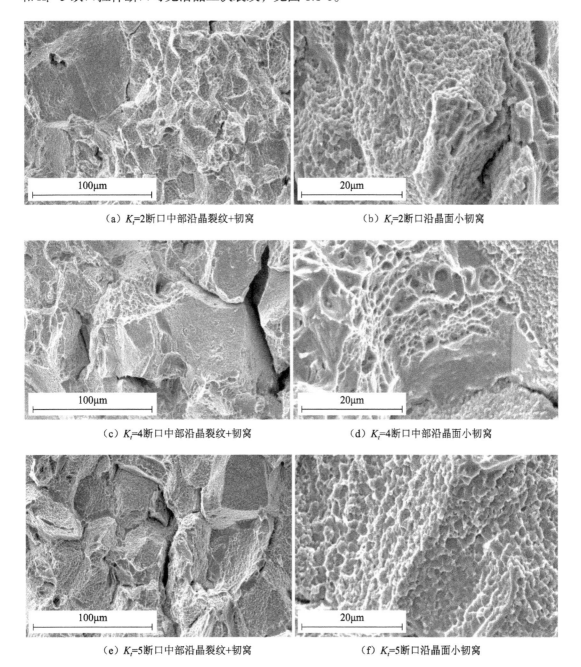

（a）$K_t=2$断口中部沿晶裂纹+韧窝　　　　（b）$K_t=2$断口沿晶面小韧窝

（c）$K_t=4$断口中部沿晶裂纹+韧窝　　　　（d）$K_t=4$断口中部沿晶面小韧窝

（e）$K_t=5$断口中部沿晶裂纹+韧窝　　　　（f）$K_t=5$断口沿晶面小韧窝

图 1.1-6　500℃、不同缺口系数下断口微观形貌

2. 不同温度

（1）宏观特征：缺口系数为 $K_t=2$、不同温度条件下断口均由缺口根部起裂，随着温度逐步升高，700℃和760℃条件下拉伸断口断面愈加粗糙，有轻微颈缩和塑性变形现象。随着温度变化，断口氧化色逐渐加重，室温下断口呈银灰色，500℃下断口呈灰色，600℃下断口呈黄色，700℃下断口呈褐黄色，760℃下断口呈蓝紫色，见图 1.1-7。

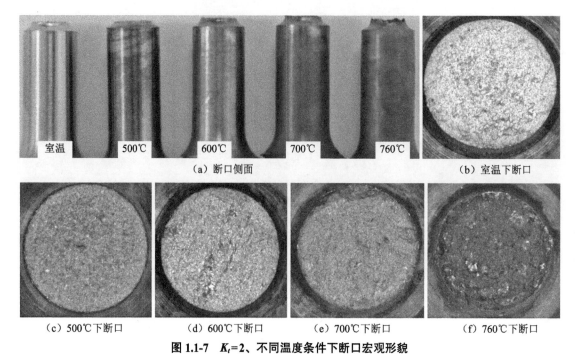

（a）断口侧面　　　（b）室温下断口

（c）500℃下断口　　（d）600℃下断口　　（e）700℃下断口　　（f）760℃下断口

图 1.1-7　$K_t=2$、不同温度条件下断口宏观形貌

（2）微观特征：断口微观形貌均呈沿晶韧性断裂特征，室温下断口可见明显的二次沿晶裂纹，高温下二次裂纹不如室温明显。断口韧窝大小、深浅不一，沿晶面为细小韧窝。随着温度逐渐升高，韧窝逐渐变大，700℃和760℃时断口起裂边缘呈剪切韧窝特征，见图 1.1-8。

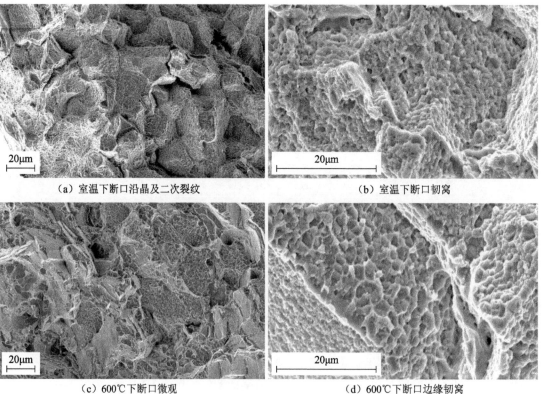

（a）室温下断口沿晶及二次裂纹　　　（b）室温下断口韧窝

（c）600℃下断口微观　　　（d）600℃下断口边缘韧窝

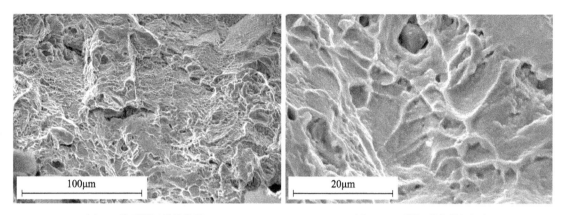

（e）760℃下断口边缘微观　　　　　　　（f）760℃下断口边缘剪切韧窝

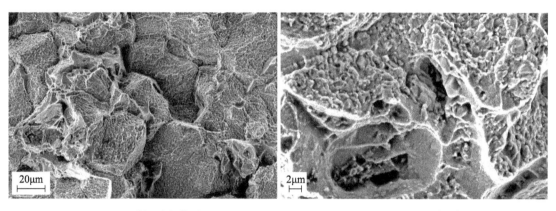

（g）760℃下断口中部微观　　　　　　　（h）760℃下断口中部韧窝

图 1.1-8　$K_t=2$、不同温度条件下拉伸断口微观形貌

1.1.3.3　缺口持久

1. 850℃、$K_t=2$

（1）宏观特征：不同应力水平下持久断口宏观形貌相似，均有明显的颈缩现象，试样表面可见橘皮特征及橘皮裂纹。断口呈黑灰色，氧化严重，具有一定高差，断裂由周边起始，边缘持久扩展区和中心瞬断区有明显的周向分裂界面，见图 1.1-9。

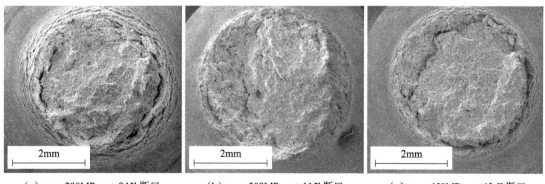

（a）$\sigma_{max}=200MPa$、$t=945h$断口　　（b）$\sigma_{max}=300MPa$、$t=115h$断口　　（c）$\sigma_{max}=450MPa$、$t=12.5h$断口

（d）3个断口颈缩　　　　　　　　　　　（e）周边小裂纹

图 1.1-9　$K_t=2$、不同应力水平下高温持久断口宏观形貌

（2）微观特征：3个应力水平下断口微观特征基本相似，断面粗糙，氧化严重，存在较多蠕变孔洞，断口中部呈以沿晶韧窝为主特征，边缘呈剪切韧窝＋孔洞＋少量沿晶韧窝特征。随应力增大，断口中部沿晶韧窝大小不一，边缘断口均为剪切韧窝＋沿晶韧窝特征，见图 1.1-10。

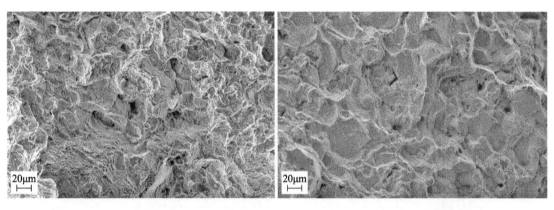

（a）200MPa下断口边缘　　　　　　　　（b）200MPa下断口中部瞬断区

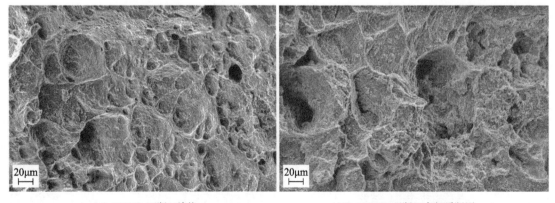

（c）300MPa下断口边缘　　　　　　　　（d）300MPa下断口中部瞬断区

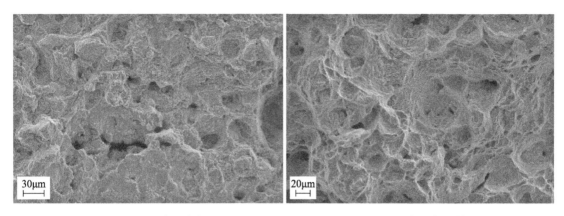

（e）450MPa下断口边缘 （f）450MPa下断口中部瞬断区

图 1.1-10 $K_t=2$、850℃不同应力水平下高温持久断口微观形貌

2. 缺口持久显微组织

（1）760℃：750MPa、寿命 23.5h 持久试样，组织结构呈奥氏体粗晶包围少量细晶特征，MC 呈块状，M_6C 和 $M_{23}C_6$ 呈小颗粒状分布在晶界，晶内有极少量呈小短棒状、小粒状的碳化物，见图 1.1-11（a）、（b）；550MPa、寿命 491.82h 持久试样，组织结构呈细晶包围粗晶的混晶组织特征，MC 呈块状，M_6C 和 $M_{23}C_6$ 数量较多，呈颗粒状和小条状分布在晶界和晶内，此外晶内有明显的 μ 相析出，见图 1.1-11（c）、（d）。

（2）850℃：450MPa、寿命 12.58h 持久试样，组织结构呈细晶包围粗晶的混晶组织特征，MC 呈块状，M_6C 和 $M_{23}C_6$ 呈小颗粒状分布在晶界，晶内有极少量碳化物，呈小短棒状和小粒状，见图 1.1-11（e）、（f）；200MPa、寿命 945h 持久试样，组织结构呈均匀的奥氏体晶粒特征，MC 呈块状，晶内有明显的 μ 相析出，且相比于 760℃、寿命 491.82h 下析出的 μ 相更多，见图 1.1-11（g）、（h）。

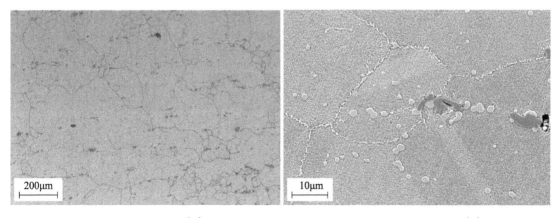

（a）760℃、$\sigma_{max}=750$MPa、寿命23.5h （b）760℃、$\sigma_{max}=750$MPa、寿命23.5h

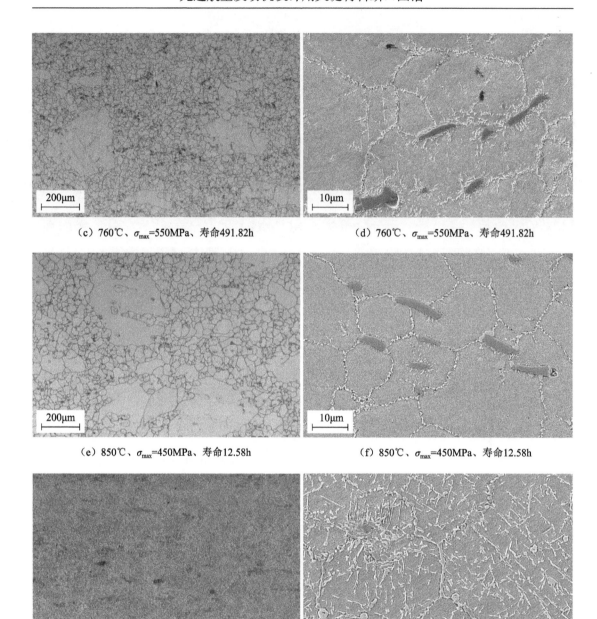

（c）760℃、σ_{max}=550MPa、寿命491.82h

（d）760℃、σ_{max}=550MPa、寿命491.82h

（e）850℃、σ_{max}=450MPa、寿命12.58h

（f）850℃、σ_{max}=450MPa、寿命12.58h

（g）850℃、σ_{max}=200MPa、寿命945h

（h）850℃、σ_{max}=200MPa、寿命945h

图 1.1-11　GH141 760℃和850℃、不同应力状态下的持久显微组织形貌

1.1.3.4　轴向高周缺口疲劳

1. 600℃、K_t=2

（1）宏观特征：600℃、3个应力比、不同应力水平下的断口颜色有差异，高温氧化色为深蓝色、蓝绿色、褐色和黄色，颜色变化无明显规律；R=0.1 和 R=0.5 应力比下，从低应力到高应力，源区由一侧缺口根部单源发展为四周连续多源起始；R=−1 条件下断口有磨损，随着应力由低到高，源区由一侧单源发展至一侧多源，且均可见疲劳区＋失稳区＋瞬断区，失稳区和瞬断区断面较粗糙。同应力比下，随着应力增大，疲劳扩展面积呈减少的趋势，$R=0.1$ 时 3 个疲劳区面积为 50% ～ 20%；$R=0.5$ 时 3 个疲劳区面积为 30% ～ 15%，其中 $\sigma_{max}=920\mathrm{MPa}$ 应力断口总面积增大，但每处起源扩展区深度均小于低应力断口；$R=-1$ 时 3 个疲劳区面积约为 55% ～ 35%，见图 1.1-12 ～图 1.1-14。

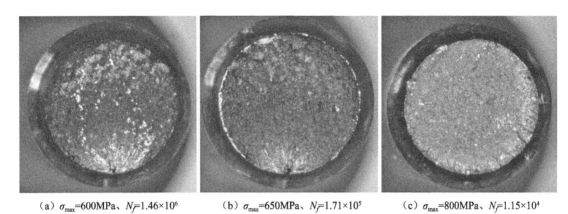

（a）$\sigma_{max}=600\mathrm{MPa}$、$N_f=1.46\times10^6$　　（b）$\sigma_{max}=650\mathrm{MPa}$、$N_f=1.71\times10^5$　　（c）$\sigma_{max}=800\mathrm{MPa}$、$N_f=1.15\times10^4$

图 1.1-12　600℃、$K_t=2$、$R=0.1$、不同应力水平下高周疲劳断口宏观形貌

（a）$\sigma_{max}=840\mathrm{MPa}$、$N_f=7.1\times10^5$　　（b）$\sigma_{max}=920\mathrm{MPa}$、$N_f=3.9\times10^4$　　（c）$\sigma_{max}=1000\mathrm{MPa}$、$N_f=1.6\times10^4$

图 1.1-13　600℃、$K_t=2$、$R=0.5$、不同应力水平下高周疲劳断口宏观形貌

（a）$\sigma_{max}=260\mathrm{MPa}$、$N_f=1.2\times10^6$　　（b）$\sigma_{max}=330\mathrm{MPa}$、$N_f=4.61\times10^5$　　（c）$\sigma_{max}=500\mathrm{MPa}$、$N_f=2.52\times10^4$

图 1.1-14　600℃、$K_t=2$、$R=-1$、不同应力水平下轴向高周缺口疲劳断口宏观形貌

（2）微观特征：600℃下，3个应力比、不同应力水平下断口起源于表面，呈单源或多源起始，源区平坦，个别低应力断口（低应力，如 $R=0.1$、$\sigma_{max}=650$MPa）源区可见数十微米大小的类解理刻面，其他断口尤其是高应力下断口源区未见典型刻面特征；$R=0.5$ 时断口源区附近可见疲劳弧线，见图 1.1-15。3 个应力比下应力差异较大，疲劳区条带宽度有所差异，同一应力比下，不同应力的疲劳区条带宽度也略有差异，低应力条件下疲劳区为疲劳条带＋二次裂纹，高应力条件下疲劳扩展中期为疲劳条带＋二次裂纹＋少量韧窝混合特征，其中 $R=0.5$ 应力比高应力条件下，疲劳扩展中期为疲劳条带＋二次裂纹；$R=-1$ 断口失稳区为韧窝＋少量疲劳条带混合特征。所有断口瞬断区均为沿晶韧窝断裂形貌，见图 1.1-16。

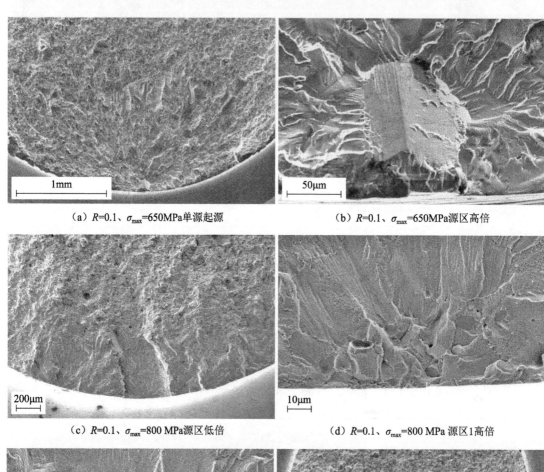

（a）$R=0.1$、$\sigma_{max}=650$MPa 单源起源　　　　（b）$R=0.1$、$\sigma_{max}=650$MPa 源区高倍

（c）$R=0.1$、$\sigma_{max}=800$ MPa 源区低倍　　　　（d）$R=0.1$、$\sigma_{max}=800$ MPa 源区 1 高倍

（e）$R=0.1$、$\sigma_{max}=800$ MPa 源区 2 高倍　　　　（f）$R=0.5$、$\sigma_{max}=840$MPa 多源

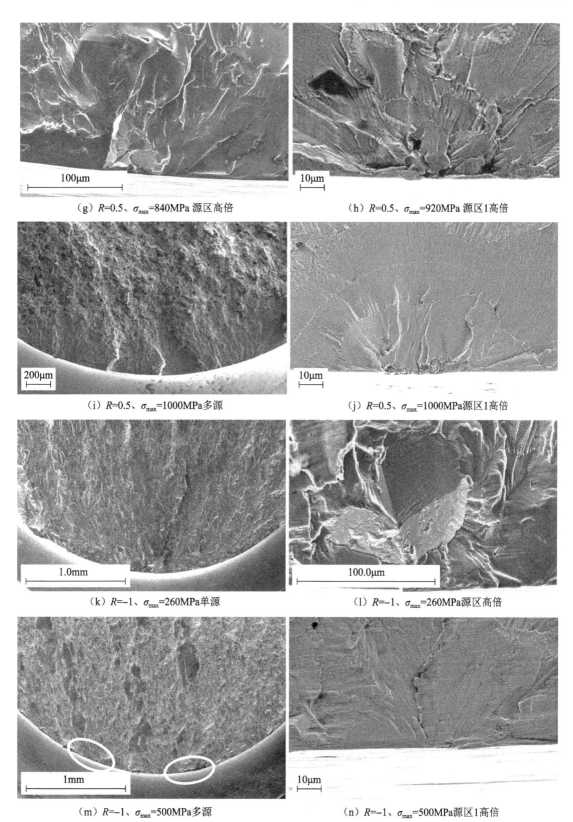

（g）$R=0.5$、$\sigma_{max}=840$MPa 源区高倍

（h）$R=0.5$、$\sigma_{max}=920$MPa 源区1高倍

（i）$R=0.5$、$\sigma_{max}=1000$MPa 多源

（j）$R=0.5$、$\sigma_{max}=1000$MPa 源区1高倍

（k）$R=-1$、$\sigma_{max}=260$MPa 单源

（l）$R=-1$、$\sigma_{max}=260$MPa 源区高倍

（m）$R=-1$、$\sigma_{max}=500$MPa 多源

（n）$R=-1$、$\sigma_{max}=500$MPa 源区1高倍

图 1.1-15　600℃、$K_t=2$、3 个应力比、不同应力水平下轴向高周缺口疲劳断口源区微观形貌

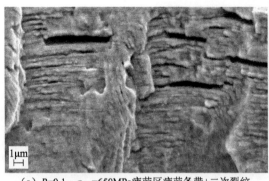

（a）R=0.1、σ_{max}=650MPa疲劳区疲劳条带+二次裂纹

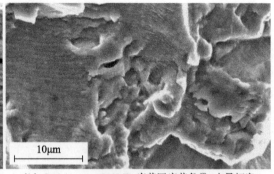

（b）R=0.1、σ_{max}=800MPa疲劳区疲劳条带+少量韧窝

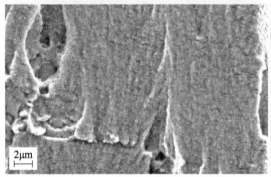

（c）R=0.5、σ_{max}=840MPa疲劳区疲劳条带

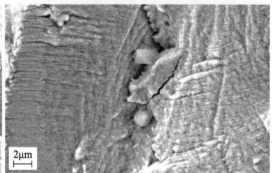

（d）R=0.5、σ_{max}=1000MPa疲劳区疲劳条带+二次裂纹

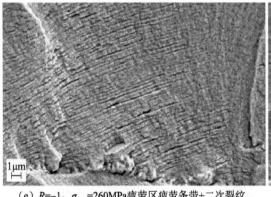

（e）R=-1、σ_{max}=260MPa疲劳区疲劳条带+二次裂纹

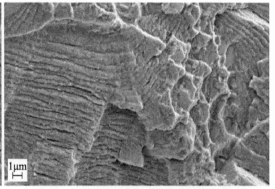

（f）R=-1、σ_{max}=500MPa疲劳区疲劳条带+少量韧窝

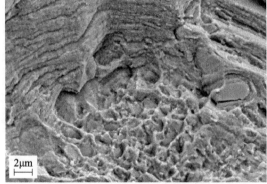

（g）R=-1失稳区韧窝+少量疲劳条带

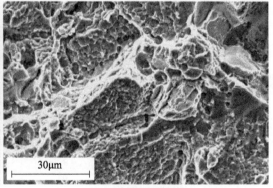

（h）瞬断区沿晶韧窝

图 1.1-16　600℃、K_t=2、3 个应力比、不同应力水平下轴向高周缺口疲劳断口微观形貌

2. 700℃、$K_t=2$

（1）宏观特征：700℃、3个应变比、不同应力水平下断口高温色主要为灰绿色、灰色和蓝色为主，颜色变化规律不明显。3个应力比下，断口平齐，无塑性变形，从低应力到高应力，源区数量均从单源发展为多源，其中应力比 $R=0.1$，高应力水平断口两处单源起始，两源区对称分布，有一主疲劳区；应力比 $R=0.5$，高应力水平断口由缺口表面多处短线源起始，以一侧扩展为主；应力比 $R=-1$，高应力水平断口由缺口一侧多源、线源起始。断口随应力比、应力水平不同，扩展面积变化不明显，$R=0.1$ 疲劳区面积为40%～50%，$R=-1$ 疲劳区面积约55%；$R=0.5$ 低应力水平断口一侧单源起始，断口疲劳扩展区面积约为30%，其余2件应力断口疲劳区总面积较大，但每个起源扩展深度均小于低应力断口，见图1.1-17～图1.1-19。

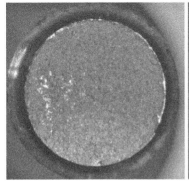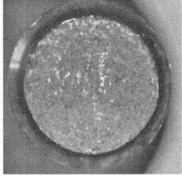

（a）$\sigma_{max}=625MPa$、$N_f=5.5\times10^6$　　（b）$\sigma_{max}=650MPa$、$N_f=3.3\times10^5$　　（c）$\sigma_{max}=675MPa$、$N_f=2.5\times10^4$

图 1.1-17　700℃、$K_t=2$、$R=0.1$、不同应力水平下轴向高周缺口疲劳断口宏观形貌

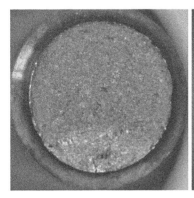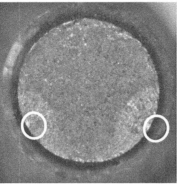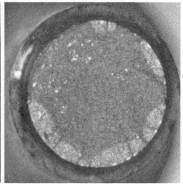

（a）$\sigma_{max}=880MPa$、$N_f=2.99\times10^6$　　（b）$\sigma_{max}=920MPa$、$N_f=2.66\times10^4$　　（c）$\sigma_{max}=960MPa$、$N_f=1.6\times10^4$

图 1.1-18　700℃、$K_t=2$、$R=0.5$、不同应力水平下轴向高周缺口疲劳断口宏观形貌

（2）微观特征：700℃下，3个应力比、不同应力水平下断口大部分起源于表面，单源或多源起源。源区无冶金缺陷，个别单源起源断口（$R=-1$、$\sigma_{max}=350MPa$）源区可见轻微的类解理刻面特征，其他断口尤其是多源起源源区类解理小平面特征不明显，呈类解理特征，见图1.1-20。3个应力比下的应力水平差异较大，疲劳条带宽度略有差异；同一应力比下，随着应力水平变化疲劳区疲劳条带宽度差异不大，但高应力水平断口疲劳扩展中期可见疲劳条带＋少量韧窝特征。所有断口瞬断区均为沿晶韧窝断裂形貌，见图 1.1-21。

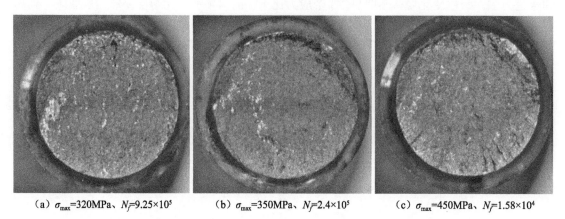

（a）σ_{max}=320MPa、N_f=9.25×10⁵　　（b）σ_{max}=350MPa、N_f=2.4×10⁵　　（c）σ_{max}=450MPa、N_f=1.58×10⁴

图 1.1-19　700℃、K_t=2、R=−1、不同应力水平下轴向高周缺口疲劳断口宏观形貌

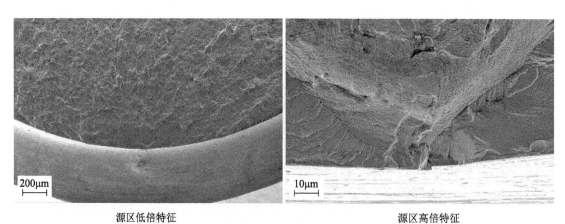

源区低倍特征　　　　　　　　　　　　　源区高倍特征

（a）R=0.1、σ_{max}=650MPa源区

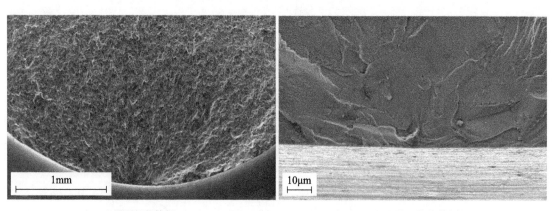

主源区低倍特征　　　　　　　　　　　　主源区高倍特征

（b）R=0.1、σ_{max}=675MPa主源区

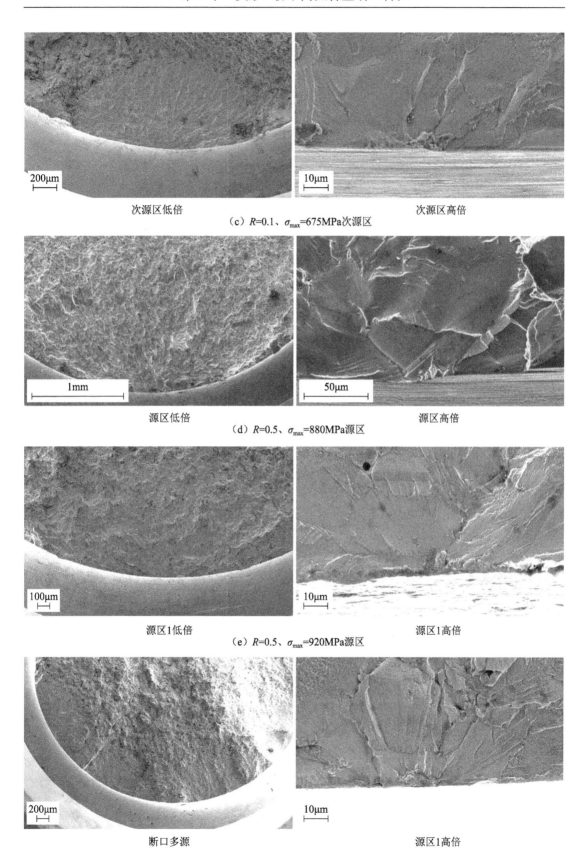

次源区低倍　　　　　　　　　　　　　　　次源区高倍

（c）R=0.1、σ_{max}=675MPa次源区

源区低倍　　　　　　　　　　　　　　　源区高倍

（d）R=0.5、σ_{max}=880MPa源区

源区1低倍　　　　　　　　　　　　　　　源区1高倍

（e）R=0.5、σ_{max}=920MPa源区

断口多源　　　　　　　　　　　　　　　源区1高倍

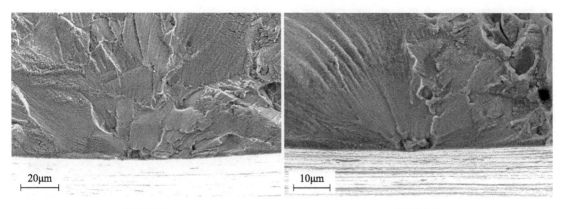

断口源区2   源区2高倍

（f）$R=0.5$、$\sigma_{max}=960$MPa断口源区

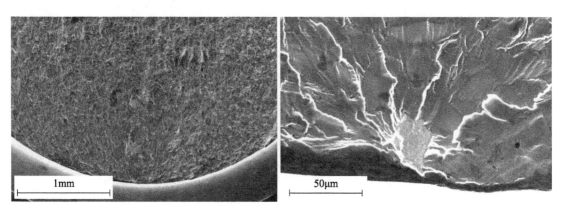

断口源区低倍   源区高倍

（g）$R=-1$、$\sigma_{max}=350$MPa断口源区

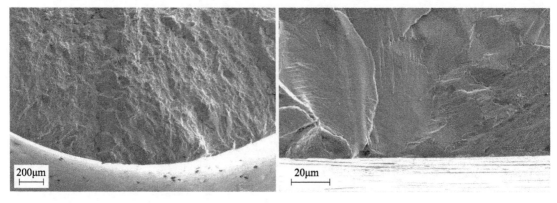

断口多源   源区1高倍

（h）$R=-1$、$\sigma_{max}=450$MPa断口源区

图 1.1-20　700℃、$K_t=2$、3 个应力比、不同应力水平下轴向高周缺口疲劳断口源区微观形貌

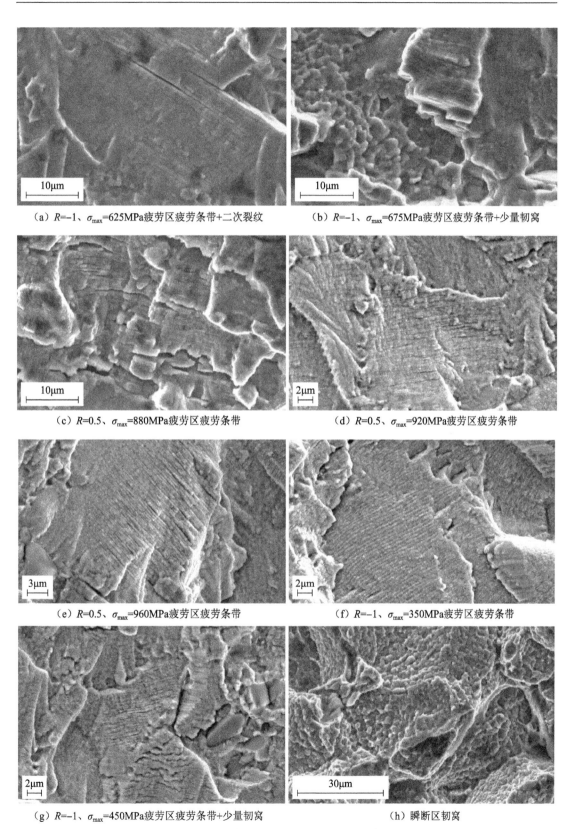

（a）$R=-1$、$\sigma_{max}=625\mathrm{MPa}$疲劳区疲劳条带+二次裂纹

（b）$R=-1$、$\sigma_{max}=675\mathrm{MPa}$疲劳区疲劳条带+少量韧窝

（c）$R=0.5$、$\sigma_{max}=880\mathrm{MPa}$疲劳区疲劳条带

（d）$R=0.5$、$\sigma_{max}=920\mathrm{MPa}$疲劳区疲劳条带

（e）$R=0.5$、$\sigma_{max}=960\mathrm{MPa}$疲劳区疲劳条带

（f）$R=-1$、$\sigma_{max}=350\mathrm{MPa}$疲劳区疲劳条带

（g）$R=-1$、$\sigma_{max}=450\mathrm{MPa}$疲劳区疲劳条带+少量韧窝

（h）瞬断区韧窝

图 1.1-21　700℃、$K_t=2$、3 个应力比、不同应力水平下轴向高周缺口疲劳断口微观形貌

3. 760℃、$K_t=2$

（1）宏观特征：760℃、3个应力比、不同应力水平下断口颜色有差异，高温色主要为蓝绿色、紫色和土黄色等，颜色变化无明显规律；3个应力比下，从低应力到高应力，源区数量均从单源发展为多源，甚至为四周多线源起源（如 $R=-1$、$\sigma_{max}=400MPa$）。对于单源起源的断口，疲劳区面积基本和应力大小呈反比，因此 $R=-1$ 的疲劳区面积整体大于同一级循环数下其他两个应力比的断口，见图1.1-22、图1.1-23、图1.1-24。

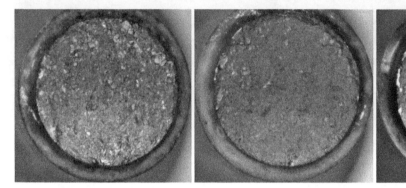
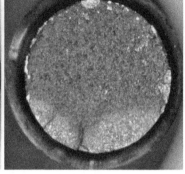

（a）$\sigma_{max}=575MPa$、$N_f=2.5\times10^6$ （b）$\sigma_{max}=650MPa$、$N_f=3.5\times10^5$ （c）$\sigma_{max}=700MPa$、$N_f=1.4\times10^4$

图1.1-22　$K_t=2$、760℃、$R=0.1$、不同应力水平下轴向高周缺口疲劳断口宏观形貌

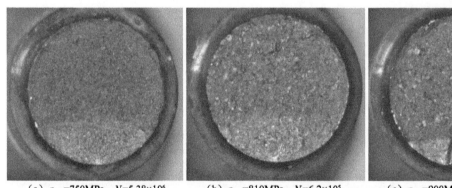

（a）$\sigma_{max}=750MPa$、$N_f=5.38\times10^6$ （b）$\sigma_{max}=810MPa$、$N_f=6.2\times10^5$ （c）$\sigma_{max}=900MPa$、$N_f=1.7\times10^4$

图1.1-23　$K_t=2$、760℃、$R=0.5$、不同应力水平下轴向高周缺口疲劳断口宏观形貌

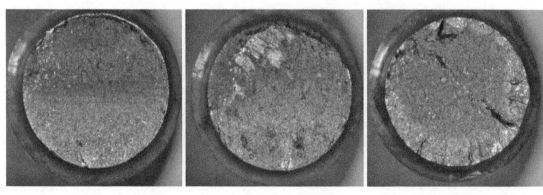

（a）$\sigma_{max}=300MPa$、$N_f=5.8\times10^6$ （b）$\sigma_{max}=330MPa$、$N_f=5.6\times10^5$ （c）$\sigma_{max}=400MPa$、$N_f=1.4\times10^4$

图1.1-24　$K_t=2$、760℃、$R=-1$、不同应力水平下轴向高周缺口疲劳断口宏观形貌

（2）微观特征：760℃下，3 个应力比、不同应力水平下断口起源有单源也有多源，大多断口均起源于次表面，且源区平坦，刻面特征不明显，个别断口（低应力、如 $R=-1$、$\sigma_{max}=300\text{MPa}$），源区可见轻微刻面形貌，见图 1.1-25。3 个应力比下应力差异较大，因此疲劳区条带宽度还是有所差异，同一应力比下，不同应力的疲劳区条带宽度差异不大，所有断口瞬断区均为沿晶韧窝断裂形貌，见图 1.1-26。

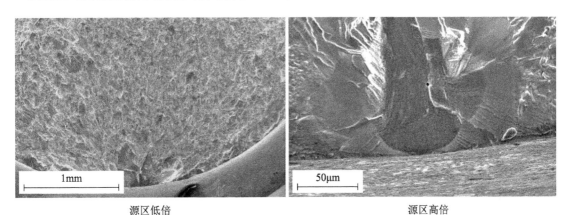

源区低倍　　　　　　　　　　　　　　　源区高倍

（a）$R=0.1$、$\sigma_{max}=575\text{MPa}$ 源区形貌

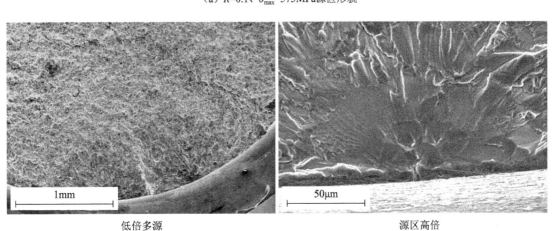

低倍多源　　　　　　　　　　　　　　　源区高倍

（b）$R=0.1$、$\sigma_{max}=700\text{MPa}$ 源区形貌

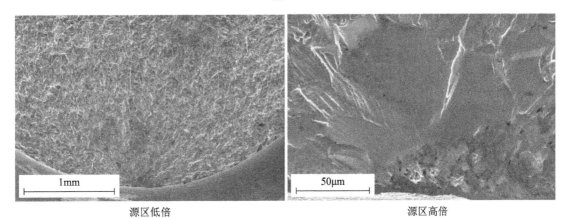

源区低倍　　　　　　　　　　　　　　　源区高倍

（c）$R=0.5$、$\sigma_{max}=750\text{MPa}$ 源区形貌

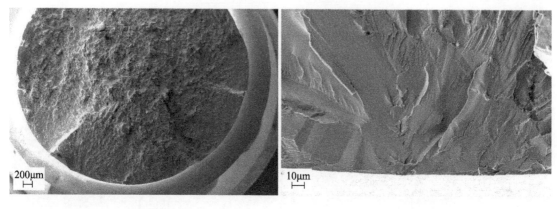

低倍多源   源区1高倍

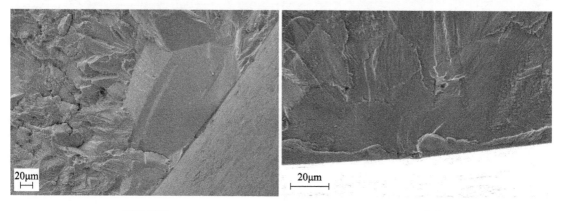

源区2高倍   源区3高倍

（d）R=0.5、σ_{max}=900MPa多源形貌

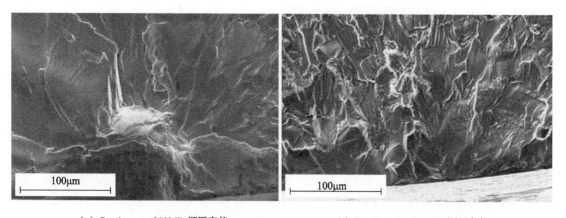

（e）R=-1、σ_{max}=300MPa源区高倍   （f）R=-1、σ_{max}=400MPa 源区高倍

图 1.1-25 K_t=2、760℃、3个应力比、不同应力水平下轴向高周缺口疲劳断口源区形貌

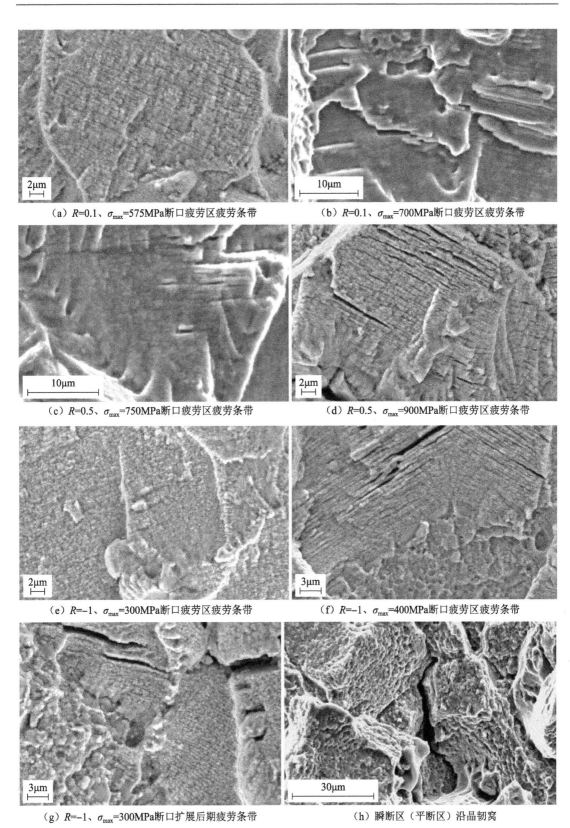

（a）R=0.1、σ_{max}=575MPa断口疲劳区疲劳条带　　　　（b）R=0.1、σ_{max}=700MPa断口疲劳区疲劳条带

（c）R=0.5、σ_{max}=750MPa断口疲劳区疲劳条带　　　　（d）R=0.5、σ_{max}=900MPa断口疲劳区疲劳条带

（e）R=-1、σ_{max}=300MPa断口疲劳区疲劳条带　　　　（f）R=-1、σ_{max}=400MPa断口疲劳区疲劳条带

（g）R=-1、σ_{max}=300MPa断口扩展后期疲劳条带　　　　（h）瞬断区（平断区）沿晶韧窝

图 1.1-26　K_t=2、760℃、3 个应力比、不同应力水平下轴向高周缺口疲劳区微观形貌

1.1.3.5 低周应变疲劳

1. 600℃

（1）宏观特征：600℃、两个应变比、不同应变下的低周疲劳断口高温氧化色呈不同程度的蓝色和黄褐色，颜色变化规律不明显。同一应变比下，断口特征随应变变化的规律一致，均是低应变下单源起源，特征和高周疲劳断口相似，随着应变的增大，单源转为多源，到高应变下，基本为四周起源，且断口宏观特征接近拉伸断口，未见明显的平坦疲劳区。同一应变比下，随着应变条件增大，疲劳区面积减小，见图1.1-27和图1.1-28。

（a）ε_{max}=0.7%、N_f=25850 　　（b）ε_{max}=1.0%、N_f=3257 　　（c）ε_{max}=2.4%、N_f=206

图1.1-27　600℃、R_ε=0.1 低周疲劳断口宏观形貌

（a）ε_{max}=±0.36%、N_f=15637 　　（b）ε_{max}=±0.5%、N_f=2530 　　（c）ε_{max}=±1.0%、N_f=157

图1.1-28　600℃、R_ε=-1 低周疲劳断口宏观形貌

（2）微观特征：两个应变比、不同应变条件下低周疲劳断口微观特征变化规律一致。不同应变下均由表面起源，低应变为单源，高应变为多处起源，源区撕裂小台阶明显，见图1.1-29。低应变下疲劳扩展区均可见疲劳条带；高应变下源区可见疲劳条带，疲劳扩展深度非常浅，且疲劳条带混合着二次裂纹或韧窝特征，见图 1.1-30。

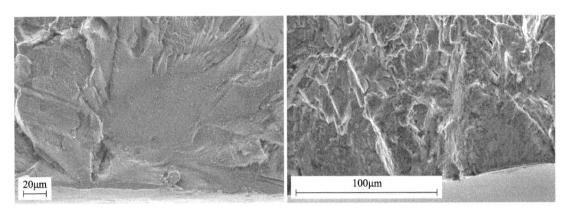

（a）R_ε=0.1、ε_{max}=0.7%断口源区　　　　　　　（b）R_ε=0.1、ε_{max}=2.4%断口疲劳源区

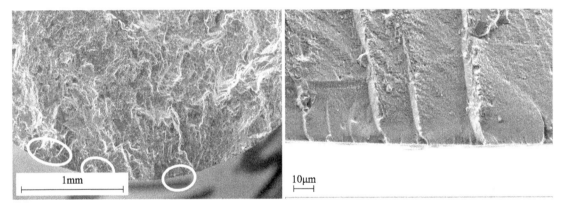

（c）R_ε=−1、ε_{max}=0.5%断口源区低倍　　　　　（d）R_ε=−1、ε_{max}=0.5%断口源区高倍

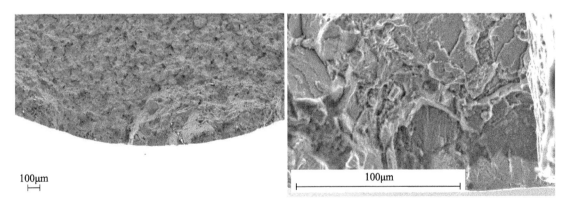

（e）R_ε=−1、ε_{max}=1.0%断口源区低倍　　　　　（f）R_ε=−1、ε_{max}=1.0%断口源区高倍

图 1.1-29　600℃、两个应变比、不同应变下低周疲劳断口源区形貌

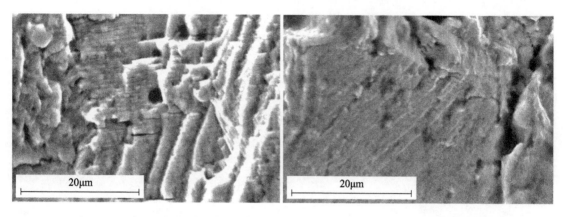

　　（a）R_ε=0.1、ε_{max}=0.7%断口疲劳区前期条带　　　　　　　（b）R_ε=0.1、ε_{max}=2.4%断口疲劳区扩展前期条带

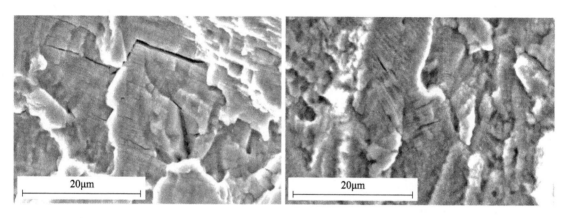

　　（c）R_ε=−1、ε_{max}=0.5%疲劳区扩展前期条带　　　　　　（d）R_ε=−1、ε_{max}=1.0%断口源区附近疲劳条带

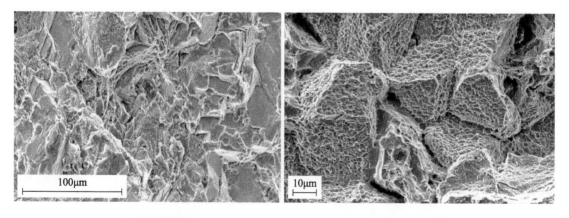

　　　　　　（e）快速扩展区　　　　　　　　　　　　　　　　　（f）瞬断韧窝

图 1.1-30　600℃、两个应变比、不同应变水平下低周疲劳断口微观形貌

2. 700℃

（1）宏观特征：两个应变比、不同应变下的低周疲劳断口疲劳区和快速扩展区的高温氧化色，呈蓝色或者黄褐色，疲劳区主要为蓝色或者淡蓝色，颜色深浅不同，且颜色变化和循环周次无规律。同一应变比下，断口特征随应变变化的规律一致，低应变下单源起源，形貌特征和高周疲劳断口接近，随着应变的增大，开始转为多源起源，中应变下四周多处起源，但以一侧数个起源扩展为主，源区撕裂棱线较粗，可见许多小台阶，粗糙度有所增大；高应变下，源区更为粗糙，宏观几乎未见明显平坦的疲劳区；同一循环数级别下，$R_\varepsilon=0.1$ 下的疲劳源区数量明显比 $R_\varepsilon=-1$ 的多，见图 1.1-31、图 1.1-32。

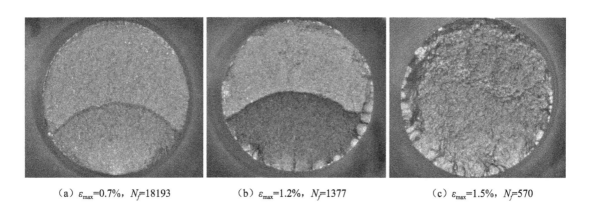

（a）$\varepsilon_{max}=0.7\%$，$N_f=18193$　　　　（b）$\varepsilon_{max}=1.2\%$，$N_f=1377$　　　　（c）$\varepsilon_{max}=1.5\%$，$N_f=570$

图 1.1-31　700℃、$R_\varepsilon=0.1$ 低周疲劳断口宏观形貌

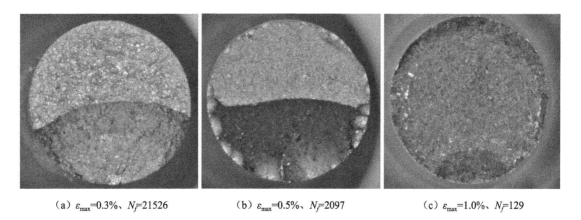

（a）$\varepsilon_{max}=0.3\%$、$N_f=21526$　　　　（b）$\varepsilon_{max}=0.5\%$、$N_f=2097$　　　　（c）$\varepsilon_{max}=1.0\%$、$N_f=129$

图 1.1-32　700℃、$R_\varepsilon=-1$ 低周疲劳断口宏观形貌

（2）微观特征：700℃、两个应变比、不同应变下的低周疲劳断口，均由表面起源，低应变下为单源，高应变下为多处起源，源区台阶明显，见图 1.1-33。疲劳扩展区均可见疲劳条带，低应变下疲劳区条带细密，高应变下疲劳扩展深度较浅，源区附近即可见疲劳条带，且条带混合着二次裂纹或者韧窝特征，见图 1.1-34。

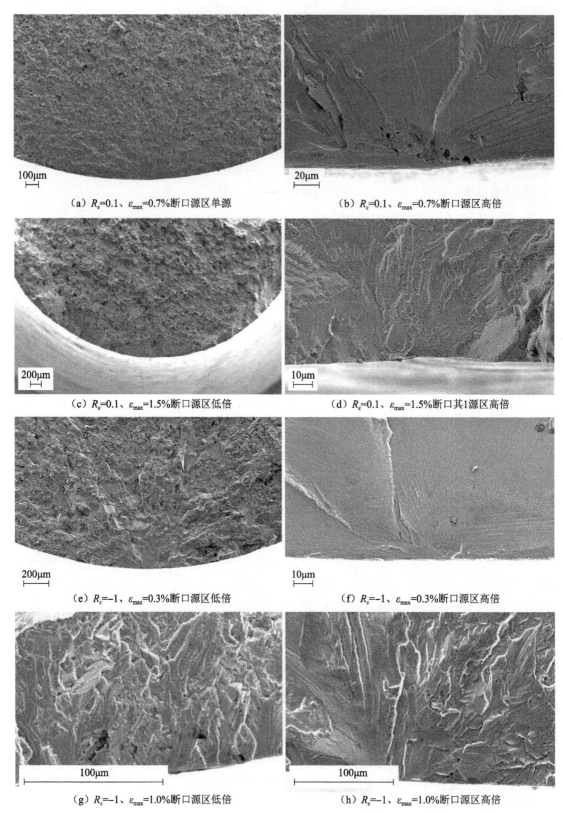

（a）R_ε=0.1、ε_{max}=0.7%断口源区单源

（b）R_ε=0.1、ε_{max}=0.7%断口源区高倍

（c）R_ε=0.1、ε_{max}=1.5%断口源区低倍

（d）R_ε=0.1、ε_{max}=1.5%断口其1源区高倍

（e）R_ε=-1、ε_{max}=0.3%断口源区低倍

（f）R_ε=-1、ε_{max}=0.3%断口源区高倍

（g）R_ε=-1、ε_{max}=1.0%断口源区低倍

（h）R_ε=-1、ε_{max}=1.0%断口源区高倍

图 1.1-33　700℃、两个应变比、不同应变下低周疲劳断口源区形貌

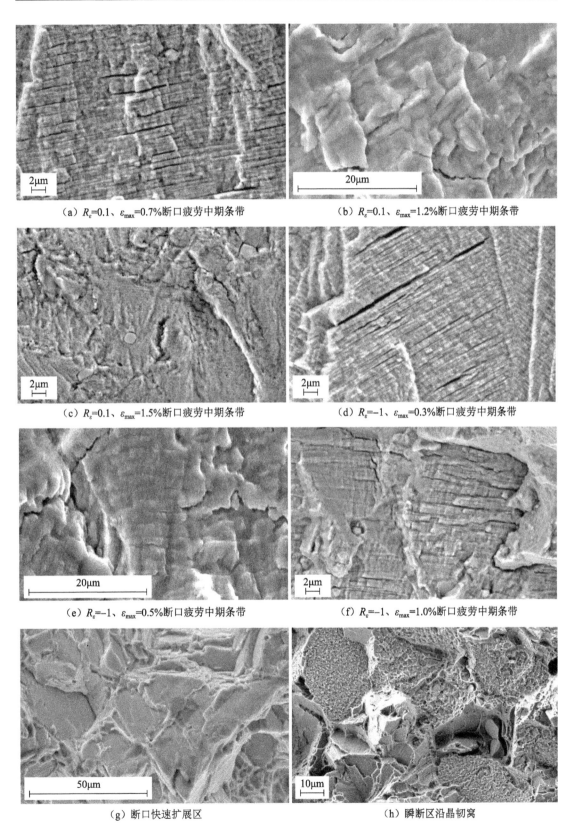

（a）$R_\varepsilon=0.1$、$\varepsilon_{max}=0.7\%$断口疲劳中期条带

（b）$R_\varepsilon=0.1$、$\varepsilon_{max}=1.2\%$断口疲劳中期条带

（c）$R_\varepsilon=0.1$、$\varepsilon_{max}=1.5\%$断口疲劳中期条带

（d）$R_\varepsilon=-1$、$\varepsilon_{max}=0.3\%$断口疲劳中期条带

（e）$R_\varepsilon=-1$、$\varepsilon_{max}=0.5\%$断口疲劳中期条带

（f）$R_\varepsilon=-1$、$\varepsilon_{max}=1.0\%$断口疲劳中期条带

（g）断口快速扩展区

（h）瞬断区沿晶韧窝

图 1.1-34　700℃、两个应变比、不同应变下低周疲劳断口微观形貌

3. 760℃

（1）宏观特征：760℃，两个应变比、不同应变下的低周疲劳断口疲劳区和快速扩展区呈现不同程度蓝色或者黄绿色等高温氧化色，且颜色变化和循环周次无明显规律。同一应力比下，断口特征随应变变化的规律一致，均是低应变下单源起源，特征和高周疲劳断口接近，随着应变增大，开始转为多源起源，源区撕裂棱线较粗，可见许多小台阶，粗糙度有所增大；同一循环数级别下，$R_\varepsilon=0.1$ 下的疲劳源区数量明显比 $R_\varepsilon=-1$ 的多，见图 1.1-35、图 1.1-36。

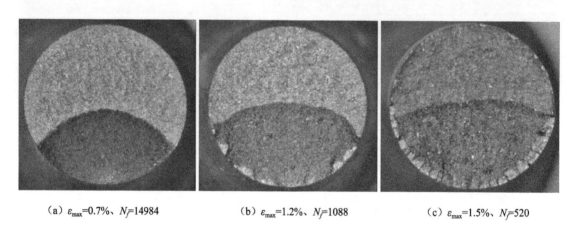

（a）ε_{max}=0.7%、N_f=14984　　（b）ε_{max}=1.2%、N_f=1088　　（c）ε_{max}=1.5%、N_f=520

图 1.1-35　760℃、R_ε=0.1 低周疲劳断口宏观形貌

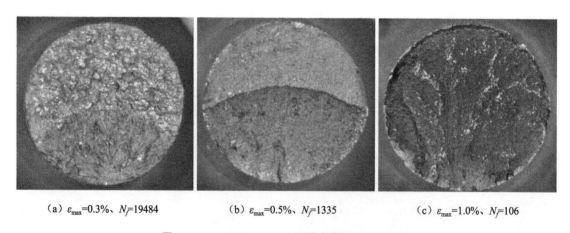

（a）ε_{max}=0.3%、N_f=19484　　（b）ε_{max}=0.5%、N_f=1335　　（c）ε_{max}=1.0%、N_f=106

图 1.1-36　760℃、R_ε=-1 低周疲劳断口宏观形貌

（2）微观特征：760℃，两个应变比、不同应变下的低周疲劳断口微观特征和700℃下的特征和变化规律一致。不同应变下的起源均在表面，低应变为单源，高应变为多源起源，源区台阶明显，疲劳扩展区均可见疲劳条带，高应变下疲劳扩展深度非常浅，且条带混合着二次裂纹或者韧窝特征，见图 1.1-37、图 1.1-38。

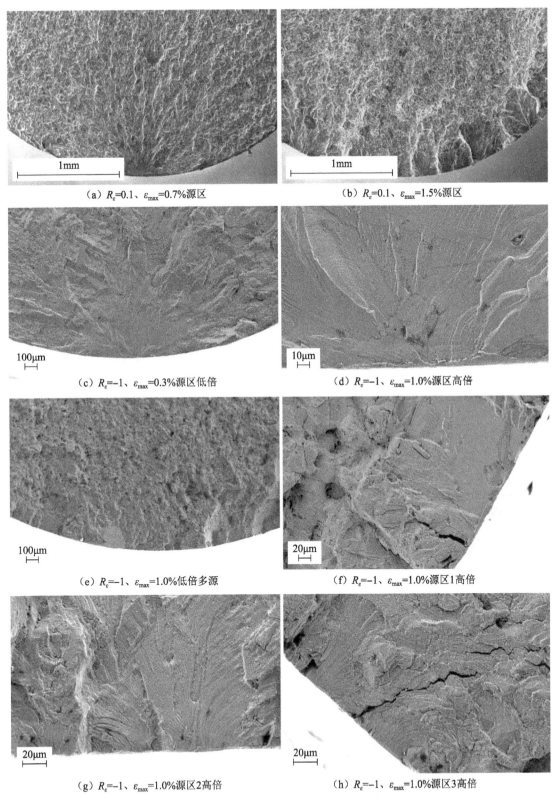

（a）R_ε=0.1、ε_{max}=0.7%源区

（b）R_ε=0.1、ε_{max}=1.5%源区

（c）R_ε=-1、ε_{max}=0.3%源区低倍

（d）R_ε=-1、ε_{max}=1.0%源区高倍

（e）R_ε=-1、ε_{max}=1.0%低倍多源

（f）R_ε=-1、ε_{max}=1.0%源区1高倍

（g）R_ε=-1、ε_{max}=1.0%源区2高倍

（h）R_ε=-1、ε_{max}=1.0%源区3高倍

图 1.1-37　760℃、两个应变比、不同应变下低周疲劳断口源区微观形貌

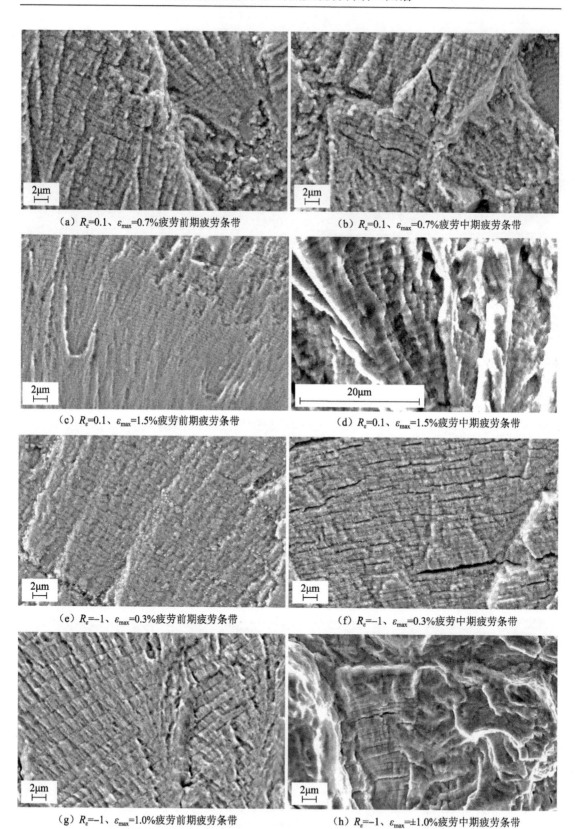

（a）R_ε=0.1、ε_{max}=0.7%疲劳前期疲劳条带　　　　（b）R_ε=0.1、ε_{max}=0.7%疲劳中期疲劳条带

（c）R_ε=0.1、ε_{max}=1.5%疲劳前期疲劳条带　　　　（d）R_ε=0.1、ε_{max}=1.5%疲劳中期疲劳条带

（e）R_ε=−1、ε_{max}=0.3%疲劳前期疲劳条带　　　　（f）R_ε=−1、ε_{max}=0.3%疲劳中期疲劳条带

（g）R_ε=−1、ε_{max}=1.0%疲劳前期疲劳条带　　　　（h）R_ε=−1、ε_{max}=±1.0%疲劳中期疲劳条带

图 1.1-38　760℃、两个应变比、不同应变条件下低周疲劳断口微观形貌

1.2　GH188

1.2.1　概述

GH188 是固溶强化型钴基高温合金，加入 14% 的钨固溶强化，使合金具有优良的高温热强性，添加较高含量铬和微量镧，使合金具有良好的高温抗氧化性能，同时具有满意的成形、焊接等工艺性能，适于制造航空发动机在 980℃以下要求高强度和在 1100℃以下要求抗氧化的零件。也可在航天发动机和航天飞机上使用。可生产供应各种变形产品，如薄板、中板、带材、棒材、锻件、丝材以及精密铸件。

1.2.2　组织结构

本书中 GH188 性能试样采用的热处理制度为：固溶；1180℃ ± 10℃，快速空冷。该热处理制度下的合金显微组织特征见图 1.2-1，组织为奥氏体基体及一次碳化物 MC，少量的 M_6C 与富镧化合物结合形成 La_xM_y 相，极少量的 M_3B_2 和 TiC。高温长期暴露后 M_6C 分解析出 $M_{23}C_6$，亦可分解析出 Laves 相，该相在 1180℃固溶或 870 ～ 980℃长期暴露后重溶于基体。

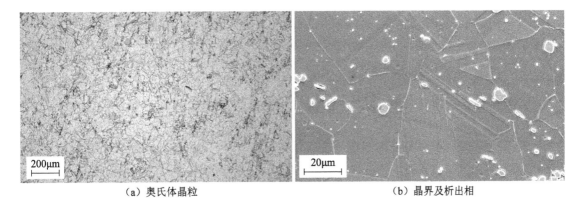

（a）奥氏体晶粒　　　　　　　　　　　　　（b）晶界及析出相

图 1.2-1　GH188 显微组织特征

1.2.3　断口特征

1.2.3.1　光滑拉伸

（1）宏观特征：随着试验温度的升高，断口颜色由 600℃的灰色到 700 ～ 800℃的蓝色逐渐变成 900 ～ 1100℃的蓝绿色和黑灰色；光滑拉伸断口 700℃以下颈缩不明显，800℃以上颈缩现象较明显，断口面积越来越小，断口附近表面裂纹越来越明显，见图 1.2-2。

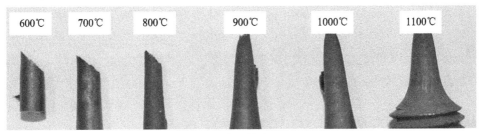

（a）断口侧面

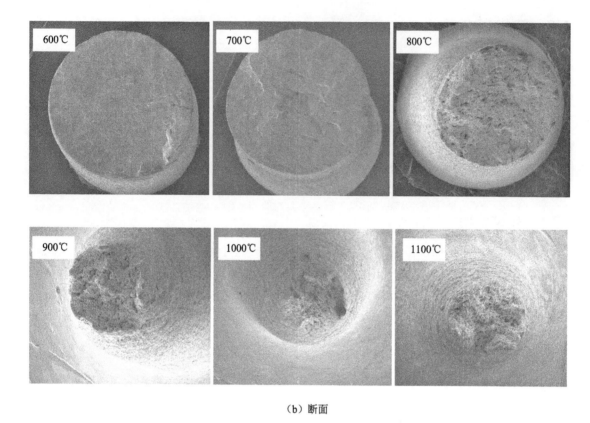

（b）断面

图 1.2-2　不同温度下的光滑拉伸断口宏观形貌

（2）微观特征：光滑拉伸断口微观特征均为韧窝形貌，试验温度较低时（600℃）韧窝以等轴韧窝为主，韧窝大而浅，且断口上氧化不明显；随着试验温度升高，断裂沿强化相质点发生，韧窝底部的强化相质点有变成孔洞的趋势，随着试验温度升高形成孔洞越来越深，断口氧化越来越严重，见图 1.2-3。

1.2.3.2　轴向高周缺口疲劳

1. 700℃、$K_t=2$

（1）宏观特征：700℃下 3 个应力比的轴向高周缺口疲劳断口，源区可见深蓝色和蓝紫色两种颜色，扩展区呈浅蓝色和深棕色，瞬断区可见浅蓝色和浅黄色两种颜色。3 个应力比下的断裂均起源于缺口处，$R=0.1$ 下，$\sigma_{max}=420$MPa 断口为单个点源，$\sigma_{max}=440$MPa 断口可见两处起源，$\sigma_{max}=480$MPa 断口从试样缺口周向密集多源起始；$R=0.5$ 下，低中应力为单源，高应力下为多源；$R=-1$ 的两个断口均为单源起源。随着应力水平增加，断面由平坦变得粗糙，疲劳源由单源变为多源（480MPa）；同一应力比下，随着应力水平增加，疲劳扩展区面积逐渐变小。应力水平不同，疲劳区面积占比也不相同，应力比 $R=0.1$ 的 3 个断口疲劳区面积占断口的 40%～70%，应力比 $R=0.5$ 的 3 个断口疲劳区面积占断口的 30%～40%，应力比 $R=-1$ 的两个断口疲劳区面积占断口的 70%～95%，见图 1.2-4～图 1.2-6。

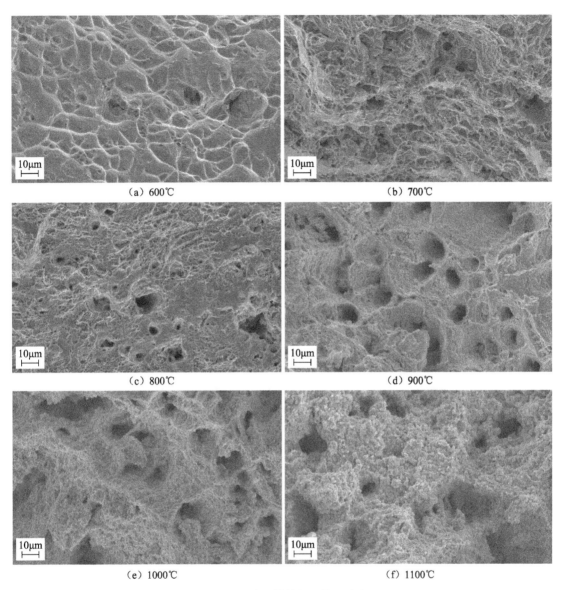

（a）600℃　　　　　　　　　　　　　　　（b）700℃

（c）800℃　　　　　　　　　　　　　　　（d）900℃

（e）1000℃　　　　　　　　　　　　　　（f）1100℃

图 1.2-3　光滑拉伸断口微观形貌

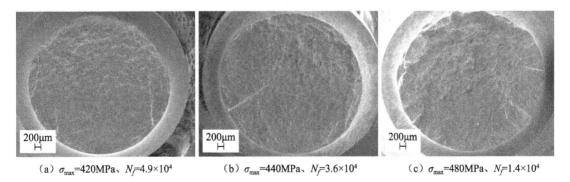

（a）σ_{max}=420MPa、N_f=4.9×10⁴　（b）σ_{max}=440MPa、N_f=3.6×10⁴　（c）σ_{max}=480MPa、N_f=1.4×10⁴

图 1.2-4　700℃、R=0.1 高周疲劳断口宏观形貌

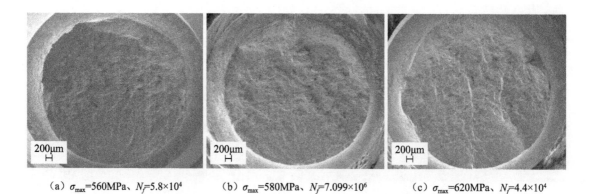

（a）σ_{max}=560MPa、N_f=5.8×10⁴　　　（b）σ_{max}=580MPa、N_f=7.099×10⁶　　　（c）σ_{max}=620MPa、N_f=4.4×10⁴

图 1.2-5　700℃、R=0.5 高周疲劳断口宏观形貌

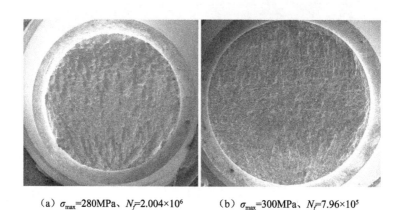

（a）σ_{max}=280MPa、N_f=2.004×10⁶　　　（b）σ_{max}=300MPa、N_f=7.96×10⁵

图 1.2-6　700℃、R=-1 高周疲劳断口宏观形貌

（2）微观特征：700℃下，R=0.1、R=0.5、R=-1 三个应力比的轴向高周缺口疲劳断口，疲劳均起始于缺口表面，放射棱线清晰，未见冶金缺陷。低应力下呈现单源特征，从试样一侧起始，源区平坦，随着应力增大，疲劳源变为多源起源。在源区附近及扩展区前期可看到较细密的疲劳条带，随着疲劳扩展，疲劳条带逐渐变宽，疲劳条带宽度：前期 200 ～ 400nm，中期 400 ～ 600nm，后期 1800 ～ 2200nm。瞬断区为韧窝形貌，见图 1.2-7。

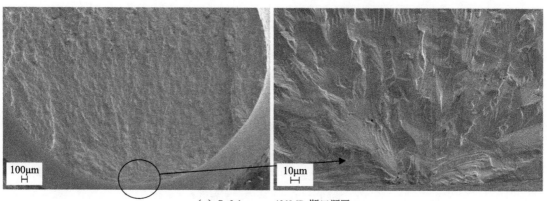

（a）R=0.1、σ_{max}=420MPa断口源区

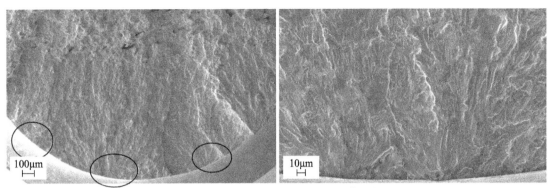

（b）R=0.1、σ_{max}=480MPa断口四周多源及其一处源区

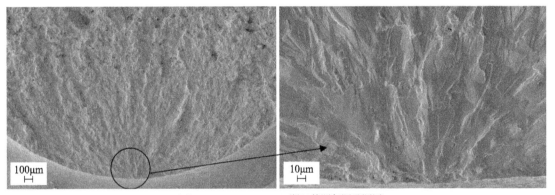

（c）R=0.5、σ_{max}=560MPa断口单源起源及源区

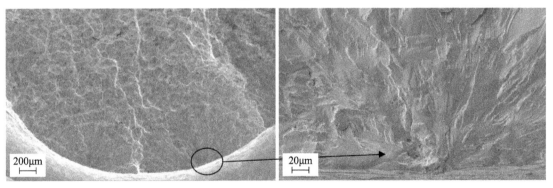

（d）R=0.5、σ_{max}=620MPa断口多源起源及其1源区

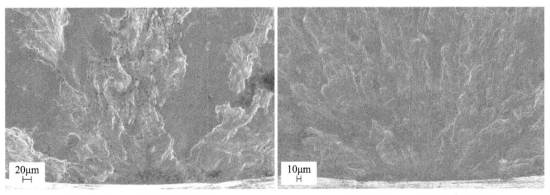

（e）R=-1、σ_{max}=280MPa断口源区　　　　　　（f）R=-1、σ_{max}=300MPa断口源区

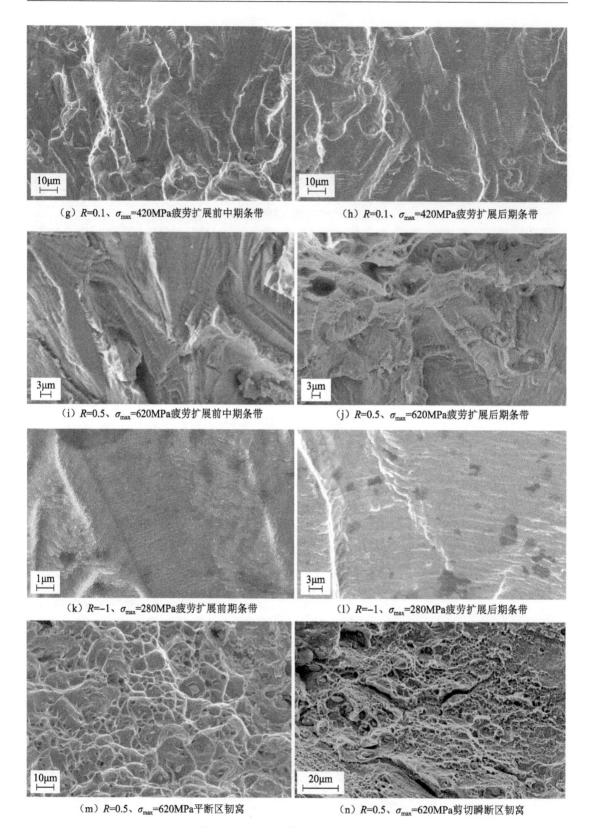

（g）R=0.1、σ_{max}=420MPa疲劳扩展前中期条带 　　（h）R=0.1、σ_{max}=420MPa疲劳扩展后期条带

（i）R=0.5、σ_{max}=620MPa疲劳扩展前中期条带 　　（j）R=0.5、σ_{max}=620MPa疲劳扩展后期条带

（k）R=-1、σ_{max}=280MPa疲劳扩展前期条带 　　（l）R=-1、σ_{max}=280MPa疲劳扩展后期条带

（m）R=0.5、σ_{max}=620MPa平断区韧窝 　　（n）R=0.5、σ_{max}=620MPa剪切瞬断区韧窝

图 1.2-7　700℃高周疲劳断口微观形貌

2. 800℃、$K_t=2$

（1）宏观特征：800℃下3个应力比的轴向高周缺口疲劳断口，源区可见棕色和深褐色两种颜色，扩展区为浅蓝色，瞬断区可见深蓝色和蓝紫色两种颜色。3个应力比下的断裂均起源于缺口处。应力比 $R=0.1$ 下，中低应力为单源起源，高应力（400MPa）为多源起源；应力比 $R=0.5$ 条件下，应力355MPa断口一侧多源起源，应力440MPa断口也为多源，但可见两个主源，应力500MPa断口一大一小上下两个源起源；应力比 $R=-1$ 下 $\sigma_{max}=216$MPa 和 $\sigma_{max}=250$MPa 为单源，$\sigma_{max}=230$MPa 为相近的两个起源。同一应力比下的断口，随着应力水平增加，断面由平坦变得粗糙，随着应力水平增加，疲劳区面积逐渐变小。但由于应力水平不同，疲劳区面积占比也不相同，应力比 $R=0.1$ 的3个断口疲劳区面积占断口的 60%～80%，应力比 $R=0.5$ 的3个断口疲劳区面积约占断口的 40%～70%，应力比 $R=-1$ 的3个断口疲劳区面积占断口的 65%～85%，见图1.2-8～图1.2-10。

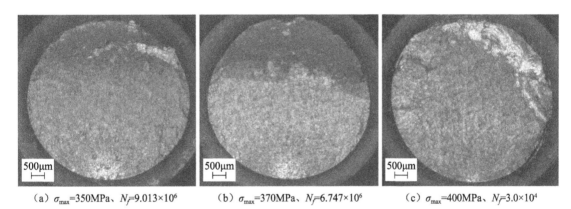

（a）$\sigma_{max}=350$MPa、$N_f=9.013\times10^6$　　（b）$\sigma_{max}=370$MPa、$N_f=6.747\times10^6$　　（c）$\sigma_{max}=400$MPa、$N_f=3.0\times10^4$

图1.2-8　800℃、$R=0.1$ 高周疲劳断口宏观形貌

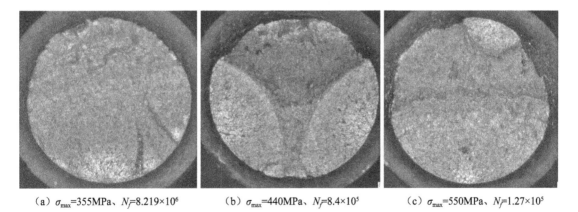

（a）$\sigma_{max}=355$MPa、$N_f=8.219\times10^6$　　（b）$\sigma_{max}=440$MPa、$N_f=8.4\times10^5$　　（c）$\sigma_{max}=550$MPa、$N_f=1.27\times10^5$

图1.2-9　800℃、$R=0.5$ 高周疲劳断口宏观形貌

（2）微观特征：800℃下轴向高周缺口疲劳断口微观特征与700℃下轴向高周缺口疲劳断口相比，差别不大。疲劳均起始于缺口表面，放射棱线清晰，未见冶金缺陷。应力比 $R=0.1$ 条件下，低应力（350MPa和370MPa下）疲劳源区为单源，应力增大至400MPa，疲劳多源起源，应力比 $R=0.5$，应力355MPa疲劳源为单个点源，高应力500MPa下，疲劳源区为多源起源，应力比 R=-1，随着应力水平的增加，疲劳源区由单源变为小线源。应力比 R=-1 的断口疲劳源区比应力比 R=0.1 和 R=0.5 的磨损严重。所有起源特征基本一致，均在表面起源，源区平坦，未见冶金缺陷。扩展区特征基本一致，在源区附近及扩展区前期可看到较细密的疲劳条带，疲劳扩展区中后期疲劳条带逐渐变宽，疲劳条带宽度：以 350MPa 断口为例，初期 500nm，中期 800nm，后期 3000nm。瞬断区为韧窝形貌，局部可见氧化颗粒，见图 1.2-11。

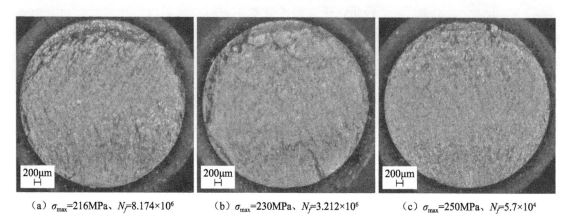

（a）σ_{max}=216MPa、N_f=8.174×10⁶　　（b）σ_{max}=230MPa、N_f=3.212×10⁶　　（c）σ_{max}=250MPa、N_f=5.7×10⁴

图 1.2-10　800℃、R=-1 高周疲劳断口宏观形貌

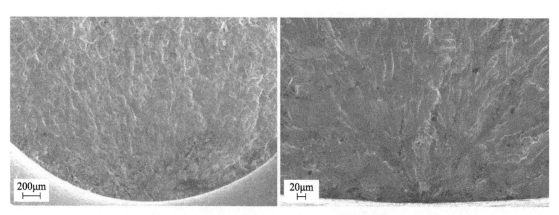

（a）R=0.1、σ_{max}=350MPa断口单源及源区

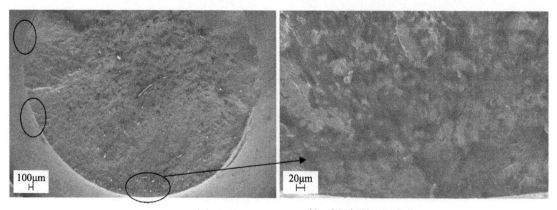

（b）R=0.1、σ_{max}=400MPa断口多源起源及主源区

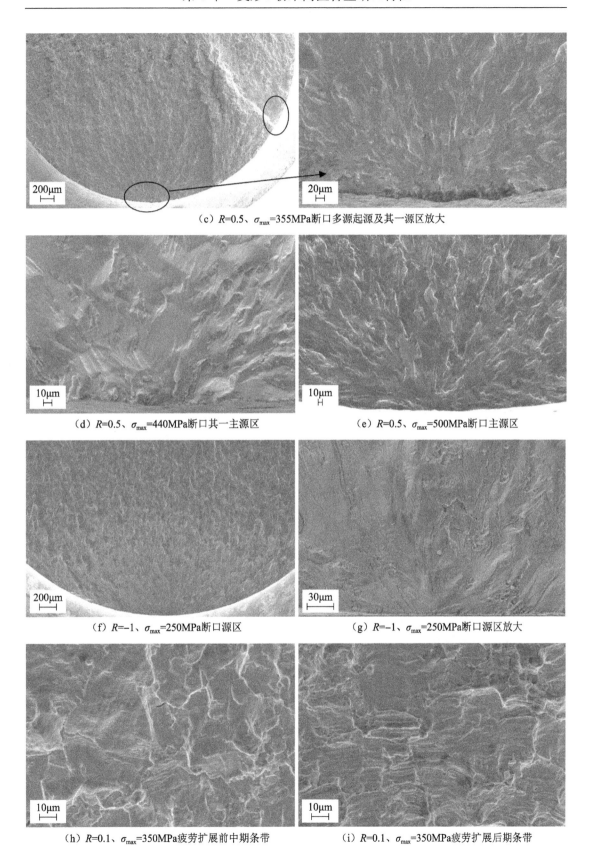

（c）R=0.5、σ_{max}=355MPa断口多源起源及其一源区放大

（d）R=0.5、σ_{max}=440MPa断口其一主源区

（e）R=0.5、σ_{max}=500MPa断口主源区

（f）R=-1、σ_{max}=250MPa断口源区

（g）R=-1、σ_{max}=250MPa断口源区放大

（h）R=0.1、σ_{max}=350MPa疲劳扩展前中期条带

（i）R=0.1、σ_{max}=350MPa疲劳扩展后期条带

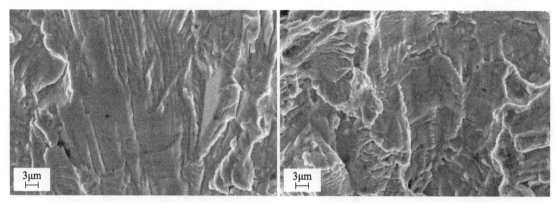

（j）R=0.5、σ_{max}=440MPa疲劳扩展前中期条带 　　（k）R=0.5、σ_{max}=440MPa疲劳扩展后期条带

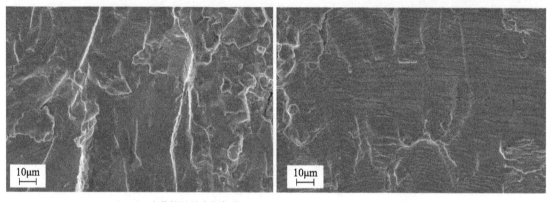

（l）R=−1、σ_{max}=250MPa疲劳扩展前中期条带 　　（m）R=−1、σ_{max}=250MPa疲劳扩展后期条带

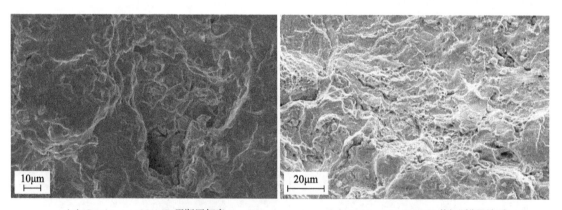

（n）R=−1、σ_{max}=250MPa平断区韧窝 　　（o）R=−1、σ_{max}=250MPa剪切瞬断区韧窝

图1.2-11　800℃高周疲劳断口微观形貌

3. 900℃、K_t=2

（1）宏观特征：900℃、3个应力比下的断口可见两种颜色：黑灰色和深棕色，与700℃和800℃断口相比，氧化色明显较重。应力比R=0.1、3个应力下的高周疲劳断口均为单源起源，疲劳起始于缺口处，疲劳从试样一侧向另一侧扩展，随着应力的增加，疲劳扩展区面积逐渐减小，疲劳区面积60%～80%。应力比R=0.5、两个应力下的高周疲劳断口断裂于

缺口，从试样一侧向另一侧扩展，疲劳源呈点源特征，疲劳区较平坦，快速扩展区较粗糙，瞬断区与扩展区呈一角度，疲劳区面积约占整个断面的 70%、60%。应力比 $R=-1$ 的 3 个应力断口源区从试样一侧起始向另一侧扩展，140MPa 为线源，170MPa 为多源，200MPa 为线源。随着应力的增加，断口磨损严重。疲劳源区可见多个疲劳起源形成的疲劳台阶，快速扩展区较粗糙，瞬断区与扩展区呈一角度，疲劳区面积为 90%、85%、80%，见图 1.2-12 ～ 图 1.2-14。

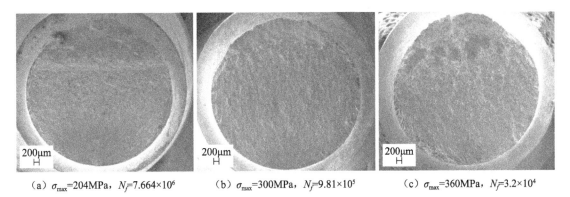

（a）σ_{max}=204MPa，N_f=7.664×10⁶　　（b）σ_{max}=300MPa，N_f=9.81×10⁵　　（c）σ_{max}=360MPa，N_f=3.2×10⁴

图 1.2-12　900℃、R=0.1 高周疲劳断口宏观形貌

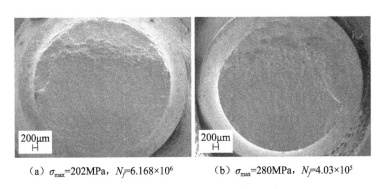

（a）σ_{max}=202MPa，N_f=6.168×10⁶　　　（b）σ_{max}=280MPa，N_f=4.03×10⁵

图 1.2-13　900℃、R=0.5 高周疲劳断口宏观形貌

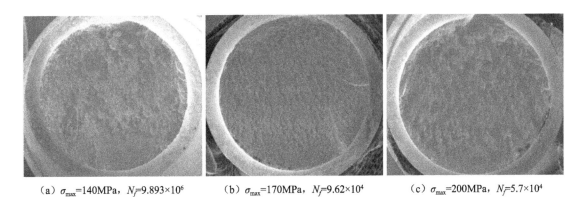

（a）σ_{max}=140MPa，N_f=9.893×10⁶　　（b）σ_{max}=170MPa，N_f=9.62×10⁴　　（c）σ_{max}=200MPa，N_f=5.7×10⁴

图 1.2-14　900℃、R=-1 高周疲劳断口宏观形貌

（2）微观特征：900℃下 $R=0.1$、$R=0.5$、$R=-1$ 三个应力比的轴向高周缺口疲劳断口，疲劳均起始于缺口表面，放射棱线清晰，未见冶金缺陷，为类解理断裂特征，但可见明显磨损形貌，$R=-1$ 的断口源区磨损更为严重。低应力下呈现单源特征，疲劳从试样一侧起始，源区平坦。随着应力增大，疲劳源变为小线源。在源区附近及扩展区前期可看到较细密的疲劳条带，随着疲劳扩展，疲劳条带逐渐变宽，疲劳条带宽度：以应力 204MPa 下断口为例，放射棱线磨损严重，初期 600nm，中期 900nm，后期 2800nm。瞬断区为韧窝形貌，可见硬质点强化相开裂现象，见图 1.2-15。

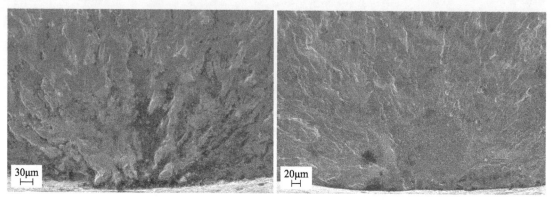

（a）$R=0.1$、$\sigma_{max}=204MPa$断口源区　　　　　　（b）$R=0.1$、$\sigma_{max}=300MPa$断口源区

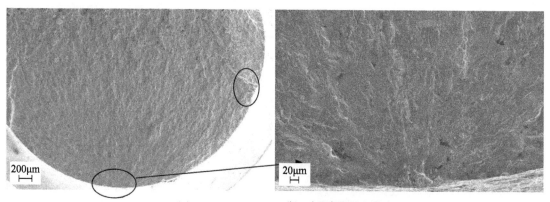

（c）$R=0.5$、$\sigma_{max}=280MPa$断口多源起源及主源

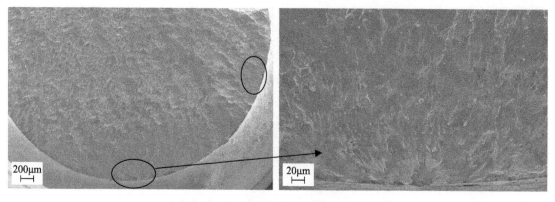

（d）$R=-1$、$\sigma_{max}=170MPa$断口多源起源及其中主源

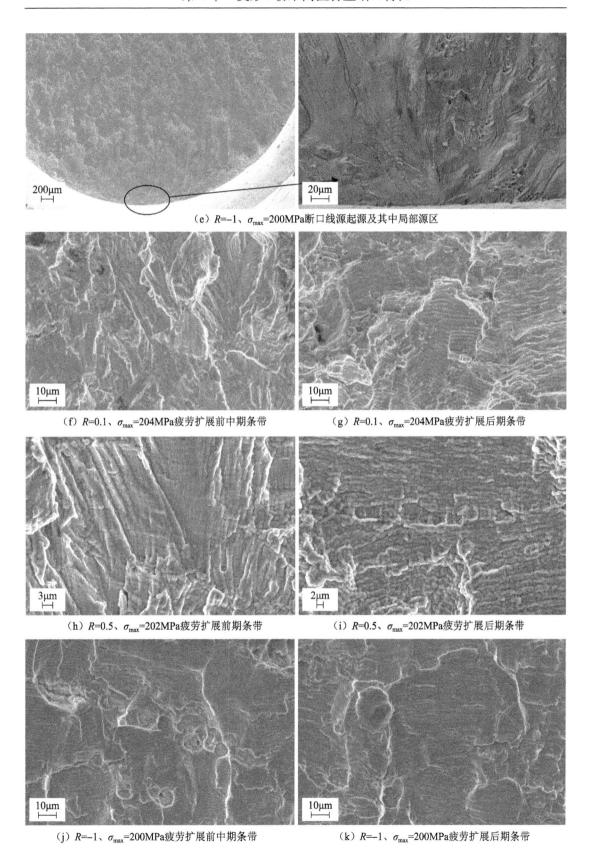

（e）R=-1、σ_{max}=200MPa断口线源起源及其中局部源区

（f）R=0.1、σ_{max}=204MPa疲劳扩展前中期条带

（g）R=0.1、σ_{max}=204MPa疲劳扩展后期条带

（h）R=0.5、σ_{max}=202MPa疲劳扩展前期条带

（i）R=0.5、σ_{max}=202MPa疲劳扩展后期条带

（j）R=-1、σ_{max}=200MPa疲劳扩展前中期条带

（k）R=-1、σ_{max}=200MPa疲劳扩展后期条带

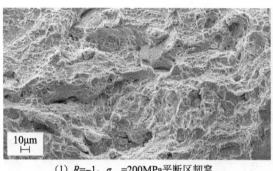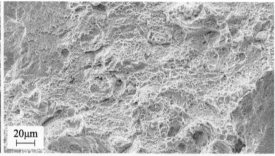

（l）R=-1、σ_{max}=200MPa平断区韧窝　　　　（m）R=-1、σ_{max}=200MPa剪切瞬断区韧窝

图 1.2-15　900℃高周疲劳断口微观形貌

4.综合分析

根据不同试验条件下的轴向高周缺口疲劳断口特征，可知 GH188 轴向高周缺口疲劳断口特征具有以下特点：

（1）在同一缺口系数下，相同温度的轴向高周缺口疲劳断口疲劳扩展面积随应力增大呈减小的趋势；同一应力比下，不同温度的轴向高周缺口疲劳断口疲劳扩展区面积随温度升高呈增大趋势。

（2）不同应力下的拉—拉（R=0.1 和 R=0.5）疲劳断口和拉—压（R=-1）疲劳断口，疲劳均从缺口表面起源；在低应力下疲劳源基本呈现单源特征，而在高应力下疲劳源呈现多源甚至四周起源的特征。

1.2.3.3　低周应变疲劳

1.700℃

（1）宏观特征：700℃、R_ε=0.1 和 R_ε=-1 两个应变比的断口可见黄绿色和蓝紫色两种颜色，R_ε=0.1 和 R_ε=-1 两个应变比下的断口随应变变化的规律相似，均为应变最低时（ε_{max}=0.6%），疲劳源为单个点源，从源区一侧向另一侧扩展，在边缘形成剪切瞬断区，疲劳区平坦，和瞬断区有明显界面，且扩展面积大，和应力疲劳断口接近；应变高时断口疲劳源区和扩展区均变得粗糙，且疲劳源由单源变为多源，源区起伏较大，为典型的低周疲劳断口特征。R_ε=0.1 时两个应变下断口疲劳区面积分别约为80%、25%；R_ε=-1 时两个断口疲劳区面积分别约为 55%、10%，见图 1.2-16、图 1.2-17。

（a）ε_{max}=0.6%、N_f=3.3739×10⁴　　　　（b）ε_{max}=2%、N_f=218

图 1.2-16　700℃、R_ε=0.1 应变疲劳断口宏观形貌

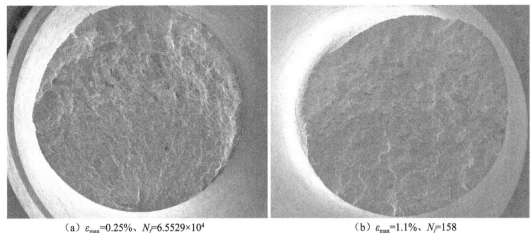

（a）ε_{max}=0.25%、N_f=6.5529×10⁴　　　　　　（b）ε_{max}=1.1%、N_f=158

图 1.2-17　700℃、R_ε=-1 应变疲劳断口宏观形貌

（2）微观特征：700℃，低应变下为单个点源，起源在表面，源区平坦，但源区磨损较重，可见放射线。应变大的断口疲劳源为多线源起始，起源也在表面，但源区起伏高差较大，扩展棱线不如低应边的清晰。源区附近及扩展区前期可见相对细密的疲劳条带，扩展后期疲劳条带逐渐变宽，瞬断区为韧窝。R_ε=0.1，ε_{max}=0.6%下断口疲劳条带宽度：初期 230nm，中期 620nm，末期 1900nm。ε_{max}=2%下断口疲劳条带宽度：初期 350nm，中期 800nm，后期 3000nm。R_ε=-1、应变 0.25%疲劳条带宽度：前期 250nm，中期 515nm，后期 746nm。应变 1.1%疲劳条带宽度：前期 350nm，中期 1000nm，后期 2000nm。700℃应变疲劳断口微观特征见图 1.2-18。

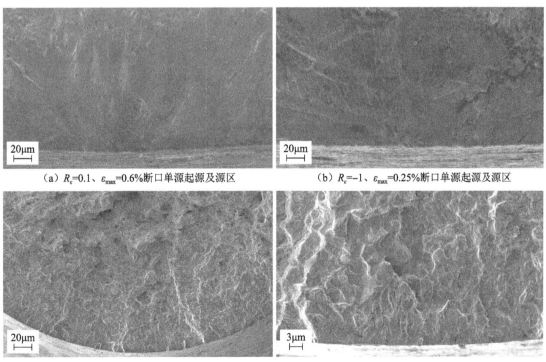

（a）R_ε=0.1、ε_{max}=0.6%断口单源起源及源区　　　　（b）R_ε=-1、ε_{max}=0.25%断口单源起源及源区

（c）R_ε=0.1、ε_{max}=2%断口多源起源及源区

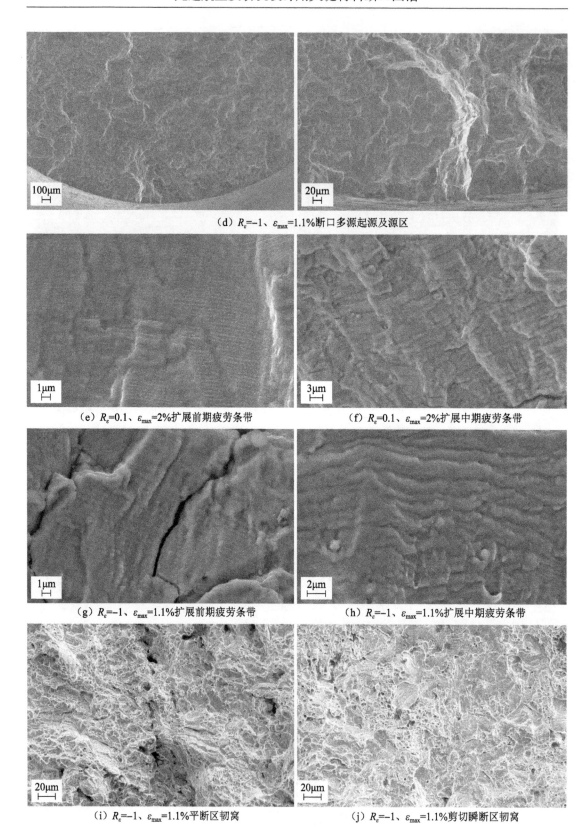

（d）R_ε=-1、ε_{max}=1.1%断口多源起源及源区

（e）R_ε=0.1、ε_{max}=2%扩展前期疲劳条带

（f）R_ε=0.1、ε_{max}=2%扩展中期疲劳条带

（g）R_ε=-1、ε_{max}=1.1%扩展前期疲劳条带

（h）R_ε=-1、ε_{max}=1.1%扩展中期疲劳条带

（i）R_ε=-1、ε_{max}=1.1%平断区韧窝

（j）R_ε=-1、ε_{max}=1.1%剪切瞬断区韧窝

图1.2-18　700℃应变疲劳断口微观形貌

2. 800℃

（1）宏观特征：800℃、$R_\varepsilon=0.1$ 条件下，应变 $\varepsilon_{max}=0.4\%$ 断口源区颜色呈黑棕色，扩展区颜色由浅黄色变为浅绿色，瞬断区呈黄黑色；应变 $\varepsilon_{max}=0.55\%$ 断口疲劳区呈灰棕色，瞬断区呈深蓝色；应变为 $\varepsilon_{max}=2\%$ 断口疲劳区呈深棕色，瞬断区呈浅棕色。应变小（$\varepsilon_{max}=0.4\%$、$\varepsilon_{max}=0.55\%$）时，疲劳源为单个点源，断裂起始于试样一侧表面，从源区一侧向另一侧扩展，在试样边缘形成瞬断区；疲劳扩展区较平坦；大应变（$\varepsilon_{max}=2\%$）时疲劳源数量增加，由单源变为多源，断面粗糙。应变从小到大，断口疲劳区面积约为80%、70%、25%。$R_\varepsilon=-1$ 条件下应变 $\varepsilon_{max}=0.22\%$ 的断口源区呈灰绿色，扩展区呈棕灰色，瞬断区呈灰色；应变 $\varepsilon_{max}=0.3\%$ 的断口源区和扩展区呈黑灰色，瞬断区呈灰色；应变 $\varepsilon_{max}=1.101\%$ 的断口源区和扩展区呈灰褐色，瞬断区呈绿色。应变 $\varepsilon_{max}=0.22\%$ 的断口断裂起始于试样一侧表面，疲劳源为单个点源，断面较平坦；应变 $\varepsilon_{max}=0.3\%$ 的断口为两个源，中间有一个明显的台阶；应变 $\varepsilon_{max}=1.101\%$ 的断口为多源起始，断面粗糙。应变从小到大，断口疲劳区面积约为65%、45%、20%，见图1.2-19、图1.2-20。

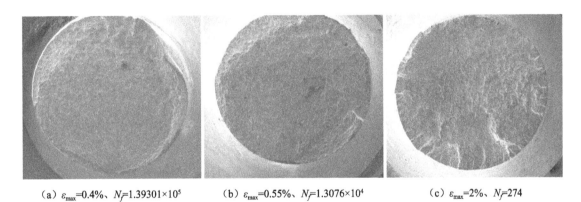

（a）$\varepsilon_{max}=0.4\%$、$N_f=1.39301\times10^5$　　（b）$\varepsilon_{max}=0.55\%$、$N_f=1.3076\times10^4$　　（c）$\varepsilon_{max}=2\%$、$N_f=274$

图1.2-19　$R_\varepsilon=0.1$、800℃应变疲劳断口宏观形貌

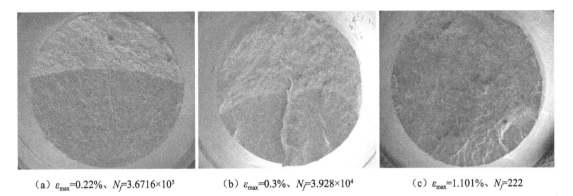

（a）$\varepsilon_{max}=0.22\%$、$N_f=3.6716\times10^5$　　（b）$\varepsilon_{max}=0.3\%$、$N_f=3.928\times10^4$　　（c）$\varepsilon_{max}=1.101\%$、$N_f=222$

图1.2-20　$R_\varepsilon=-1$、800℃应变疲劳断口宏观形貌

（2）微观特征：800℃两个应变比的断口微观特征与700℃的相同，小应变的疲劳源区平坦，磨损较重，单源起始，可见放射线和类解理特征。大应变的断口疲劳源为线源起始，可见疲劳台阶。在源区附近及扩展区前期可看到较细密的疲劳条带，扩展后期疲劳条带逐渐变宽，瞬断区为韧窝形貌。$R_\varepsilon=0.1$、$\varepsilon_{max}=0.4\%$ 的疲劳条带宽度：初期 450nm，中期 1070nm，后期 2100nm。$R_\varepsilon=0.1$、$\varepsilon_{max}=2\%$ 的疲劳条带宽度：初期 600nm，中期 2000nm，后期 5000nm。$R_\varepsilon=-1$、$\varepsilon_{max}=0.22\%$ 的疲劳条带宽度：初期 370nm，中期 990nm，后期 1890nm。$R_\varepsilon=-1$、$\varepsilon_{max}=1.101\%$ 的疲劳条带宽度：前期 500nm，中期 2000nm，后期 5000nm。800℃应变疲劳断口微观形貌见图 1.2-21。

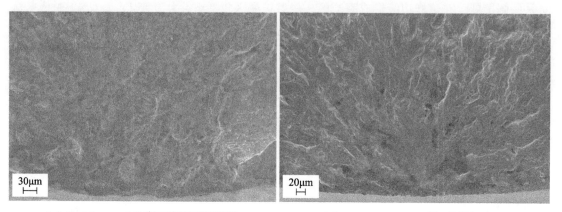

（a）$R_\varepsilon=0.1$、$\varepsilon_{max}=0.4\%$ 断口单源起源及源区　　　（b）$R_\varepsilon=-1$、$\varepsilon_{max}=0.22\%$ 断口单源起源及源区

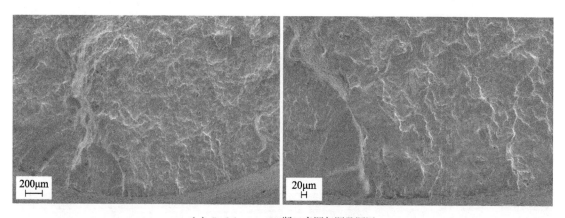

（c）$R_\varepsilon=0.1$、$\varepsilon_{max}=2\%$ 断口多源起源及源区

（d）$R_\varepsilon=-1$、$\varepsilon_{max}=1.01\%$ 断口多源起源及源区

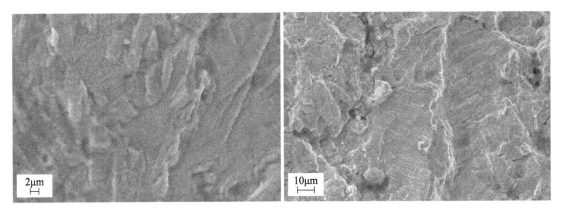

（e）$R_\varepsilon=0.1$、$\varepsilon_{max}=2\%$疲劳扩展前期条带　　　　　（f）$R_\varepsilon=0.1$、$\varepsilon_{max}=2\%$疲劳扩展后期条带

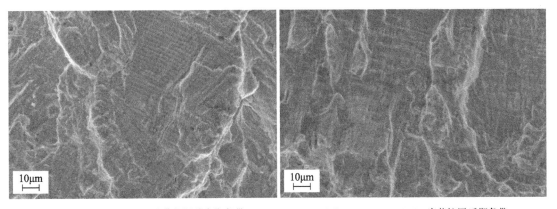

（g）$R_\varepsilon=-1$、$\varepsilon_{max}=1.01\%$疲劳扩展前中期条带　　　（h）$R_\varepsilon=-1$、$\varepsilon_{max}=1.01\%$疲劳扩展后期条带

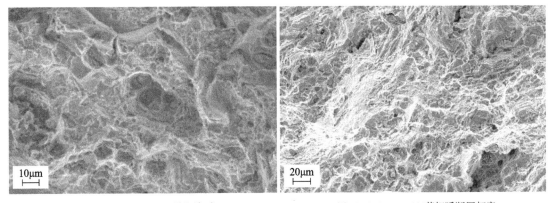

（i）$R_\varepsilon=0.1$、$\varepsilon_{max}=2\%$平断区韧窝　　　　　（j）$R_\varepsilon=0.1$、$\varepsilon_{max}=2\%$剪切瞬断区韧窝

图 1.2-21　800℃应变疲劳断口微观形貌

3. 900℃

（1）宏观特征：900℃、$R_\varepsilon=0.1$条件下，应变$\varepsilon_{max}=0.32\%$的断口源区呈深褐色过渡到扩展区及瞬断区变为黄绿色；应变$\varepsilon_{max}=0.4\%$的断口源区呈灰色，扩展区和瞬断区断口呈棕灰色；应变$\varepsilon_{max}=3\%$的断口源区呈灰黑色过渡到扩展区及瞬断区变为蓝色。应变

最小时（ε_{max}=0.32%，ε_{max}=0.4%）疲劳源为单个点源，从源区一侧向另一侧扩展；应变大（ε_{max}=3%）时，疲劳源由单源变为多源，断口表面粗糙。断口疲劳区面积约为90%、80%、45%。900℃、R_{ε}=−1条件下，应变ε_{max}=0.16%的断口由深褐色变为黄绿色；应变ε_{max}=0.22%和应变ε_{max}=1.5%的断口疲劳区呈灰黑色，瞬断区呈浅灰色。应变ε_{max}=0.16%和应变ε_{max}=0.22%的断口疲劳源为单个点源，疲劳扩展区较平坦；应变大（ε_{max}=1.101%）时的断口边缘为多个疲劳台阶形成的放射棱，放射棱汇聚处为快速扩展区，断面较粗糙。断口疲劳区面积约为85%、70%、50%，见图1.2-22、图1.2-23。

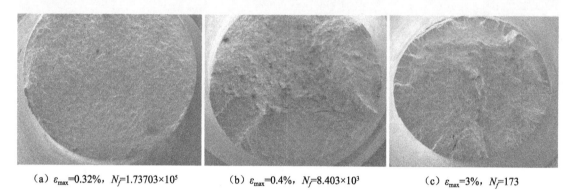

(a) ε_{max}=0.32%，N_f=1.73703×10⁵   (b) ε_{max}=0.4%，N_f=8.403×10³   (c) ε_{max}=3%，N_f=173

图1.2-22　900℃、R_{ε}=0.1应变疲劳断口宏观形貌

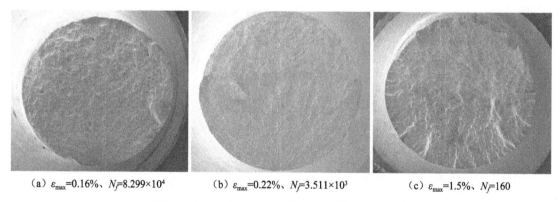

(a) ε_{max}=0.16%、N_f=8.299×10⁴   (b) ε_{max}=0.22%、N_f=3.511×10³   (c) ε_{max}=1.5%、N_f=160

图1.2-23　900℃、R_{ε}=−1应变疲劳断口宏观形貌

（2）微观特征：900℃两个应变比的断口微观特征与700℃、800℃的略有不同，一是断口氧化较重，二是小应变的疲劳源区磨损较轻。小应变的疲劳源区平坦，放射线明显，单源起源，瞬断区为韧窝形貌；高应变的断口疲劳源为多源起源，可见疲劳台阶，瞬断区为韧窝形貌。在源区附近及扩展区前期可看到较细密的疲劳条带，扩展后期疲劳条带逐渐变宽，R_{ε}=0.1条件下ε_{max}=0.32%的疲劳条带宽度：初期215nm，中期367nm，后期1195nm；ε_{max}=3%的疲劳条带宽度：初期600nm，中期1200nm，后期3000nm。R_{ε}=−1条件下ε_{max}=0.16%的疲劳条带宽度：前期211nm，中期944nm，后期2004nm；ε_{max}=1.5%的疲劳条带宽度：前期500nm，中期2200nm，后期5200nm。900℃应变疲劳断口微观特征见图1.2-24。

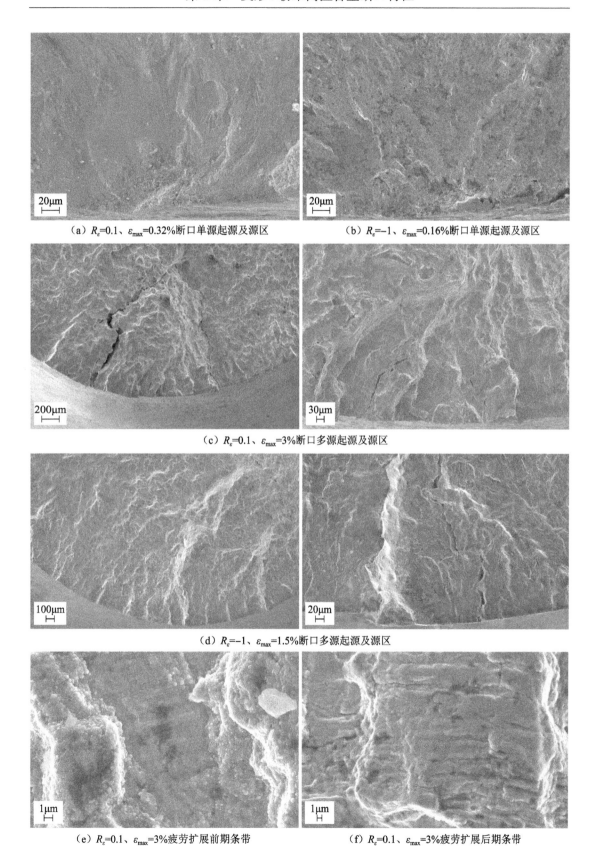

（a）R_ε=0.1、ε_{max}=0.32%断口单源起源及源区　　　　　（b）R_ε=−1、ε_{max}=0.16%断口单源起源及源区

（c）R_ε=0.1、ε_{max}=3%断口多源起源及源区

（d）R_ε=−1、ε_{max}=1.5%断口多源起源及源区

（e）R_ε=0.1、ε_{max}=3%疲劳扩展前期条带　　　　　（f）R_ε=0.1、ε_{max}=3%疲劳扩展后期条带

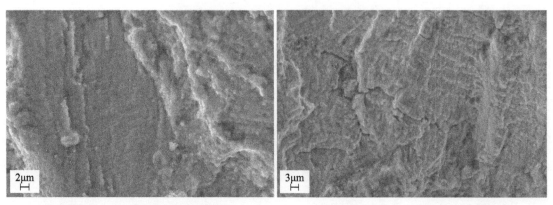

（g）R_ε=-1、ε_{max}=1.5%疲劳扩展前期条带　　　　（h）R_ε=-1、ε_{max}=1.5%疲劳扩展后期条带

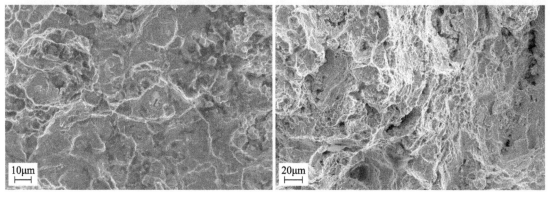

（i）R_ε=0.1、ε_{max}=3%平断区韧窝　　　　（j）R_ε=0.1、ε_{max}=3%剪切瞬断区韧窝

图 1.2-24　900℃应变疲劳断口微观形貌

1.3　GH907

1.3.1　概述

GH907 是以 Fe-Ni-Co 为基的低膨胀高温合金，用 Nb、Ti、Si 和微量的 B 进行综合强化。在 650℃以下具有较高的强度、低的热膨胀系数、良好的冷热疲劳性能以及几乎恒定不变的弹性模量。该合金适用于制造 650℃以下、控制间隙小的各类航空发动机环件和机匣，还用于制造承力环和隔热环等，能够减小涡轮机转动部件和固定部件之间的间隙，有效提高涡轮发动机的效率。

1.3.2　组织结构

本书中 GH907 标准热处理制度为：980℃，1h 空冷 +775℃，8h（55℃/h）炉冷至 620℃，保温 8h 后空冷。该热处理制度下的合金显微组织特征见图 1.3-1，组织由 γ 固溶体、γ′ 强化相、ε_{max} 相、ε_{max}'' 相、Laves 相、少量 MC 型碳化物和 G 相等组成。γ′ 相是合金的主要强化相，呈方形，尺寸约为 150nm，数量约占合金的 15.2%，而其他析出相约占 1.17%，γ′ 相的析出温度范围是 540 ～ 760℃，析出峰在 630℃左右，它一般在晶内、晶界普遍存在，但是在针状相周围贫 γ' 相。ε_{max} 相为针状或片状，正常热处理下就可以观察到较多的 ε_{max} 相，开始主要在晶界附近或 MC 碳化物周围析出，然后向晶内长大，ε_{max} 相多时呈魏氏板条分布。Laves 相是 TCP 相，数量多时会造成脆性，但 GH907 中的 Laves 相呈小片状，数量较少，对性能影响不大。MC 型碳化物主要是 Ti（CN）或 NbC，是高温合金中普遍存在的一种相。

（a）金相组织及晶粒形貌

（b）显微组织特征

图 1.3-1　GH907 显微组织特征

1.3.3　断口特征

1.3.3.1　光滑拉伸

（1）宏观特征：室温拉伸断口呈灰色，随着温度升高断口氧化色加重，由银灰色逐渐转变为黄褐色（300 ～ 400℃）→深灰色→黑灰色，见图 1.3-2（a）。室温拉伸断口无颈缩现象，断口为纤维区特征，未见明显的放射区和剪切区。400℃拉伸断口出现轻微颈缩，断口中部为纤维区，有少量小孔洞，周边剪切面积小。随着温度不断升高，颈缩愈加严重，纤维区面积逐渐减小，断面愈加粗糙，可见孔洞，剪切区逐渐增大。600℃断口呈 45° 斜断面，颈缩断口外表面开始出现周向微裂纹，见图 1.3-2（b）～（j）。

（a）不同温度光滑拉伸断口侧面宏观形貌

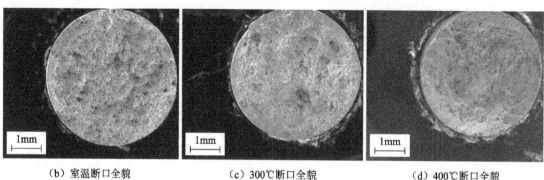

（b）室温断口全貌　　　　　　　（c）300℃断口全貌　　　　　　　（d）400℃断口全貌

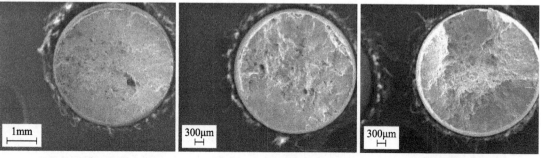

（e）500℃断口全貌　　　　　　　（f）600℃断口全貌　　　　　　　（g）650℃断口全貌

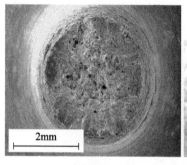

（h）700℃断口全貌　　　　（i）600℃断口表面微裂纹　　　　（j）700℃断口表面微裂纹

图1.3-2　不同温度条件下光滑拉伸断口宏观形貌

（2）微观特征：室温断口微观形貌，以沿晶韧窝＋韧窝为主，有少量沿晶二次裂纹特征，沿晶分离面为拉长韧窝。300℃断口中部微观形貌为沿晶韧窝＋韧窝特征，边缘剪切区呈剪切韧窝特征，随着温度不断升高，600℃断口中部微观形貌呈韧窝＋少量沿晶韧窝＋孔洞特征，周边为剪切韧窝特征，见图 1.3-3。

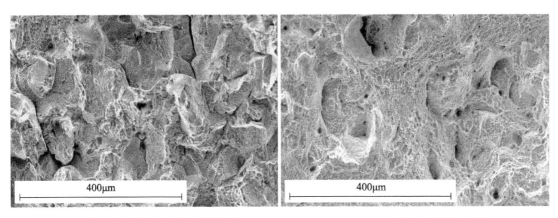

（a）室温断口中部沿晶韧窝+韧窝+沿晶裂纹　　　　　（b）600℃断口中部韧窝+空洞

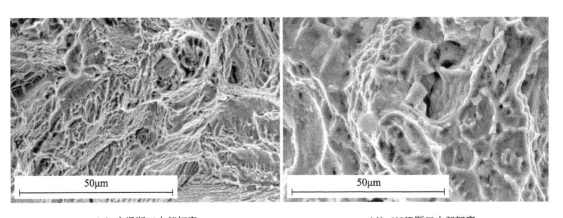

（c）室温断口中部韧窝　　　　　（d）600℃断口中部韧窝

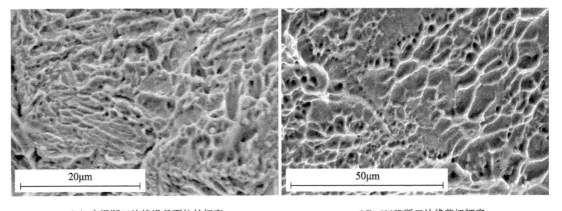

（e）室温断口边缘沿晶面拉长韧窝　　　　　（f）600℃断口边缘剪切韧窝

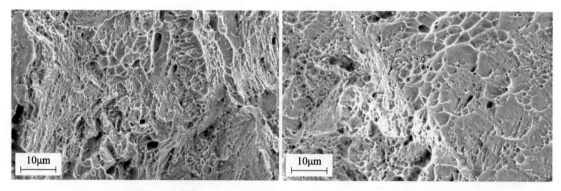

（g）300℃断口中部韧窝　　　　　　　（h）300℃断口边缘剪切韧窝

图1.3-3　光滑拉伸断口微观形貌

1.3.3.2　缺口拉伸

1. 不同缺口系数

（1）宏观特征：对比同一温度下，不同缺口系数的3件拉伸断口形貌略有差异，以600℃断口为例：3件不同缺口系数断口，断裂均起始于边缘，中部为瞬断区，较粗糙。$K_t=2$拉伸断口存在轻微颈缩现象，缺口表面可见小裂纹，断口较$K_t=4$和$K_t=5$的拉伸断口略显粗糙，见图1.3-4。

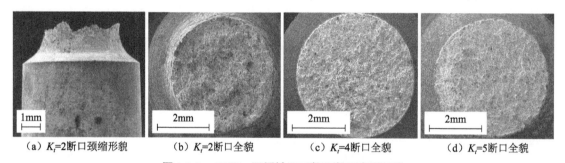

（a）$K_t=2$断口颈缩形貌　　（b）$K_t=2$断口全貌　　（c）$K_t=4$断口全貌　　（d）$K_t=5$断口全貌

图1.3-4　600℃、不同缺口系数下断口宏观形貌

（2）微观特征：3件不同缺口系数下断口起裂区微观形貌有差异。$K_t=2$断口边缘起裂区呈剪切韧窝特征，$K_t=4$和$K_t=5$边缘起裂区呈等轴韧窝，沿晶分离面为小韧窝；中部为瞬断区，微观形貌均以沿晶韧窝为主，局部有孔洞存在，见图1.3-5（a）～（f）。

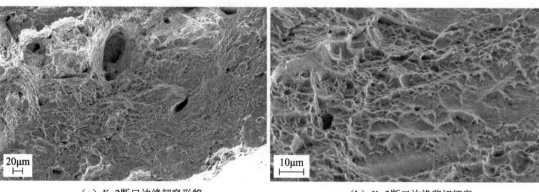

（a）$K_t=2$断口边缘韧窝形貌　　　　　　（b）$K_t=2$断口边缘剪切韧窝

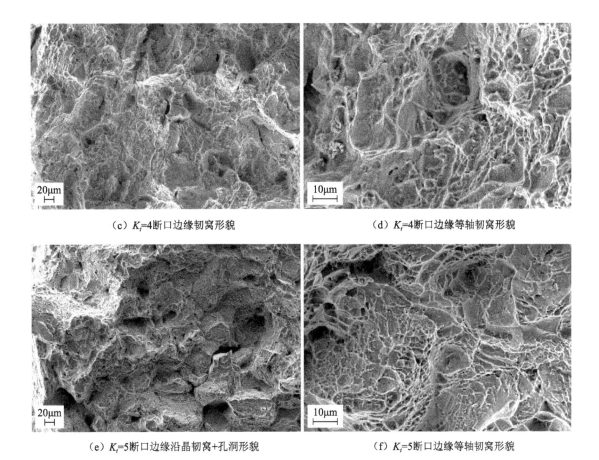

（c）K_t=4断口边缘韧窝形貌　　　　　　　（d）K_t=4断口边缘等轴韧窝形貌

（e）K_t=5断口边缘沿晶韧窝+孔洞形貌　　　（f）K_t=5断口边缘等轴韧窝形貌

图 1.3-5　600℃、不同缺口系数下断口微观形貌

2. 不同温度

（1）宏观特征：同一缺口系数下，室温断口呈银灰色，断面较平齐，起始于缺口根部表面，整个断口呈纤维区特征。随着温度升高断口氧化色逐渐加重，500℃断口呈深紫色，600℃断口呈黑灰色，断面较室温断口略显粗糙，可见少量小孔洞，未见颈缩现象，见图 1.3-6。

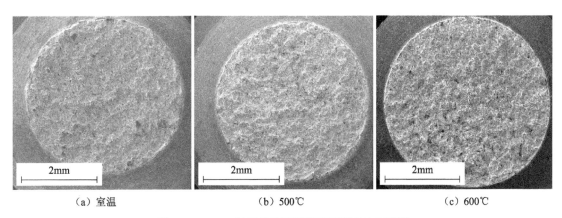

（a）室温　　　　　　　　　　（b）500℃　　　　　　　　　　（c）600℃

图 1.3-6　K_t=4 缺口拉伸不同温度下断口宏观形貌

（2）微观特征：室温拉伸断口为沿晶韧窝＋部分韧窝特征，韧窝大小不一，沿晶分离面呈拉长韧窝特征。随着温度增高，为韧窝＋部分沿晶韧窝特征，韧窝变深，600℃下的断口断面开始可见氧化特征，尤其是韧窝底部的质点，见图1.3-7。

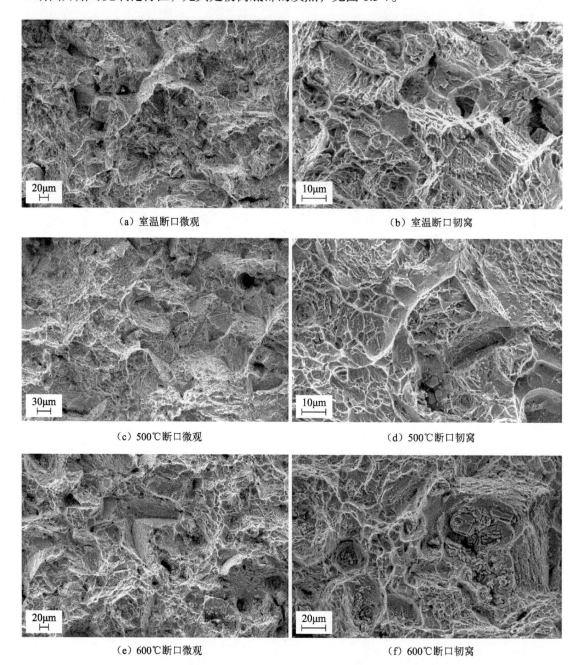

（a）室温断口微观 （b）室温断口韧窝

（c）500℃断口微观 （d）500℃断口韧窝

（e）600℃断口微观 （f）600℃断口韧窝

图 1.3-7 K_t=4 缺口拉伸断口微观形貌

1.3.3.3 轴向高周缺口疲劳

1. 400℃、K_t=2

（1）宏观特征：400℃下，3个应力比、不同应力水平断口颜色有差异，高温氧化色主要为不同程度的深蓝色和黄褐色，颜色变化无明显规律；3 个应力比下，随应力水平增大，由单源发展为多源、线源，甚至发展为周边多源、线源起始（例如 $R=-1$、$\sigma_{max}=450MPa$ 和 $R=0.5$、$\sigma_{max}=700MPa$、$\sigma_{max}=900MPa$），其中 $R=0.5$、$\sigma_{max}=700MPa$ 断口主疲劳区相邻一侧，还有两个小疲劳区。瞬断区位于断口内部。对于单源起源的断口，疲劳区面积基本和应力大小呈反比，$R=0.1$ 和 $R=-1$ 断口疲劳区为 55% ～ 30%；$R=0.5$ 断口疲劳区为 40% ～ 20%，见图 1.3-8 ～图 1.3-10。

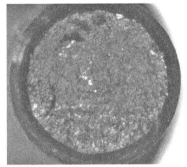  

（a）$\sigma_{max}=395MPa$、$N_f=5.873\times10^6$　　　（b）$\sigma_{max}=500MPa$、$N_f=1.02\times10^5$　　　（c）$\sigma_{max}=600MPa$、$N_f=4.11\times10^4$

图 1.3-8　400℃、$R=0.1$ 时轴向高周缺口疲劳断口宏观形貌

 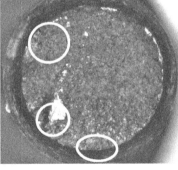 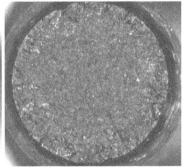

（a）$\sigma_{max}=550MPa$、$N_f=2.58\times10^6$　　　（b）$\sigma_{max}=700MPa$、$N_f=1.69\times10^5$　　　（c）$\sigma_{max}=900MPa$、$N_f=3.05\times10^4$

图 1.3-9　400℃、$R=0.5$ 时轴向高周缺口疲劳断口宏观形貌

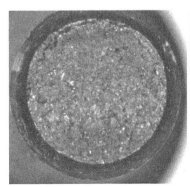  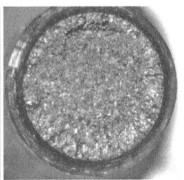

（a）$\sigma_{max}=295MPa$、$N_f=2.44\times10^6$　　　（b）$\sigma_{max}=310MPa$、$N_f=1.77\times10^5$　　　（c）$\sigma_{max}=450MPa$、$N_f=1.4\times10^4$

图 1.3-10　400℃、$R=-1$ 时轴向高周缺口疲劳断口宏观形貌

（2）微观特征：400℃下，3个应力比、不同应力水平下，断口起源均在表面，低应力单源起始，源区可见类解理小平面；大应力多源、线源起始，源区撕裂小台阶较明显，且源区粗糙，起伏较大，见图1.3-11。所有断口均可见典型的疲劳扩展区及扩展区的条带特征，且条带整体较细密，尤其是$R=-1$下的断口扩展区的条带比较连续。应力比$R=0.5$断口应力水平高于其余两个应力比的断口，同一循环周次下$R=0.5$的断口疲劳区条带较细，$R=0.5$、$\sigma_{max}=900MPa$断口扩展前期呈类解理刻面＋河流花样，未见疲劳条带。所有断口瞬断区均为沿晶韧窝断裂形貌，见图1.3-12。

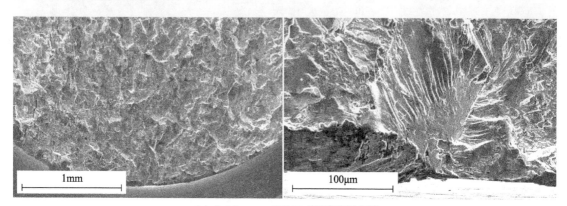

（a）$R=0.1$、$\sigma_{max}=395MPa$单源起源及源区

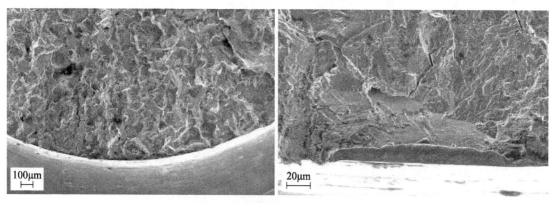

（b）$R=0.1$、$\sigma_{max}=600MPa$多源起源及其一源区

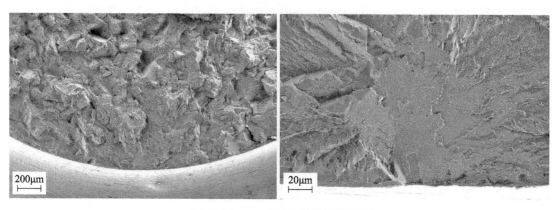

（c）$R=0.5$、$\sigma_{max}=550MPa$单源起源及源区

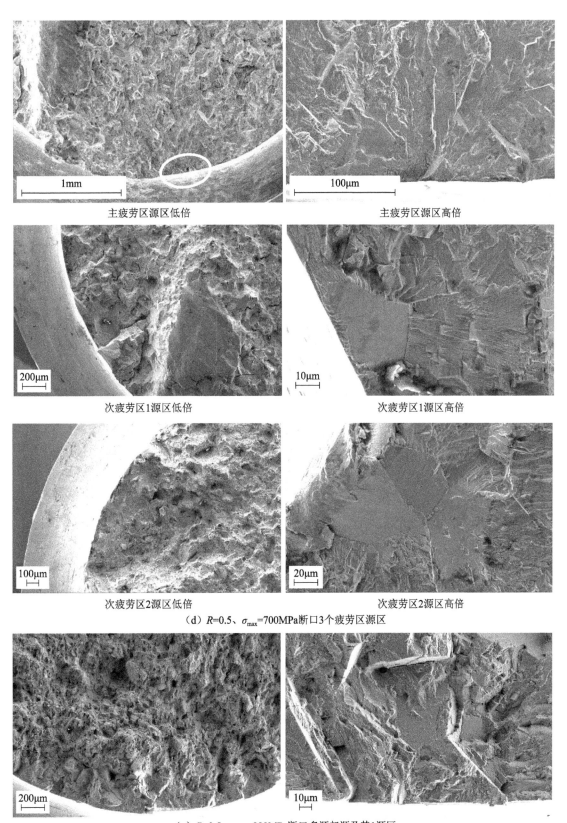

主疲劳区源区低倍

主疲劳区源区高倍

次疲劳区1源区低倍

次疲劳区1源区高倍

次疲劳区2源区低倍

次疲劳区2源区高倍

（d）R=0.5、σ_{max}=700MPa断口3个疲劳区源区

（e）R=0.5、σ_{max}=900MPa断口多源起源及其1源区

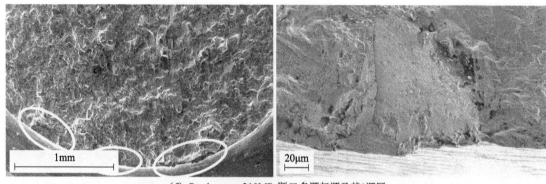

（f）$R=-1$、$\sigma_{max}=310$MPa断口多源起源及其1源区

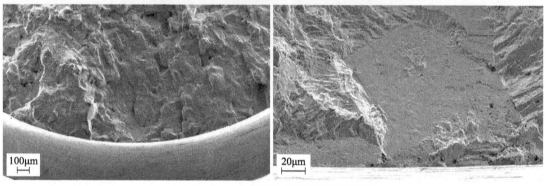

（g）$R=-1$、$\sigma_{max}=450$MPa断口多源起源及源区

图1.3-11 400℃、3个应力比、不同应力水平缺口高周疲劳断口源区形貌

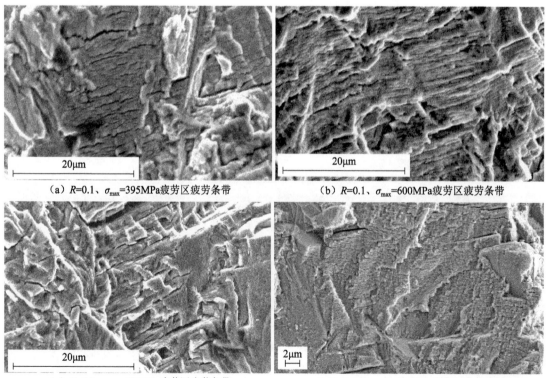

（a）$R=0.1$、$\sigma_{max}=395$MPa疲劳区疲劳条带 （b）$R=0.1$、$\sigma_{max}=600$MPa疲劳区疲劳条带

（c）$R=0.5$、$\sigma_{max}=550$MPa疲劳区疲劳条带 （d）$R=0.5$、$\sigma_{max}=900$MPa疲劳区疲劳条带

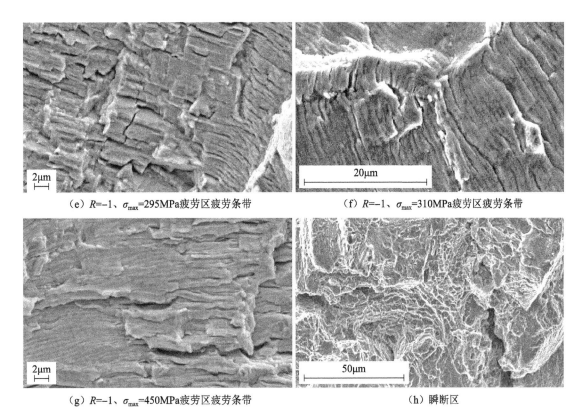

（e）R=-1、σ_{max}=295MPa疲劳区疲劳条带　　　　　　（f）R=-1、σ_{max}=310MPa疲劳区疲劳条带

（g）R=-1、σ_{max}=450MPa疲劳区疲劳条带　　　　　　　　　　　（h）瞬断区

图 1.3-12　400℃、3 个应力比、不同应力水平缺口高周疲劳断口微观形貌

2. 500℃、K_t=2

（1）宏观特征：500℃下，3 个应力比、不同应力水平断口颜色有差异，颜色变化无明显规律，高温氧化色主要呈现出不同程度的灰蓝色和灰褐色，大部分断口源区颜色较疲劳区浅；R=0.5、σ_{max}=800MPa 断口源区和疲劳区呈褐色。3 个应力比下，随着应力水平增大，由单源发展为多源（例如 R=0.5、σ_{max}=700MPa），甚至发展为周边多源、线源起源（例如 R=0.5、σ_{max}=800MPa 和 R=0.1、σ_{max}=600MPa）。断口疲劳区面积基本和应力大小呈反比，R=0.1 疲劳区为 50% ～ 35%；R=0.5 断口疲劳区为 30% ～ 10%；R=-1 低应力断口疲劳区约为 60%，大应力断口磨损严重，见图 1.3-13 ～图 1.3-15。

（a）σ_{max}=420MPa、N_f=2.72×10⁶　　（b）σ_{max}=500MPa、N_f=1.05×10⁵　　（c）σ_{max}=600MPa、N_f=2.427×10⁴

图 1.3-13　500℃、R=0.1 下轴向高周缺口疲劳断口宏观形貌

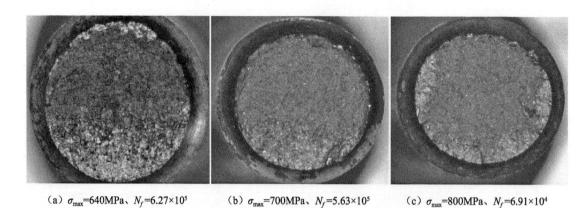

（a）$\sigma_{max}=640MPa$、$N_f=6.27\times10^5$　　（b）$\sigma_{max}=700MPa$、$N_f=5.63\times10^5$　　（c）$\sigma_{max}=800MPa$、$N_f=6.91\times10^4$

图 1.3-14　500℃、$R=0.5$ 下轴向高周缺口疲劳断口宏观形貌

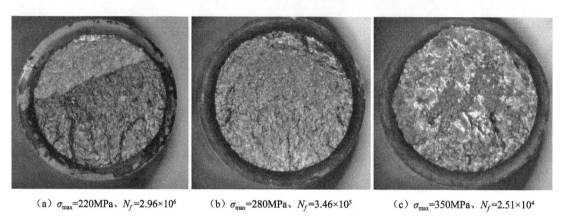

（a）$\sigma_{max}=220MPa$、$N_f=2.96\times10^6$　　（b）$\sigma_{max}=280MPa$、$N_f=3.46\times10^5$　　（c）$\sigma_{max}=350MPa$、$N_f=2.51\times10^4$

图 1.3-15　500℃、$R=-1$ 轴向高周缺口疲劳断口宏观形貌

（2）微观特征：500℃、3 个应力比、不同应力水平下断口均起源于表面，源区为单源或多源，单源源区可见类解理小平面特征；高应力水平断口多源起源，个别源区可见类解理小平面特征（如 $R=0.1$ 和 $R=-1$），大多源区类解理小平面特征不明显，见图 1.3-16。3 个应力比下应力差异较大，但疲劳扩展区均可见清晰、细密且连续的疲劳条带，随着裂纹扩展，条带宽度逐渐变宽，疲劳区条带宽度略有差异，扩展后期为疲劳条带＋韧窝。同一应力比下，不同应力的疲劳区条带宽度差异不大，所有断口瞬断区均为沿晶韧窝断裂形貌，见图 1.3-17。

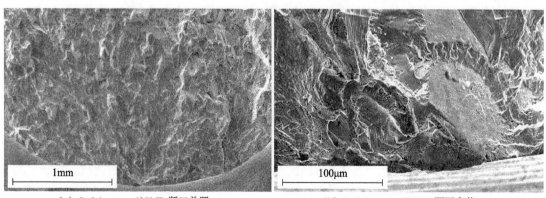

（a）$R=0.1$、$\sigma_{max}=420MPa$断口单源　　　　　（b）$R=0.1$、$\sigma_{max}=420MPa$源区高倍

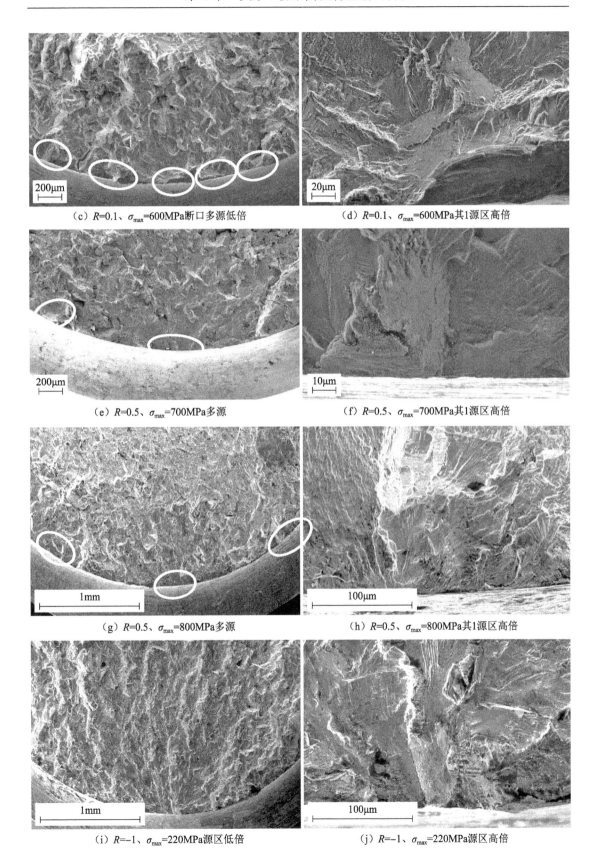

（c）R=0.1、σ_{max}=600MPa断口多源低倍

（d）R=0.1、σ_{max}=600MPa其1源区高倍

（e）R=0.5、σ_{max}=700MPa多源

（f）R=0.5、σ_{max}=700MPa其1源区高倍

（g）R=0.5、σ_{max}=800MPa多源

（h）R=0.5、σ_{max}=800MPa其1源区高倍

（i）R=-1、σ_{max}=220MPa源区低倍

（j）R=-1、σ_{max}=220MPa源区高倍

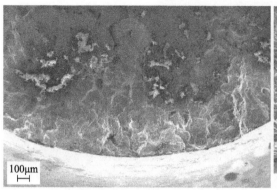

（k）R=−1、σ_{max}=350MPa多源 （1）R=−1、σ_{max}=350MPa其1源区高倍

图1.3-16 500℃，3个应力比、不同应力下轴向高周缺口疲劳断口源区形貌

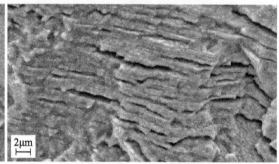

（a）R=0.1、σ_{max}=420MPa疲劳前期疲劳条带 （b）R=0.1、σ_{max}=420MPa疲劳扩展中期条带

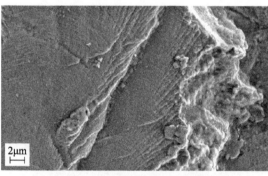
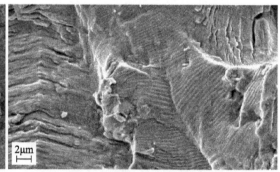

（c）R=0.1、σ_{max}=600MPa疲劳前期疲劳条带 （d）R=0.1、σ_{max}=600MPa疲劳扩展中期条带

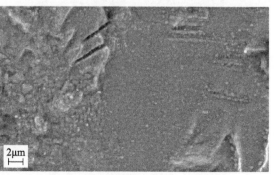

（e）R=0.5、σ_{max}=700MPa源区疲劳弧线及条带 （f）R=0.5、σ_{max}=700MPa疲劳前期疲劳条带

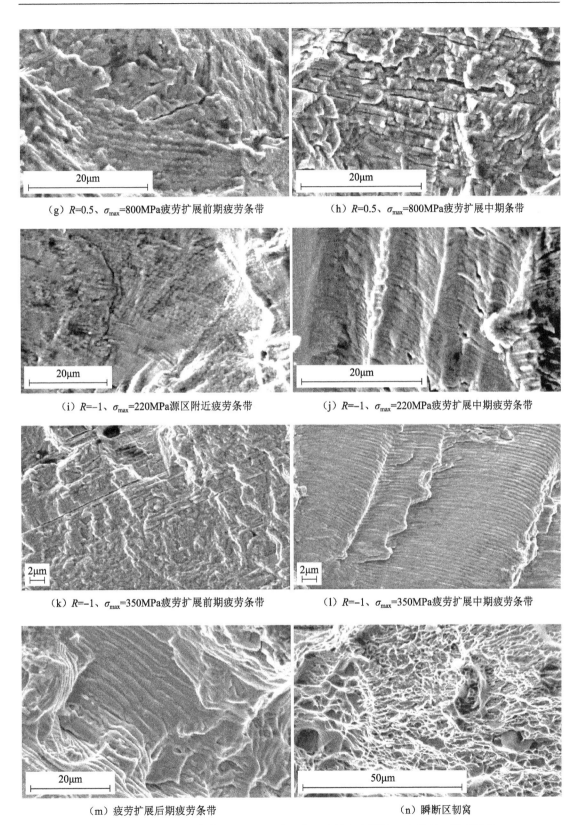

（g）R=0.5、σ_{max}=800MPa疲劳扩展前期疲劳条带

（h）R=0.5、σ_{max}=800MPa疲劳扩展中期条带

（i）R=−1、σ_{max}=220MPa源区附近疲劳条带

（j）R=−1、σ_{max}=220MPa疲劳扩展中期疲劳条带

（k）R=−1、σ_{max}=350MPa疲劳扩展前期疲劳条带

（l）R=−1、σ_{max}=350MPa疲劳扩展中期疲劳条带

（m）疲劳扩展后期疲劳条带

（n）瞬断区韧窝

图 1.3-17　500℃、3 个应力比、不同应力水平下轴向高周缺口疲劳断口微观形貌

3. 600℃、$K_t=2$

（1）宏观特征：600℃下，3个应力比、不同应力水平断口颜色差异不大，氧化严重。断口源区呈灰白色（无光泽），疲劳区呈黑灰色。应力比 $R=0.1$、不同应力水平下断口，均由缺口根部一侧多源起源，有一主源；应力比 $R=0.5$ 下 $\sigma_{max}=575MPa$ 和 $\sigma_{max}=720MPa$ 断口，主、次疲劳区对应分布；应力比 $R=-1$、$\sigma_{max}=400MPa$ 下，断口沿缺口根部四周多源、线源起源，疲劳主次源几乎不能分辨，其余两个应力水平断口一侧有一主疲劳区，多源、线源起源。3个应力比下，断口疲劳区面积基本和应力大小呈反比，$R=0.1$ 疲劳区为 $50\% \sim 35\%$；$R=0.5$ 断口疲劳区为 $30\% \sim 10\%$；$R=-1$ 低应力断口疲劳区为 $60\% \sim 40\%$，见图1.3-18～图1.3-20。

（a）$\sigma_{max}=400MPa$、$N_f=1.48\times10^6$　　（b）$\sigma_{max}=500MPa$、$N_f=2.92\times10^5$　　（c）$\sigma_{max}=600MPa$、$N_f=5.8\times10^4$

图1.3-18　600℃、$R=0.1$ 轴向高周缺口疲劳断口宏观形貌

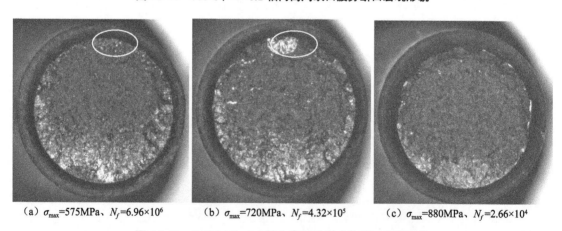

（a）$\sigma_{max}=575MPa$、$N_f=6.96\times10^6$　　（b）$\sigma_{max}=720MPa$、$N_f=4.32\times10^5$　　（c）$\sigma_{max}=880MPa$、$N_f=2.66\times10^4$

图1.3-19　600℃、$R=0.5$ 轴向高周缺口疲劳断口宏观形貌

（2）微观特征：600℃下，3个应力比、不同应力水平下断口均起源于表面，源区氧化严重，附近可见撕裂棱线或小台阶。有的源区可见类解理小刻面（例如 $R=0.1$ 和 $R=0.5$），其中应变比 $R=0.5$ 下，两个低应力断口源区可见数个类解理刻面聚集；有的源区未见明显的类解理小刻面特征（例如 $R=0.5$、$\sigma_{max}=880MPa$ 和 $R=-1$），见图1.3-21。3个应力比下应力差异较大，疲劳条带宽度略有差异，但条带宽度变化无明显规律，其中 $R=-1$、$\sigma_{max}=270MPa$ 疲劳扩展前期局部疑似沿晶特征。同一应力比下，不同应力的疲劳区条带宽度差异不大，所有断口瞬断区均为沿晶韧窝断裂形貌，图1.3-22。

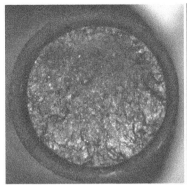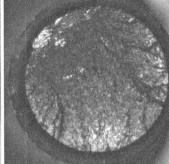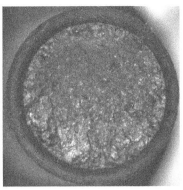

（a）σ_{max}=270MPa、N_f=6.26×10⁶ （b）σ_{max}=320MPa、N_f=3.01×10⁵ （c）σ_{max}=400MPa、N_f=1.69×10⁴

图 1.3-20　600℃、R＝－1 轴向高周缺口疲劳断口宏观形貌

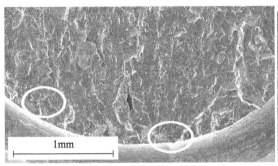

（a）R=0.1、σ_{max}=500MPa源区低倍

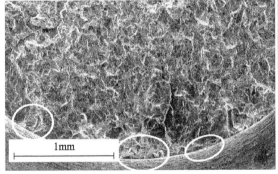

（c）R=0.5、σ_{max}=575MPa主源区低倍

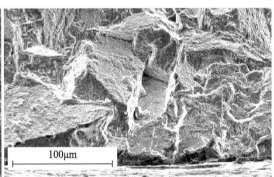

（b）R=0.1、σ_{max}=500MPa其1源区高倍

（d）R=0.5、σ_{max}=575MPa主源区高倍

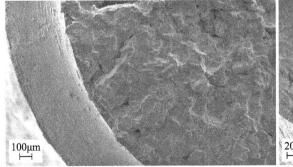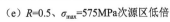

（e）R=0.5、σ_{max}=575MPa次源区低倍

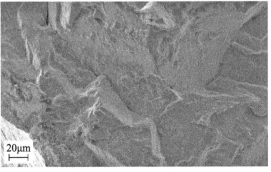

（f）R=0.5、σ_{max}=575MPa次源区高倍

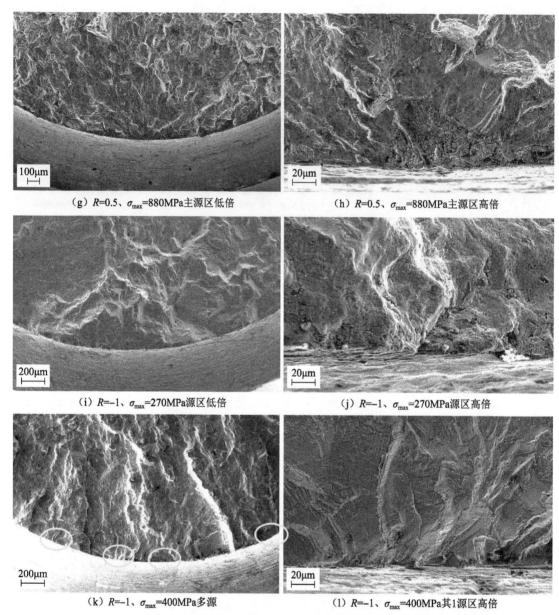

（g）R=0.5、σ_{max}=880MPa主源区低倍 　　　　（h）R=0.5、σ_{max}=880MPa主源区高倍

（i）R=−1、σ_{max}=270MPa源区低倍 　　　　（j）R=−1、σ_{max}=270MPa源区高倍

（k）R=−1、σ_{max}=400MPa多源 　　　　（l）R=−1、σ_{max}=400MPa其1源区高倍

图1.3-21　600℃、3个应力比、不同应力水平下轴向高周缺口疲劳断口源区形貌

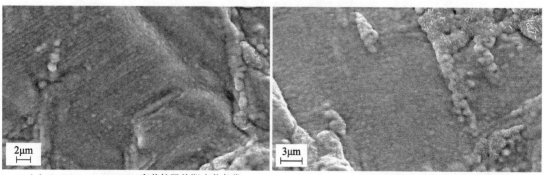

（a）R=0.1、σ_{max}=400MPa疲劳扩展前期疲劳条带 　　　　（b）R=0.1、σ_{max}=400MPa疲劳扩展中期疲劳条带

（c）$R=0.1$、$\sigma_{max}=500$MPa疲劳扩展前期疲劳条带

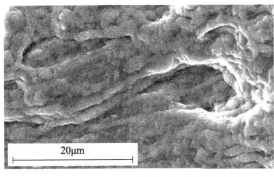

（e）$R=0.1$、$\sigma_{max}=500$MPa扩展后期疲劳条带+韧窝

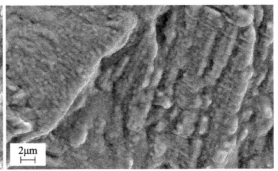

（d）$R=0.1$、$\sigma_{max}=500$MPa疲劳扩展中期疲劳条带

（f）$R=0.1$、$\sigma_{max}=600$MPa疲劳扩展前期条带

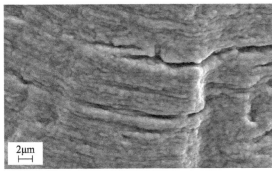

（g）$R=0.1$、$\sigma_{max}=600$MPa疲劳扩展中期条带

（h）$R=0.5$、$\sigma_{max}=575$MPa疲劳扩展前期条带

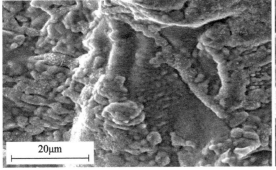

（i）$R=0.5$、$\sigma_{max}=575$MPa疲劳扩展中期条带

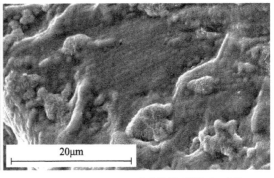

（j）$R=0.5$、$\sigma_{max}=575$MPa疲劳扩展后期韧窝+条带

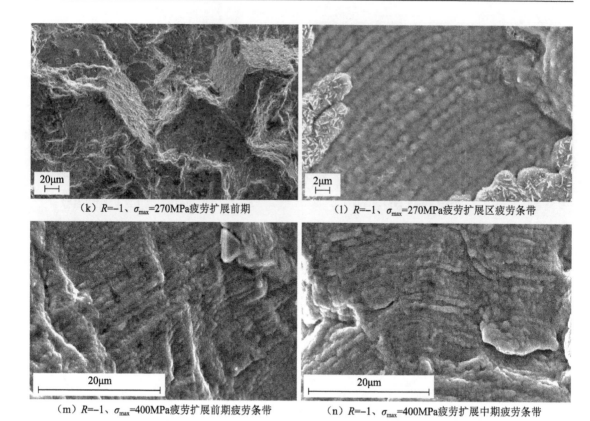

（k）$R=-1$、$\sigma_{max}=270MPa$疲劳扩展前期　　　（1）$R=-1$、$\sigma_{max}=270MPa$疲劳扩展区疲劳条带

（m）$R=-1$、$\sigma_{max}=400MPa$疲劳扩展前期疲劳条带　　（n）$R=-1$、$\sigma_{max}=400MPa$疲劳扩展中期疲劳条带

图 1.3-22　600℃、3 个应力比、不同应力水平下高周疲劳断口微观形貌

1.3.3.4　低周应变疲劳

1. 室温

（1）宏观特征：室温下断口均呈浅灰色，断面较平。低应变到高应变源区由一侧多源变为一侧连续线源起源，个别断口（如 $R_\varepsilon=-1$、$\varepsilon_{max}=0.4\%$）由一侧短线源起源，源区可见小撕裂棱线。大部分断口可见疲劳扩展区，应变比 $R_\varepsilon=0.1$ 下（$\varepsilon_{max}=0.8\%$ 和 $\varepsilon_{max}=1.5\%$）疲劳扩展区面积约为 30%，应变比 $R_\varepsilon=-1$ 下（$\varepsilon_{max}=0.4\%$ 和 $\varepsilon_{max}=0.8\%$）疲劳扩展区约为 40%；高应变下（如 $R_\varepsilon=0.1$、$\varepsilon_{max}=2.8\%$ 和 $R_\varepsilon=-1$、$\varepsilon_{max}=1.3\%$）断口疲劳扩展区特征不典型，疲劳扩展区和瞬断区界限不明显，几乎和拉伸断口类似，见图 1.3-23 ～图 1.3-24。

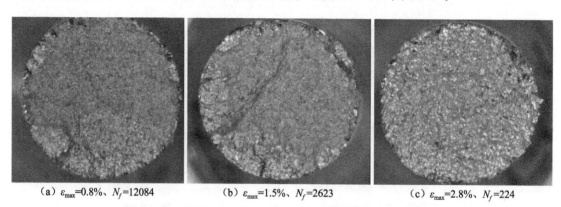

（a）$\varepsilon_{max}=0.8\%$、$N_f=12084$　　（b）$\varepsilon_{max}=1.5\%$、$N_f=2623$　　（c）$\varepsilon_{max}=2.8\%$、$N_f=224$

图 1.3-23　室温、$R_\varepsilon=0.1$、不同应变下低周疲劳断口宏观形貌

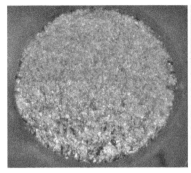  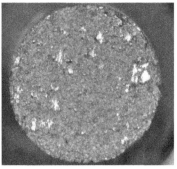

（a）ε_{max}=0.4%、N_f=18910　　　（b）ε_{max}=0.8%、N_f=1091　　　（c）ε_{max}=1.3%、N_f=149

图 1.3-24　室温、R_ε=−1、不同应变下低周疲劳断口宏观形貌

（2）微观特征：室温、两个应变比、不同应变条件下，断口起源均在表面，低应变下源区相对平坦些，可见扩展棱线，中应变和高应变下源区粗糙，且有准解理特征，扩展棱线不清楚，R_ε=−1 下的断口源区局部有磨损，见图 1.3-25。两个应变比、不同应变下的断口疲劳条带宽度无明显差异。同一应变比下，随应变条件增加，疲劳扩展区减小，扩展各阶段疲劳条带间距增宽，低应变断口源区附近为较细密的疲劳条带 + 少量二次裂纹；高应变（如 R_ε=0.1、ε_{max}=2.8% 和 R_ε=−1、ε_{max}=1.3%）疲劳扩展区极小，源区可见疲劳条带，在距源区边缘为 0.6 ～ 0.8mm 处扩展后期（交界处），为沿晶韧窝 + 少量疲劳条带特征。所有断口瞬断区均呈沿晶韧窝特征，见图 1.3-26。

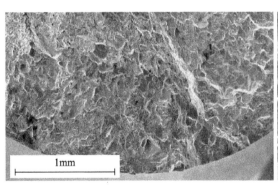 

（a）R_ε=0.1、ε_{max}=1.5%源区低倍　　　　　　（b）R_ε=0.1、ε_{max}=1.5%源区高倍

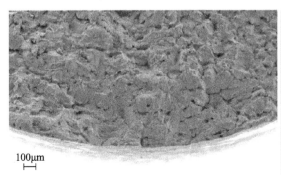

（c）R_ε=0.1、ε_{max}=2.8%源区低倍　　　　　　（d）R_ε=0.1、ε_{max}=2.8%源区高倍及疲劳条带

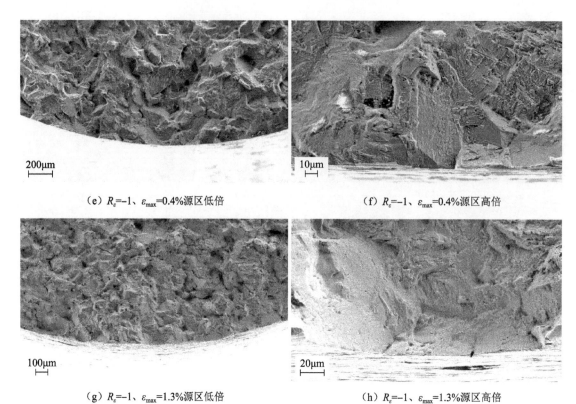

（e）$R_\varepsilon=-1$、$\varepsilon_{max}=0.4\%$源区低倍

（f）$R_\varepsilon=-1$、$\varepsilon_{max}=0.4\%$源区高倍

（g）$R_\varepsilon=-1$、$\varepsilon_{max}=1.3\%$源区低倍

（h）$R_\varepsilon=-1$、$\varepsilon_{max}=1.3\%$源区高倍

图1.3-25　室温、两个应变比、不同应变下低周断口源区形貌

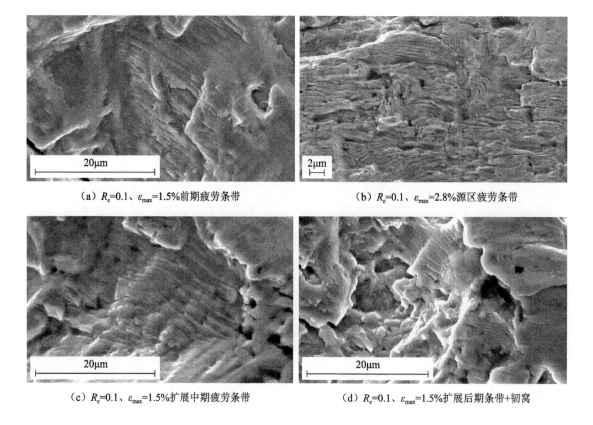

（a）$R_\varepsilon=0.1$、$\varepsilon_{max}=1.5\%$前期疲劳条带

（b）$R_\varepsilon=0.1$、$\varepsilon_{max}=2.8\%$源区疲劳条带

（c）$R_\varepsilon=0.1$、$\varepsilon_{max}=1.5\%$扩展中期疲劳条带

（d）$R_\varepsilon=0.1$、$\varepsilon_{max}=1.5\%$扩展后期条带+韧窝

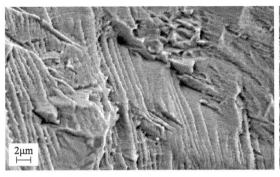

（e）R_ε=−1、ε_{max}=0.4%源区疲劳条带　　　　　　（f）R_ε=−1、ε_{max}=0.4%扩展中期疲劳条带

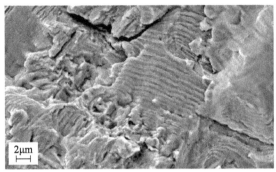

（g）R_ε=−1、ε_{max}=0.4%扩展后期条带+沿晶韧窝　　　　（h）R_ε=−1、ε_{max}=1.3%源区疲劳条带

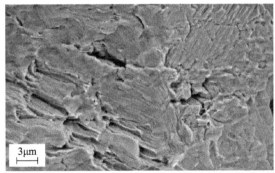

（i）R_ε=−1、ε_{max}=1.3%扩展后期疲劳条带+韧窝　　　　（j）瞬断区沿晶韧窝

图 1.3-26　室温、两个应变比、不同应变下低周断口微观形貌

2. 400℃

（1）宏观特征：两个应变比、不同应变下的断口疲劳区均呈黄褐色。低应变（如 R_ε=0.1、ε_{max}=0.65% 和 R_ε=−1、ε_{max}=0.4%）断口由周边多处起始，主疲劳区位于一侧，其对应一侧有 2～3 个小疲劳区；高应变下断口由一侧线源起始，且疲劳区扩展区浅，和瞬断区的交界不明显，整个断口粗糙，尤其是应变比 R_ε=−1、ε_{max}=1.4% 的断口疲劳扩展区极小，疲劳区界限不明显。应变比 R_ε=0.1 下断口疲劳区面积为 40%～5%；应变比 R_ε=−1 下，低应变断口疲劳区面积为 40%～35%。瞬断区均位于源区另一侧，见图 1.3-27～图 1.3-28。

（a）ε_{max}=0.65%、N_f=42956　　　（b）ε_{max}=1.5%、N_f=2624　　　（c）ε_{max}=2.8%、N_f=288

图 1.3-27　400℃、R_ε=0.1 低周疲劳断口宏观形貌

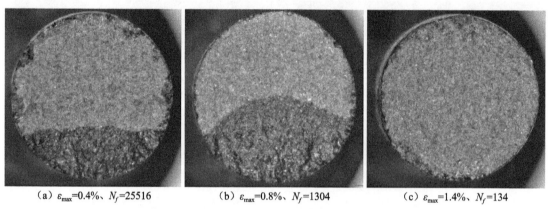

（a）ε_{max}=0.4%、N_f=25516　　　（b）ε_{max}=0.8%、N_f=1304　　　（c）ε_{max}=1.4%、N_f=134

图 1.3-28　400℃、R_ε=-1 低周疲劳断口宏观形貌

（2）微观特征：400℃，两个应变比、不同应变条件下，起源均在表面，源区未见冶金缺陷，低应变下的断口源区呈现多个点源，源区扩展棱线清晰，高应变下呈现连续线源或者大线源的特点，源区粗糙，扩展棱线不明显，见图 1.3-29（a）～（g）。同一应变比、随应变条件增大，疲劳扩展区减小，扩展各阶段疲劳条带间距增宽，低应变条件疲劳扩展前期均为细密疲劳条带，疲劳扩展中、后期为疲劳条带＋二次裂纹；高应变条件（如 R_ε=0.1、ε_{max}=2.8% 和 R_ε=-1、ε_{max}=1.4%）断口，疲劳扩展区极小，距源区 0.5～0.7mm 处（交界处），疲劳扩展为沿晶韧窝＋少量疲劳条带，且疲劳条带形貌相对不典型。所有瞬断区为沿晶韧窝，见图 1.3-29（h）～（n）。

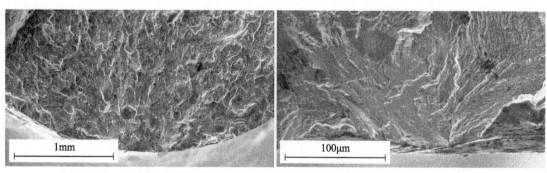

（a）R_ε=0.1、ε_{max}=0.65%主源区低倍　　　　　（b）R_ε=0.1、ε_{max}=0.65%主源区高倍

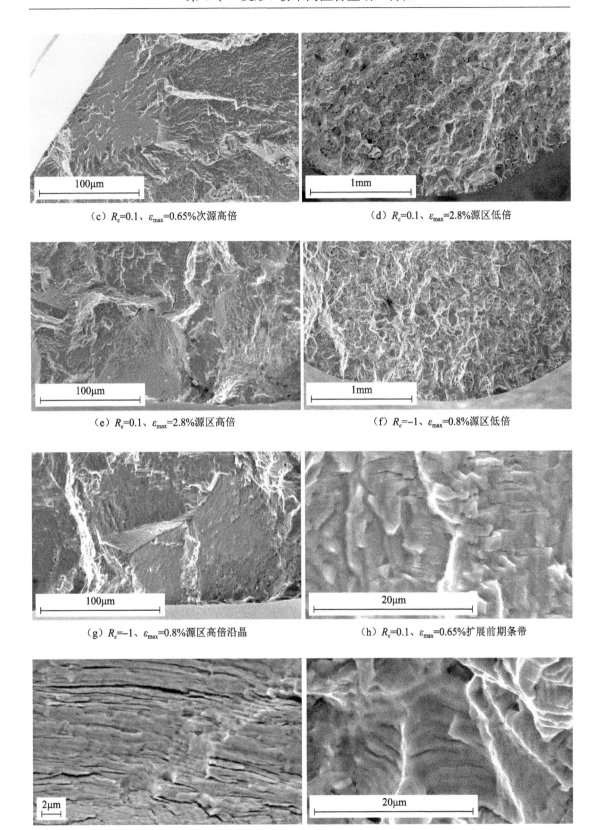

（c）R_ε=0.1、ε_{max}=0.65%次源高倍

（d）R_ε=0.1、ε_{max}=2.8%源区低倍

（e）R_ε=0.1、ε_{max}=2.8%源区高倍

（f）R_ε=-1、ε_{max}=0.8%源区低倍

（g）R_ε=-1、ε_{max}=0.8%源区高倍沿晶

（h）R_ε=0.1、ε_{max}=0.65%扩展前期条带

（i）R_ε=0.1、ε_{max}=0.65%疲劳扩展中期疲劳条带+二次裂纹

（j）R_ε=0.1、ε_{max}=2.8%源区疲劳条带+二次裂纹

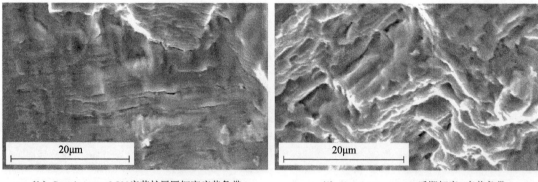

（k）$R_\varepsilon = -1$、$\varepsilon_{max} = 0.8\%$疲劳扩展区细密疲劳条带　　　　（l）$R_\varepsilon = -1$、$\varepsilon_{max} = 0.8\%$后期韧窝+疲劳条带

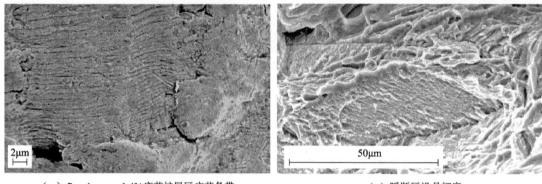

（m）$R_\varepsilon = -1$、$\varepsilon_{max} = 1.4\%$疲劳扩展区疲劳条带　　　　　　　（n）瞬断区沿晶韧窝

图 1.3-29　400℃、两个应变比、不同应变下低周断口微观形貌

3.500℃

（1）宏观特征：应变 $\varepsilon_{max} = 0.4\%$ 断口疲劳区呈灰绿色，其余两件断口疲劳扩展区呈灰蓝色。应变 $\varepsilon_{max} = 0.4\%$ 断口一侧线源起始，应变 $\varepsilon_{max} = 0.7\%$ 断口周边多源起始，有一明显主线源位于一侧，主源区撕裂棱线较粗，两处小疲劳区呈短线源特征；应变 $\varepsilon_{max} = 1.3\%$ 断口由一侧大线源起始，随应变逐渐增大，疲劳扩展区面积逐渐减少，由约为45%减小到约为5%，见图 1.3-30。

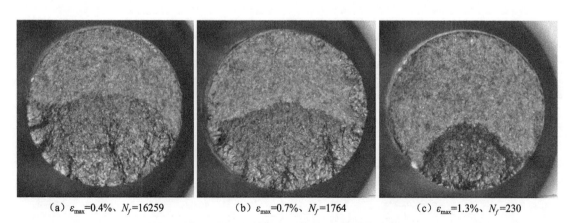

（a）$\varepsilon_{max} = 0.4\%$、$N_f = 16259$　　　　（b）$\varepsilon_{max} = 0.7\%$、$N_f = 1764$　　　　（c）$\varepsilon_{max} = 1.3\%$、$N_f = 230$

图 1.3-30　500℃、$R_\varepsilon = -1$ 低周疲劳断口宏观形貌

（2）微观特征：3 件不同应变比断口，源区微观形貌均为类解理特征，局部可见类解理平面，见图 1.3-31（a）～（d）。随应变比增大，疲劳扩展区减小，扩展各阶段疲劳条带间距增宽，应变 ε_{max}＝0.4% 和 ε_{max}＝0.7% 断口，源区附近扩展前期均可见较细密的疲劳条带，ε_{max}＝0.4% 断口扩展中后期为疲劳条带＋二次裂纹＋少量沿晶韧窝，疲劳条带间距相对增宽，二次裂纹数量增多；ε_{max}＝0.7% 断口扩展中后期为疲劳条带＋沿晶韧窝＋二次裂纹，瞬断区均呈沿晶韧窝特征，见图 1.3-31（e）～（h）。应变 ε_{max}＝1.3% 断口，源区可见较宽的疲劳条带＋二次裂纹，疲劳扩展区极小，距源区边缘约 0.7mm 处疲劳扩展区呈沿晶韧窝＋疲劳条带特征，见图 1.3-31（i）、（j）。

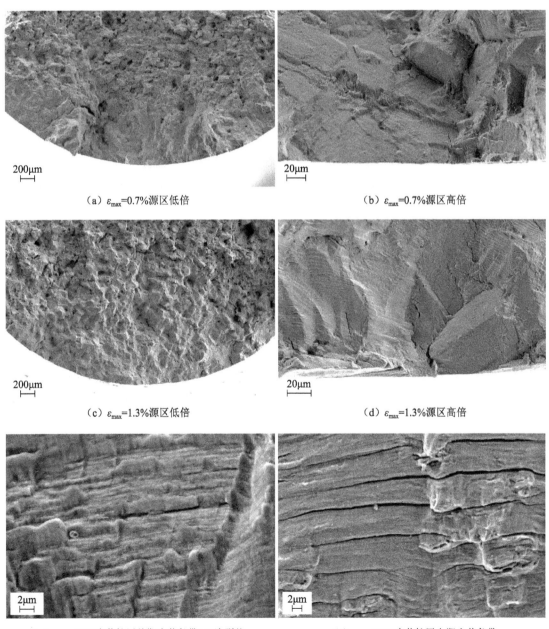

（a）ε_{max}＝0.7%源区低倍

（b）ε_{max}＝0.7%源区高倍

（c）ε_{max}＝1.3%源区低倍

（d）ε_{max}＝1.3%源区高倍

（e）ε_{max}＝0.7%疲劳扩展前期疲劳条带+二次裂纹

（f）ε_{max}＝0.7%疲劳扩展中期疲劳条带

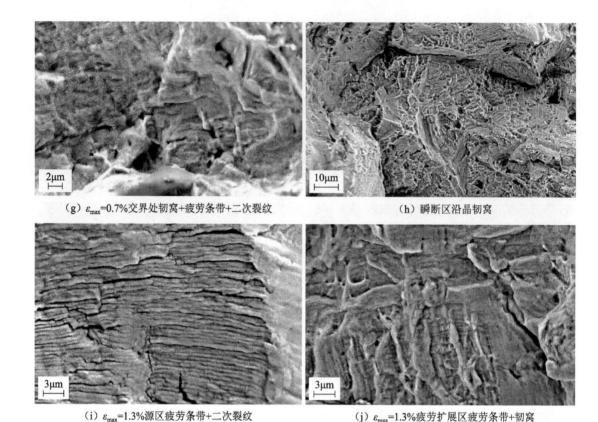

（g）ε_{max}=0.7%交界处韧窝+疲劳条带+二次裂纹　　　　　（h）瞬断区沿晶韧窝

（i）ε_{max}=1.3%源区疲劳条带+二次裂纹　　　　　（j）ε_{max}=1.3%疲劳扩展区疲劳条带+韧窝

图1.3-31　500℃、R_ε=−1低周断口微观形貌

4. 650℃

（1）宏观特征：两个应变比、不同应变条件下断口氧化严重，疲劳区呈黑灰色。两个应变比下断口无明显差异，均由一侧表面起始，低应变到高应变条件下，源区由单源、短线源发展成多源、线源特征，且可见撕裂台阶（如 R_ε=0.1、ε_{max}=2.0% 和 ε_{max}=1.0%）。部分断口可见两个（如 R_ε=0.1、ε_{max}=1.0% 和 R_ε=−1、ε_{max}=0.6%）或多个疲劳区（R_ε=0.1、ε_{max}=2.0%），主疲劳区位于一侧。两个应变比下，随应变条件增加，疲劳扩展区面积无明显对应趋势，应变比 R_ε=0.1 疲劳区面积为 40% ～ 25%，应变比 R_ε=−1 疲劳区面积为 45% ～ 10%，见图 1.3-32 ～图 1.3-33。

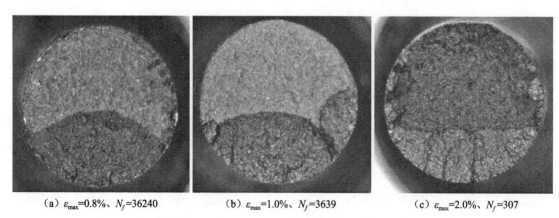

（a）ε_{max}=0.8%、N_f=36240　　　　（b）ε_{max}=1.0%、N_f=3639　　　　（c）ε_{max}=2.0%、N_f=307

图1.3-32　650℃、R_ε=0.1低周疲劳断口宏观形貌

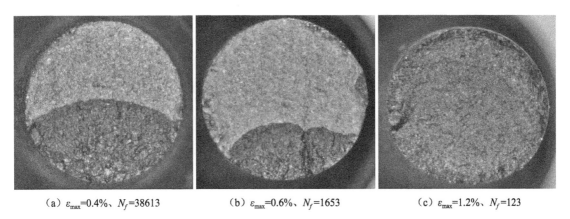

（a）$\varepsilon_{\max}$=0.4%、N_f=38613　　（b）$\varepsilon_{\max}$=0.6%、N_f=1653　　（c）$\varepsilon_{\max}$=1.2%、N_f=123

图 1.3-33　650℃、R_ε=−1 低周疲劳断口宏观形貌

（2）微观特征：650℃、两个应变比、不同应变条件下，断口氧化覆盖严重，起源均在表面，大部分断口源区均可见沿晶特征，应变比 R_ε=0.1、$\varepsilon_{\max}$=0.8% 断口源区沿晶特征不明显，见图 1.3-34。两个应变比、不同应变条件下，疲劳区形貌差异不明显，疲劳扩展区断面粗糙，呈沿晶 + 疲劳特征，扩展前期疲劳条带数量较少，间距较窄，扩展中期疲劳条带数量增多，间距加宽，扩展后期呈疲劳条带 + 沿晶韧窝 + 二次裂纹。所有瞬断区为沿晶韧窝，见图 1.3-35。

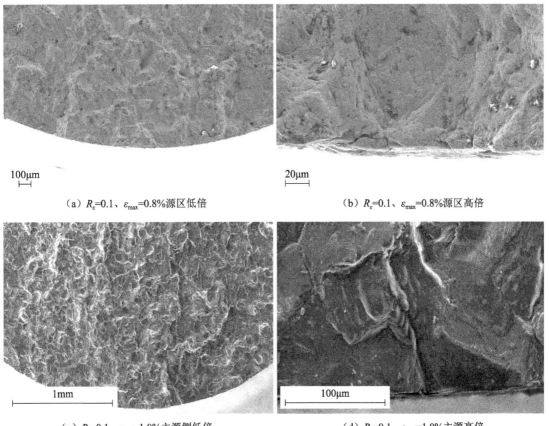

（a）R_ε=0.1、$\varepsilon_{\max}$=0.8%源区低倍　　　　　　　（b）R_ε=0.1、$\varepsilon_{\max}$=0.8%源区高倍

（c）R_ε=0.1、$\varepsilon_{\max}$=1.0%主源侧低倍　　　　　　　（d）R_ε=0.1、$\varepsilon_{\max}$=1.0%主源高倍

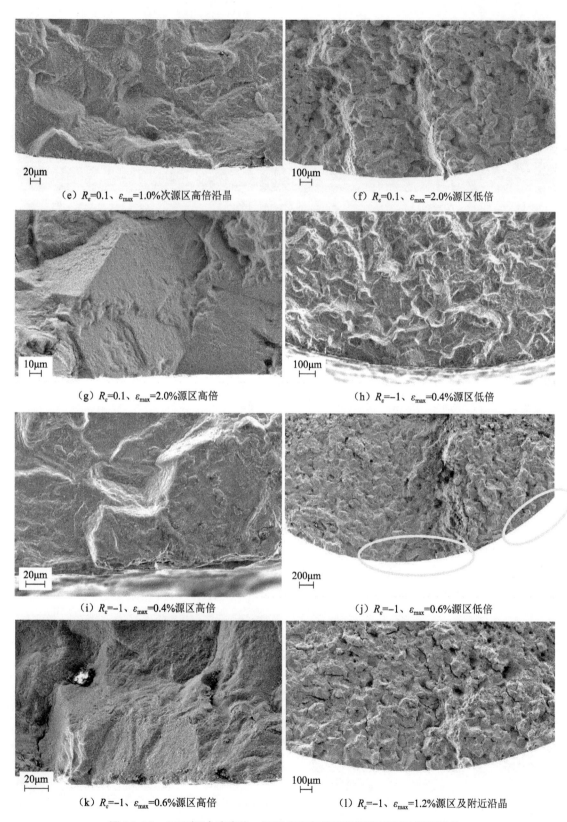

（e）R_ε=0.1、ε_{max}=1.0%次源区高倍沿晶

（f）R_ε=0.1、ε_{max}=2.0%源区低倍

（g）R_ε=0.1、ε_{max}=2.0%源区高倍

（h）R_ε=-1、ε_{max}=0.4%源区低倍

（i）R_ε=-1、ε_{max}=0.4%源区高倍

（j）R_ε=-1、ε_{max}=0.6%源区低倍

（k）R_ε=-1、ε_{max}=0.6%源区高倍

（l）R_ε=-1、ε_{max}=1.2%源区及附近沿晶

图1.3-34　650℃两个应变比、不同应变条件下低周断口源区微观形貌

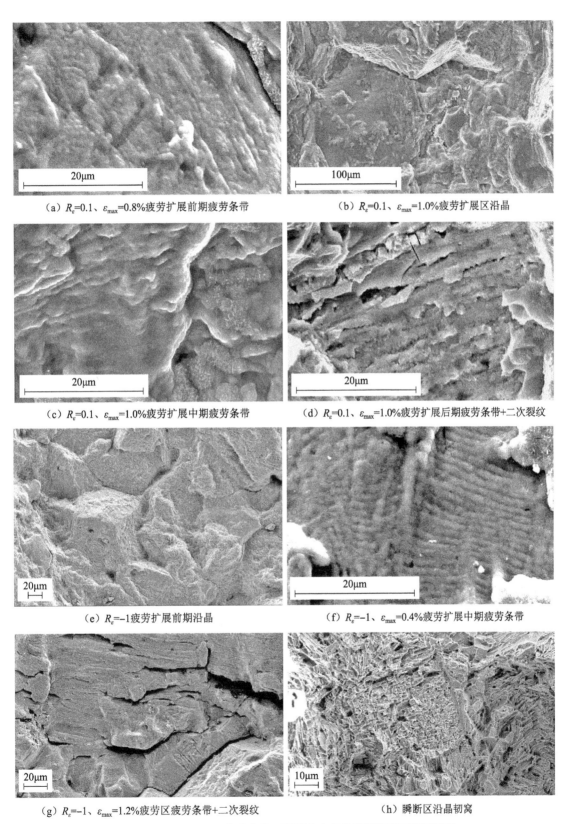

（a）R_ε=0.1、ε_{max}=0.8%疲劳扩展前期疲劳条带

（b）R_ε=0.1、ε_{max}=1.0%疲劳扩展区沿晶

（c）R_ε=0.1、ε_{max}=1.0%疲劳扩展中期疲劳条带

（d）R_ε=0.1、ε_{max}=1.0%疲劳扩展后期疲劳条带+二次裂纹

（e）R_ε=-1疲劳扩展前期沿晶

（f）R_ε=-1、ε_{max}=0.4%疲劳扩展中期疲劳条带

（g）R_ε=-1、ε_{max}=1.2%疲劳区疲劳条带+二次裂纹

（h）瞬断区沿晶韧窝

图 1.3-35　650℃、两个应变比、不同应变条件下低周断口微观形貌

1.4 GH2132

1.4.1 概述

GH2132 是 Fe-25Ni-15Cr 基高温合金，加入 Mo、Ti、Al、V 及微量 B 综合强化，在 650℃ 以下具有高的屈服强度和持久、蠕变强度，并且具有较好的加工塑性和满意的焊接性能，适合制造在 650℃ 以下长期工作的航空发动机高温承力部件，如涡轮盘、压气机盘、转子叶片和紧固件等。该合金可以生产各种类型的变形产品，如盘件、锻件、板、棒、丝和环形件等。

1.4.2 组织结构

本书中 GH2132 性能试样取自优质 GH2132 棒材，采用的热处理制度为：固溶 900℃ × 1.5h，油冷；时效 705℃ × 16h，空冷；650℃ × 16h，空冷，该热处理制度下的合金显微组织特征见图 1.4-1，组织为奥氏体晶粒，显微组织中 γ′ 相基本为球状，尺寸约数十纳米。

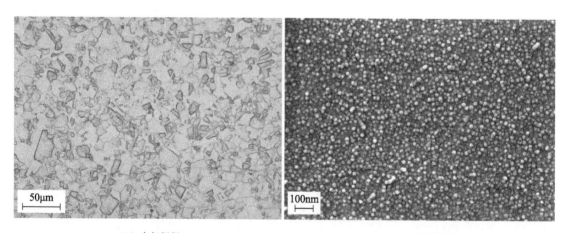

（a）金相组织　　　　　　　　　　　　　　　　（b）显微组织

图 1.4-1　GH2132 显微组织特征

1.4.3 断口特征

1.4.3.1 光滑拉伸

（1）宏观特征：GH2132 在不同温度下（100～650℃）的拉伸断口：100℃ 下拉伸断口呈银灰色，300℃ 下呈暗灰色，400℃ 下呈浅棕色，500℃ 下呈黄棕色，600℃ 下呈蓝紫色，650℃ 下呈蓝色，断口侧面颜色随着温度由银灰色逐渐转变为金黄色（300～400℃）→蓝紫色（500℃）→蓝灰色（600～650℃）。所有断口均有明显的颈缩，断口呈现典型的杯锥状断口形貌，分为中心纤维区和四周剪切唇区两个区，四周光滑的剪切唇区与平断面呈一定角度。随着温度升高纤维区面积所占比例呈下降的趋势，到 650℃ 中心纤维区面积又变大（100℃、300℃、650℃拉伸断口纤维区面积相当），随着温度升高侧面颈缩变大，见图 1.4-2。

（a）断口侧面

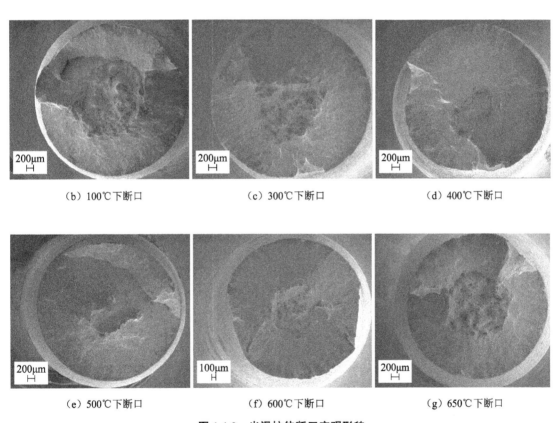

（b）100℃下断口　　　　　（c）300℃下断口　　　　　（d）400℃下断口

（e）500℃下断口　　　　　（f）600℃下断口　　　　　（g）650℃下断口

图 1.4-2　光滑拉伸断口宏观形貌

（2）微观特征：光滑拉伸断口微观特征基本相同，均为韧窝断裂形貌。断裂起源于试样中部，纤维区为等轴韧窝形貌，边缘剪切唇区为较浅的拉长韧窝。随着试验温度的升高可见到韧窝内强化相质点，纤维区开始出现大且深的韧窝，其大韧窝里的强化相质点开始明显，沿韧窝内强化相质点发生开裂的现象更加明显。随着试验温度的升高边缘剪切唇的韧窝形貌逐渐拉长，见图 1.4-3。

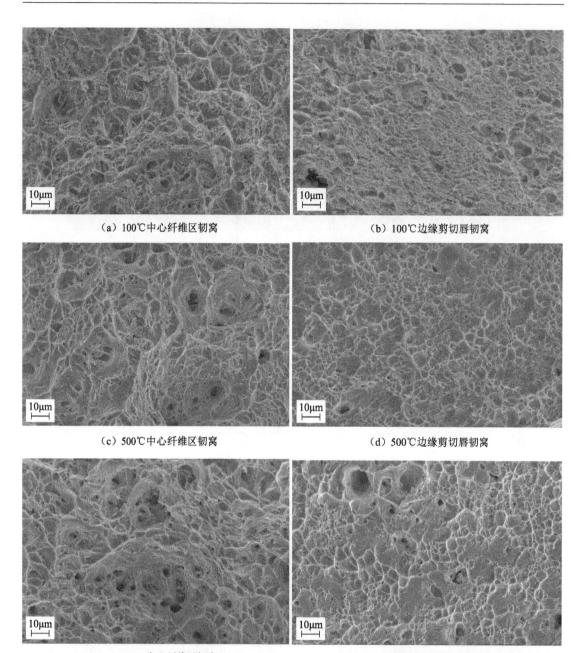

（a）100℃中心纤维区韧窝　　　　　　　　（b）100℃边缘剪切唇韧窝

（c）500℃中心纤维区韧窝　　　　　　　　（d）500℃边缘剪切唇韧窝

（e）650℃中心纤维区韧窝　　　　　　　　（f）650℃边缘剪切唇韧窝

图1.4-3　不同试验温度下拉伸断口微观形貌

1.4.3.2　缺口拉伸

1. $K_t=2$

（1）宏观特征：断裂于缺口处，断口无颈缩，断口粗糙；放射区、剪切唇两个区特征不明显，基本为纤维区特征。室温与300℃下断口颜色无差异，颜色为银灰色，500℃下断口颜色呈浅棕色，见图1.4-4。

（2）微观特征：断口微观主要为等轴韧窝形貌，边缘局部可见到剪切唇。韧窝底部可见强化相质点，部分强化相质点发生开裂，见图1.4-5。

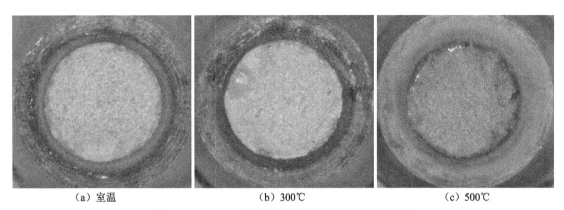

（a）室温　　　　　　　　　（b）300℃　　　　　　　　　（c）500℃

图 1.4-4　K_t=2、不同温度下缺口拉伸断口宏观形貌

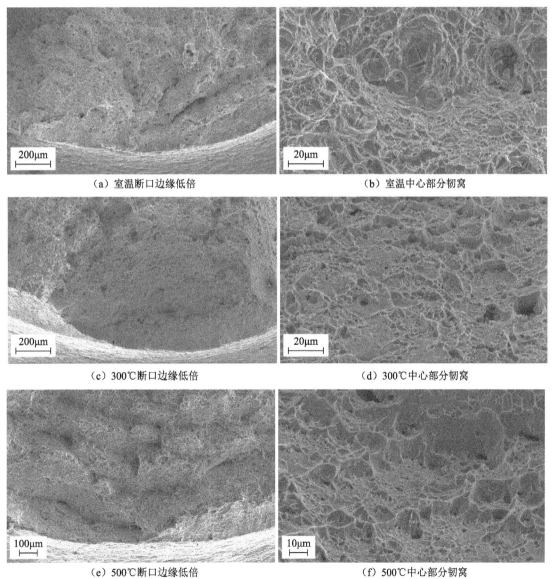

（a）室温断口边缘低倍　　　　　　　　　　　（b）室温中心部分韧窝

（c）300℃断口边缘低倍　　　　　　　　　　　（d）300℃中心部分韧窝

（e）500℃断口边缘低倍　　　　　　　　　　　（f）500℃中心部分韧窝

图 1.4-5　K_t=2、不同温度下拉伸断口微观形貌

2. $K_t=4$

（1）宏观特征：缺口拉伸断口呈灰色，断口无颈缩，断口较 $K_t=2$ 断口平坦；基本为纤维区特征。室温与 300℃ 下断口颜色无差异，试样表面颜色有差异，室温下试样表面颜色为银色，300℃ 下试样表面颜色为浅黄色，见图 1.4-6。

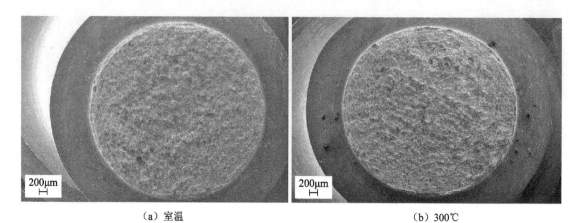

（a）室温 　　　　　　　　　　　　　　　（b）300℃

图 1.4-6　缺口 $K_t=4$ 拉伸断口宏观形貌

（2）微观特征：断口微观主要为等轴韧窝形貌，与 $K_t=2$ 断口比较，断口边缘几乎见不到剪切唇。韧窝底部可见强化相质点，部分强化相质点发生开裂，300℃ 断口韧窝比室温断口略大，见图 1.4-7。

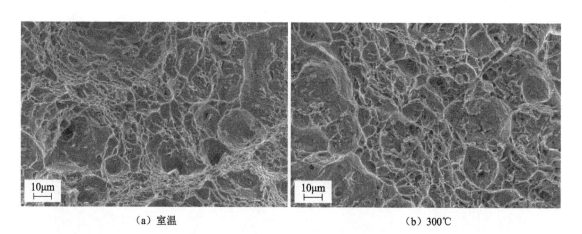

（a）室温 　　　　　　　　　　　　　　　（b）300℃

图 1.4-7　缺口 $K_t=4$ 拉伸断口微观形貌

1.4.3.3　光滑旋弯疲劳

（1）宏观特征：300℃、$R=-1$ 光滑旋弯疲劳断口呈灰色，断口无塑性变形，低应力下（$\sigma_{max}=500\text{MPa}$ 和 $\sigma_{max}=540\text{MPa}$）疲劳裂纹起始于断口一侧表面，向另一侧扩展，疲劳扩展区平坦光滑，高应力下（680MPa）疲劳从断口四周多源起源，往中心扩展，中心为瞬断区。且随着应力的增大，疲劳扩展区面积逐渐减小，断口高差增大，见图 1.4-8。

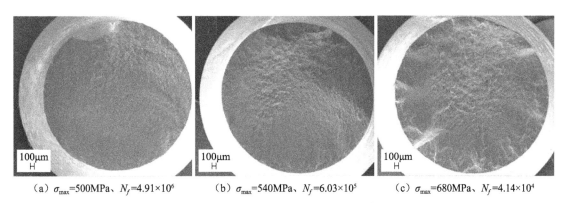

（a）σ_{max}=500MPa、N_f=4.91×10⁶　　　（b）σ_{max}=540MPa、N_f=6.03×10⁵　　　（c）σ_{max}=680MPa、N_f=4.14×10⁴

图 1.4-8　300℃、K_t=1、R=−1 旋弯疲劳断口宏观形貌

（2）微观特征：低应力下（σ_{max}=500MPa 和 σ_{max}=540MPa）两个断口疲劳起始于表面，单个点源，源区平坦未见冶金缺陷，可见一定的磨损特征；高应力下疲劳起始于四周表面，为线源起始，放射棱线粗，源区未见明显加工和冶金缺陷。3 个断口疲劳扩展区和瞬断区特征一致，以 540MPa 应力下断口为例，疲劳扩展区可见疲劳条带，随着裂纹的扩展，可见逐渐加宽的疲劳条带，疲劳扩展后期出现条带与韧窝混合形貌，瞬断区为韧窝形貌，见图 1.4-9。疲劳条带间距：疲劳扩展前期 350nm，中期 500nm，后期 1000nm。

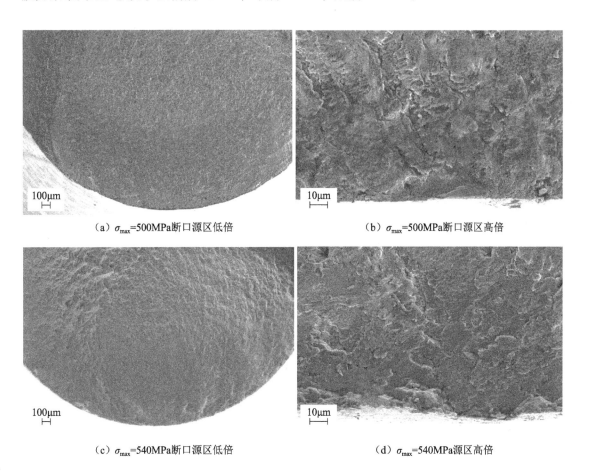

（a）σ_{max}=500MPa断口源区低倍　　　　　（b）σ_{max}=500MPa断口源区高倍

（c）σ_{max}=540MPa断口源区低倍　　　　　（d）σ_{max}=540MPa源区高倍

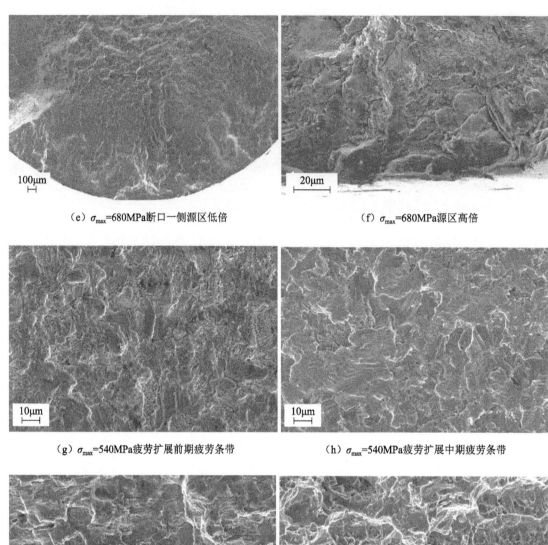

(e) σ_{max}=680MPa断口一侧源区低倍   (f) σ_{max}=680MPa源区高倍

(g) σ_{max}=540MPa疲劳扩展前期疲劳条带   (h) σ_{max}=540MPa疲劳扩展中期疲劳条带

(i) σ_{max}=540MPa疲劳扩展后期疲劳条带   (j) σ_{max}=540MPa瞬断区韧窝

图 1.4-9　300℃、K_t=1、R=−1 下旋弯疲劳断口微观形貌

1.4.3.4　低周应变疲劳

1. 室温、R=0.1

（1）宏观特征：室温下应变疲劳断口颜色呈灰色或银灰色，4 个断口均从试样一侧起源，呈明显的线源特征，且随着应变增大，源区棱线越粗、台阶高差越大。应变相对较低的两个断口疲劳区相对平坦，瞬断区位于试样另一侧，瞬断区以与主断口呈一定角度的剪切瞬断区为主。应变高的两个断口疲劳区粗糙，且后期有一段快速扩展区或平断的瞬断区，最后再出现剪切瞬断区。随着应变的增大，断口上稳定疲劳区面积逐渐减小，应变为 0.45% 的断口疲劳稳定扩展区面积约占整个断口面积的 30%；应变为 0.9% 的断口疲劳稳定扩展区面积约占整个断口面积的 20%；应变为 1.35% 的断口疲劳稳定扩展区面积约占整个断口面积的 5%，见图 1.4-10。

（a）$\Delta\varepsilon_{max}/2=0.45\%$、$N_f=21101$　　　　　　　（b）$\Delta\varepsilon_{max}/2=0.68\%$、$N_f=5284$

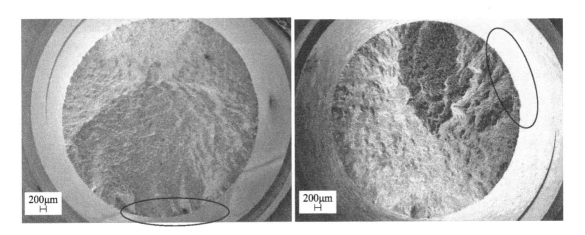

（c）$\Delta\varepsilon_{max}/2=0.90\%$、$N_f=2631$　　　　　　　（d）$\Delta\varepsilon_{max}/2=1.35\%$、$N_f=475$

图 1.4-10　室温、$R_\varepsilon=0.1$ 应变疲劳断口宏观形貌

（2）微观特征：4 个断口疲劳均起始于试样表面，均为线源起始；以 $\Delta\varepsilon_{max}/2=1.35\%$ 的断口为例，高应变下的断口疲劳源区磨损更重，放射棱线更粗大，疲劳扩展区可见疲劳条带，随着裂纹的扩展，可见逐渐加宽的疲劳条带和二次裂纹特征，疲劳扩展后期出现条带与韧窝混合形貌，瞬断区为韧窝形貌，见图 1.4-11。疲劳条带间距：疲劳扩展初期 350nm，中期 1000nm，后期 1600nm。

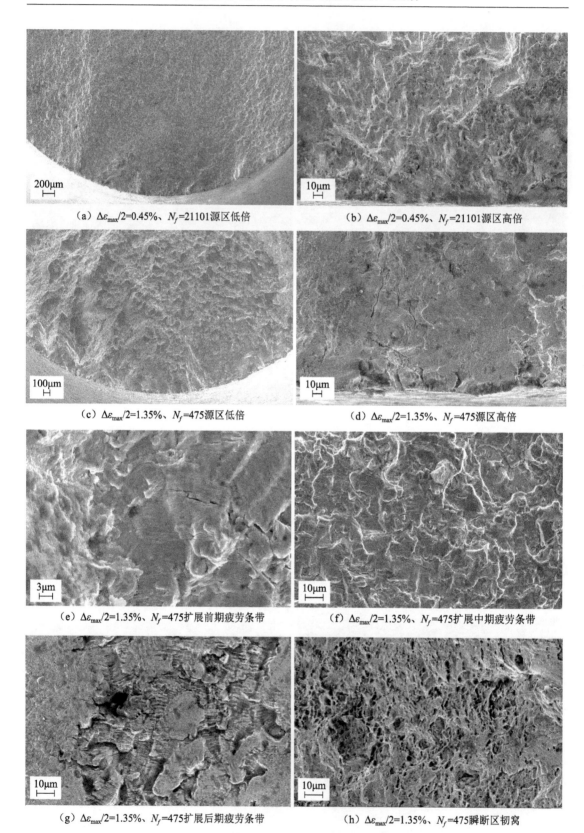

（a）$\Delta\varepsilon_{max}/2=0.45\%$、$N_f=21101$源区低倍

（b）$\Delta\varepsilon_{max}/2=0.45\%$、$N_f=21101$源区高倍

（c）$\Delta\varepsilon_{max}/2=1.35\%$、$N_f=475$源区低倍

（d）$\Delta\varepsilon_{max}/2=1.35\%$、$N_f=475$源区高倍

（e）$\Delta\varepsilon_{max}/2=1.35\%$、$N_f=475$扩展前期疲劳条带

（f）$\Delta\varepsilon_{max}/2=1.35\%$、$N_f=475$扩展中期疲劳条带

（g）$\Delta\varepsilon_{max}/2=1.35\%$、$N_f=475$扩展后期疲劳条带

（h）$\Delta\varepsilon_{max}/2=1.35\%$、$N_f=475$瞬断区韧窝

图1.4-11　室温、$R_\varepsilon=0.1$应变疲劳断口微观形貌

2. 室温、$R_\varepsilon = -1$

（1）宏观特征：室温下、$R_\varepsilon = -1$ 应变疲劳断口呈银灰色，3 个断口疲劳沿试样一侧起始向另一侧扩展，呈线源特征，低应变下断口源区和疲劳区相对平坦，高应变下源区和疲劳区更为粗糙，放射棱线粗大。瞬断区分平断区和剪切瞬断区，高应变下疲劳区和平断的瞬断区交界不明显，剪切瞬断区与主断口呈一定角度。应变为 0.54% 的断口疲劳稳定扩展区面积约占整个断口面积的 30%，应变为 0.76% 的约占 20%，应变为 1.0% 的约占 10%，随着应变的增大断口上平坦的疲劳区面积逐渐减小，断口磨损程度加重，见图 1.4-12。

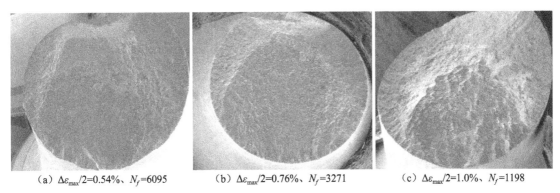

（a）$\Delta\varepsilon_{max}/2 = 0.54\%$、$N_f = 6095$　　（b）$\Delta\varepsilon_{max}/2 = 0.76\%$、$N_f = 3271$　　（c）$\Delta\varepsilon_{max}/2 = 1.0\%$、$N_f = 1198$

图 1.4-12　室温、$R_\varepsilon = -1$ 应变疲劳断口宏观形貌

（2）微观特征：3 个断口疲劳均起始于试样表面，为线源起始，以 $\Delta\varepsilon_{max}/2 = 1.0\%$ 断口为例，源区磨损严重，疲劳区局部可见疲劳条带，疲劳扩展前期条带较细，随着裂纹的扩展，疲劳条带间距逐渐加宽，疲劳条带宽度：初期 450nm，中期 1000nm，后期 1200nm，见图 1.4-13。

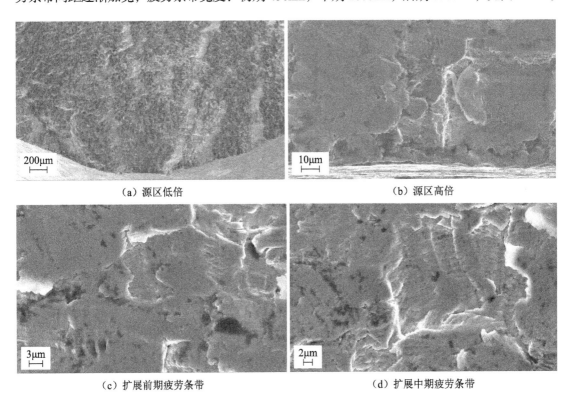

（a）源区低倍　　　　　　　　　　　　（b）源区高倍

（c）扩展前期疲劳条带　　　　　　　　（d）扩展中期疲劳条带

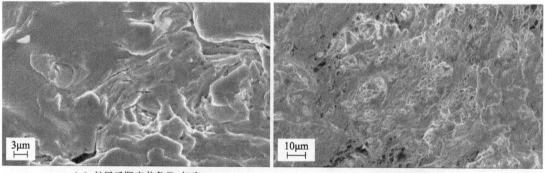

（e）扩展后期疲劳条带+韧窝 （f）瞬断区韧窝

图 1.4-13 室温、$R_\varepsilon=-1$ 应变疲劳断口微观形貌（以 $\Delta\varepsilon_{max}/2=1.0\%$、$N_f=1198$ 图示）

3. 300℃

（1）宏观特征：300℃下光滑应变疲劳断口可见浅棕黄色和灰色两种颜色，从颜色上可判断疲劳扩展区和瞬断区，浅棕黄色区为稳定疲劳扩展区和失稳扩展区，灰色区为瞬断区。两个应力比下的 6 个断口均从一侧起源，有一定的线源特征，且同一应力比下，随着应变增大，线源范围变大。稳定疲劳扩展区相对平坦，瞬断区分平断区和剪切瞬断区，且大部分断口剪切瞬断区面积比例更大。疲劳区面积和应变无明显的对应关系，即疲劳区面积不一定随应变增大而变小。稳定疲劳扩展区面积整体为 10%～30%。$R_\varepsilon=0.1$ 和 $R_\varepsilon=-1$ 两个应变比下的断口宏观特征规律不明显，见图 1.4-14、图 1.4-15。

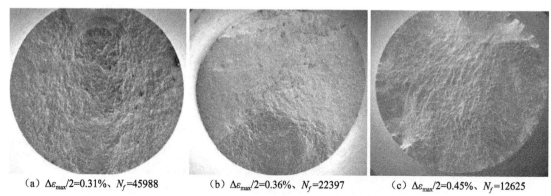

（a）$\Delta\varepsilon_{max}/2=0.31\%$、$N_f=45988$ （b）$\Delta\varepsilon_{max}/2=0.36\%$、$N_f=22397$ （c）$\Delta\varepsilon_{max}/2=0.45\%$、$N_f=12625$

图 1.4-14 300℃、$R_\varepsilon=0.1$ 应变疲劳断口宏观形貌

（a）$\Delta\varepsilon_{max}/2=0.3\%$、$N_f=78130$ （b）$\Delta\varepsilon_{max}/2=0.4\%$、$N_f=16655$ （c）$\Delta\varepsilon_{max}/2=0.75\%$、$N_f=2022$

图 1.4-15 300℃、$R_\varepsilon=-1$ 应变疲劳断口宏观形貌

（2）微观特征：$R_\varepsilon=0.1$ 和 $R_\varepsilon=-1$ 两个应变比下断口疲劳起始于试样表面，为线源起始，源区未见明显的加工和冶金缺陷，但源区均比较粗糙，但 $R_\varepsilon=-1$ 的断口相比于 $R_\varepsilon=0.1$ 断口源区磨损更为严重。300℃下的断口放射棱线没有室温下的应变疲劳断口明显。疲劳扩展区和瞬断区特征基本一致：均可见典型的稳定疲劳扩展区及条带特征，在疲劳扩展初期为短小、细密的疲劳条带和少量的二次裂纹特征，与室温下的应变断口差别不大。随着裂纹的扩展，疲劳条带间距逐渐加宽，300℃下的应变疲劳断口疲劳区条带宽度相对都较细，整体约为 200～800nm。瞬断区主要为剪切韧窝形貌，见图 1.4-16。

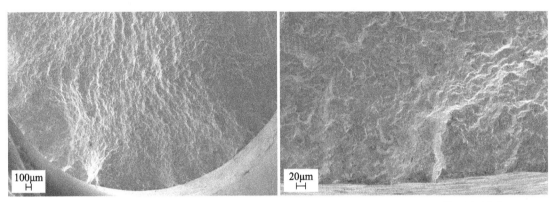

（a）$R=0.1$、$\Delta\varepsilon_{max}/2=0.45\%$断口源区低倍 　　　　　（b）$R=0.1$、$\Delta\varepsilon_{max}/2=0.45\%$断口源区高倍

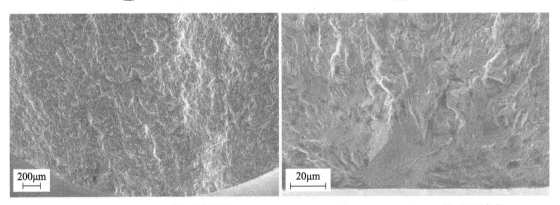

（c）$R=-1$、$\Delta\varepsilon_{max}/2=0.3\%$断口源区低倍 　　　　　（d）$R=-1$、$\Delta\varepsilon_{max}/2=0.3\%$断口源区高倍

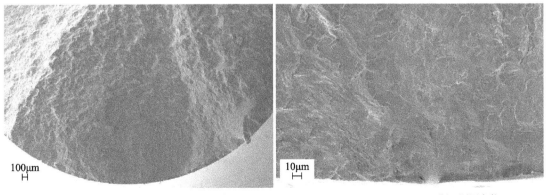

（e）$R_x=-1$、$\Delta\varepsilon_{max}/2=0.75\%$断口源区低倍 　　　　　（f）$R=-1$、$\Delta\varepsilon_{max}/2=0.75\%$断口源区高倍

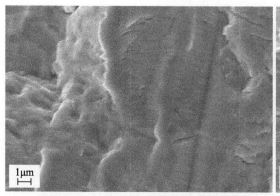
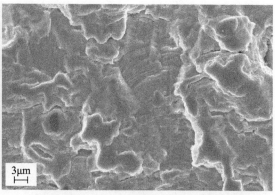

（g）R=0.1、$\Delta\varepsilon_{max}/2$=0.45%断口扩展前期疲劳条带　　　　（h）$R$=0.1、$\Delta\varepsilon_{max}/2$=0.45%断口扩展中期疲劳条带

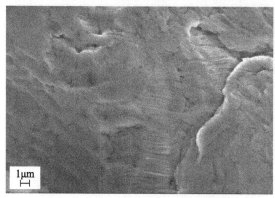
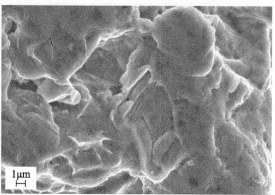

（i）R_x=−1、$\Delta\varepsilon_{max}/2$=0.75%断口扩展前期疲劳条带　　　（j）$R$=−1、$\Delta\varepsilon_{max}/2$=0.75%断口扩展中期疲劳条带

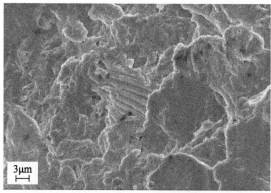
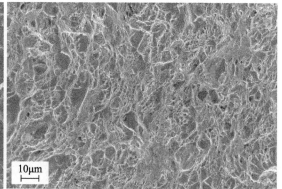

（k）R=−1、$\Delta\varepsilon_{max}/2$=0.75%断口扩展后期疲劳条带　　　　（l）$R$=−1、$\Delta\varepsilon_{max}/2$=0.75%断口剪切瞬断区韧窝

图 1.4-16　300℃下应变疲劳断口微观形貌

4. 600℃

（1）宏观特征：600℃下的应变疲劳断口疲劳区呈蓝灰色，瞬断区呈棕黄色。R_ε=0.1下低应变（$\Delta\varepsilon_{max}/2$=0.36%和$\Delta\varepsilon_{max}/2$=0.45%）的两个断口起源在试样一侧，呈单线源特征，高应变下（$\Delta\varepsilon_{max}/2$=0.67%）一侧可见一主源，但主源两侧还可见多个小线源，呈连续多源的特点，且各源区间可见台阶。R_ε=−1下的3个断口应变均较高，断口均表现连续多源的特点，其中应变0.75%和应变1.0%的断口沿试样圆周多源起源，应变1.4%的断口一侧多源源区

范围占整个周长的一半。除 $R_\varepsilon=-1$、$\Delta\varepsilon_{max}/2=1.4\%$ 的断口疲劳区粗糙外，其他断口均可见一定的平坦疲劳区，尤其是 $R_\varepsilon=0.1$ 下的 3 个断口。随着应变幅的增大，光滑平坦的疲劳区面积逐渐缩小。$R_\varepsilon=0.1$ 下应变为 0.36% 和 0.45% 的断口疲劳起源为大线源，疲劳稳定扩展区约占整个断口的 30%；应变为 0.67% 的断口疲劳起源为多源，疲劳稳定扩展区约占整个断口的 20%。源区在一侧的断口在疲劳区对面的瞬断区分平断区（失稳扩展区）和剪切瞬断区，剪切瞬断区为与主断口呈一定角度的剪切断口。四周连续起源的断口瞬断区在试样中部偏一侧，起伏较大，有一定的斜断形貌，见图 1.4-17 和图 1.4-18。

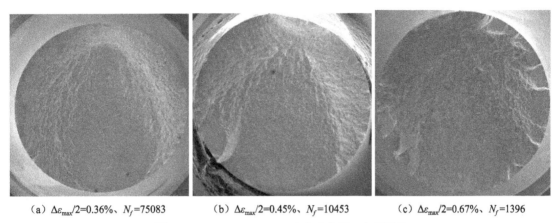

（a）$\Delta\varepsilon_{max}/2=0.36\%$、$N_f=75083$　　（b）$\Delta\varepsilon_{max}/2=0.45\%$、$N_f=10453$　　（c）$\Delta\varepsilon_{max}/2=0.67\%$、$N_f=1396$

图 1.4-17　600℃、$R_\varepsilon=0.1$ 应变疲劳断口宏观形貌

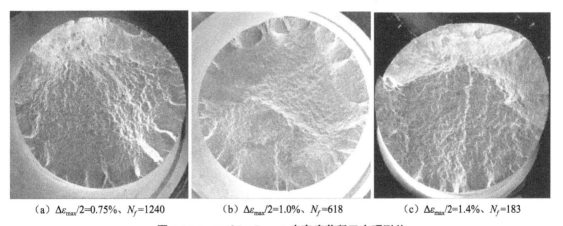

（a）$\Delta\varepsilon_{max}/2=0.75\%$、$N_f=1240$　　（b）$\Delta\varepsilon_{max}/2=1.0\%$、$N_f=618$　　（c）$\Delta\varepsilon_{max}/2=1.4\%$、$N_f=183$

图 1.4-18　600℃、$R_\varepsilon=-1$ 应变疲劳断口宏观形貌

（2）微观形貌：$R_\varepsilon=0.1$ 与 $R_\varepsilon=-1$ 两个应变比下的疲劳断口，疲劳起始于试样表面，600℃下的断口源区放射线不明显，断口疲劳源区以类解理特征为主，局部可见沿晶断裂特征。但随着应变幅的增大，放射棱线更清晰，疲劳源区磨损更严重。疲劳扩展区和瞬断区特征基本一致：均可见典型的稳定疲劳扩展区及条带特征，疲劳扩展区断口大部分磨损，前期条带较细，随着裂纹的扩展，疲劳条带间距逐渐加宽，疲劳扩展后期可见清晰的疲劳条带和二次裂纹；瞬断区韧窝内可见开裂的碳化物质点，见图 1.4-19 和图 1.4-20。以 $\Delta\varepsilon_{max}/2=0.67\%$ 为例，$R_\varepsilon=0.1$ 下疲劳条带宽度：疲劳扩展初期 700nm，中期 1000nm，后期 2000nm。以 $\Delta\varepsilon_{max}/2=0.75\%$ 为例，$R_\varepsilon=-1$ 断口疲劳扩展初期 460nm，中期 1300nm，后期 2000nm。

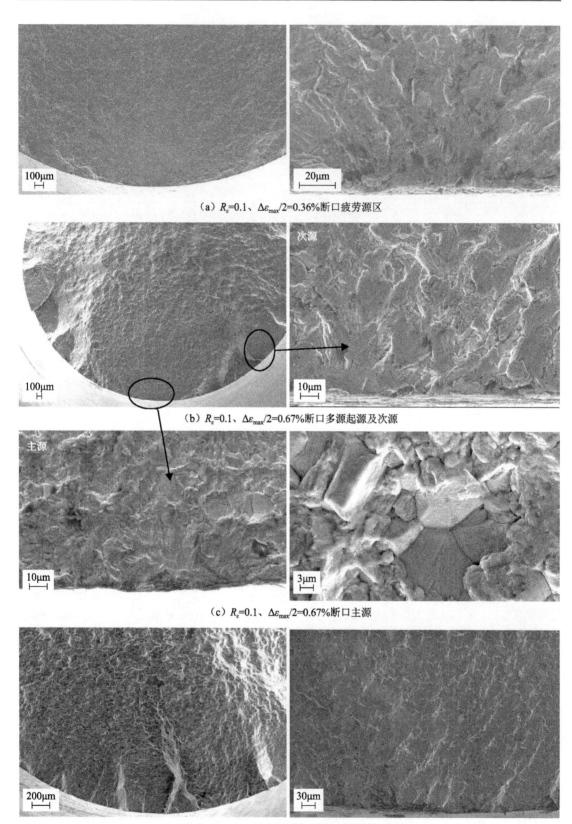

（a）R_ε=0.1、$\Delta\varepsilon_{max}$/2=0.36%断口疲劳源区

（b）R_ε=0.1、$\Delta\varepsilon_{max}$/2=0.67%断口多源起源及次源

（c）R_ε=0.1、$\Delta\varepsilon_{max}$/2=0.67%断口主源

（d）R_ε=-1、$\Delta\varepsilon_{max}$/2=0.75%断口多源起源及其一源区

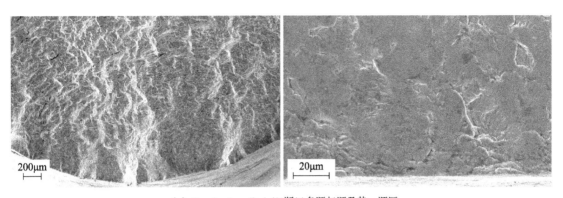

（e）$R_\varepsilon=-1$、$\Delta\varepsilon_{max}/2=1.4\%$断口多源起源及其一源区

图 1.4-19　600℃、两个应变比、不同应变下应变疲劳源区微观形貌

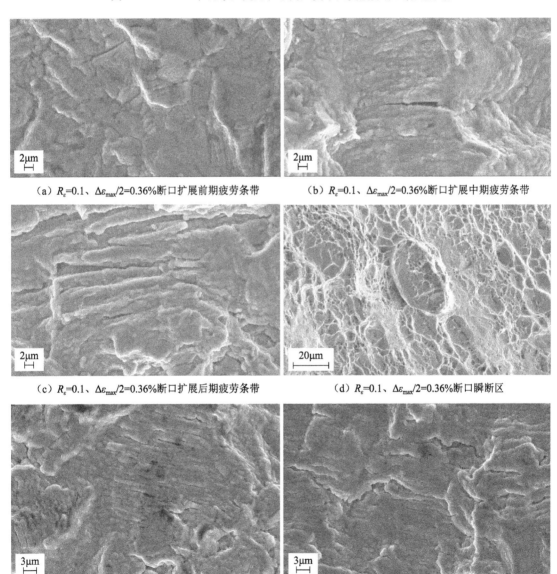

（a）$R_\varepsilon=0.1$、$\Delta\varepsilon_{max}/2=0.36\%$断口扩展前期疲劳条带　　　（b）$R_\varepsilon=0.1$、$\Delta\varepsilon_{max}/2=0.36\%$断口扩展中期疲劳条带

（c）$R_\varepsilon=0.1$、$\Delta\varepsilon_{max}/2=0.36\%$断口扩展后期疲劳条带　　　（d）$R_\varepsilon=0.1$、$\Delta\varepsilon_{max}/2=0.36\%$断口瞬断区

（e）$R_\varepsilon=0.1$、$\Delta\varepsilon_{max}/2=0.67\%$断口扩展前期疲劳条带　　　（f）$R_\varepsilon=0.1$、$\Delta\varepsilon_{max}/2=0.67\%$断口扩展中期疲劳条带

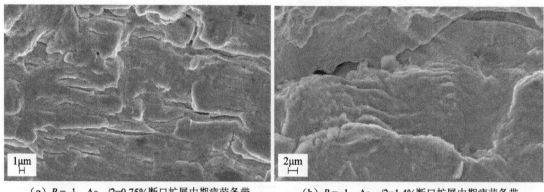

（g）$R_\varepsilon=-1$、$\Delta\varepsilon_{max}/2=0.75\%$断口扩展中期疲劳条带 　（h）$R_\varepsilon=-1$、$\Delta\varepsilon_{max}/2=1.4\%$断口扩展中期疲劳条带

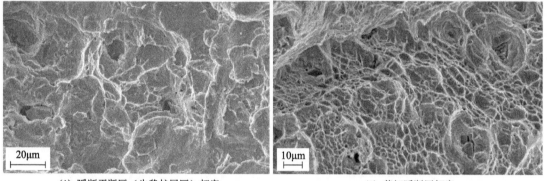

（i）瞬断平断区（失稳扩展区）韧窝 　　　　　（j）剪切瞬断区韧窝

图 1.4-20　600℃下应变疲劳断口微观形貌

1.5　MGH754

1.5.1　概述

　　MGH754（美国牌号 MA754）是一种性能优异的氧化物弥散强化高温合金，与传统高温合金利用析出沉淀相进行强化有所不同，它是利用纳米级（<50nm）的 Y_2O_3 粒子对基体进行弥散强化，使合金在高温下具有高强度和高抗氧化性的一种高温合金。MGH754 在承受 1100℃以上的工作高温时表现出十分优异的抗高温蠕变、高温疲劳、高温氧化和抗热腐蚀等优异性能，因此该合金在 20 世纪 70 年代被开发出来后广泛应用于航空航天发动机的耐高温部件，如涡轮叶片和一些环形件等。在国内，主要是对 MGH754 棒材加工成高温端零部件进行使用。

1.5.2　组织结构

　　本书中 MGH754 采用热轧板材，后续进行再结晶退火处理，再结晶退火制度为：1315 ～ 1335℃，保温 1h，空冷。其再结晶退火后显微组织特征见图 1.5-1，组织为单相奥氏体。

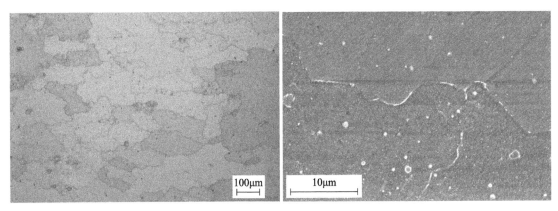

（a）金相组织 　　　　　　　　　　　　（b）显微组织

图 1.5-1　MGH754 再结晶退火后显微组织特征

1.5.3　断口特征

1.5.3.1　光滑拉伸

（1）宏观特征：室温下，MGH754 的光滑拉伸断口可见明显颈缩，且从侧面看出明显轴向褶皱等塑性变形线，断口呈现扁平变形的杯锥状形貌，分为两个区，分别为心部起源的纤维区和边缘剪切唇区，见图 1.5-2。

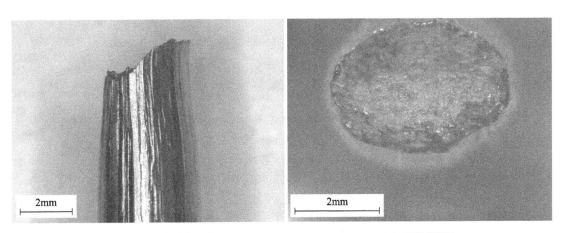

（a）断口侧面塑性变形线 　　　　　　　　　（b）杯锥状断面

图 1.5-2　室温下光滑拉伸断口宏观形貌

（2）微观特征：MGH754 室温光滑拉伸断口微观特征整体为韧窝形貌，但由于组织上有明显的热轧方向性，其中心纤维区和边缘的剪切唇韧窝特征均不典型，中心纤维区韧窝不规则，整体呈现沿热轧方向排布，且有些准解理的台阶形；边缘剪切唇区韧窝整体更为细小，且比传统典型的剪切唇区更粗糙，见图 1.5-3。

（a）心部纤维区

（b）边缘剪切唇区

图 1.5-3　室温下光滑拉伸断裂微观形貌

1.5.3.2　缺口拉伸

1. 室温缺口拉伸

（1）宏观特征：MGH754 室温缺口拉伸断口宏观均未见明显颈缩，断口整体呈现为与轴向垂直的粗糙断面，但断面上有一定的分层二次裂纹，见图 1.5-4。

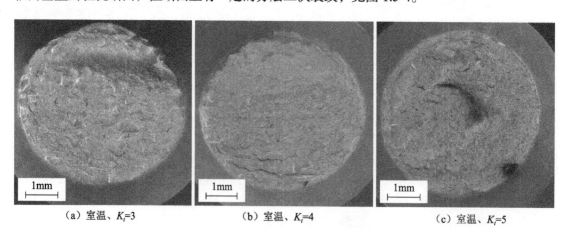

（a）室温、$K_t=3$　　　　　　（b）室温、$K_t=4$　　　　　　（c）室温、$K_t=5$

图 1.5-4　室温下缺口拉伸断口宏观形貌

（2）微观特征：不同缺口系数下的 MGH754 室温缺口拉伸断口微观特征基本一致，均为韧窝断裂特征。以 $K_t=3$ 下的缺口拉伸断口为例，中部基本为无规则的等轴韧窝，边缘为无规则的细小韧窝和起伏的棱线特征，见图 1.5-5。

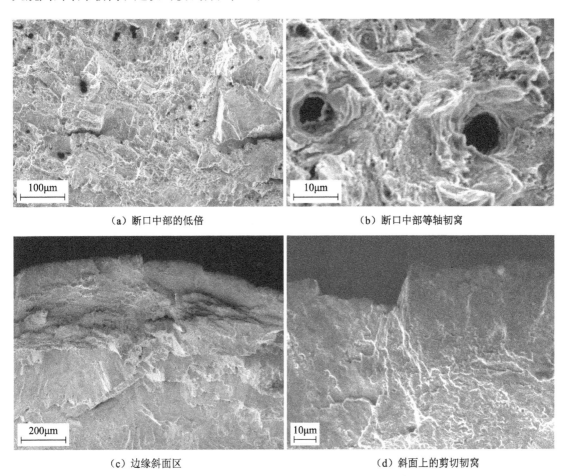

（a）断口中部的低倍　　　　　　　　　　　（b）断口中部等轴韧窝

（c）边缘斜面区　　　　　　　　　　　（d）斜面上的剪切韧窝

图 1.5-5　室温下缺口拉伸断口微观形貌（$K_t=3$）

2. 高温缺口拉伸

（1）宏观特征：800℃下，MGH754 缺口拉伸断口宏观均未见明显颈缩，但断口起伏较大，断面上有粗大的层状二次裂纹，缺口系数越大，起伏稍有变小，见图 1.5-6。

（a）$K_t=2$　　　　　（b）$K_t=3$　　　　　（c）$K_t=4$　　　　　（d）$K_t=5$

图 1.5-6　800℃下缺口拉伸断口宏观形貌

（2）微观特征：800℃下，不同缺口系数下的 MGH754 缺口拉伸断口微观特征一致，均为韧窝断裂，其中明显的分层裂纹处可见拉长的撕裂韧窝，断口其他位置均为韧窝形貌，见图 1.5-7。

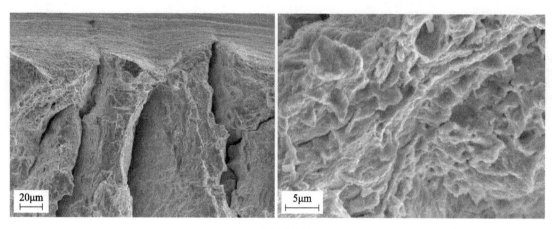

（a）分层裂纹处

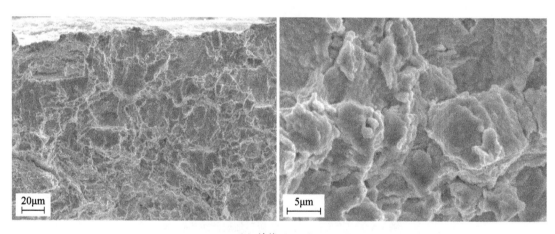

（b）边缘（K_t=3）

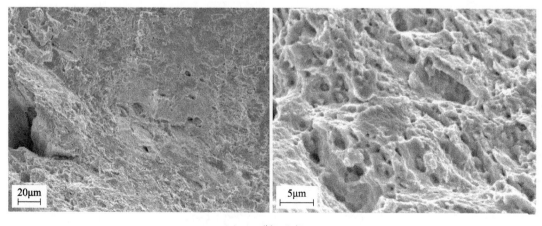

（c）K_t=2断口心部

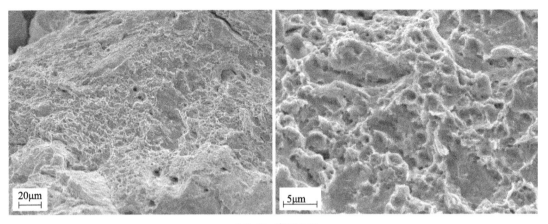

（d）K_t=4断口心部

图 1.5-7　800℃下缺口拉伸断口微观形貌

1.5.3.3　低周应变疲劳

1. 700℃、R_ε=0.1

（1）宏观特征：700℃下的试样表面呈现灰绿色，循环周次为 32931 和 17406 的两个断口疲劳区由淡的黄绿色过渡到绿色，瞬断区呈现暗灰色。循环周次为 160 的断口整体呈现灰蓝色。700℃、R_ε=0.1 低应变下的低周疲劳断口未见宏观塑性变形，但应变高、循环周次为 160 的断口可见轻微的塑性变形，且断口下方可见多条平行断口的微裂纹。循环周次为 32931 和 17406 的两个断口可见明显的疲劳区和瞬断区交界，循环周次为 32931 的断口为单源，起源于试样一侧，往另一侧扩展，疲劳区可见明显的扩展棱线。循环周次为 17406 的断口存在两个独立的、疲劳区也可见明显的扩展棱线。循环周次仅为 160 的断口除一侧的剪切斜面外，整个断口均粗糙，类似层状扩展特征，疲劳起源于断口一侧表面，源区很粗糙，可见多个台阶，呈多线源特征。3 个断口随着应变增大，疲劳扩展区面积减小，分别为 55%、40%（主源）和不到 10%，见图 1.5-8。

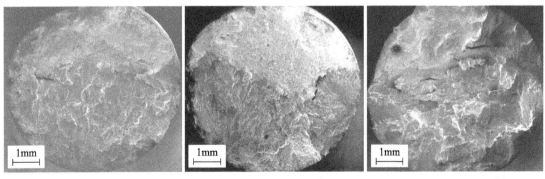

（a）ε_{max}=0.45%、N_f=32931断口　　　（b）ε_{max}=0.5%、N_f=17406断口　　　（c）ε_{max}=0.3%、N_f=160断口

图 1.5-8　700℃、R_ε=0.1、不同应变下的低周疲劳断口宏观形貌

（2）微观特征：700℃、R_ε=0.1 循环周次为 32931 的断口源区呈现单个小线源特征，源区未见冶金缺陷。循环周次为 17406 的断口两个疲劳源区均可见氧化铝夹杂（经能谱分析

判断）。循环周次仅为 160 的断口则为大线源或多个线源特征，且源区附近即可见较宽的疲劳条带，条带宽度在 1μm 以上，见图 1.5-9（a）～（g）。循环周次为 32931 和 17406 的两个断口上均可见平坦的疲劳扩展区，前期条带不清晰，稳定的疲劳扩展中期条带宽度约为 0.6μm，扩展后期疲劳条带逐渐变宽。应变增大后，扩展区条带与二次裂纹共存，见图 1.5-9（h）～（l），3 个断口瞬断区微观为不规则的韧窝形貌，见图 1.5-9（m）、（n）。

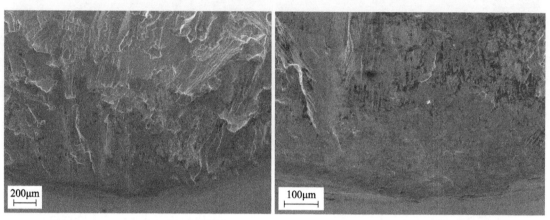

（a）ε_{max}=0.45%、N_f=32931断口源区低倍　　（b）ε_{max}=0.45%、N_f=32931断口源区高倍

（c）ε_{max}=0.5%、N_f=17406断口源区低倍　　（d）ε_{max}=0.5%、N_f=17460断口主源区高倍

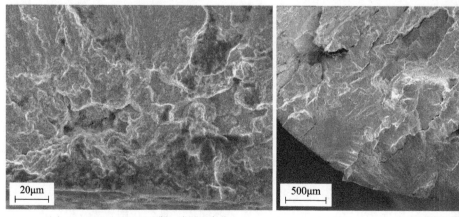

（e）ε_{max}=0.5%、N_f=17460断口次源区高倍　　（f）ε_{max}=3%、N_f=160断口源区低倍

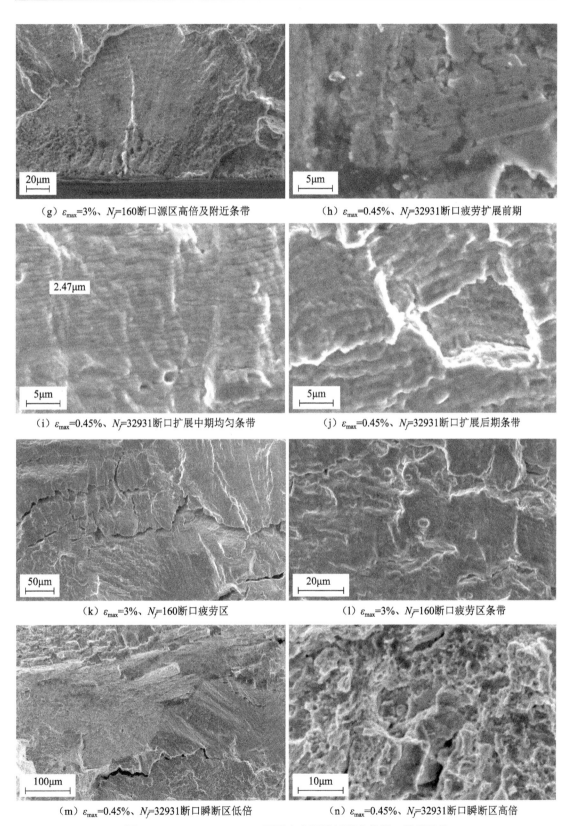

（g）ε_{max}=3%、N_f=160断口源区高倍及附近条带

（h）ε_{max}=0.45%、N_f=32931断口疲劳扩展前期

（i）ε_{max}=0.45%、N_f=32931断口扩展中期均匀条带

（j）ε_{max}=0.45%、N_f=32931断口扩展后期条带

（k）ε_{max}=3%、N_f=160断口疲劳区

（l）ε_{max}=3%、N_f=160断口疲劳区条带

（m）ε_{max}=0.45%、N_f=32931断口瞬断区低倍

（n）ε_{max}=0.45%、N_f=32931断口瞬断区高倍

图 1.5-9　700℃、R_ε=0.1、不同应变下的低周疲劳断口微观形貌

2. 700℃、$R_\varepsilon=-1$

（1）宏观特征：700℃下的试样表面呈现灰绿色，循环周次为7656的断口疲劳区由黄褐色过渡到绿色，瞬断区为深蓝色，其他两个断口整体均以深蓝色为主。700℃、$R_\varepsilon=-1$低应变下的两个疲劳断口未见宏观塑性变形，断面高差较大，存在多个台阶斜面，其中循环周次为40389的断口由两侧起源，中间一个轴向光面将断口划分为高差较大的几个光面，且光面上可见扩展棱线；循环周次为7656的断口也为几个高差不同的斜面，一侧斜面倾斜角度更小，可见放射棱线，为疲劳区，另一侧的几个斜面倾斜角度较大，且斜面未见明显扩展棱线，为剪切瞬断区；高应变下、循环周次为166的断口侧面可见一定的塑性变形，断口面则未见典型斜面特征，断口整体粗糙，未见明显扩展棱线，但在偏断口一侧也出现明显的分界，见图1.5-10。

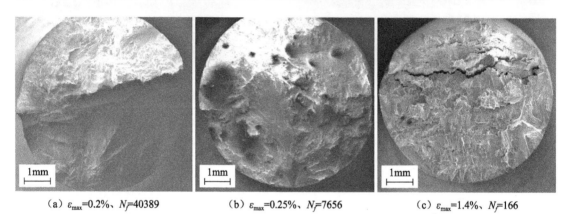

（a）$\varepsilon_{max}=0.2\%$、$N_f=40389$　　　　（b）$\varepsilon_{max}=0.25\%$、$N_f=7656$　　　　（c）$\varepsilon_{max}=1.4\%$、$N_f=166$

图1.5-10　700℃、$R_\varepsilon=-1$、不同应变下的低周疲劳断口宏观形貌

（2）微观特征：700℃、$R_\varepsilon=-1$、3个应变下的低周疲劳断口其中循环周次为40389的断口两侧起源（起源于表面），呈现小线源特征，源区相对较平坦，有一定的刻面特征，未见冶金缺陷；随着应变增大，源区粗糙度变大，尤其是循环周次为166的断口源区不仅粗糙，且呈大线源特征，见图1.5-11（a）～（f）。循环周次为40389的断口可见较为连续的疲劳条带，随着应变增大，疲劳条带的宽度变宽，见图1.5-11（g）～（i）。循环周次为166的断口源区附近低倍即可见疲劳条带，见图1.5-11（j）～（k）。瞬断区微观均为不规则的韧窝形貌，见图1.5-11（l）。

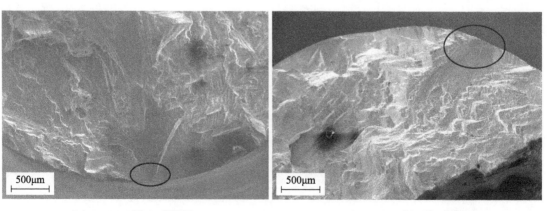

（a）$N_f=40389$断口一侧源区　　　　　　　　　　（b）$N_f=40389$断口另一侧源区

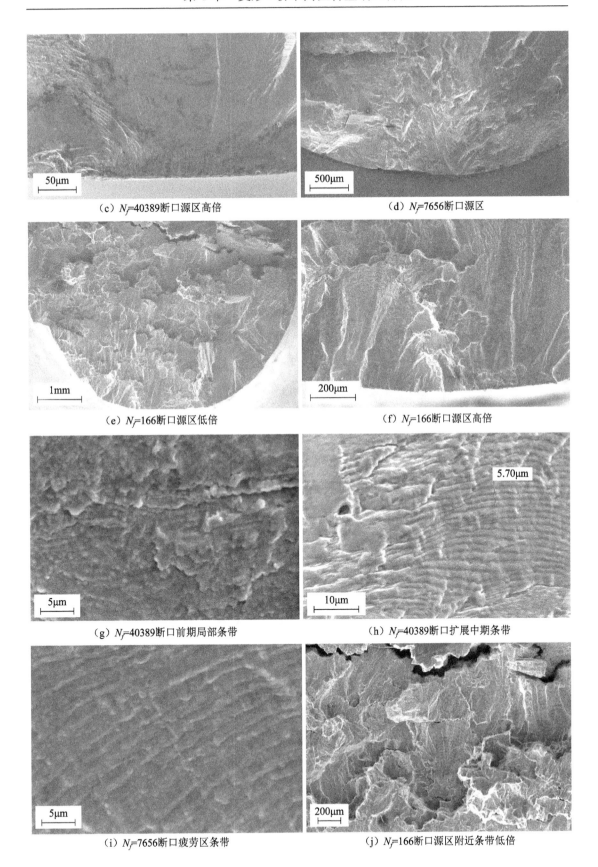

（c）N_f=40389断口源区高倍

（d）N_f=7656断口源区

（e）N_f=166断口源区低倍

（f）N_f=166断口源区高倍

（g）N_f=40389断口前期局部条带

（h）N_f=40389断口扩展中期条带

（i）N_f=7656断口疲劳区条带

（j）N_f=166断口源区附近条带低倍

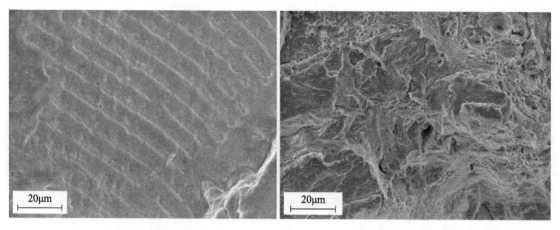

（k）N_f=166断口疲劳条带高倍　　　　　　　　　（l）N_f=7656断口瞬断区

图 1.5-11　700℃、R_ε=−1、不同应变下的低周疲劳断口微观形貌

3. 800℃、R_ε=−1

（1）宏观特征：800℃下的试样表面呈现灰绿色，断口表面循环周次为 823974 的断口疲劳区主要为深蓝色，循环周次为 5657 的断口疲劳区由灰黑色过渡到灰黄色；循环周次为 239 的断口疲劳区主要呈现灰绿色。800℃、R_ε=−1、3 个应变下的低周疲劳断口未见宏观塑性变形，断面的高差起伏均比较大。疲劳区和瞬断区分别位于断口两侧，中间存在明显分界。疲劳区和瞬断区交界附近可见明显二次裂纹，见图 1.5-12。

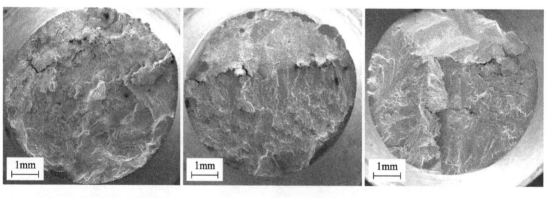

（a）ε_{max}=0.16%、N_f=823974　　　（b）ε_{max}=0.22%、N_f=5657　　　（c）ε_{max}=1%、N_f=239

图 1.5-12　800℃、R_ε=−1、不同应变下的低周疲劳断口宏观形貌

（2）微观特征：N_f=823974 的断口疲劳起源与试样内部，呈单个点源特征，能谱分析源区存在氧化铝夹杂缺陷，且缺陷存在开裂现象。N_f=5657 的断口疲劳起源于试样一侧表面，呈线源特征，应变增大，循环周次为 239 的断口疲劳源为多个线源特征，且源区附近还可见疲劳条带，见图 1.5-13（a）～（f）。N_f=823974 的断口疲劳扩展区局部可见较为细密的疲劳条带，循环周次为 5657 的断口条带宽度更大，扩展后期条带混乱，并与氧化开裂和碾压现象并存，见图 1.5-13（g）～（j）。N_f=823974 和 5657 的两个断口瞬断区均为粗糙断面，微观为韧窝特征，但 N_f=239 的断口瞬断区为多个台阶面，台阶面微观仍为韧窝形貌，见图 1.5-13（k）～（n）。

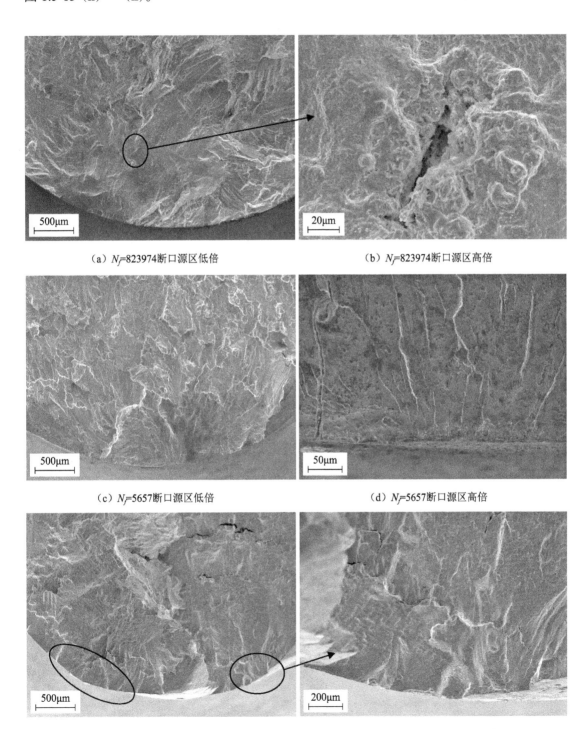

（a）N_f=823974断口源区低倍　　　　　　　　　（b）N_f=823974断口源区高倍

（c）N_f=5657断口源区低倍　　　　　　　　　　（d）N_f=5657断口源区高倍

（e）N_f=239断口源区低倍　　　　　　　　　（f）N_f=239断口源区高倍及附近条带

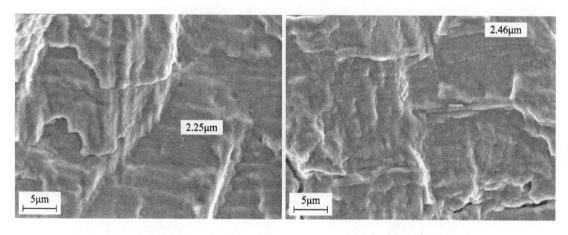

（g）N_f=823974断口疲劳区条带　　　　　　　　（h）N_f=5657断口疲劳区条带

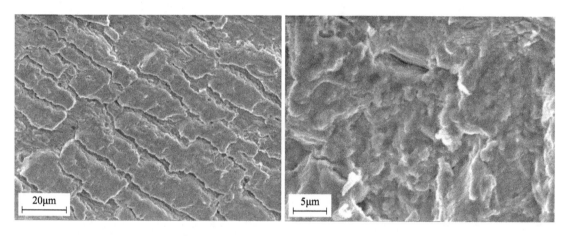

（i）N_f=823974断口扩展后期　　　　　　　　（j）N_f=5657断口扩展后期

（k）N_f=823974断口瞬断区低倍　　　　　　　　（l）N_f=5657断口瞬断区高倍

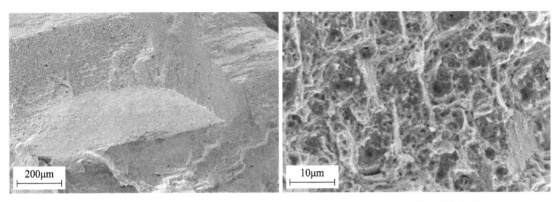

（m）N_f=239断口瞬断区低倍 　　　　　（n）N_f=239断口瞬断区高倍

图 1.5-13　800℃，R_ε=-1、不同应变下的低周疲劳断口微观形貌

1.5.3.4　高温持久

（1）宏观特征：3 个温度应力下的短时持久断口颜色整体均为蓝黑色，温度越高，蓝色越浅，转为绿色，试样表面为灰绿色。3 个温度应力下的短时持久断口都可见轻微的颈缩，其中 800℃和 900℃的两个断口可见粗大的轴向变形条纹，900℃和 1000℃下的两个断口下方可见细密的横向微裂纹。断面无明显分区，整体呈现一个大致与轴向垂直的断面，断面粗糙，无明显扩展棱线，见图 1.5-14。

（a）断口侧面

（b）800℃/190MPa/0.33h 　　　（c）900℃/150MPa/0.5h 　　　（d）1000℃/120MPa/5h

图 1.5-14　高温短时持久断口宏观形貌

（2）微观特征：从微观上看，3个温度应力下的短时持久断口均可见许多交错的二次裂纹，3个断口氧化均比较严重，1000℃/120MPa/5h下的断口氧化更为严重；断口微观整体为氧化后的准解理＋韧窝混合断裂特征，见图1.5-15。

（a）800℃/190MPa/0.33h断口上的二次裂纹及高倍氧化

（b）900℃/150MPa/0.5h断口上的二次裂纹及高倍氧化

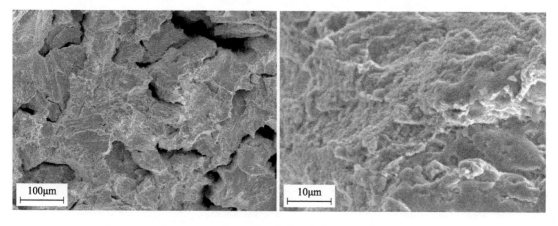

（c）1000℃/120MPa/5h断口上的二次裂纹及高倍氧化

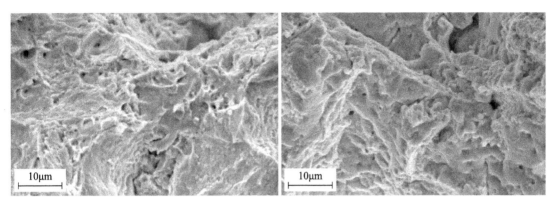

（d）800℃/190MPa/0.33h断口上典型的撕裂韧窝　　　（e）1000℃/120MPa/5h断口上典型的撕裂韧窝

图 1.5-15　高温短时持久断口微观形貌

1.6　优质 GH4169

1.6.1　概述

　　GH4169 是以体心四方 γ″ 和面心立方的 γ′ 沉淀强化的镍基高温合金。在 −253 ～ 700℃温度范围内具有良好的综合性能，650℃以下屈服强度居变形高温合金的首位，并具有良好的抗疲劳性能、抗辐射、抗氧化、耐腐蚀性能以及良好的加工性能、焊接性能和长期组织稳定性。能够制造各种形状复杂的零部件，在某型发动机中主要应用于涡轮盘、轴、叶片、机匣等关键部件。

　　GH4169 化学成分有 3 类：标准成分、优质成分、高纯成分。优质成分是在标准成分的基础上降碳增铌，从而减少碳化铌的数量、减少疲劳源和增加强化相的数量，提高抗疲劳性能和材料强度，同时减少有害杂质与气体含量。高纯成分是在优质标准基础上降低硫和有害杂质的含量，提高材料的纯度和综合性能。本书的 GH4169 试样均为优质 GH4169，以下简称为 GH4169。

　　合金标准热处理状态组织由 γ、γ′、γ″、δ、NbC 相组成。γ″（Ni3Nb）相是主要强化相，为体心四方有序结构的亚稳定相，呈圆盘状在体中弥散共格析出，在长期时效或长期运用期间，有向 δ 相转变的趋势，使强度下降；γ′（Ni3（Al，Ti，Nb））相的数量次于 γ″ 相，呈球状弥散析出，对合金起部分强化作用。

1.6.2　组织结构

　　GH4169 合金组织对热加工工艺比较敏感，通过采用不同的热处理以控制晶粒度、δ 相形貌、分布和数量，从而获得不同级别的力学性能。合金的热处理制度分为 3 类：

　　（1）720℃±5℃×8h/ 炉冷（50℃ /h）至 620℃±5℃×8h/ 空冷；

　　（2）（1010 ～ 1065）℃±10℃×1h/ 油冷、空冷或水冷 +720℃±5℃×8h/ 炉冷（50℃ /h）至 620℃±5℃×8h/ 空冷；

　　（3）（950 ～ 980）℃±10℃×1h/ 油冷、空冷或水冷 +720℃±5℃×8h/ 炉冷（50℃ /h）至 620℃±5℃×8h/ 空冷。

　　本书的 GH4169 有 3 种不同的工艺状态，分别为 GH4169 棒材、高强 GH4169（GQGH4169）和直接时效 GH4169（ZSGH4169）。GH4169 棒材热处理制度为固溶（980℃，保温 1h，空冷）+ 时效（720℃，保温 8h，以 55℃ /h 炉冷至 620℃，保温 8h，空冷）；GQGH4169 模锻件热处理制度同样为固溶 + 时效，不过是 970℃固溶且冷却方式为油冷，时效时炉冷速为 50℃ /h；ZSGH4169 模锻件则直接为时效状态，时效制度为：720℃，保温 8h，以 50℃ /h 炉冷至 620℃，保温 8h，散开空冷。3 种状态下的 GH4169 显微组织特征分别见图 1.6-1 ～ 图 1.6-3。3 种状态下的晶粒度差异不大，平均晶粒在 8 ～ 10 级，组织由 γ 基体、γ′、γ″、δ、NbC 相组成。其中 GH4169 棒材和 GQGH4169 两种状态下晶界有明显的短棒状甚至针状的 δ 相，ZSGH4169 状态下的晶界析出相较少。

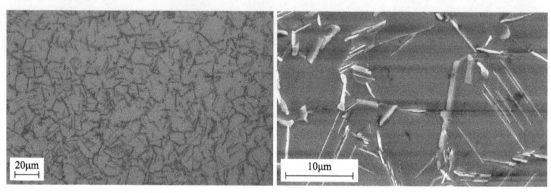

（a）金相组织　　　　　　　　　　　　（b）显微组织

图 1.6-1　GH4169 显微组织特征

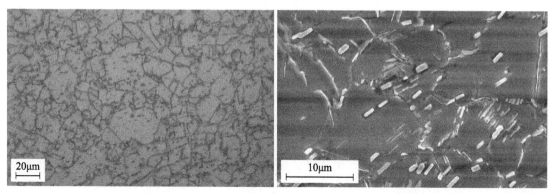

（a）金相组织　　　　　　　　　　　　（b）显微组织

图 1.6-2　GQGH4169 显微组织特征

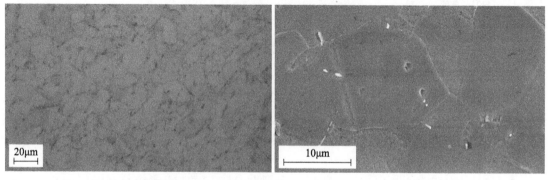

（a）金相组织　　　　　　　　　　　　（b）显微组织

图 1.6-3　ZSGH4169 合金组织

1.6.3　GH4169 断口特征

1.6.3.1　光滑拉伸

（1）宏观特征：不同温度下的 GH4169 拉伸断口在 400℃ 下高温色不明显，500 ～ 600℃ 下呈不同程度的黄色，650 ～ 750℃ 呈紫色或黄褐色。300 ～ 750℃ 下的拉伸断口上均可见颈缩，断口整体较粗糙，300 ～ 650℃ 下断面呈典型的杯锥状断口，表面为剪切唇区，中心为纤维区，粗糙不平，有很多孔洞，无明显的放射棱线，见图 1.6-4（a）～（f）。750℃ 下，断口的宏观特征杯锥状不典型，含多个断裂面，最大切应力面和拉伸轴呈 45° ～ 60°，这些区域为剪切唇区，所占面积达 80% 以上，纤维区很小，见图 1.6-4（g）。

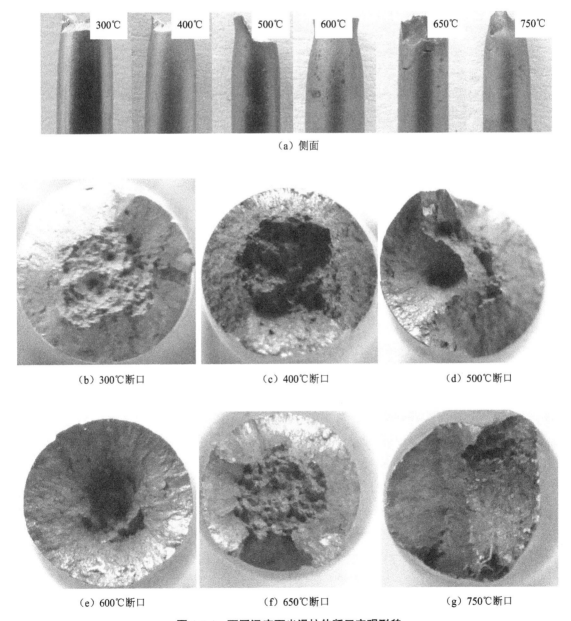

（a）侧面

（b）300℃ 断口　　　　　（c）400℃ 断口　　　　　（d）500℃ 断口

（e）600℃ 断口　　　　　（f）650℃ 断口　　　　　（g）750℃ 断口

图 1.6-4　不同温度下光滑拉伸断口宏观形貌

（2）微观特征：不同温度下的拉伸断口纤维区和剪切唇区均为韧窝断裂。纤维区主要为等轴韧窝，局部可见一些较深、较大的韧窝；剪切唇区韧窝相对纤维区来说韧窝较浅，且随着温度的升高，纤维区和剪切唇区的韧窝变大变深，见图1.6-5。

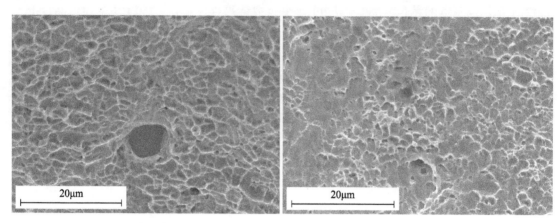

（a）300℃断口中心纤维区　　　　　　　　　（b）300℃边缘剪切唇区

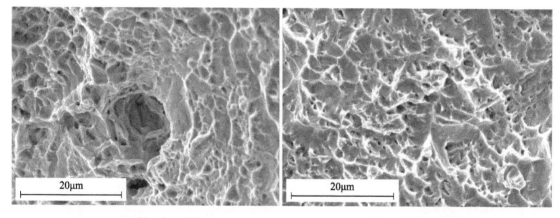

（c）400℃断口中心纤维区　　　　　　　　　（d）400℃边缘剪切唇区

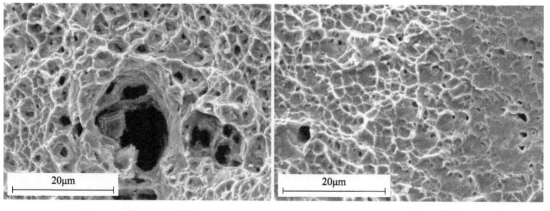

（e）650℃断口中心纤维区　　　　　　　　　（f）650℃边缘剪切唇区

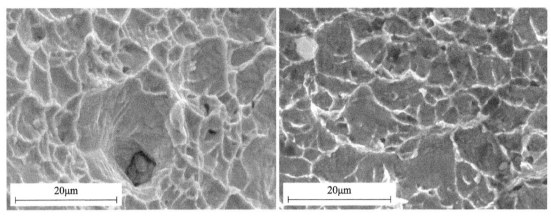

（g）750℃断口中心纤维区　　　　　　　　　（h）750℃边缘剪切唇区

图 1.6-5　不同温度下 GH4169 光滑拉伸断口微观形貌

1.6.3.2　旋弯疲劳

（1）宏观特征：300℃和 400℃下的旋弯疲劳断口上未见明显的高温色，500℃下的断口呈现淡黄色。3 个温度下的旋弯疲劳断口分明显的疲劳区和瞬断区，疲劳区平坦，瞬断区整体呈现一个粗糙的斜面。3 个温度下，低应力断口从一侧单源起源，往另一侧扩展，随着应力增大，断口起源由单源变成双源（500℃、σ_{max}=800MPa）甚至多源，3 个温度下的高应力均为多源。3 个温度下的旋弯疲劳断口疲劳扩展区均在 50% 以上，见图 1.6-6 ～图 1.6-8。

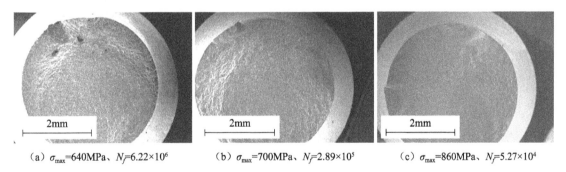

（a）σ_{max}=640MPa、N_f=6.22×10⁶　　（b）σ_{max}=700MPa、N_f=2.89×10⁵　　（c）σ_{max}=860MPa、N_f=5.27×10⁴

图 1.6-6　300℃旋弯疲劳断口宏观形貌

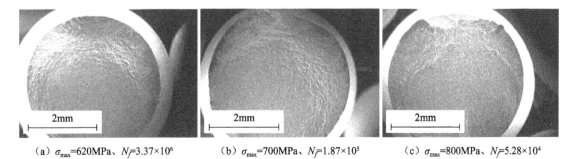

（a）σ_{max}=620MPa、N_f=3.37×10⁶　　（b）σ_{max}=700MPa、N_f=1.87×10⁵　　（c）σ_{max}=800MPa、N_f=5.28×10⁴

图 1.6-7　400℃旋弯疲劳断口宏观形貌

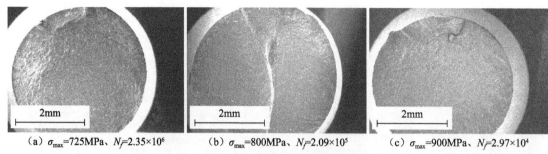

（a）σ_{max}=725MPa、N_f=2.35×10⁶　　　（b）σ_{max}=800MPa、N_f=2.09×10⁵　　　（c）σ_{max}=900MPa、N_f=2.97×10⁴

图 1.6-8　500℃旋弯疲劳断口宏观形貌

（2）微观特征：3个温度、不同应力下不管是单源还是多源，起源均在表面，源区未见明显冶金缺陷，500℃下应力为900MPa的断口源区可见明显磨损，见图 1.6-9（a）～（e）。裂纹扩展区疲劳条带较为细密，随着应力的增大，疲劳条带的宽度稍有增大，500℃下的疲劳区有一定的氧化特征，见图 1.6-9（f）～（h）。疲劳扩展后期和瞬断区的交界明显，瞬断区有一定的斜面形貌，整体为韧窝断裂，局部可见磨损形貌，见图 1.6-9（i）。

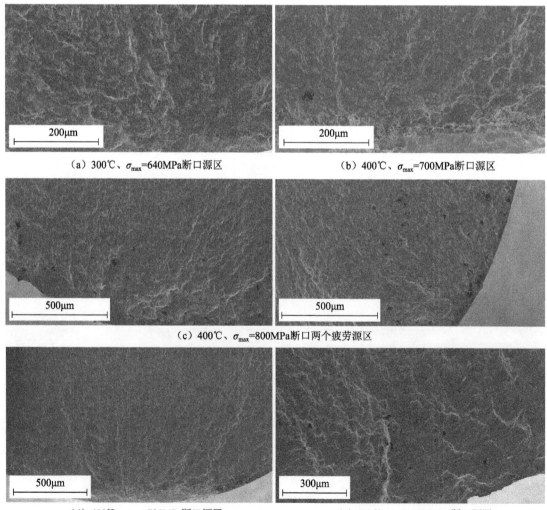

（a）300℃、σ_{max}=640MPa断口源区　　　　　　　（b）400℃、σ_{max}=700MPa断口源区

（c）400℃、σ_{max}=800MPa断口两个疲劳源区

（d）400℃、σ_{max}=725MPa断口源区　　　　　　　（e）500℃、σ_{max}=900MPa断口源区

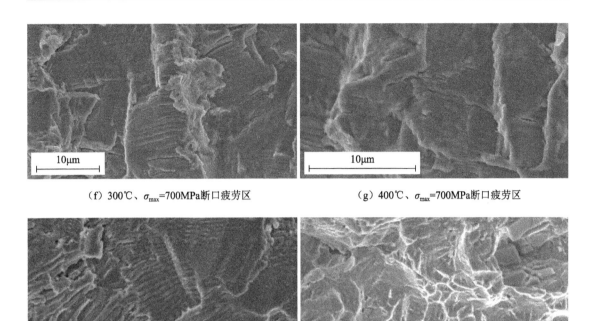

（f）300℃、σ_{max}=700MPa断口疲劳区　　　　　　（g）400℃、σ_{max}=700MPa断口疲劳区

（h）500℃、σ_{max}=900MPa断口疲劳区　　　　　　　　（i）瞬断区

图 1.6-9　不同温度下 GH4169 旋弯疲劳断口微观形貌

1.6.3.3　轴向高周缺口疲劳

1. 300℃、$R=-1$、$K_t=2$

（1）宏观特征：300℃、$R=-1$、$K_t=2$ 下的疲劳断口上未见明显高温色。3 个应力下的断口特征较为相似，疲劳起源均为单源，从试样一侧的缺口根部起源，向另一侧扩展，最后在另一侧处发生断裂。疲劳区相对较平坦，疲劳扩展面积较大，疲劳扩展区所占面积分别为 90%，80%，70%。瞬断区有一定的斜面特征，断口上均存在磨损痕迹，见图 1.6-10。

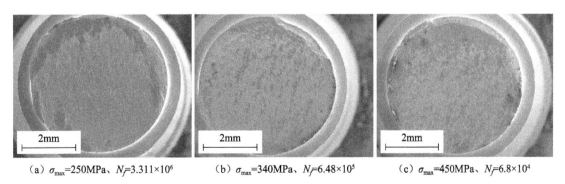

（a）σ_{max}=250MPa、N_f=3.311×10^6　　（b）σ_{max}=340MPa、N_f=6.48×10^5　　（c）σ_{max}=450MPa、N_f=6.8×10^4

图 1.6-10　300℃、$R=-1$、$K_t=2$ 轴向高周缺口疲劳断口宏观形貌

（2）微观特征：300℃、$R=-1$、$K_t=2$ 下，3 个应力下的断口微观特征也一致，源区均

在表面，有轻微的类解理刻面形貌，且疲劳源存在磨损特征，（以 σ_{max}=250MPa 的断口为例），在源区可见明显的放射棱线特征，见图 1.6-11（a）和（b）。扩展前期疲劳条带细密，随着裂纹向内扩展，条带间距逐渐变宽，且可见多处明显二次裂纹，3 个应力下疲劳条带宽度变化不大，见图 1.6-11（c）～（g）；疲劳扩展后期和瞬断区（平断）交界明显，瞬断区（平断）为韧窝特征，存在较多磨损痕迹，见图 1.6-11（h）。边缘存在较小面积的剪切瞬断区，为浅小变形的韧窝形貌，见图 1.6-11（i）、（j）。

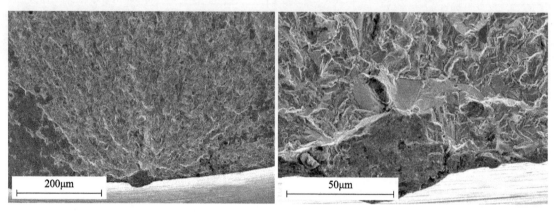

（a）σ_{max}=250MPa疲劳源区低倍　　　　　　（b）σ_{max}=250MPa疲劳源区高倍

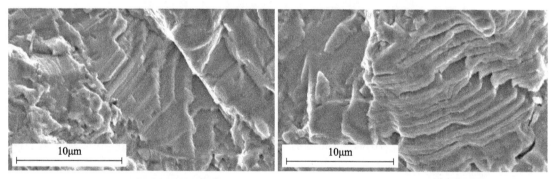

（c）σ_{max}=250MPa扩展前期疲劳条带　　　　（d）σ_{max}=250MPa扩展中期疲劳条带

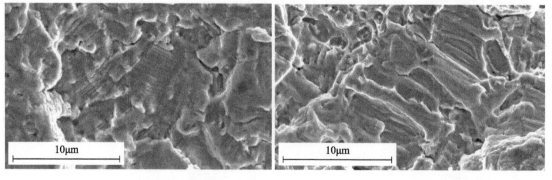

（e）σ_{max}=340MPa扩展中期疲劳条带　　　　（f）σ_{max}=450MPa扩展中期疲劳条带

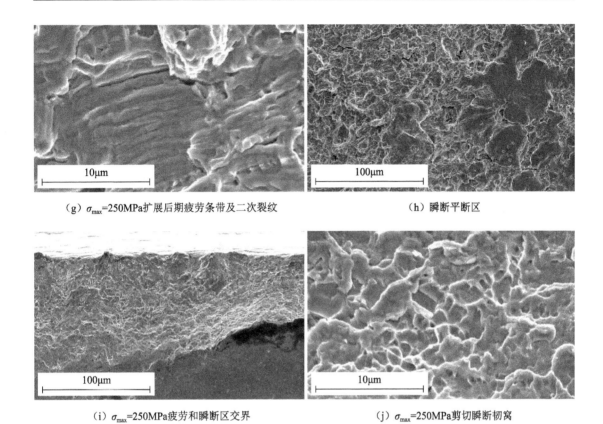

（g）σ_{max}=250MPa扩展后期疲劳条带及二次裂纹　　　（h）瞬断平断区

（i）σ_{max}=250MPa疲劳和瞬断区交界　　　（j）σ_{max}=250MPa剪切瞬断韧窝

图 1.6-11　300℃，R=-1，K_t=2 轴向高周缺口疲劳断口微观形貌

2. 500℃、R=-1、K_t=2

（1）宏观特征：500℃下的断口呈淡黄色。断口相对平整，疲劳区平坦，瞬断区粗糙，且另一侧的瞬断区有一定的剪切斜面；σ_{max}=430MPa 裂纹为双源，但以其中的一个主源扩展为主，另一侧的次源疲劳区很小；σ_{max}=500MPa 两个不同循环周次的断口均为单源特征，裂纹起始于一侧表面，向中部扩展后，在另一侧发生断裂。3 个断口疲劳扩展区（σ_{max}=430MPa 的断口按主源面积计）面积分别占整个断口的 70%、70% 和 60%，见图 1.6-12。

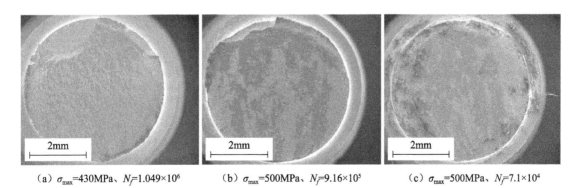

（a）σ_{max}=430MPa、N_f=1.049×10⁶　　（b）σ_{max}=500MPa、N_f=9.16×10⁵　　（c）σ_{max}=500MPa、N_f=7.1×10⁴

图 1.6-12　500℃、R=-1、K_t=2 时轴向高周缺口疲劳断口宏观形貌

（2）微观特征：3个应力下的断口微观特征一致。无论单源还是双源，起源均在表面，有氧化特征，且相对于300℃下的断口，源区未见解理刻面形貌；裂纹扩展前期疲劳条带较不清楚，随着裂纹扩展，疲劳条带连续，且宽度有所增大，后期可见与二次裂纹混合形貌，瞬断区也有平断和斜断形貌。平断区为等轴韧窝特征，剪切区韧窝较浅，且有一定的拉长特征，以 $\sigma_{max}=500\text{MPa}$、$N_f=9.16\times10^5$ 断口为例，特征见图1.6-13。

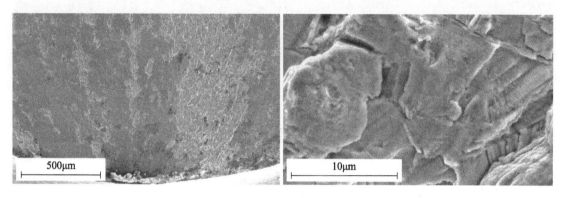

（a）断口源区　　　　　　　　　　　（b）扩展前期疲劳条带

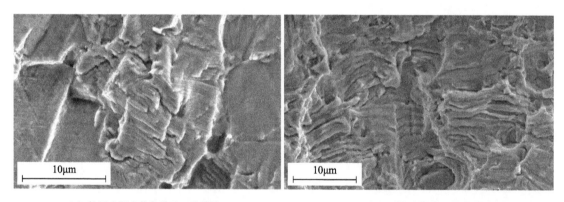

（c）扩展中期疲劳条带及二次裂纹　　　　　（d）扩展后期疲劳条带及二次裂纹

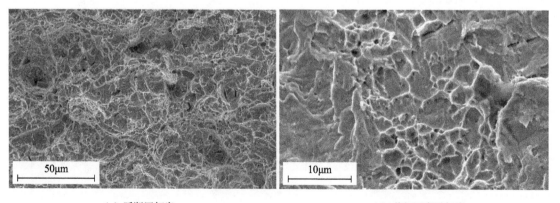

（e）瞬断区韧窝　　　　　　　　　　（f）剪切区变形韧窝

图1.6-13　500℃、$K_t=2$、$R=-1$ 轴向高周缺口疲劳断口微观形貌（以 $\sigma_{max}=500\text{MPa}$、$N_f=9.16\times10^5$ 断口为例）

3. 300℃、$K_t=3$

（1）宏观特征：300℃下的轴向高周缺口疲劳断口上高温色不明显，整体为银灰色，轻微泛黄。$R=0.1$ 下，3 个应力的断口均为单源起源，但高应力下呈现一定的线性起源趋势；且 3 个应力下的疲劳扩展区面积比例变化不大，均在 80% 左右。$R=0.5$ 下，3 个应力低应力下（$\sigma_{max}=510\text{MPa}$）为单源，但有一定的线源特征，中高应力下（$\sigma_{max}=650\text{MPa}$ 及 $\sigma_{max}=700\text{MPa}$）两个断口均为多源特征，且扩展比例更大的疲劳起源均有线性起源的特点，$\sigma_{max}=510\text{MPa}$ 的断口疲劳区面积约为 75%（多源起源疲劳区面积的比例和应力无必然的比例关系）；$R=-1$ 下，$\sigma_{max}=210\text{MPa}$ 和 $\sigma_{max}=230\text{MPa}$ 两个断口为单源起源，$\sigma_{max}=350\text{MPa}$ 的断口为多源起源。疲劳扩展区面积比例较大，约在 85% 以上。所有的断口疲劳区均很平坦，瞬断区均有平断和斜断两种特征，平断区粗糙，呈纤维断裂形貌，斜断区在源区对面一侧表面，呈一斜面，$R=-1$ 的断口上可见磨损形貌，见图 1.6-14 ～ 图 1.6-16。

（a）$\sigma_{max}=360\text{MPa}$、$N_f=5.981\times10^6$　　（b）$\sigma_{max}=450\text{MPa}$、$N_f=1.094\times10^6$　　（c）$\sigma_{max}=500\text{MPa}$、$N_f=8.4\times10^4$

图 1.6-14　300℃、$R=0.1$、$K_t=3$ 轴向高周缺口疲劳断口宏观形貌

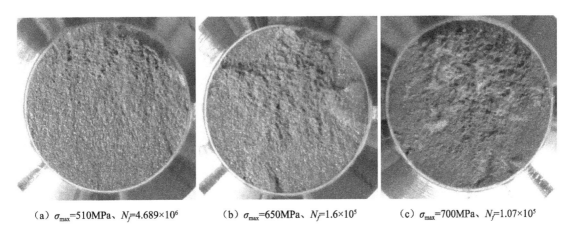

（a）$\sigma_{max}=510\text{MPa}$、$N_f=4.689\times10^6$　　（b）$\sigma_{max}=650\text{MPa}$、$N_f=1.6\times10^5$　　（c）$\sigma_{max}=700\text{MPa}$、$N_f=1.07\times10^5$

图 1.6-15　300℃、$R=0.5$、$K_t=3$ 轴向高周缺口疲劳断口宏观形貌

（a）σ_{max}=210MPa、N_f=1.456×10⁶   （b）σ_{max}=230MPa、N_f=1.907×10⁶   （c）σ_{max}=350MPa、N_f=9.7×10⁴

图1.6-16　300℃、R=−1、K_t=3轴向高周缺口疲劳断口宏观形貌

（2）微观特征：300℃、K_t=3，9个轴向高周缺口疲劳不管单源还是多源，起源均在表面，且除了R=0.5、σ_{max}=510MPa源区可见准解理刻面特征外，其他断口源区基本未见明显的准解理刻面特征，可见明显放射棱线。疲劳扩展区均可见连续典型的疲劳条带，条带较为细密，且随应力大小宽度稍有所变化。瞬断区分平断区和剪切瞬断区，均为韧窝断裂形貌，见图1.6-17。

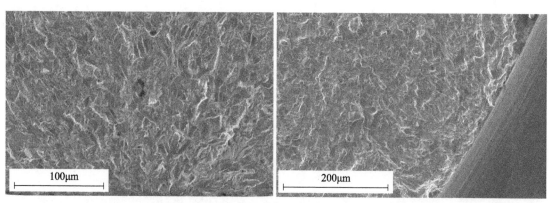

（a）R=0.1、σ_{max}=360MPa断口源区   （b）R=0.1、σ_{max}=500MPa断口其一源区

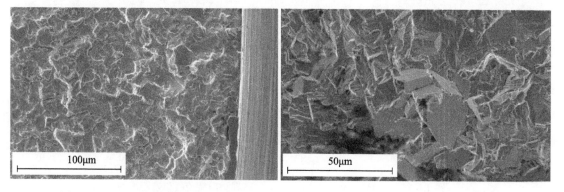

（c）R=0.1、σ_{max}=500MPa断口另一源区   （d）R=0.5、σ_{max}=510MPa断口源区

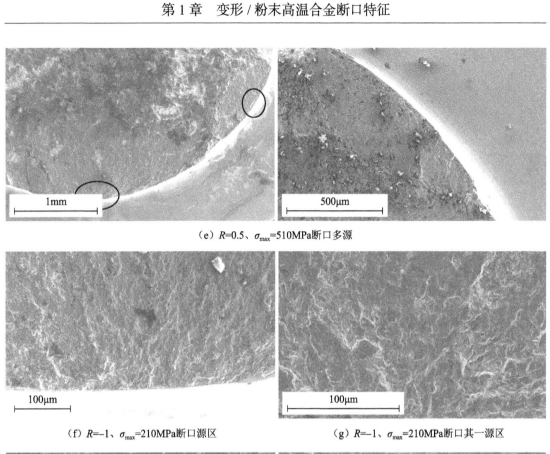

（e）$R=0.5$、$\sigma_{max}=510MPa$断口多源

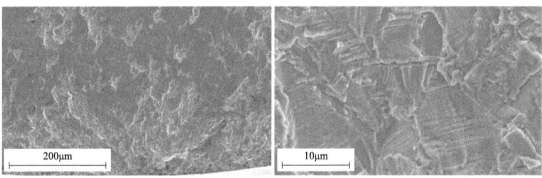

（f）$R=-1$、$\sigma_{max}=210MPa$断口源区　　　　　　　（g）$R=-1$、$\sigma_{max}=210MPa$断口其一源区

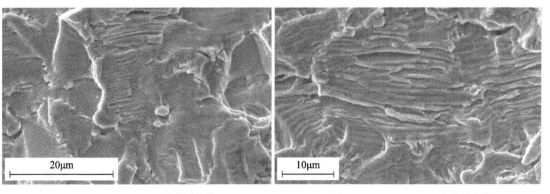

（h）$R=-1$、$\sigma_{max}=350MPa$断口其二源区　　　　　　（i）$R=0.1$、$\sigma_{max}=360MPa$断口疲劳区条带

（j）$R=0.1$、$\sigma_{max}=500MPa$疲劳区条带　　　　　　　（k）$R=0.5$、$\sigma_{max}=700MPa$疲劳区条带

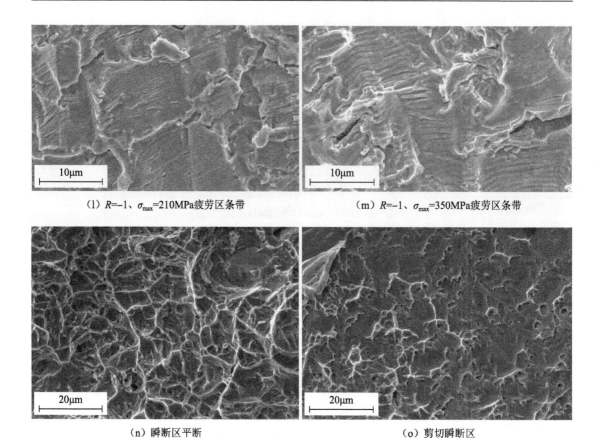

(l) $R=-1$、$\sigma_{max}=210MPa$疲劳区条带 　　　　（m）$R=-1$、$\sigma_{max}=350MPa$疲劳区条带

（n）瞬断区平断　　　　　　　　　　　　　（o）剪切瞬断区

图 1.6-17　300℃、$K_t=3$ 轴向高周缺口疲劳断口微观形貌

1.6.3.4　低周应变疲劳

（1）宏观特征：500℃下的断口呈淡黄色，源区黄色更深一些。断口由疲劳源、疲劳裂纹扩展区和瞬断区组成，除 $R_\varepsilon=-1$、$\Delta\varepsilon_{max}/2=1.6\%$ 断口外，其他断口疲劳区平坦，和瞬断区分界明显。瞬断区分为纤维区和剪切唇区。5 个断口疲劳均起源于试样一侧，$R_\varepsilon=-1$、$\Delta\varepsilon_{max}/2=1.6\%$ 的断口具有多源特征，其他 4 个断口均为单源；$R_\varepsilon=0.1$ 的两个断口疲劳区面积分别为 30% 和 15%，$R_\varepsilon=-1$ 的 3 个断口疲劳区面积分别为 40%、15%、10%（应变从低到高），见图 1.6-18 和图 1.6-19。

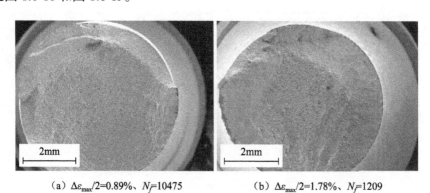

（a）$\Delta\varepsilon_{max}/2=0.89\%$、$N_f=10475$　　　　（b）$\Delta\varepsilon_{max}/2=1.78\%$、$N_f=1209$

图 1.6-18　500℃、$R_\varepsilon=0.1$ 低周疲劳断口宏观形貌

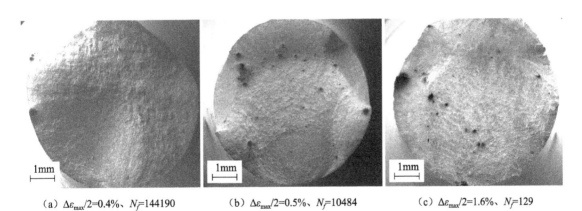

（a）$\Delta\varepsilon_{max}/2$=0.4%、$N_f$=144190　　（b）$\Delta\varepsilon_{max}/2$=0.5%、$N_f$=10484　　（c）$\Delta\varepsilon_{max}/2$=1.6%、$N_f$=129

图 1.6-19　500℃、R_ε=−1 低周疲劳断口宏观形貌

（2）微观特征：R_ε=0.1 的两个断口均为单源，起源均在表面，且源区未见冶金缺陷（以 R_ε=0.1、$\Delta\varepsilon_{max}/2$=1.78% 断口图示）；$R_\varepsilon$=−1 时的 3 个断口其中中低应变的两个断口为单源，起源在表面，且 $\Delta\varepsilon_{max}/2$=0.5% 断口有明显沿着机加刀痕线性起源的特点，$\Delta\varepsilon_{max}/2$=1.6% 断口在一侧可见多个独立的起源和疲劳扩展，且每个起源均在表面，呈现线源特征，此外，$\Delta\varepsilon_{max}/2$=1.6% 断口在源区附近较低倍数就可见连续的宽度较宽的疲劳条带，其他断口条带宽度也较宽，但有一段明显平坦的疲劳区，且在疲劳扩展的中期和后期条带更为明显，瞬断区含有剪切韧窝和等轴韧窝形貌，见图 1.6-20。

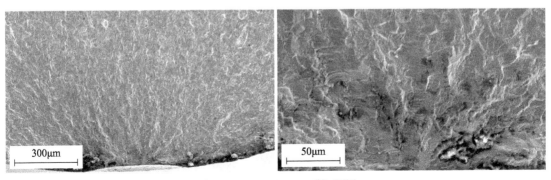

（a）R_ε=0.1、$\Delta\varepsilon_{max}/2$=1.78%断口源区

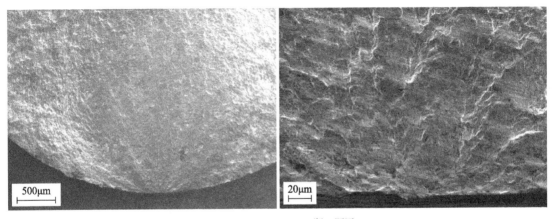

（b）R_ε=−1、$\Delta\varepsilon_{max}/2$=0.4%断口源区

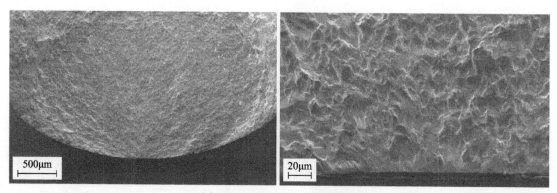

（c）$R_\varepsilon=-1$、$\Delta\varepsilon_{max}/2=0.5\%$断口源区

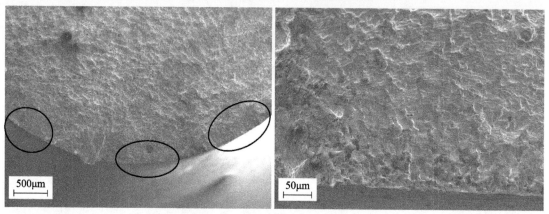

（d）$R_\varepsilon=-1$、$\Delta\varepsilon_{max}/2=1.6\%$断口多处起源和其一源区

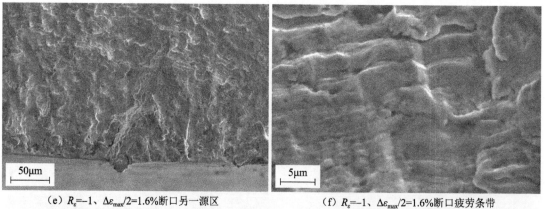

（e）$R_\varepsilon=-1$、$\Delta\varepsilon_{max}/2=1.6\%$断口另一源区　　（f）$R_\varepsilon=-1$、$\Delta\varepsilon_{max}/2=1.6\%$断口疲劳条带

（g）$R_\varepsilon=0.1$、$\Delta\varepsilon_{max}/2=0.89\%$断口疲劳区条带　　（h）$R_\varepsilon=0.1$、$\Delta\varepsilon_{max}/2=1.78\%$断口疲劳区条带

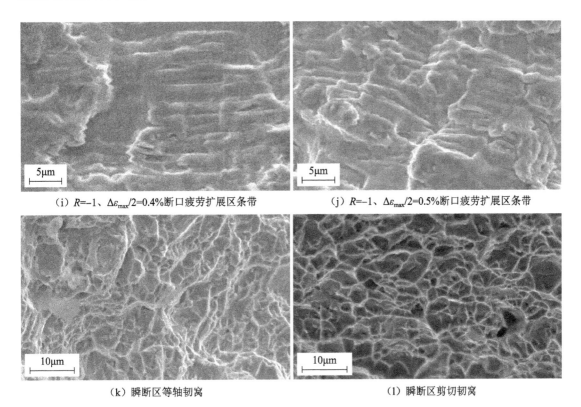

（i）$R=-1$、$\Delta\varepsilon_{max}/2=0.4\%$断口疲劳扩展区条带　　　（j）$R=-1$、$\Delta\varepsilon_{max}/2=0.5\%$断口疲劳扩展区条带

（k）瞬断区等轴韧窝　　　　　　　　　　　（l）瞬断区剪切韧窝

图 1.6-20　500℃下低周应变疲劳断口微观形貌

1.6.4　GQGH4169 断口特征

1.6.4.1　光滑拉伸

（1）宏观特征：300℃、400℃下断口呈灰色，500℃下断口呈浅黄色，3 个温度下断口呈 45° 斜断面，试样存在微小颈缩。600℃下断口呈灰黄色，650℃下断口呈深黄色，两个温度下拉伸断口呈杯锥状，存在明显的颈缩，且温度越高，颈缩越大，杯锥状更典型。650℃时的断口附近试样表面呈橘皮状。从断面特征上看，各温度下的拉伸断口均分为两个区：中部纤维区和边缘剪切唇区，温度更高，纤维区的特征更明显一些，见图 1.6-21。

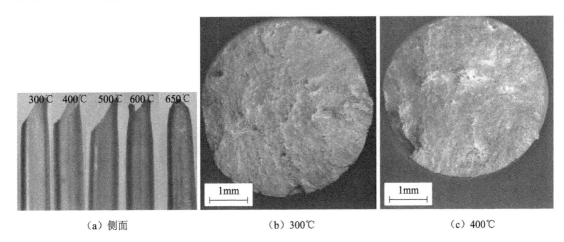

（a）侧面　　　　　　　　　　（b）300℃　　　　　　　　　　（c）400℃

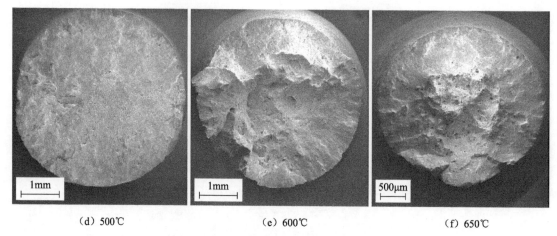

（d）500℃   （e）600℃   （f）650℃

图 1.6-21 高温光滑拉伸断口宏观形貌

（2）微观特征：拉伸断口中心纤维区为等轴韧窝形貌，边缘剪切唇区为较浅的拉长韧窝形貌，300～500℃的 3 个断口呈斜断面，纤维区和剪切区未见明显分界，随着温度升高，纤维区韧窝明显变深变大，甚至呈现孔洞形貌，底部可见强化相，见图 1.6-22。

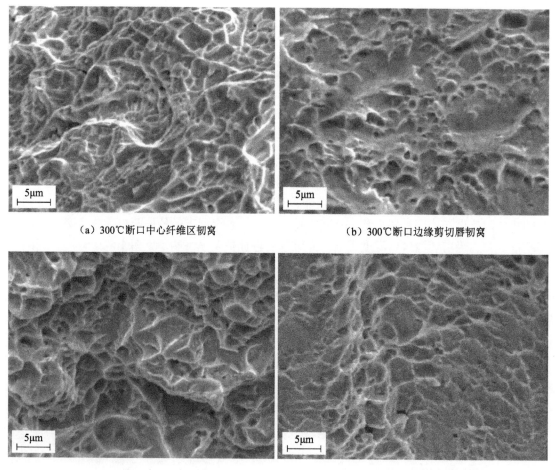

（a）300℃断口中心纤维区韧窝   （b）300℃断口边缘剪切唇韧窝

（c）500℃断口中心纤维区韧窝   （d）500℃断口边缘剪切唇韧窝

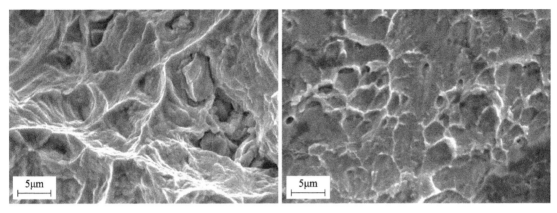

（e）650℃断口中心纤维区韧窝　　　　　　　　（f）650℃断口边缘剪切唇韧窝

图 1.6-22　高温光滑拉伸断口微观形貌

1.6.4.2　缺口拉伸

1. 不同缺口系数

（1）宏观特征：同一温度下，不同缺口系数下的拉伸断口变化规律相似。以室温下的缺口拉伸断口为例，$K_t=2$ 下断口边缘存在一定的颈缩。边缘呈现小斜面台阶，随着应力集中系数的增大，颈缩消失，边缘台阶不明显，断口趋向从试样一侧的边缘起源，往对侧扩展，因此起源一侧的断面较另一侧平坦。见图 1.6-23。

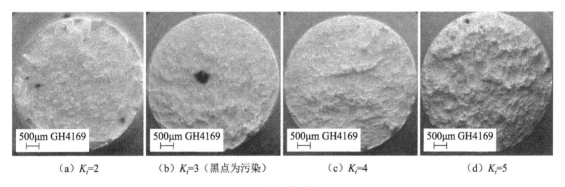

（a）$K_t=2$　　　　（b）$K_t=3$（黑点为污染）　　　　（c）$K_t=4$　　　　（d）$K_t=5$

图 1.6-23　室温缺口拉伸断口宏观形貌

（2）微观特征：缺口拉伸断口微观特征均为韧窝形貌，$K_t=2$ 下试样边缘呈现明显的剪切韧窝形貌，韧窝较浅，呈现不规则的拉长变形；到中间纤维区为典型的大小相套的等轴韧窝形貌，部分韧窝内可见块状碳化物，碳化物发生质点开裂，缺口系数大的缺口拉伸断口整个断口基本呈现纤维区特征形貌，高倍特征一致，见图 1.6-24。

2. 不同温度

（1）宏观特征：室温下断口成银灰色，300℃下断口呈灰色，600℃下断口呈浅黄色，650℃下断口呈棕黄色。$K_t=2$ 时缺口拉伸断口存在轻微的杯锥状形貌，即边缘可见剪切区，随着试验温度升高，断口颈缩或边缘的塑性变形越来越明显，整个断口面积变小，但边缘剪切唇区所占的比例越来越大。此外，随着试验温度的升高，断面整体粗糙度增大，见图 1.6-25。

K_t=4时缺口拉伸断口边缘未见明显剪切唇区，整个断口均为纤维区特征，但随着试验温度升高，断口出现颈缩，边缘塑性变形越来越明显，断口面积减小，断面粗糙度增大，一侧起始区特征变得不明显，见图1.6-26。

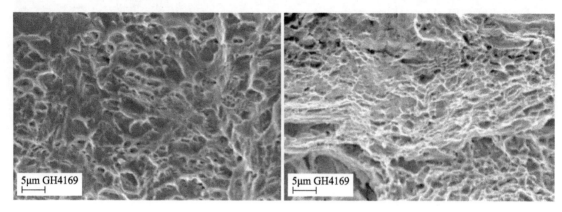

（a）K_t=2边缘起始区　　　　　　　　　　　　（b）K_t=5边缘起始区

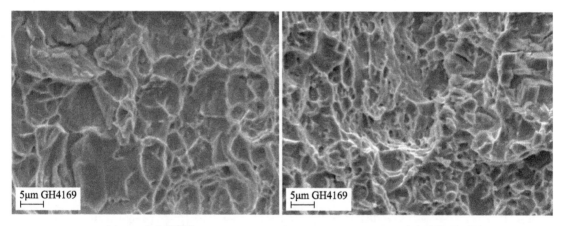

（c）K_t=2中心纤维区　　　　　　　　　　　　（d）K_t=5中心纤维区

图1.6-24　室温缺口拉伸断口微观形貌

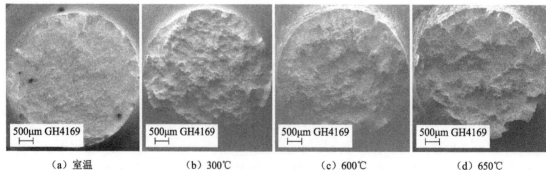

（a）室温　　　　　（b）300℃　　　　　（c）600℃　　　　　（d）650℃

图1.6-25　K_t=2、不同温度下缺口拉伸断口宏观形貌

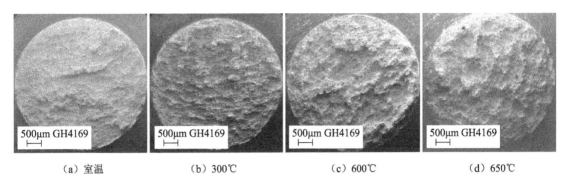

（a）室温　　　　　　（b）300℃　　　　　　（c）600℃　　　　　　（d）650℃

图 1.6-26　K_t=4、不同温度下缺口拉伸断口宏观形貌

（2）微观特征：不同温度、不同缺口系数下 GQGH4169 缺口拉伸断口微观形貌均为韧窝形貌，不管是边缘韧窝还是心部等轴韧窝，随着试验温度升高，韧窝尺寸及深度均变大，且二相质点与韧窝间的间隙越来越大，见图 1.6-27。

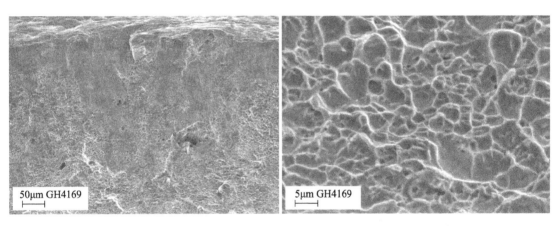

（a）300℃边缘韧窝　　　　　　　　　　　　（b）600℃断口边缘韧窝

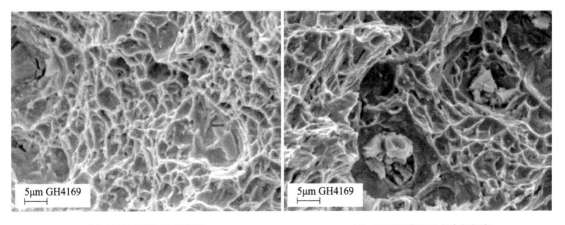

（c）300℃下断口心部韧窝　　　　　　　　　　（d）650℃下断口心部中部韧窝

图 1.6-27　不同温度下缺口拉伸断口微观形貌

1.6.4.3 扭转

（1）宏观特征：300～500℃下断面高温色不明显，600℃和650℃断口呈黄色；不同温度下的扭转断口基本为一个垂直于轴向的平整断面，且侧面也未见明显的扭转棱线和塑性变形。从断面上看，整个断面平坦，四周为扭转区，扭转区宏观扭转棱线较不明显；中心为最后瞬断区，但面积很小，呈现纤维区断裂形貌，随着温度升高，中心瞬断区的面积有所变小，整体差异不大，见图 1.6-28。

（a）断口侧面

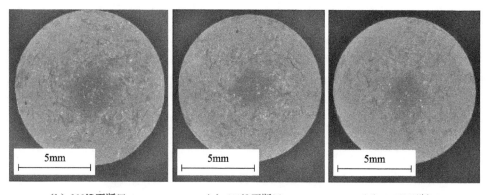

（b）300℃下断口　　　　（c）400℃下断口　　　　（d）500℃下断口

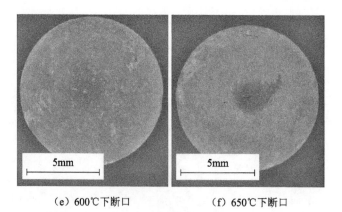

（e）600℃下断口　　　　（f）650℃下断口

图 1.6-28　不同温度下扭转断口宏观形貌

（2）微观特征：扭转断口微观特征在扭转区低倍下呈现周向的扭转棱线，高倍主要为扭转磨损形貌，且扭转磨损棱线分散着一些周向方向拉长的韧窝，韧窝形貌大小不一。中心瞬断区均为等轴韧窝形貌。300 ～ 650℃，随着温度升高，扭转区扭转棱线起伏稍有所增大，整体粗糙一些，中心瞬断区韧窝的尺寸也有所增大，尤其是 500℃以上，韧窝深度变深，且可见二相质点，见图 1.6-29。

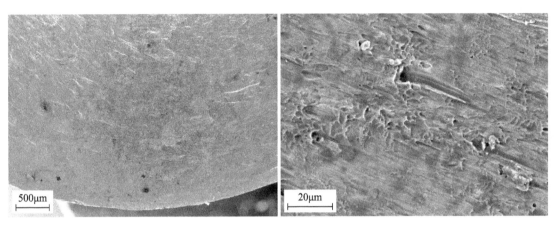

（a）300℃下断口扭转区棱线及分散的拉长韧窝

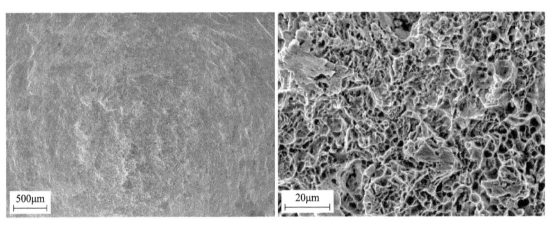

（b）300℃下断口中心瞬断区及等轴韧窝

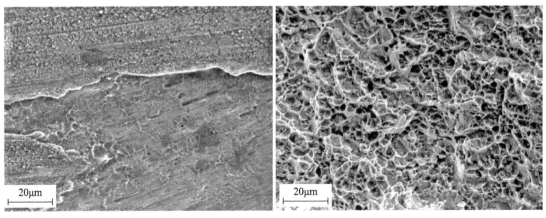

（c）400℃下断口扭转区　　　　　　　　　　　（d）400℃下断口中心瞬断区

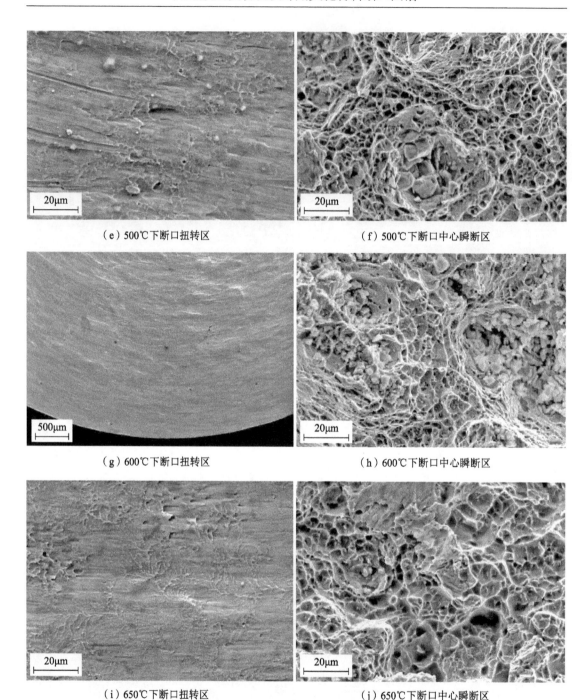

（e）500℃下断口扭转区　　　　　　　　（f）500℃下断口中心瞬断区

（g）600℃下断口扭转区　　　　　　　　（h）600℃下断口中心瞬断区

（i）650℃下断口扭转区　　　　　　　　（j）650℃下断口中心瞬断区

图 1.6-29　不同温度下扭转断口微观形貌

1.6.4.4　旋弯疲劳

（1）宏观特征：断口呈灰色，断口无塑性变形，裂纹从一侧起源，呈单个点源特征，往另一侧扩展，最后在另一侧处发生断裂。疲劳区相对较平坦、光滑，与应力轴垂直，另一侧瞬断区应力轴约呈45°。随着应力水平增大，疲劳区面积减小，断口粗糙度变大，较大应力下瞬断区可见磨损痕迹，应力水平为980MPa、1200MPa、1300MPa下的疲劳区面积分别约为整个断口面积的 70%、50% 和 40%，见图 1.6-30。

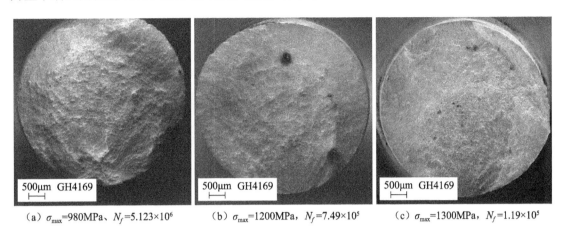

（a）σ_{max}=980MPa、N_f=5.123×10⁶

（b）σ_{max}=1200MPa，N_f=7.49×10⁵

（c）σ_{max}=1300MPa，N_f=1.19×10⁵

图 1.6-30　300℃、R=0.5 时光滑旋转弯曲疲劳断口宏观形貌

（2）微观特征：应力水平较低时（980MPa），疲劳源位于次表面，源区可见较多的小刻面，随应力水平增大，应力为 1200MPa 和 1300MPa 下的两个断口疲劳源相似，均在表面，源区可见轻微磨损，且小刻面不明显（以 σ_{max}=1300MPa 断口源区图示），见图 1.6-31（a）～（d）；疲劳扩展疲劳条带较细密，但呈现脆性疲劳条带特征，且随着裂纹扩展，条带间的二次裂纹增多，裂纹扩展至后期，呈现条带和韧窝的混合特征，见图 1.6-31（e）～（g），快速扩展区和瞬断区的交界明显，瞬断区为典型的韧窝特征，见图 1.6-31（h）。

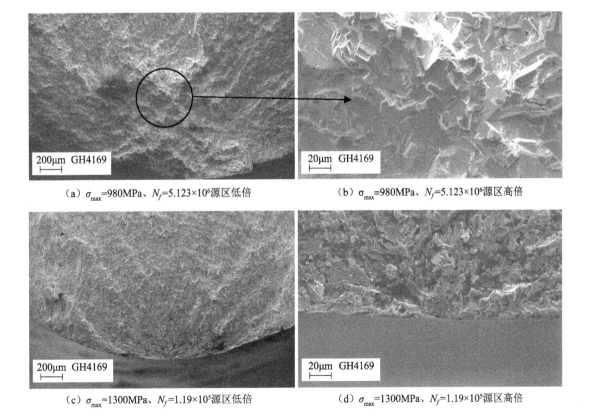

（a）σ_{max}=980MPa、N_f=5.123×10⁶源区低倍

（b）σ_{max}=980MPa、N_f=5.123×10⁶源区高倍

（c）σ_{max}=1300MPa、N_f=1.19×10⁵源区低倍

（d）σ_{max}=1300MPa、N_f=1.19×10⁵源区高倍

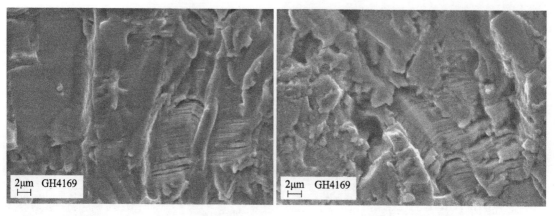

(e) σ_{max}=980MPa、N_f=5.123×10⁶扩展中期条带　　　　(f) σ_{max}=1300MPa、N_f=1.19×10⁵扩展中期条带

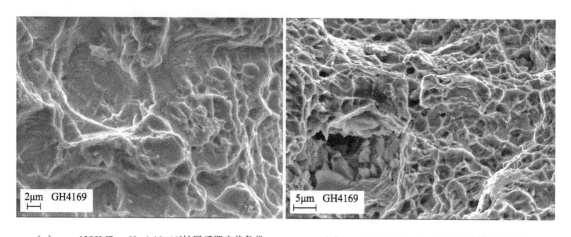

(g) σ_{max}=1300MPa、N_f=1.19×10⁵扩展后期疲劳条带　　　(h) σ_{max}=1300MPa、N_f=1.19×10⁵瞬断区韧窝

图 1.6-31　300℃、R=0.5 光滑旋转弯曲疲劳断口微观形貌

1.6.4.5　轴向高周缺口疲劳

1. 300℃、K_t=2

（1）宏观特征：300℃、K_t=2 下的轴向高周缺口疲劳断口均呈现轻微泛黄的银灰色。每个应力比下，3 个不同应力的断口均从缺口一侧起源，R=0.1、σ_{max}=540MPa 和 R=0.5、σ_{max}=1000MPa 两个断口起源为多源，其他断口均呈单源特征，往另一侧扩展。断口分为两个区，一侧为平坦的疲劳区，另一侧更为粗糙的为瞬断区，R=-1 下的断口相比于 R=0.1 和 R=0.5 的断口，断口上可见明显的磨损特征。相同应力比下，随着应力水平升高，疲劳扩展区面积呈减小的趋势，R=0.1、3 个应力下断口疲劳扩展区面积分别占整个断口面积的 60%、60%、55%（应力从低到高）。见图 1.6-32。R=0.5、3 个应力下断口疲劳扩展区面积分别占整个断口面积的 55%、50%、35%，见图 1.6-33。R=-1、3 个应力下 3 个断口疲劳扩展区面积分别占整个断口面积的 75%、70%、65%，见图 1.6-34。

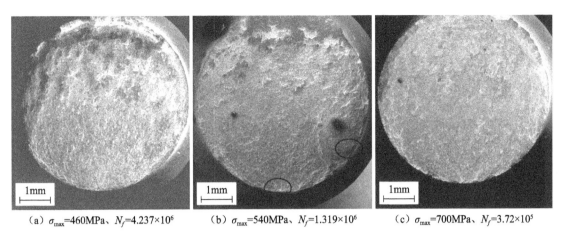

（a）σ_{max}=460MPa、N_f=4.237×10⁶　　（b）σ_{max}=540MPa、N_f=1.319×10⁶　　（c）σ_{max}=700MPa、N_f=3.72×10⁵

图 1.6-32　300℃、K_t=2、R=0.1、3 个应力下轴向高周缺口疲劳断口宏观形貌

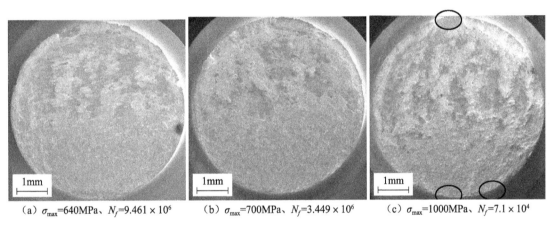

（a）σ_{max}=640MPa、N_f=9.461×10⁶　　（b）σ_{max}=700MPa、N_f=3.449×10⁶　　（c）σ_{max}=1000MPa、N_f=7.1×10⁴

图 1.6-33　300℃，K_t=2、R=0.5、3 个应力下轴向高周缺口疲劳断口宏观形貌

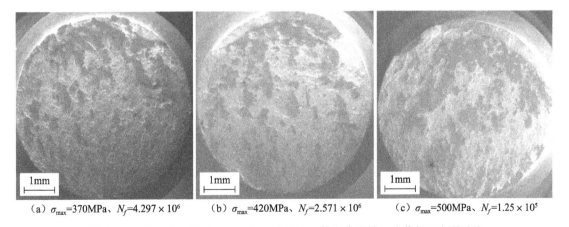

（a）σ_{max}=370MPa、N_f=4.297×10⁶　　（b）σ_{max}=420MPa、N_f=2.571×10⁶　　（c）σ_{max}=500MPa、N_f=1.25×10⁵

图 1.6-34　300℃，K_t=2、R=-1、3 个应力下轴向高周缺口疲劳断口宏观形貌

（2）微观特征：R=0.1、3 个应力下其中 σ_{max}=460MPa 和 σ_{max}=700MPa 下的两个断口（以 σ_{max}=460MPa 断口为例）疲劳源为单源特征，σ_{max}=540MPa 断口有两个起源，但断口源区高倍特征均一致，起源于次表面，可见多个类解理小刻面特征。R=0.5、3 个应力下其中

$\sigma_{max}=640MPa$ 和 $\sigma_{max}=700MPa$ 两个断口疲劳为单源特征，$\sigma_{max}=640MPa$ 断口起源于次表面，源区类解理刻面特征和 $R=0.1$ 的断口类似，而 $\sigma_{max}=700MPa$ 断口起源于表面，类解理刻面特征比较轻微；$\sigma_{max}=1000MPa$ 断口多源，源区高倍特征均一致，均在表面，类解理刻面特征和 $\sigma_{max}=700MPa$ 断口类似。$R=-1$、3 个应力下断口疲劳均起始于试样缺口一侧表面，往另一侧扩展，且均为单源特征，源区高倍特征相似，均可见明显磨损，相比于 $R=0.1$ 和 $R=0.5$ 的断口源区，刻面特征不明显。断口疲劳扩展区和瞬断区微观特征相似，疲劳前期、中期、后期均可见疲劳条带，前期和中期疲劳条带较直，后期条带变宽。不同应力下条带宽度差异不大，扩展中期条带宽度为 $0.25 \sim 0.4\mu m$，瞬断区微观为韧窝断裂特征，见图 1.6-35。

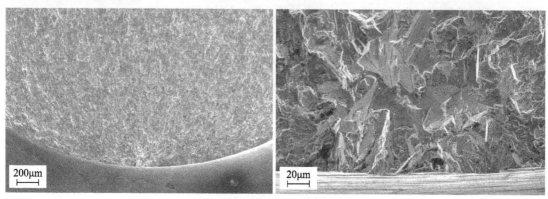

（a）$R=0.1$、$\sigma_{max}=460MPa$ 断口源区

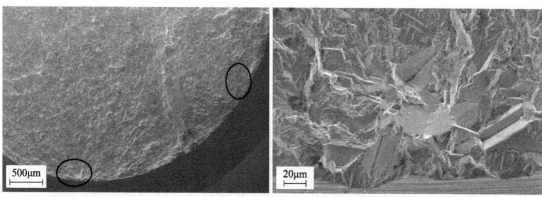

（b）$R=0.1$、$\sigma_{max}=540MPa$ 断口两处起源及源区（高倍以主源图示）

（c）$R=0.5$、$\sigma_{max}=640MPa$ 断口源区　　　　（d）$R=0.5$、$\sigma_{max}=700MPa$ 断口源区

（e）R=0.5、σ_{max}=1000MPa断口多源及每个源区

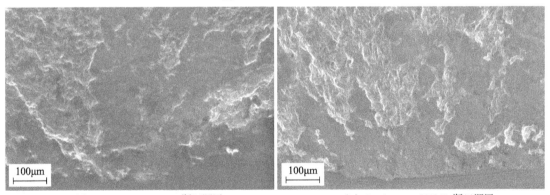

（f）R=-1、σ_{max}=370MPa断口源区　　　　　（g）R=-1、σ_{max}=500MPa断口源区

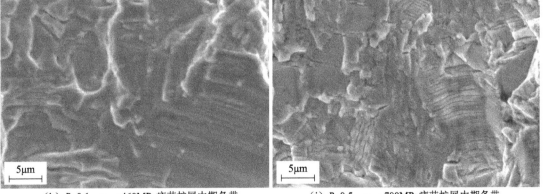

（h）R=0.1、σ_{max}=460MPa疲劳扩展中期条带　　　　（i）R=0.5、σ_{max}=700MPa疲劳扩展中期条带

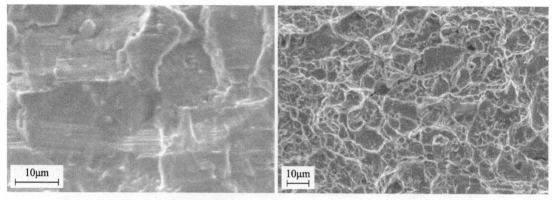

（j）R=−1、σ_{max}=370MPa断口扩展中期条带　　　　　　（k）瞬断区韧窝

图1.6-35　300℃、K_t=2轴向高周缺口疲劳断口微观形貌

2. 400℃、K_t=2

（1）宏观特征：400℃、K_t=2下的轴向高周缺口疲劳断口试样表面和断口面均呈现轻微泛黄的银灰色。断口分为两个区，一侧为平坦的疲劳区，另一侧粗糙断面为瞬断区，且可见面积较小的剪切瞬断特征。R=0.1 3个应力下的断口均从缺口一侧单源起源；R=0.5下中、低应力的两个断口为单源，高应力下的断口在试样缺口四周多处起源，中间为瞬断区；R=−1下，也是中、低应力的两个断口为单源，高应力下的断口为多源起源；同一应力比下，疲劳扩展区面积随着应力增大呈减小的趋势（尤其是单源起源的断口），R=0.1下的3个断口疲劳扩展区面积分别占整个断口面积的85%、80%、60%（应力从低到高），见图1.6-36。R=0.5时3个应力下的断口疲劳扩展区面积分别占整个断口面积的50%、50%和40%，见图1.6-37。R=−1时3个应力下的断口扩展区面积整体都在80%左右。此外，相比于R=0.1和R=0.1的断口，R=−1时的断口断面上可见磨损发亮特征，见图1.6-38。

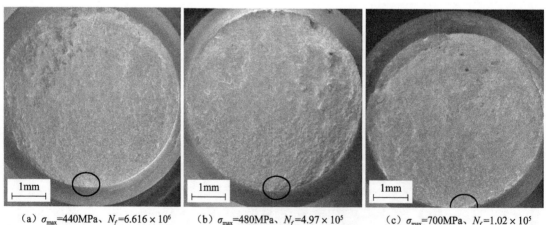

（a）σ_{max}=440MPa、N_f=6.616×10⁶　　（b）σ_{max}=480MPa、N_f=4.97×10⁵　　（c）σ_{max}=700MPa、N_f=1.02×10⁵

图1.6-36　400℃、K_t=2、R=0.1、3个应力下轴向高周缺口疲劳断口宏观形貌

（2）微观特征：400℃、K_t=2、R=0.1、3个应力下的断口均在表面起源，低、中应力下的两个疲劳源区可见类解理刻面特征，高应力下刻面较不明显；R=0.5、σ_{max}=720MPa的断口起源于次表面，类解理刻面特征比较明显，σ_{max}=660MPa的断口起源于表面，也可见刻

面，但不如 σ_{max}＝720MPa 的断口源区明显，高应力的断口四周起源，且均起源于表面，未见刻面特征；R＝-1 时的 3 个断口不管是单源还是多源，均起源于表面，且源区可见磨损，未见类解理刻面特征。9 个断口疲劳扩展区和瞬断区微观特征均一致，疲劳前期、中期、后期均可见典型疲劳条带，不同应力下条带宽度变化不大，宽度大致在 0.25 ～ 0.5μm，瞬断区分平断区和剪切瞬断区，微观均为韧窝断裂特征，剪切瞬断区韧窝更小一些，见图 1.6-39。

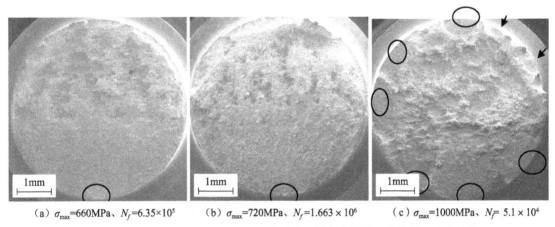

（a）σ_{max}＝660MPa、N_f＝6.35×10⁵　　（b）σ_{max}＝720MPa、N_f＝1.663×10⁶　　（c）σ_{max}＝1000MPa、N_f＝5.1×10⁴

图 1.6-37　400℃、K_t＝2、R＝0.5、3 个应力下轴向高周缺口疲劳断口宏观形貌

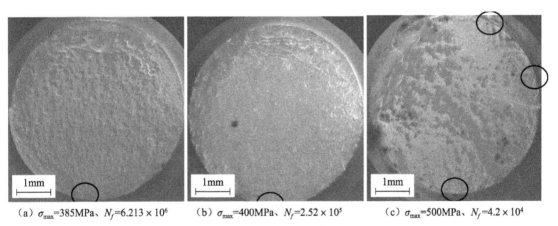

（a）σ_{max}＝385MPa、N_f＝6.213×10⁶　　（b）σ_{max}＝400MPa、N_f＝2.52×10⁵　　（c）σ_{max}＝500MPa、N_f＝4.2×10⁴

图 1.6-38　400℃、K_t＝2、R＝-1、3 个应力下轴向高周缺口疲劳断口宏观形貌

（a）R＝0.1、σ_{max}＝440MPa断口疲劳源区

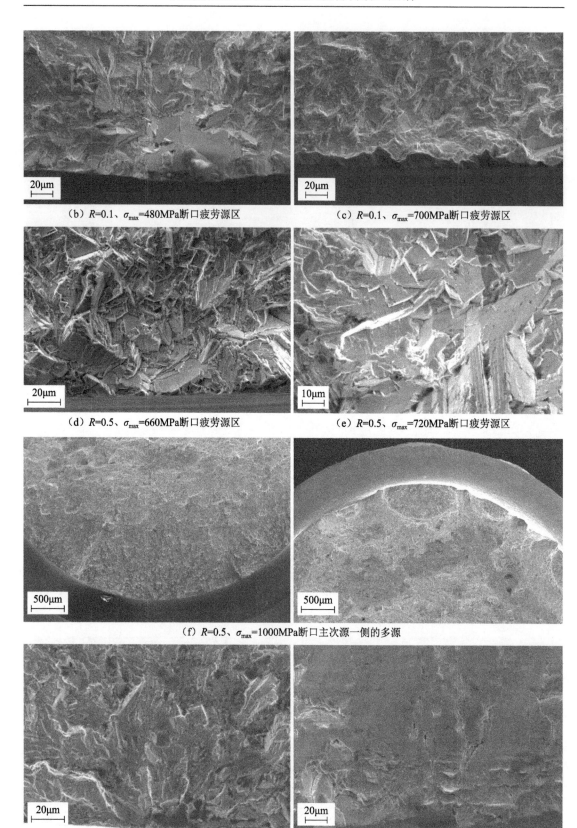

（b）R=0.1、σ_{max}=480MPa断口疲劳源区

（c）R=0.1、σ_{max}=700MPa断口疲劳源区

（d）R=0.5、σ_{max}=660MPa断口疲劳源区

（e）R=0.5、σ_{max}=720MPa断口疲劳源区

（f）R=0.5、σ_{max}=1000MPa断口主次源一侧的多源

（g）R=0.5、σ_{max}=1000MPa断口源区高倍

（h）R=0.1、σ_{max}=385MPa断口源区

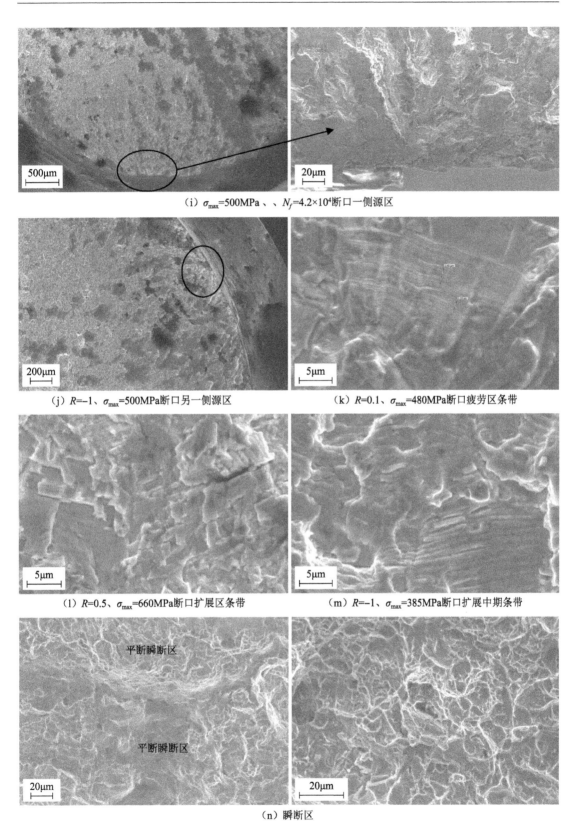

（i）σ_{max}=500MPa 、 、N_f=4.2×10⁴断口一侧源区

（j）R=-1、σ_{max}=500MPa断口另一侧源区

（k）R=0.1、σ_{max}=480MPa断口疲劳区条带

（l）R=0.5、σ_{max}=660MPa断口扩展区条带

（m）R=-1、σ_{max}=385MPa断口扩展中期条带

平断瞬断区

平断瞬断区

（n）瞬断区

图 1.6-39　400℃、K_t=2 下轴向高周缺口疲劳断口微观形貌

3. 500℃、K_t=2

（1）宏观特征：500℃、K_t=2下的轴向高周缺口疲劳断口试样表面为发暗的金黄色，断口由源区的金黄色逐渐过渡到瞬断区的淡金黄色或银灰色。3个应力比下，均为在一侧缺口处起源，往另一侧扩展，断口主要分为平坦的疲劳区和粗糙的瞬断区，且在另一侧瞬断区处还出现小面积的剪切斜面。其中 R=0.1、σ_{max}=600MPa 和 R=-1、σ_{max}=370MPa 的两个断口在一侧可见临近的两处起源，两个疲劳源中间可见交界的台阶，其余断口均为单源起源。同一应力比下，疲劳扩展区面积随应力增大呈减小的趋势：R=0.1 时 3 个断口扩展区面积分别占整个断口面积的 65%、60%、60%（应力从低到高），见图 1.6-40。R=0.5 时 3 个应力下断口疲劳扩展区面积分别占整个断口面积的 50%、45%、40%，见图 1.6-41。R=-1 时 3 个应力下断口疲劳扩展区面积占 80%～85%，见图 1.6-42。

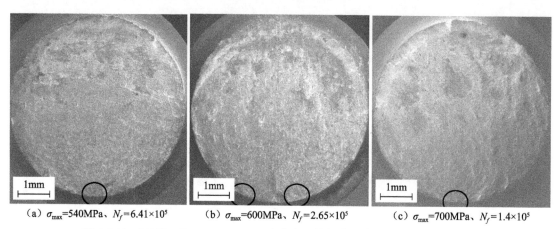

（a）σ_{max}=540MPa、N_f=6.41×10⁵ （b）σ_{max}=600MPa、N_f=2.65×10⁵ （c）σ_{max}=700MPa、N_f=1.4×10⁵

图 1.6-40　500℃、K_t=2、R=0.1、3 个应力下轴向高周缺口疲劳断口宏观形貌

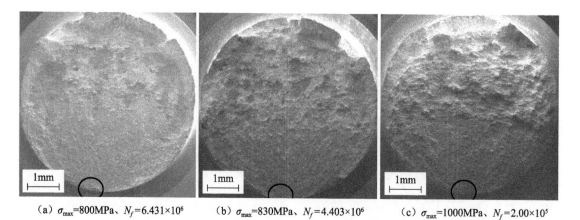

（a）σ_{max}=800MPa、N_f=6.431×10⁶ （b）σ_{max}=830MPa、N_f=4.403×10⁶ （c）σ_{max}=1000MPa、N_f=2.00×10⁵

图 1.6-41　500℃、K_t=2、R=0.5、3 个应力下轴向高周缺口疲劳断口宏观形貌

（2）微观特征：500℃、K_t=2下的断口大多起源于表面，R=-1 的断口源区磨损，无明显刻面，其他源区都有轻微的类解理刻面，起源于次表面的断口（R=0.5、σ_{max}=800MPa）断口源区类解理刻面更明显。同一个断口从扩展前期到后期，条带宽度有所增大，且到后期有韧窝和条带并存的特点，不同应力下的疲劳扩展中期条带宽度差异不明显，整体约为

0.45 ～ 0.6μm。瞬断区分平断区和剪切瞬断区，微观均为韧窝断裂特征，平断区韧窝更不规则，剪切瞬断区韧窝更小一些，见图 1.6-43。

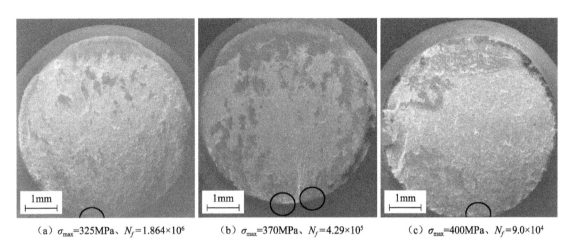

（a）σ_{max}=325MPa、N_f=1.864×10⁶　　　（b）σ_{max}=370MPa、N_f=4.29×10⁵　　　（c）σ_{max}=400MPa、N_f=9.0×10⁴

图 1.6-42　500℃、K_t=2、R=-1、3 个应力下轴向高周缺口疲劳断口宏观形貌

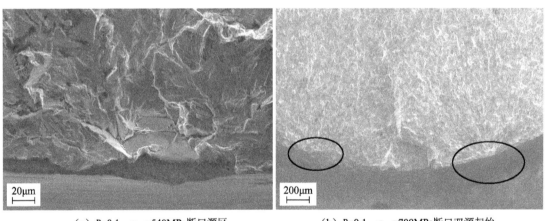

（a）R=0.1、σ_{max}=540MPa断口源区　　　　　　（b）R=0.1、σ_{max}=700MPa断口双源起始

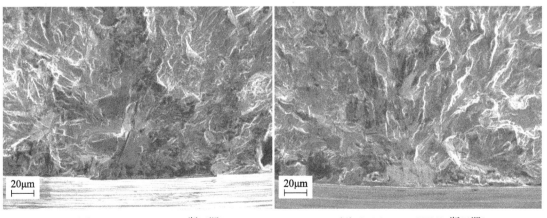

（c）R=0.1、σ_{max}=700MPa断口源1　　　　　　（d）R=0.1、σ_{max}=700MPa断口源2

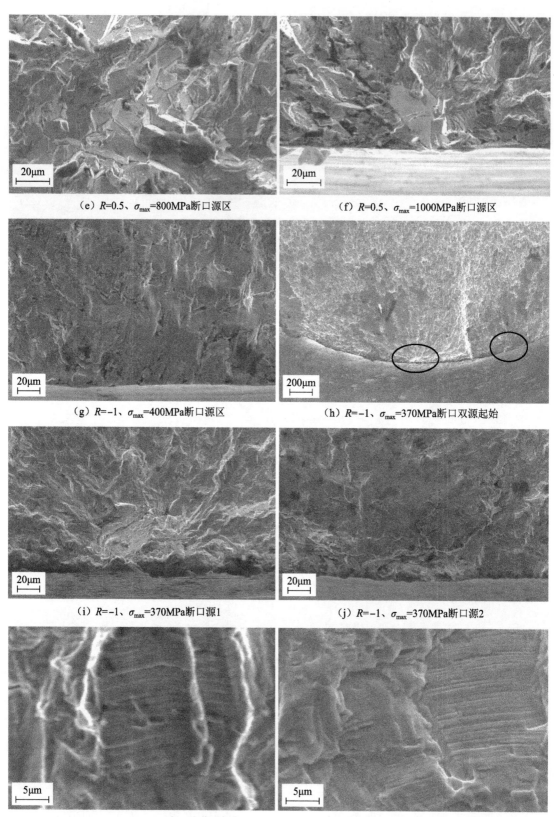

（e）R=0.5、σ_{max}=800MPa断口源区

（f）R=0.5、σ_{max}=1000MPa断口源区

（g）R=-1、σ_{max}=400MPa断口源区

（h）R=-1、σ_{max}=370MPa断口双源起始

（i）R=-1、σ_{max}=370MPa断口源1

（j）R=-1、σ_{max}=370MPa断口源2

（k）R=0.1、σ_{max}=540MPa断口疲劳区条带

（l）R=0.5、σ_{max}=1000MPa断口疲劳区条带

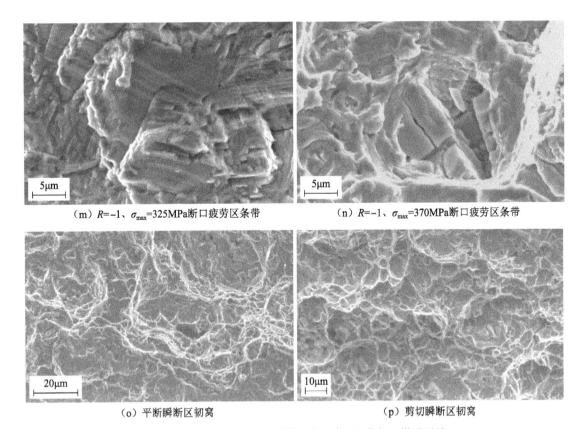

（m）R=−1、σ_{max}=325MPa断口疲劳区条带　　　　（n）R=−1、σ_{max}=370MPa断口疲劳区条带

（o）平断瞬断区韧窝　　　　　　　　　　　　（p）剪切瞬断区韧窝

图 1.6-43　500℃、K_t=2 下轴向高周缺口疲劳断口微观形貌

4. 300℃、K_t=3

（1）宏观特征：300℃、K_t=3 下的轴向高周缺口疲劳断口试样表面和断口面均呈现轻微泛黄的银灰色。断口均为单侧起源，往另一侧扩展，R=0.1 时 3 个应力的断口均为单源，R=0.5 时 3 个应力的断口其中低应力的断口为单源，高应力下的为多个连续线源；K_t=3 的断口较 K_t=2 的断口更为平整，疲劳扩展区面积也相对更大，比如 R=0.1 时 3 个应力的断口疲劳扩展区面积分别占整个断口面积的 90%、90%、85%（应力从低到高），见图 1.6-44；R=0.5 时 3 个应力的断口疲劳扩展区面积分别占整个断口面积的 60%、55%、50%，见图 1.6-45。

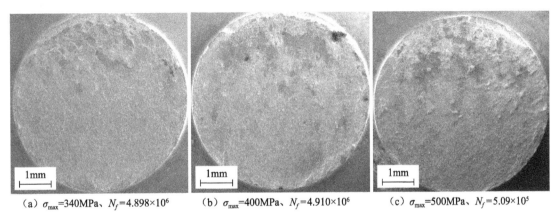

（a）σ_{max}=340MPa、N_f=4.898×10⁶　　（b）σ_{max}=400MPa、N_f=4.910×10⁶　　（c）σ_{max}=500MPa、N_f=5.09×10⁵

图 1.6-44　300℃、K_t=3、R=0.1、3 个应力下轴向高周缺口疲劳断口宏观形貌

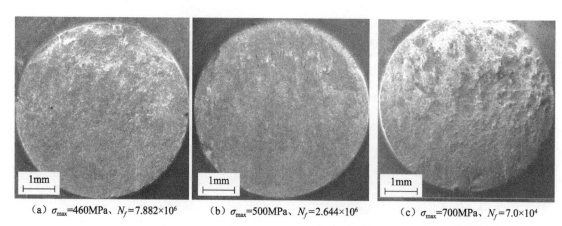

（a）σ_{max}=460MPa、N_f=7.882×10⁶   （b）σ_{max}=500MPa、N_f=2.644×10⁶   （c）σ_{max}=700MPa、N_f=7.0×10⁴

图 1.6-45   300℃、K_t=3、R=0.5、3 个应力下轴向高周缺口疲劳断口宏观形貌

（2）微观特征：R=0.5 时 3 个断口均单点起源于缺口一侧表面，中低应力的两个断口源区可见轻微的刻面（以 R=0.1、σ_{max}=400MPa 的断口为例），高应力下的刻面特征更不明显；R=0.5 下的 3 个断口不管是多源还是单源起源都在表面，且源区未见类解理刻面特征；6 个断口疲劳扩展区和瞬断区微观特征相似，疲劳前期、中期、后期均可见疲劳条带，且条带随着裂纹扩展有所变宽，扩展中期条带宽度大致在 0.25 ～ 0.4μm；瞬断区微观为韧窝断裂特征，见图 1.6-46。

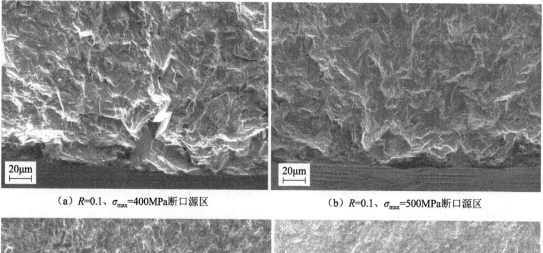

（a）R=0.1、σ_{max}=400MPa断口源区   （b）R=0.1、σ_{max}=500MPa断口源区

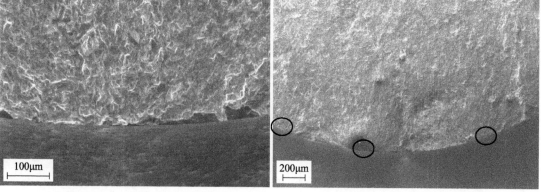

（c）R=0.5、σ_{max}=460MPa断口源区低倍   （d）R=0.5、σ_{max}=700MPa断口多源

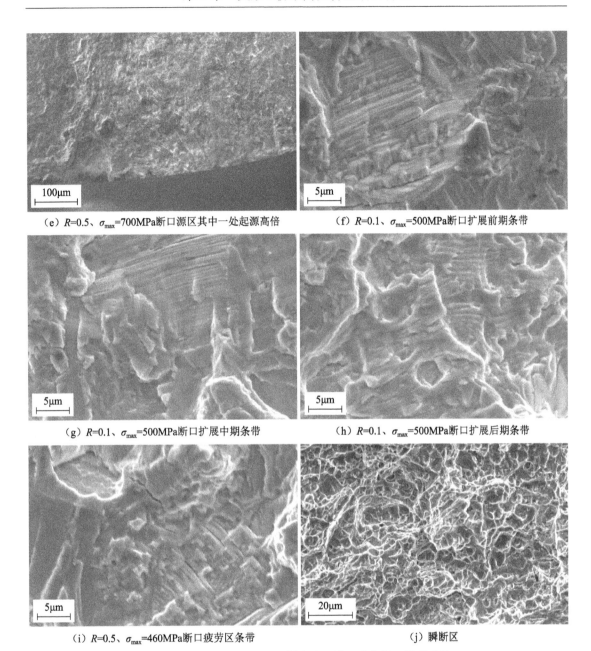

（e）R=0.5、σ_max=700MPa断口源区其中一处起源高倍

（f）R=0.1、σ_max=500MPa断口扩展前期条带

（g）R=0.1、σ_max=500MPa断口扩展中期条带

（h）R=0.1、σ_max=500MPa断口扩展后期条带

（i）R=0.5、σ_max=460MPa断口疲劳区条带

（j）瞬断区

图1.6-46　300℃、K_t=3下轴向高周缺口疲劳断口微观形貌

1.6.4.6　低周应变疲劳

1. 室温、R_ε=0.1

（1）宏观特征：室温下断口均呈银灰色，从侧面看，断面有明显的高差，且随着应变增大，试样靠近断裂处出现宏观塑性变形，尤其是应变为3.0%的断口可见明显的弯曲塑性变形。低应变下（1.0%）和中应变下（1.5%）的两个断口整体疲劳区相对平坦，与瞬断区可见明显的弧形分界，低应变下（1.0%）和中应变下（1.5%）的两个断口均可见两个疲劳起源和扩展区，且中应变下（1.5%）的两个断口源区可见明显高差，两个断口疲劳均约占整个断面的40%；高应变下（3.0%）的断口疲劳区粗糙和瞬断区分界不明显，且断面可见较为严重

的磨损发亮特征，源区为大线源，疲劳区面积占整个断面的10%。此外，3个断口瞬断区均包括与轴向垂直的平断区和剪切斜面，且随着应变增大，剪切斜面面积越小，见图1.6-47。

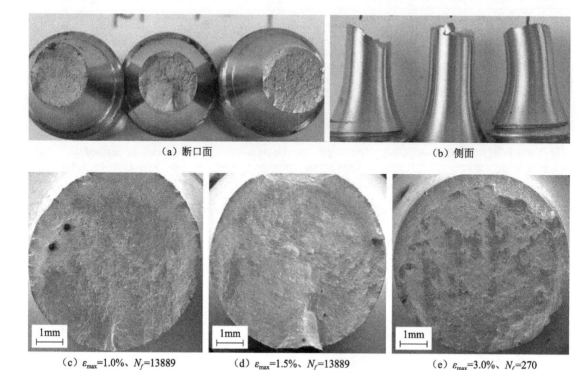

（a）断口面　　　　　　　　　　　　　　　　（b）侧面

（c）ε_{max}=1.0%、N_f=13889　　（d）ε_{max}=1.5%、N_f=13889　　（e）ε_{max}=3.0%、N_f=270

图1.6-47　室温、R_ε=0.1 应变疲劳断口宏观形貌

（2）微观特征：室温、R_ε=0.1下3个应变疲劳断口均起源于试样一侧表面，均为线源特征，高应变下（3%）断口线源区域更大，且源区可见明显磨损和轻微的挤压变形，源区未见冶金缺陷。低应变下（1.0%）和中应变下（1.5%）的两个断口疲劳区均可见清晰并较为细密的疲劳条带，高应变下（3%）的断口疲劳区呈现类似碾平的特征，且条带与韧窝并存，因此条带较不明显。瞬断区分两个部分，与轴向垂直的平断瞬断区为等轴韧窝特征，剪切瞬断区则为深度较浅的细小剪切韧窝形貌，见图1.6-48。

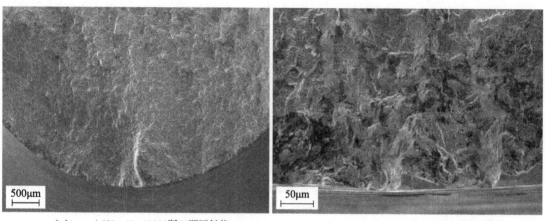

（a）ε_{max}=1.0%、N_f=13889断口源区低倍　　　　（b）ε_{max}=1.0%、N_f=13889断口源区高倍

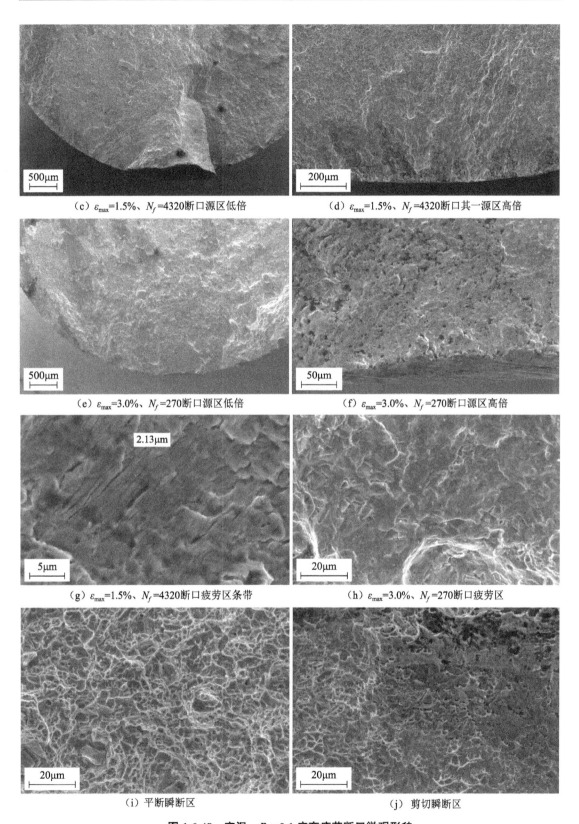

（c）ε_{max}=1.5%、N_f=4320断口源区低倍

（d）ε_{max}=1.5%、N_f=4320断口其一源区高倍

（e）ε_{max}=3.0%、N_f=270断口源区低倍

（f）ε_{max}=3.0%、N_f=270断口源区高倍

（g）ε_{max}=1.5%、N_f=4320断口疲劳区条带

（h）ε_{max}=3.0%、N_f=270断口疲劳区

（i）平断瞬断区

（j）剪切瞬断区

图 1.6-48　室温、R_ε=0.1 应变疲劳断口微观形貌

2. 室温、$R_\varepsilon = -1$

（1）宏观特征：室温下断口均呈银灰色，从侧面看，断面宏观高差不大，试样靠近断裂处存在轻微的宏观塑性变形，且随着应变增大，宏观塑性变形更为严重。低应变下（0.5%）和中应变下（0.8%）的断口较为相似，疲劳起源于试样一侧表面，源区均为大线源，疲劳扩展区相对较平坦，面积占整个断口的 50%～60%；高应变下（1.5%）的断口出现两个磨损环形区将断口划分为 3 个区，其中一个区可见疲劳起源，另两个区均为瞬断区，疲劳区粗糙度较低应变和中应变下的两个断口大一些。3 个断口稳定疲劳扩展区面积分别约占整个断口面积的 25%、20%、10%，见图 1.6-49。

（a）断口面　　　　　　　　　　　　　　　　（b）侧面

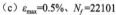
（c）ε_{max}=0.5%、N_f=22101

（d）ε_{max}=0.8%、N_f=3400

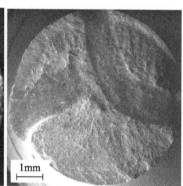
（e）ε_{max}=1.5%、N_f=237

图 1.6-49　室温、$R_\varepsilon = -1$ 应变疲劳断口宏观形貌

（2）微观特征：室温、$R_\varepsilon = -1$ 下 3 个应变疲劳断口均起源于试样一侧表面，呈线源特征，源区未见冶金缺陷，其中高应变下（3%）的断口源区可见明显磨损和轻微的挤压变形。低应变下（0.5%）和中应变下（0.8%）的两个断口疲劳扩展前期条带短且直，进入疲劳扩展中期，条带变宽且较为连续，到扩展后期，条带和韧窝混存；高应变下（3%）的断口源区附近即可见疲劳条带，且条带混乱，宽度较宽。瞬断区也分为与轴向垂直的平断区和剪切区，特征和 $R_\varepsilon = 0.1$ 的断口一致，见图 1.6-50。

3. 300℃、$R_\varepsilon = -1$

（1）宏观特征：300℃、$R_\varepsilon = -1$ 下的低周疲劳断口呈轻微泛黄的银灰色，断口粗糙，无明显平坦区，断口上可见磨损发亮特征。疲劳从一侧起源，往另一侧扩展，疲劳起源处可见起伏台阶，尤其在高应变下（ε_{max}=1.6%）。扩展区可见棱线，瞬断区位于另一侧，为剪切斜面特征，与轴向呈约 45° 夹角，随着应变幅降低，其剪切瞬断区也减小；应变为 0.351%、0.42%、1.6% 下的断口疲劳区面积分别占整个断口面积的 20%、15%、10%，见图 1.6-51。

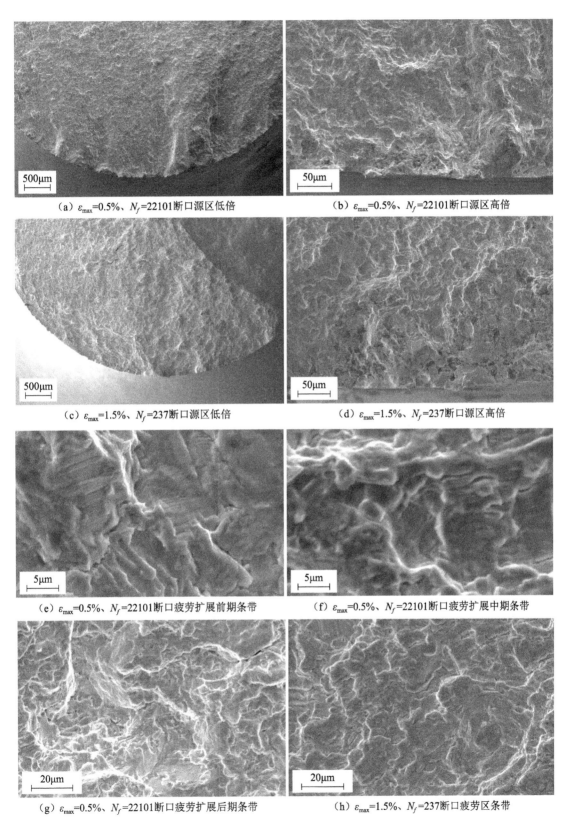

（a）ε_{max}=0.5%、N_f=22101断口源区低倍

（b）ε_{max}=0.5%、N_f=22101断口源区高倍

（c）ε_{max}=1.5%、N_f=237断口源区低倍

（d）ε_{max}=1.5%、N_f=237断口源区高倍

（e）ε_{max}=0.5%、N_f=22101断口疲劳扩展前期条带

（f）ε_{max}=0.5%、N_f=22101断口疲劳扩展中期条带

（g）ε_{max}=0.5%、N_f=22101断口疲劳扩展后期条带

（h）ε_{max}=1.5%、N_f=237断口疲劳区条带

图 1.6-50　室温、R_ε=-1 应变疲劳断口微观形貌

(a) ε_{max}=0.351%，N_f=107365　　　（b）ε_{max}=0.42%，N_f=35949　　　（c）ε_{max}=1.6%，N_f=145

图 1.6-51　300℃、R_ε=−1 应变疲劳断口宏观形貌

（2）微观特征：300℃、R_ε=−1，ε_{max}=1.6% 应变下断口可见多个起伏台阶，多源线性起源，应变降低，疲劳区的台阶变窄，当应变为 0.351% 时断口疲劳源区趋于单线源；应变大时（ε_{max}=1.6%），源区附近即可见较宽的疲劳条带及二次裂纹，应变小时（ε_{max}=0.42%、ε_{max}=0.351%）疲劳扩展区条带较细；瞬断区为韧窝形貌，见图 1.6-52。

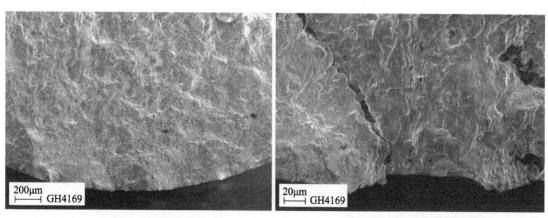

（a）ε_{max}=1.6%、N_f=145源区低倍　　　　　　（b）ε_{max}=1.6%、N_f=145源区高倍

（c）ε_{max}=0.42%、N_f=35949源区低倍　　　　　　（d）ε_{max}=0.42%、N_f=35949源区高倍

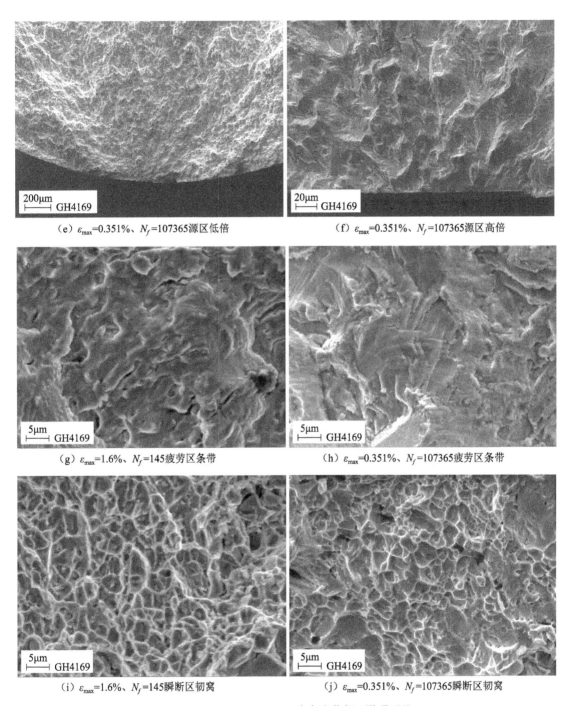

（e）ε_{max}=0.351%、N_f=107365源区低倍

（f）ε_{max}=0.351%、N_f=107365源区高倍

（g）ε_{max}=1.6%、N_f=145疲劳区条带

（h）ε_{max}=0.351%、N_f=107365疲劳区条带

（i）ε_{max}=1.6%、N_f=145瞬断区韧窝

（j）ε_{max}=0.351%、N_f=107365瞬断区韧窝

图 1.6-52　300℃、R_ε=-1 应变疲劳断口微观形貌

1.6.5　ZSGH4169 断口特征

1.6.5.1　光滑拉伸

（1）宏观特征：各温度下拉伸断口宏观形貌如图 1.6-53 所示。其中 300 ～ 500℃下的 3 个断口断面呈银灰色，600℃下断口断面呈浅黄色，650℃下断口断面呈黄棕色，700℃下断

口断面呈红棕色，750℃下断口断面呈蓝紫色。各温度下的断口均有不同程度的颈缩，且颈缩程度随着温度的升高逐渐变大。7 个断口均较为粗糙，且基本均为杯锥状断口形貌，心部为纤维区，四周边缘为剪切唇区，且随着温度升高，中心纤维区面积比例变化不大。其中400～600℃下的 3 个断口具有较明显的斜断特征，见图 1.6-53 和图 1.6-54。

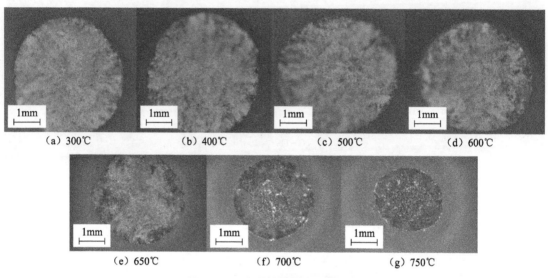

（a）300℃　　　（b）400℃　　　（c）500℃　　　（d）600℃

（e）650℃　　　　　（f）700℃　　　　　（g）750℃

图 1.6-53　光滑拉伸断口宏观形貌

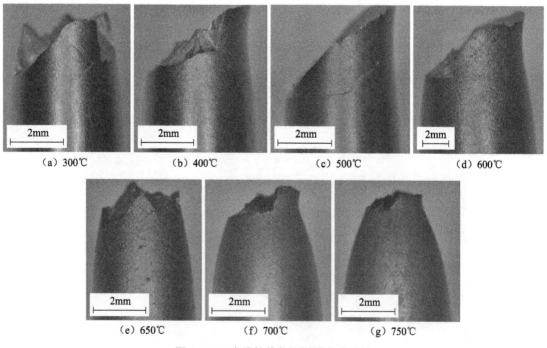

（a）300℃　　　（b）400℃　　　（c）500℃　　　（d）600℃

（e）650℃　　　　　（f）700℃　　　　　（g）750℃

图 1.6-54　光滑拉伸断口侧面宏观形貌

（2）微观特征：300～650℃下的 5 个断口特征类似，心部纤维区为较为细密的等轴韧窝，四周剪切唇区微观特征为拉伸韧窝，500℃下的断口见图 1.6-55；700℃、750℃下的两个断口特征类似，心部纤维区较为粗糙，等轴韧窝尺寸较大，且断面存在氧化皮，可见更多的孔洞形貌，且韧窝尺寸变深变大，四周剪切唇区为拉伸韧窝特征，见图 1.6-56。

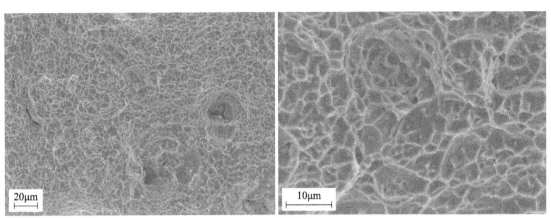

（a）纤维区

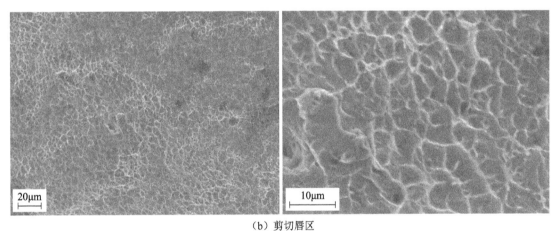

（b）剪切唇区

图 1.6-55 300 ～ 650℃光滑拉伸断口微观形貌

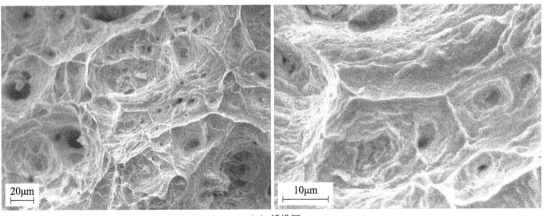

（a）纤维区

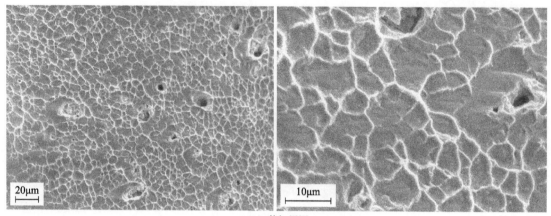

（b）剪切唇区

图 1.6-56　700℃、750℃光滑拉伸断口微观形貌

1.6.5.2　轴向高周光滑疲劳

1. 400℃

（1）宏观特征：400℃下 3 个应力比的 9 个断口呈银灰色，断口塑性变形不明显，9 个断口疲劳起源于一侧，单源，断面较为平整，整体与轴向垂直，瞬断区末端存在剪切唇特征，其与轴向约呈 45° 角。$R=0.1$，应力从低到高，3 个断口疲劳扩展区面积分别占整个断口面积的 60%，50%，35%；$R=0.5$，应力从低到高，3 个断口疲劳扩展区面积分别占整个断口面积的 30%，20%，15%；$R=-1$，应力从低到高，3 个断口疲劳扩展区面积分别占整个断口面积的 80%，80%，60%。断口疲劳区面积整体和应力大小对应，随着应力增大，疲劳区面积呈减小的趋势。见图 1.6-57 ～图 1.6-59。

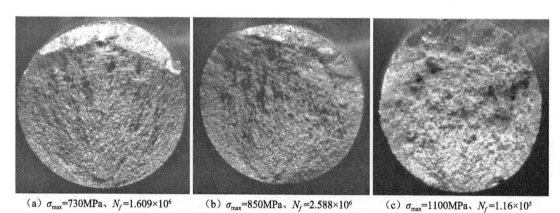

（a）σ_{max}=730MPa、N_f=1.609×10⁶　　（b）σ_{max}=850MPa、N_f=2.588×10⁶　　（c）σ_{max}=1100MPa、N_f=1.16×10⁵

图 1.6-57　400℃、$R=0.1$ 时光滑高周疲劳断口宏观形貌

（2）微观特征：断口均为单源，$R=0.1$ 和 $R=0.5$ 下、两个应力比的断口起源规律相似，基本是较低应力的断口起源趋于在次表面或者内部，高应力的在表面。如 $R=0.1$ 较低应力的两个断口源区在次表面，源区为大小不一的准解理刻面区域，高应力（σ_{max}=1100MPa）断口起源于表面，有单个小刻面；$R=0.5$ 下，较低应力的断口（960MPa）从试样内部起源，源区为几百微米级的刻面聚集区域，1300MPa、1200MPa 下两个断口起源在表面，源区可见准解理刻面特征；而 $R=-1$ 下 3 个应力断口均起源于一侧表面，呈小线源，源区未见明显缺陷，也未见明显刻面特征。不同应力比、不同应力下的断口扩展区形貌类似，疲劳扩展前中期条带细腻，间距较窄，后期断面变粗糙且可见条带加宽（每个应力比以一个断口图示）；瞬断区平断部位为等轴韧窝形貌，靠近边缘的剪切唇区域为剪切韧窝形貌，见图 1.6-60。

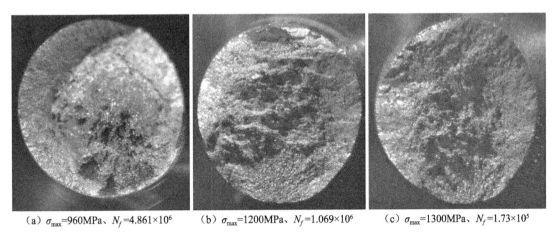

（a）$\sigma_{max}=960MPa$、$N_f=4.861×10^6$　　（b）$\sigma_{max}=1200MPa$、$N_f=1.069×10^6$　　（c）$\sigma_{max}=1300MPa$、$N_f=1.73×10^5$

图 1.6-58　400℃、$R=0.5$ 时光滑高周疲劳断口宏观形貌

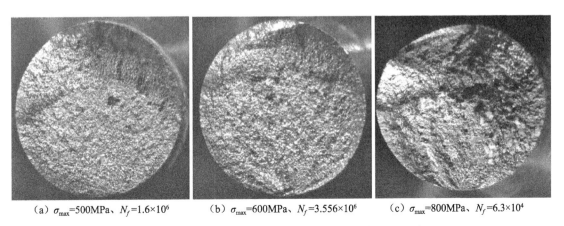

（a）$\sigma_{max}=500MPa$、$N_f=1.6×10^6$　　（b）$\sigma_{max}=600MPa$、$N_f=3.556×10^6$　　（c）$\sigma_{max}=800MPa$、$N_f=6.3×10^4$

图 1.6-59　400℃、$R=-1$ 时光滑高周疲劳断口宏观形貌

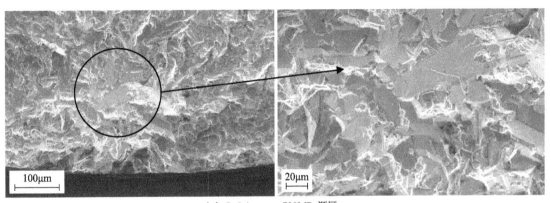

（a）$R=0.1$、$\sigma_{max}=730MPa$ 源区

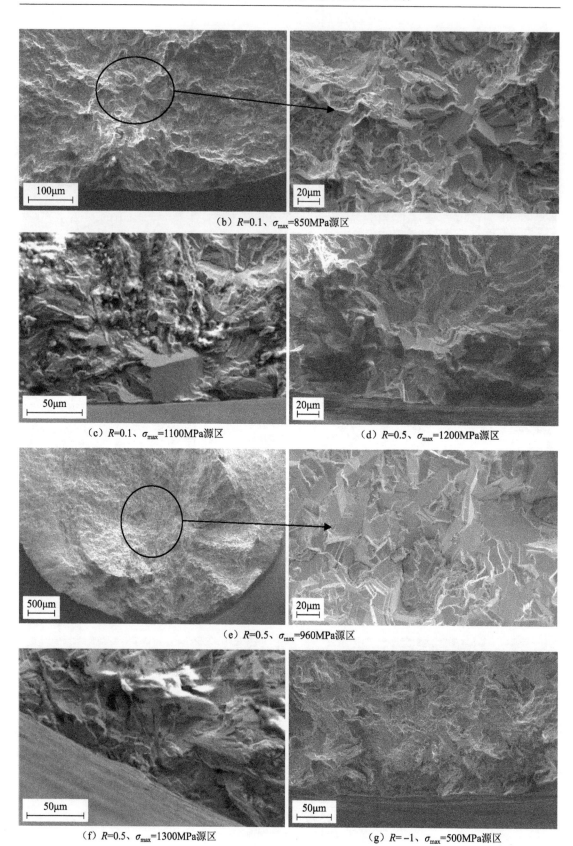

（b）R=0.1、σ_{max}=850MPa源区

（c）R=0.1、σ_{max}=1100MPa源区

（d）R=0.5、σ_{max}=1200MPa源区

（e）R=0.5、σ_{max}=960MPa源区

（f）R=0.5、σ_{max}=1300MPa源区

（g）R=−1、σ_{max}=500MPa源区

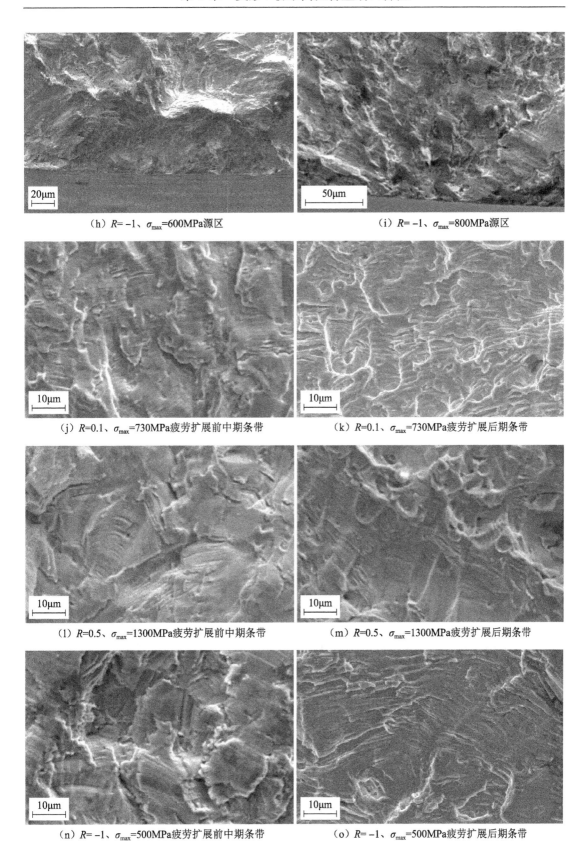

（h）$R=-1$、$\sigma_{max}=600$MPa源区

（i）$R=-1$、$\sigma_{max}=800$MPa源区

（j）$R=0.1$、$\sigma_{max}=730$MPa疲劳扩展前中期条带

（k）$R=0.1$、$\sigma_{max}=730$MPa疲劳扩展后期条带

（l）$R=0.5$、$\sigma_{max}=1300$MPa疲劳扩展前中期条带

（m）$R=0.5$、$\sigma_{max}=1300$MPa疲劳扩展后期条带

（n）$R=-1$、$\sigma_{max}=500$MPa疲劳扩展前中期条带

（o）$R=-1$、$\sigma_{max}=500$MPa疲劳扩展后期条带

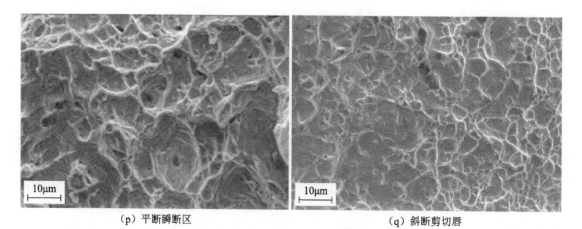

（p）平断瞬断区　　　　　　　　　　　　（q）斜断剪切唇

图 1.6-60　400℃下各光滑高周疲劳断口微观形貌

2. 500℃

（1）宏观特征：500℃下的光滑高周疲劳断口断面整体高温色不明显，个别断口疲劳区呈现浅黄色或者棕黄色。3 个应力比下的 9 个断口均为一侧单源起源，除个别断口（如 $R=0.5$、$\sigma_{max}=1000\text{MPa}$）起源在偏一侧的试样内部外，大部分断口均起源于一侧表面，向另一侧扩展，疲劳区断面平整，棱线清晰，后期瞬断区边缘可见剪切唇；$R=0.1$，应力从低到高，3 个断口疲劳扩展区面积分别占整个断口面积的 75%，50%，40%，见图 1.6-61；$R=0.5$，应力从低到高，3 个断口疲劳扩展区面积分别占整个断口面积的 60%，50%，55%，见图 1.6-62；$R=-1$，应力从低到高，3 个断口疲劳扩展区面积分别占整个断口面积的 90%，80%，70%，见图 1.6-63。

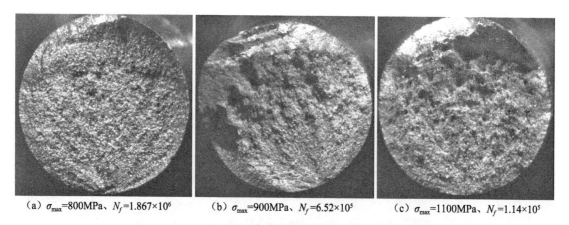

（a）$\sigma_{max}=800\text{MPa}$、$N_f=1.867\times10^6$　　（b）$\sigma_{max}=900\text{MPa}$、$N_f=6.52\times10^5$　　（c）$\sigma_{max}=1100\text{MPa}$、$N_f=1.14\times10^5$

图 1.6-61　500℃、$R=0.1$ 时轴向高周缺口疲劳断口宏观形貌

（2）微观特征：几个应力比下的断口均为单源，$R=0.1$、$R=0.5$ 两个应力比的断口起源规律相似，基本是较低应力的断口起源趋于在次表面或者内部，高应力的在表面。$R=0.1$ 较低应力（800MPa、900MPa）下的两个断口源区在次表面，源区为大小不一的准解理刻面，高应力（1100MPa）下的断口起源于表面的小刻面；$R=0.5$ 下，较低应力（1000MPa、1200MPa）的两个断口从试样内部起源，源区为几百微米级的刻面聚集区域，1260MPa 下的断口起源于次表面的几十微米级的刻面聚集区域；而 $R=-1$ 下 3 个应力断口均起源于一侧表面，呈小线源，源区未见明显缺陷，也未见明显刻面特征。几个应力比下的断口扩展区形貌类似，疲劳扩展前中期条带细腻，间距较窄，后期断面变粗糙且可见条带加宽；瞬断区平断区域为等轴韧窝形貌，靠近边缘的剪切唇区域为剪切韧窝形貌，见图 1.6-64。

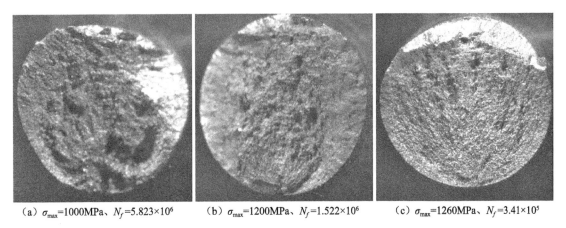

（a）σ_{max}=1000MPa、N_f=5.823×10⁶　　（b）σ_{max}=1200MPa、N_f=1.522×10⁶　　（c）σ_{max}=1260MPa、N_f=3.41×10⁵

图 1.6-62　500℃、R=0.5 时轴向高周缺口疲劳断口宏观形貌

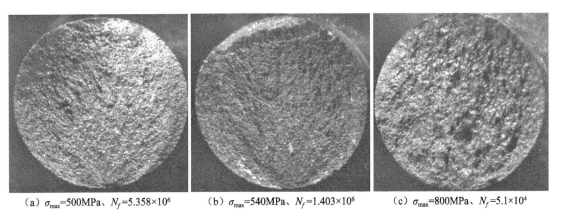

（a）σ_{max}=500MPa、N_f=5.358×10⁶　　（b）σ_{max}=540MPa、N_f=1.403×10⁶　　（c）σ_{max}=800MPa、N_f=5.1×10⁴

图 1.6-63　400℃、R=-1 时轴向高周缺口疲劳断口宏观形貌

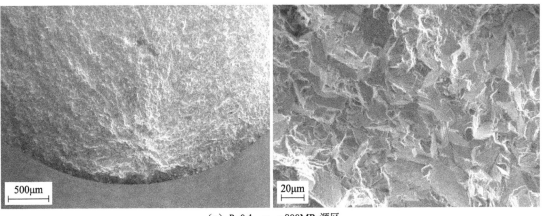

500μm　　20μm

（a）R=0.1、σ_{max}=800MPa源区

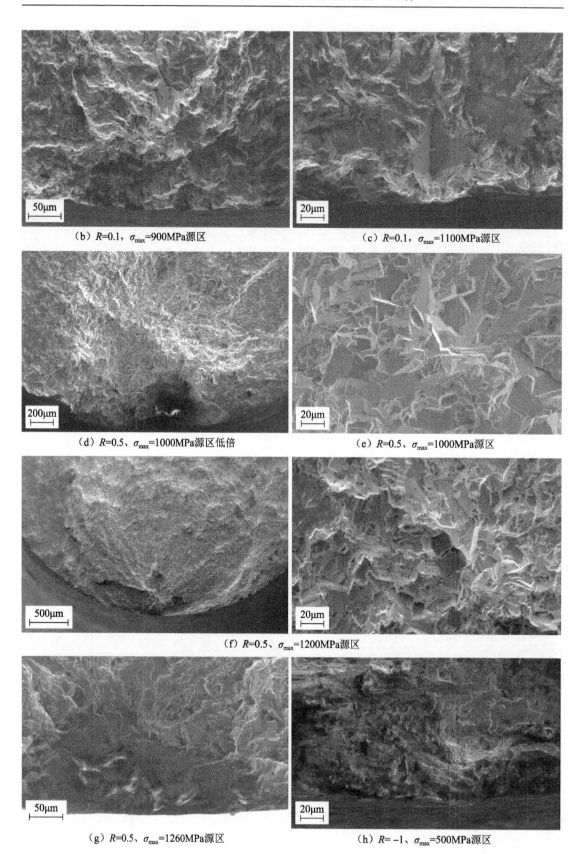

（b）R=0.1，σ_{max}=900MPa源区

（c）R=0.1，σ_{max}=1100MPa源区

（d）R=0.5，σ_{max}=1000MPa源区低倍

（e）R=0.5、σ_{max}=1000MPa源区

（f）R=0.5，σ_{max}=1200MPa源区

（g）R=0.5、σ_{max}=1260MPa源区

（h）R=−1、σ_{max}=500MPa源区

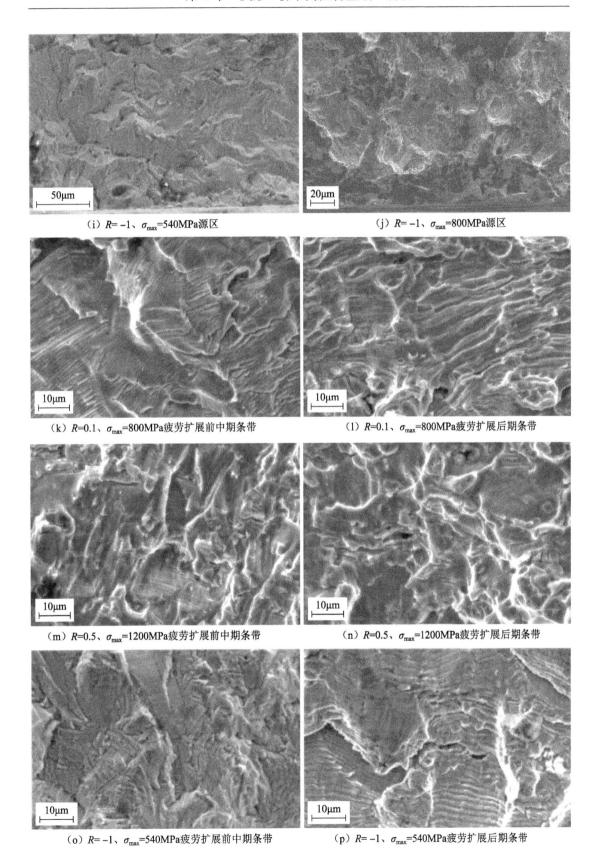

（i）$R=-1$、$\sigma_{max}=540$MPa源区

（j）$R=-1$、$\sigma_{max}=800$MPa源区

（k）$R=0.1$、$\sigma_{max}=800$MPa疲劳扩展前中期条带

（l）$R=0.1$、$\sigma_{max}=800$MPa疲劳扩展后期条带

（m）$R=0.5$、$\sigma_{max}=1200$MPa疲劳扩展前中期条带

（n）$R=0.5$、$\sigma_{max}=1200$MPa疲劳扩展后期条带

（o）$R=-1$、$\sigma_{max}=540$MPa疲劳扩展前中期条带

（p）$R=-1$、$\sigma_{max}=540$MPa疲劳扩展后期条带

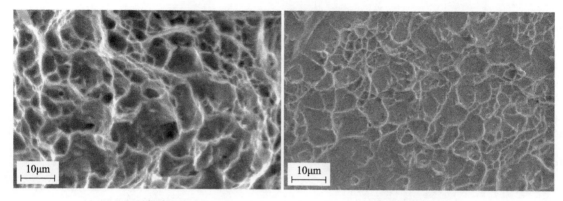

（q）平断瞬断区　　　　　　　　　　　　　　　　（r）斜断剪切唇

图 1.6-64　500℃下各光滑高周疲劳断口微观形貌

3. 650℃

（1）宏观特征：650℃下的光滑高周疲劳断口有明显的氧化色，且不同应力比、不同应力下的氧化色不一样，$R=0.1$ 和 $R=0.5$ 两个应力比下，高循环周次下以蓝色或者蓝紫色为主，低循环周次下为深棕黄色，且源区发蓝。$R=-1$ 的断口颜色以棕红色为主，源区一侧的断面偏蓝色。3 个应力比下的 9 个断口均为一侧单源起源，除个别断口（如 $R=0.1$、$\sigma_{max}=800MPa$ 和 $R=0.5$、$\sigma_{max}=1120MPa$）起源在偏一侧的试样次表面外，大部分断口均起源于一侧表面，往另一侧扩展，疲劳区断面平整，棱线清晰，后期瞬断区边缘可见剪切唇；$R=0.1$ 较高应力的两个断口起源于表面一侧的单源，较低应力的 $\sigma_{max}=800MPa$ 断口呈蓝色，起源于次表面内部的一块缺陷区域，断面稍粗糙；$R=0.5$、$\sigma_{max}=1120MPa$ 下的断口疲劳区与瞬断区之间有一段月牙形的过渡区域，断面粗糙。$R=0.1$，应力从低到高，3 个断口疲劳扩展区所占面积分别为整个断口面积的 70%，60%，50%；$R=0.5$，应力从低到高，两个断口疲劳扩展区所占面积分别为整个断口面积的 40%，30%；$R=-1$，应力从低到高，3 个断口疲劳扩展区所占面积分别为整个断口面积的 70%，60%，50%。见图 1.6-65 ～ 图 1.6-67。

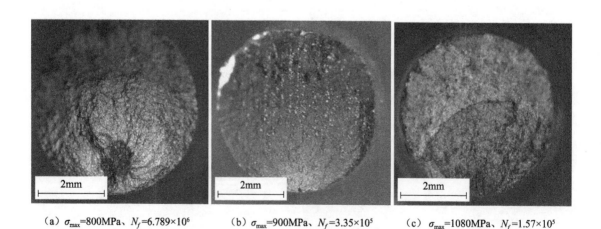

（a）$\sigma_{max}=800MPa$、$N_f=6.789\times10^6$　　　（b）$\sigma_{max}=900MPa$、$N_f=3.35\times10^5$　　　（c）$\sigma_{max}=1080MPa$、$N_f=1.57\times10^5$

图 1.6-65　650℃、$R=0.1$ 时轴向高周缺口疲劳断口宏观形貌

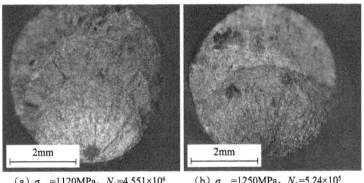

（a）σ_{max}=1120MPa、N_f=4.551×10^6　　　（b）σ_{max}=1250MPa、N_f=5.24×10^5

图 1.6-66　650℃、R=0.5 时轴向高周缺口疲劳断口宏观形貌

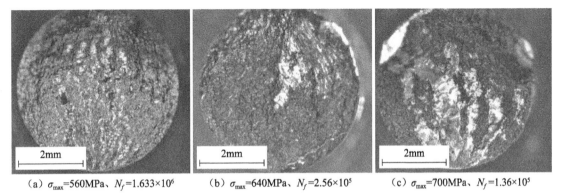

（a）σ_{max}=560MPa、N_f=1.633×10^6　　（b）σ_{max}=640MPa、N_f=2.56×10^5　　（c）σ_{max}=700MPa、N_f=1.36×10^5

图 1.6-67　650℃、R=-1 时轴向高周缺口疲劳断口宏观形貌

（2）微观特征：R=0.1 和 R=0.5 两个应力比下的断口，较低应力起源在内部（R=0.1、σ_{max}=800MPa）或次表面（R=0.5、σ_{max}=1120MPa），中高应力起源均在表面，源区均有一定的准解理刻面特征，尤其是起源于次表面和内部的断口源区，基本呈现百微米级的准解理刻面聚集特征，其中 R=0.5、σ_{max}=1120MPa 的断口在疲劳区和瞬断区间的月牙形区域内呈沿晶形貌；R=-1 下 3 个应力断口均起源于一侧小线源，源区未见冶金缺陷，且与 R=0.1 和 R=0.5 的源区相比，无明显准解理刻面特征。扩展区形貌类似，疲劳扩展前中期条带细腻，间距较窄，后期断面变粗糙且可见条带加宽；瞬断区平断区域为等轴韧窝形貌，靠近边缘的剪切唇区域为剪切韧窝形貌，见图 1.6-68。

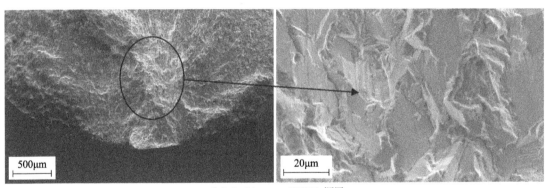

（a）R=0.1、σ_{max}=800MPa源区

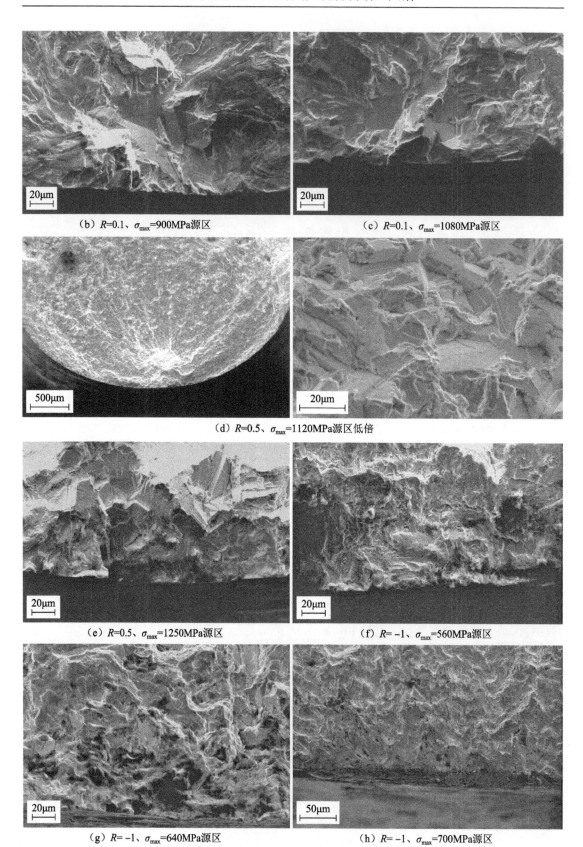

（b）$R=0.1$、$\sigma_{max}=900MPa$源区

（c）$R=0.1$、$\sigma_{max}=1080MPa$源区

（d）$R=0.5$、$\sigma_{max}=1120MPa$源区低倍

（e）$R=0.5$、$\sigma_{max}=1250MPa$源区

（f）$R=-1$、$\sigma_{max}=560MPa$源区

（g）$R=-1$、$\sigma_{max}=640MPa$源区

（h）$R=-1$、$\sigma_{max}=700MPa$源区

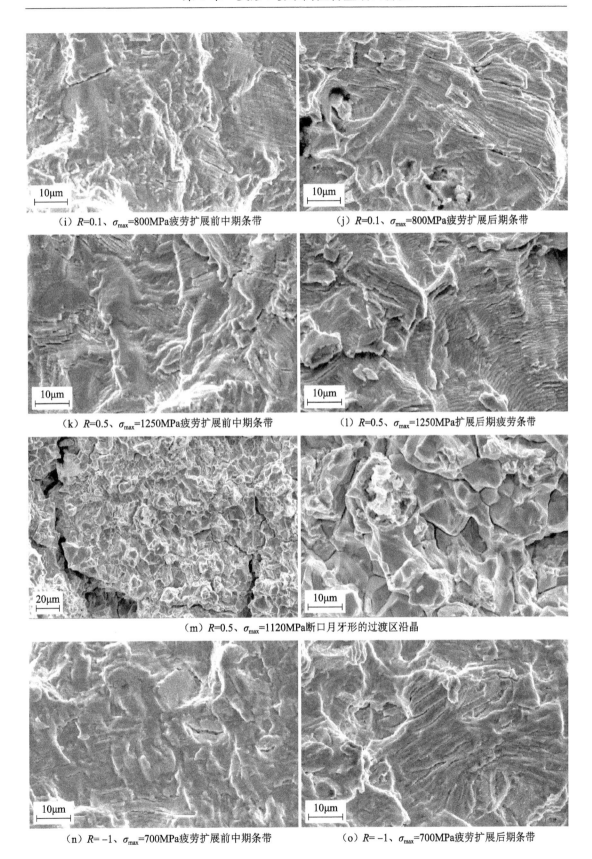

（i）$R=0.1$、$\sigma_{max}=800$MPa疲劳扩展前中期条带　　　（j）$R=0.1$、$\sigma_{max}=800$MPa疲劳扩展后期条带

（k）$R=0.5$、$\sigma_{max}=1250$MPa疲劳扩展前中期条带　　　（l）$R=0.5$、$\sigma_{max}=1250$MPa扩展后期疲劳条带

（m）$R=0.5$、$\sigma_{max}=1120$MPa断口月牙形的过渡区沿晶

（n）$R=-1$、$\sigma_{max}=700$MPa疲劳扩展前中期条带　　　（o）$R=-1$、$\sigma_{max}=700$MPa疲劳扩展后期条带

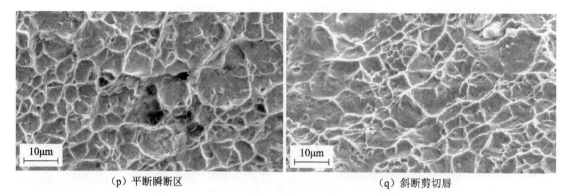

（p）平断瞬断区　　　　　　　　　（q）斜断剪切唇

图 1.6-68　650℃下各光滑高周疲劳断口微观形貌

1.6.5.3　轴向高周缺口疲劳

1. 400℃

（1）宏观特征：400℃、$K_t=3$ 下 3 个应力比 9 个断口宏观未见明显颈缩，断面整体呈现灰色，整个断面均比较平整，断面与轴向垂直，并且均起源于断面一侧表面。$R=0.1$、$R=0.5$ 两个应力比下的断口起源特征类似，每个应力比中较低应力的两个断口从一侧单源起源，高应力的断口连续线源起源，且局部可见阶梯状棱线；$R=-1$ 下的断口均连续线源起源。$R=0.1$，应力从低到高，3 个断口疲劳扩展区的面积分别占整个断口面积的 70%，60%，50%；$R=0.5$，应力从低到高，3 个断口疲劳扩展区的面积分别占整个断口面积的 60%，55%、50%；$R=-1$，应力从低到高，3 个断口疲劳扩展区的面积分别占整个断口面积的 70%，55%，50%。见图 1.6-69～图 1.6-71。

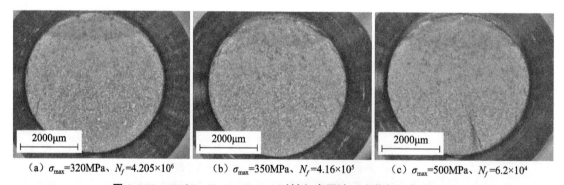

（a）$\sigma_{max}=320$MPa、$N_f=4.205\times10^6$　　（b）$\sigma_{max}=350$MPa、$N_f=4.16\times10^5$　　（c）$\sigma_{max}=500$MPa、$N_f=6.2\times10^4$

图 1.6-69　400℃、$K_t=3$、$R=0.1$ 时轴向高周缺口疲劳断口宏观形貌

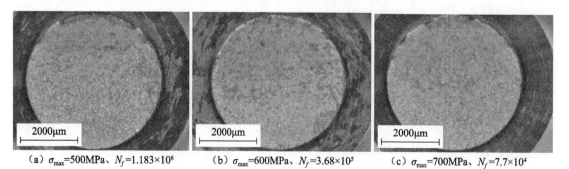

（a）$\sigma_{max}=500$MPa、$N_f=1.183\times10^6$　　（b）$\sigma_{max}=600$MPa、$N_f=3.68\times10^5$　　（c）$\sigma_{max}=700$MPa、$N_f=7.7\times10^4$

图 1.6-70　400℃、$K_t=3$、$R=0.5$ 时轴向高周缺口疲劳断口宏观形貌

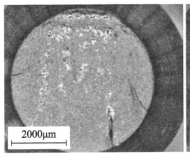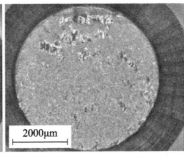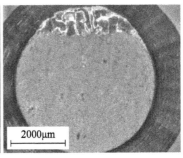

（a）σ_{max}=176MPa、N_f=1.531×10⁶　　（b）σ_{max}=240MPa、N_f=2.37×10⁵　　（c）σ_{max}=300MPa、N_f=9.1×10⁴

图 1.6-71　400℃、K_t=3、R=−1 时轴向高周缺口疲劳断口宏观形貌

（2）微观特征：R=0.1、R=0.5 下每个应力比中较低应力的两个断口起源于一侧表面及次表面，点源起源，源区可见小刻面聚集特征，高应力的断口于一侧多处线源连续起源，源区未见冶金缺陷；R=−1 下 3 个应力断口均起源于一侧，多个小线源起源，源区未见明显缺陷，其中 240MPa 的源区附近磨损严重，特征已不明显，见图 1.6-72。几个应力比下的断口疲劳扩展区特征无明显差异，前期断面较为平整，疲劳条带细腻但不清晰，后期断面粗糙，可见疲劳条带加宽且更为清晰。瞬断区均呈现韧窝特征，见图 1.6-73。

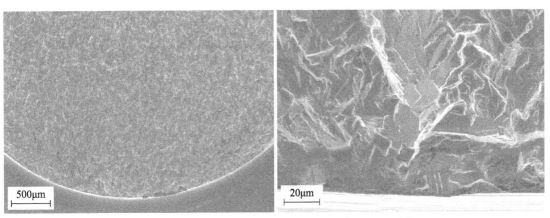

（a）R=0.1、σ_{max}=320MPa、N_f=4.205×10⁶单源起源及源区高倍

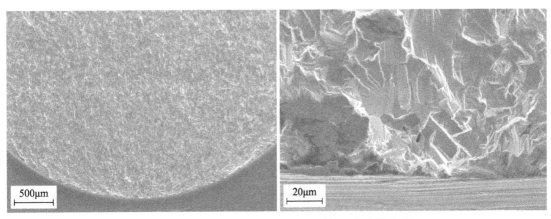

（b）R=0.1、σ_{max}=350MPa、N_f=4.16×10⁵单源起源及源区高倍

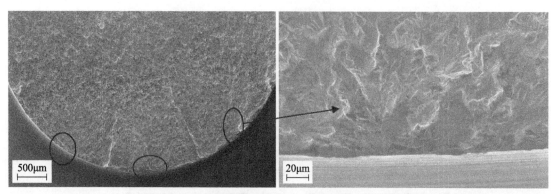

（c）$R=0.1$、$\sigma_{max}=500MPa$、$N_f=6.2\times10^4$多源起源及其一源区高倍

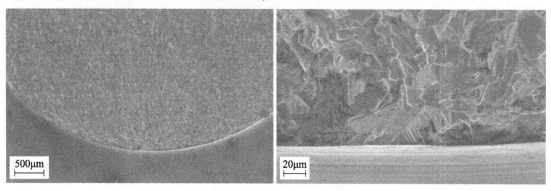

（d）$R=0.5$、$\sigma_{max}=500MPa$、$N_f=1.183\times10^6$单源起源及源区高倍

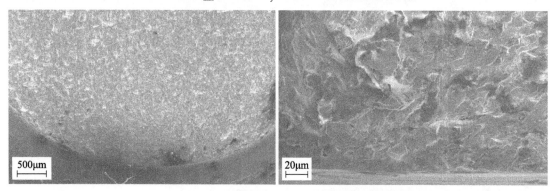

（e）$R=0.5$、$\sigma_{max}=600MPa$、$N_f=3.68\times10^5$单源起源及源区高倍

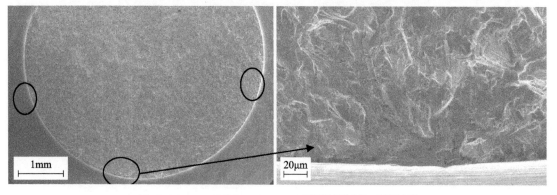

（f）$R=0.5$、$\sigma_{max}=700MPa$、$N_f=7.7\times10^4$多源起源及其一源区高倍

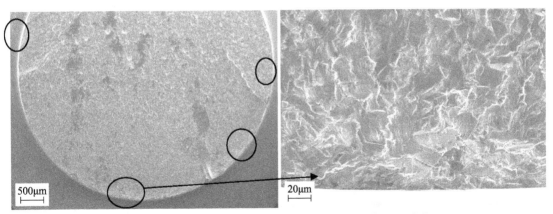

（g）$R=-1$、$\sigma_{max}=176MPa$、$N_f=1.531\times10^6$多源起源及其一源区高倍

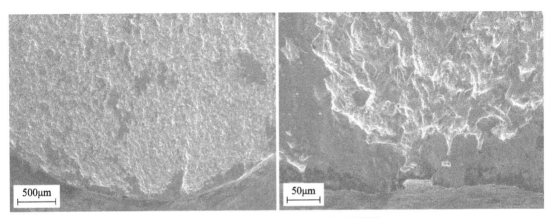

（h）$R=-1$、$\sigma_{max}=240MPa$、$N_f=2.37\times10^5$源区

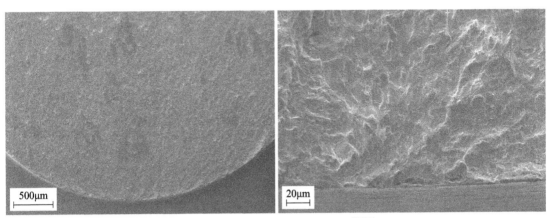

（i）$R=-1$、$\sigma_{max}=300MPa$、$N_f=9.1\times10^4$源区

图 1.6-72　400℃、$K_t=3$ 时轴向高周缺口疲劳断口源区微观形貌

2.500℃

（1）宏观特征：$R=0.1$、$R=0.5$ 断口宏观特征类似，除 $R=0.5$ 的高应力 $\sigma_{max}=700MPa$ 断口于一侧两处独立线源起源外，其他断口均起源于断面一侧，单源或连续线源起源，源

区附近为浅黄色，疲劳区断面平坦与轴向垂直，瞬断区后期存在一定的斜断剪切唇特征。$R=-1$ 的两个断口均起源于一侧，连续线源起源，其中低应力的断口颜色较深，疲劳区呈蓝紫色，高应力的断口疲劳区呈浅黄色，两个断口疲劳区也较为平坦，瞬断区后期可见剪切唇。$R=0.1$，应力从低到高，3 个断口疲劳扩展区的面积分别占整个断口面积的 80%，60%，50%；$R=0.5$，应力从低到高，3 个断口疲劳扩展区的面积分别占整个断口面积的 80%，70%，60%；$R=-1$，应力从低到高，两个断口疲劳扩展区的面积分别占整个断口面积的 70%，60%。见图 1.6-74 ～图 1.6-76。

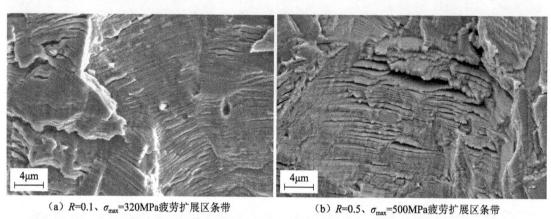

（a）$R=0.1$、$\sigma_{max}=320MPa$疲劳扩展区条带　　（b）$R=0.5$、$\sigma_{max}=500MPa$疲劳扩展区条带

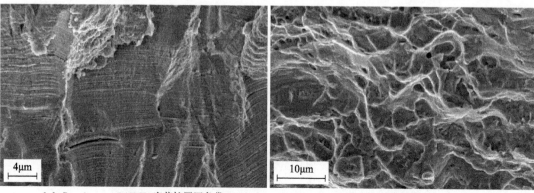

（c）$R=-1$、$\sigma_{max}=240MPa$疲劳扩展区条带　　　　（d）瞬断区韧窝

图 1.6-73　400℃、$K_t=3$ 时轴向高周缺口疲劳断口扩展区微观形貌

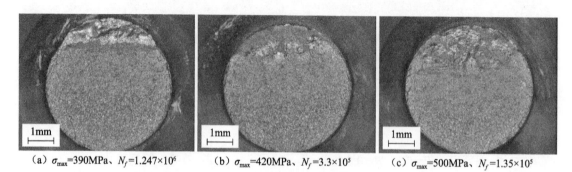

（a）$\sigma_{max}=390MPa$、$N_f=1.247\times10^6$　　（b）$\sigma_{max}=420MPa$、$N_f=3.3\times10^5$　　（c）$\sigma_{max}=500MPa$、$N_f=1.35\times10^5$

图 1.6-74　500℃、$R=0.1$ 时轴向高周缺口疲劳断口宏观形貌

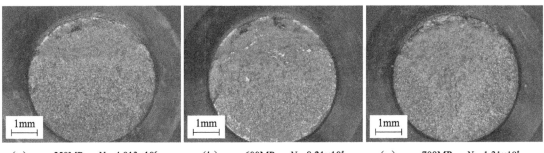

（a）σ_{max}=550MPa、N_f=4.013×10^6　　（b）σ_{max}=600MPa、N_f=8.21×10^5　　（c）σ_{max}=700MPa、N_f=1.31×10^5

图 1.6-75　500℃、R=0.5 时轴向高周缺口疲劳断口宏观形貌

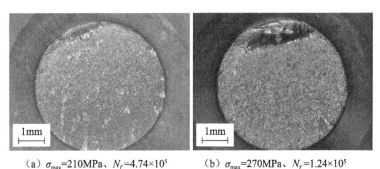

（a）σ_{max}=210MPa、N_f=4.74×10^5　　　　（b）σ_{max}=270MPa、N_f=1.24×10^5

图 1.6-76　500℃、R=−1 时轴向高周缺口疲劳断口宏观形貌

（2）微观特征：R=0.1 下 3 个断口均从一侧次表面起源，源区为准解理刻面特征；R=0.5 下 550MPa 断口起源于一侧次表面的准解理刻面，600MPa 断口起源于一侧单源，但源区已被磨损，特征不明显，700MPa 断口于两侧线源独立起源，源区未见冶金缺陷，同时对侧可见独立扩展的小疲劳区，也为小线源且未见冶金缺陷；R=−1 下两个应力断口均起源于一侧连续线源，源区未见冶金缺陷，见图 1.6-77。3 个应力比下的断口扩展区形貌类似，疲劳扩展前中期条带细腻，间距较窄，后期断面变粗糙且可见条带加宽；瞬断区平断部位为等轴韧窝形貌，靠近边缘的剪切唇部位为剪切韧窝形貌，见图 1.6-78。

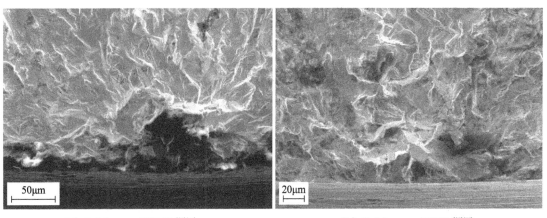

（a）R=0.1、σ_{max}=390MPa源区　　　　　　（b）R=0.1、σ_{max}=420MPa源区

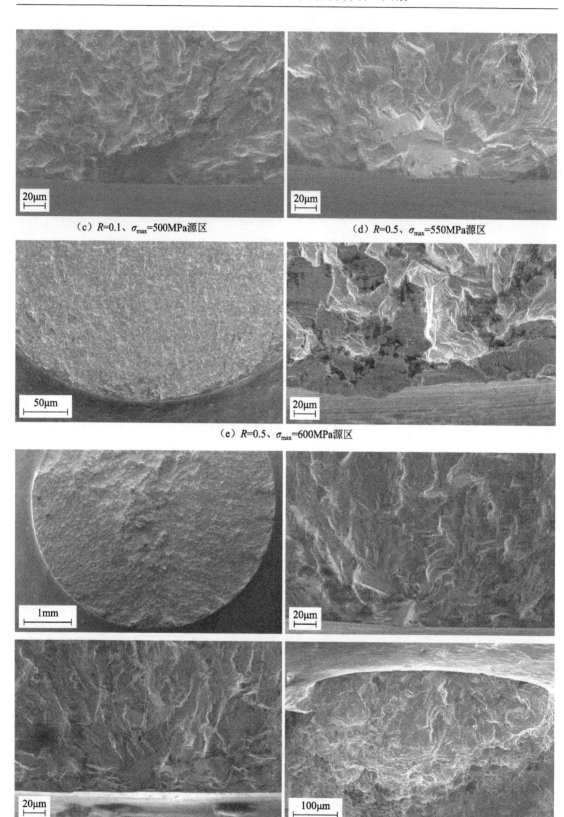

（c）R=0.1、σ_{max}=500MPa源区

（d）R=0.5、σ_{max}=550MPa源区

（e）R=0.5、σ_{max}=600MPa源区

（f）R=0.5、σ_{max}=700MPa主源区及次源区

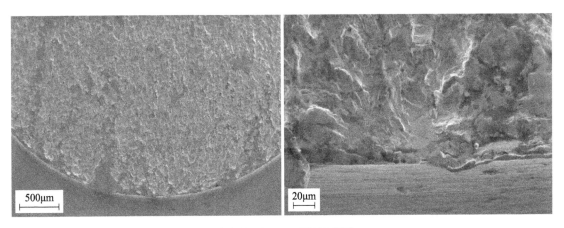

（g）$R=-1$、$\sigma_{max}=210$MPa源区

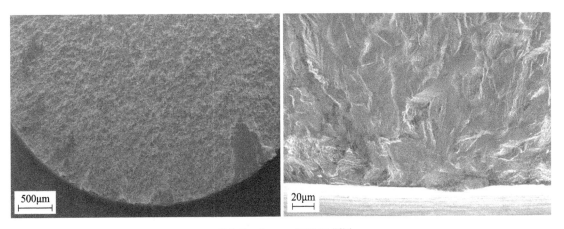

（h）$R=-1$、$\sigma_{max}=270$MPa源区

图 1.6-77　500℃、$K_t=3$ 时断口源区特征

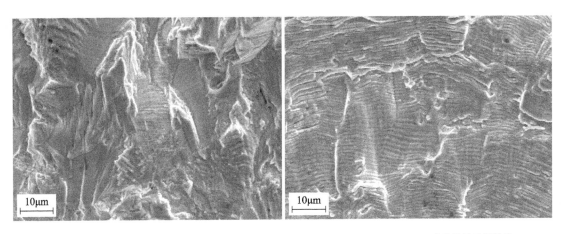

（a）$R=0.1$、$\sigma_{max}=390$MPa疲劳扩展前中期条带　　　　（b）$R=0.1$、$\sigma_{max}=390$MPa疲劳扩展后期条带

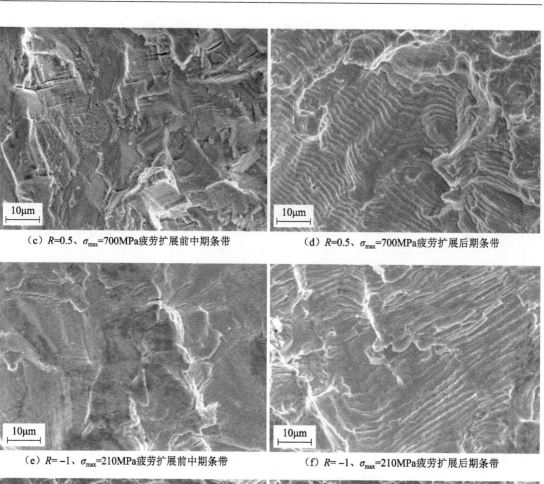

（c）$R=0.5$、$\sigma_{max}=700$MPa疲劳扩展前中期条带 　　（d）$R=0.5$、$\sigma_{max}=700$MPa疲劳扩展后期条带

（e）$R=-1$、$\sigma_{max}=210$MPa疲劳扩展前中期条带 　　（f）$R=-1$、$\sigma_{max}=210$MPa疲劳扩展后期条带

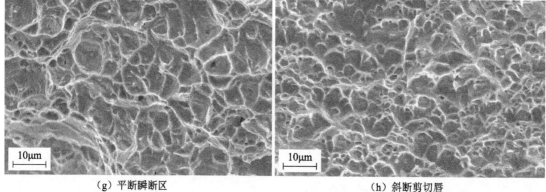

（g）平断瞬断区 　　　　　　　　　　　　（h）斜断剪切唇

图1.6-78　500℃、$K_t=3$时轴向高周缺口疲劳断口扩展区及瞬断区形貌

3. 650℃

（1）宏观特征：650℃、$K_t=3$下3个应力比的9个断口宏观未见明显颈缩，前期疲劳区较为平整，后续瞬断区则较为粗糙，断面受高温氧化从源区至瞬断区颜色逐渐变化，除$R=0.1$的两个较低应力断口呈蓝紫色及银灰色以外，都是由蓝紫色逐渐向黄棕色过渡。$R=0.1$、$R=0.5$两个应力比下的断口除了$R=0.1$、$\sigma_{max}=400$MPa为两处起源外，其他断口均为一侧单源起源；$R=-1$的几个断口均为一侧表面30%～50%区域连续起源，源区可见阶

梯状的棱线特征。$R=0.1$，应力从低到高，3 个断口疲劳扩展区的面积分别占整个断口面积的 90%，80%，70%；$R=0.5$，应力从低到高，3 个断口疲劳扩展区的面积分别占整个断口面积的 70%，65%，60%；$R=-1$，应力从低到高，两个断口疲劳扩展区的面积分别占整个断口面积的 70%，60%。见图 1.6-79 ～图 1.6-81。

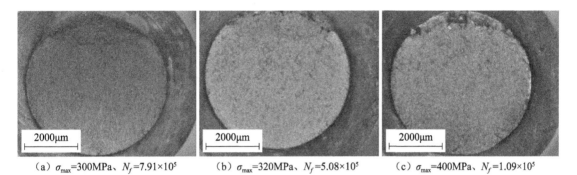

（a）$\sigma_{max}=300\mathrm{MPa}$、$N_f=7.91\times10^5$ （b）$\sigma_{max}=320\mathrm{MPa}$、$N_f=5.08\times10^5$ （c）$\sigma_{max}=400\mathrm{MPa}$、$N_f=1.09\times10^5$

图 1.6-79　650℃、$K_t=3$、$R=0.1$ 时轴向高周缺口疲劳断口宏观形貌

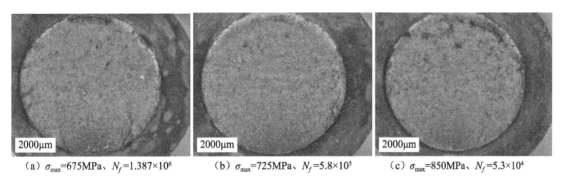

（a）$\sigma_{max}=675\mathrm{MPa}$、$N_f=1.387\times10^6$ （b）$\sigma_{max}=725\mathrm{MPa}$、$N_f=5.8\times10^5$ （c）$\sigma_{max}=850\mathrm{MPa}$、$N_f=5.3\times10^4$

图 1.6-80　650℃、$K_t=3$、$R=0.5$ 时轴向高周缺口疲劳断口宏观形貌

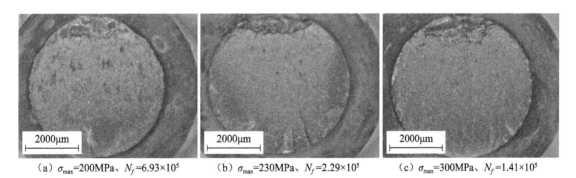

（a）$\sigma_{max}=200\mathrm{MPa}$、$N_f=6.93\times10^5$ （b）$\sigma_{max}=230\mathrm{MPa}$、$N_f=2.29\times10^5$ （c）$\sigma_{max}=300\mathrm{MPa}$、$N_f=1.41\times10^5$

图 1.6-81　650℃、$K_t=3$、$R=-1$ 时轴向高周缺口疲劳断口宏观形貌

（2）微观特征：$R=0.1$、$R=0.5$ 应力比下的断口均从表面起源，为点源特征，未见冶金缺陷，部分位置可见准解理刻面形貌；$R=-1$ 下 3 个应力断口均起源于一侧连续线源，呈多源特征，源区未见冶金缺陷，见图 1.6-82。3 个应力比下的断口扩展区形貌类似，疲劳扩展前中期条带细腻，间距较窄，后期断面变粗糙且可见条带加宽；瞬断区平断部位为等轴韧窝形貌，靠近边缘的剪切唇部位为剪切韧窝形貌，见图 1.6-83。

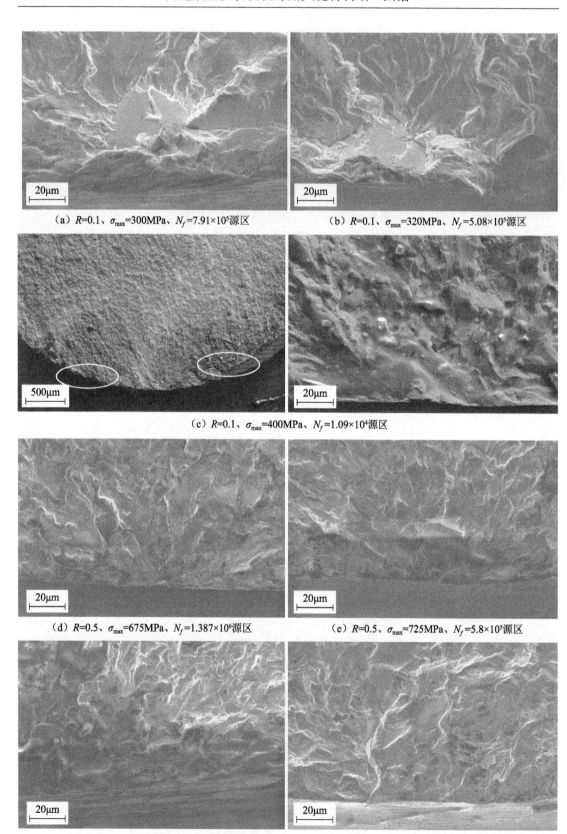

（a）R=0.1、σ_{max}=300MPa、N_f=7.91×10⁵源区

（b）R=0.1、σ_{max}=320MPa、N_f=5.08×10⁵源区

（c）R=0.1、σ_{max}=400MPa、N_f=1.09×10⁴源区

（d）R=0.5、σ_{max}=675MPa、N_f=1.387×10⁶源区

（e）R=0.5、σ_{max}=725MPa、N_f=5.8×10⁵源区

（f）R=0.5、σ_{max}=850MPa、N_f=5.3×10⁴源区

（g）R=−1、σ_{max}=200MPa、N_f=6.93×10⁵源区

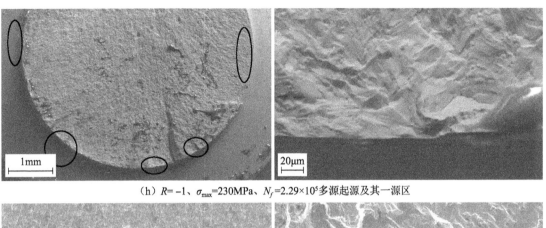

（h）$R=-1$、$\sigma_{max}=230MPa$、$N_f=2.29\times10^5$ 多源起源及其一源区

（i）$R=-1$、$\sigma_{max}=300MPa$、$N_f=1.41\times10^5$ 源区

图 1.6-82　650℃、$K_t=3$ 时轴向高周缺口疲劳断口源区微观形貌

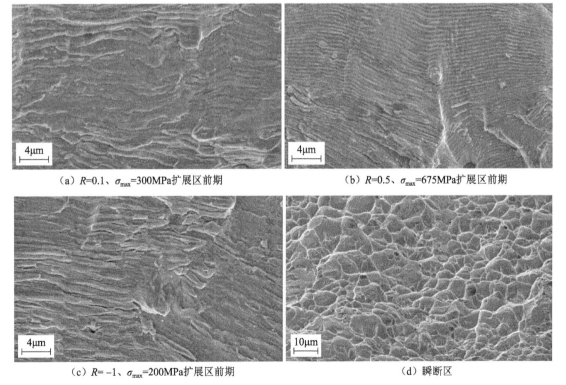

（a）$R=0.1$、$\sigma_{max}=300MPa$ 扩展区前期

（b）$R=0.5$、$\sigma_{max}=675MPa$ 扩展区前期

（c）$R=-1$、$\sigma_{max}=200MPa$ 扩展区前期

（d）瞬断区

图 1.6-83　650℃、$K_t=3$ 时轴向高周缺口疲劳断口扩展区及瞬断区微观形貌

1.6.5.4 低周应变疲劳

1. 400℃，R_ε=0.1，K_t=1

（1）宏观特征：400℃、R_ε=0.1 的应变疲劳试样表面呈浅黄色，有金属光泽，断口疲劳区和瞬断区均呈灰色，两区域无明显的颜色差异。3 个断口的疲劳区均垂直于轴线方向，高、低应变试样的断口瞬断区面积较大且以斜断口为主，中应变试样的断口瞬断区面积相对较小且以正断口为主，见图 1.6-84。

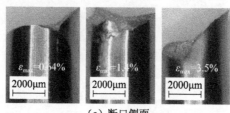

（a）断口侧面

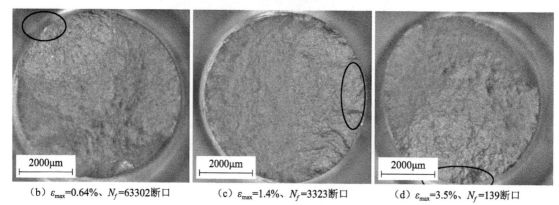

（b）ε_{max}=0.64%、N_f=63302断口 　（c）ε_{max}=1.4%、N_f=3323断口 　（d）ε_{max}=3.5%、N_f=139断口

图 1.6-84　400℃、R_ε=0.1 时低周疲劳断口宏观形貌

（2）微观特征：400℃、R_ε=0.1 的 3 个应变疲劳断口，其中 ε_{max}=0.64% 的断口为从表面开始的点源起裂，起源处可见尺寸约 10μm 小平面，ε_{max}=0.64% 的断口源区相对较为平坦，到 ε_{max}=1.4% 和 ε_{max}=3.5% 的两个断口，源区变得很粗糙，可见多个起源台阶；ε_{max}=0.64% 的断口疲劳扩展区相对平坦，扩展区条带连续细密，ε_{max}=1.4% 的断口扩展区条带宽度变宽，且局部有磨损和二次裂纹特征，ε_{max}=3.5% 的断口疲劳区磨损特征更明显，条带也变得不清晰。3 个试样瞬断区特征均为韧窝断裂形貌，见图 1.6-85。

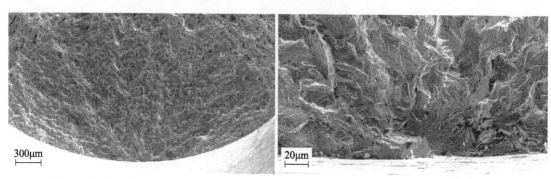

（a）ε_{max}=0.64%、N_f=63302断口源区低倍 　　　　　（b）ε_{max}=0.64%、N_f=63302断口源区高倍

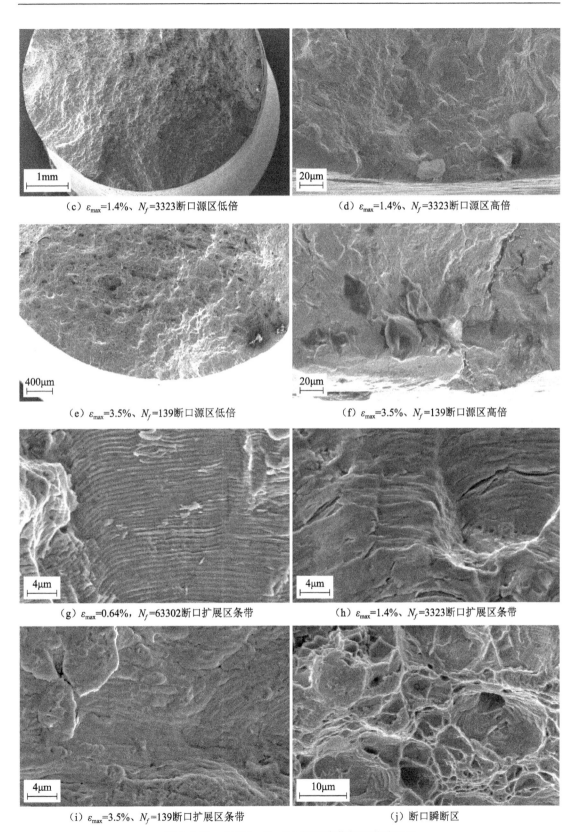

（c）ε_{max}=1.4%、N_f=3323断口源区低倍

（d）ε_{max}=1.4%、N_f=3323断口源区高倍

（e）ε_{max}=3.5%、N_f=139断口源区低倍

（f）ε_{max}=3.5%、N_f=139断口源区高倍

（g）ε_{max}=0.64%，N_f=63302断口扩展区条带

（h）ε_{max}=1.4%、N_f=3323断口扩展区条带

（i）ε_{max}=3.5%、N_f=139断口扩展区条带

（j）断口瞬断区

图 1.6-85　400℃、R_ε=0.1 低周疲劳断口微观形貌

2. 500℃、$K_t=1$

（1）宏观特征：500℃下的应变疲劳试样表面呈橘黄色，有金属光泽，断口疲劳区氧化呈浅黄或橘黄色，瞬断区均呈灰色。断口侧面高差较大，且应变越大，高差越大，见图 1.6-86。断口的疲劳区均垂直于轴向，瞬断区以斜面为主。$R_\varepsilon=-1$ 下，$\varepsilon_{max}=0.45\%$ 和 $\varepsilon_{max}=0.6\%$ 的两个断口为单源起源，$\varepsilon_{max}=1.6\%$ 的断口在一侧多源起源，$\varepsilon_{max}=0.45\%$ 的断口还可见较为平坦的一段稳定疲劳扩展区，其他两个断口的疲劳扩展区均较为粗糙，见图 1.6-87。$R_\varepsilon=0.1$，$\varepsilon_{max}=0.8\%$ 的断口为单源，$\varepsilon_{max}=1\%$ 的断口在一侧可见 3 个疲劳起源，这两个应变下的疲劳起源和疲劳扩展前期相对平坦；应变增大到 $\varepsilon_{max}=3.5\%$，疲劳起源呈现连续多源特点，源区和疲劳区均较为粗糙，见图 1.6-88。试样瞬断区均以斜断口为主，疲劳区和瞬断区界线比较明显。

(a) $R_\varepsilon=-1$ (b) $R_\varepsilon=0.1$

图 1.6-86　500℃、$K_t=1$ 下应变疲劳断口侧面宏观形貌

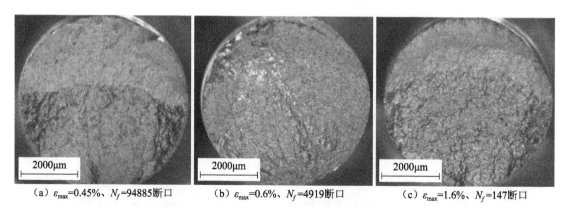

（a）$\varepsilon_{max}=0.45\%$、$N_f=94885$断口   （b）$\varepsilon_{max}=0.6\%$、$N_f=4919$断口   （c）$\varepsilon_{max}=1.6\%$、$N_f=147$断口

图 1.6-87　500℃、$R_\varepsilon=-1$ 下低周疲劳断口宏观形貌

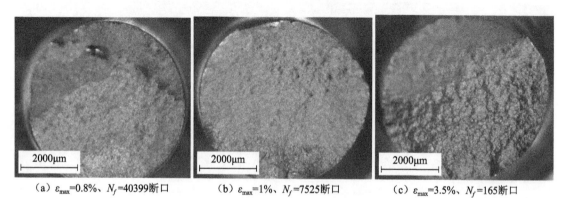

（a）$\varepsilon_{max}=0.8\%$、$N_f=40399$断口   （b）$\varepsilon_{max}=1\%$、$N_f=7525$断口   （c）$\varepsilon_{max}=3.5\%$、$N_f=165$断口

图 1.6-88　500℃、$R_\varepsilon=0.1$ 下低周疲劳断口宏观形貌

（2）微观特征：500℃、$R_\varepsilon=0.1$ 和 $R_\varepsilon=-1$ 下的应变疲劳断口，低应变下均为单个点源特征，中高应力下为多源或连续线源，且源区粗糙，呈丘陵状，起源均在表面，有些断口源区有明显的嵌入污染。6 个断口疲劳扩展区均可见典型的疲劳条带，只是疲劳条带混合着二次裂纹特征，除低应变下的断口，整个疲劳扩展区均相对粗糙，瞬断区特征和 400℃下的断口特征相似，为韧窝断裂形貌，见图 1.6-89。

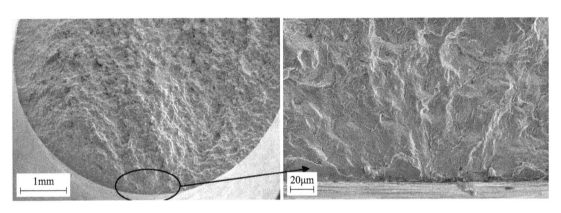

（a）$R_\varepsilon=-1$、$\varepsilon_{max}=0.45\%$、$N_f=94885$断口单源起源及源区高倍

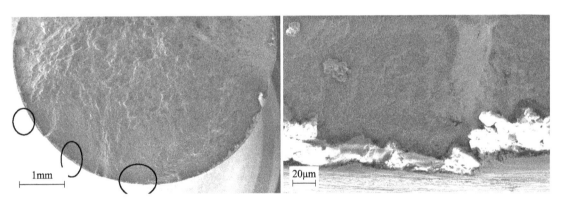

（b）$R_\varepsilon=-1$、$\varepsilon_{max}=0.6\%$、$N_f=4919$断口多源起源及其一源区高倍

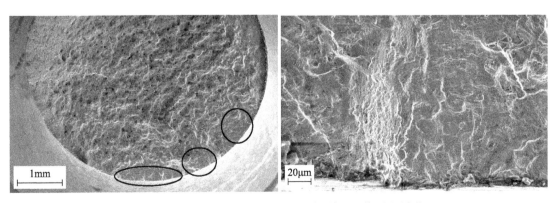

（c）$R_\varepsilon=-1$、$\varepsilon_{max}=1.6\%$、$N_f=147$断口多源起源及其一源区高倍

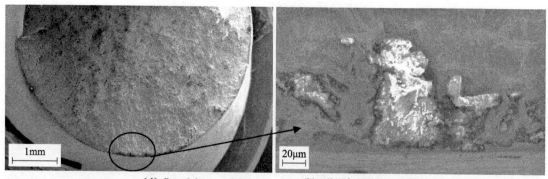

（d）R_ε=−0.1、ε_{max}=0.8%、N_f=40399断口单源起源及源区高倍

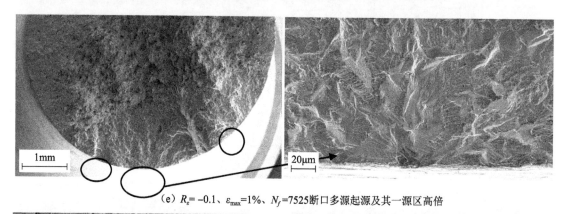

（e）R_ε=−0.1、ε_{max}=1%、N_f=7525断口多源起源及其一源区高倍

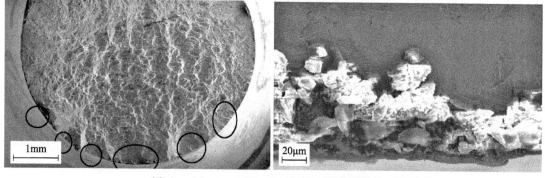

（f）R_ε=−0.1、ε_{max}=3.5%、N_f=165断口多源起源及其一源区高倍

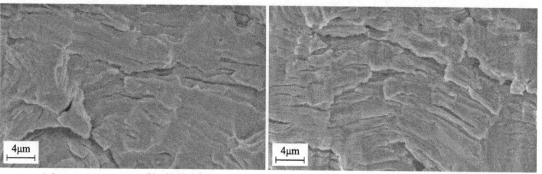

（g）R_ε=−1、ε_{max}=0.45%断口扩展区条带　　　　（h）R_ε=−1、ε_{max}=0.6%断口扩展区条带

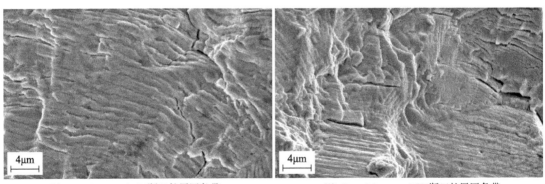

（i）$R_{\varepsilon}=-1$、$\varepsilon_{max}=1.6\%$断口扩展区条带　　　　（j）$R_{\varepsilon}=-0.1$、$\varepsilon_{max}=0.8\%$断口扩展区条带

（k）$R_{\varepsilon}=-0.1$、$\varepsilon_{max}=1\%$断口扩展区条带　　　　（l）$R_{\varepsilon}=-0.1$、$\varepsilon_{max}=3.5\%$断口扩展区条带

图 1.6-89　500℃、$K_t=1$ 时应变疲劳断口微观形貌

3. 650℃，$R_{\varepsilon}=-1$，$K_t=1$

（1）宏观特征：650℃、$R_{\varepsilon}=-1$ 的两个应变疲劳断口疲劳区呈淡蓝色，瞬断区为蓝色或者银灰色；两个断口应变均相对较小，因此断口和光滑高周断口相似，为单源起源，源区和疲劳扩展区均相对平坦，疲劳区分别约占整个断口的 70% 和 50%，疲劳区和瞬断区界线明显，见图 1.6-90。$R_{\varepsilon}=0.1$ 的两个应变疲劳试样表面呈浅褐色略带黄色，有金属光泽，断口从源区到瞬断区由蓝绿色或蓝色逐渐过渡到黄色，两个断口也为单源起源，但较 $R_{\varepsilon}=-1$ 的两个断口更为粗糙些，疲劳区和瞬断区界线不太明显，见图 1.6-91。

（a）断口侧面　　　　（b）$\varepsilon_{max}=0.38\%$、$N_f=522067$断口　　　　（c）$\varepsilon_{max}=0.43\%$、$N_f=13889$断口

图 1.6-90　650℃、$R_{\varepsilon}=-1$ 时低周疲劳断口宏观形貌

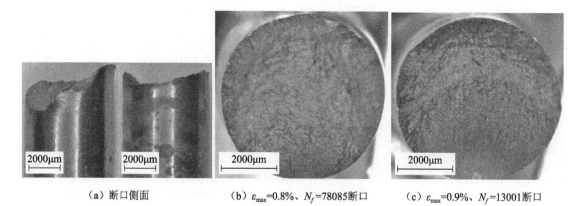

（a）断口侧面　　　　　　（b）ε_{max}=0.8%、N_f=78085断口　　　　（c）ε_{max}=0.9%、N_f=13001断口

图 1.6-91　650℃、R_ε=0.1 时低周疲劳断口宏观形貌

（2）微观特征：650℃、R_ε=-1 两个应变疲劳断口从表面单源起源，源区平坦；R_ε=0.1、ε_{max}=0.8% 的应变疲劳断口从次表面单源起源，源区相对粗糙，且个别有沿晶特征；ε_{max}=0.9% 的应变疲劳断口从距表面约 200μm 的夹杂物位置起裂，夹杂物尺寸约 30μm。断口扩展区主要为穿晶特征，穿晶断裂区可见疲劳条带，疲劳条带具有一定的轮胎状形貌，局部也有轻微的沿晶特征，试样瞬断区特征均为韧窝断裂形貌。见图 1.6-92。

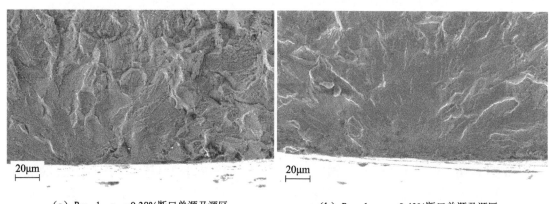

（a）R_ε=-1、ε_{max}=0.38%断口单源及源区　　　　　　（b）R_ε=-1、ε_{max}=0.43%断口单源及源区

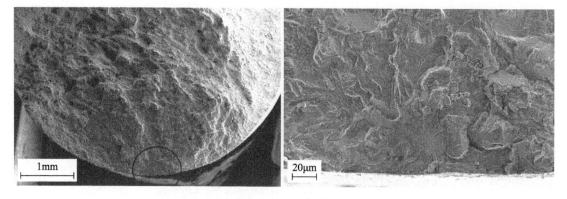

（c）R_ε=0.1、ε_{max}=0.8%断口源区

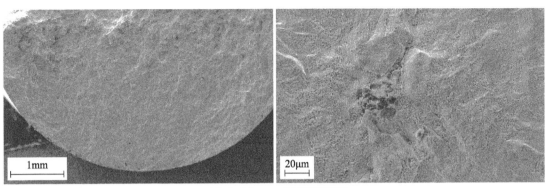

（d）R=0.1、ε_{max}=0.9%断口源区

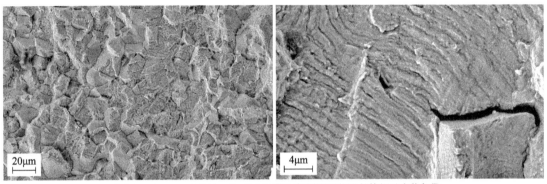

（e）R=−1、ε_{max}=0.38%、N_f=522067断口扩展区局部沿晶特征及疲劳条带

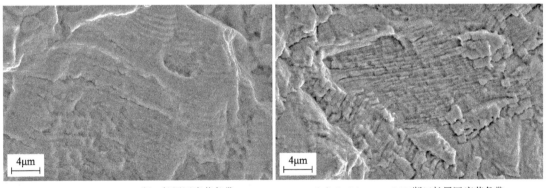

（f）R=−1、ε_{max}=0.43%断口扩展区疲劳条带　　　　（g）R=0.1、ε_{max}=0.8%断口扩展区疲劳条带

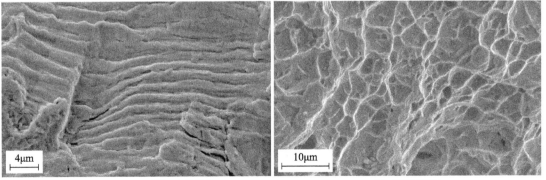

（h）R=0.1、ε_{max}=0.8%断口疲劳条带　　　　　　　（i）断口瞬断区

图 1.6-92　650℃、K_t=1 下光滑应变疲劳断口微观形貌

1.7 FGH95

1.7.1 概述

FGH95 合金是采用粉末冶金工艺制备的高合金化的 γ′ 相沉淀强化型镍基粉末高温合金，有成分均匀、无宏观偏析等特点。采用真空感应熔炼制取母合金，然后雾化制取预合金粉末，以直接热等静压、热等静压＋包套模锻、热等静压＋等温锻造等工艺制成零件毛坯。其组织中 γ′ 相的体积分数为 50%～55%，是在 650℃ 工作环境下使用、制备先进航空发动机涡轮盘的优选材料。FGH95 合金的组织结构由 γ′ 相和碳化物组成，其中 γ′ 相又分为一次 γ′ 相、二次 γ′ 相和三次 γ′ 相。合金的热处理工艺包括：高温固溶和二次时效处理，高温固溶处理后可采用"空冷"、"盐浴"和"油冷"等冷却方式，采用不同的热处理制度，合金可得到不同的组织结构与蠕变性能。

1.7.2 组织结构及典型性能

本书中 FGH95 合金采用的热处理制度为：HIP（（1170～1190）℃±10℃，压力不低于 120MPa，保持时间不小于 2h）＋固溶（（1140～1160）℃±10℃，保温 1～2h，580～620℃ 盐淬）＋时效（870℃±10℃，保温 1.5h，空冷；650℃±5℃，保温 24h，空冷）。该热处理制度下的合金显微组织特征见图 1.7-1 和图 1.7-2。合金组织为奥氏体基体，其特征为变形再结晶和残余枝晶的混合组织，组织均匀，晶粒细小。基体上弥散分布着不同尺寸的沉淀强化相 γ′，0.6～3.0μm 的大 γ′ 相呈岛状分布于晶界一侧；0.2～0.6μm 中 γ′ 相分布于晶内，有些则在枝晶区；0.1μm 以下细小的 γ′ 相呈圆颗粒弥散分布，部分大、中、小的 γ′ 相有聚集合并长大的现象。微量相（MC，MN，M_6C，M_3B_2，$M_{23}C_6$）分布在晶界、晶内、γ/γ′ 相界以及大 γ′ 上。图谱状态下具体热处理制度为：HIP（1180℃，>120MPa，4h）＋固溶（1140℃，保温 1.5h，600℃盐淬）＋时效（870℃，保温 1.5h，空冷；650℃，保温 24h，空冷）。

图 1.7-1 FGH95 显微组织特征

1.7.3 断口特征

1.7.3.1 光滑拉伸

1. 典型特征

（1）宏观特征：FGH95 不同试验温度下（室温～750℃）的光滑拉伸断口均未见明显的

宏观颈缩，断面基本为一个与轴向垂直的平断面和边缘一个或若干个与轴向呈一定角度的斜断面组成。其中平断面从试样一侧的边缘起始往另一侧呈倒水滴型状扩展，为纤维扩展区；斜面区位于试样除起源侧外的四周边缘，呈一个角度向下或向上的皿型斜面，为断口剪切唇区。随着试验温度增加，断口氧化色变重、断面起伏程度变大、剪切唇面积增大，见图 1.7-3。

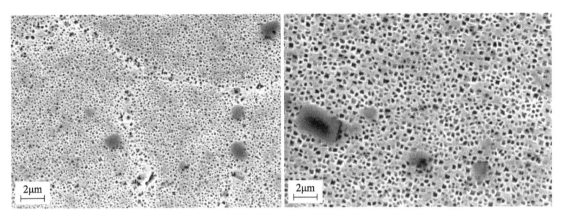

图 1.7-2　FGH95 的显微组织特征

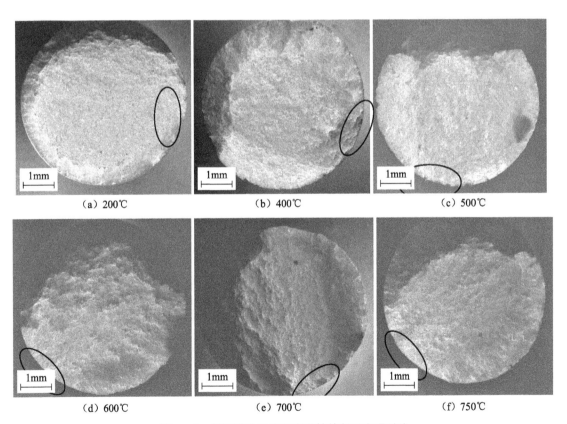

（a）200℃　　　　　　（b）400℃　　　　　　（c）500℃

（d）600℃　　　　　　（e）700℃　　　　　　（f）750℃

图 1.7-3　不同试验温度下光滑拉伸断口宏观形貌

（2）微观特征：光滑拉伸断口微观特征比较一致。以 200℃下的断口为例，断裂起源于试样一侧表面，起始区可见一些小刻面状的准解理断裂形貌，且准解理面上可见粗大滑移线或撕裂棱；随着裂纹扩展，刻面特征变少，韧窝变多；边缘剪切唇为细小韧窝形貌，见图 1.7-4。

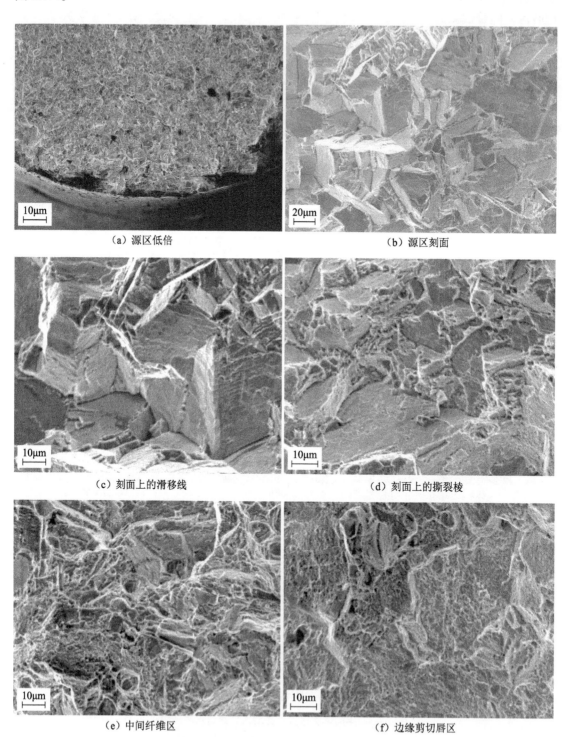

（a）源区低倍 （b）源区刻面

（c）刻面上的滑移线 （d）刻面上的撕裂棱

（e）中间纤维区 （f）边缘剪切唇区

图 1.7-4 光滑拉伸断口微观形貌（200℃）

2. 不同温度

（1）宏观特征：室温和 200℃下的试样工作端和断口面均为银灰色，400℃下试样工作端表面呈淡黄色，断口呈深灰色；500 ～ 750℃试样工作端表面颜色由蓝色逐渐变成浅蓝色。断口颜色 500℃深灰、600℃灰黄色、700℃黄褐色、750℃黄黑色，尤其是试验温度为 700℃和 750℃下的试样断口，高温色从起始区到中间纤维区再到边缘剪切唇区，高温色递减。随着试验温度的升高，断口侧面起伏高差、断口面的粗糙度均越来越大，中间纤维区面积变小，剪切唇区变大。见图 1.7-5。

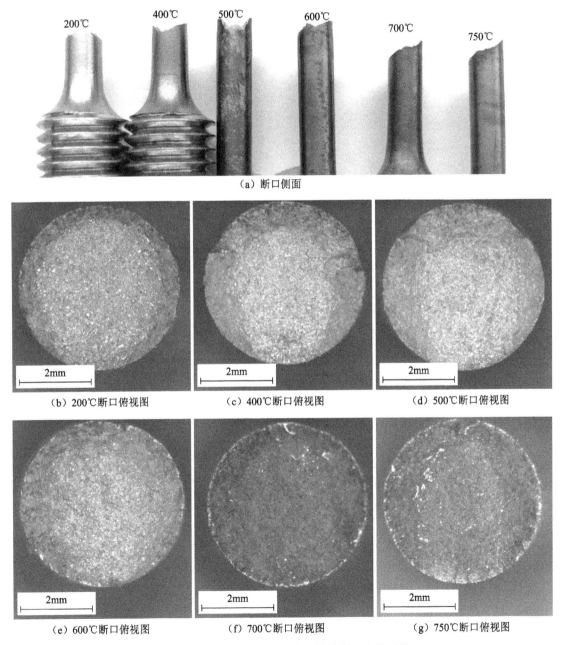

（a）断口侧面

（b）200℃断口俯视图　　（c）400℃断口俯视图　　（d）500℃断口俯视图

（e）600℃断口俯视图　　（f）700℃断口俯视图　　（g）750℃断口俯视图

图 1.7-5　不同试验温度下光滑拉伸断口宏观形貌

（2）微观特征：随着试验温度的升高，起始区的刻面特征逐渐减少，韧窝变多，且刻面上的撕裂棱特征变多，试验温度在 750℃，断口源区存在氧化特征，见图 1.7-6。放射区和剪切唇区微观特征则无明显差异。

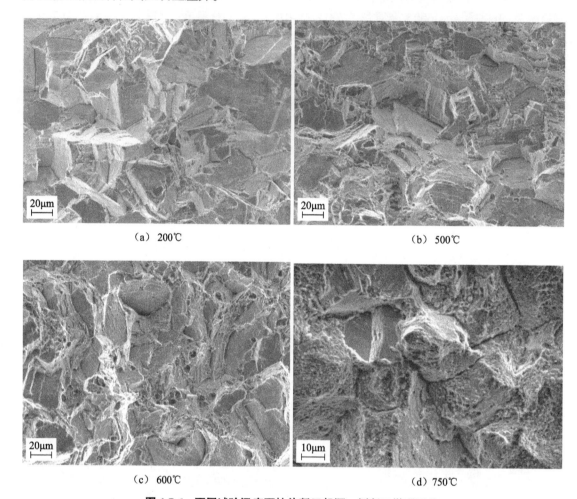

（a）200℃   （b）500℃

（c）600℃   （d）750℃

图 1.7-6　不同试验温度下拉伸断口起源一侧断口微观形貌

3.综合分析

（1）FGH95 室温～750℃下的光滑拉伸断口均未见明显的宏观颈缩，断口分为纤维区和剪切唇区。断裂起源于试样一侧表面，往对侧扩展，除起源侧外的四周边缘为剪切唇区。起源位置微观呈现一些小刻面状的准解理断裂形貌，且准解理面上可见粗大滑移线或撕裂棱；中心纤维区刻面特征变少，主要为韧窝特征；边缘剪切唇为细小韧窝形貌。

（2）室温～750℃，随着试验温度升高、断面起伏高差和断口粗糙度增大、剪切唇所占面积增大，起始区刻面特征变得不明显，撕裂棱和韧窝特征增多，750℃下断口呈现明显的氧化。

1.7.3.2　缺口拉伸

1.典型特征

（1）宏观特征：缺口拉伸断口无颈缩，断口平齐，断口宏观可见发亮刻面特征；断口主要为一个垂直于轴向的平断面，试验温度较高时，在试样一侧出现较小的剪切唇，断裂从试样边缘的缺口根部起源，向中间扩展，见图 1.7-7。

（a）室温、K_t=2　　　　　　（b）室温、K_t=3　　　　　　（c）室温、K_t=4

（d）室温、K_t=5　　　　　　（e）400℃、K_t=4　　　　　　（f）700℃、K_t=4

图 1.7-7　缺口拉伸断口宏观形貌

（2）微观特征：以 K_t=4 下室温缺口拉伸断口为例，在试样一侧缺口根部的起源处较浅区域内微观可见一些准解理小平面，准解理小平面上高倍可见少量浅而小的韧窝，整个断口上主要为准解理小平面和细小韧窝混合形貌特征，局部区域可见单个的 PPB 断裂特征，PPB 断裂表面也为韧窝断裂形貌，但韧窝较正常区域更为浅显，见图 1.7-8。

（a）断口根部边缘低倍　　　　　　　　　　　（b）断口边缘微观

（c）中心部分韧窝　　　　　　　　　（d）局部区域单个PPB断裂

图1.7-8　缺口拉伸断口微观形貌（室温、$K_t=4$）

2. 不同缺口系数

同一温度下，不同缺口系数下的缺口拉伸断口对比，从宏观上看，$K_t=2$、$K_t=3$下的断口相对$K_t=4$和$K_t=5$的断口起伏大一些，微观特征均无明显差异，断口宏观形貌见图1.7-9。

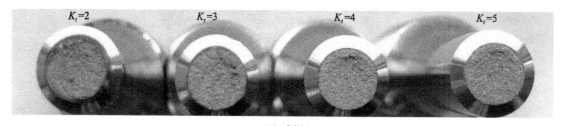

（a）室温

（b）600℃

（c）700℃

图1.7-9　不同K_t下缺口拉伸断口宏观形貌

3. 不同温度

（1）宏观特征：不同试验温度下，缺口拉伸断口呈现不同的颜色。室温下呈灰色，400℃下断口呈暗灰色，无明显氧化色，600℃下呈蓝色（试样表面呈深蓝色或蓝紫色），700℃下断口呈蓝黑色（试样表面呈浅蓝色），见图1.7-10。室温下断口上可见明显发亮的反光小刻面，400℃下也可见少量反光小刻面，600℃和700℃下则不明显。随着温度升高，断面粗糙度增大，边缘出现剪切唇区，见图1.7-10。

（a）$K_t=2$

（b）$K_t=3$

（c）$K_t=4$

（d）$K_t=5$

图 1.7-10　不同温度下的缺口拉伸断口宏观形貌

（2）微观特征：缺口拉伸断口微观特征为少量的准解理小平面＋韧窝混合断裂，700℃下断口可见更多的单个或多个 PPB 断裂形貌，此外，随着试验温度升高，中心区韧窝变大变深，见图1.7-11。

（a）室温、K_t=4试样低倍　　　　　　　　　　（b）400℃、K_t=2试样低倍

（c）700℃、K_t=2试样低倍　　　　　　　　　　（d）600℃、K_t=3试样表面一侧断口

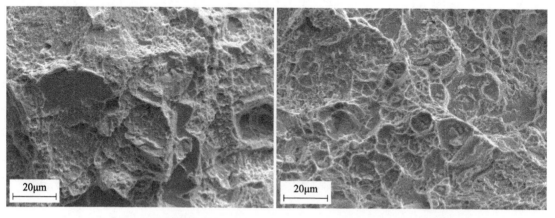

（e）室温、K_t=4试样中心区　　　　　　　　　　（f）700℃、K_t=2试样中心区

图 1.7-11　不同温度下缺口拉伸断口微观形貌

4.综合分析

（1）FGH95 缺口拉伸断口无明显颈缩，整体呈现一个与轴向垂直断面。断口从缺口表

面起源，微观呈现少量的准解理刻面＋韧窝特征，局部可见单个的 PPB 断裂形貌。

（2）缺口拉伸断口随缺口系数变化宏微观特征无明显变化。

（3）不同试验温度下的（700℃以下）FGH95 缺口拉伸断口除高温色的差异外，随着试验温度升高，断面粗糙度增大，刻面减少，断口边缘开始出现剪切唇特征，且微观上韧窝尺寸变大。

1.7.3.3 轴向高周缺口疲劳

1. 500℃、$R＝0.1$、$K_t＝2$

（1）宏观特征：应力 500MPa 和 560MPa 下的断口疲劳源区呈黄色，在源区附近随扩展方向逐渐过渡到浅黄色，700MPa 下断口源区呈棕黄色，扩展区和剪切瞬断区呈黄色，随着应力增大，高温氧化色颜色加深。500℃、$R＝0.1$、$K_t＝2$ 下轴向高周缺口疲劳断口较平坦，断口分源区、疲劳扩展区、快速扩展区和剪切瞬断区。3 个断口疲劳均从缺口一侧表面起源，应力 500MPa 和 560MPa 下断口疲劳源为单源，应力 700MPa 下的断口有 2 个疲劳源；疲劳扩展区平坦，可见放射棱线，3 个断口疲劳扩展区所占面积较大，分别约占整个断口面积的 45%、40%、30%；快速扩展区可见反光小刻面特征。另一侧剪切瞬断区呈斜面，面积较小。见图 1.7-12。

（a）整体外观

（b）$\sigma_{max}＝500MPa$，$N_f＝6.697×10^6$　　（c）$\sigma_{max}＝560MPa$，$N_f＝5.4×10^5$　　（d）$\sigma_{max}＝700MPa$，$N_f＝1.29×10^5$

图 1.7-12　500℃、$R＝0.1$、$K_t＝2$ 时高周轴向疲劳断口宏观形貌

（2）微观特征：500℃下，不同应力下疲劳扩展区微观无明显差异，源区有所差异。应力为 500MPa 和 560MPa 下断口疲劳源为单源，以应力为 560MPa 下断口为例，疲劳源位于试样一侧表面，呈单个点源特征，见图 1.7-13（a），源区呈现类解理小刻面特征，见图 1.7-13（b）。应力 700MPa 下的断口有 2 个疲劳源，均起源于试样表面，源区也可见类解理小刻面特征，见图 1.7-13（c～e）。扩展前期和中期条带细密，扩展后期条带间距变宽，可见较宽的二次裂纹，局部可见韧窝并存，见图 1.7-13（f～h），快速扩展区为锯齿台阶＋韧窝特征，见图 1.7-13（i），瞬断区为典型的韧窝形貌，见图 1.7-13（j）。

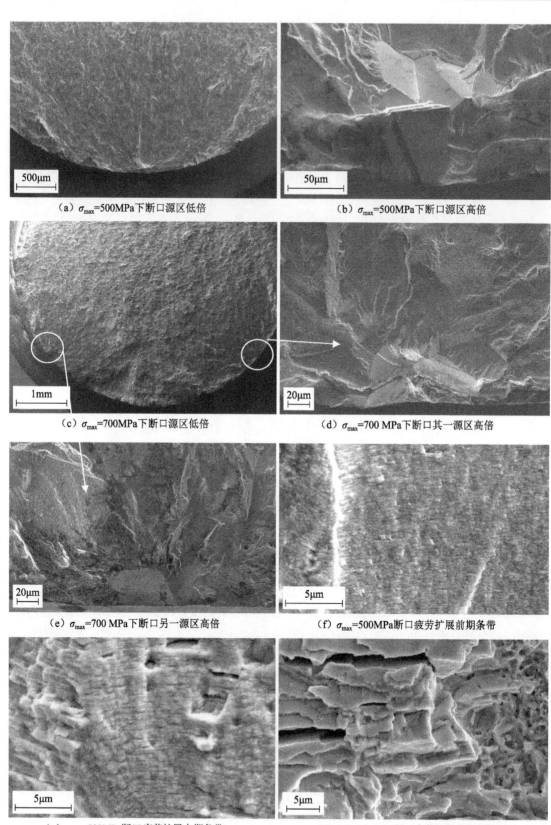

（a）σ_{max}=500MPa下断口源区低倍

（b）σ_{max}=500MPa下断口源区高倍

（c）σ_{max}=700MPa下断口源区低倍

（d）σ_{max}=700 MPa下断口其一源区高倍

（e）σ_{max}=700 MPa下断口另一源区高倍

（f）σ_{max}=500MPa断口疲劳扩展前期条带

（g）σ_{max}=500MPa断口疲劳扩展中期条带

（h）σ_{max}=500MPa断口疲劳扩展后期条带

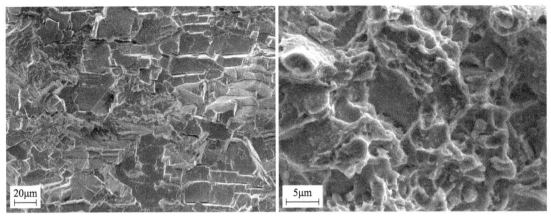

（i）σ_{max}=500MPa断口快速扩展区　　　　　（j）σ_{max}=500MPa断口瞬断区韧窝

图 1.7-13　500℃、R=0.1、K_t=2 时疲劳断口微观形貌

2. 500℃、R=0.5、K_t=2

（1）宏观特征：500℃、R=0.5、K_t=2 下应力 725MPa 下的 FGH95 缺口轴向应力疲劳断口疲劳源区呈浅黄色，在源区附近随扩展方向逐渐过渡到灰色，750MPa 和 1000MPa 下的断口疲劳源区呈棕黄色，在源区附近随扩展方向逐渐过渡到黄色，见图 1.7-14（a）。500℃、R=0.5、K_t=2 下断口源区和疲劳扩展区平坦，疲劳起源于试样一侧，呈单源特征；疲劳区可见放射棱线，3 个断口疲劳区的面积分别约占整个断口面积的 40%、30%、30%；快速扩展区粗糙，呈纤维断裂形貌；另一侧为瞬断区，与扩展区呈一角度，面积较小，随着应力增大，剪切瞬断区变得明显，所占的比例增大，见图 1.7-14（b）～（d）。

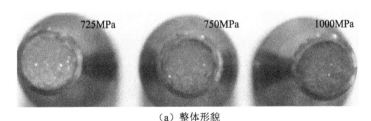

725MPa　　　　750MPa　　　　1000MPa

（a）整体形貌

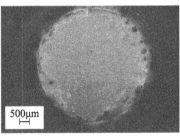

（b）σ_{max}=725MPa、N_f=7.732×10⁶　　（c）σ_{max}=750MPa、N_f=1.09×10⁵　　（d）σ_{max}=1000MPa、N_f=5.13×10⁵

图 1.7-14　500℃、R=0.5、K_t=2 高周轴向疲劳断口宏观形貌

（2）微观特征：500℃下，3 个应力下缺口轴向应力疲劳断口疲劳均起源于试样表面，应力 725MPa 和 750MPa 下的断口源区可见类解理刻面，见图 1.7-15（a）和（b）；相比应力为1000MPa断口源区类解理刻面特征变少，见图1.7-15（c）和（d）。扩展前期和中期条带细密，见图1.7-15（e）和（f），扩展后期断面开始变得粗糙，条带间距变宽，可见二次裂纹，见图1.7-15（g），快速扩展区主要为台阶＋韧窝特征，剪切瞬断区为韧窝特征，见图1.7-15（h）。

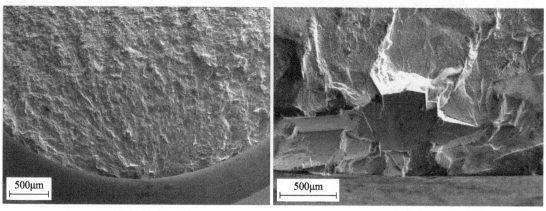

（a）σ_{max}=725MPa断口源区低倍　　　　　　　　（b）σ_{max}=725MPa断口源区高倍

（c）σ_{max}=1000MPa断口源区低倍　　　　　　　（d）σ_{max}=1000MPa断口源区高倍

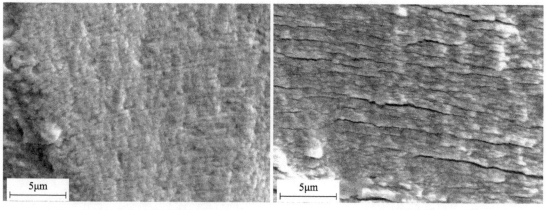

（e）σ_{max}=725MPa断口疲劳扩展前期条带　　　　（f）σ_{max}=725MPa断口疲劳扩展中期条带

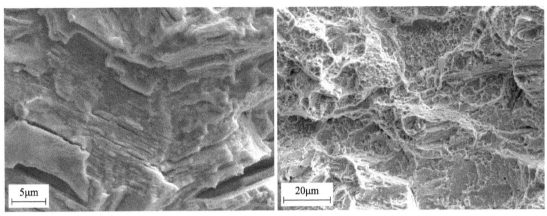

（g）σ_{max}=725MPa断口疲劳扩展后期条带　　　　　（h）σ_{max}=725MPa断口瞬断区韧窝

图 1.7-15　500℃、R=0.5、K_t=2 时缺口轴向应力疲劳断口疲劳区和瞬断区微观形貌

3. 500℃、R=-1、K_t=2

（1）宏观特征：500℃、R=-1、K_t=2 下应力 280MPa 下的断口呈棕黄色，颜色变化较不明显；300MPa 下断口，源区呈浅蓝色，扩展区和剪切瞬断区呈深蓝色；400MPa 下断口，源区呈淡蓝色，扩展区为深蓝色，快速扩展区和剪切瞬断区呈金黄色。断口较平坦，疲劳起源于试样一侧。低应力（280MPa 和 300MPa）下断口为单源断裂特征，随着应力增大，断口上磨损严重，源区扩展棱线变得粗大，疲劳源由单源趋于多源发展，400MPa 下断口除一面积较大的主源外，还可见起源于试样表面的多个小疲劳源。扩展区平坦，可见放射棱线特征，快速扩展区粗糙，呈现纤维断裂特征，可见反光小刻面形貌；剪切瞬断区与扩展区呈一角度，面积较小。随着应力增大，剪切瞬断区变得明显，疲劳区的面积分别占整个断口面积的 45%、45%、35%。见图 1.7-16。

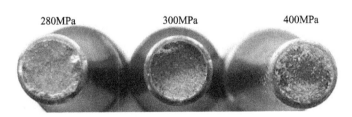

（a）断口颜色

（b）σ_{max}=280MPa、N_f=8.89×10⁵断口　　（c）σ_{max}=300MPa、N_f=6.54×10⁵断口　　（d）σ_{max}=400MPa、N_f=8.7×10⁴断口

图 1.7-16　500℃、R=-1、K_t=2 时轴向高周疲劳断口宏观形貌

（2）微观特征：较低应力（280MPa 和 300MPa）下断口均为单个点源特征，400MPa 应力下呈现多个点源，源区均存在轻微的类解理小刻面特征，3 个断口疲劳扩展区微观未见明显差异，扩展前期隐约可见氧化皮附着下的细密疲劳条带特征，扩展中期可见清晰细密的疲劳条带，后期条带变宽，可见许多二次裂纹及韧窝特征，瞬断区可见典型的韧窝特征，见图 1.7-17。

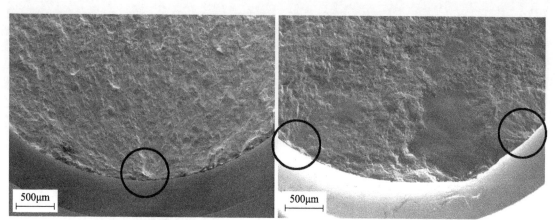

（a）σ_{max}=300MPa 下断口源区低倍　　　　　　　（b）σ_{max}=400MPa 下断口源区低倍（多源）

（c）σ_{max}=300MPa 下断口源区高倍　　　　　　　（d）σ_{max}=400 MPa 下断口源区高倍

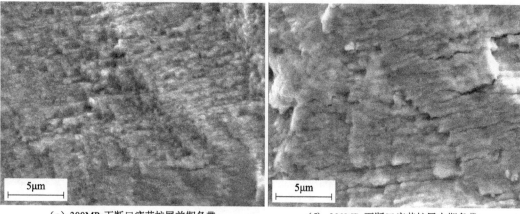

（e）300MPa 下断口疲劳扩展前期条带　　　　　　　（f）300MPa 下断口疲劳扩展中期条带

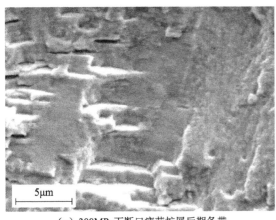

（g）300MPa下断口疲劳扩展后期条带　　　　　（h）300MPa下断口瞬断区韧窝

图 1.7-17　500℃、$R=-1$、$K_t=2$ 时轴向高周疲劳断口微观形貌

4. 700℃、$R=0.1$、$K_t=2$

（1）宏观特征：700℃、$R=0.1$、$K_t=2$、525MPa 下的断口源区附近呈灰绿色，随着扩展方向逐渐过渡为深绿色；750MPa 下断口源区附近为浅蓝色，逐渐过渡到深蓝色和棕色。断口较平坦，均起源于断口一侧，为单源疲劳断裂特征，扩展区面积很大，占整个断口面积的90%，剪切瞬断区面积较小，且随着应力增大，剪切瞬断区面积变化不大，见图 1.7-18。

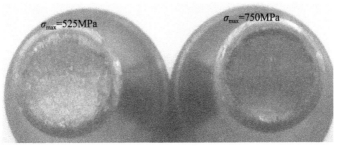

（a）断口颜色

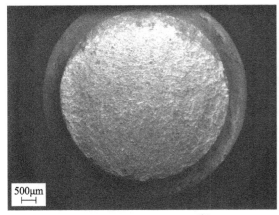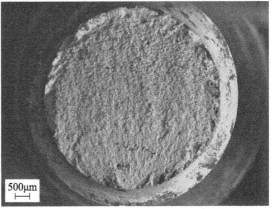

（b）$\sigma_{max}=525$MPa、$N_f=6.442\times10^6$断口　　　　　（c）$\sigma_{max}=750$MPa、$N_f=5.0\times10^4$断口

图 1.7-18　700℃、$R=0.1$、$K_t=2$ 时轴向高周疲劳断口宏观形貌

（2）微观特征：700℃下，3个应力下断口疲劳均起源于试样表面，呈现单个点源。应力 525MPa 和 600MPa 下的断口源区有轻微的类解理刻面特征，见图 1.7-19（a）～（d）；应力增大，刻面特征变得不明显，如应力为 750MPa 下的断口源区呈类解理特征，但小刻面特征开始变得尤为不明显，见图 1.7-19（e）和（f）。扩展前期和中期条带细密，见图 1.7-19（g）和（h），扩展后期条带间距变宽，可见二次裂纹，局部可见少量的韧窝并存，见图 1.7-19（i），瞬断区可见韧窝特征，见图 1.7-19（j）。

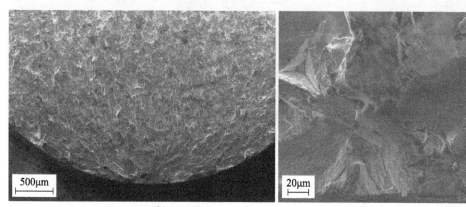

（a）σ_{max}=525MPa下断口源区低倍　　　　　　（b）σ_{max}=525MPa下断口源区高倍

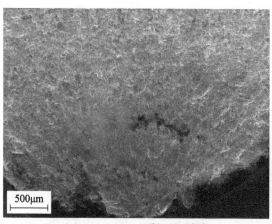

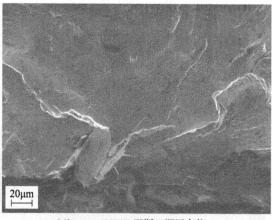

（c）σ_{max}=600MPa下断口源区低倍　　　　　　（d）σ_{max}=600MPa下断口源区高倍

（e）σ_{max}=750MPa下断口源区低倍　　　　　　（f）σ_{max}=750MPa下断口源区高倍

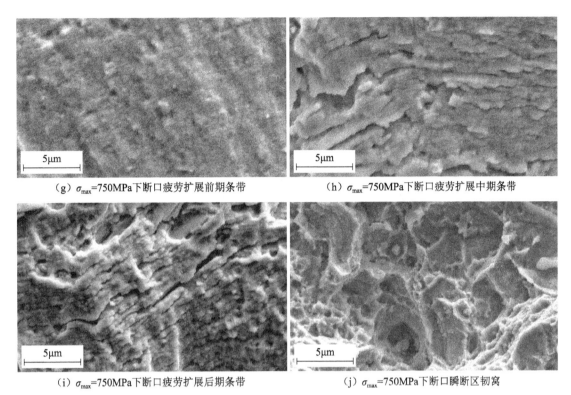

（g）σ_{max}=750MPa下断口疲劳扩展前期条带　　　（h）σ_{max}=750MPa下断口疲劳扩展中期条带

（i）σ_{max}=750MPa下断口疲劳扩展后期条带　　　（j）σ_{max}=750MPa下断口瞬断区韧窝

图 1.7-19　700℃、R=0.1、K_t=2 时轴向高周疲劳断口微观形貌

5. 700℃、R=0.5、K_t=2

（1）宏观特征：700℃、R=0.5、K_t=2、980MPa 和 1100MPa 下的缺口轴向应力断口疲劳源区和扩展区呈现浅绿色，快速扩展区和瞬断区为绿色；应力 1020MPa 下断口源区呈浅蓝色，扩展区为蓝色，快速扩展区和剪切瞬断区呈深蓝色，见图 1.7-20（a）。轴向高周缺口疲劳断口较平坦，疲劳起源于试样一侧，呈单个点源特征，疲劳扩展区面积占整个断口面积的 25% ～ 20%，另一侧为瞬断区，与扩展区呈一角度，面积较小，见图 1.7-20（b）～（d）。

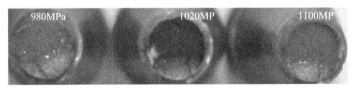

（a）整体形貌

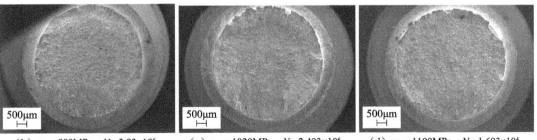

（b）σ_{max}=980MPa、N_f=3.93×10⁶　　（c）σ_{max}=1020MPa、N_f=2.493×10⁶　　（d）σ_{max}=1100MPa、N_f=1.693×10⁴

图 1.7-20　700℃、R=0.5、K_t=2 时轴向高周疲劳断口宏观

（2）微观特征：700℃、3个应力下断口疲劳均起源于试样表面，应力为980MPa和1100MPa下断口单源源区为类解理特征，但小刻面特征较不明显，见图1.7-21（a）和（b）；应力为1020MPa下断口一侧表面可见2个疲劳源，其中一个源区可见轻微类解理刻面，另一个源区起源于表面夹杂，未见小刻面特征，见图1.7-21（c）和（d）。扩展前期和中期条带细密，见图1.7-21（e）和（f），扩展后期条带间距稍变宽，但局部可见少量的韧窝并存，见图1.7-21（g），瞬断区可见韧窝特征，见图1.7-21（h）。

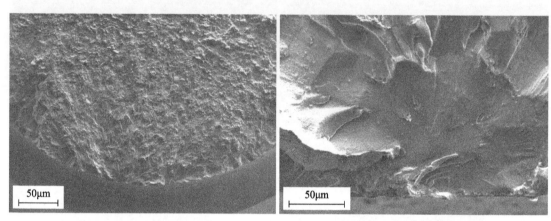

（a）σ_{max}=980MPa下断口源区低倍　　　　　　（b）σ_{max}=980MPa下断口源区高倍

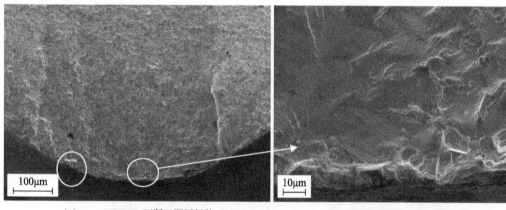

（c）σ_{max}=1020MPa下断口源区低倍　　　　　　（d）σ_{max}=1020MPa下断口源区高倍

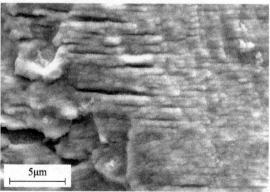

（e）σ_{max}=980MPa下断口疲劳扩展前期条带　　　（f）σ_{max}=980MPa下断口疲劳扩展中期条带

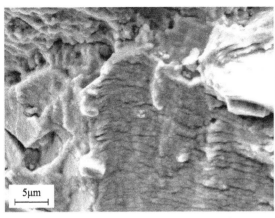 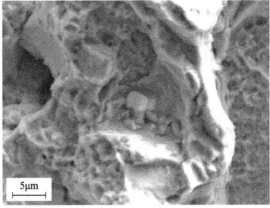

（g）σ_{max}=980MPa下断口疲劳扩展后期条带　　　　（h）σ_{max}=980MPa下断口瞬断区韧窝

图 1.7-21　700℃、R=0.5、K_t=2 时轴向高周疲劳断口微观形貌

6. 700℃、R=−1、K_t=2

（1）宏观特征：700℃、R=−1，K_t=2、应力 280MPa 的断口从源区到扩展区，由浅蓝逐渐变为深蓝色；320MPa 下断口从源区到扩展区，由黄色逐渐变为浅蓝色再到蓝色；450MPa下断口源区附近为浅蓝色，扩展中期和瞬断区蓝色逐渐变深。700℃、R=−1，K_t=2 下断口较平坦。随着应力增大，疲劳源数量增多，280MPa 应力下断口起源于试样一侧，呈单个点源特征，320MPa 下断口呈现多源特征，但源区位于试样一侧，另一侧为剪切瞬断，450MPa下，疲劳从试样四周表面多处起源，瞬断区位于试样中心偏一侧。3 个断口疲劳扩展区面积分别占断口面积的 70%、55%、50%。见图 1.7-22。

（a）断口颜色

  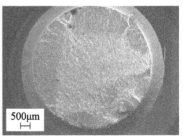

（b）σ_{max}=280MPa、N_f=5.798×10⁶　　（c）σ_{max}=320MPa、N_f=6.397×10⁶　　（d）σ_{max}=450MPa、N_f=5.9×10⁴

图 1.7-22　700℃、R=−1，K_t=2 时轴向高周疲劳断口宏观形貌

（2）微观特征：700℃、R=−1、σ_{max}=280MPa 和 320MPa 下缺口轴向应力疲劳断口呈单源特征，σ_{max}=280MPa 断口源区可见夹杂，σ_{max}=320MPa 断口源区在次表面，见图 1.7-23（a）~（d），

随着应力的增加，疲劳源不仅由单源变成多源，且疲劳源从点源向小线源发展，450MPa下疲劳断口既有小线源起源也有点源起源，见图1.7-23（e）～（f），源区未见明显小刻面特征，除源区外，疲劳扩展区特征无明显差异，疲劳扩展前期条带不明显，扩展中期可见细密的条带，后期条带间距变宽且断续，快速扩展区为台阶＋韧窝特征，瞬断区韧窝较小，见图1.7-23（g）～（j）。

（a）σ_{max}=280MPa断口源区低倍　　　　　　（b）σ_{max}=280MPa断口源区高倍

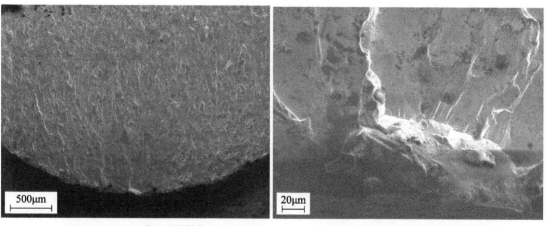

（c）σ_{max}=320MPa断口源区低倍　　　　　　（d）σ_{max}=320MPa断口其一源区高倍

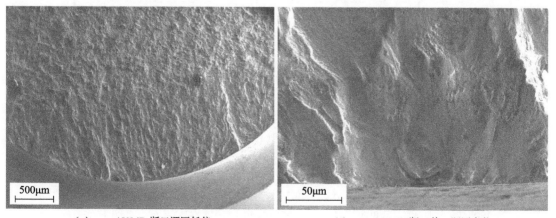

（e）σ_{max}=450MPa断口源区低倍　　　　　　（f）σ_{max}=450MPa断口其一源区高倍

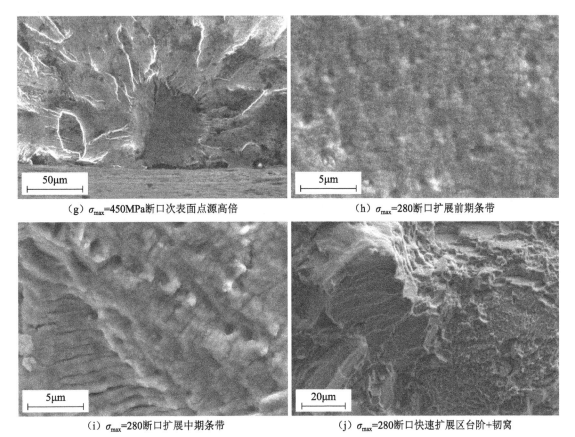

（g）σ_{max}=450MPa断口次表面点源高倍

（h）σ_{max}=280断口扩展前期条带

（i）σ_{max}=280断口扩展中期条带

（j）σ_{max}=280断口快速扩展区台阶+韧窝

图 1.7-23　700℃、R=-1、K_t=2 下高周轴向疲劳断口微观形貌

7. 600℃、K_t=2

（1）宏观特征：600℃、不同应力比、不同应力下断口颜色有所差异，基本在黄褐色、蓝紫色、深蓝色到淡蓝色之间过渡。源区和扩展前期的氧化色均重于扩展区和瞬断区。比如 R=0.1、应力 500MPa 下断口源区呈深蓝色，随着扩展方向逐渐过渡到金黄色；650MPa 下断口源区呈浅蓝色，随着扩展方向，蓝色逐渐加深，瞬断区为蓝黑色。R=-1、应力 300MPa 下的断口从源区到扩展区，由紫色逐渐变为蓝绿色；340MPa 下断口从源区到扩展区，由浅蓝色逐渐变为深蓝色。600℃、K_t=2 下的轴向高周缺口疲劳断口均平坦，源区、疲劳扩展区、快速扩展和剪切瞬断区分界明显，与 500℃和 700℃下的断口无明显差异，疲劳区平坦，快速扩展区宏观可见反光小刻面特征。断口多为单源起源，仅 R=-1、340MPa 下断口为双源起源；扩展区面积约占断口面积 30% ～ 50%，见图 1.7-24。

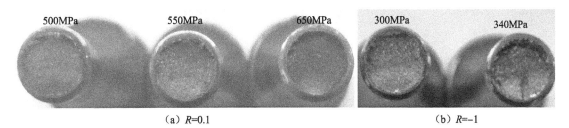

（a）R=0.1

（b）R=-1

图 1.7-24　600℃、K_t=2 下高周轴向疲劳断口宏观形貌

（2）微观特征：600℃、$R=0.1$ 下，3 个应力的断口单点起源于试样一侧的次表面和表面，起源次表面的源区可见夹杂和围绕着夹杂的类解理小刻面特征，起源于表面的断口也可见轻微的类解理小刻面特征，见图 1.7-25（a）和（b）。应力比 $R=-1$ 的两个断口不管是单源还是双源，都起源于表面，源区无类解理刻面特征，见图 1.7-25（c）和（d）。疲劳扩展区特征和 600℃、700℃下断口类似，且条带均比较细密，氧化明显，见图 1.7-25（e）和（f）。各应力和应力比下条带宽度差异不大，同一断口扩展前期到后期，条带宽度变化较为明显，快速扩展区特征和剪切瞬断区特征与前类似。

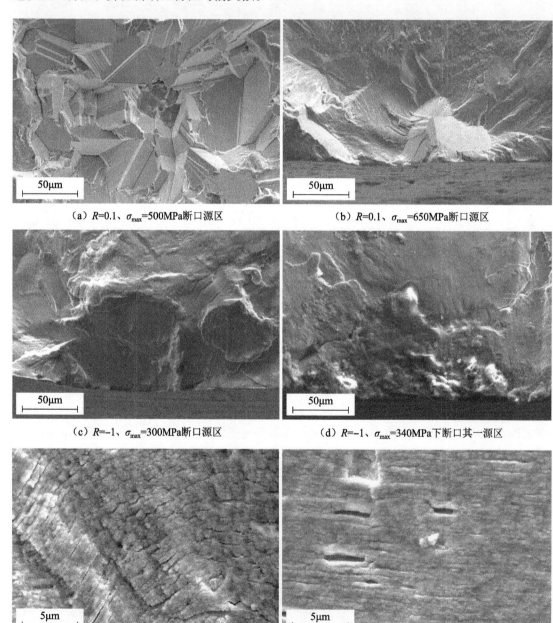

（a）$R=0.1$、$\sigma_{max}=500$MPa断口源区　　　　　（b）$R=0.1$、$\sigma_{max}=650$MPa断口源区

（c）$R=-1$、$\sigma_{max}=300$MPa断口源区　　　　　（d）$R=-1$、$\sigma_{max}=340$MPa下断口其一源区

（e）$R=0.1$、$\sigma_{max}=500$MPa下断口中期条带　　　（f）$R=-1$、$\sigma_{max}=300$MPa下断口中期条带

图 1.7-25　600℃、$K_t=2$ 下轴向高周疲劳断口微观形貌

8. 综合分析

不同试验条件下的轴向高周缺口疲劳断口特征具有以下特点：

（1）不同温度、不同缺口系数下轴向高周缺口疲劳断口疲劳扩展面积大小随应力变化的规律基本呈随应力增大疲劳扩展区面积减小的趋势，疲劳扩展区面积基本在 25% 以上。

（2）不同应力下的拉－拉（$R=0.1$ 和 $R=0.5$）疲劳断口疲劳源基本呈现单源特征，而拉－压（$R=-1$）疲劳断口在高应力下疲劳源呈现单侧多源甚至四周起源的特征。

（3）500℃下源区刻面特征明显，尤其是起源于试样内部夹杂的源区，刻面特征典型；随着温度升高，源区类解理小刻面特征变得不明显，700℃下大部分断口上未见明显刻面特征。

1.7.3.4　低周应变疲劳

1. 500℃、$R_\varepsilon=0.1$

（1）宏观特征：500℃、$R_\varepsilon=0.1$ 的低周疲劳断口均从一侧起源，试样表面均为深蓝色，不同应变量（循环数不同）的断口上颜色有一定的变化，应变量为 0.7% 的断口为金黄色（源区颜色更深），应变量为 1% 的断口从源区到另一侧瞬断区呈现浅蓝色过渡到深蓝色的颜色变化；应变量高（$\varepsilon_{max}=2.5\%$）时，断口高温色不明显，呈淡黄色。

$R_\varepsilon=0.1$、不同循环周次的低周疲劳断口断裂均从试样一侧开始起源，断面起伏相对较大。中应变（$\varepsilon_{max}=1\%$）和低应变（$\varepsilon_{max}=0.7\%$）下的低周疲劳断口可分为疲劳源区（1 区）和稳定扩展区（2 区），失稳区（3 区）和剪切瞬断区（4 区），其中 1、2、3 区为与轴向垂直的断面，但 3 区相对于 1 区和 2 区明显粗糙，剪切斜面区为与轴向呈一定斜角的 1 个或多个斜面，按疲劳稳定扩展来算疲劳区面积，$\varepsilon_{max}=1\%$ 和 $\varepsilon_{max}=0.7\%$ 的两个断口疲劳区面积分别占整个断口面积的 15% 和 10%。相比于低应变下的断口，其剪切瞬断区面积更大，疲劳稳定扩展区面积也增大，应变为 $\varepsilon_{max}=1\%$ 的断口疲劳稳定扩展区面积约占整个断口面积的 10%，见图 1.7-26（a）和（b）。

应变量大（$\varepsilon_{max}=2.5\%$）的断口则类似于杯锥型拉伸断口，断口上几乎未见明显的疲劳稳定扩展区，从试样一侧表面起始后随即进入疲劳失稳扩展区，最后在断口边缘形成 3 个呈约 45° 的斜面剪切瞬断区。源区、失稳扩展区以及瞬断区无明显分界，整个断口上几乎未见典型的疲劳稳定扩展特征区，见图 1.7-26（c）。

随着应变增大，断口粗糙度越大，失稳扩展区的面积增大。

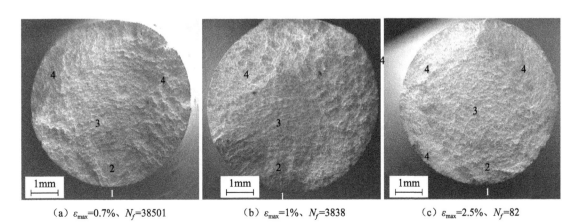

（a）$\varepsilon_{max}=0.7\%$、$N_f=38501$　　　（b）$\varepsilon_{max}=1\%$、$N_f=3838$　　　（c）$\varepsilon_{max}=2.5\%$、$N_f=82$

图 1.7-26　500℃、$R_\varepsilon=0.1$ 下应变疲劳断口宏观形貌

（2）微观特征：低应变（$\varepsilon_{max}=0.7\%$）下的应变疲劳断口与高周疲劳断口相似，疲劳源区呈单个点源特征，见图 1.7-27（a），且源区可见类解理小刻面，未见冶金缺陷，见图 1.7-27（b），疲劳稳定扩展区（2区）可见较为细密的疲劳条带，见图 1.7-27（c），疲劳扩展后期（2区后期）可见类解理台阶＋条带特征，见图 1.7-27（d），类解理台阶间可见二次裂纹和较宽的疲劳条带并存特征，见图 1.7-27（e），失稳扩展区（3区）可见类解理台阶＋韧窝特征，见图 1.7-27（f），台阶面上可见滑移特征，见图 1.7-27（g），剪切瞬断区可见拉长的剪切韧窝和磨损特征，见图 1.7-27（h）。

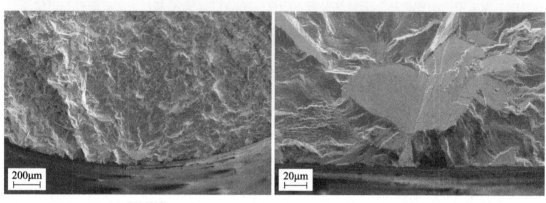

（a）源区低倍　　　　　　　　　　　　　（b）源区高倍

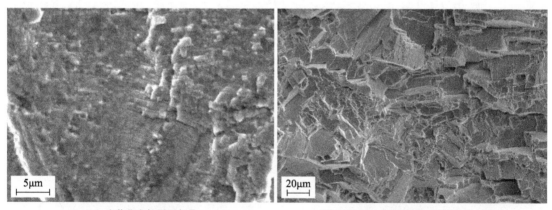

（c）疲劳稳定扩展区条带　　　　　　（d）疲劳稳定扩展后期类解理台阶+条带

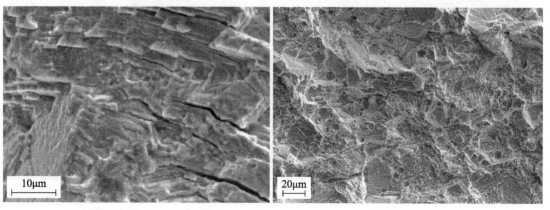

（e）疲劳扩展后期条带+二次裂纹　　　　　（f）纤维区类解理+韧窝

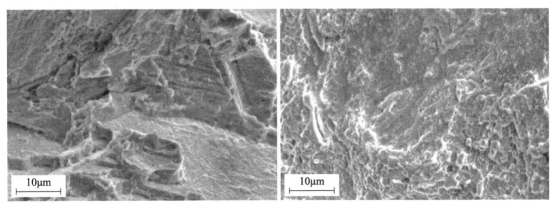

(g) 类解理面上的滑移　　　　　　　　　　　（h) 剪切瞬断区韧窝和磨损形貌

图 1.7-27　500℃、R_ε=0.1、ε_{max}=0.7%、N_f=38501 下应变疲劳断口微观形貌

　　中应变（ε_{max}=1%）下的断口疲劳源区呈线源特征，可见明显接刀痕，见图 1.7-28（a），源区较为平坦，未见冶金缺陷，见图 1.7-28（b），源区附近即可见疲劳条带，且疲劳条带宽度较宽，个别区域疲劳条带间可见二次裂纹，见图 1.7-28（c），疲劳稳定扩展区后期可见类解理台阶 + 条带特征，见图 1.7-28（d），类解理台阶间可见二次裂纹和较宽的疲劳条带并存特征，见图 1.7-28（e），失稳扩展区则为类解理台阶 + 韧窝特征，见图 1.7-28（f），台阶面上可见滑移特征，见图 1.7-28（g），剪切瞬断区可见拉长的剪切韧窝和磨损特征，见图 1.7-28（h）。

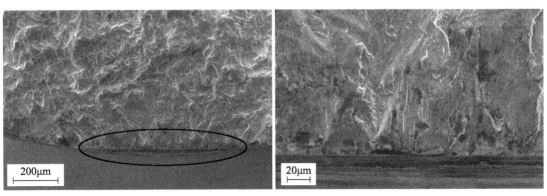

（a）源区低倍　　　　　　　　　　　　　　　（b）源区高倍

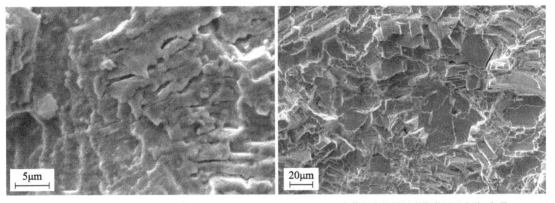

（c）疲劳稳定扩展区条带　　　　　　　　　（d）疲劳稳定扩展区后期类解理台阶+条带

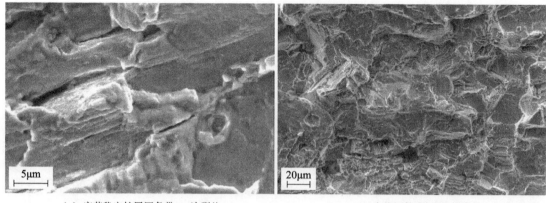

（e）疲劳稳定扩展区条带+二次裂纹　　　　　（f）失稳区的类解理+韧窝

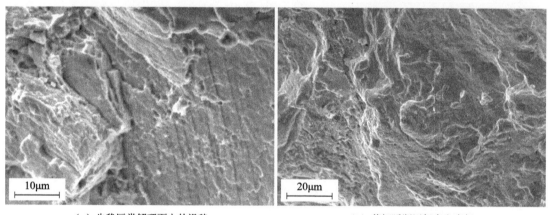

（g）失稳区类解理面上的滑移　　　　　（h）剪切瞬断区韧窝和磨损

图 1.7-28　500℃、R_ε=0.1、ε_{max}=1%、N_f=3838 下应变疲劳断口微观形貌

高应变（ε_{max}=2.5%）下的断口起源于试样表面，呈现大线源特征，源区粗糙，棱线不明显，见图 1.7-29（a），可见一些类似滑移台阶面，见图 1.7-29（b），起源后迅速进入失稳扩展区。失稳扩展区可见类解理平面＋韧窝特征，见图 1.7-29（c），类解理平面上可见单向滑移线或交叉滑移线，见图 1.7-29（d），随后可见纤维区，为等轴韧窝特征，见图 1.7-29（e），剪切瞬断区（4 区）可见细小拉长的剪切韧窝，见图 1.7-29（f）。

（a）源区低倍　　　　　　　　　　（b）源区高倍

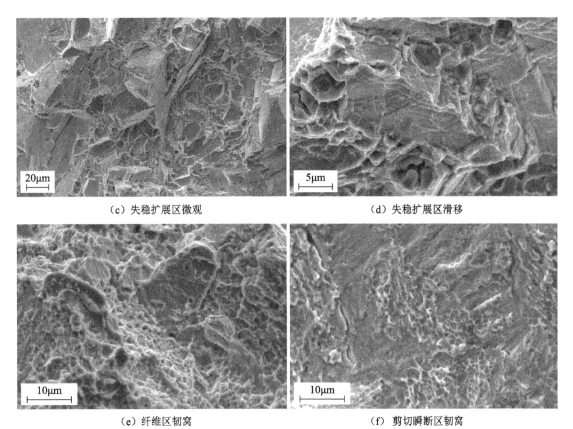

（c）失稳扩展区微观　　　　　　　　　　　　（d）失稳扩展区滑移

（e）纤维区韧窝　　　　　　　　　　　　　　（f）剪切瞬断区韧窝

图 1.7-29　500℃、R_ε=0.1、ε_{max}=2.5%、N_f=72 下应变疲劳断口微观形貌

2. 500℃，R_ε=−1

（1）宏观特征：500℃、R_ε=−1 的低周疲劳试样表面均为深蓝色，不同应变（循环周次不同）的断口上颜色有一定的变化，应变为 0.38% 的断口除断口源区呈现深蓝色，整个断口上基本为棕黄色；应变较高（ε_{max}=0.5%）时，断口源区一侧 1/3 面积呈蓝褐色，另 2/3 面积呈灰色。两个断口疲劳均起源于试样一侧，呈单个点源特征，源区附近可见放射棱线，疲劳稳定扩展区（2 区）起伏较大，而失稳扩展区（3 区）变得相对平坦些，但无明显分界，两个断口疲劳稳定扩展区面积占整个断口面积的 15% ～ 20%，剪切瞬断区（4 区）较不明显，见图 1.7-30。

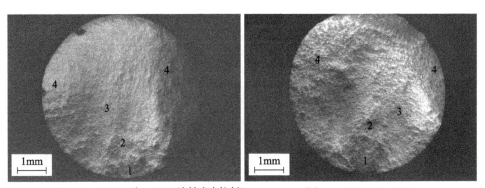

（a）ε_{max}=0.38%，N_f=31182（注：20171次转应力控制）　　　（b）ε_{max}=0.5%，N_f=4978

图 1.7-30　500℃、R_ε=−1 下应变疲劳断口宏观形貌

（2）微观特征：500℃下，$R_\varepsilon=-1$，应变为 0.38% 低周疲劳试验断口疲劳起源于试样一侧表面，源区较粗糙，见图 1.7-31（a），可见类解理刻面，见图 1.7-31（b），疲劳稳定扩展区前期微观可见疲劳条带，见图 1.7-31（c），稳定扩展后期可见类解理小台阶＋条带混合特征，见图 1.7-31（d），类解理台阶间混合着较宽的疲劳条带和二次裂纹，见图 1.7-31（e），失稳扩展前期可见韧窝和条带混合特征，见图 1.7-31（f）、（g），失稳扩展后期韧窝渐多渐深，见图 1.7-31（h）、（i），剪切瞬断区可见细小的剪切韧窝形貌，见图 1.7-31（j）。

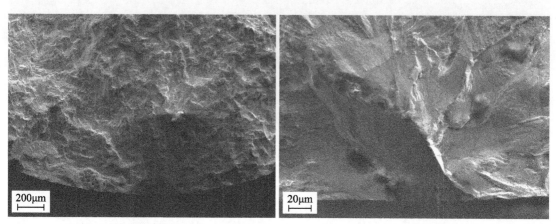

（a）源区低倍   （b）源区高倍

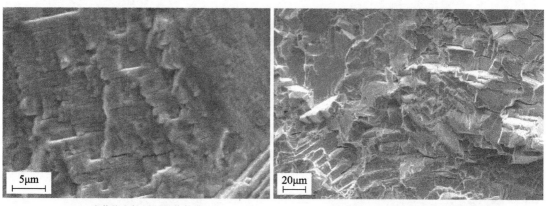

（c）疲劳稳定扩展区疲劳条带   （d）疲劳稳定扩展区后期类解理台阶+条带

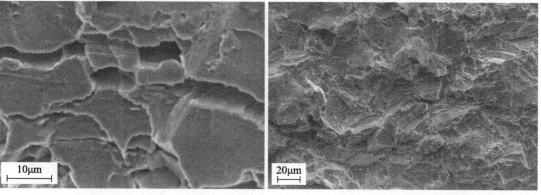

（e）疲劳稳定扩展区后期类解理台阶间条带和二次裂纹   （f）疲劳扩展后期条带+韧窝

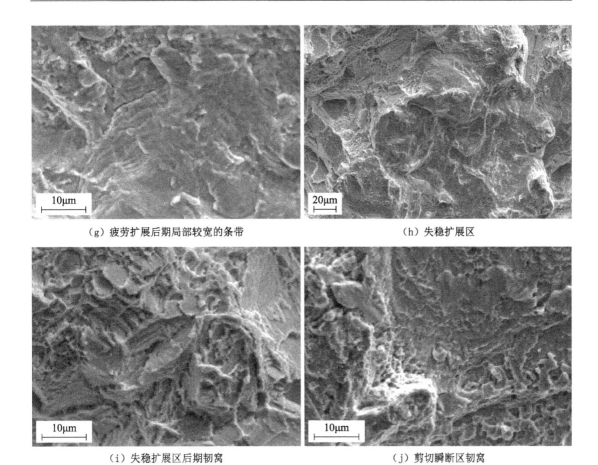

（g）疲劳扩展后期局部较宽的条带　　　　　　（h）失稳扩展区

（i）失稳扩展区后期韧窝　　　　　　（j）剪切瞬断区韧窝

图 1.7-31　500℃、$R_\varepsilon=-1$、$\varepsilon_{max}=0.38\%$ 应变疲劳断口微观形貌

500℃，$R_\varepsilon=-1$，$\varepsilon_{max}=0.5\%$ 低周疲劳断口疲劳起源于试样一侧表面，线源，源区粗糙，见图 1.7-32（a），可见类解理刻面，见图 1.7-32（b），疲劳稳定扩展前期微观可见疲劳条带，见图 1.7-32（c），疲劳稳定扩展后期可见类解理小台阶＋条带混合特征，见图 1.7-32（d），类解理台阶间可见较宽的疲劳条带，见图 1.7-32（e），失稳扩展区为类解理＋韧窝特征，见图 1.7-32（f），韧窝细小，见图 1.7-32（g），剪切瞬断区可见细小的剪切韧窝，见图 1.7-32（h）。

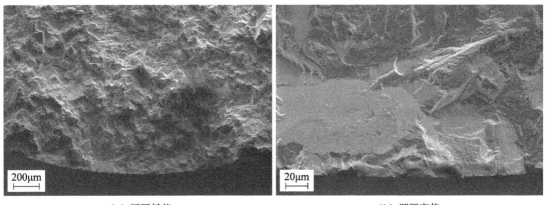

（a）源区低倍　　　　　　（b）源区高倍

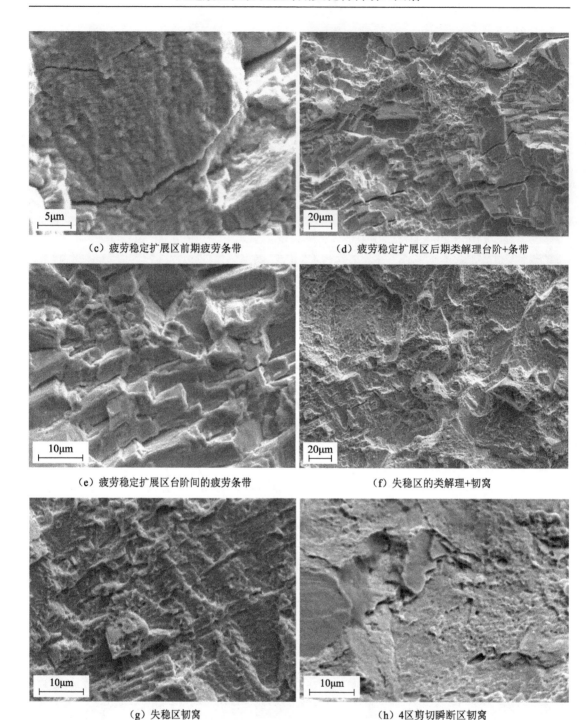

（c）疲劳稳定扩展区前期疲劳条带　　　　（d）疲劳稳定扩展区后期类解理台阶+条带

（e）疲劳稳定扩展区台阶间的疲劳条带　　　　（f）失稳区的类解理+韧窝

（g）失稳区韧窝　　　　（h）4区剪切瞬断区韧窝

图 1.7-32　500℃、$R_\varepsilon=-1$、$\varepsilon_{max}=0.5\%$ 下断口微观形貌

3. 600℃、$R_\varepsilon=0.1$

（1）宏观特征：600℃、$R_\varepsilon=0.1$ 的低周疲劳试样表面均为蓝色，无明显颈缩。断口上整体呈暗黄色，应变 $\varepsilon_{max}=0.449\%$ 下疲劳源区呈深蓝色，随着疲劳扩展，颜色逐渐变为黄褐色，扩展后期和剪切瞬断区断口呈金黄色。

应变量低（ε_{max}=0.449%）时的应变疲劳断口与高周疲劳断口接近，断口呈现 3 个面，垂直于轴向的疲劳稳定扩展区、失稳扩展区以及两个剪切瞬断斜面。疲劳起源于试样一侧，呈单源特征，源区和疲劳稳定区平坦。失稳扩展区和剪切瞬断区相对粗糙，疲劳稳定扩展区面积约占整个断口的 20%。

中应变（ε_{max}=0.8%）以及高应变（ε_{max}=2.4%）下疲劳均为多源，源区集中在试样一侧，中应变 ε_{max}=0.8% 的断口上源区附近可见几个小平台形成的平坦的疲劳稳定扩展区。高应变（ε_{max}=2.4%）断口上几乎未见疲劳稳定扩展区，失稳扩展区和纤维区所占面积较大，剪切瞬断区位于另一侧，与轴向呈一角度的斜面，见图 1.7-33。

从 3 个应变下的断口变化规律来看，随着应变量升高，由单源变成多源，源区变得粗糙，疲劳稳定扩展区面积减小。应变 ε_{max}=2.4% 下断口上几乎无疲劳稳定扩展区。

（a）ε_{max}=0.499%，N_f=104081　　（b）ε_{max}=0.8%，N_f=7883　　（c）ε_{max}=2.4%，N_f=81

图 1.7-33　600℃、R_ε=0.1 下应变疲劳断口宏观形貌

（2）微观特征：低应变（ε_{max}=0.449%）下断口疲劳起源于试样次表面，呈单个点源特征，见图 1.7-34（a），源区可见氧化铝夹杂类缺陷，夹杂周围可见类解理小刻面，见图 1.7-34（b），疲劳稳定扩展区可见较为细密的疲劳条带，见图 1.7-34（c），后期条带变宽，可见二次裂纹和较宽的疲劳条带并存特征，见图 1.7-34（d），失稳扩展区可见类解理台阶 + 韧窝特征，见图 1.7-34（e），剪切瞬断区可见拉长的剪切韧窝和磨损特征，见图 1.7-34（f）。

（a）源区低倍　　　　　　　　　　　　　　　（b）源区高倍

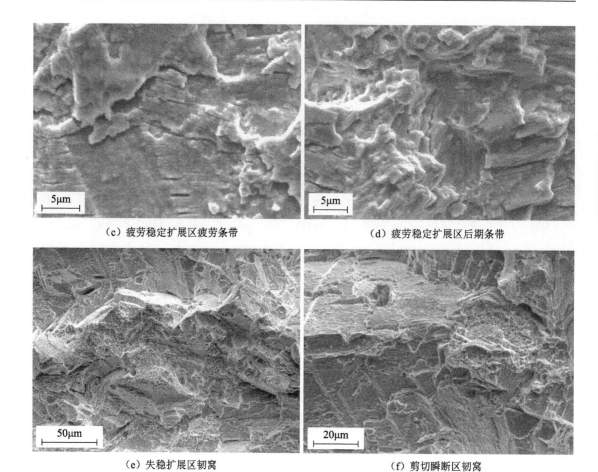

（c）疲劳稳定扩展区疲劳条带 （d）疲劳稳定扩展区后期条带

（e）失稳扩展区韧窝 （f）剪切瞬断区韧窝

图 1.7-34　600℃、R_ε=0.1、ε_{max}=0.499%、N_f=104081 应变疲劳断口微观形貌

中应变（ε_{max}=0.8%）下断口疲劳起源于表面，源区呈多个小线源特征，见图 1.7-35（a），未见冶金缺陷，见图 1.7-35（b），源区附近距表面深约 1mm 的较为平坦的疲劳稳定扩展区可见疲劳条带，见图 1.7-35（c），后期可见类解理台阶以及韧窝和条带并存的特征，见图 1.7-35（d、e），断口大面积区域均为等轴韧窝的纤维断裂特征，见图 1.7-35（f）。

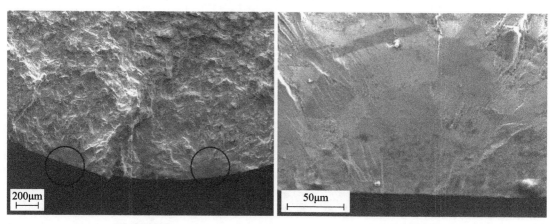

（a）源区低倍 （b）源区高倍

（c）疲劳条带　　　　　　　　　　　　（d）疲劳扩展区类解理台阶

（e）疲劳扩展后期条带+韧窝　　　　　　　　（f）纤维区韧窝

图 1.7-35　600℃、R_ε=0.1、ε_{max}=0.8%、N_f=7883 应变疲劳断口微观形貌

　　600℃，高应变（ε_{max}=0.8%）下断口源区可见多个台阶，呈多源特征，见图 1.7-36（a），源区粗糙，见图 1.7-36（b），断口上未见典型的疲劳稳定扩展区特征，失稳扩展区可见类解理滑移面，局部可见分散的数个 PPB 断裂特征，见图 1.7-36（c）和（d），失稳扩展后期为纤维区，可见等轴韧窝形貌，见图 1.7-36（e），剪切瞬断区可见细小的剪切韧窝形貌。

（a）源区低倍　　　　　　　　　　　　　（b）源区高倍

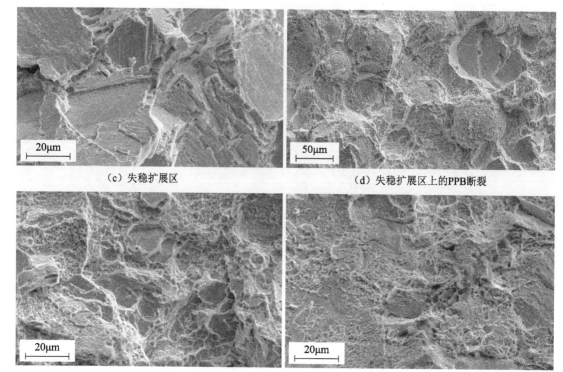

（c）失稳扩展区　　　　　　　　　　　　　　（d）失稳扩展区上的PPB断裂

（e）纤维区韧窝　　　　　　　　　　　　　　（f）剪切瞬断区韧窝

图 1.7-36　600℃、R_ε=0.1、ε_{max}=2.4%、N_f=81 应变疲劳断口微观形貌

4. 600℃、R_ε=-1

（1）宏观特征：600℃、R_ε=-1 的低周疲劳断口表面均为蓝色或浅蓝色，不同应变量（循环数不同）的断口上颜色有一定的变化，应变量为 0.35% 的断口源区呈灰色，逐渐过渡到深蓝色、蓝紫色，快速扩展区和瞬断区为紫金色；应变为 0.8% 时，断口疲劳特征区由浅蓝色过渡到深蓝色，快速扩展区和瞬断区为紫金色。两个断口疲劳均起源于试样一侧，应变高的断口（0.8%）比应变低的（0.35%）断口源区粗糙，剪切区为两个斜面，应变为 0.35% 的疲劳稳定扩展区面积约占整个断口面积的 25%，应变为 0.8% 的疲劳稳定扩展区面积约占整个断口面积的 10%，见图 1.7-37。

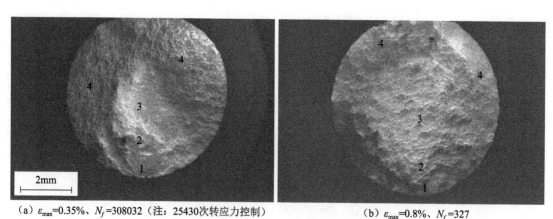

（a）ε_{max}=0.35%、N_f=308032（注：25430次转应力控制）　　　　（b）ε_{max}=0.8%、N_f=327

图 1.7-37　600℃、R_ε=-1 下应变疲劳断口宏观形貌

（2）微观特征：600℃下、$R_\varepsilon=-1$、$\varepsilon_{max}=0.5\%$ 的断口疲劳起源于试样一侧表面，源区附近可见放射棱线，见图 1.7-38（a），高倍可见类解理刻面，见图 1.7-38（b），疲劳稳定扩展区（2 区）微观可见疲劳条带，见图 1.7-38（c），疲劳稳定扩展区（2 区）后期可见类解理小台阶＋条带混合特征，见图 1.7-38（d），此区域条带变得断续，见图 1.7-38（e），失稳扩展（3 区）前期可见类解理台阶和韧窝混合特征，见图 1.7-38（f），韧窝细小，见图 1.7-38（g），失稳扩展（3 区）后期韧窝渐多渐深，4 区剪切瞬断区可见细小的剪切韧窝形貌，见图 1.7-38（h）。

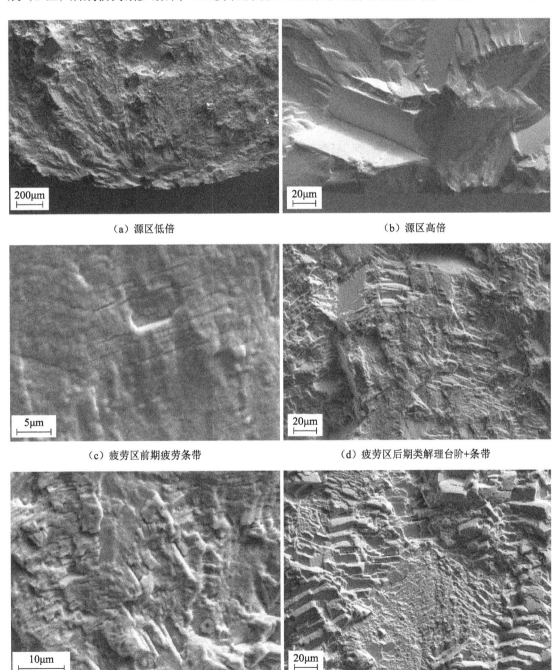

（a）源区低倍

（b）源区高倍

（c）疲劳区前期疲劳条带

（d）疲劳区后期类解理台阶+条带

（e）疲劳区台阶间条带

（f）失稳扩展区的类解理+韧窝

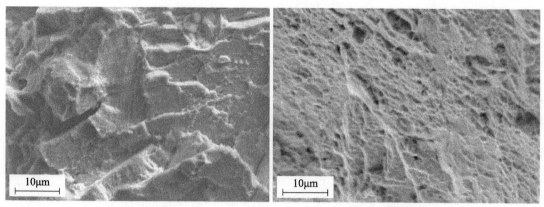

（g）失稳扩展后期韧窝 　　　　　　　　　　（h）4区剪切瞬断区韧窝

图 1.7-38　600℃、$R_\varepsilon=-1$、$\varepsilon_{max}=0.35\%$ 应变疲劳断口微观形貌

　　600℃、$R_\varepsilon=-1$、$\varepsilon_{max}=0.8\%$ 下断口疲劳起源于试样一侧表面，源区粗糙，见图 1.7-39（a）和（b），源区附近较浅深度局部微观可见疲劳条带，见图 1.7-39（c），疲劳稳定扩展区（2区）后期可见类解理小台阶，见图 1.7-39（d），类解理台阶面可见滑移特征，见图 1.7-39（e），失稳扩展区（3区）可见类解理＋韧窝特征，见图 1.7-39（f），韧窝细小，见图 1.7-39（g），剪切瞬断区（4区）可见细小的剪切韧窝形貌，见图 1.7-39（h）。

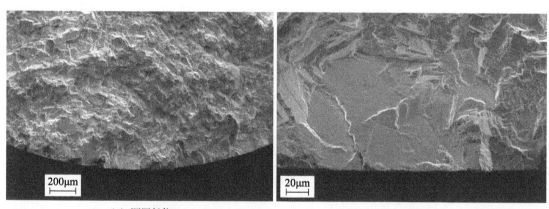

（a）源区低倍 　　　　　　　　　　　　（b）源区高倍

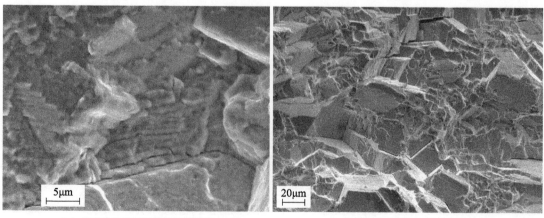

（c）疲劳稳定扩展区前期疲劳条带 　　　　　（d）疲劳稳定扩展区后期类解理台阶

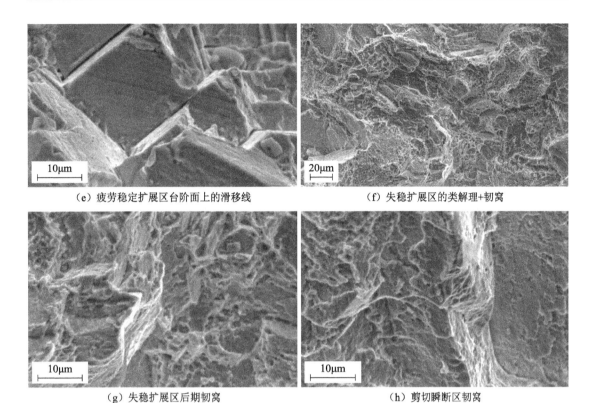

（e）疲劳稳定扩展区台阶面上的滑移线　　　　（f）失稳扩展区的类解理+韧窝

（g）失稳扩展区后期韧窝　　　　（h）剪切瞬断区韧窝

图 1.7-39　600℃、$R_\varepsilon=-1$、$\varepsilon_{max}=0.8\%$ 下断口微观形貌

5. 700℃、$R_\varepsilon=0.1$

（1）宏观特征：700℃、$R_\varepsilon=0.1$ 的低周疲劳断口试样表面呈浅蓝色，不同应变（循环周次不同）的断口颜色稍有变化，应变低（$\varepsilon_{max}=0.8\%$）的断口从源区到瞬断区颜色从浅蓝色过渡到深蓝色再到棕褐色（失稳扩展区和剪切瞬断区）；应变为 0.9% 的断口源区和疲劳扩展区为浅蓝色，失稳扩展区和剪切瞬断区为深蓝色；应变高的（$\varepsilon_{max}=2\%$）断口源区为蓝色，随着裂纹扩展，颜色过渡到深蓝色，快速扩展区和剪切瞬断区为棕黄色，见图 1.7-40。

（a）$\varepsilon_{max}=0.8\%$，$N_f=22167$　　　（b）$\varepsilon_{max}=0.9\%$，$N_f=3994$　　　（c）$\varepsilon_{max}=2\%$、$N_f=165$

图 1.7-40　700℃、$R_\varepsilon=0.1$ 下应变疲劳断口宏观形貌

3 个断口断裂均从试样一侧开始起源，往中心扩展。应变为 $\varepsilon_{max}=0.8\%$ 和 0.9% 的断口疲劳为单源起源，疲劳稳定扩展区面积分别占整个断口面积的 20% ～ 25%。随着应变增大，疲劳稳定扩展区面积变小，应变为2%的断口疲劳起源为多源或大线源，可见较小面积的疲劳稳定扩展区（约5%）。

（2）微观特征：700℃下，$R_\varepsilon = 0.1$、$\varepsilon_{max} = 0.8\%$ 和 0.9% 的断口均起源于次表面氧化铝夹杂缺陷，尺寸约为100μm，缺陷周围可见明显的放射棱线，$\varepsilon_{max} = 0.8\%$ 的断口源区可见轻微小刻面，$\varepsilon_{max} = 0.9\%$ 的断口源区平坦，未见小刻面，见图1.7-41（a）～（d），$\varepsilon_{max} = 0.8\%$ 的断口疲劳区条带明显细于 $\varepsilon_{max} = 0.9\%$ 下的断口，见图1.7-41（e）（f），两个断口疲劳稳定扩展后期低倍为类解理台阶特征，见图1.7-41（g），但台阶间可见二次裂纹和疲劳条带，见图1.7-41（h），失稳扩展区前期为类解理台阶＋韧窝特征，见图1.7-41（i），类解理台阶面上可见滑移特征，见图1.7-41（j），后期可见典型的等轴韧窝形貌，见图1.7-41（k），剪切瞬断区可见细小的剪切韧窝形貌，见图1.7-41（l）。

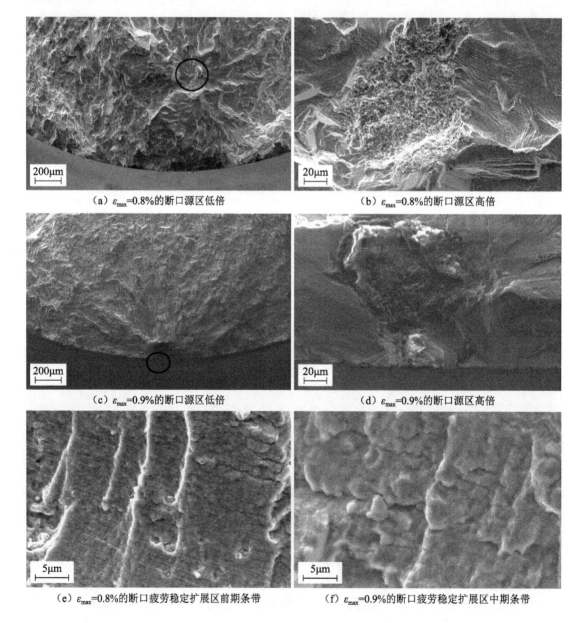

（a）$\varepsilon_{max} = 0.8\%$ 的断口源区低倍　　　　　　（b）$\varepsilon_{max} = 0.8\%$ 的断口源区高倍

（c）$\varepsilon_{max} = 0.9\%$ 的断口源区低倍　　　　　　（d）$\varepsilon_{max} = 0.9\%$ 的断口源区高倍

（e）$\varepsilon_{max} = 0.8\%$ 的断口疲劳稳定扩展区前期条带　　　　（f）$\varepsilon_{max} = 0.9\%$ 的断口疲劳稳定扩展区中期条带

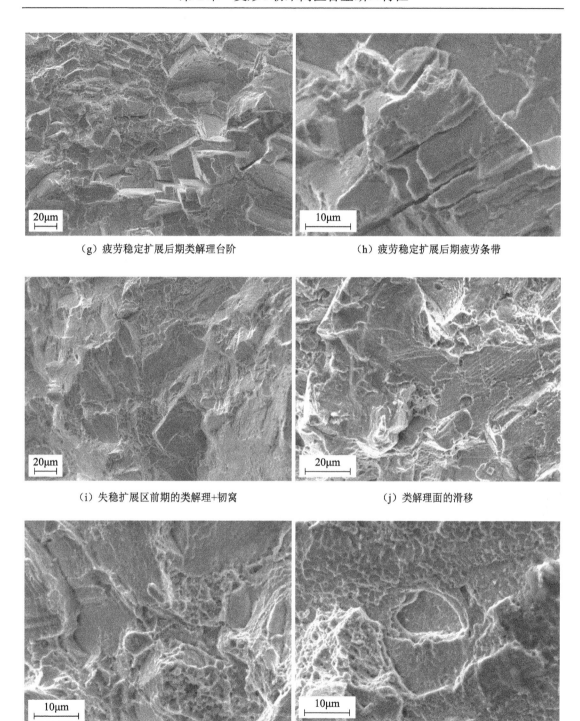

（g）疲劳稳定扩展后期类解理台阶

（h）疲劳稳定扩展后期疲劳条带

（i）失稳扩展区前期的类解理+韧窝

（j）类解理面的滑移

（k）失稳扩展后期韧窝

（l）剪切瞬断区韧窝

图 1.7-41　700℃、$R_\varepsilon=0.1$、$\varepsilon_{max}=0.8\%$ 和 0.9% 下断口微观形貌

　　700℃，$R_\varepsilon=0.1$、高应变（$\varepsilon_{max}=2\%$）下的断口疲劳起源于试样一侧表面，源区粗糙，见图 1.7-42（a）和（b），仅 500μm 深度范围内的疲劳稳定扩展区微观可见断续的疲劳条带，见图 1.7-42（c），失稳扩展区前期可见类解理台阶 + 韧窝特征，见图 1.7-42（d），失稳扩展区后期可见典型的等轴韧窝形貌，见图 1.7-42（e），剪切瞬断区可见细小的剪切韧窝形貌，见图 1.7-42（f）。

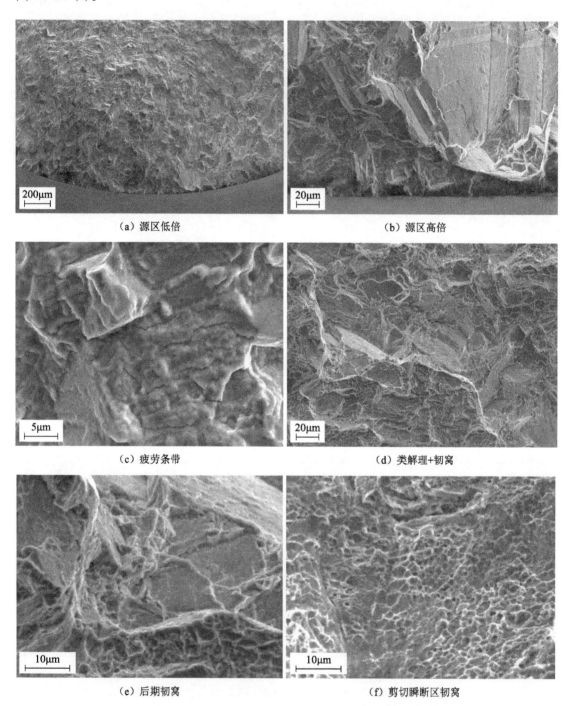

（a）源区低倍 　　　　　　　　　　　　　　（b）源区高倍

（c）疲劳条带 　　　　　　　　　　　　　　（d）类解理+韧窝

（e）后期韧窝 　　　　　　　　　　　　　　（f）剪切瞬断区韧窝

图 1.7-42　700℃、$R_\varepsilon = 0.1$、$\varepsilon_{max} = 2\%$、$N_f = 165$ 下应变疲劳断口微观形貌

6. 700℃、$R_\varepsilon = -1$

（1）宏观特征：700℃、$R_\varepsilon = -1$ 的低周疲劳试样表面为蓝绿色，不同应变（循环周次不同）的断口上颜色有一定的变化，应变为 0.4% 的断口源区从浅蓝色逐渐过渡到深蓝色，失稳扩展区和瞬断区为蓝紫色；应变为 0.8% 时，断口疲劳稳定扩展区由浅蓝色过渡到深蓝色，失稳扩展区和瞬断区为蓝灰色。

两疲劳均起源于试样一侧，高应变（0.8%）断口比低应变（0.4%）断口源区粗糙，剪切区为两个斜面，应变为 0.4% 的断口另一侧剪切区较不明显，疲劳稳定扩展区面积约占整个断口面积的 30%，应变为 0.8% 的断口疲劳稳定扩展区面积约占整个断口面积的 10%，见图 1.7-43。

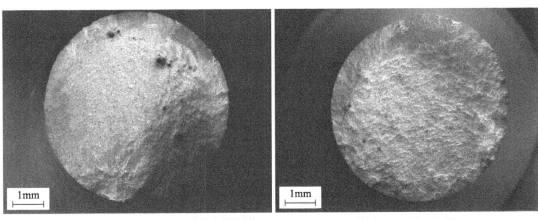

（a）ε_{max}=0.4%、N_f=92688（注：20000次转应力控制）　　　（b）ε_{max}=0.8%、N_f=312

图 1.7-43　700℃、R_ε=−1 下应变疲劳断口宏观形貌

（2）微观特征：700℃下，R_ε=−1、应变为 0.4% 的断口疲劳起源于试样内表面夹杂缺陷，夹杂周围可见放射棱线，见图 1.7-44（a）和（b），疲劳稳定扩展区（2区）微观可见疲劳条带，见图 1.7-44（c），疲劳稳定扩展区（2区）后期可见类解理小台阶＋条带混合特征，见图 1.7-44（d），条带较宽，与二次裂纹并存，见图 1.7-44（e），失稳扩展（3区）区前期可见类解理台阶和韧窝混合特征，见图 1.7-44（f），类解理台阶面上可见滑移和细小韧窝，见图 1.7-44（g），4区剪切瞬断区可见细小的剪切韧窝形貌，见图 1.7-44（h）。

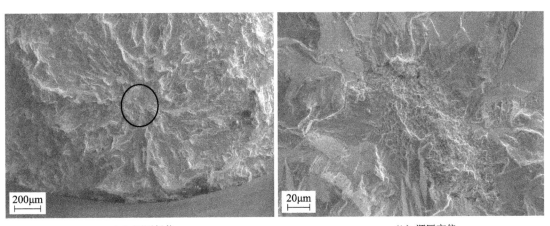

（a）源区低倍　　　　　　　　　　　　　　　　　　（b）源区高倍

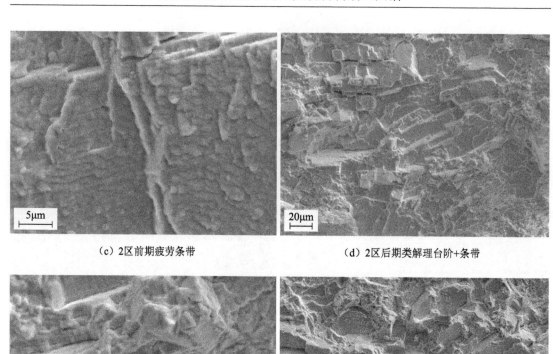

（c）2区前期疲劳条带　　　　　　　　　　（d）2区后期类解理台阶+条带

（e）2区台阶间的疲劳条带　　　　　　　　　（f）3区的类解理台阶+韧窝

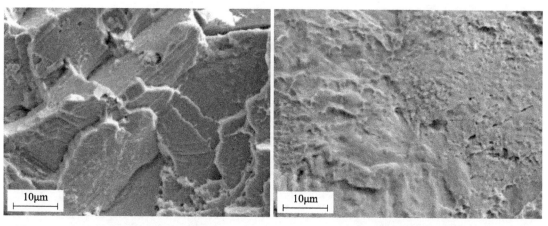

（g）3区类解理台阶面上的滑移和韧窝　　　　　（h）4区剪切瞬断区韧窝

图 1.7-44　500℃、R_ε=−1、ε_{max}=0.4% 下断口微观形貌

　　700℃、R_ε=−1、应变为 0.8% 的断口疲劳起源于试样一侧表面，源区粗糙，见图 1.7-45（a），呈小线源特征，可见明显的放射棱线，见图 1.7-45（b），源区附近 0.2mm 深度局部微观可见疲劳条带，见图 1.7-45（c），疲劳稳定扩展区（2 区）后期可见类解理小台阶，见图 1.7-45（d），类解理台阶面可见滑移特征，见图 1.7-45（e），失稳扩展（3 区）可见准解理 + 韧窝特征，见图 1.7-45（f），韧窝细小，见图 1.7-45（g），4 区剪切瞬断区可见细小的剪切韧窝形貌，见图 1.7-45（h）。

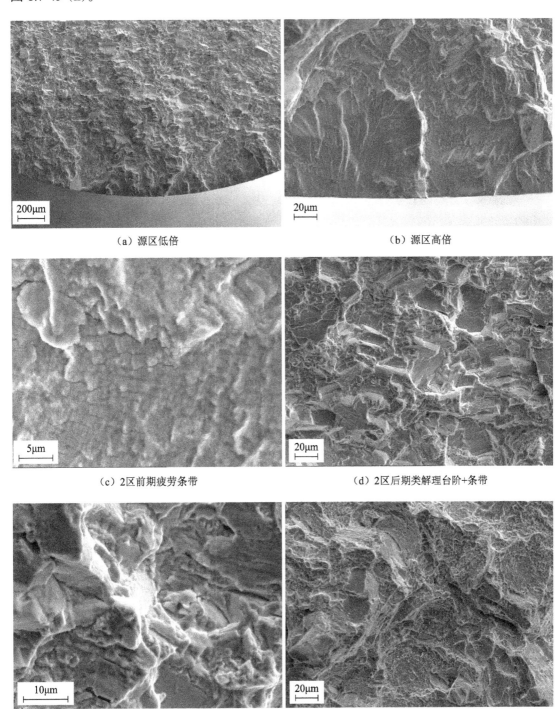

（a）源区低倍　　　　　　　　　　　　　　　　（b）源区高倍

（c）2 区前期疲劳条带　　　　　　　　　　　（d）2 区后期类解理台阶 + 条带

（e）2 区台阶间的疲劳条带　　　　　　　　　　（f）3 区的类解理 + 韧窝

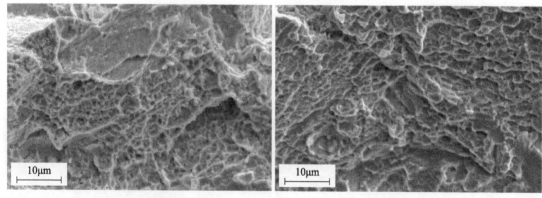

（g）3区后期韧窝 　　　　　　　　　　　　（h）4区剪切瞬断区韧窝

图 1.7-45　700℃、$R_\varepsilon=-1$、$\varepsilon_{max}=0.8\%$ 断口微观形貌

7. 综合分析

不同试验条件下的低周应变疲劳断口特征具有以下特点：

（1）总体看，与高周疲劳断口对比，应力疲劳断口整体更为粗糙，断口分源区、稳定疲劳扩展区、失稳扩展区和剪切瞬断区 4 个区域。

（2）高温应变疲劳断口，应变低时断口疲劳从次表面夹杂处或者表面起源，单源，但源区相比于高周疲劳断口也更为粗糙；应变中或高的断口疲劳起源也基本在一侧，单线源或连续多个小线源，且源区粗糙。

（3）应变疲劳断口的稳定疲劳扩展区面积均很小，各条件下的断口稳定疲劳扩展区面积占整个断口面积的 0～30%，稳定疲劳扩展区一般可见疲劳条带，但相比于高周应力疲劳，其条带更为断续，且多在局部找到；随后进入失稳扩展区，失稳扩展区面积比例较大，主要为准解理＋韧窝特征，且稳定疲劳扩展区和失稳扩展区一般无明显的分界。

（4）500℃、600℃、低应变下的断口源区可见类解理刻面，起源于试样内部夹杂的源区刻面特征典型；随着温度升高，源区类解理小刻面特征变得不明显，700℃下大部分断口源区不出现明显刻面特征。

（5）应变疲劳断口上滑移台阶特征比较明显，尤其在高应变条件下，较低应变下疲劳条带明显，但条带断续，且与滑移台阶及二次裂纹并存。

1.7.3.5　缺口持久

1. 典型特征

（1）宏观特征：不同缺口系数、600～700℃、不同应力下的缺口持久断口上，宏观均未见明显颈缩。断口断面特征差异不大，断面粗糙，未见放射棱线，呈现类似纤维区断裂特征，因此宏观从断口形貌上很难判断裂纹起源。但每个断口上呈现颜色不同的两个区，靠一侧的边缘颜色和大面积区域的断面颜色，一侧边缘氧化更重，为持久裂纹区，另外大面积区域为最后断裂区。

断口颜色随着持久试验温度和持久时间的不同而不同。如 600℃下、持久时间短的断口上大部分断面呈灰黄色，而持久时间长的断口为棕黄色，但裂纹区主要为蓝色。650℃下的断口大部分断面上随着持久时间断口由棕黄色逐渐加深，裂纹区（即一侧边缘）为蓝色或蓝紫色；700℃下的断口以蓝色和蓝紫色为主，裂纹区呈现浅蓝色，见图 1.7-46。

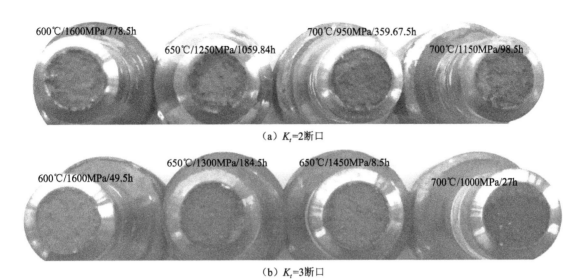

（a）$K_t=2$ 断口

（b）$K_t=3$ 断口

图 1.7-46　缺口持久断口宏观形貌

（2）微观特征：以 650℃ /1300MPa/49.5h 和 650℃ /1250MPa/1059.84h 的断口为例，缺口持久断口上裂纹区主要为沿晶断裂，沿晶面上可见韧窝，在 600 ～ 700℃范围内，FGH96缺口持久断口微观断裂机制为沿晶韧性断裂。断口心部可见穿晶韧窝特征，与裂纹区相对的另一侧边缘可见轻微的剪切韧窝形貌。从断口侧面看，裂纹沿晶区一侧的缺口表面可见少量的与断面平行的沿晶二次裂纹，而另一侧的缺口表面也可见明显的塑性变形及微裂纹特征，微观断裂特征见图 1.7-47 和图 1.7-48。

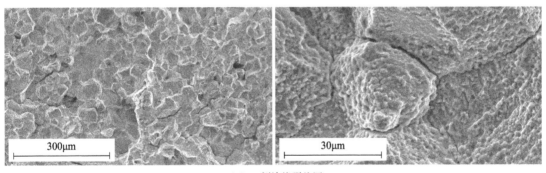

（a）一侧边缘裂纹区

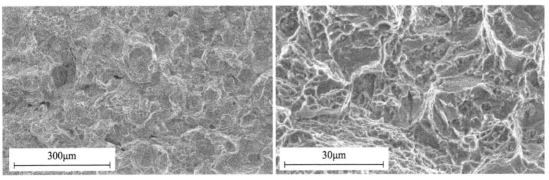

（b）心部

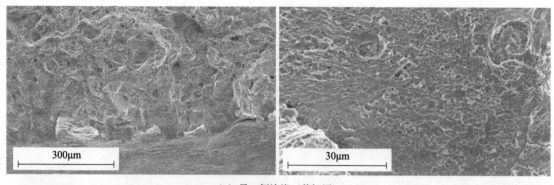

（c）另一侧边缘（剪切唇）

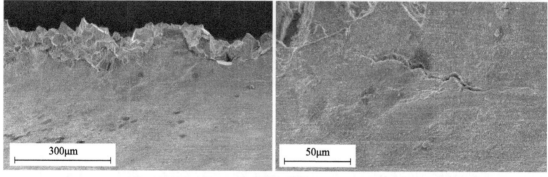

（d）裂纹区侧表面

（e）裂纹区对侧的侧表面

图 1.7-47　650℃ /1300MPa/49.5h 缺口持久断口微观形貌

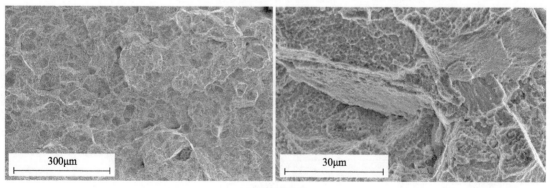

（a）边缘沿晶

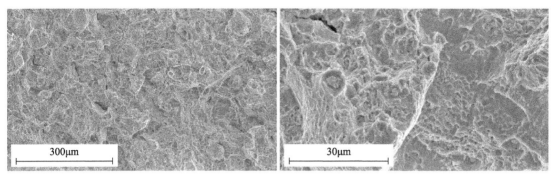

（b）心部穿晶

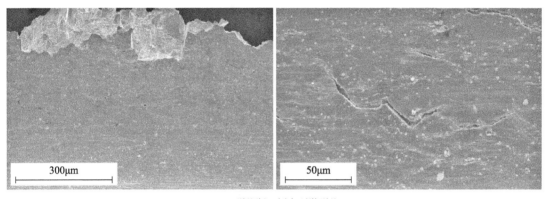

（c）裂纹断口侧表面微裂纹

图 1.7-48　650℃/1250MPa/1059.84h 缺口持久断口微观形貌

2. 不同缺口系数

相同的温度和应力下，持久时间随缺口系数变大呈数量级的下降。缺口系数较大的断口两个颜色区分界越明显。说明缺口系数大时，裂纹起始应力集中越大，见图 1.7-49。从微观上看，缺口系数大的断口在沿晶裂纹区二次裂纹明显，而应力集中小、持久时间长的断口在裂纹区侧面的二次裂纹开口相对较大，见图 1.7-50。

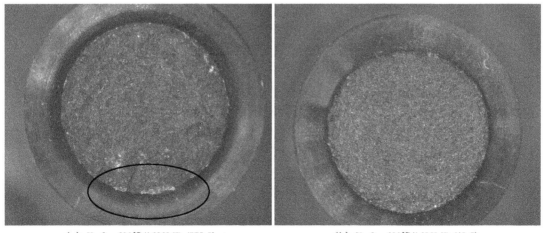

（a）K_t=2、600℃/1600MPa/778.5h　　　　　（b）K_t=3、600℃/1600MPa/49.5h

图 1.7-49　不同缺口系数下断口宏观形貌

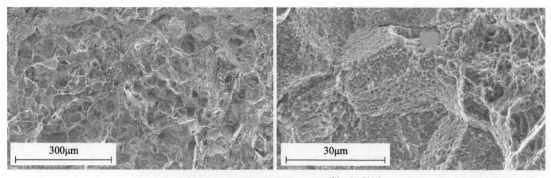

（a）K_t=2、600℃/1600MPa/778.5h断口沿晶区

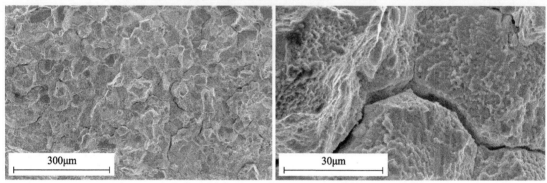

（b）K_t=3、600℃/1600MPa/49.5h断口沿晶区

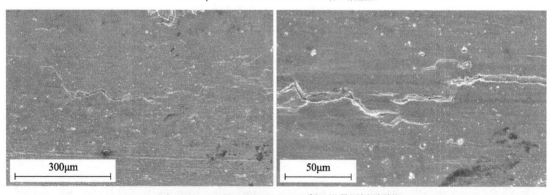

（c）K_t=2、600℃/1600MPa/778.5h断口沿晶区侧面裂纹

（d）K_t=3、600℃/1600MPa/49.5h断口沿晶区侧面裂纹

图 1.7-50　相同温度、相同应力、不同缺口系数断口微观形貌

3. 不同温度

断口颜色和断面的氧化程度由试验温度决定，见图1.7-51。应力大的断口沿晶区面积小、断口沿晶二次裂纹明显，见图1.7-52。

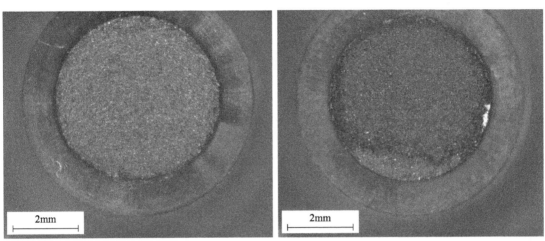

　　（a）K_t=3、600℃/1600MPa/49.5h　　　　　　　　　（b）K_t=3、650℃/1300MPa/184.5h

图1.7-51　不同温度下缺口持久断口宏观形貌

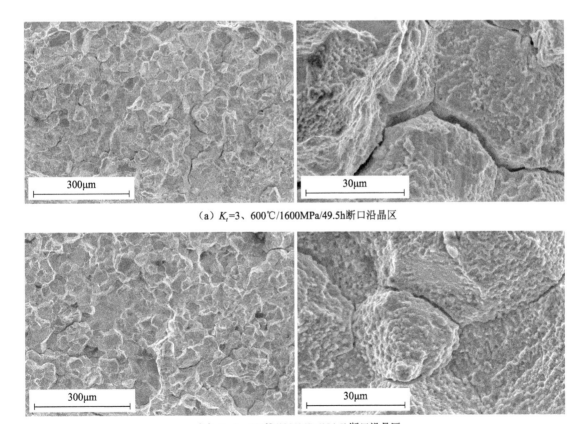

（a）K_t=3、600℃/1600MPa/49.5h断口沿晶区

（b）K_t=3、650℃/1300MPa/184.5h断口沿晶区

图1.7-52　不同温度下缺口持久断口微观形貌

4. 不同应力

相同的缺口系数，相同温度、应力越大，持久时间越短。断口颜色和断面的氧化程度由持久时间决定，断口沿晶区大小由应力决定，见图1.7-53。沿晶韧性断裂区，应力大的沿晶二次裂纹或晶界轮廓越明显，持久时间长的侧面二次裂纹少但开口大，见图1.7-54。

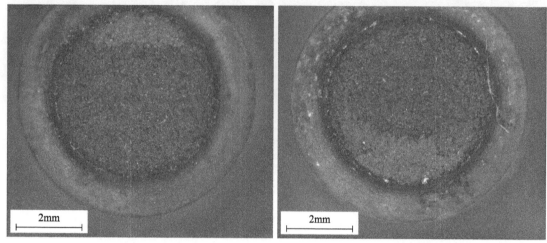

（a）K_t=2、700℃/1150MPa/98.5h   （b）K_t=2、700℃/950MPa/359.67h

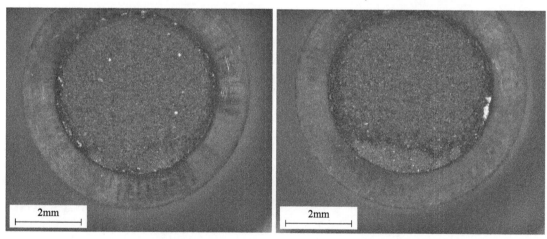

（c）K_t=3、650℃/1450MPa/8.5h   （d）K_t=3、650℃/1300MPa/49.5h

图1.7-53　不同应力下缺口持久断口宏观形貌

5. 综合分析

（1）600～700℃、不同缺口系数、不同应力下的FGH96缺口持久断口，宏观均未见明显颈缩。断口断面特征差异不大，断面粗糙，未见放射棱线，整个断口均类似纤维区断裂特征，一般从断面颜色上判断断裂起源，颜色越深即氧化更重的区域为最先起源区。600～700℃下FGH96缺口持久断口微观断裂机制为韧性断裂机制，其中缺口持久断口上裂纹区主要为沿晶韧性断裂，但沿晶面上可见韧窝，断口其他区域（最终断裂区等）主要为穿晶韧性特征，与裂纹区相对的另一侧边缘可见轻微的剪切韧窝形貌。起始沿晶区一侧的缺口表面一般可见与断面平行的沿晶二次裂纹。

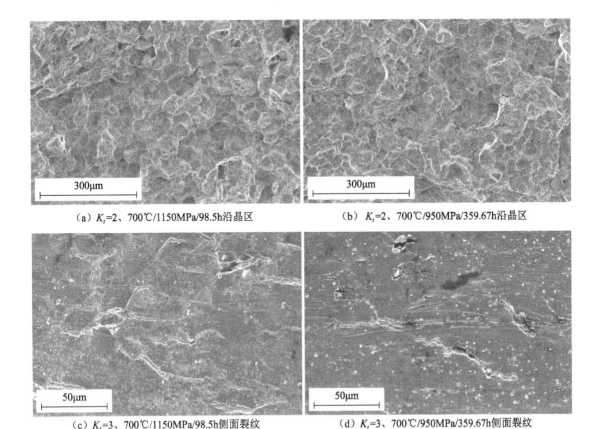

(a) $K_t=2$、700℃/1150MPa/98.5h沿晶区   (b) $K_t=2$、700℃/950MPa/359.67h沿晶区

(c) $K_t=3$、700℃/1150MPa/98.5h侧面裂纹   (d) $K_t=3$、700℃/950MPa/359.67h侧面裂纹

图 1.7-54　不同应力下缺口持久断口微观形貌

（2）性能关系：相同的温度和应力下，持久时间随缺口系数变大呈数量级的下降；相同的缺口系数和温度，应力越大，持久时间越短。

（3）断口颜色随条件变化规律：断口颜色和断面的氧化程度由试验温度决定：600℃下、持久时间短的断口上大部分断面呈灰黄色，而持久时间长的断口为棕黄色，但起源位置主要为蓝色。650℃下的断口大部分断面上随着持久时间断口由棕黄色逐渐加深，起源位置（即一侧边缘）为蓝色或蓝紫色；700℃下的断口以蓝色和蓝紫色为主，起源位置呈浅蓝色。

（4）断口特征随条件变化趋势规律：断口沿晶区大小由应力决定。缺口系数大（应力集中大）或应力越大的断口沿晶裂纹区越小、沿晶裂纹区二次裂纹越明显，而应力集中小、持久时间长的断口在裂纹区侧面的二次裂纹开口相对较大。

1.7.3.6　缺口持久显微组织

分别在不同温度、应力、持久时间下的持久断口试样上，取断口纵截面和断口附近横截面，与原始组织对比，观察持久组织演变情况。

1. 横截面组织

从横截面组织看，相同温度下，随着持久时间延长，晶内和晶界 γ' 长大，甚至部分出现回溶，因此低倍形貌晶粒轮廓变得不清晰。相比应力来说，γ' 长大受温度影响比较明显，比如温度 600℃下，持久时间为 778.5h 的试样组织 γ' 长大回溶程度不明显，而 700℃下，持久时间仅为 98.5h 时，晶粒内 γ' 就出现了明显的长大和回溶，见图 1.7-55。

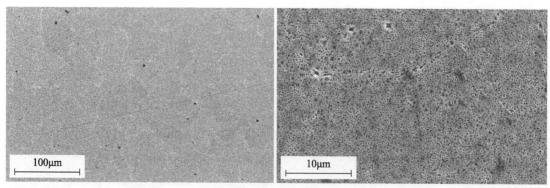

（a）650℃/1450MPa/8.5h持久试样

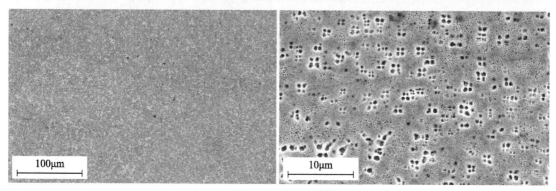

（b）650℃/1250MPa/1059.84h持久试样

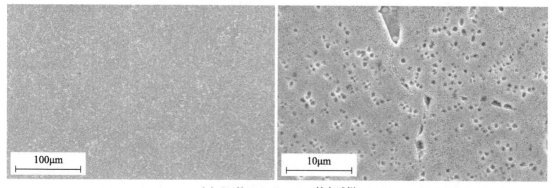

（c）700℃/1150MPa/98.5h持久试样

（d）600℃/1600MPa/778.5h持久试样

图1.7-55　不同温度、不同应力和持久时间下持久试样横截面组织

2. 纵截面组织

在纵截面金相上，重点观察断口处组织特征。裂纹区一侧的断口附近基体组织上可见滑移特征，局部可见沿晶微裂纹；而最后断裂区一侧局部也可见沿晶微裂纹，但基体组织滑移不明显或者比裂纹区一侧轻微。$K_t=3$、650℃/1450MPa/8.5h 的持久组织较 $K_t=2$、650℃/1250MPa/1059.8h 持久组织在裂纹区基体组织可见更为密集的滑移线；650℃长时持久组织可见 γ' 长大回溶，同横向组织一致，见图 1.7-56～图 1.7-59。

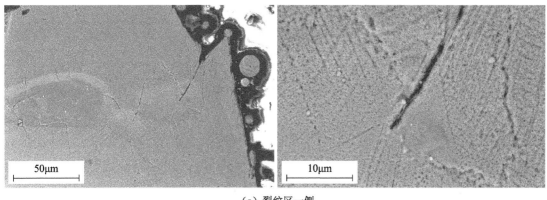

（a）裂纹区一侧

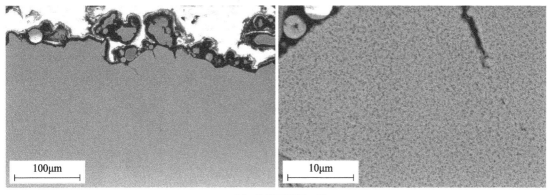

（b）最后断裂区一侧

图 1.7-56　$K_t=3$、650℃/1450MPa/8.5h 持久试样断口纵截面组织

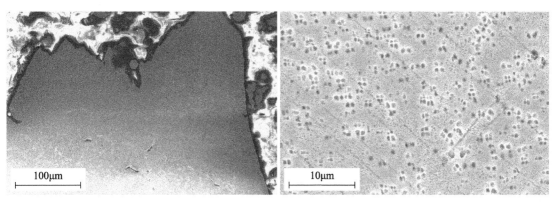

（a）裂纹区一侧

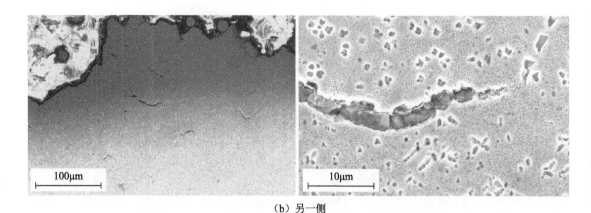

（b）另一侧

图 1.7-57 $K_t=2$、650℃/1250MPa/1059.84h 持久试样断口纵截面组织

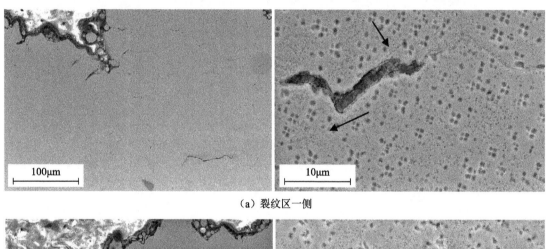

（a）裂纹区一侧

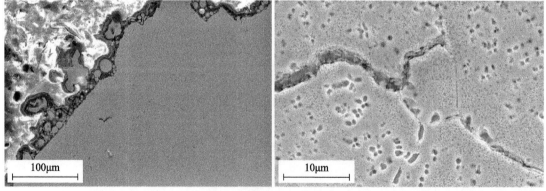

（b）另一侧

图 1.7-58 $K_t=2$、700℃/1150MPa/98.5h 持久试样断口纵截面组织

相同缺口系数（$K_t=2$）下，滑移程度 600℃/1600MPa/778.5h＞650℃/1250MPa/1059.8h＞700℃/1150MPa/98.5h；$K_t=3$、650℃/1450MPa/8.5h 的持久组织相比于 $K_t=2$、650℃/1250MPa/1059.8h 持久组织在裂纹区基体组织可见更为密集的滑移线，反映出滑移程度主要受应力（加载应力和缺口应力集中系数）影响，$K_t=2$、600℃/1600MPa/778.5h 和 $K_t=3$、650℃/1450MPa/8.5h 两个持久试样处组织对比表明，高应力、低应力集中系数下，

在整个断口截面处组织均可见滑移，但高应力集中系数则集中在裂纹区出现明显的滑移特征。此外，温度越高、持久时间越长，基体内的沿晶微裂纹越多。

（a）裂纹区一侧

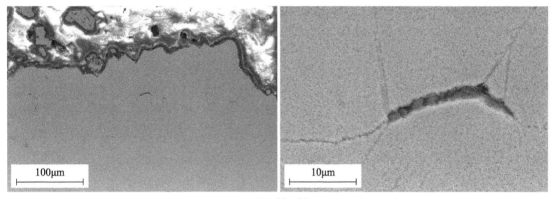

（b）另一侧

图 1.7-59　$K_t=2$、600℃ /1600MPa/778.5h 持久试样断口纵截面组织

第2章 铸造高温合金断口特征

2.1 K417G

2.1.1 概述

    K417G 是在 K417 合金的基础上，降低 5% 钴和 0.3% 钛研制而成的镍基铸造高温合金。K417G 具有密度小、塑性好、中温强度高等优点，而且价格较便宜，组织稳定性好，在 850℃ 长期时效后不析出 σ 相。该合金有良好的铸造性能，可铸成形状复杂的空心叶片。适用于制作 950℃ 以下长期工作的燃气涡轮叶片、导向叶片和其他高温用零件。

2.1.2 组织结构

    K417G 多为铸态使用，本书研究的断口为其铸态下的性能断口。其铸态下金相组织特征见图 2.1-1，组织为等轴的树枝晶组织形貌，晶粒大小约数毫米不等，局部有稍密集

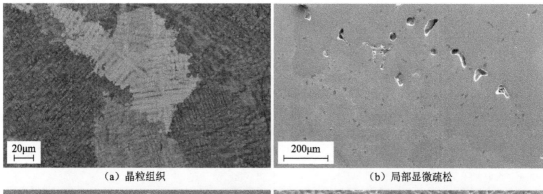

<table>
<tr><td>（a）晶粒组织</td><td>（b）局部显微疏松</td></tr>
<tr><td>（c）共晶和碳化物</td><td>（d）γ′形貌</td></tr>
</table>

图 2.1-1　K417G 铸态显微组织特征

的显微疏松。其铸态下的 K417G 显微组织由 γ、γ′、花瓣共晶以及点块状的碳化物（M_6C、$M_{23}C_6$、MC）组成，铸态下 γ′ 形状较不规则。

2.1.3　断口特征

2.1.3.1　光滑拉伸

1. 典型特征

（1）宏观特征：K417G 在不同试验温度下（100 ～ 1050℃）的光滑拉伸断口断面无明显的分区特征，但整体呈现锯齿状的凹凸起伏。除 700℃下的断口面为较平整的斜面外，其他温度下的断面均粗糙不平，无明显的扩展方向和棱线，断裂走向也不明显，呈现一次性断裂形貌，可见一定的枝晶断裂轮廓，图 2.1-2。

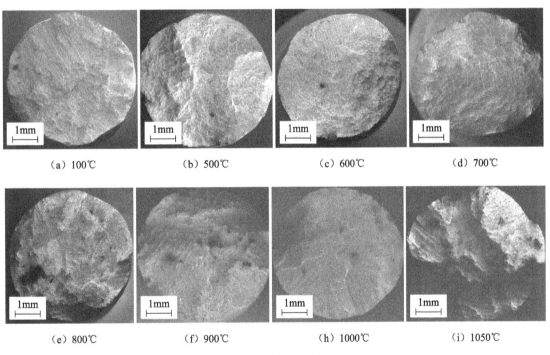

　（a）100℃　　　　　（b）500℃　　　　　（c）600℃　　　　　（d）700℃

　（e）800℃　　　　　（f）900℃　　　　　（h）1000℃　　　　　（i）1050℃

图 2.1-2　光滑拉伸断口宏观形貌

（2）微观特征：K417G 在不同试验温度（100 ～ 1050℃）下的光滑拉伸断口，100℃、500℃、600℃下的断口微观特征基本一致，断口上未见明显氧化。低倍呈现树枝状排布或凹凸起伏状的枝晶断裂轮廓，高倍为不规则的韧窝 + 沿析出相断裂特征，见图 2.1-3。700℃下的断口除在局部比较粗糙的区域可见较大的韧窝和沿析出相断裂，断口大部分区域呈现的都是细小浅显的韧窝，偶尔夹杂着一些较深的大韧窝，见图 2.1-4。800℃、900℃下两个断口微观特征较为相似，断口开始出现氧化，但这两个温度下氧化均较为轻微，见图 2.1-5。1000℃和 1050℃下的两个断口氧化严重，呈现颗粒状堆积的氧化皮特征，见图 2.1-6。

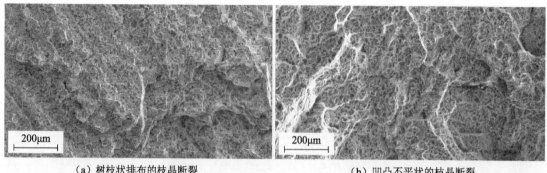

（a）树枝状排布的枝晶断裂　　　　　　　（b）凹凸不平状的枝晶断裂

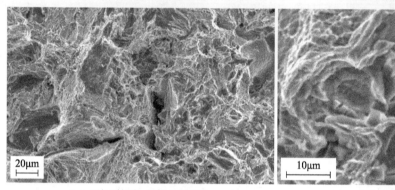

（c）不规则韧窝+沿第二相断裂　　　　　　（d）大韧窝中的第二相（碳化物）

图 2.1-3　100℃、500℃、600℃下的光滑拉伸断口微观形貌

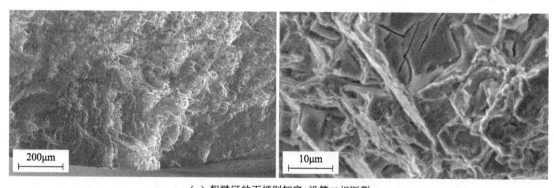

（a）粗糙区的不规则韧窝+沿第二相断裂

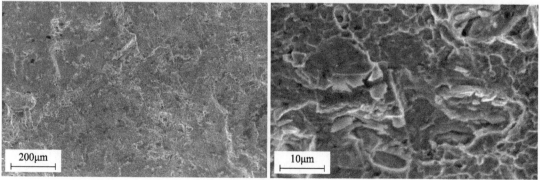

（b）平坦区的浅显韧窝

图 2.1-4　700℃下的光滑拉伸断口微观形貌

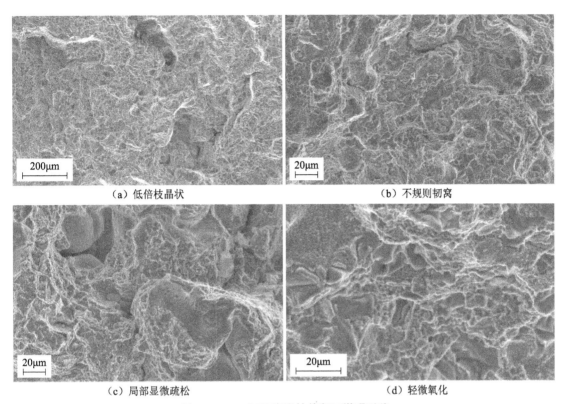

（a）低倍枝晶状　　　　　　　　　　（b）不规则韧窝

（c）局部显微疏松　　　　　　　　　　（d）轻微氧化

图 2.1-5　900℃下光滑拉伸断口微观形貌

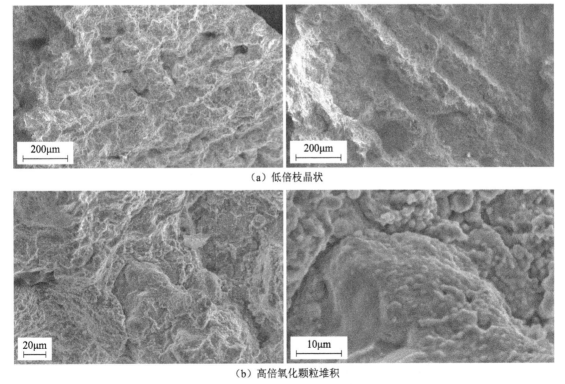

（a）低倍枝晶状

（b）高倍氧化颗粒堆积

图 2.1-6　1050℃下光滑拉伸断口微观形貌

2. 不同温度

（1）宏观特征：不同试验温度下（100～1050℃）的K417G光滑拉伸断口除700℃断裂位置可见轻微颈缩外，其他试验温度下的断口颈缩均不明显，但100℃、500℃、600℃下的断口表面可见塑性变形。800℃、900℃、1000℃、1050℃下的试样表面已失去明显的金属光泽，1000℃、1050℃下在断口附近的表面还可见其他微裂纹，且从侧面看，7个温度下的断口除了700℃下的拉伸断口为一斜向45°斜面外，其他6个试验温度下的断口基本与轴向垂直，但断口的起伏较大，整体呈现锯齿状的凹凸起伏，见图2.1-7（a）。100℃下的断口呈带金属光泽的银灰色，到500℃以上，都出现了一定的高温色，其中500℃下呈轻微淡黄色，600℃下呈现金黄色，700℃下为黄褐色，800℃下为淡蓝色，900℃以上断面基本为不同灰度的绿色。与前所述，随着温度上升，除在700℃断口呈现一个45°斜面，其他断口的宏观特征随着温度变化不明显，见图2.1-7（b）。

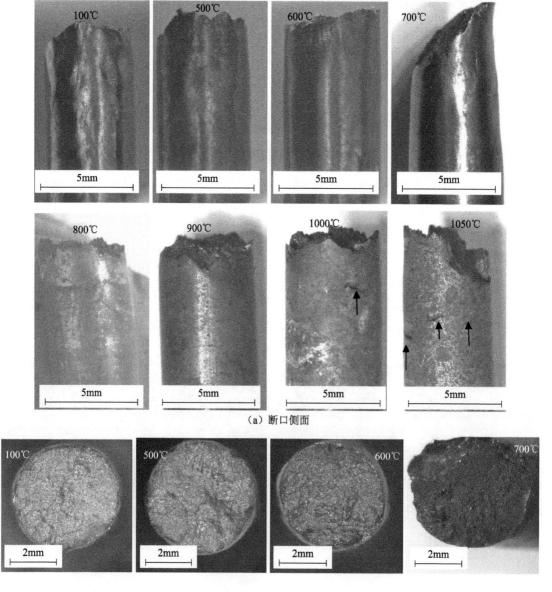

（a）断口侧面

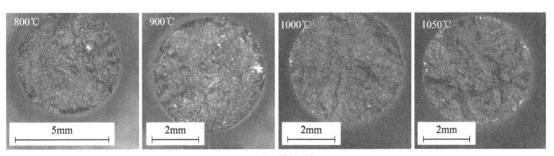

（b）断口面

图 2.1-7　不同温度下的光滑拉伸断口宏观形貌

（2）微观特征：微观上看，600℃以下的断口基本未见氧化，且韧窝整体较深，700℃下斜面上的韧窝均较浅显；800～950℃下的断口上开始出现氧化特征，但这个温度区间的氧化相对比较轻微，温度在1000℃及以上，断口的氧化比较严重，见图 2.1-8。

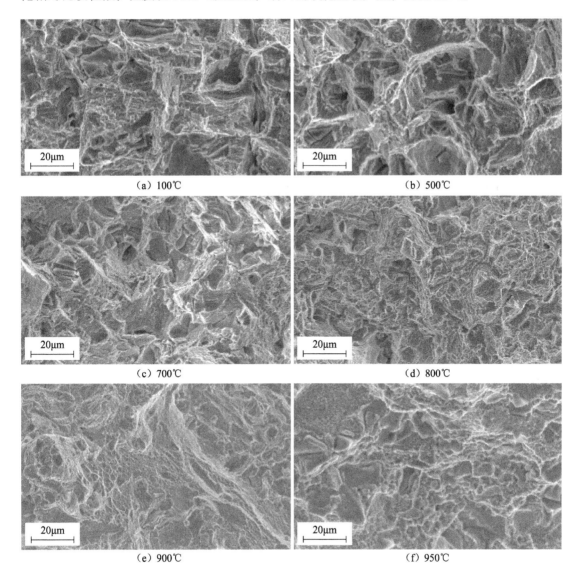

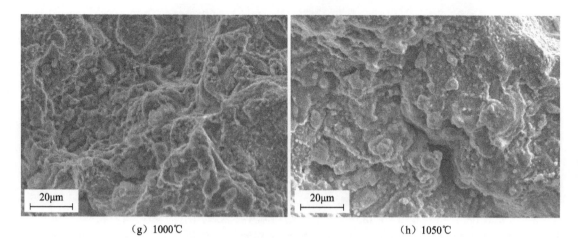

（g）1000℃　　　　　　　　　　　　（h）1050℃

图 2.1-8　不同温度下的光滑拉伸断口微观形貌

3. 综合分析

（1）K417G 光滑拉伸断口，700℃以下试样表面有一定的金属光泽，表面有轻微的塑性变形，900℃以下表面无金属光泽，表面塑性变形不明显，但 1000℃及以上表面开始出现平行于断裂方向的微裂纹。700℃下断口有轻微颈缩，且断面呈现一个 45°的斜面，斜面较平整，其他温度下颈缩不明显，且断面基本与轴向垂直，断面起伏较大，无明显的扩展方向和棱线，断裂走向也不明显，呈现一次性断裂形貌，可见一定的枝晶断裂轮廓。

（2）100℃、500℃、600℃下的拉伸断口微观特征基本一致，断口上未见明显氧化，微观为不规则的韧窝＋沿析出相断裂特征；700℃下的断口除在局部比较粗糙的区域可见较大的韧窝和沿析出相断裂，断口大部分区域呈现的都是细小浅显的韧窝，偶尔夹杂着一些较深的大韧窝；800℃以上断口开始出现氧化，随温度升高，氧化加重，1000℃和 1050℃下的两个断口氧化严重，呈现颗粒状堆积的氧化皮特征。

2.1.3.2　缺口拉伸

1. 典型特征

（1）宏观特征：K417G 缺口拉伸断口不同温度、不同缺口系数下断口宏观特征除颜色差异外，未见明显差异，断口均未见颈缩，基本呈现一个与轴向垂直的断面，断面均粗糙不平，无明显的扩展方向和棱线，可见一定的枝晶断裂轮廓，见图 2.1-9。

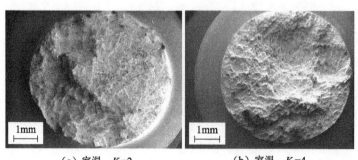

（a）室温、K_t=2　　　　　　　　　（b）室温、K_t=4

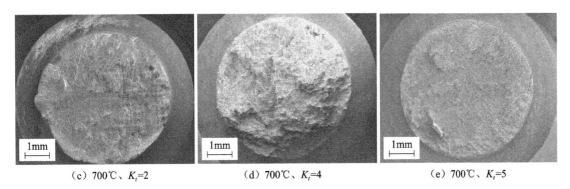

（c）700℃、K_t=2　　　　（d）700℃、K_t=4　　　　（e）700℃、K_t=5

图 2.1-9　缺口拉伸断口宏观形貌

（2）微观特征：K417G 缺口拉伸断口微观特征基本一致，未见明显的扩展走向，呈一次性断裂特征。断口微观特征均为韧窝形貌，中心区韧窝为较深的韧窝，部分韧窝内可见第二相质点，但整个断面特征由于组织差异韧窝形貌有所差异，如第二相质点均匀的区域韧窝也较均匀，且韧窝尺寸较大，而局部区域韧窝尺寸相差较大，断面上可见二次裂纹。边缘区韧窝细小，未见明显差异。个别断口局部位置可见集中的显微疏松分布。见图 2.1-10。

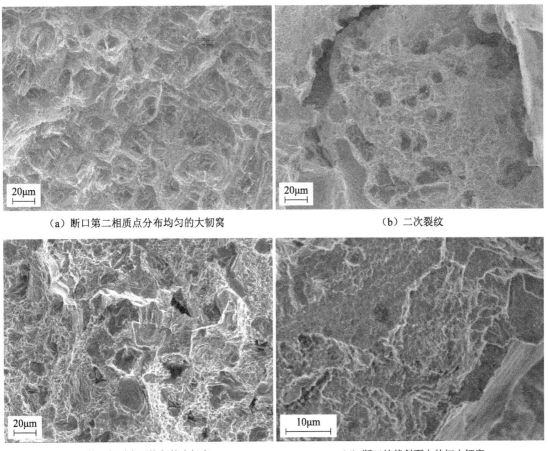

（a）断口第二相质点分布均匀的大韧窝　　　　　　　　（b）二次裂纹

（c）第二相质点不均匀的小韧窝　　　　　　　　（d）断口边缘斜面上的细小韧窝

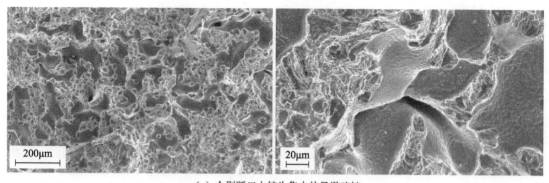

（e）个别断口上较为集中的显微疏松

图 2.1-10　缺口拉伸断口微观形貌（室温）

2. 不同温度

（1）宏观特征：K417G 在不同试验温度下（室温、700℃、900℃）的缺口拉伸断口，室温下断口面和试样表面均呈金属光泽的银灰色；700℃下试样表面呈金属光泽的蓝色，断口面呈泛蓝的黄褐色；900℃时，试样表面和断面的金属光泽消失，呈蓝绿色。除颜色差异外，3 个温度下断口侧面和断面的宏观特征未见明显差异。以 $K_t = 5$ 的断口为例，3 个温度下断口宏观形貌见图 2.1-11。

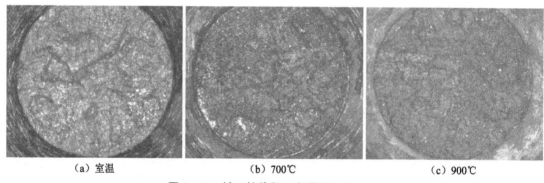

（a）室温　　　　　　　　　　（b）700℃　　　　　　　　　　（c）900℃

图 2.1-11　缺口拉伸断口宏观形貌（$K_t = 5$）

（2）微观特征：3 个温度下的缺口拉伸断口微观上均为带质点的韧窝形貌，且 700℃、900℃下两个高温下的断口断面氧化均不严重，断口微观特征无明显差异，见图 2.1-12。

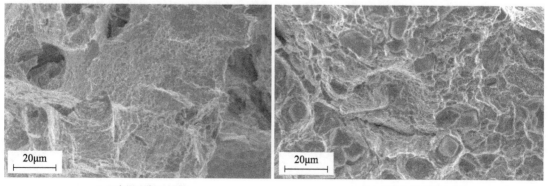

（a）室温下断口心部　　　　　　　　　　（b）900℃下断口心部

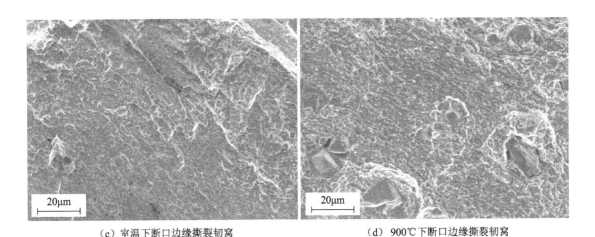

（c）室温下断口边缘撕裂韧窝　　　　　　　　（d）900℃下断口边缘撕裂韧窝

图 2.1-12　不同温度下缺口拉伸断口微观形貌（$K_t=5$）

3. 不同缺口系数

相同温度下，K_t 大的断口更为平齐一些，但整体看，断口宏观、微观未见明显差异，以 700℃下的两个断口为例，典型特征见图 2.1-13 和图 2.1-14。

（a）$K_t=2$　　　　　　　　　　　　　　　（b）$K_t=5$

图 2.1-13　相同温度、不同缺口系数的缺口拉伸断口宏观形貌（700℃）

4. 综合分析

（1）K417G 缺口拉伸断口不同温度、不同缺口系数下断口宏观特征除颜色差异外，未见明显差异，断口均未见颈缩，基本呈现一个与轴向垂直的断面，断面均粗糙不平，无明显的扩展方向和棱线，可见一定的枝晶断裂轮廓；断口微观特征基本一致，均为韧窝形貌，中心区韧窝为较深的韧窝，部分韧窝内可见第二相质点，但整个断面特征由于组织差异韧窝形貌有所差异。

（2）相同温度下、K_t 大的断口更为平齐一些，但整体看，断口宏观、微观未见明显差异。

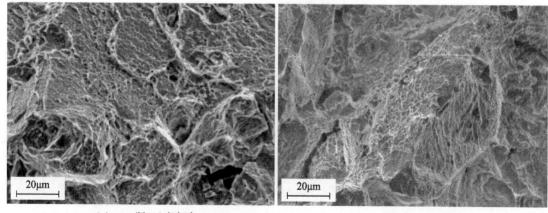

（a）K_t=2断口心部韧窝　　　　　　　　　　（b）K_t=5断口心部韧窝

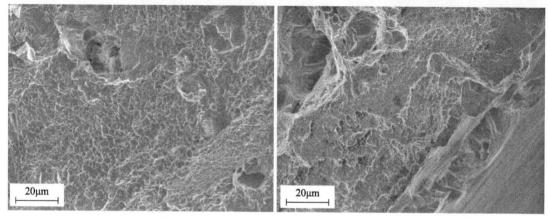

（c）K_t=2断口边缘较浅韧窝　　　　　　　　　（d）K_t=5断口边缘较浅韧窝

图 2.1-14　相同温度、不同缺口系数的缺口拉伸断口微观形貌（700℃）

2.1.3.3　低周应变疲劳

1. 600℃、R_ε=0.1

（1）宏观特征：600℃、R_ε=0.1 的应变疲劳试样断口疲劳区呈蓝色，瞬断区呈银灰色或暗金色。较低应变的两个断口断面基本垂直于轴向，ε_{max}=0.35% 的断口应变较低，但循环周次反而明显低于 ε_{max}=0.4% 的断口，ε_{max}=0.4% 的断口疲劳区相对平坦且与瞬断区分界最为清晰，稍高应变的 ε_{max}=0.5% 断口断面存在一定的斜断特征，且起伏较大，断面整体粗糙，无明显的起源特征，疲劳区和瞬断区分界不明显，见图 2.1-15。

（2）微观特征：600℃、R_ε=0.1 的 3 个应变疲劳断口，其中 ε_{max}=0.35% 断口和 ε_{max}=0.5% 断口有明显的多源特征，主源在次表面和表面，次源在内部，源区都可见聚集状分布的显微疏松；ε_{max}=0.35% 断口疲劳扩展区粗糙，同样可见聚集状的显微疏松，局部高倍下可见疲劳条带特征，整体上看 ε_{max}=0.35% 断口整个断面疏松聚集区域占比较大，约40%；ε_{max}=0.4% 断口起源于试样表面及次表面的显微疏松，断面相对较为平整，疲劳前期为准解理特征，后期可见疲劳条带，整个断面均匀分布着多个疏松聚集区域，但相比于另两个断口，疏松占比不大；3 个断口瞬断区粗糙，特征一致，局部可见枝晶间疏松形貌，见图 2.1-16。

（a）断口侧面

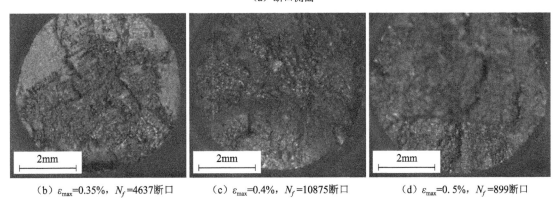

（b）ε_{max}=0.35%，N_f=4637断口　　（c）ε_{max}=0.4%，N_f=10875断口　　（d）ε_{max}=0.5%，N_f=899断口

图 2.1-15　600℃、R_ε=0.1 低周疲劳断口宏观形貌

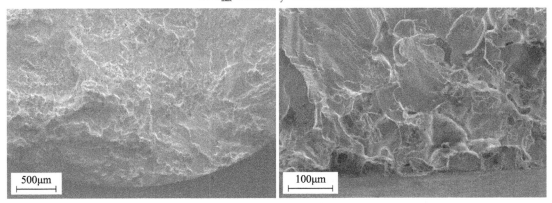

（a）ε_{max}=0.35%、N_f=4637断口主源区

（b）ε_{max}=0.4%、N_f=10875断口源区

（c）ε_{max}=0.5%、N_f=899断口源区

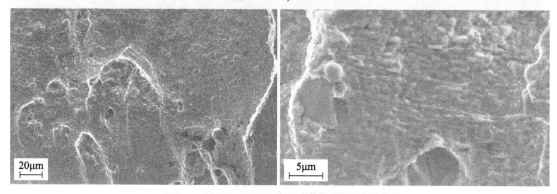

（d）ε_{max}=0.35%、N_f=4637断口疲劳扩展区及高倍条带

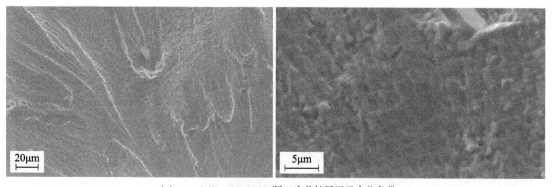

（e）ε_{max}=0.4%、N_f=10875断口疲劳扩展区及高倍条带

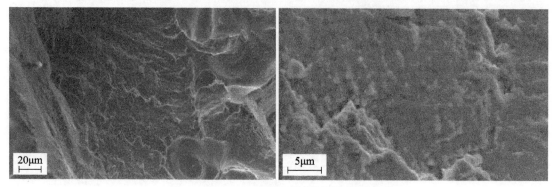

（f）ε_{max}=0.5%、N_f=899断口疲劳扩展区及高倍条带

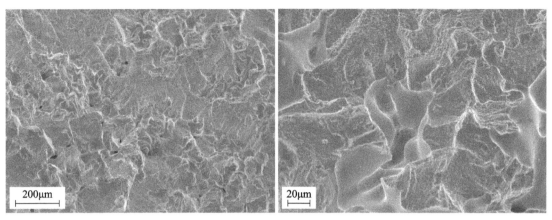

（g）ε_{max}=0.4%、N_f=10875断口疲劳区聚集状的显微疏松

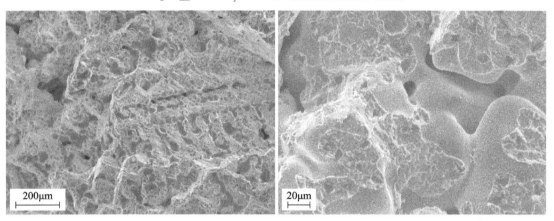

（h）断口瞬断区显微疏松

图 2.1-16　600℃、R_ε=0.1 低周疲劳断口微观形貌

2. 800℃、R_ε=0.1

（1）宏观特征：800℃、R_ε=0.1 的应变疲劳试样断口疲劳区呈金色或浅蓝色，瞬断区呈深蓝色。断口断面基本与轴向垂直，但起伏较大。ε_{max}=0.2% 应变下断口起源于心部，整个疲劳区呈圆形向四周扩展，疲劳区较为平整，与瞬断区分界明显；较高应变的 ε_{max}=0.23%、ε_{max}=0.26% 断口起源于一侧表面，疲劳区相对粗糙，但占比较大，分别为 50%、65%，瞬断区均为纤维区断裂特征，无明显剪切瞬断区，见图 2.1-17。

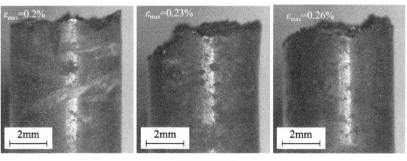

（a）断口侧面

（b）ε_{max}=0.2%、N_f=96248断口　　　　（c）ε_{max}=0.23%、N_f=5977断口　　　　（d）ε_{max}=0.26%、N_f=992断口

图 2.1-17　800℃、R_ε=0.1 低周疲劳断口宏观形貌

（2）微观特征：800℃、R_ε=0.1、ε_{max}=0.2% 的断口起源于偏心部的毫米级显微疏松聚集区域，扩展区平整可见疲劳条带，瞬断区为韧窝特征，局部也可见沿疏松断裂的形貌；较高应变（ε_{max}=0.23%、ε_{max}=0.26%）下断口特征类似，起源于试样表面及次表面的显微疏松聚集位置，呈连续多点起源特征，扩展区平整且仍可见疏松分布，断面氧化层较厚条带不明显，瞬断区为韧窝特征，局部同样可见显微疏松，见图 2.1-18。

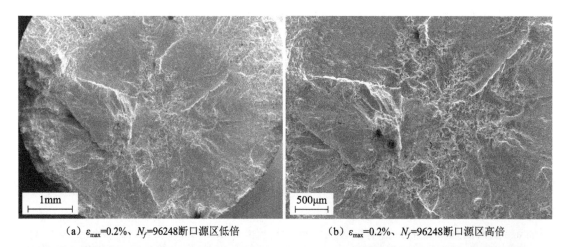

（a）ε_{max}=0.2%、N_f=96248断口源区低倍　　　　（b）ε_{max}=0.2%、N_f=96248断口源区高倍

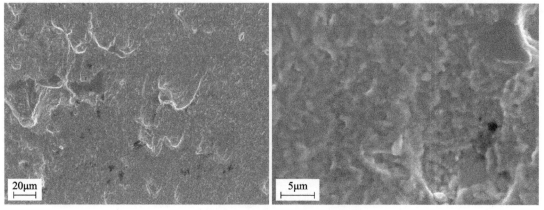

（c）ε_{max}=0.2%、N_f=96248断口疲劳扩展区及高倍条带

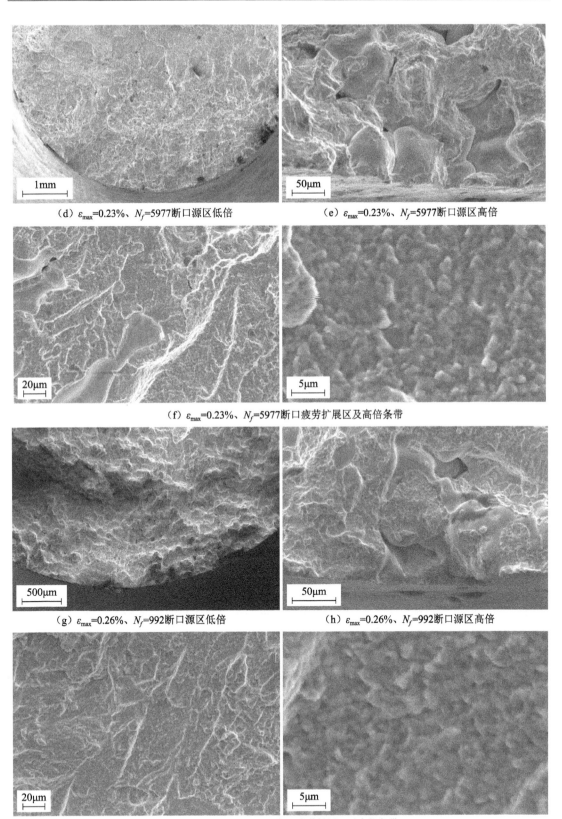

（d）ε_{max}=0.23%、N_f=5977断口源区低倍　　　　　　（e）ε_{max}=0.23%、N_f=5977断口源区高倍

（f）ε_{max}=0.23%、N_f=5977断口疲劳扩展区及高倍条带

（g）ε_{max}=0.26%、N_f=992断口源区低倍　　　　　　（h）ε_{max}=0.26%、N_f=992断口源区高倍

（i）ε_{max}=0.26%、N_f=992断口疲劳扩展区及高倍条带

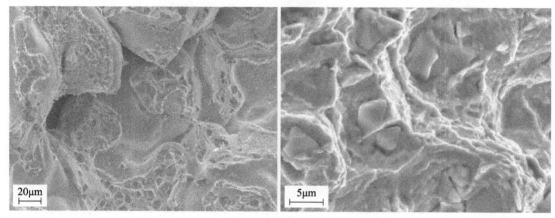

（j）瞬断区

图 2.1-18　800℃、R_ε=0.1 低周疲劳断口微观形貌

3. 900℃、R_ε=0.1

（1）宏观特征：900℃、R_ε=0.1 的应变疲劳断口疲劳区呈蓝绿色，瞬断区为金黄色或者灰色。断面基本与轴向垂直，但起伏较大，且应变稍高的两个断口起伏更大。3 个应变下断口均起源于一侧，往另一侧扩展，ε_{max}=0.18% 和 ε_{max}=0.2% 的两个断口呈单源特征，ε_{max}=0.3% 的断口呈明显的多源特征，3 个断口疲劳扩展区面积相差不大，占整个断口面积 35% ～ 40%，瞬断区均为纤维区断裂特征，无明显剪切瞬断区，见图 2.1-19。

（a）断口侧面

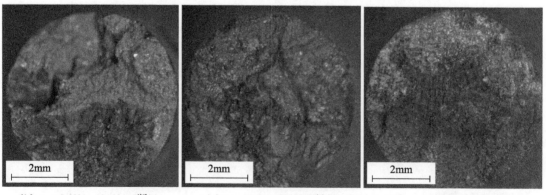

（b）ε_{max}=0.18%、N_f=13157断口　　（c）ε_{max}=0.2%、N_f=9031断口　　（d）ε_{max}=0.3%、N_f=246断口

图 2.1-19　900℃、R_ε=0.1 低周疲劳断口宏观形貌

（2）微观特征：900℃、R_ε=0.1 的 3 个应变下的疲劳断口微观特征类似，均起源于试样表面及次表面的显微疏松，疲劳扩展前期局部较为平整，但氧化程度较重，疲劳条带特征已不明显；几个应变下的断口起伏较大，后期瞬断区为准解理＋韧窝特征，同时在整个断面上均有不同程度的显微疏松分布，局部位置可见明显的十字枝晶排布形貌，见图 2.1-20。

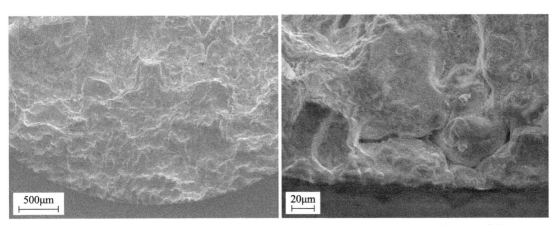

（a）ε_{max}=0.18%、N_f=13157断口源区低倍　　　　　（b）ε_{max}=0.18%、N_f=13157断口源区高倍

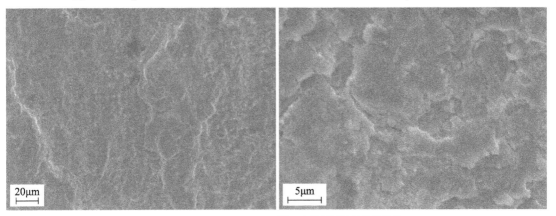

（c）ε_{max}=0.18%、N_f=13157断口疲劳扩展区及高倍条带

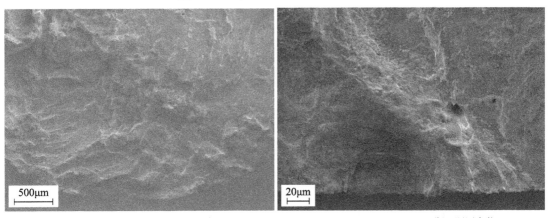

（d）ε_{max}=0.2%、N_f=9031断口源区低倍　　　　　（e）ε_{max}=0.2%、N_f=9031断口源区高倍

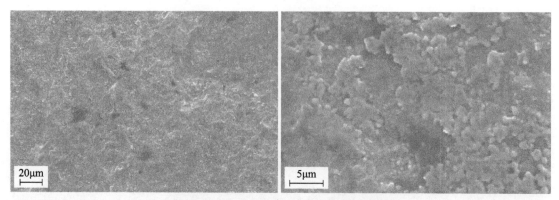

（f）ε_{max}=0.2%、N_f=9031断口疲劳扩展区及高倍条带

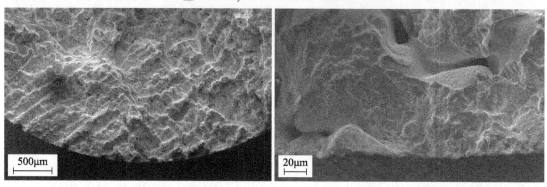

（g）ε_{max}=0.3%、N_f=246断口源区低倍　　　　　　（h）ε_{max}=0.3%、N_f=246断口源区高倍

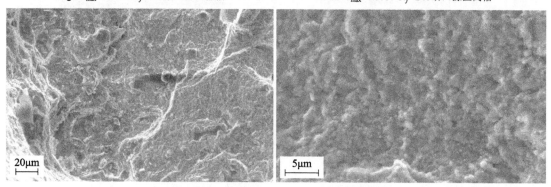

（i）ε_{max}=0.3%、N_f=246断口疲劳扩展区及高倍条带

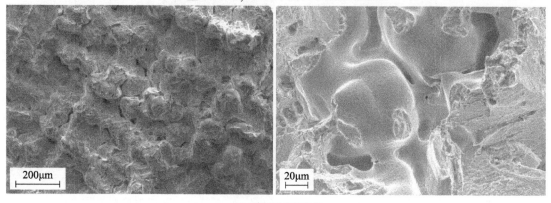

（j）瞬断区疏松聚集

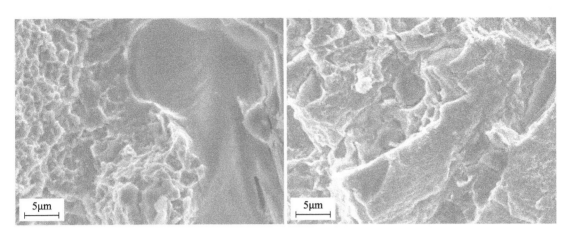

（k）瞬断区高倍

图 2.1-20　900℃、$R_\varepsilon=0.1$ 低周疲劳断口微观形貌

2.1.3.4　缺口持久

1. 典型特征

（1）宏观特征：K417G 的缺口持久断口从缺口处轴向断裂，断裂处轻微颈缩，断裂断口粗糙，整个断口特征基本一致，呈现枝晶状断裂形貌，见图 2.1-21。从断口侧面看，断面起伏很大，见图 2.1-22。

（a）760℃/780MPa/2.67h　　　　　（b）760℃/720MPa/39h

（c）900℃/500MPa/22.08h　　　（d）900℃/400MPa/84h　　　（e）980℃/350MPa/6.67h

图 2.1-21　缺口持久断口宏观形貌（$K_t=3$）

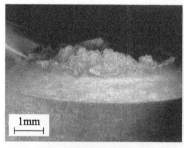  

（a）760℃/780MPa/2.67h　　　　（b）900℃/500MPa/22.08h　　　　（c）900℃/400MPa/84h

图 2.1-22　缺口持久断口侧面形貌（$K_t=3$）

（2）微观特征：K417G 的缺口持久断口侧面可见许多平行微裂纹，平行微裂纹扩展曲折，开口较大，尤其是温度更高（900℃）的断口，700℃下的断口侧表面氧化较轻微，900℃以上的断口侧表面可见明显的氧化皮，见图 2.1-23。

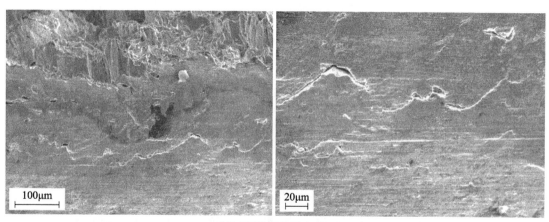

（a）760℃/780MPa/2.67h

（b）900℃/400MPa/84h

图 2.1-23　持久断口侧表面微观形貌（$K_t=3$）

缺口持久断口低倍下呈现树枝状或等轴排列状的枝晶断裂形貌，高倍主要为韧窝＋沿碳化物等第二相断裂特征，见图 2.1-24（a）；同一个断口上呈现不同颜色的区域主要是氧化程度的差异，如 $K_t=3$、760℃/720MPa/39h 断口上分别呈现蓝色区和黄绿色，蓝色区和黄绿色区断口微观特征基本相近，黄绿色区域氧化较蓝色区域重，见图 2.1-24（b）、（c）。900℃以上的持久断口氧化严重，氧化重的区域高倍枝晶断裂特征呈现氧化皮颗粒堆积形貌，见图 2.1-24（d）；部分断口在局部边缘区可见撕裂特征，稍平坦呈现浅显的韧窝形貌，见图 2.1-24（e）；900℃/500MPa/22.08h 断口在局部区域可见较密集的显微疏松，见图 2.1-24（f）。

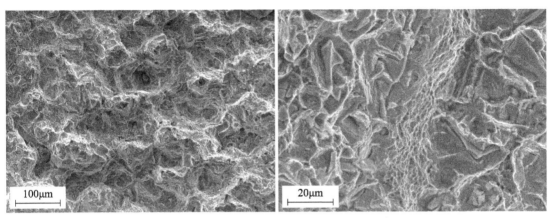

（a）760℃/780MPa/2.67h断口枝晶状及高倍沿第二相断裂

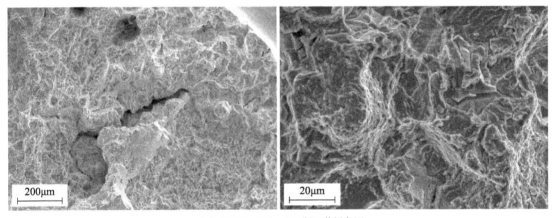

（b）760℃/720MPa/39h断口黄绿色区

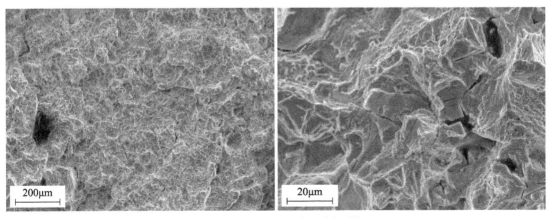

（c）760℃/720MPa/39h断口蓝色区域

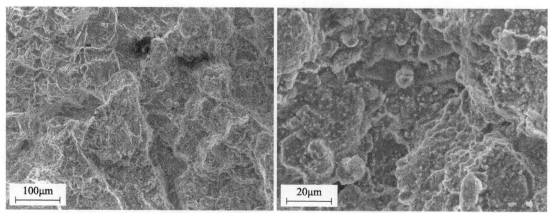

（d）900℃/400MPa/84h断口枝晶状及沿第二相断裂

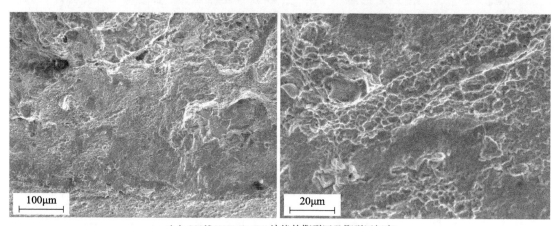

（e）900℃/400MPa/84h边缘的撕裂区及撕裂区韧窝

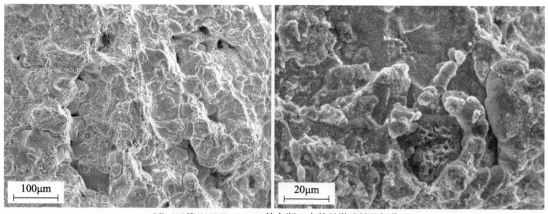

（f）900℃/500MPa/22.08h持久断口上的显微疏松及氧化

图 2.1-24　缺口持久断口微观形貌（K_t=3）

2. 不同缺口系数和温度

（1）宏观特征：同一温度下，K_t=2 和 K_t=3 两个缺口系数下的断口轮廓无明显差异，K_t=3 下的更为平整一些，见图 2.1-25。760～980℃、不同温度下缺口持久断口颜色有所差异，760℃下的两个持久断口基本呈现蓝黑色，900℃和980℃下的持久断口整体蓝色变浅，逐渐向灰暗的黄绿色转变，见图 2.1-26，且随着温度升高断口颈缩有一定的增大趋势。

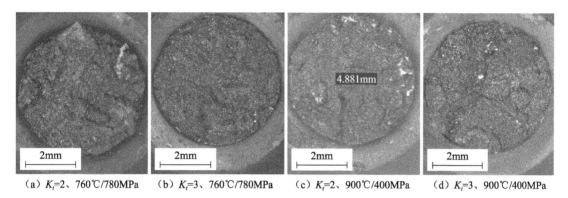

（a）K_t=2、760℃/780MPa　　（b）K_t=3、760℃/780MPa　　（c）K_t=2、900℃/400MPa　　（d）K_t=3、900℃/400MPa

图 2.1-25　不同缺口系数下持久断口形貌

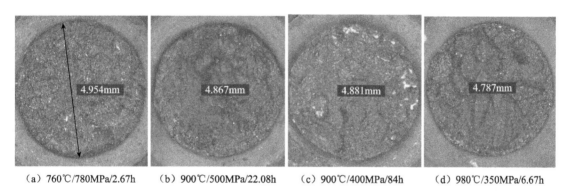

（a）760℃/780MPa/2.67h　　（b）900℃/500MPa/22.08h　　（c）900℃/400MPa/84h　　（d）980℃/350MPa/6.67h

图 2.1-26　K_t=3、不同温度下缺口持久断口宏观形貌

（2）微观特征：不同高温下的持久断口侧面，760℃下断口侧表面氧化较轻微，可清晰地看到平行断口方向的变形线及平行微裂纹，900℃和980℃下侧表面氧化严重，呈现氧化颗粒堆积形貌，但局部仍可见开口较大的微裂纹形貌。断口上看，随着温度的升高，断面枝晶轮廓越不明显，高倍断面氧化更严重，见图 2.1-27。

（a）K_t=3、760℃/720MPa/39h　　　　　　　　（b）K_t=3、900℃/500MPa/22.08h

图 2.1-27　不同高温下的持久断口侧面微裂纹

3. 不同应力

相同温度下，应力越大，持久时间越短。在760℃下的两个断口和900℃下的两个断口随着持久时间增加，颜色差异变化不太明显，因此在断口上表现的氧化形貌差异不大，见图2.1-28。但相同温度下，持久时间更短的断口高低起伏更大，见图2.1-29。

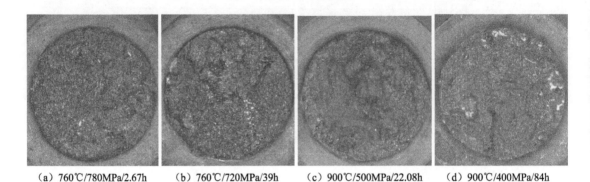

（a）760℃/780MPa/2.67h　　（b）760℃/720MPa/39h　　（c）900℃/500MPa/22.08h　　（d）900℃/400MPa/84h

图 2.1-28　$K_t=3$、同温度、不同持久时间下的断口宏观形貌

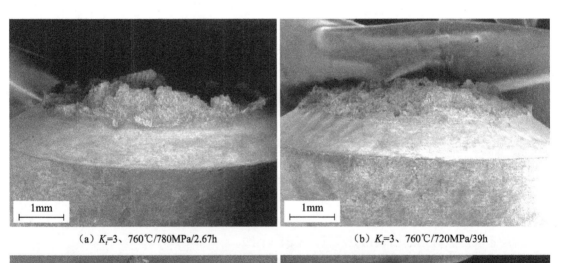

（a）$K_t=3$、760℃/780MPa/2.67h　　　　　　（b）$K_t=3$、760℃/720MPa/39h

（c）$K_t=3$、900℃/500MPa/22.08h　　　　　　（d）$K_t=3$、900℃/400MPa/84h

图 2.1-29　同温度、不同持久时间下的断口侧面起伏度

4. 综合分析

（1）K417G 的缺口持久断口从缺口处轴向断裂，断裂处轻微颈缩，断裂断面起伏很大，断口粗糙，缺口持久断口低倍下呈现树枝方向状或等轴排列状的枝晶断裂形貌，高倍主要为韧窝＋沿碳化物等第二相断裂特征，900℃以上的持久断口氧化严重，氧化重的区域高倍呈现氧化皮颗粒堆积形貌。

（2）K417G 的缺口持久断口侧面可见许多的平行微裂纹，平行微裂纹扩展曲折，开口较大，尤其是温度更高（900℃）的断口，且 700℃下的断口侧表面氧化较轻微，900℃以上的断口侧表面可见明显的氧化皮。

（3）同一温度、不同缺口系数下的断口轮廓无明显差异，但缺口系数大的断面更为平整一些。

（4）不同温度下缺口持久断口颜色有所差异。760℃下持久断口基本呈现蓝黑色，900℃和 980℃下的持久断口整体蓝色变浅、逐渐向灰暗的黄绿色转变，且随着温度升高断口颈缩有一定的增大趋势。微观上，不同高温下的持久断口侧面，760℃下断口侧表面氧化较轻微，可清晰地看到平行断口方向的变形线及平行微裂纹，900℃和 980℃下侧表面氧化严重，呈现氧化颗粒堆积形貌，但局部仍可见开口较大的微裂纹形貌。从断口上看，随着温度的升高，断面枝晶轮廓越发不明显，高倍断面氧化更严重。

（5）整体看，本书涉及的 K417G 持久断口均为持久时间相对较短条件下的持久断口特征和变化规律。

2.1.3.5　缺口持久显微组织

从断口纵截面金相看，760℃下的持久断裂试样表面氧化较轻微，表面组织未出现由于氧化等造成的元素贫化和组织变化，断面上的氧化层整体不明显，但断口下方的组织局部出现沿晶微裂纹，部分碳化物也出现开裂，γ、γ' 未见明显的筏排等组织演变现象，见图 2.1-30。同样在温度应力下，缺口系数越大，持久时间越短，760℃ /780MPa、$K_t=2$ 和 $K_t=3$ 的两个持久断口，氧化程度无明显差异，但 $K_t=3$ 的持久断口处的组织可见更多的沿晶开裂现象，见图 2.1-31。

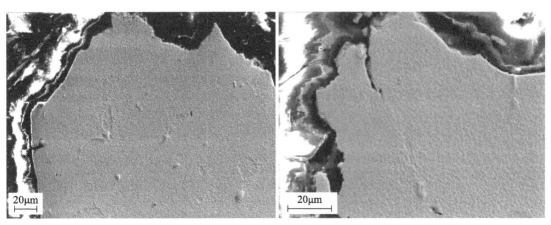

（a）试样表面氧化不明显　　　　　　　　　　　（b）断面上氧化不明显

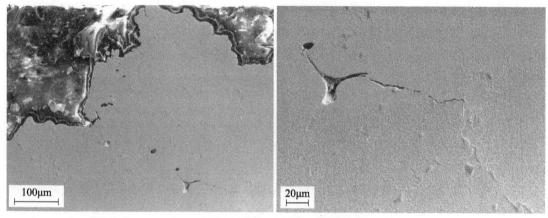

（c）断口下方组织内部的沿晶开裂现象

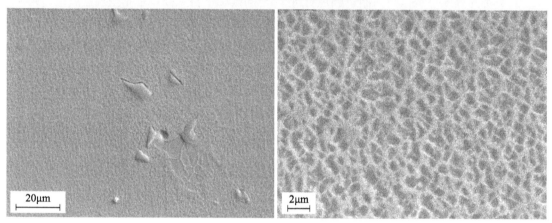

（d）碳化物开裂　　　　　　　　　　（e）断口处γ、γ′显微组织

图 2.1-30　K_t=2、760℃、780MPa（t=43.33h）持久断口组织

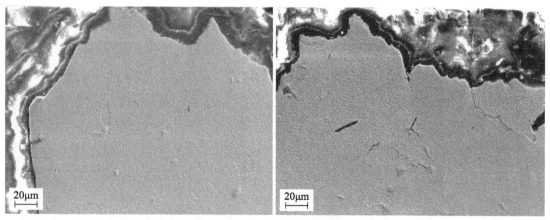

（a）K_t=2（t=43.33h）　　　　　　　　（b）K_t=3（t=2.67h）

图 2.1-31　760℃、780MPa、不同缺口系数下持久组织特点

　　900℃下的持久断裂试样在断口下方可见许多从表面延伸到基体的裂纹，且试样表面组织出现了一层γ、γ′贫化层，贫化层内可见较多的氧化孔洞；断口表面可见一层明显的氧化

皮，断口附近的试样表面和基体内部均可见明显的沿晶开裂现象，尤其是内部的沿晶开裂，由晶界孔洞扩展相连形成沿晶开裂形貌。断口下方的组织局部出现沿晶微裂纹，见图 2.1-32。900℃下，应力比和应力大的断口上不仅出现更多的沿晶二次裂纹及孔洞，局部在断口下方还可见变形滑移线，见图 2.1-33。

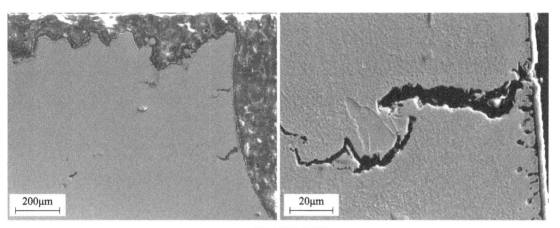

（a）试样表面的微裂纹

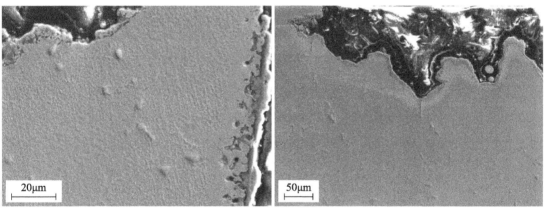

（b）试样表面的组织氧化层　　　　　　　（c）断口表面的氧化皮

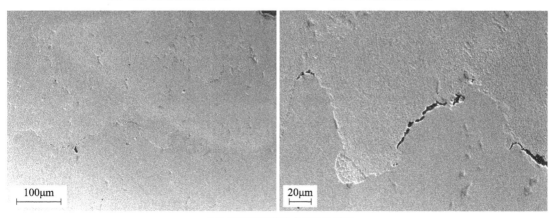

（d）断口下方基体内部沿晶裂纹

图 2.1-32　$K_t=2$、900℃、400MPa（$t=84h$）断口试样持久组织

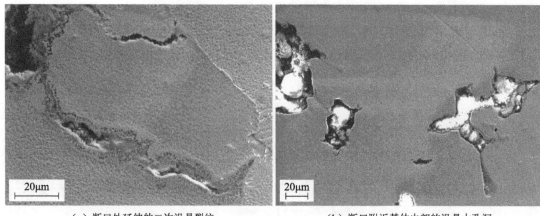

（a）断口处延伸的二次沿晶裂纹　　　　　　（b）断口附近基体内部的沿晶大孔洞

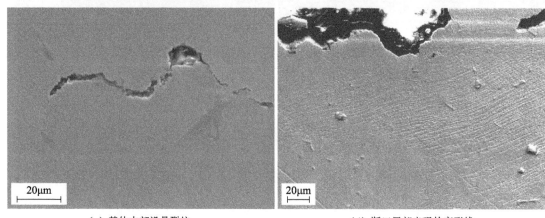

（c）基体内部沿晶裂纹　　　　　　　　　（d）断口局部出现的变形线

图 2.1-33　$K_t=3$、900℃、500MPa（$t=22.08$h）断口试样持久组织

　　900℃下的持久表面虽然出现了组织氧化层和氧化孔洞，但表面形貌仍保持完整，980℃下的持久断裂试样表面已经变得凹凸不平，试样表面和断口表面均附着一层厚厚的氧化皮，靠近断口处的基体内部可见沿晶长裂纹和更多的沿晶孔洞，稍远离断口处的基体也出现了沿晶孔洞连成的微裂纹，组织中 γ′ 长大较不明显，见图 2.1-34。

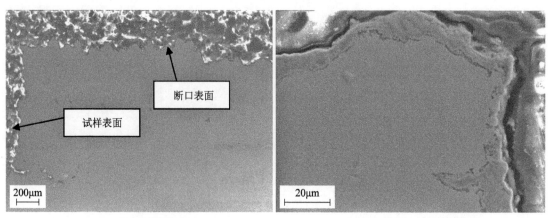

（a）凹凸不平的试样表面　　　　　　　　（b）断口及试样表面上的氧化皮

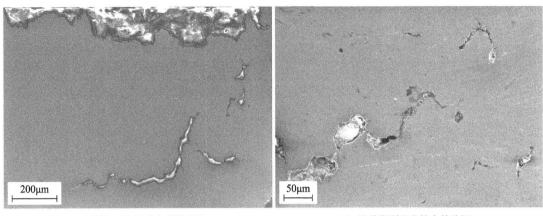

（c）断口下方基体内部长裂纹　　　　　　　　　（d）沿晶微裂纹和较大的孔洞

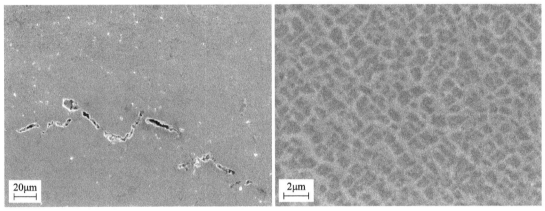

（e）稍远离断口处基体内部沿晶孔洞连接　　　　　　　（f）γ、γ′形貌

图 2.1-34　$K_t=3$、980℃、350MPa（$t=6.67h$）断口试样持久组织

2.2　DZ417G

2.2.1　概述

DZ417G 是一种性能优异的定向凝固镍基高温合金，是在 K417G 合金的基础上发展的，具有密度低、中温强度高、蠕变性能好、塑性高、组织稳定等优良性能，而且价格较低。适合用于制造 980℃以下工作的长寿命燃气涡轮转子叶片和导向叶片。

2.2.2　组织特征

本书中 DZ417G 合金试样的热处理状态为：固溶（1220℃±10℃，保温 4h，空冷）+时效（980℃±10℃，保温 16h，空冷）。DZ417G 热处理状态下的组织有明显的方向性，纵向金相方向可见一次枝晶纵向排布形貌，横向金相基本为等轴状的枝晶，组织中显微疏松较少。该热处理制度下的合金显微组织特征见图 2.2-1。显微组织由 γ+γ′ 相、共晶相和点块状组成的骨架碳化物构成，见图 2.2-2。γ′ 相是合金的主要强化相。

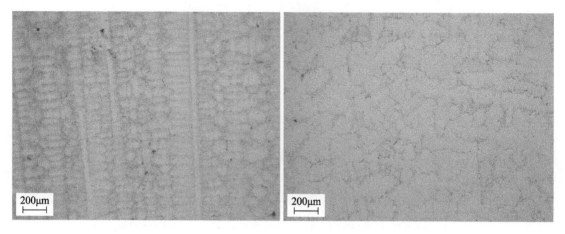

（a）纵向金相　　　　　　　　　　　　　（b）横向金相

图 2.2-1　DZ417G 金相组织特征

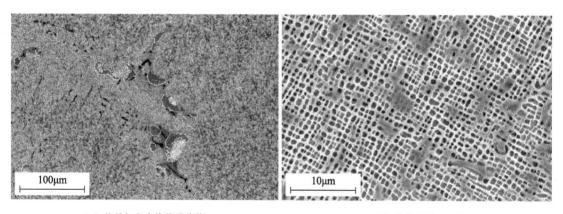

（a）共晶相和点块状碳化物　　　　　　　　（b）枝晶干的γ+γ′相

图 2.2-2　DZ417G 显微组织特征

2.2.3　断口特征

2.2.3.1　光滑拉伸

（1）宏观特征：室温～900℃，不同温度的拉伸断口基本为一个垂直轴向的断面，断口侧面均有一定褶皱甚至二次裂纹的现象，但室温～800℃的断面上均未见颈缩，900℃下的断口有轻微颈缩，其断面面积也明显比其他温度的小。高温下的断口均存在高温氧化色，其中600℃为金黄色，700℃为黄褐色，800℃和900℃下均为蓝色，但800℃下的蓝色更亮一些。除颜色差异外，断口宏观特征无明显差异，断面未见明显分区，整体呈现一个粗糙的纤维区断面，均匀分布着一些沿相界断裂的亮点特征，见图 2.2-3。

（2）微观特征：室温～900℃下，DZ417G 光滑拉伸断口除了在试样边缘局部可见一些小斜面外，整个断口均为枝晶断裂形貌，断面微观可见明显的沿骨架状碳化物断裂的形貌，骨架状碳化物之间为韧窝断裂形貌，边缘局部小斜面上微观为浅显的剪切韧窝。不同温度下断口微观特征变化不大，其中600℃和700℃两个温度下的边缘斜面稍明显一些，900℃下的断口韧窝断裂特征更明显些，且韧窝的尺寸更大一些，见图2.2-4。

（a）断口侧面

（b）室温下断口　　　　　　　（c）600℃下断口　　　　　　　（d）700℃下断口

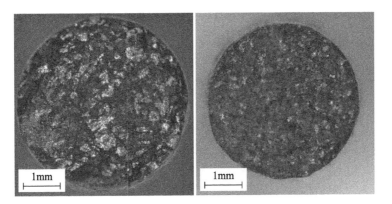

（e）800℃下断口　　　　　　　（f）900℃下断口

图2.2-3　光滑拉伸断口宏观形貌

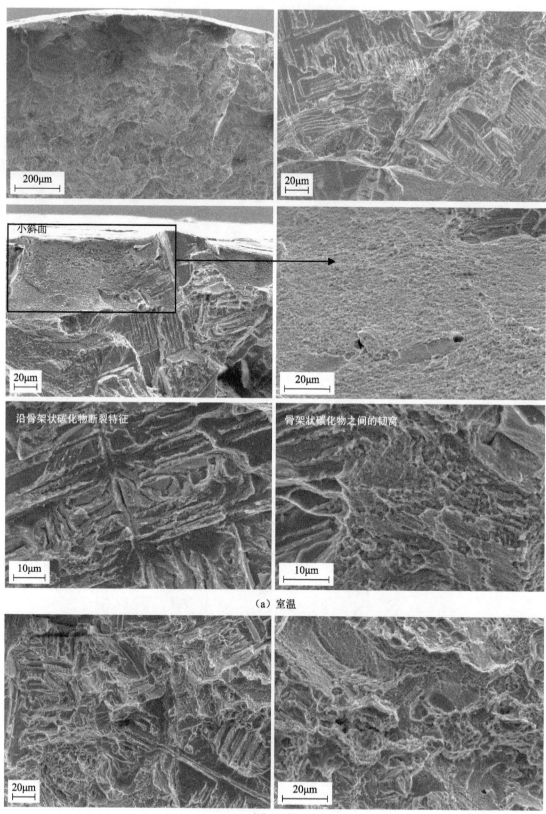

（a）室温

（b）600℃

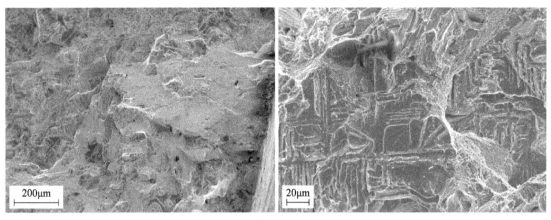

（c）700℃

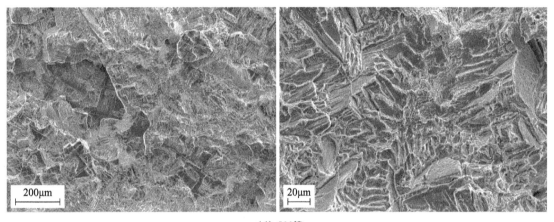

（d）800℃

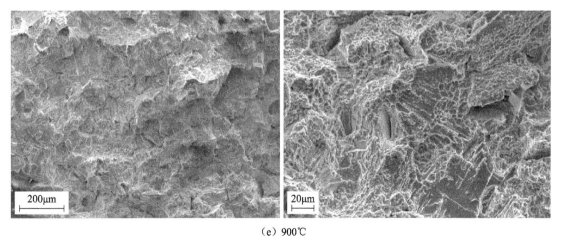

（e）900℃

图 2.2-4　光滑拉伸断口微观形貌

2.2.3.2　轴向高周缺口疲劳

1. 室温、$K_t=2$

（1）宏观特征：室温下断口均呈银灰色。$K_t=2$、不同应力比的 DZ417G 轴向高周缺口疲劳断口上分源区、疲劳区和瞬断区，疲劳源呈锯齿和台阶状，疲劳区包括疲劳扩展第一阶段和疲劳扩展第二阶段，疲劳扩展第一阶段呈现多个发亮的互成角度的多个斜刻面特征，疲劳扩展第二阶段较瞬断区平坦些，瞬断区呈现粗糙的纤维断裂特征。$R=0.1$下的3个断口疲劳均起源于试样缺口一侧，其中$\sigma_{max}=420MPa$和$\sigma_{max}=500MPa$两个断口起源为单源，$\sigma_{max}=750MPa$断口在一侧缺口处有两个疲劳源，3个断口（应力从低到高）疲劳区所占断口面积分别为55%、50%、25%，见图2.2-5。$R=0.5$，$\sigma_{max}=550MPa$断口起源为单源，$\sigma_{max}=640MPa$和$\sigma_{max}=850MPa$两个断口起源为多源，且均起源于表面，3个断口（应力从低到高）疲劳区所占断口面积分别为55%、50%、25%，见图2.2-6。$R=-1$，$\sigma_{max}=270MPa$，$\sigma_{max}=350MPa$为单源特征，位于试样一侧，$\sigma_{max}=500MPa$分别在对称的两处起源，疲劳扩展区所占断口面积分别为50%、45%、40%，图2.2-7。

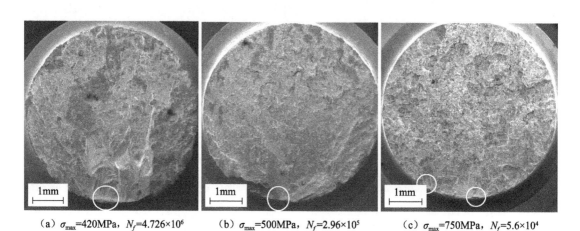

（a）$\sigma_{max}=420MPa$，$N_f=4.726\times10^6$ （b）$\sigma_{max}=500MPa$，$N_f=2.96\times10^5$ （c）$\sigma_{max}=750MPa$，$N_f=5.6\times10^4$

图 2.2-5　室温、$R=0.1$、$K_t=2$ 轴向高周缺口疲劳断口宏观形貌

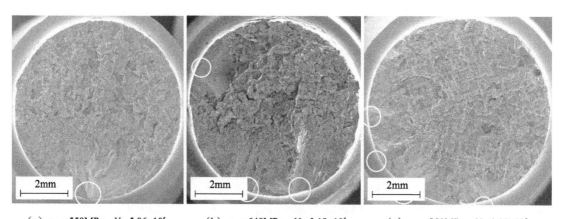

（a）$\sigma_{max}=550MPa$，$N_f=5.06\times10^5$ （b）$\sigma_{max}=640MPa$，$N_f=3.18\times10^5$ （c）$\sigma_{max}=850MPa$，$N_f=1.18\times10^5$

图 2.2-6　室温、$R=0.5$、$K_t=2$ 轴向高周缺口疲劳断口宏观形貌

（2）微观特征：$R=0.1$和$R=0.5$下的6个断口不管起源是单源还是多源，起源处大多位于次表面数十微米的显微疏松或者碳化物，个别显微疏松尺寸在百微米级；$R=-1$的断口起源均在表面，未见明显冶金缺陷，见图2.2-8。所有断口疲劳扩展区和瞬断区微观特征相似，源区处呈现锯齿状小刻面或者斜刻面（疲劳扩展第一阶段），刻面大小和所占的比例不一样，大斜刻面更为平坦，微观呈现羽毛状扩展棱线，小刻面更为粗糙，扩展也比较混乱；进入疲劳扩展第二阶段则可见断续的疲劳条带，但条带很细碎，瞬断区粗糙，为沿碳化物和韧窝断裂的混合特征，见图 2.2-9。

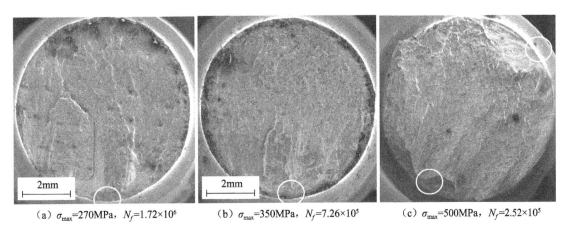

（a）σ_{max}=270MPa，N_f=1.72×10⁶　　（b）σ_{max}=350MPa，N_f=7.26×10⁵　　（c）σ_{max}=500MPa，N_f=2.52×10⁵

图 2.2-7　室温、R=−1 轴向高周缺口疲劳断口宏观形貌

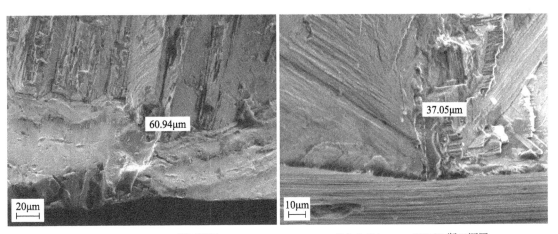

（a）R=0.1、σ_{max}=420MPa断口源区　　　　　　（b）R=0.1、σ_{max}=500MPa断口源区

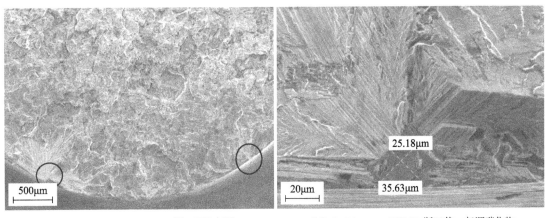

（c）R=0.1、σ_{max}=750MPa断口两处起源　　（d）R=0.1、σ_{max}=750MPa断口其一起源碳化物

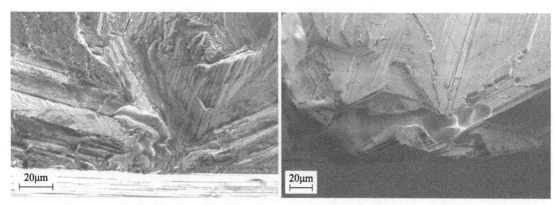

（e）R=0.1、σ_{max}=750MPa断口其二起源显微疏松　　　　（f）R=0.5、σ_{max}=550MPa断口起源

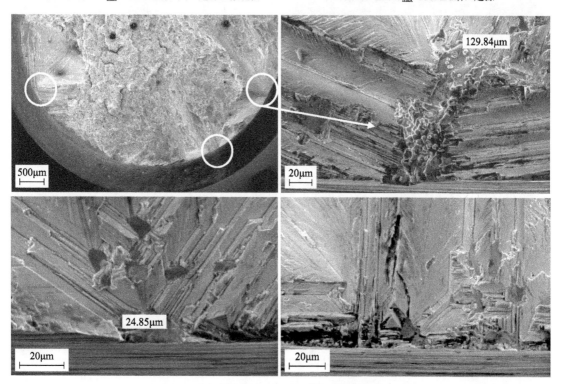

（g）R=0.5、σ_{max}=640MPa断口三处起源

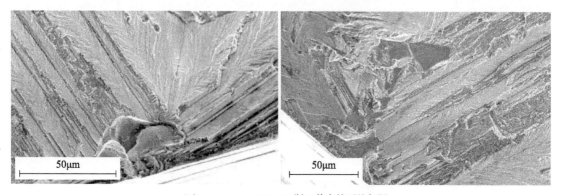

（h）R=0.5、σ_{max}=850MPa断口其中的两处起源

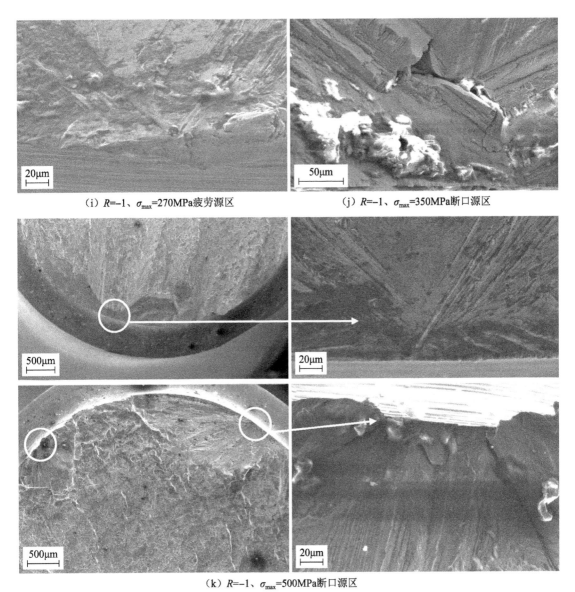

（i）R=-1、σ_{max}=270MPa疲劳源区 　　　　　　（j）R=-1、σ_{max}=350MPa断口源区

（k）R=-1、σ_{max}=500MPa断口源区

图 2.2-8　室温下、K_t=2 轴向高周缺口疲劳断口起源形貌

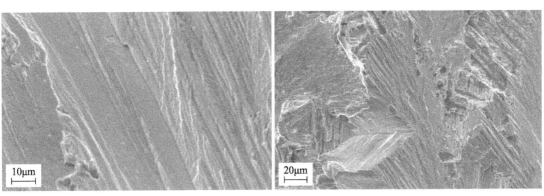

（a）较大的刻面 　　　　　　　　　　　　（b）小且更为粗糙的刻面

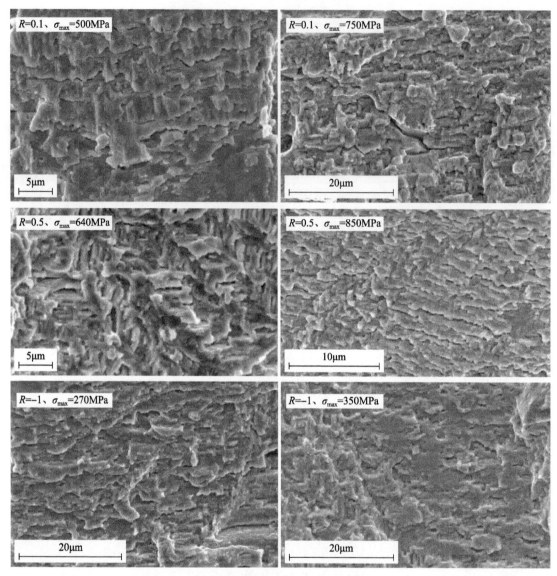

（c）断口疲劳扩展第二阶段及典型条带

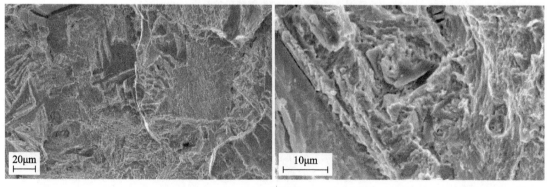

（d）瞬断区

图 2.2-9 室温、$K_t=2$ 下轴向高周缺口疲劳断口形貌

2. 700℃、$K_t=2$

（1）宏观特征：700℃下的断口高温色以蓝色为主，其中疲劳区呈淡蓝色，瞬断区为深蓝色或蓝紫色。$K_t=2$、3 个应力比、不同应力的 9 个轴向高周缺口疲劳断口均从一侧单源起源，从全貌看，除 $R=0.5$ 和 $R=-1$ 的两个高应力下的断口外，其他断口源区均有发亮的小刻面特征，且整体看 $R=0.1$ 的断口源区刻面最明显。裂纹起源后向另一侧扩展最后发生断裂。疲劳区相对较平坦，且有十字枝晶轮廓。同一应力比下，随着应力增大，疲劳区面积呈减小的趋势，应力从低到高 $R=0.1$ 的 3 个断口，疲劳扩展区所占面积分别为断口面积的 50%、50%、40%；$R=0.5$ 的 3 个断口疲劳区所占面积分别为断口面积的 30%、20%、15%；$R=-1$ 的 3 个断口疲劳区所占面积分别为断口面积的 45%、45%、35%。瞬断区呈粗糙纤维区特征，均无剪切瞬断区，见图 2.2-10 ～图 2.2-12。

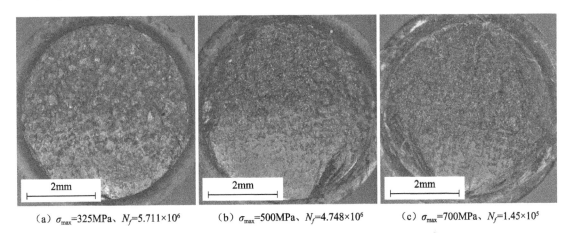

（a）$\sigma_{max}=325MPa$、$N_f=5.711\times10^6$　　　（b）$\sigma_{max}=500MPa$、$N_f=4.748\times10^6$　　　（c）$\sigma_{max}=700MPa$、$N_f=1.45\times10^5$

图 2.2-10　700℃、$R=0.1$、$K_t=2$ 时轴向高周缺口疲劳断口宏观形貌

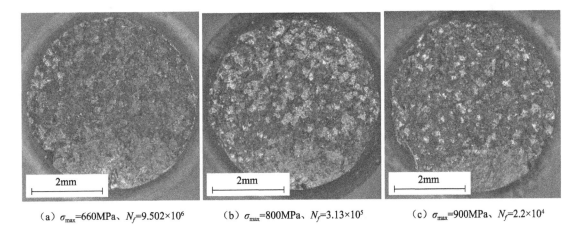

（a）$\sigma_{max}=660MPa$、$N_f=9.502\times10^6$　　　（b）$\sigma_{max}=800MPa$、$N_f=3.13\times10^5$　　　（c）$\sigma_{max}=900MPa$、$N_f=2.2\times10^4$

图 2.2-11　700℃、$R=0.5$、$K_t=2$ 时轴向高周缺口疲劳断口宏观形貌

（2）微观特征：$R=0.1$ 的 3 个断口源区特征基本一致，起源均在次表面，有较小尺寸（数十微米）的显微疏松，且源区疏松附近呈现小刻面特征（以 $\sigma_{max}=325MPa$ 和 $\sigma_{max}=700MPa$ 两个断口图示说明）；$R=0.5$ 的中低应力的两个断口和 $R=0.1$ 的断口源区类似，起源于次表面数十微米的显微疏松，源区可见类解理刻面，高应力下（$\sigma_{max}=900MPa$）的断口起源在表面，类解理刻面不明显；$R=-1$ 的 3 个断口源区也可见分散的小疏松，但类解理刻面整体都不如 $R=0.1$ 下的断口明显，尤其是高应力下；断口疲劳扩展区和瞬断区特征基本一致，疲劳区疲劳第二阶段特征（疲劳条带特征）比较典型，且疲劳扩展区条带特征均存在氧化特征。同一个断口扩展前期到后期，条带间距逐渐变宽，不同应力的断口疲劳条带宽度变化无明显规律。瞬断区粗糙，为沿着碳化物断裂和韧窝撕裂的混合特征，图 2.2-13。

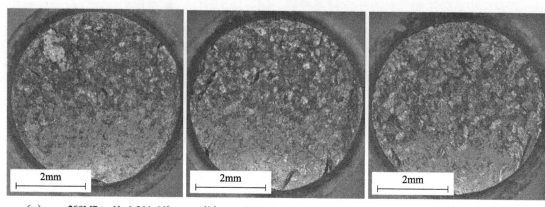

（a）$\sigma_{max}=280MPa$、$N_f=1.564\times10^6$　　（b）$\sigma_{max}=300MPa$、$N_f=1.783\times10^6$　　（c）$\sigma_{max}=370MPa$、$N_f=1.05\times10^5$

图 2.2-12　700℃、$R=-1$、$K_t=2$ 时轴向高周缺口疲劳断口宏观形貌

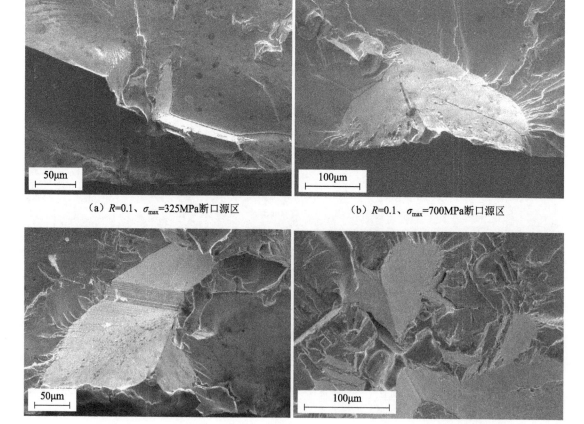

（a）$R=0.1$、$\sigma_{max}=325MPa$断口源区　　　　　　（b）$R=0.1$、$\sigma_{max}=700MPa$断口源区

（c）$R=0.5$、$\sigma_{max}=660MPa$断口源区　　　　　　（d）$R=0.5$、$\sigma_{max}=800MPa$断口源区

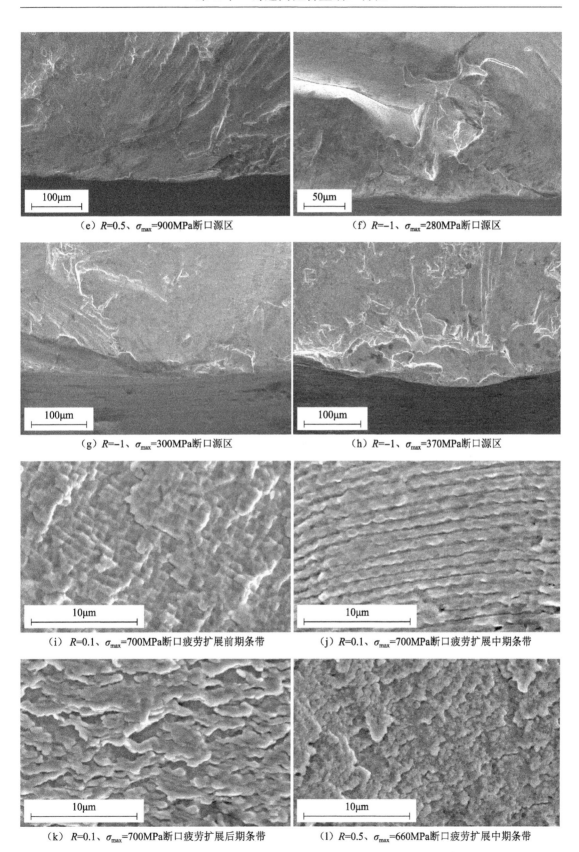

（e）$R=0.5$、$\sigma_{max}=900\text{MPa}$断口源区

（f）$R=-1$、$\sigma_{max}=280\text{MPa}$断口源区

（g）$R=-1$、$\sigma_{max}=300\text{MPa}$断口源区

（h）$R=-1$、$\sigma_{max}=370\text{MPa}$断口源区

（i）$R=0.1$、$\sigma_{max}=700\text{MPa}$断口疲劳扩展前期条带

（j）$R=0.1$、$\sigma_{max}=700\text{MPa}$断口疲劳扩展中期条带

（k）$R=0.1$、$\sigma_{max}=700\text{MPa}$断口疲劳扩展后期条带

（l）$R=0.5$、$\sigma_{max}=660\text{MPa}$断口疲劳扩展中期条带

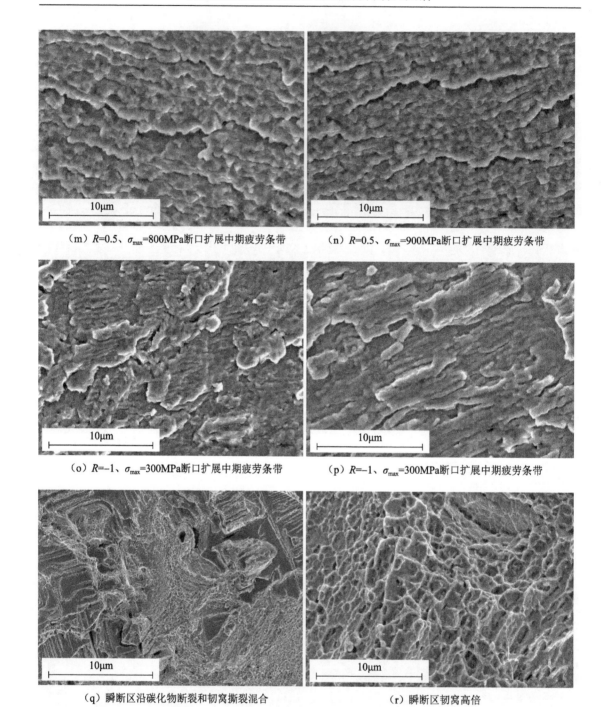

（m）$R=0.5$、$\sigma_{max}=800$MPa断口扩展中期疲劳条带　　　（n）$R=0.5$、$\sigma_{max}=900$MPa断口扩展中期疲劳条带

（o）$R=-1$、$\sigma_{max}=300$MPa断口扩展中期疲劳条带　　　（p）$R=-1$、$\sigma_{max}=300$MPa断口扩展中期疲劳条带

（q）瞬断区沿碳化物断裂和韧窝撕裂混合　　　（r）瞬断区韧窝高倍

图 2.2-13　700℃、$K_t=2$ 轴向高周缺口疲劳断口微观形貌

3. 800℃、$K_t=2$

（1）宏观特征：800℃下的断口高温色以蓝色和黄绿色为主，其中疲劳区呈淡蓝色或者蓝绿色，瞬断区为蓝色或黄绿色。$K_t=2$、3个应力比、不同应力的8个轴向高周缺口疲劳断口仅 $R=0.5$ 和 $R=-1$ 的两个高应力断口可见两处起源，以一处扩展为主，其余均从一侧单源起源，主源区为点源特征，但宏观的刻面特征不如 700℃下的明显或者基本无刻面特征。疲劳扩

展区和瞬断区特征与 700℃下的一致，疲劳区平坦，有十字枝晶轮廓，瞬断区呈粗糙纤维区特征，均无剪切瞬断区。800℃下的断口随应力比、应力不同，扩展区面积变化不明显，$R=0.1$下的两个断口疲劳区面积约占整个断口面积的 40%，$R=0.5$下的 3 个断口疲劳区约占整个断口面积的 20%，$R=-1$ 的 3 个断口疲劳区面积为 30% ~ 40%，见图 2.2-14 ~ 图 2.2-16。

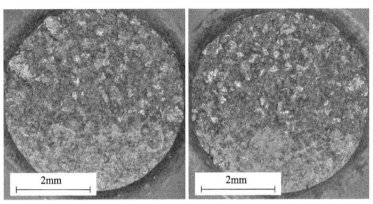

（a）$\sigma_{max}=400MPa$、$N_f=2.718\times10^6$　　　（b）$\sigma_{max}=575MPa$、$N_f=4.748\times10^5$

图 2.2-14　800℃、$R=0.1$、$K_t=2$ 轴向高周缺口疲劳断口宏观形貌

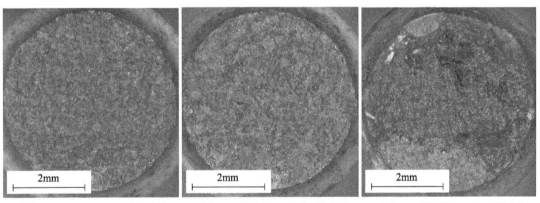

（a）$\sigma_{max}=650MPa$、$N_f=6.276\times10^6$　（b）$\sigma_{max}=725MPa$、$N_f=3.139\times10^6$　（c）$\sigma_{max}=1060MPa$、$N_f=1.07\times10^5$

图 2.2-15　800℃、$R=0.5$、$K_t=2$ 轴向高周缺口疲劳断口宏观形貌

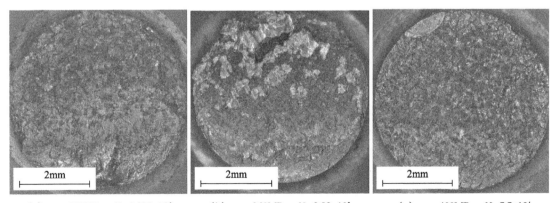

（a）$\sigma_{max}=300MPa$、$N_f=2.297\times10^6$　（b）$\sigma_{max}=360MPa$、$N_f=2.82\times10^5$　（c）$\sigma_{max}=400MPa$、$N_f=7.7\times10^4$

图 2.2-16　800℃、$R=-1$、$K_t=2$ 轴向高周缺口疲劳断口宏观形貌

（2）微观特征：8个断口除 $R=-1$、$\sigma_{max}=300MPa$ 断口和 $R=0.5$、$\sigma_{max}=1060MPa$ 断口起源为表面小线性起源外，其他所有源区均在次表面，且源区存在不同尺寸的显微疏松，尺寸较小的约数十微米，尺寸较大的约百余微米。个别断口源区除疏松外，还有类解理小刻面特征，断口疲劳扩展区和瞬断区特征基本一致，扩展前期条带不清晰，基本为氧化后的平坦面，疲劳区整体平坦的断口在扩展中期可见清晰的疲劳条带，但疲劳条带均比较断续，且有类似 $\gamma+\gamma'$ 网格排布形貌，高应力下较为粗糙的疲劳区扩展中期基本为骨架状碳化物＋疲劳条带特征，扩展后期条带间距变宽，不同应力的断口疲劳条带宽度变化无明显规律。瞬断区粗糙，为沿着碳化物断裂和韧窝撕裂的混合特征，有的区域以碳化物断裂为主，有的区域以韧窝断裂为主，图2.2-17。

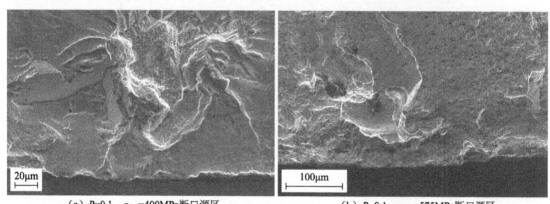

（a）$R=0.1$、$\sigma_{max}=400MPa$断口源区　　　　（b）$R=0.1$、$\sigma_{max}=575MPa$断口源区

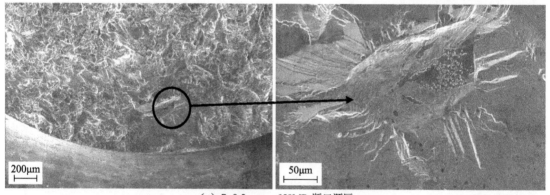

（c）$R=0.5$、$\sigma_{max}=650MPa$断口源区

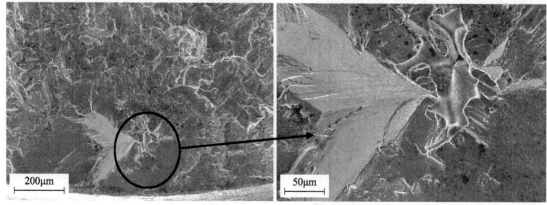

（d）$R=0.5$、$\sigma_{max}=725MPa$断口源区

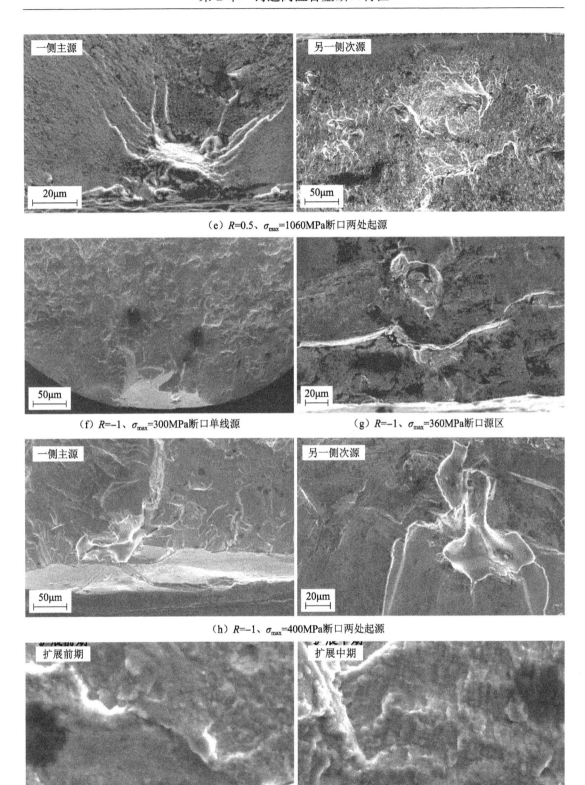

（e）$R=0.5$、$\sigma_{max}=1060$MPa断口两处起源

（f）$R=-1$、$\sigma_{max}=300$MPa断口单线源

（g）$R=-1$、$\sigma_{max}=360$MPa断口源区

（h）$R=-1$、$\sigma_{max}=400$MPa断口两处起源

（i）$R=0.1$、$\sigma_{max}=400$MPa断口疲劳区条带

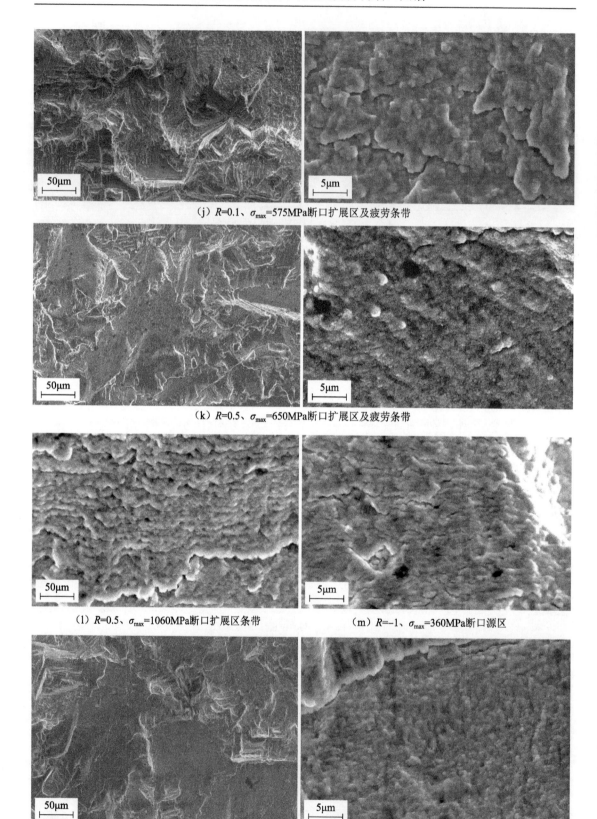

（j）$R=0.1$、$\sigma_{max}=575MPa$断口扩展区及疲劳条带

（k）$R=0.5$、$\sigma_{max}=650MPa$断口扩展区及疲劳条带

（l）$R=0.5$、$\sigma_{max}=1060MPa$断口扩展区条带　　　（m）$R=-1$、$\sigma_{max}=360MPa$断口源区

（n）$R=-1$、$\sigma_{max}=400MPa$断口疲劳扩展区及条带

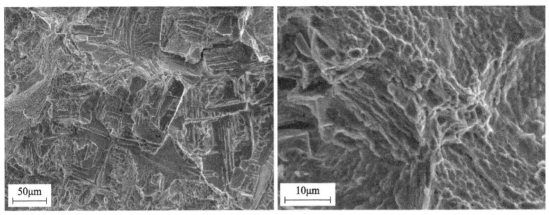

（n）碳化物为主要的瞬断区

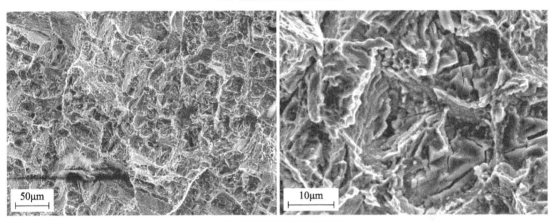

（o）韧窝为主要的瞬断区

图 2.2-17　800℃、$K_t=2$ 轴向高周缺口疲劳断口微观形貌

4. 900℃、$K_t=2$

（1）宏观特征：900℃下的断口高温色整体呈现蓝绿色，疲劳区的颜色更深一些。$K_t=2$、$R=0.1$ 和 $R=0.5$ 不同应力的轴向高周缺口疲劳断口均为从一侧单源起源，源区有类似"鱼眼"形貌，$R=-1$ 的 3 个断口低应力下和 $R=0.1$ 和 $R=0.5$ 的断口相似，中高应力的断口为一侧多源起源，且应力越高，源区数量越多，源区宏观均未见刻面特征。疲劳扩展区和瞬断区特征与 700℃下的一致，疲劳扩展区平坦，有十字枝晶轮廓，瞬断区呈粗糙纤维区特征，均无剪切瞬断区。900℃下的断口疲劳扩展区较 700℃和 800℃下的更为粗糙一些，且疲劳扩展区和瞬断区的分界不明显，尤其是 $R=0.5$ 下的断口。疲劳扩展区随应力变化的规律较不明显，几个断口疲劳扩展区面积均约占断口面积的 30% ～ 40%，见图 2.2-18 ～ 图 2.2-20。

（2）微观特征：$R=0.1$ 和 $R=0.5$ 不同应力的轴向高周缺口疲劳断口和 $R=-1$、低应力（$\sigma_{max}=240\text{MPa}$）下的断口起源多在次表面，个别起源在表面，源区类似"鱼眼"的现象为围绕着显微疏松的圆形平坦区，尺寸较小的显微疏松尺寸约数十微米，尺寸较大的约百余微米。$R=-1$、$\sigma_{max}=260\text{MPa}$ 和 $\sigma_{max}=300\text{MPa}$ 的两个断口分别为双源和多源，源区大多在表面，个别源区起源于次表面显微疏松处。900℃、$K_t=2$ 下的所有断口源区均无刻面特征。由于 900℃下的断口氧化严重，因此疲劳区低倍还呈现氧化皮附着的条带轮廓，但高倍基本为氧化颗粒排布特征，尤其是 $R=0.1$ 下的断口高倍下疲劳条带很不清晰；瞬断区为碳化物断裂韧窝断裂混合特征，断面可见明显氧化，见图 2.2-21。

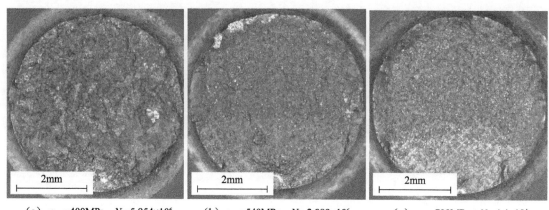

（a）σ_{max}=400MPa、N_f=5.954×10⁶　　（b）σ_{max}=540MPa、N_f=2.089×10⁶　　（c）σ_{max}=700MPa、N_f=4.4×10⁴

图 2.2-18　900℃、$R=0.1$、$K_t=2$ 轴向高周缺口疲劳断口宏观形貌

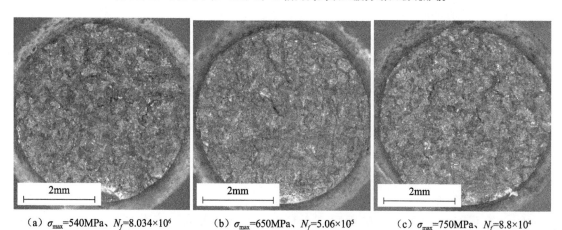

（a）σ_{max}=540MPa、N_f=8.034×10⁶　　（b）σ_{max}=650MPa、N_f=5.06×10⁵　　（c）σ_{max}=750MPa、N_f=8.8×10⁴

图 2.2-19　900℃、$R=0.5$、$K_t=2$ 轴向高周缺口疲劳断口宏观形貌

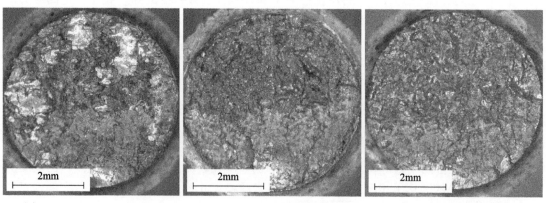

（a）σ_{max}=240MPa、N_f=8.35×10⁵　　（b）σ_{max}=260MPa、N_f=6.44×10⁶　　（c）σ_{max}=300MPa、N_f=3.6×10⁴

图 2.2-20　900℃、$R=-1$、$K_t=2$ 轴向高周缺口疲劳断口宏观形貌

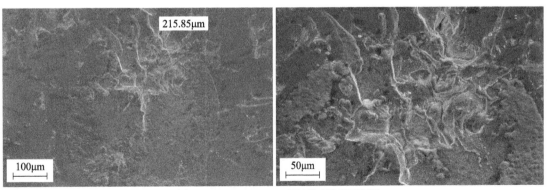

（a）R=0.1、σ_{max}=400MPa断口单点次表面起源

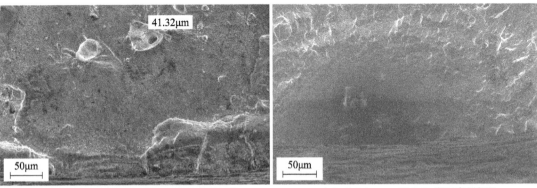

（b）R=0.1、σ_{max}=540MPa断口单点次表面起源　　　　　（c）R=0.1、σ_{max}=700MPa断口表面起源

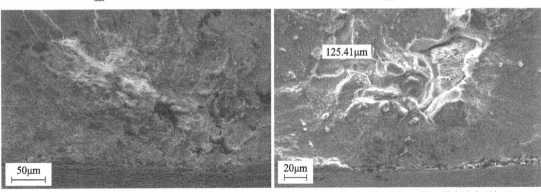

（d）R=0.5、σ_{max}=540MPa断口单点次表面起源　　　　（e）R=0.5、σ_{max}=650MPa断口单点次表面起源

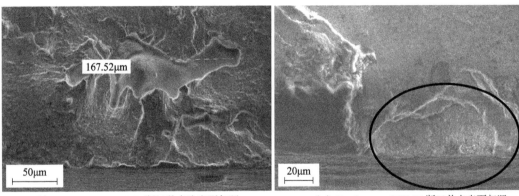

（f）R=0.5、σ_{max}=750MPa断口单点次表面起源　　　　（g）R=−1、σ_{max}=240MPa断口单点表面起源

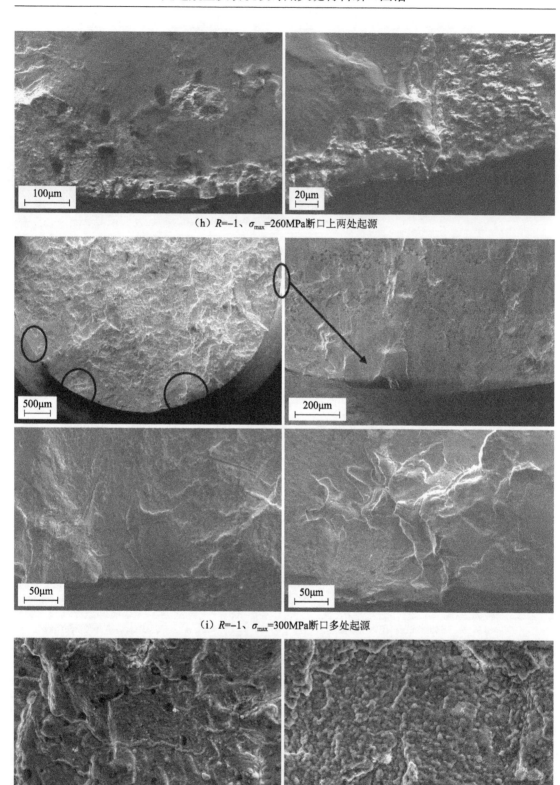

（h）$R=-1$、$\sigma_{max}=260\mathrm{MPa}$断口上两处起源

（i）$R=-1$、$\sigma_{max}=300\mathrm{MPa}$断口多处起源

（j）$R=0.1$、$\sigma_{max}=400\mathrm{MPa}$断口疲劳扩展区及条带

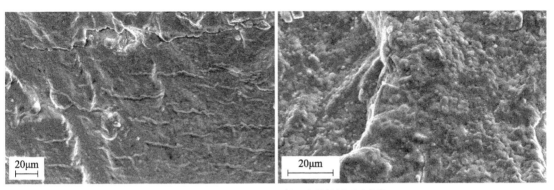

（k）R=0.1、σ_{max}=540MPa断口疲劳扩展区及条带

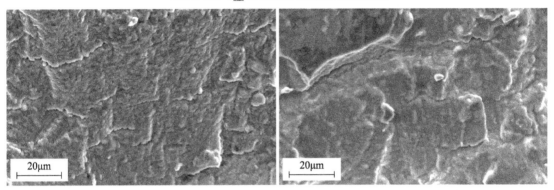

（l）R=0.5、σ_{max}=540MPa断口疲劳扩展区条带　　　（m）R=0.5、σ_{max}=650MPa断口疲劳扩展区条带

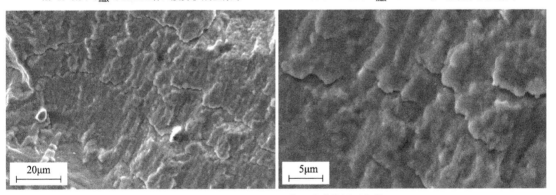

（n）R=0.5、σ_{max}=750MPa断口疲劳扩展区条带

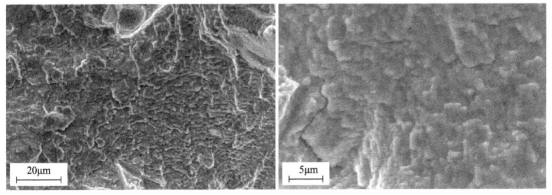

（o）R=-1、σ_{max}=260MPa断口疲劳扩展区条带

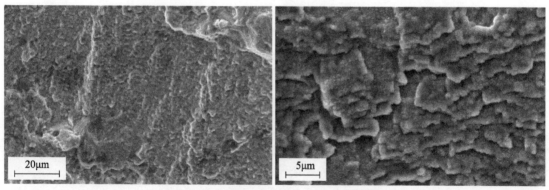

（p）R=-1、σ_{max}=300MPa断口疲劳扩展区条带

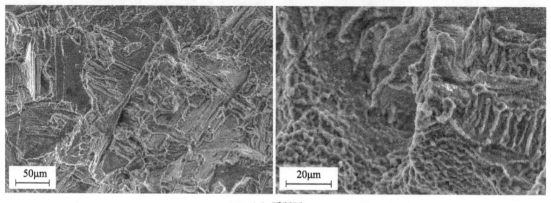

（q）瞬断区

图 2.2-21　900℃、K_t=2 轴向高周缺口疲劳断口微观形貌

5. 综合分析

（1）室温下的 DZ417G 轴向高周缺口疲劳断口，分源区、疲劳扩展区和瞬断区，疲劳源呈锯齿和台阶状，疲劳区包括疲劳扩展第一阶段和疲劳扩展第二阶段，疲劳扩展第一阶段呈现发亮的互成角度的多个斜刻面特征，疲劳扩展第二阶段较瞬断区平坦些，瞬断区呈现粗糙的纤维断裂特征。不同应力比和应力下疲劳扩展区面积占整个断口面积的 25% ~ 55%，疲劳扩展区与瞬断区分界明显，瞬断纤维区面积较大，均无剪切瞬断区。

（2）室温的轴向高周缺口疲劳断口疲劳扩展区和瞬断区微观特征相似，源区处均呈现锯齿状小刻面或者斜刻面（疲劳扩展第一阶段），只是刻面大小和所占的比例不一样，较大斜刻面更为平坦，微观呈现羽毛状扩展棱线，小刻面更为粗糙，扩展也比较混乱，进入疲劳扩展第二阶段，则可见断续的疲劳条带，但条带很细碎，瞬断区粗糙，为沿碳化物和韧窝断裂的混合特征。

（3）高温下的 DZ417G 轴向高周缺口疲劳断口，700℃下的断口高温色以蓝色为主，其中疲劳扩展区呈淡蓝色，瞬断区为深蓝色或蓝紫色；800℃下的断口高温色以蓝色和黄绿色为主，其中疲劳扩展区呈淡蓝色或者蓝绿色，瞬断区为蓝色或黄绿色；900℃下的断口高温色整体呈现蓝绿色，疲劳扩展区的颜色更深一些。

（4）高温下的断口源区的类解理刻面和疲劳扩展第一阶段特征都不如室温下明显，其中 700℃下的大多断口源区还可见类解理刻面特征，800℃和 900℃下的断口除个别源区可见轻微小刻面外，大部分断口源区都未见刻面特征。疲劳区平坦，以疲劳扩展第二阶段为主，宏观呈现十字枝晶轮廓，微观可见氧化皮附着下的断续条带形貌，且有类似 $\gamma+\gamma'$ 网格排布形貌，900℃下的断口氧化严重，高倍下条带不清楚，基本呈现氧化颗粒层状排布形貌。瞬断区和室温下的特征一致，可见一定的氧化形貌。

（5）室温、高温下的 DZ417G 轴向高周缺口疲劳断口不管起源是单源还是多源，大多起源于次表面显微疏松或者碳化物（数十微米级），疏松尺寸为数十微米到数百微米不等，少部分断口源区起源于表面，未见明显冶金缺陷。

2.2.3.3　低周应变疲劳

1. 700℃

（1）宏观特征：700℃下的应变疲劳断口呈蓝色，疲劳区蓝色更淡。3 个断口疲劳区均位于试样一侧，瞬断区在另一侧。除断口颜色有所差异外，应变高的低周疲劳断口疲劳扩展区和瞬断区断面均很粗糙，应变低的断口为单源起源，源区可见平坦的"鱼眼区"，高应变的断口为多源起源，源区粗糙，呈现多台阶状。疲劳扩展区面积占整个断口面积的 10%～30%，见图 2.2-22～图 2.2-23。

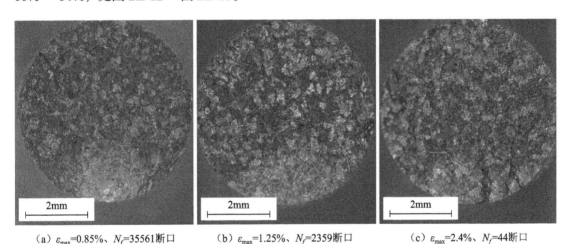

（a）ε_{max}=0.85%、N_f=35561断口　　　（b）ε_{max}=1.25%、N_f=2359断口　　　（c）ε_{max}=2.4%、N_f=44断口

图 2.2-22　700℃、R_ε=0.1 下应变疲劳断口宏观形貌

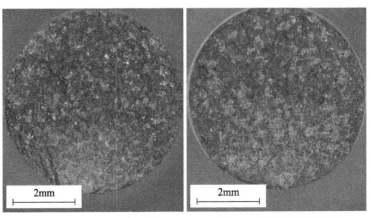

（a）ε_{max}=0.52%、N_f=30823断口　　　（b）ε_{max}=0.6%、N_f=5089断口

图 2.2-23　700℃、R_ε=−1 下应变疲劳断口宏观形貌

（2）微观特征：R_ε=0.1、ε_{max}=0.85% 断口和 R_ε=-1 的两个断口疲劳均起源于次表面，宏观呈现平坦"鱼眼区"形貌，微观观察"鱼眼区"的疲劳起源均可见数百微米（尺寸相对较大）的显微疏松；R=0.1 的另两个断口均起源于试样表面，呈线源特征，ε_{max}=2.4% 断口为两个线源起源，两个源相对粗糙，未见冶金缺陷。低应变下的断口与高周疲劳断口相似，可见明显的平坦疲劳扩展区，且源区的条带较为细密，高应变下，如 ε_{max}=2.4% 断口源区附近即可见氧化后的疲劳条带特征，且宽度较宽，断口的疲劳条带与氧化颗粒和二次裂纹混合一起。断口的瞬断区均为枝晶＋韧窝形貌，见图 2.2-24。

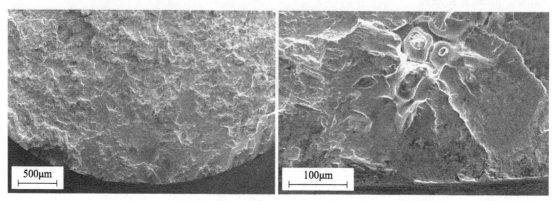

（a）ε_{max}=0.84%、N_f=35561断口

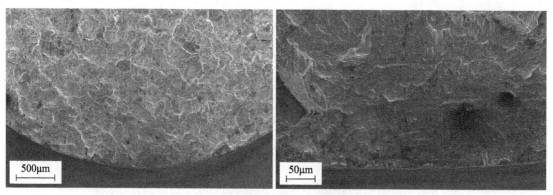

（b）ε_{max}=1.25%、N_f=2359断口源区

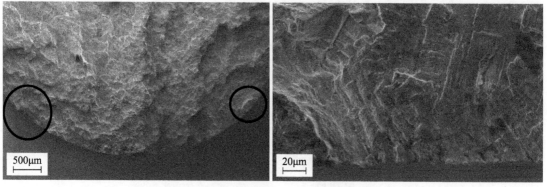

（c）ε_{max}=2.4%、N_f=44断口两处起源及源区高倍

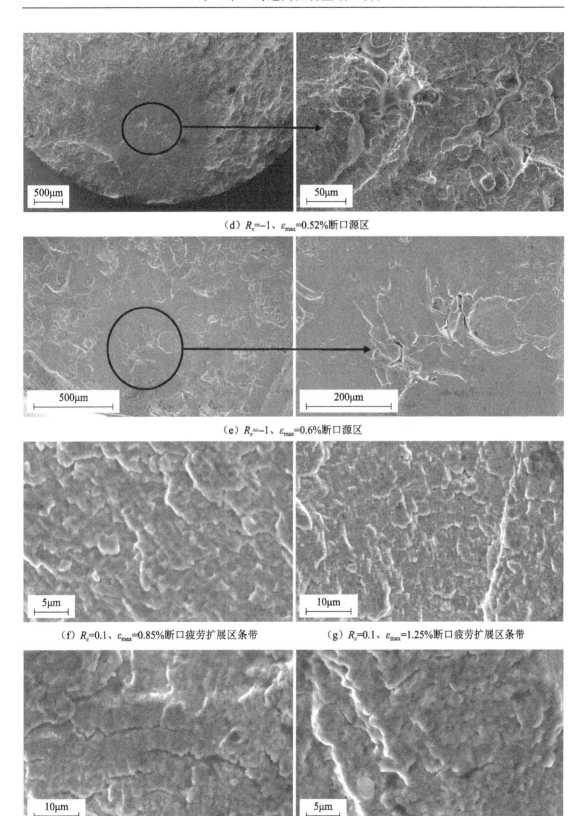

（d）$R_\varepsilon=-1$、$\varepsilon_{max}=0.52\%$断口源区

（e）$R_\varepsilon=-1$、$\varepsilon_{max}=0.6\%$断口源区

（f）$R_\varepsilon=0.1$、$\varepsilon_{max}=0.85\%$断口疲劳扩展区条带　　　（g）$R_\varepsilon=0.1$、$\varepsilon_{max}=1.25\%$断口疲劳扩展区条带

（h）$R_\varepsilon=0.1$、$\varepsilon_{max}=2.4\%$断口疲劳扩展区条带　　　（i）$R_\varepsilon=-1$、$\varepsilon_{max}=0.52\%$断口疲劳扩展区条带

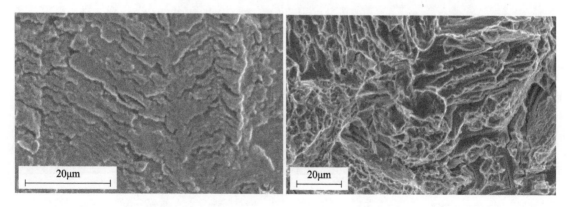

（j）$R_\varepsilon=-1$、$\varepsilon_{max}=0.6\%$断口疲劳扩展区条带　　　　　　　　　　（k）瞬断区

图 2.2-24　700℃下应变疲劳断口微观形貌

2. 800℃

（1）宏观特征：800℃下的应变疲劳断口基本呈现蓝黑色或者蓝绿色，疲劳区更偏灰一些，但 $R_\varepsilon=0.1$、$\varepsilon_{max}=1.15$ 下的断口有所不同，疲劳区呈灰绿色，瞬断区呈灰色，$R_\varepsilon=-1$，$\varepsilon_{max}=1\%$ 和 $\varepsilon_{max}=0.46\%$ 下的两个断口，"鱼眼"区颜色呈灰黄色。$R_\varepsilon=0.1$ 下的 3 个断口，其中 $\varepsilon_{max}=0.85\%$ 起源于试样表面，呈单线源，源区稍平坦；$\varepsilon_{max}=1.15\%$ 的断口在一侧可见两个线源，但在另一侧瞬断区内部可见两处小面积的"鱼眼"特征的疲劳区；$\varepsilon_{max}=2.5\%$ 的断口起源于试样一侧表面，源区呈现大线源特征，且源区粗糙，疲劳区可见一平坦小面积"鱼眼"特征，另一侧瞬断区也可见一"鱼眼"特征；见图 2.2-25。$R_\varepsilon=-1$，$\varepsilon_{max}=1\%$ 和 $\varepsilon_{max}=0.46\%$ 下的两个断口疲劳扩展区可见尺寸较大的"鱼眼"特征，$\varepsilon_{max}=0.6\%$ 的断口起源

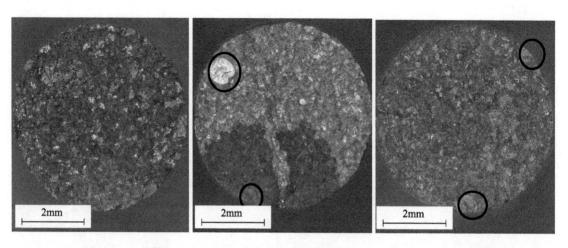

（a）$\varepsilon_{max}=0.85\%$、$N_f=24279$断口　　（b）$\varepsilon_{max}=1.15\%$、$N_f=4871$断口　　（c）$\varepsilon_{max}=2.5\%$、$N_f=78$断口

图 2.2-25　800℃、$R_\varepsilon=0.1$ 下应变疲劳断口宏观形貌

于试样一侧，源区较为平坦。800℃下的应变疲劳断口疲劳扩展区面积占整个断口面积的
10% ～ 25%，见图 2.2-26。

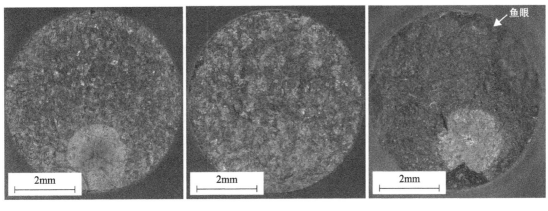

（a）ε_{max}=0.46%、N_f=69935断口　　　（b）ε_{max}=0.60%、N_f=3469断口　　　（c）ε_{max}=1%、N_f=146断口

图 2.2-26　800℃、R_ε=−1 下应变疲劳断口宏观形貌

（2）微观特征：R_ε=0.1、ε_{max}=0.85% 断口起源于表面，单个小线源，源区平坦，未见冶金缺陷；ε_{max}=2.5% 和 ε_{max}=1.15% 的两个断口存在由于显微疏松导致的"鱼眼"状疲劳区，"鱼眼"特征区平坦，源区存在数百微米的聚集状显微疏松缺陷，有的"鱼眼"交界区隐约可见条带特征。R_ε=−1 的 3 个断口源区均可见显微疏松，其中 ε_{max}=0.46% 和 ε_{max}=1% 的两个断口显微疏松位置偏试样内部，从源区起始后呈现平坦的"鱼眼"状疲劳区；ε_{max}=0.60% 断口源区显微疏松处于试样次表面，起源后往另一侧扩展；800℃的应变疲劳断口疲劳扩展区和瞬断区特征大体和 700℃应变疲劳断口微观特征一致。疲劳扩展区可见疲劳条带特征，条带均不典型，只是在氧化皮颗粒处隐约可见类似平行微裂纹状的条带特征。瞬断区为枝晶＋韧窝特征，见图 2.2-27。

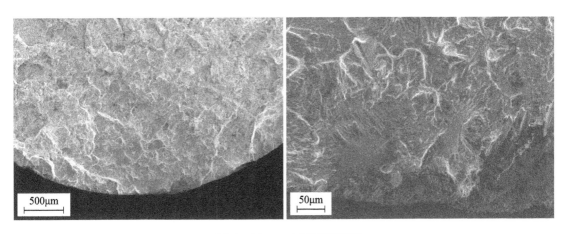

（a）R_ε=0.1、ε_{max}=0.85%断口源区

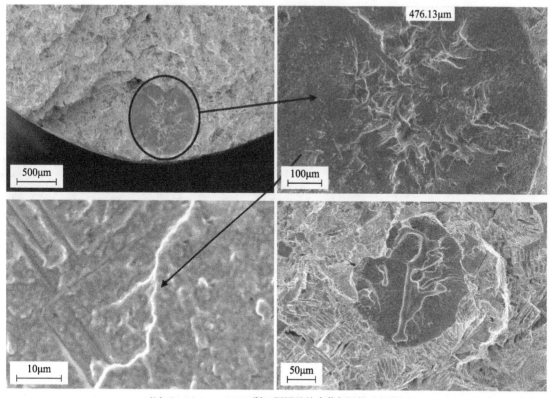

（b）R_ε=0.1、ε_{max}=1.15%断口源区几处疲劳起源的"鱼眼"

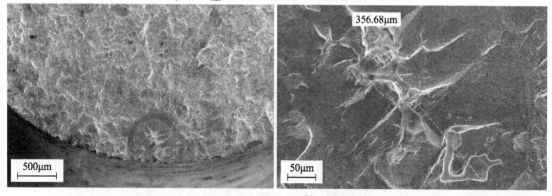

（c）R_ε=0.1、ε_{max}=2.5%断口主源区

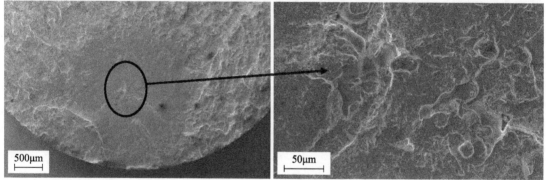

（d）R_ε=-1、ε_{max}=0.46%断口源区

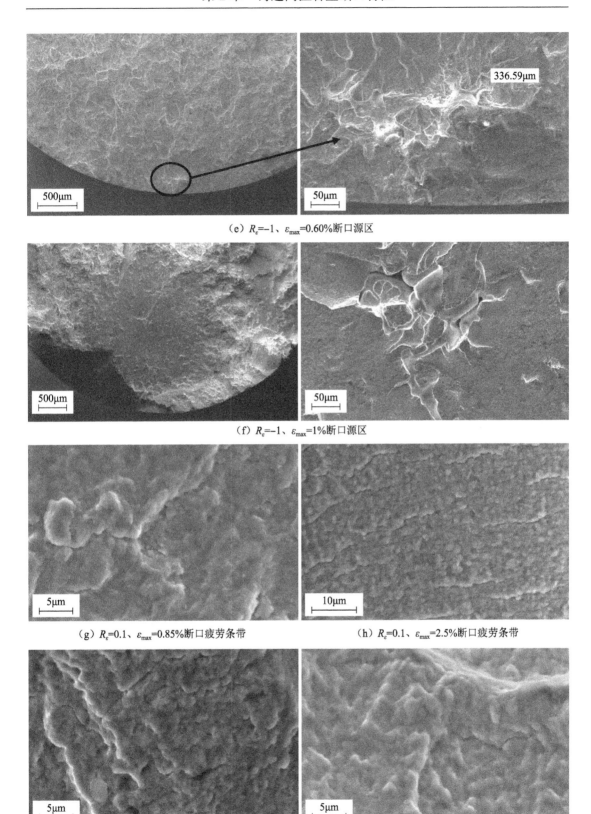

（e）$R_\varepsilon=-1$、$\varepsilon_{max}=0.60\%$断口源区

（f）$R_\varepsilon=-1$、$\varepsilon_{max}=1\%$断口源区

（g）$R_\varepsilon=0.1$、$\varepsilon_{max}=0.85\%$断口疲劳条带

（h）$R_\varepsilon=0.1$、$\varepsilon_{max}=2.5\%$断口疲劳条带

（i）$R_\varepsilon=-1$、$\varepsilon_{max}=0.46\%$断口疲劳区条带

（j）$R_\varepsilon=-1$、$\varepsilon_{max}=0.60\%$断口疲劳区条带

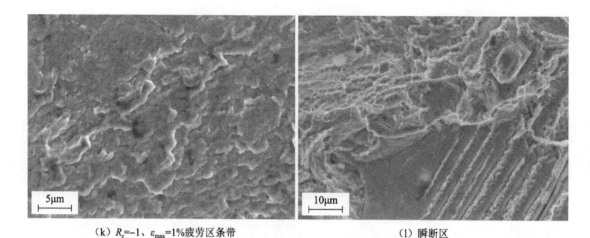

（k）R_ε=-1、ε_{max}=1%疲劳区条带　　　　　　　　　　（l）瞬断区

图 2.2-27　800℃下低周应变疲劳断口微观形貌

2.2.3.4　蠕变疲劳交互

1. 700℃、R_ε=-1

（1）宏观特征：700℃、R_ε=-1（梯形波）蠕变疲劳交互断口高温色要比700℃的低周疲劳断口深，断口整体呈现蓝绿色，且源区颜色蓝色更浅。ε_{max}=0.579%下的断口在一侧单源起源，疲劳区相对平坦，ε_{max}=0.999%的断口呈现线源特征，且源区和疲劳区均粗糙。瞬断区均较粗糙，没有剪切瞬断区，见图2.2-28。

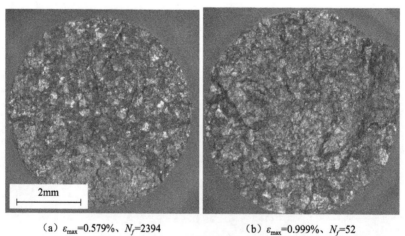

（a）ε_{max}=0.579%、N_f=2394　　　　　　　（b）ε_{max}=0.999%、N_f=52

图 2.2-28　700℃、R_ε=-1蠕变疲劳交互断口宏观形貌

（2）微观特征：700℃、R_ε=-1（梯形波）蠕变疲劳交互断口，其中ε_{max}=0.579%的断口起源于次表面百微米的显微疏松处；ε_{max}=0.999%的断口起源于表面，源区呈现连续线源的特点，无明显冶金缺陷，但源区起伏较大。ε_{max}=0.579%断口在疲劳扩展区隐约可见氧化皮附着下的条带轮廓（氧化皮颗粒层状排布）；ε_{max}=0.999%断口上的疲劳扩展区骨架状碳化物轮廓更为明显，条带不明显。断口瞬断区特征一致，均为氧化后的碳化物＋韧窝混合特征，见图2.2-29。

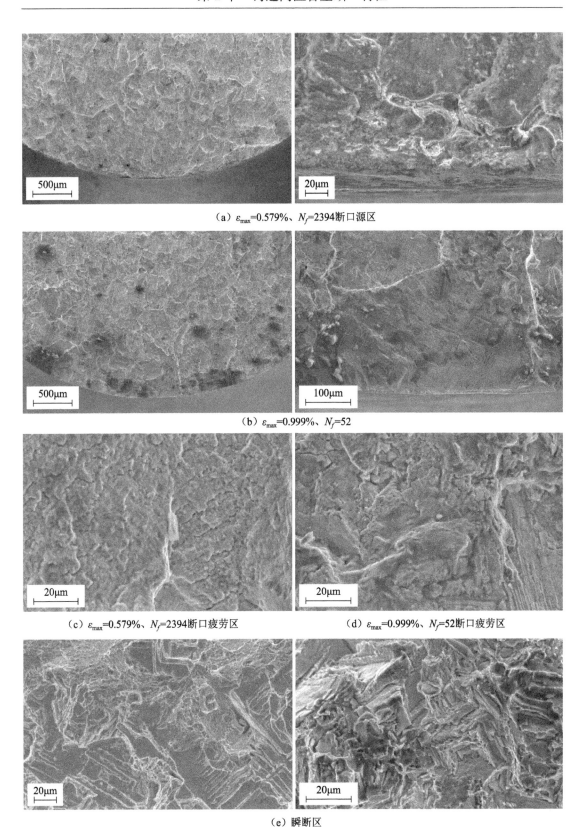

（a）ε_{max}=0.579%、N_f=2394断口源区

（b）ε_{max}=0.999%、N_f=52

（c）ε_{max}=0.579%、N_f=2394断口疲劳区　　　（d）ε_{max}=0.999%、N_f=52断口疲劳区

（e）瞬断区

图 2.2-29　700℃、R_ε=−1 蠕变疲劳交互断口微观形貌

2. 800℃、$R_\varepsilon = -1$

（1）宏观特征：800℃、$R_\varepsilon = -1$（梯形波）蠕变疲劳交互断口疲劳扩展区呈现灰黑色，瞬断区为蓝黑色。两个断口疲劳扩展区和瞬断区颜色分界明显，但粗糙度等宏观特征分界不明显，断面整体较粗糙，疲劳起源于一侧，$\varepsilon_{max} = 1.001\%$ 的断口源区线源明显，相对起伏较大，见图 2.2-30。

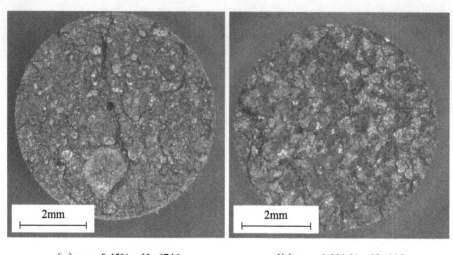

（a）$\varepsilon_{max} = 0.45\%$、$N_f = 6746$　　　　（b）$\varepsilon_{max} = 1.001\%$、$N_f = 115$

图 2.2-30　800℃、$R_\varepsilon = -1$ 蠕变疲劳交互断口宏观形貌

（2）微观特征：800℃、$R_\varepsilon = -1$ 的两个蠕变疲劳交互断口均起源于表面，源区未见明显冶金缺陷，但氧化较为严重，其中 $\varepsilon_{max} = 0.45\%$ 下断口仍有一定的点源特征，而 $\varepsilon_{max} = 1.001\%$ 的断口明显呈现线源或者多源，且源区粗糙，起伏较大。$\varepsilon_{max} = 0.45\%$ 断口在源区附近还可见一段较为平坦的疲劳区，隐约可见氧化皮附着下的条带轮廓（氧化皮颗粒层状排布）；$\varepsilon_{max} = 1.001\%$ 断口上疲劳扩展区很粗糙，且条带不明显，但局部有一定的层状形貌。断口瞬断区特征一致，均为氧化后的碳化物＋韧窝混合特征，见图 2.2-31。

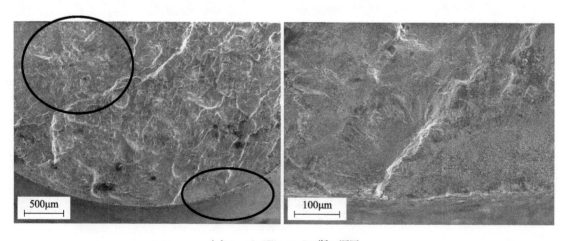

（a）$\varepsilon_{max} = 0.45\%$、$N_f = 746$断口源区

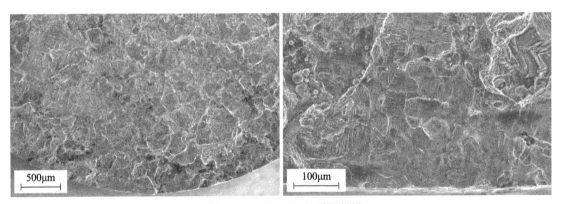

（b）ε_{max}=1.001%、N_f=115断口源区

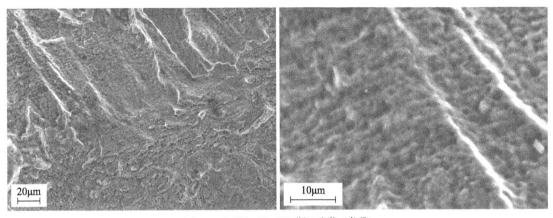

（c）ε_{max}=0.45%、N_f=6746断口疲劳（条带）

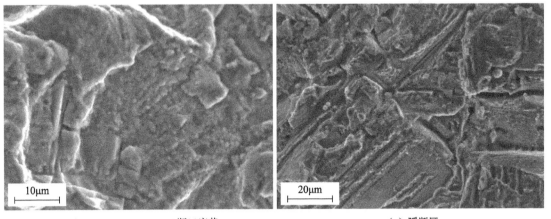

（d）ε_{max}=1.001%、N_f=115断口疲劳　　　　　　　（e）瞬断区

图 2.2-31　800℃、R_ε=-1 蠕变疲劳交互断口微观形貌

3. 900℃、R_ε=-1

（1）宏观特征：900℃、R_ε=-1 的蠕变疲劳交互断口整体呈现灰绿色，表面氧化严重。疲劳起源于一侧，往另一侧扩展，ε_{max}=0.38% 的疲劳扩展区相对平坦，ε_{max}=0.7% 和 ε_{max}=1.2% 的两个断口疲劳扩展区粗糙，且 ε_{max}=1.2% 的断口一侧的两个起源有明显的台阶分界，见图 2.2-32。

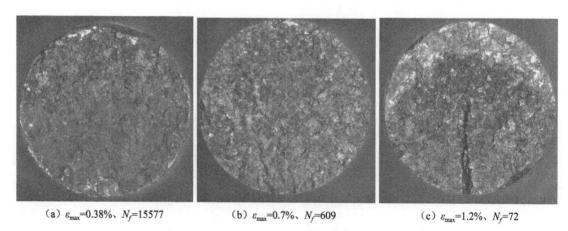

 （a）ε_{max}=0.38%、N_f=15577 （b）ε_{max}=0.7%、N_f=609 （c）ε_{max}=1.2%、N_f=72

图 2.2-32 900℃、R_ε=−1 应变疲劳断口宏观形貌

（2）微观特征：900℃、R_ε=−1 下的 3 个应变断口均起源于表面，源区均未见冶金缺陷，其中低应变的（ε_{max}=0.38%）断口起源为单源，源区相对较平坦；ε_{max}=1.2% 和 ε_{max}=0.7% 的两个断口为多源，且源区出现较多撕裂台阶，起伏较大。ε_{max}=0.38% 和 ε_{max}=0.7% 的两个断口在疲劳区隐约可见氧化皮附着下的条带轮廓（氧化皮颗粒层状排布）；ε_{max}=1.2% 断口上的疲劳区骨架状碳化物轮廓更为明显，条带不明显，高倍呈现不规则的层状形貌。3 个断口瞬断区特征一致，均为氧化后的碳化物＋韧窝混合特征，见图 2.2-33。

（a）ε_{max}=0.38%、N_f=15577断口源区

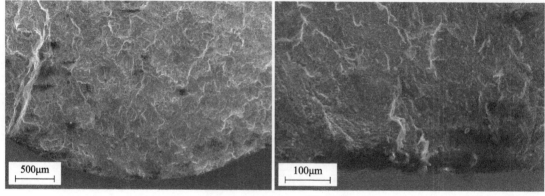

（b）ε_{max}=0.7%、N_f=609断口源区

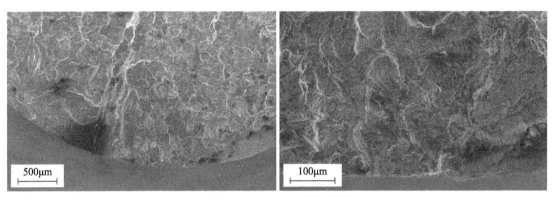

（c）ε_{max}=1.2%、N_f=72断口源区

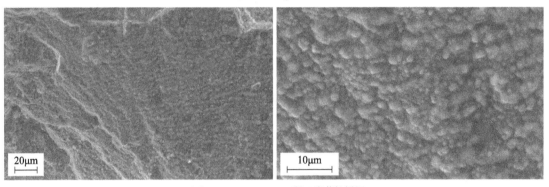

（d）R_ε=−1、ε_{max}=0.38%断口疲劳扩展区

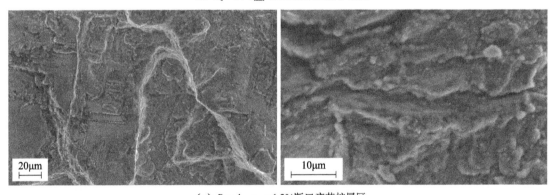

（e）R_ε=−1、ε_{max}=1.2%断口疲劳扩展区

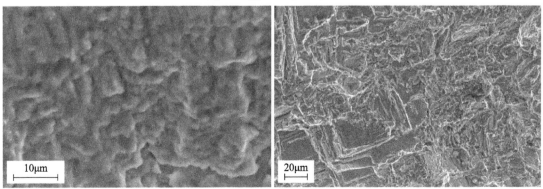

（f）ε_{max}=0.7%断口疲劳扩展区　　　　（g）瞬断区碳化物和韧窝混合

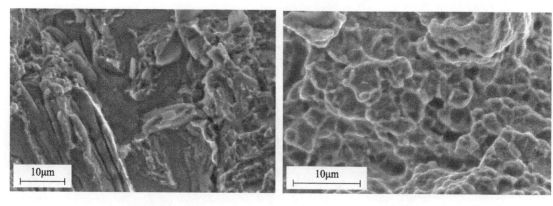

（h）瞬断区碳化物氧化　　　　　　　　　　　（i）瞬断区韧窝氧化

图 2.2-33　900℃、$R_\varepsilon=-1$ 蠕变疲劳交互断口微观形貌

2.2.3.5　光滑持久

（1）宏观特征：760℃下，不同持久时间的断口呈蓝黑色；900℃和980℃下，不同持久时间的断口呈灰黑色。且相同温度下，随着持久时间变长，断口颜色无明显变化。DZ417G 光滑持久断口由多个不同角度、不同高差的平面或斜面组成，随着温度升高，断口斜面越不明显，高差越来越小。从断口侧面看（试样表面），3 个温度下的断口侧面均可见许多与断面平行的微裂纹，且 760℃下的断口颈缩较不明显，900℃和980℃下的断口上可见明显的颈缩，相同温度下，随着持久时间变长，试样表面的微裂纹越为密集细小，见图 2.2-34。

（a）断面

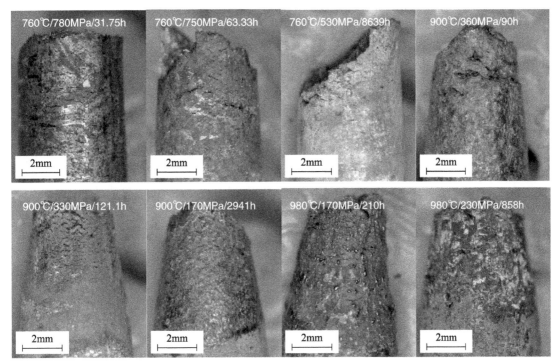

（b）侧表面

图 2.2-34　光滑持久断口宏观形貌

（2）微观特征：DZ417G 光滑持久断口微观特征相比高温拉伸的断口，碳化物断裂的特征不明显，以起伏较大的不规则的韧窝断裂为主，边缘有些斜面为细小浅显的剪切韧窝，且温度更高，边缘的斜面更不明显。随着温度升高、持久时间延长，断面主要是氧化程度出现差异。760℃下持久时间达到 8639h 的断口上韧窝轮廓仍比较清晰，而温度 900℃下，持久时间较短时韧窝轮廓还相对清晰，但持久时间达到 2941h 时基本为氧化颗粒堆积形貌，而 980℃下持久时间在 210h 时其断面的韧窝轮廓已不清晰，均为氧化颗粒堆积形貌，见图 2.2-35。

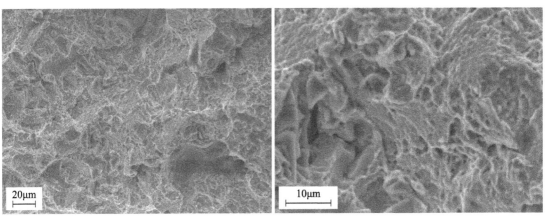

（a）760℃/780MPa/31.75h持久断口

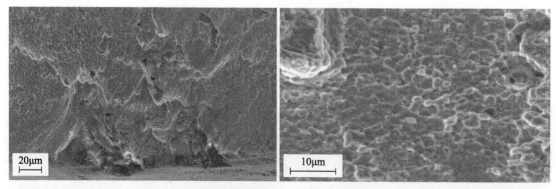

（b）760℃/780MPa/31.75h边缘小斜面

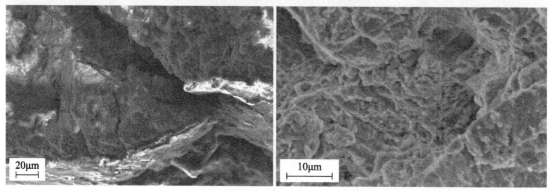

（c）760℃/530MPa/8639h持久断口

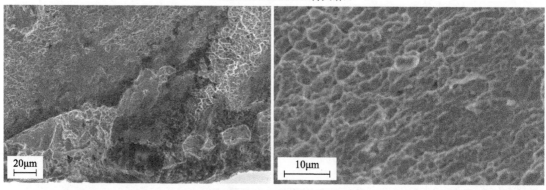

（d）760℃/530MPa/8639h边缘小斜面

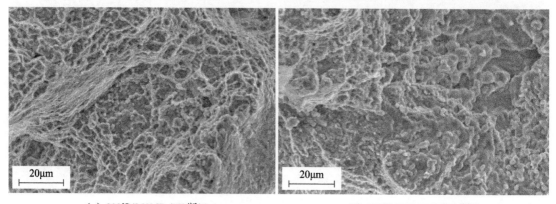

（e）900℃/360MPa/90h断口 　　　　　　　　（f）900℃/170MPa/2941h断口

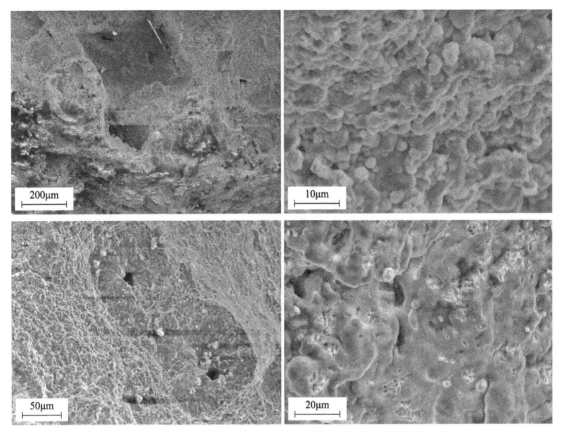

（g）980℃/170MPa/210h持久断口

图 2.2-35　光滑持久断口微观形貌

2.3　DZ40M

2.3.1　概述

　　DZ40M 是在美国 X40 合金的基础上，通过添加微量元素和采用定向凝固工艺发展而成的一种定向凝固钴基高温合金。合金初熔温度高，具有优良的抗热疲劳性能、抗氧化及耐腐蚀性能，且具有良好的持久、蠕变、疲劳等综合力学性能。其组织稳定，定向凝固工艺性能良好，无缺口敏感性。与 X40 合金相比，可提高使用温度 40℃。但由于钴资源缺乏，应用受到限制，主要适合于制作在 1050℃以下工作的具有复杂内腔的气冷空心导向叶片。

2.3.2　组织结构

　　DZ40M 为铸态使用。本书中的合金铸态组织为较不规则的 γ+γ′ 枝晶组织＋碳化物强化相。纵向金相方向可见一次枝晶纵向排布形貌，横向金相基本为等轴状的枝晶，组织中显微疏松较少，其中初生 MC 和 M_7C_3 两种碳化物在枝晶间和晶界分布，见图 2.3-1。高温长时服役下初生碳化物发生碳化物转变，析出弥散分布的颗粒状 $M_{23}C_6$ 碳化物，见图 2.3-2。

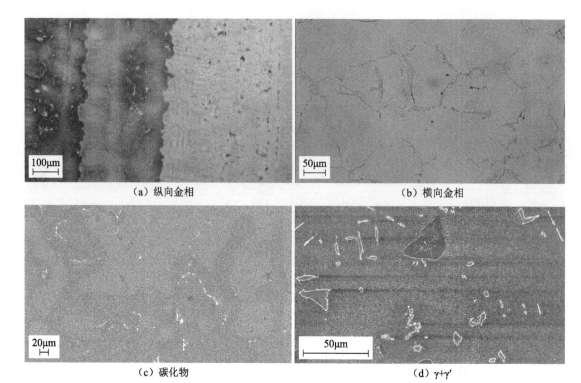

（a）纵向金相 （b）横向金相

（c）碳化物 （d）γ+γ′

图 2.3-1　DZ40M 铸态显微组织特征

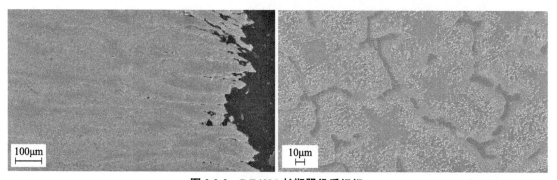

图 2.3-2　DZ40M 长期服役后组织

2.3.3　断口特征

2.3.3.1　光滑拉伸

1. 典型特征

（1）宏观特征：室温下试样断口及试样表面均为银灰金属色，其他高温下随着温度升高试样表面从深蓝色发展为深绿色，断面的高温色在 500℃、600℃不明显，呈现无金属光泽的灰色，700℃下拉伸断口开始出现高温色，断面呈蓝黑色；800 ～ 1050℃下断面为程度不同的黑绿色。从侧面看，室温～ 700℃下的断口颈缩不明显，800℃开始在断口附近出现明显的颈缩，且随着温度的升高颈缩程度越来越严重（后续微观观察在颈缩区域侧面可见较多的微裂纹），见图 2.3-3（a）。各温度下光滑拉伸断口断面均较为粗糙，部分区域可见枝晶的网格形貌。不同温度下的拉伸断口不管出现颈缩还是无颈缩，断口均未见明显分区，整个断面整体呈现与轴向垂直，断面宏观特征一致；室温～700℃下断口断面上的十字枝晶较为明显、800℃以上断面枝晶特征不明显，呈现纤维断裂形貌，见图 2.3-3（b）。

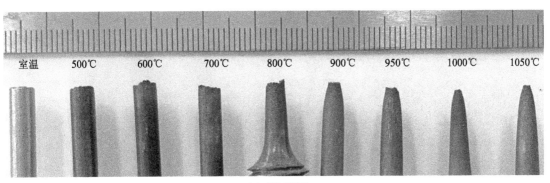

（a）断口侧面

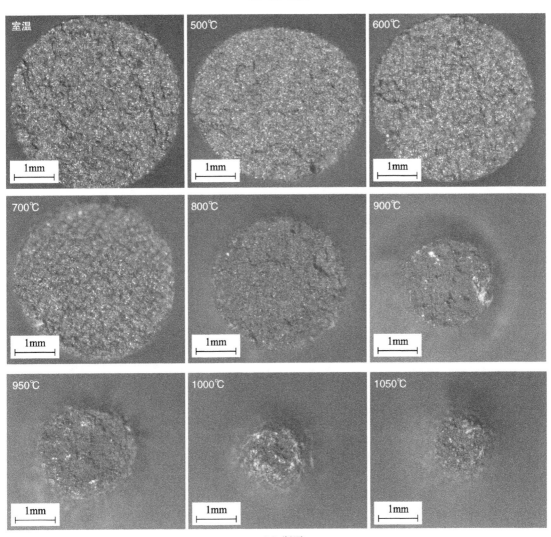

（b）断面

图 2.3-3　光滑拉伸断口宏观形貌

（2）微观特征：室温～700℃下的较低温度光滑拉伸断口微观特征无明显区别，断面多见枝晶的十字形貌，微观整体为韧窝特征。放大观察可以发现枝晶干区多为撕裂韧窝，而枝晶间多为等轴韧窝，见图2.3-4。

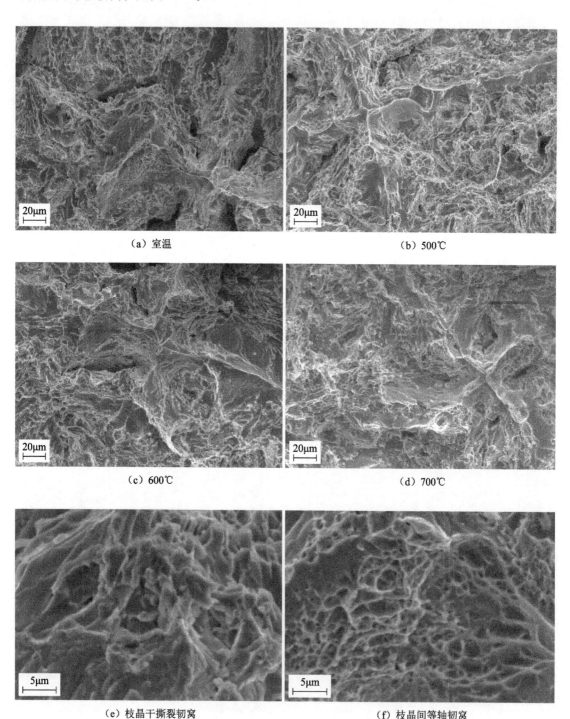

（a）室温

（b）500℃

（c）600℃

（d）700℃

（e）枝晶干撕裂韧窝

（f）枝晶间等轴韧窝

图2.3-4　室温～700℃下光滑拉伸断口微观形貌

相比于 700℃以下的拉伸断口，800～1050℃下的光滑拉伸断口断面更为粗糙，其中 800℃、900℃、950℃下断口仍可见部分枝晶形貌，但出现明显的撕裂孔洞，1000℃、1050℃下断口枝晶形貌已不明显，断面上的撕裂孔洞更多，且更深。高倍下 800℃断口由于氧化较为轻微、韧窝轮廓较为明显，其他更高温度下的断口上韧窝被较厚的颗粒状氧化皮覆盖，微观特征不清楚，见图 2.3-5。

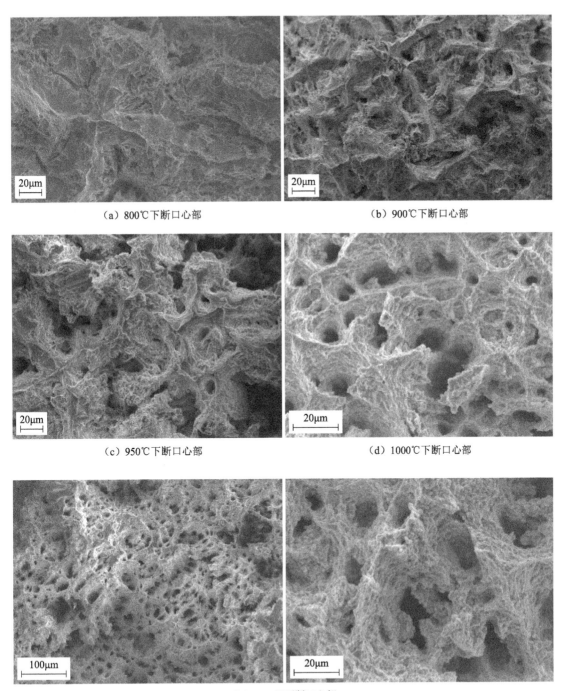

（a）800℃下断口心部　　　　　　　　　　（b）900℃下断口心部

（c）950℃下断口心部　　　　　　　　　　（d）1000℃下断口心部

（e）1050℃下断口心部

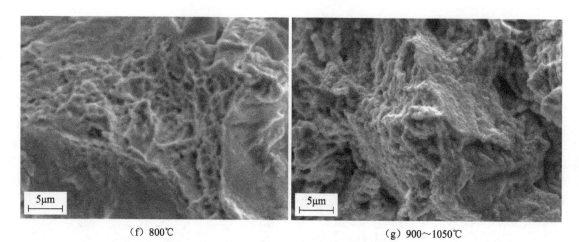

（f）800℃　　　　　　　　　　（g）900～1050℃

图 2.3-5　800～1050℃下光滑拉伸断口微观形貌

　　不同温度下，随着试验温度升高，宏观上颈缩变形以及高温氧化色（氧化程度）存在差异，微观上韧窝形貌和特征也有所差异，此外，各个温度下的断口侧表面均可见较多的微裂纹，且随着温度的升高颈缩程度变大，微裂纹开口明显变宽，裂纹密集细碎，900℃以上的高温断口在表面看，裂纹内部也可见较厚的氧化皮覆盖，见图 2.3-6。

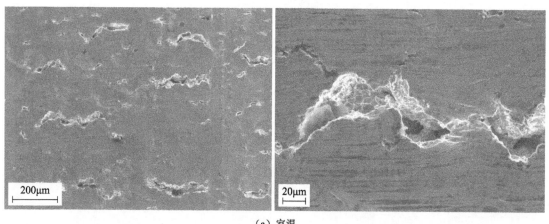

（a）室温

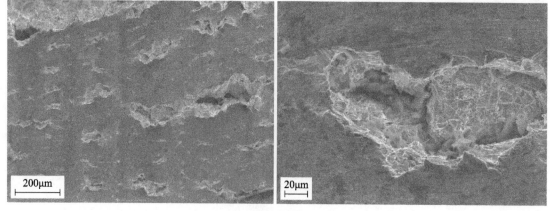

（b）600℃

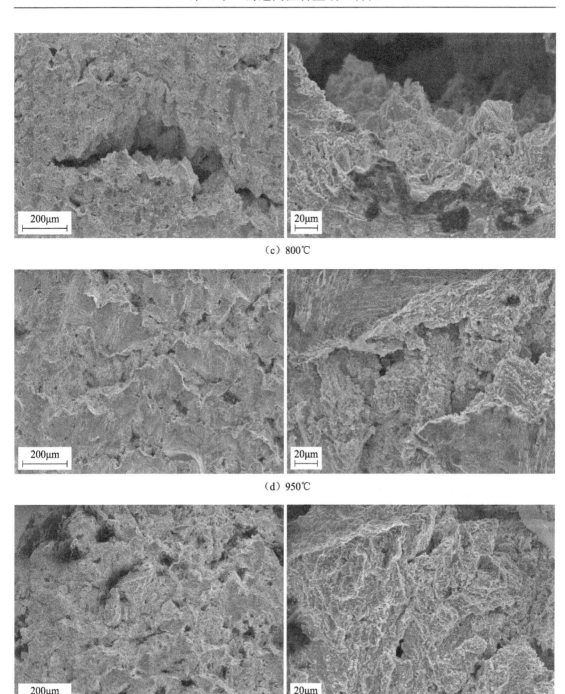

（c）800℃

（d）950℃

（e）1050℃

图 2.3-6　不同温度下光滑拉伸断口侧表面微观形貌

2. 综合分析

（1）DZ40M 光滑拉伸试样宏观特征从 700℃开始断口上的氧化色变得明显，随着温度升高，断面从蓝黑色发展为黑绿色。室温～1050℃下的光滑拉伸断口均呈一个基本与轴向垂直、特征一致的断面，无明显分区，800℃开始断口出现明显颈缩，且程度随着温度的升高逐渐加重。各温度下的断口均较为粗糙，且随着温度升高，粗糙度变大。室温～700℃下的断口断面上的十字枝晶较为明显，800℃以上断面枝晶特征不明显，呈现纤维断裂形貌。

（2）微观特征上，室温～700℃下的较低温度光滑拉伸断口微观特征比较相似，断面多见枝晶十字形貌，微观主要为枝晶和不规则的韧窝特征；800～1050℃下的光滑拉伸断口微观上开始出现明显的撕裂孔洞，尤其是1000℃、1050℃下断口枝晶形貌已不明显，断面上的撕裂孔洞更多，且更深。且800℃以上，拉伸断口上氧化严重，断口上的韧窝被较厚的颗粒状氧化皮覆盖，微观特征不清楚。

（3）各温度下的拉伸断口表面均出现了平行于断口方向的微裂纹，且随着温度升高，微裂纹越密集细碎，裂纹张口越大，裂纹内氧化越严重。

2.3.3.2　缺口拉伸

1. 不同缺口系数

（1）宏观特征：DZ40M缺口拉伸断口从室温到高温（900℃）均未见明显颈缩，整个断口为一与轴向垂直的粗糙平整断面，宏观可见典型的十字枝晶形貌。同一温度、不同缺口系数下的断口宏观特征差异不大，但高温下的断口粗糙度要比室温下的大一些，室温和700℃下的缺口拉伸断口宏观形貌见图2.3-7。

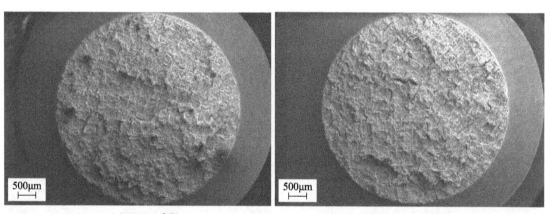

（a）K_t=3、室温　　　　　　　　　　　（b）K_t=5、室温

（c）K_t=3、700℃　　　　　　　　　　（d）K_t=5、700℃

图2.3-7　缺口拉伸断口宏观形貌

（2）微观特征：不同缺口系数下缺口拉伸断口微观特征一致，均为无规则、形貌较不典型的韧窝和起伏的棱线特征，室温和高温的差异不大，见图 2.3-8。

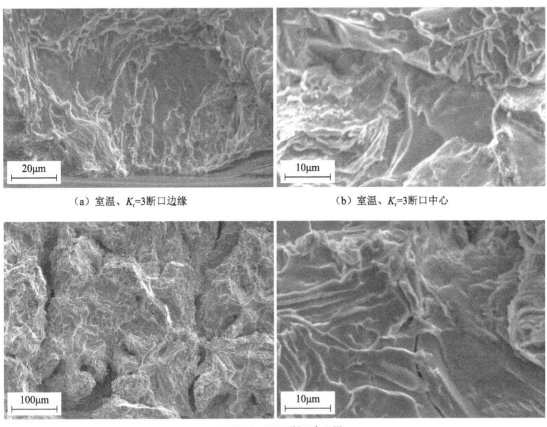

（a）室温、K_t=3断口边缘　　　　　　　　　　（b）室温、K_t=3断口中心

（c）K_t=5、700℃断口中心区

图 2.3-8　缺口拉伸断口微观形貌

2. 不同温度

（1）宏观特征：高温下，700℃和 800℃下断口呈灰黄色，900℃下断口呈棕黄色，700℃比 800℃和 900℃下的断面起伏大些，裂纹从缺口根部起始，断口宏观枝晶特征明显，见图 2.3-9。

（a）K_t=5、700℃　　　　　　（b）K_t=5、800℃　　　　　　（c）K_t=5、900℃

图 2.3-9　不同温度的缺口拉伸断口宏观形貌

（2）微观特征：高温下缺口拉伸断口微观均为枝晶断裂特征，700℃氧化特征较不明显，微观可见棱角分明的棱线及不规则形貌的韧窝特征，900℃下断面氧化较明显，还可见较明显的第二相，见图2.3-10。

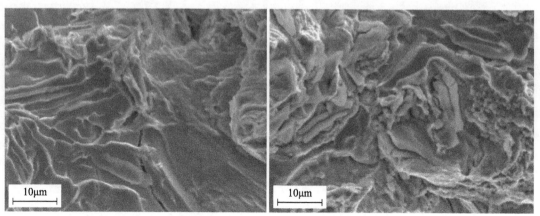

（a）K_t=5、700℃断口枝晶断裂形貌　　　　　（b）K_t=5、900℃断口枝晶断裂形貌

图2.3-10　不同温度的缺口拉伸断口微观形貌

3. 综合分析

（1）DZ40M的缺口拉伸断口均未见颈缩，整个断口为一与轴向垂直的粗糙平整断面，高温下的断口粗糙度要比室温下的大一些。700℃和800℃下断口呈灰黄色，900℃下断口呈棕黄色。断面宏观呈现典型的十字枝晶形貌，同一温度、不同缺口系数下的断口宏观特征差异不大。

（2）不同温度、不同缺口系数下缺口拉伸断口微观特征一致，室温和高温下的微观均为枝晶断裂特征，放大可见无规则、形貌较不典型的韧窝和起伏的棱线特征，温度较低时枝晶轮廓棱角分明，900℃下氧化特征明显，还可见较明显的第二相。

2.3.3.3　低周应变疲劳

1. 700℃、R_ε=0.1

（1）宏观特征：700℃、R_ε=0.1下低周疲劳断口源区、扩展区和瞬断区呈现不同的颜色。且同一温度下不同循环周次断口颜色也不同。低应变（ε_{max}=1%）、高循环周次（N_f=11767）断口从源区一侧到断裂一侧断口颜色由黑紫色过渡到紫红色、绿色，最后断裂区一侧为银灰色；中应变（ε_{max}=1.2%）、循环周次为3186的断口和高应变（ε_{max}=2.5%、）循环周次为96的断口疲劳区均呈绿色，瞬断区为暗金黄色。见图2.3-11。

700℃、R_ε=0.1下，低应变（ε_{max}=1%）的断口断裂发生在螺纹处而非工作段（应和加工有关），疲劳从一侧的螺纹根部起源，呈现大线源特征，疲劳扩展区平坦，占整个断口面积的65%，随着应变增大，疲劳扩展面积变小，但粗糙程度变大，中应变（ε_{max}=1.2%）断口和高应变（ε_{max}=2.5%、）断口疲劳扩展区颜色存在明显分界，疲劳扩展区面积所占断口面积分别为15%和5%。

（2）微观特征：700℃、R_ε=0.1、3个应变下的低周疲劳断口均起源于试样一侧表面，源区均未见冶金缺陷。其中ε_{max}=1%断口疲劳源区呈现大线源特征，源区平坦，随着应变加大，源区粗糙程度增加，ε_{max}＝2.5% 断口源区未见平坦区，见图 2.3-12（a）～（f）。ε_{max}＝1% 断口扩展前期平坦，条带不明显，扩展中期才可见典型的疲劳条带。随着应变加大，源区附近未见疲劳条带的区域变小，ε_{max}＝2.5% 断口源区附近即可见疲劳条带，且随着应变的加大，典型疲劳条带区的条带宽度有所变宽（如 ε_{max}＝1% 断口条带宽度约为 0.7μm，ε_{max}＝1.2% 和 ε_{max}＝2.5% 的两个断口条带宽度为 1μm 左右），且条带变得断续，甚至与二次裂纹并存，见图 2.3-12（g）～（j）。扩展后期为疲劳条带＋韧窝共存，断口大部分区域为瞬断区，微观为不规则的韧窝形貌，见图 2.3-12（k）和（l）。

（a）断口侧面

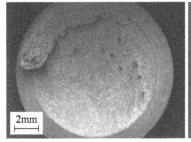

（c）ε_{max}＝1%、N_f＝11767

（b）断口颜色

（d）ε_{max}＝1.2%、N_f＝3186

（e）ε_{max}＝2.5%、N_f＝96

图 2.3-11　700℃、R_ε＝0.1 时低周疲劳断口宏观形貌

（a）ε_{max}＝1%、N_f＝11767断口源区低倍

（b）ε_{max}＝1%、N_f＝11767断口源区高倍

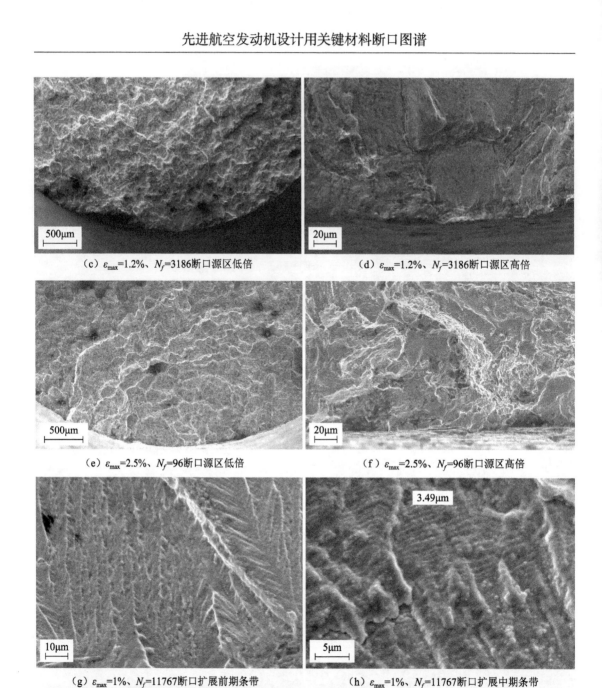

（c）ε_{max}=1.2%、N_f=3186断口源区低倍　　　　　　（d）ε_{max}=1.2%、N_f=3186断口源区高倍

（e）ε_{max}=2.5%、N_f=96断口源区低倍　　　　　　（f）ε_{max}=2.5%、N_f=96断口源区高倍

（g）ε_{max}=1%、N_f=11767断口扩展前期条带　　　　（h）ε_{max}=1%、N_f=11767断口扩展中期条带

（i）ε_{max}=1.2%、N_f=3186断口扩展中期条带　　　（j）ε_{max}=2.5%、N_f=96断口扩展中期条带

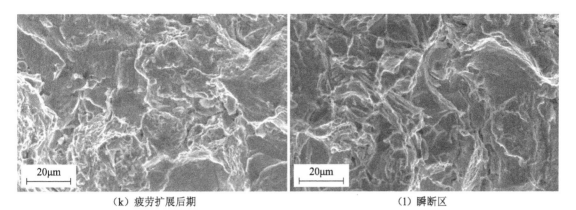

（k）疲劳扩展后期　　　　　　　　　　　　　（l）瞬断区

图 2.3-12　700℃、$R_\varepsilon=0.1$ 不同应变下的低周疲劳断口微观形貌

2. 700℃、$R_\varepsilon=-1$

（1）宏观特征：700℃、$R_\varepsilon=-1$ 下，低周疲劳断口源区、疲劳扩展区和瞬断区呈现不同的颜色。且同一温度下不同循环周次断口颜色也不同。低应变（$\varepsilon_{max}=0.5\%$）、高循环周次（$N_f=18688$）断口从源区一侧到断裂一侧断口颜色由黑紫色过渡到紫红色、绿色，最后断裂区一侧为灰色；中应变（$\varepsilon_{max}=0.6\%$）、循环周次为 1537 的断口和高应变（$\varepsilon_{max}=1.2\%$）循环周次为 68 的断口疲劳扩展区均呈灰绿色，瞬断区为暗金黄色。见图 2.3-13。

$\varepsilon_{max}=0.5\%$ 断口断裂发生在螺纹处而非工作段（应和加工有关），疲劳从一侧的螺纹根部起源，呈现大线源特征，疲劳扩展区平坦，占断口面积的 75%，$\varepsilon_{max}=0.6\%$ 断口疲劳扩展区隐约可见放射棱线，占断口面积的 55%；随着应变增大，疲劳扩展区面积变小，疲劳区粗糙程度变大，$\varepsilon_{max}=1.2\%$ 断口疲劳扩展区和瞬断区粗糙程度相差不大，疲劳扩展区非常小，仅占断口面积的 10%。

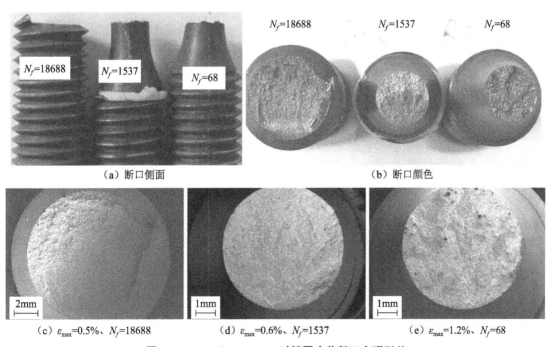

（a）断口侧面　　　　　　　　　　　　　　　（b）断口颜色

（c）$\varepsilon_{max}=0.5\%$、$N_f=18688$　　　（d）$\varepsilon_{max}=0.6\%$、$N_f=1537$　　　（e）$\varepsilon_{max}=1.2\%$、$N_f=68$

图 2.3-13　700℃、$R_\varepsilon=-1$ 时低周疲劳断口宏观形貌

（2）微观特征：700℃、$R_\varepsilon=-1$、3个应变下的低周疲劳断口均起源于试样一侧表面，源区均未见冶金缺陷。$\varepsilon_{max}=0.5\%$ 断口为大线源，$\varepsilon_{max}=0.6\%$ 断口起源为小线源或点源，这两个断口源区均较平坦，但随着应变增大，源区粗糙程度增加，$\varepsilon_{max}=1.2\%$ 断口源区未见平坦区，见图 2.3-14（a）～（d）。$\varepsilon_{max}=0.5\%$ 和 $\varepsilon_{max}=0.6\%$ 两个断口疲劳扩展前期平坦，随着应变增大，扩展前期区域变小，当应变增加到 1.2% 时，断口源区附近即可见疲劳条带。此外，随着应变的增大，典型疲劳条带区的条带宽度有所变宽，且条带变得断续，甚至与二次裂纹并存，见图 2.3-14（e）～（g）。断口瞬断区可见明显的枝晶形貌，高倍可见沿析出第二相断裂和不规则的韧窝形貌，见图 2.3-14（h）和（i）。

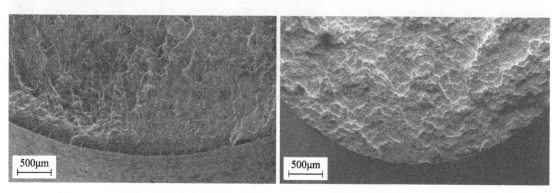

（a）$\varepsilon_{max}=0.5\%$、$N_f=18688$断口源区低倍　　　　（b）$\varepsilon_{max}=0.6\%$、$N_f=1537$断口源区低倍

（c）$\varepsilon_{max}=0.6\%$、$N_f=1537$断口源区高倍　　　　（d）$\varepsilon_{max}=1.2\%$、$N_f=68$断口源区低倍

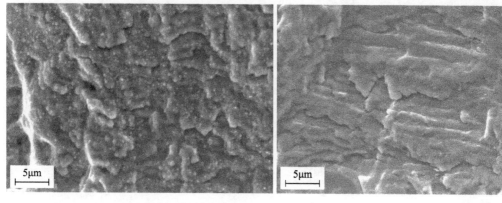

（e）$\varepsilon_{max}=0.5\%$、$N_f=18688$断口扩展中期条带　　　　（f）$\varepsilon_{max}=0.6\%$、$N_f=1537$断口扩展中期条带

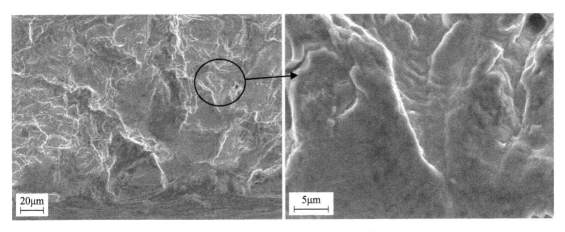

（g）ε_{max}=1.2%、N_f=68断口源区附近条带

（h）瞬断区枝晶轮廓和二次裂纹　　　　　　　（i）瞬断区高倍断裂

图 2.3-14　700℃、R=−1 不同应变下的低周疲劳断口微观形貌

3.800℃、R_ε=0.1

（1）宏观特征：800℃、R=0.1 下，低应变（ε_{max}=0.8%）、高循环周次（N_f=106756）断口从源区一侧到断裂一侧断口颜色由灰黑色过渡到紫红色、绿色，最后断裂区一侧为暗金黄色；中应变（ε_{max}=1%）、循环周次为 16220 的断口疲劳区由绿色过渡到黑绿色，瞬断区为银灰色，高应变（ε_{max}=2.5%）、循环周次为 117 的断口疲劳区均呈灰黑色，瞬断区为灰绿色。见图 2.3-15。

800℃、R_ε=0.1 下，ε_{max}=0.8% 断口断裂发生在螺纹处而非工作段（应和加工有关），疲劳从一侧的螺纹根部起源，呈大线源特征，疲劳扩展区平坦，占断口面积的 60%，随着应变增大，疲劳扩展区面积变小，疲劳区粗糙程度变大，ε_{max}=1% 断口可见两个疲劳区，但明显另一疲劳区的面积非常小，主疲劳扩展区粗糙度变大，隐约可见放射棱线，占断口面积的 45%；ε_{max}=2.5% 断口疲劳扩展区和瞬断区粗糙程度相差不大，疲劳扩展区非常小，不到断口面积的 10%。

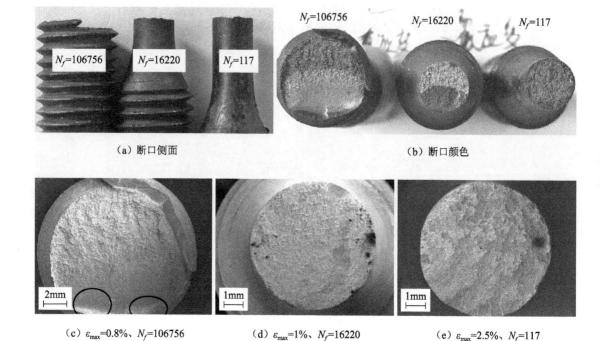

（a）断口侧面　　　　　　　　　　　　（b）断口颜色

（c）ε_{max}=0.8%、N_f=106756　　　（d）ε_{max}=1%、N_f=16220　　　（e）ε_{max}=2.5%、N_f=117

图 2.3-15　800℃、R_ε=0.1 时低周疲劳断口宏观形貌

（2）微观特征：800℃、R_ε=0.1、3 个应变下的低周疲劳断口，ε_{max}=0.8% 断口起源于一侧表面，呈现大线源特征，由于断裂在螺纹端、螺纹处的变截面造成源区呈现一斜坡形貌，源区未见冶金缺陷。ε_{max}=1.0% 断口主疲劳源在试样一侧，呈单个小线源特征，在另一侧出现一个小疲劳区，源区也为线源特征，两个源区未见冶金缺陷，见图 2.3-16（a）～（e）。ε_{max}=0.8% 和 ε_{max}=1.0% 两个断口扩展前期平坦，条带不明显，扩展中期才可见典型的疲劳条带。随着疲劳的扩展，条带宽度变宽，甚至与韧窝混合一起，见图 2.3-16（f）～（h）。ε_{max}=2.5% 断口源区附近即可见疲劳条带。

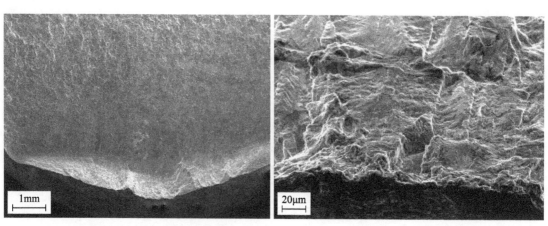

（a）ε_{max}=0.8%、N_f=106756 断口源区低倍　　　（b）ε_{max}=0.8%、N_f=106756 断口源区高倍

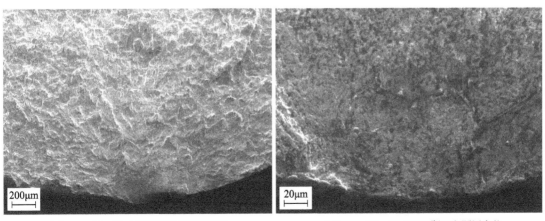

（c）ε_{max}=1%、N_f=16220断口主源区低倍　　　　　　（d）ε_{max}=1%、N_f=16220断口主源区高倍

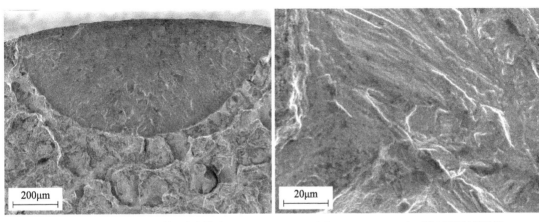

（e）ε_{max}=1%、N_f=16220断口次疲劳区　　　　　　（f）ε_{max}=1%、N_f=16220断口疲劳扩展前期

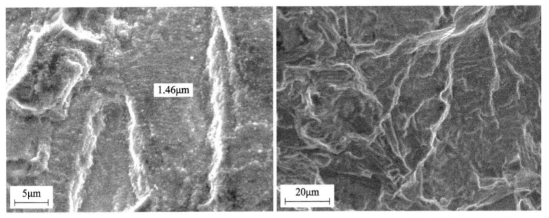

（g）ε_{max}=1%、N_f=16220断口疲劳扩展中期条带　　　　　　（h）ε_{max}=1%、N_f=16220断口疲劳扩展后期条带

图 2.3-16　800℃、R=0.1、不同应变下的低周疲劳断口微观形貌

4. 800℃、R_ε=−1

（1）宏观特征：800℃、R_ε=−1 下，ε_{max}=0.36%、循环周次为 326995 的断口从源区

一侧到断裂一侧断口颜色由灰黑色过渡到紫红色、绿色，最后断裂区一侧为暗金黄色；ε_{max}=0.45%、循环周次为7735的断口疲劳区为黑绿色，瞬断区为暗黄色。ε_{max}=1.3%、循环周次为102的断口基本呈现蓝黑色。见图2.3-17。

（a）断口侧面　　　　　　　　　　　　　　（b）断口颜色

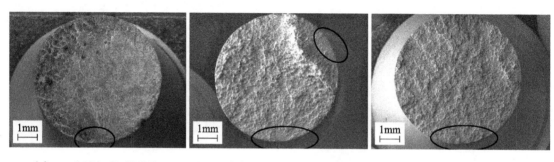

（c）ε_{max}=0.36%、N_f=326995　　　（d）ε_{max}=0.45%、N_f=7735　　　（e）ε_{max}=1.3%、N_f=102

图2.3-17　800℃、R_ε=−1 低周疲劳断口宏观形貌

800℃、R_ε=−1、3个应变下断口均断裂在工作端。ε_{max}=0.36%断口疲劳源位于一侧，呈单个点源特征，疲劳源区面积较大，约为80%；ε_{max}=0.45%断口存在两处疲劳起源和扩展区，主疲劳区面积约占断口面积的40%；ε_{max}=1.3%断口疲劳扩展区变得粗糙，断口疲劳扩展区和瞬断区粗糙程度相差不大，且源区可见台阶，呈连续多线源特征，疲劳扩展区面积不到断口面积的10%。

（2）微观特征：800℃、R_ε=−1、3个应变下的应变疲劳断口，ε_{max}=0.36%断口疲劳区较大，疲劳起源于试样一侧的次表面，点源，源区可见尺寸约为33μm的显微疏松；ε_{max}=0.45%断口有两个疲劳源，集中在试样一侧，均起源于表面，呈小线源特征，源区未见冶金缺陷。随着应变加大、循环周次降低，源区逐渐变得粗糙，ε_{max}=1.3%断口源区在一侧表面起源，可见多台阶和连续线源起源的特征，疲劳区特别小，见图2.3-18（a）～（f）。ε_{max}=0.36%和ε_{max}=0.45%两个断口扩展前期平坦，条带不明显，疲劳扩展中期可见典型条带，扩展后期条带更宽，与韧窝共存。断口疲劳区条带宽度在1μm以上，见图2.3-18（g）～（k）。瞬断区为可见枝晶断裂形貌，局部可见二次裂纹，枝晶形貌高倍特征为不规则的韧窝和第二相质点，见图2.3-18（1）。

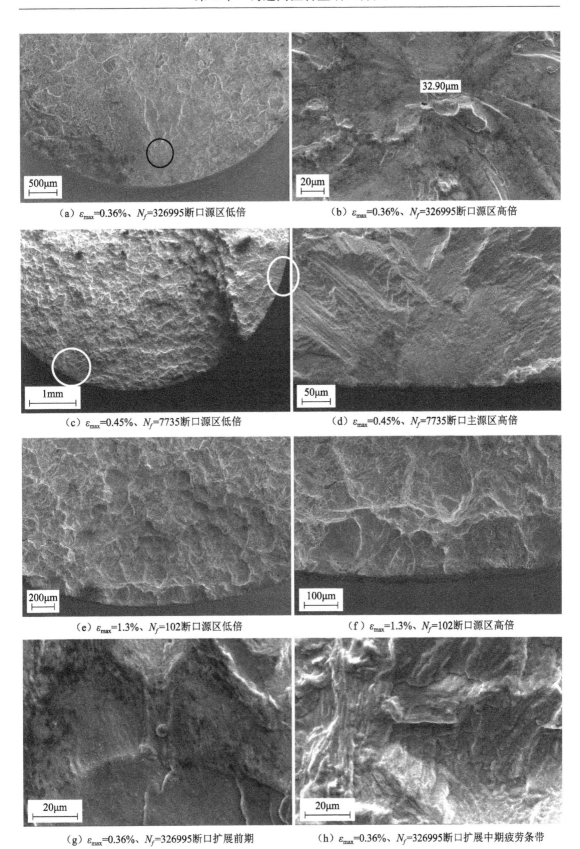

（a）ε_{max}=0.36%、N_f=326995断口源区低倍

（b）ε_{max}=0.36%、N_f=326995断口源区高倍

（c）ε_{max}=0.45%、N_f=7735断口源区低倍

（d）ε_{max}=0.45%、N_f=7735断口主源区高倍

（e）ε_{max}=1.3%、N_f=102断口源区低倍

（f）ε_{max}=1.3%、N_f=102断口源区高倍

（g）ε_{max}=0.36%、N_f=326995断口扩展前期

（h）ε_{max}=0.36%、N_f=326995断口扩展中期疲劳条带

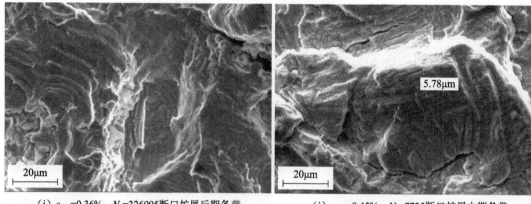

（i）ε_{max}=0.36%、N_f=326995断口扩展后期条带　　　　（j）ε_{max}=0.45%、N_f=7735断口扩展中期条带

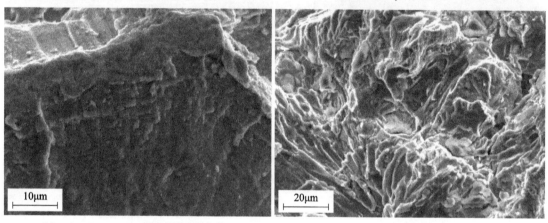

（k）ε_{max}=1.3%、N_f=102断口扩展中期条带　　　　　　（l）瞬断区高倍

图 2.3-18　800℃、R_ε=-1、不同应变下的低周疲劳断口微观形貌

5. 900℃、R_ε=0.1 和 R_ε=-1

（1）宏观特征：从断口高温色看，900℃下，两个应变比的 6 个断口颜色差异不大，均断裂在试样工作端，疲劳均起源于试样一侧表面，从源区到另一侧瞬断区断面颜色由灰绿色过渡到绿色再到蓝黑色、蓝紫色或灰色。两个应变比下，均是高应变下的断口断面可见磨损，疲劳区面积均随应变增大呈减小的趋势，R_ε=0.1 下、3 个断口从低应变到高应变，疲劳区面积分别占断口面积的 50%、20% 和 20%；R_ε=-1 下，3 个断口从低应变到高应变，疲劳区面积分别占整个断面面积的 60%、40%，30%。整体看，同循环周次级别下，R_ε=-1 下的断口疲劳区面积较 R_ε=0.1 下的断口大。见图 2.3-19 和图 2.3-20。

（a）断口侧面　　　　　　　　　　　　　（b）断口颜色

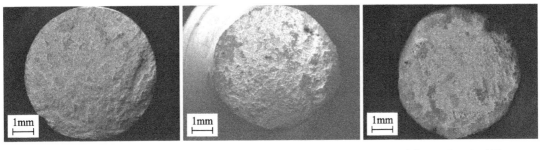

（c）$\varepsilon_{\max}$=0.65%、N_f=303002　　　（d）$\varepsilon_{\max}$=0.75%、N_f=7307　　　（e）$\varepsilon_{\max}$=3%、N_f=125

图 2.3-19　900℃、R_ε=0.1、不同应变下的低周疲劳断口宏观形貌

（a）侧面　　　　　　　　　　　　　　　　（b）断口颜色

（c）$\varepsilon_{\max}$=0.1%、N_f=662190　　　（d）$\varepsilon_{\max}$=0.3%、N_f=8522　　　（e）$\varepsilon_{\max}$=1%、N_f=167

图 2.3-20　900℃、R_ε=−1、不同应变下的低周疲劳断口宏观形貌

（2）微观特征：900℃下，两个应变比的 6 个应变疲劳断口均起源于试样一侧表面，低应变时起源为小线源特征，高应变时为粗糙度较大的连续小线源特征（呈现多台阶形貌），个别源区存在挤压循环（R_ε=0.1、$\varepsilon_{\max}$=0.75%、N_f=7307）或者磨损损伤（R_ε=0.1、$\varepsilon_{\max}$=3%、N_f=125 和 R_ε=−1、$\varepsilon_{\max}$=0.1%、N_f=662190）特征，见图 2.3-21（a）～（f）。两个应变比下的疲劳扩展区的扩展趋势和特征相似，且与 700℃ 和 800℃ 下的断口扩展规律一致，低应变高循环周次的断口疲劳扩展中期可见稳定扩展的疲劳条带，随着应变增大，条带变宽并且变得断续，900℃的断口疲劳区可见明显氧化特征，见图 2.3-21（g）～（j）；瞬断区为沿析出相撕裂和细小韧窝特征，见图 2.3-21（k）、（l）。

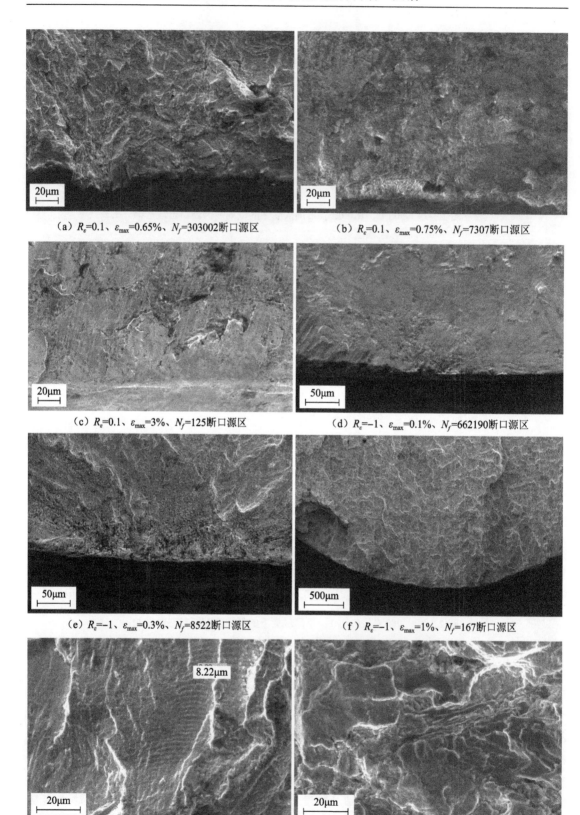

（a）R_ε=0.1、ε_{max}=0.65%、N_f=303002断口源区

（b）R_ε=0.1、ε_{max}=0.75%、N_f=7307断口源区

（c）R_ε=0.1、ε_{max}=3%、N_f=125断口源区

（d）R_ε=-1、ε_{max}=0.1%、N_f=662190断口源区

（e）R_ε=-1、ε_{max}=0.3%、N_f=8522断口源区

（f）R_ε=-1、ε_{max}=1%、N_f=167断口源区

（g）R_ε=0.1、ε_{max}=0.65%、N_f=303002扩展中期条带

（h）R_ε=0.1、ε_{max}=3%、N_f=125扩展中期条带

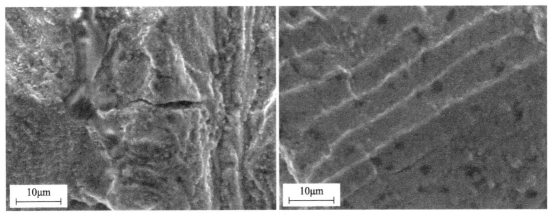

（i）R_ε=-1、ε_{max}=0.1%、N_f=662190扩展区条带　　　（j）R_ε=-1、ε_{max}=1%、N_f=167扩展区条带

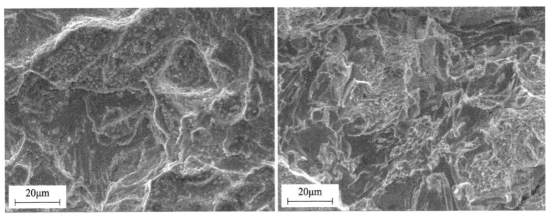

（k）断口上氧化　　　　　　　　　　　（l）断口瞬断区

图 2.3-21　900℃下的低周疲劳断口微观形貌

6. 综合分析

根据 700～900℃、两个应变比、不同应变下 DZ40M 低周应变疲劳断口特征分析，总结如下：

（1）700～900℃、两个应变比下的低周应变疲劳断口，低应变下的断口和高周疲劳断口相似，疲劳区平坦，扩展面积较大，占断口面积的 40%～80%。高应变下的断口具有典型的低周疲劳断口特征，源区粗糙，宏观基本未见明显平坦区，疲劳区面积占断口面积的 30% 以下。对于 DZ40M 的高温应变断口，呈现随应变增大扩展区面积减小的规律。

（2）700～900℃、两个应变比下的低周应变疲劳断口起源均无刻面特征，大多疲劳源区从一侧起源，往另一侧扩展，个别起源虽存在双源或者多源，但基本也是以一侧的疲劳起源为主，次疲劳区非常小。源区多起源于表面，个别低应变高循环周次下断口起源在次表面尺寸较小（数十微米）的显微疏松处。对于 700℃、低应变下断口，受试样螺纹加工状态影响，断裂多发生在螺纹处，呈现大线源的特征。而对于高应变或者 900℃下断口，均断裂于正常位置（工作端），高应力下的断口源区粗糙，呈线源或台阶状的连续小线源特征。

（3）700～900℃下的DZ40M低周应变疲劳断口扩展区均可见疲劳条带，低应变下的条带细密连续，高应变在源区附近即可见较宽的条带且条带断续。瞬断区呈沿析出相断裂和韧窝形貌特征。

2.3.3.4 缺口持久

1. 700℃、800℃

（1）宏观特征：800℃、不同应力下的缺口持久断口边缘为蓝黑色，持久时间短的断口中部为较深的黄绿色，而持久时间长的断口中部仍为蓝黑色。700℃、不同应力下的缺口持久断口边缘为蓝黑色，断口中部为较深的黄绿色。800℃的两个断口上均可见一定的颈缩，700℃的两个断口颈缩较不明显，尤其是持久时间较短的断口。缺口持久断口断面粗糙，起伏较大，800℃的断口呈现杯锥状，持久时间越长杯锥状越明显，即可见明显的边缘区；700℃的缺口持久断口则为一个与轴向垂直的平面。持久时间短的断口中部可见枝晶轮廓。随着应力降低，持久时间变长，断口上的枝晶轮廓变得不清晰，断面更为粗糙，见图2.3-22。断口侧面即试样表面可见许多平行于断面的二次裂纹，且二次裂纹的开口均较大。越靠近断口，二次裂纹越多越密集，见图2.3-23。

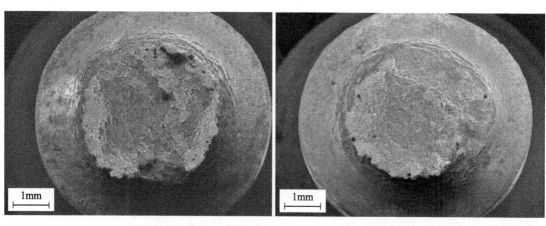

(a) 800℃/390MPa/12.16h (b) 800℃/300MPa/322.08h

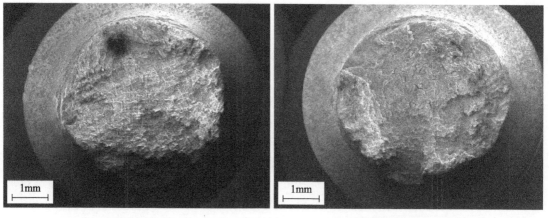

(c) 700℃/460MPa/25.33h (d) 700℃/380MPa/1340.5h

图2.3-22 不同温度、不同应力下的缺口持久断口宏观形貌

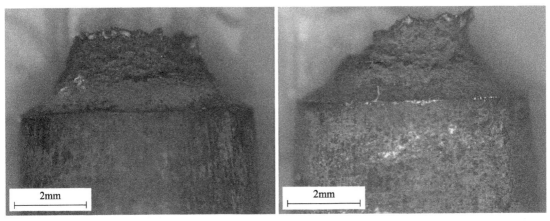

（a）800℃/390MPa/12.16h　　　　　　　（b）800℃/300MPa/322.08h

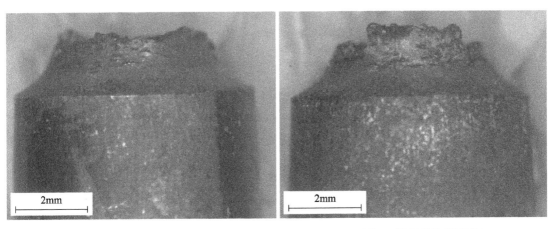

（c）700℃/460MPa/25.33h　　　　　　　（d）700℃/380MPa/1340.5h

图 2.3-23　不同温度、不同应力下的缺口持久断口侧面形貌

（2）微观特征：700℃和800℃下的缺口持久断口微观特征类似，均为二次裂纹+沿枝晶断裂特征。持久断口均可见氧化，相比下，700℃的缺口持久断口氧化轻微，可见清晰的枝晶断裂+不规则的韧窝形貌，见图 2.3-24。

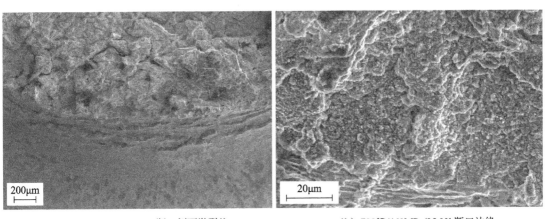

（a）700℃/460MPa/25.33h断口侧面微裂纹　　　　（b）700℃/460MPa/25.33h断口边缘

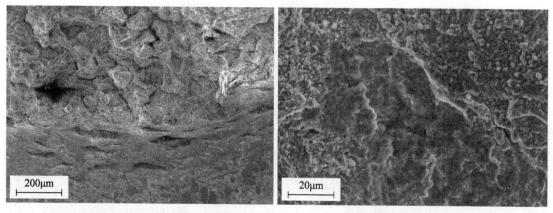

（c）700℃/380MPa/1340.5h断口侧面微裂纹　　　　　（d）700℃/380MPa/1340.5h断口边缘

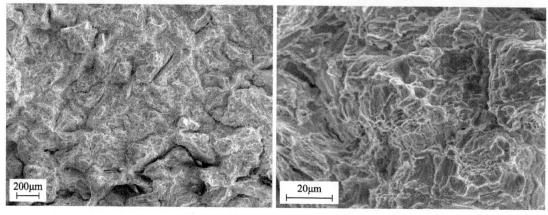

（e）700℃/460MPa/25.33h断口心部

（f）700℃/380MPa/1340.5h断口心部

图 2.3-24　700℃下缺口持久断口微观形貌

2.900℃

（1）宏观特征：900℃、不同应力下的缺口持久断口均为黑绿色，断口均存在一定的颈缩，且应力越大（持久时间越短）的颈缩越大。断面粗糙，且起伏较大，可见明显的氧化和污染，见图 2.3-25。断口侧面即试样表面可见许多平行于断面的二次裂纹，且二次裂纹的开口均较大。越靠近断口，二次裂纹越多越密集，见图 2.3-26。

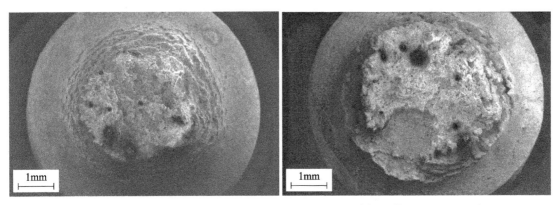

　　（a）900℃/220MPa/12.58h　　　　　　　　　　（b）900℃/140MPa/1413.58h

图 2.3-25　900℃、不同应力下的缺口持久断口宏观形貌

　　（a）900℃/220MPa/12.58h　　　　　　　　　　（a）900℃/220MPa/12.58h

图 2.3-26　900℃、不同应力下的缺口持久断口侧面形貌

　　（2）微观特征：900℃下不同持久时间的持久断口从试样四周表面呈撕裂状起始，除断裂面外，其他与断口平行的密集微裂纹开口较大，扩展曲折。持久断口氧化严重，断面微观呈现氧化颗粒形貌，原始断面已无法观察，持久时间越长，氧化越严重，见图 2.3-27。

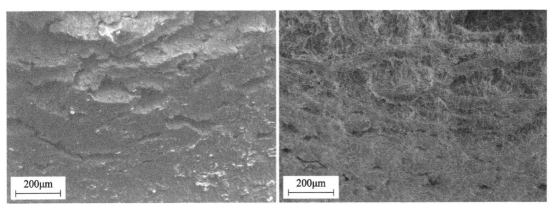

　　（a）900℃/220MPa/12.58h断口侧面

（b）900℃/140MPa/1413.58h断口侧面

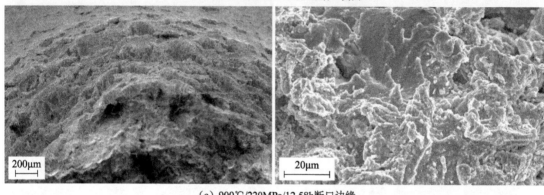

（c）900℃/220MPa/12.58h断口边缘

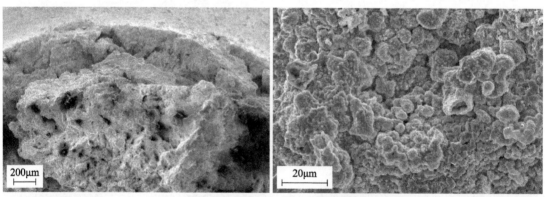

（d）900℃/140MPa/1413.58h断口边缘

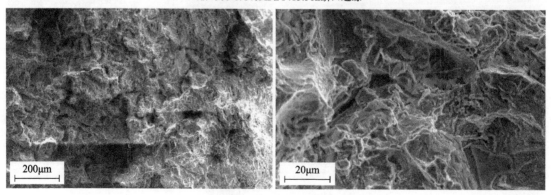

（e）900℃/220MPa/12.58h断口心部

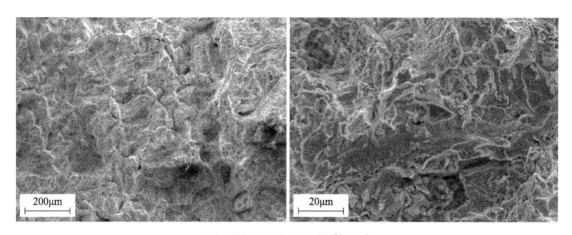

（f）900℃/140MPa/1413.58h断口心部

图 2.3-27 900℃、不同应力下的缺口持久断口微观形貌

3. 综合分析

（1）700℃下的缺口持久断口上颈缩不明显，尤其是持久时间较短的，基本为一个与轴向垂直的平面，且断面可见清晰的枝晶轮廓。800℃和900℃下的缺口持久断口颈缩明显，呈现杯锥状，即可见明显的边缘区；且随着温度升高，颈缩越明显。缺口持久断口断面粗糙，起伏较大。

（2）700℃、800℃和900℃下的缺口持久断口微观特征类似，均为二次裂纹＋枝晶＋不规则韧窝断裂特征。相比下，700℃的缺口持久断口氧化轻微，枝晶清晰，微观枝晶断裂特征明显；温度越高，氧化越严重，韧窝断裂更为明显；900℃下微观呈现氧化颗粒形貌，原始断面已无法观察，持久时间越长，氧化越严重。

2.4 DZ125

2.4.1 概述

DZ125是我国目前性能水平最高的定向凝固镍基铸造高温合金之一，具有良好的中、高温综合性能及优异的热疲劳性能。合金中 Ti 的含量较低，含有 1.5%Hf，使合金具有良好的铸造性能，可铸造成壁厚小至 0.6mm 的带有复杂内腔的无余量定向凝固叶片。由于合金中含有 Hf、Ta 等贵重元素，致使合金成本较高。适合于制作在1000℃以下工作的燃气涡轮转子叶片和1050℃以下工作的导向叶片以及其他高温零件。该合金的热处理制度为：1180℃×2h＋1230℃×3h，空冷；1100℃×4h，空冷；870℃×20h，空冷。表面不加工的零件（例如叶片），应用氩气保护或真空下进行热处理。

2.4.2 组织特征

本书中DZ125试样采用的热处理状态为：预处理（1180℃±10℃，保温 2h）＋固溶（1230℃，保温 3h，空冷；中间处理：1100℃，保温 4h，空冷）＋时效（870℃，保温20h，空冷）。该热处理制度下的合金组织特征见图 2.4-1，显微组织特征见图 2.4-2。合金的组成相有：γ 固溶体、γ′ 相、碳化物（包括 MC₁、MC₂、M₂₃C₆、M₆C 等）、M₃B₂、金属间化合物 Ni₅Hf、硫碳化合物（M，Hf）₂SC。γ′ 相约占合金重量的 60%；在 γ′ 相中约有 10% 体积分数的 γ/γ′ 共晶相，经过固溶热处理后，其体积分数降至 6% 左右，合金经 900℃/4000h 长期时效后 γ′ 相长大和聚集，MC 碳化物逐渐分解，析出 M₂₃C₆ 和 M₆C 相，不析出 TCP 相。

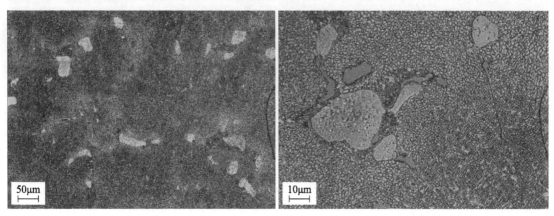

（a）共晶形貌　　　　　　　　　　　（b）共晶和碳化物

图 2.4-1　DZ125 金相组织特征

（a）碳化物和共晶形貌　　　　　　　　（b）γ 基体+γ″ 相形貌

图 2.4-2　DZ125 显微组织特征

2.4.3　断口特征

2.4.3.1　光滑拉伸

1. 室温拉伸

（1）宏观特征：室温下拉伸断口平齐，无颈缩，无塑性变形，纤维区、放射区、剪切唇三区特征不明显。可见沿枝晶断裂特征和闪光的小刻面。室温下光滑拉伸断口宏观形貌见图 2.4-3。

图 2.4-3　室温下光滑拉伸断口宏观形貌

（2）微观特征：断口中心为沿枝晶断裂特征和韧窝特征，边缘可见细小韧窝。室温下光滑拉伸断口微观形貌见图 2.4-4。

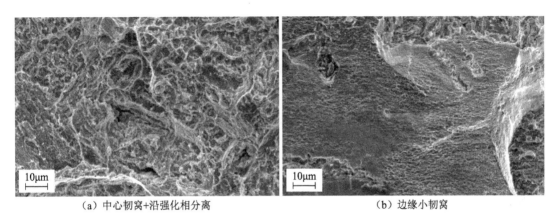

（a）中心韧窝+沿强化相分离　　　　　　　　　　（b）边缘小韧窝

图 2.4-4　室温下光滑拉伸断口微观形貌

2. 高温拉伸

（1）宏观特征：从断口侧面看，700℃下的断口为一基本与轴向呈 45° 的斜断面，其他温度下的断口整体为与轴向垂直的平断面。除 700℃下断口起源于一侧纤维区外，其他温度下的光滑拉伸断口均起源于中心纤维区，断面基本垂直轴向，剪切区与主应力方向约呈 45°，700℃下断口呈灰褐色，纤维区面积较小，主要为剪切断裂特征，无颈缩。随着温度升高，断口变为蓝灰色最后变为暗灰色，试样侧表面的金属光泽消失，剪切区呈减小趋势，1100℃时整个断面主要为纤维区特点，950℃下断口出现轻微颈缩，随着温度升高颈缩程度变大，断面逐渐粗糙，断口面积越来越小，断口附近侧表面出现微小裂纹，见图 2.4-5。

（2）微观特征：不同温度下高温拉伸断口的微观特征基本一致，以 700℃下断口为例，断口主要分为纤维区和剪切区，纤维区主要为韧窝特征，并可见沿枝晶断裂的特征，断面微观可见明显的沿骨架状碳化物断裂的形貌，骨架状碳化物之间为韧窝断裂形貌，见图 2.4-6（a）～（b），剪切平面放大可见韧窝形貌，见图 2.4-6（c）～（d）。部分断口可观察到第二相质点特征，并可见二次裂纹特征。随着温度的升高，断口韧窝尺寸变大，氧化特征越来越明显，见图 2.4-6（e）～（h）。

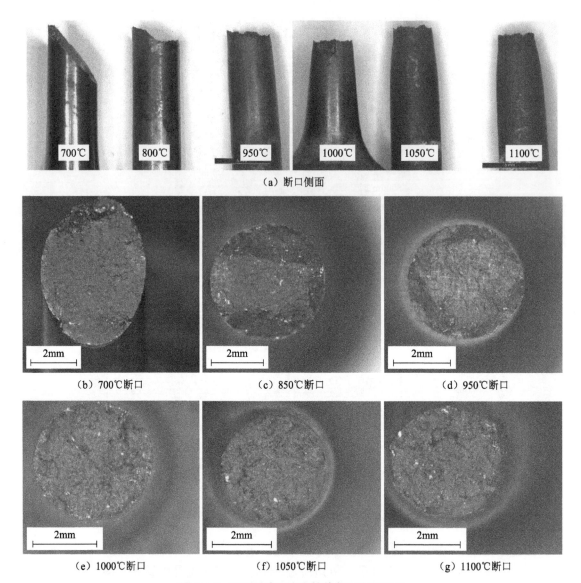

（a）断口侧面

（b）700℃断口　　　　　　（c）850℃断口　　　　　　（d）950℃断口

（e）1000℃断口　　　　　　（f）1050℃断口　　　　　　（g）1100℃断口

图2.4-5　不同温度下光滑拉伸断口宏观形貌

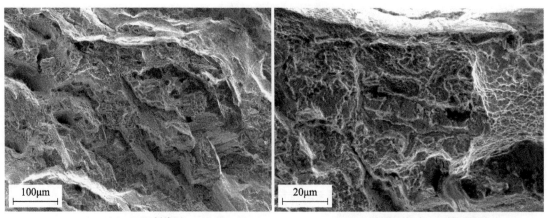

（a）700℃纤维区　　　　　　　　　　（b）700℃纤维区韧窝和沿枝晶断裂

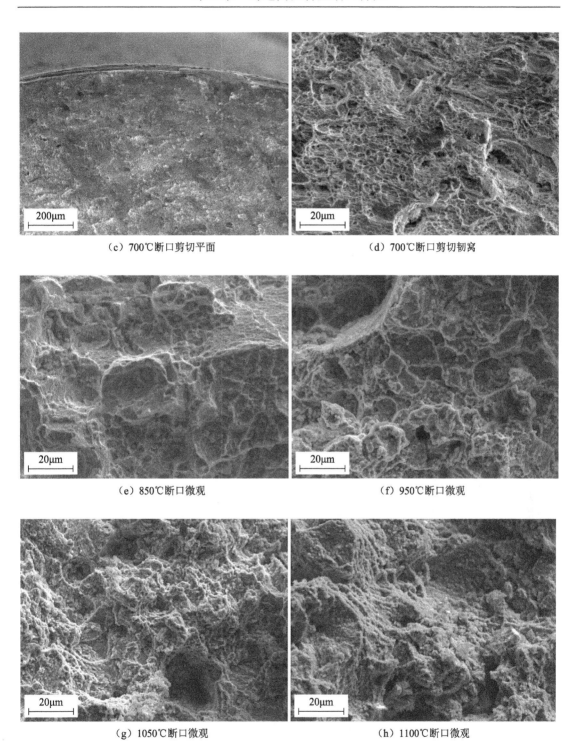

（c）700℃断口剪切平面　　　　　　　　（d）700℃断口剪切韧窝

（e）850℃断口微观　　　　　　　　　　（f）950℃断口微观

（g）1050℃断口微观　　　　　　　　　　（h）1100℃断口微观

图 2.4-6　不同温度下光滑拉伸断口微观形貌

2.4.3.2　缺口拉伸

1. 室温缺口拉伸

（1）宏观特征：室温下缺口拉伸断口呈银色，较光滑拉伸断口平齐，无颈缩。隐约可见沿枝晶断裂特征，不同缺口系数下的断口宏观特征差异不大，整体看，$K_t=2$的断口粗糙度要稍大一些，见图 2.4-7。

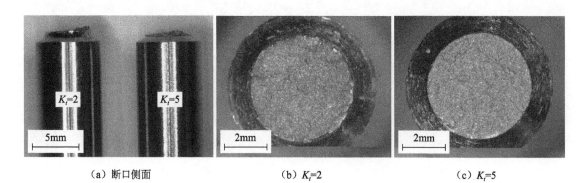

（a）断口侧面 　　　　　（b）$K_t=2$ 　　　　　（c）$K_t=5$

图 2.4-7　不同 K_t 下缺口拉伸断口宏观形貌

（2）微观特征：不同 K_t 下断口微观特征基本一致，未见明显的扩展走向，呈一次性断裂特征。放大可见沿枝晶断裂的特征，断面微观可见沿骨架状碳化物断裂和第二相质点，骨架状碳化物之间为韧窝断裂形貌，断口边缘为剪切小平面和韧窝形貌，见图 2.4-8。

（a）$K_t=2$断口心部 　　　　　　　　（b）$K_t=5$断口心部

（c）$K_t=2$断口沿骨架状碳化物断裂和韧窝 　　　（d）$K_t=5$断口沿骨架状碳化物断裂和韧窝

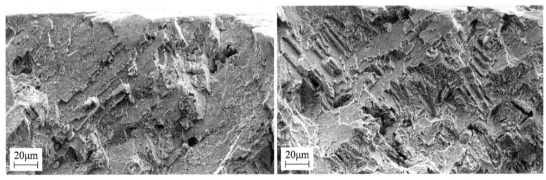

（e）K_t=2断口剪切小平面和韧窝　　　　　　（f）K_t=5断口剪切小平面和韧窝

图 2.4-8　不同 K_t 下缺口拉伸断口微观形貌

2. 高温缺口拉伸

（1）宏观特征：760℃下断口呈深蓝色，900℃下断口呈蓝灰色，950℃及以上断口均呈深灰色，随着温度升高断口侧表面的金属光泽逐渐消失。断面主要为纤维区特点，边缘可见剪切区，断口无颈缩，随着温度升高，断面有变粗糙的趋势，1100℃下断面出现二次裂纹。不同温度下缺口拉伸（K_t=2）断口低倍形貌见图 2.4-9。

（a）760℃　　　　　　　　　（b）900℃　　　　　　　　　（c）950℃

（d）1000℃　　　　　　　　（e）1050℃　　　　　　　　（f）1100℃

图 2.4-9　不同温度下缺口拉伸（K_t=2）断口低倍形貌

（2）微观特征：断口主要为纤维区特征，放大可见韧窝特征，并可见沿枝晶断裂和第二相质点的特征，见图 2.4-10（a）～（d），随着温度升高，断口氧化特征越来越明显，见图 2.4-10（e）和（f）。断口边缘可见剪切平面和剪切韧窝特征，随着温度升高，二次裂纹特征也越来越明显，见图 2.4-10（g）和（h）。

（a）760℃纤维区

（b）900℃纤维区韧窝和沿枝晶断裂

（c）950℃断口韧窝及第二相质点

（d）1000℃断口沿枝晶开裂

（e）1050℃断口韧窝及氧化

（f）1100℃断口氧化

（g）900℃断口剪切小平面和二次裂纹

（h）1100℃断口二次裂纹

图 2.4-10　高温缺口拉伸（$K_t = 2$）断口微观形貌

3. 不同缺口系数

（1）宏观特征：K_t=4 或 5 时断口宏观特征与 K_t=2 时基本一致，但随着 K_t 增大，断面趋于平整，与 K_t=2 时的断口相比，K_t=4 或 5 时的断面基本为纤维区特征，边缘剪切区不明显；同一缺口系数下，温度越高，断面的粗糙度和起伏逐渐增大，见图 2.4-11 ～图 2.4-12。

（a）760℃　　　　　　　　（b）900℃　　　　　　　　（c）950℃

（d）1000℃　　　　　　　　（e）1050℃　　　　　　　（f）1100℃

图 2.4-11　不同温度下缺口拉伸（K_t=4）断口低倍形貌

（a）760℃　　　　　　　　（b）900℃　　　　　　　　（c）950℃

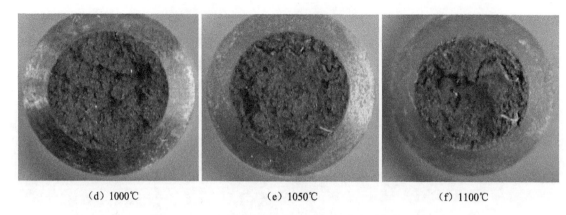

（d）1000℃　　　　　　（e）1050℃　　　　　　（f）1100℃

图 2.4-12　不同温度下缺口拉伸（K_t＝5）断口低倍形貌

（2）微观特征：760℃下 K_t＝4 时断口主要为纤维区特征，放大可见韧窝特征，并可见沿枝晶断裂和第二相质点的特征，见图 2.4-13（a）和（b），断口局部可见剪切小平面，断口边缘与纤维区一致，均为韧窝特征，见图 2.4-13（c）和（d），760℃、K_t＝5 时断口微观特征与 K_t＝4 时基本一致，见图 2.4-13（e）和（f）。

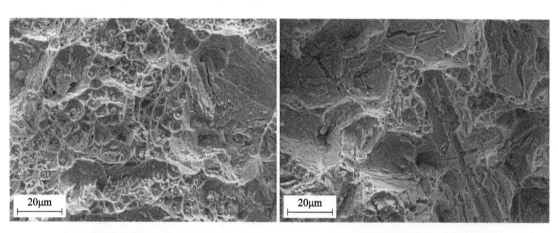

（a）K_t＝4纤维区韧窝和第二相质点　　　　　　（b）K_t＝4纤维区韧窝和沿枝晶断裂

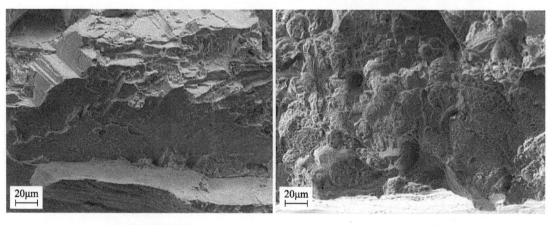

（c）K_t＝4断口剪切平面　　　　　　（d）K_t＝4断口边缘韧窝

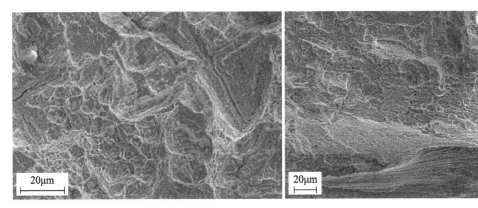

（e）K_t=5断口韧窝和沿枝晶断裂 　　　　　　　（f）K_t=5断口边缘韧窝

图 2.4-13　760℃下高温缺口拉伸断口微观形貌

4.综合分析

（1）K_t=2 时，缺口拉伸较光滑拉伸断口平齐，室温下断口呈银色，760℃下断口呈深蓝色，900℃下断口呈蓝灰色，950℃及以上断口均呈深灰色，随着温度升高断口侧表面的金属光泽逐渐消失。断面主要为纤维区特点，边缘可见剪切区，断口无颈缩，随着温度升高，断面有变粗糙的趋势，1100℃下断面出现二次裂纹。断口主要为纤维区特征，放大可见韧窝特征，并可见沿枝晶断裂和第二相质点的特征，随着温度升高，断口氧化特征越来越明显。断口边缘可见剪切平面和剪切韧窝特征，随着温度升高，二次裂纹特征也越来越明显。

（2）随着 K_t 的增大，断面趋于平整，与 K_t=2 时的断口相比，K_t=4 或 5 时的断面基本为纤维区特征，边缘剪切区不明显，放大可见韧窝特征，并可见沿枝晶断裂和第二相质点的特征，断口局部可见剪切小平面，断口边缘与纤维区一致，均为韧窝特征。

2.4.3.3　扭转

（1）宏观特征：断口均起裂于试样外表面，呈螺旋状向中部扩展，最终断裂于靠近中部位置。扭转断口基本为一个与轴向垂直的平断面，断面较为平坦，断口边缘呈金属光亮色，且有摩擦痕迹，最后断裂区呈纤维状，断面较粗糙。断面在室温下呈银色，700℃时断面为黄色，850～900℃时断面为蓝灰色。从断口侧面看，随着温度的升高，扭转变形更加严重，表面氧化色逐渐明显，室温下试样表面为银色，700℃时试样表面为黄色，850℃试样表面为金黄色，900℃试样表面为蓝紫色。断面上存在不在同一平面起始交汇而形成的台阶。见图 2.4-14。

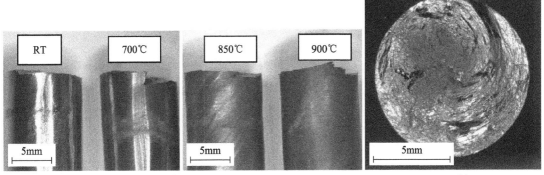

（a）断口侧面　　　　　　　　　　　　　　　　（b）RT断口

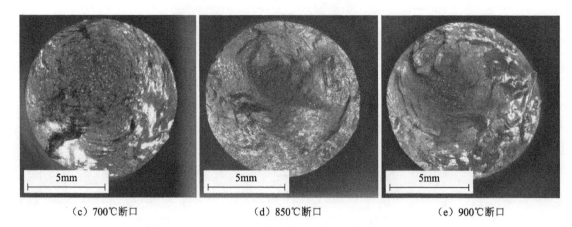

（c）700℃断口　　　　　（d）850℃断口　　　　　（e）900℃断口

图 2.4-14　不同温度下扭转断口宏观形貌

（2）微观特征：随着温度升高，中心最后断裂区面积变大，断口扩展区主要由剪切韧窝组成，越靠近边缘，剪切韧窝的拉长越严重，剪切擦伤特征也越明显，见图 2.4-15。靠近最后断裂区的韧窝拉长变形较小，最后断裂区可见沿枝晶断裂、第二相质点以及韧窝特征，局部可见骨架状碳化物断裂形貌，见图 2.4-16。

（a）RT断口扩展区　　　　　　　　　（b）700℃断口扩展区

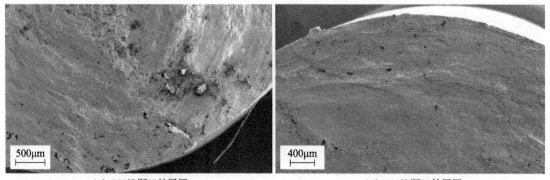

（c）850℃断口扩展区　　　　　　　　　（d）900℃断口扩展区

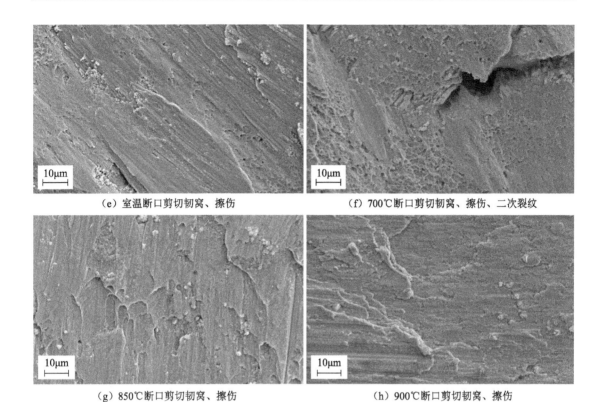

（e）室温断口剪切韧窝、擦伤　　　　　　　　（f）700℃断口剪切韧窝、擦伤、二次裂纹

（g）850℃断口剪切韧窝、擦伤　　　　　　　　（h）900℃断口剪切韧窝、擦伤

图 2.4-15　扭转剪切断口扩展区形貌

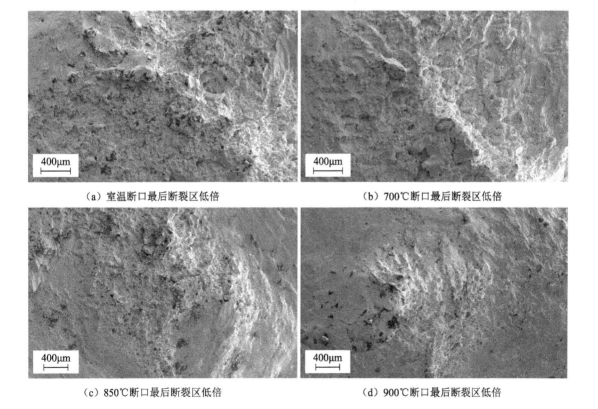

（a）室温断口最后断裂区低倍　　　　　　　　（b）700℃断口最后断裂区低倍

（c）850℃断口最后断裂区低倍　　　　　　　　（d）900℃断口最后断裂区低倍

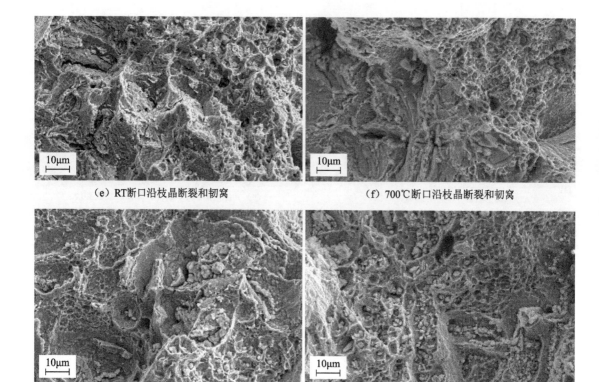

（e）RT断口沿枝晶断裂和韧窝 　　　　　　　（f）700℃断口沿枝晶断裂和韧窝

（g）850℃断口沿枝晶断裂和韧窝 　　　　　　（h）900℃断口沿枝晶断裂和韧窝

图 2.4-16　扭转剪切断口心部最后断裂区形貌

2.4.3.4　轴向高周缺口疲劳

1. 700℃、$K_t=2$

（1）宏观特征：$K_t=2$、不同应力比的断口分源区、疲劳区和瞬断区，断口疲劳区呈淡蓝色，源区蓝色更淡，有点发白；断口上有放射棱线特征，疲劳裂纹起始于试样缺口根部，呈单个点源特征，源区宏观可见小刻面特征；断口疲劳扩展区较平坦、光滑，瞬断区较粗糙，呈现粗糙的纤维断裂特征，呈蓝紫色。同一应力比下，随着应力的降低断口疲劳区面积增大，$R=0.5$ 的断口疲劳区面积约占整个断口面积的 20%、15%，$R=0.1$ 的断口疲劳区面积约占整个断口面积的 40%、35% 和 30%，$R=-1$ 的断口疲劳区面积约占整个断口面积的 45% 和 40%，见图 2.4-17 ～图 2.4-19。

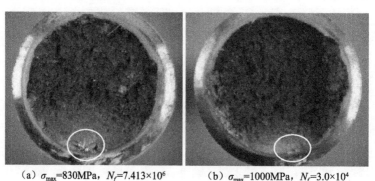

（a）$\sigma_{max}=830\text{MPa}$，$N_f=7.413\times10^6$ 　　　（b）$\sigma_{max}=1000\text{MPa}$，$N_f=3.0\times10^4$

图 2.4-17　700℃、$R=0.5$ 下高温缺口疲劳断口宏观形貌

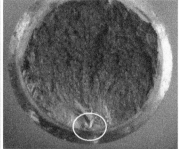

（a）σ_{max}=525MPa、N_f=3.54×10⁶　　（b）σ_{max}=575MPa、N_f=7.08×10⁵　　（c）σ_{max}=750MPa、N_f=8.6×10⁴

图 2.4-18　700℃、R=0.1 下高温缺口疲劳断口宏观形貌

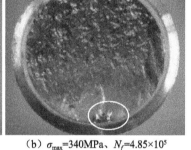

（a）σ_{max}=310MPa、N_f=1.159×10⁶　　（b）σ_{max}=340MPa、N_f=4.85×10⁵

图 2.4-19　700℃、R=−1 下高温缺口疲劳断口宏观形貌

（2）微观特征：所有断口起源均为单源，R=0.5、较低应力（830MPa）下的断口起源于次表面，源区可见明显的类解理刻面特征，高应力（1000MPa）下的断口从表面起源，源区较平坦，刻面特征不明显，见图 2.4-20（a），R=0.1 的 3 个断口源区均可见类解理刻面特征（应力 750MPa 类解理刻面特征更轻微一些），应力 575MPa 下断口源区可见显微疏松，见图 2.4-20（b），R=−1 下的两个断口源区类解理刻面也很明显，尤其是 340MPa 断口源区可见更大的斜刻面，放射棱线也更为明显，见图 2.4-20（c），所有断口疲劳区和瞬断区微观特征相似，R=0.5、1000MPa 下断口裂纹扩展前期疲劳条带不明显，可见 γ' 组织，见图 2.4-20（d），R=0.1、575MPa 和 R=−1、340MPa 下断口裂纹扩展前期疲劳条带细密，隐约可见 γ' 组织，见图 2.4-20（e），沿着疲劳裂纹的扩展方向，疲劳条带逐渐清晰明显，并逐渐加宽，见图 2.4-20（f），扩展后期为较宽的疲劳条带特征，见图 2.4-20（g）。瞬断区为韧窝和沿枝晶断裂形貌，局部可见二次裂纹，见图 2.4-20（h）和（i）。

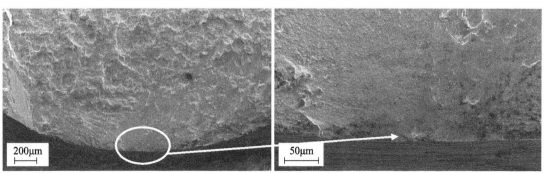

200μm　　50μm

（a）R=0.5、1000MPa断口源区

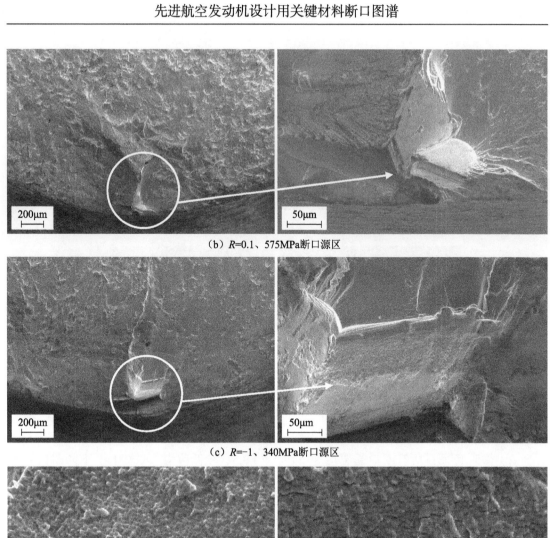

（b）R=0.1、575MPa断口源区

（c）R=-1、340MPa断口源区

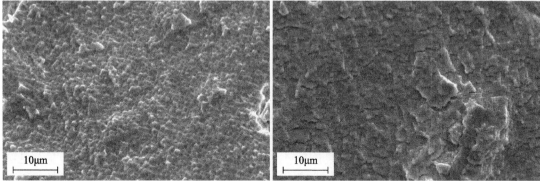

（d）R=0.5、1000MPa断口疲劳扩展前期　　　　（e）R=-1、340MPa断口疲劳扩展前期

（f）R=-1、340MPa断口疲劳扩展中期　　　　（g）R=-1、340MPa断口疲劳扩展后期

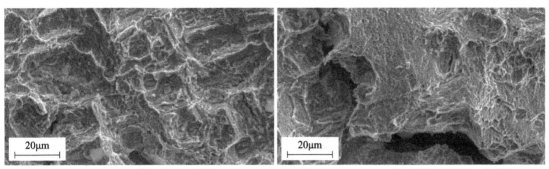

（h）R=0.1、575MPa断口沿枝晶断裂　　　　　（i）R=0.1、575MPa断口瞬断区韧窝和二次裂纹

图 2.4-20　700℃、不同应力和应力比下缺口疲劳断口微观形貌

2.760℃、K_t=2

（1）宏观特征：K_t=2、不同应力比的断口分源区、疲劳区和瞬断区，断口源区呈暗黄色，断口上有放射棱线特征，疲劳裂纹起始于试样缺口根部，呈单个点源特征，R=0.1 和 R=0.5 时断口源区宏观可见明显小刻面特征，R=-1 的断口源区刻面不明显，源区平坦。断口疲劳扩展区较平坦、光滑，瞬断区较粗糙，呈现粗糙的纤维断裂特征，呈蓝紫色。同一应力比下，随着应力的降低断口疲劳区面积增大，R=0.5 的断口疲劳区面积约占整个断口面积的 25%、25% 和 20%，R=0.1 的断口疲劳区面积约占整个断口面积的 30%、30% 和 20%，R=-1 的断口疲劳区面积均约占整个断口面积的 35%、30% 和 25%，见图 2.4-21 ～图 2.4-23。

（a）σ_{max}=840MPa，N_f=5.523×10^6　（b）σ_{max}=900MPa，N_f=4.024×10^6　（c）σ_{max}=1000MPa，N_f=4.01×10^5

图 2.4-21　760℃、R=0.5 下高温缺口疲劳断口宏观形貌

（a）σ_{max}=550MPa，N_f=6.449×10^6　（b）σ_{max}=640MPa，N_f=8.87×10^6　（c）σ_{max}=800MPa，N_f=7.8×10^5

图 2.4-22　760℃、R=0.1 下高温缺口疲劳断口宏观形貌

（a）σ_{max}=300MPa，N_f=5.816×10⁶   （b）σ_{max}=360MPa，N_f=7.8×10⁵   （c）σ_{max}=450MPa，N_f=3.4×10⁴

图 2.4-23　760℃、R=−1 下高温缺口疲劳断口宏观形貌

（2）微观特征：R=0.5 时断口起源于次表面缺陷处（3 个试样均起源于疏松缺陷处），见图 2.4-24（a）；R=0.1 时断口也均起源于次表面缺陷处，两个应力比下断口源区均可见类解理刻面特征，见图 2.4-24（b），R=−1 时 300MPa 断口源区起源于次表面缺陷处（360MPa 和 450MPa 源区未见疏松，均起源于表面），且均无类解理刻面特征，见图 2.4-24（c），源区可见滑移平面和放射棱线，所有断口疲劳区和瞬断区微观特征相似，R=0.5、1000MPa 断口裂纹扩展前期疲劳条带不明显，可见 γ' 组织，见图 2.4-24（d），R=0.1、800MPa 和 R=−1、300MPa 断口裂纹扩展前期疲劳条带细密，隐约可见 γ' 组织，沿着疲劳裂纹的扩展方向，疲劳条带逐渐清晰明显，并逐渐加宽，扩展后期为较宽的疲劳条带特征，见图 2.4-24（e）～（h）。瞬断区为韧窝和沿枝晶断裂形貌，见图 2.4-24（i）。

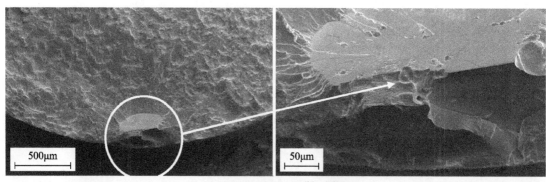

（a）R=0.5、1000MPa 断口源区

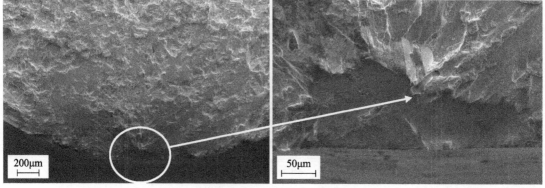

（b）R=0.1、800MPa 断口源区

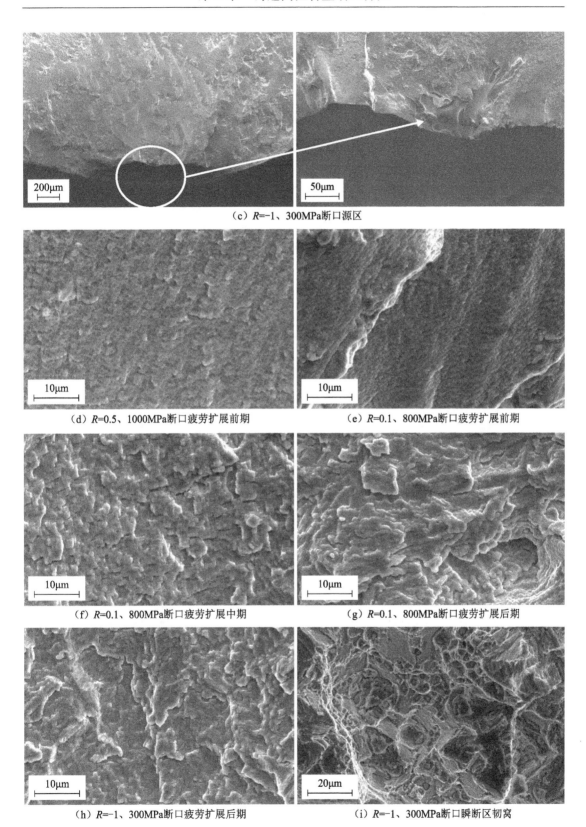

（c）R=-1、300MPa断口源区

（d）R=0.5、1000MPa断口疲劳扩展前期

（e）R=0.1、800MPa断口疲劳扩展前期

（f）R=0.1、800MPa断口疲劳扩展中期

（g）R=0.1、800MPa断口疲劳扩展后期

（h）R=-1、300MPa断口疲劳扩展后期

（i）R=-1、300MPa断口瞬断区韧窝

图 2.4-24　760℃、不同应力和应力比下高温缺口疲劳断口微观形貌

3. 850℃、$K_t=2$

（1）宏观特征：$K_t=2$、不同应力比的断口分源区、疲劳区和瞬断区，断口源区呈蓝灰色，$R=0.5$ 和 $R=0.1$ 时疲劳裂纹起始于试样缺口根部，呈单个点源特征，其中 $R=0.5$ 下低应力断口源区宏观可见类解理刻面，中高应力的两个断口源区宏观刻面不明显；$R=0.1$ 下 3 个断口源区刻面均不明显；$R=-1$ 的两个断口低应力为单源起源，高应力下可见分散的 3 处起源。$R=0.1$ 较 $R=0.5$ 时的断口平坦，疲劳扩展区断口较平坦、光滑，瞬断区较粗糙，呈现粗糙的纤维断裂特征，呈蓝紫色。$R=-1$、270MPa 下断口为单源特征，整个断口呈蓝紫色，有磨损痕迹，400MPa 下断口源区较为粗糙不平，呈多源特征，沿多源扩展形成不同高度的平面，断口疲劳区面积约占整个断口面积的 50%，断口疲劳扩展区较平坦、光滑，整个断口呈蓝紫色。随着应力比增大和应力的降低断口疲劳区面积增大，$R=0.5$ 断口疲劳区面积约占整个断口面积的 20%、20% 和 15%，$R=0.1$ 断口疲劳区面积均约占整个断口面积的 25%、25% 和 20%，见图 2.4-25 ～图 2.4-27。

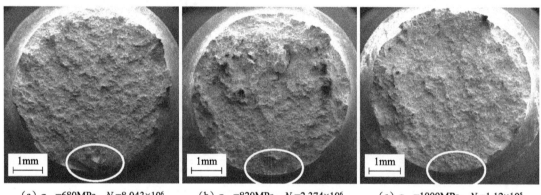

（a）$\sigma_{max}=680MPa$，$N_f=8.043\times10^6$　　（b）$\sigma_{max}=820MPa$，$N_f=2.374\times10^6$　　（c）$\sigma_{max}=1000MPa$，$N_f=1.12\times10^5$

图 2.4-25　850℃、$R=0.5$ 下高温缺口疲劳断口宏观形貌

（a）$\sigma_{max}=475MPa$，$N_f=8.925\times10^6$　　（b）$\sigma_{max}=525MPa$，$N_f=4.208\times10^6$　　（c）$\sigma_{max}=700MPa$，$N_f=1.57\times10^5$

图 2.4-26　850℃、$R=0.1$ 下高温缺口疲劳断口宏观形貌

（2）微观特征：$R=0.5$ 和 $R=0.1$ 时断口起源于次表面缺陷处，可见放射棱线，见图 2.4-28（a）和（b），$R=-1$、400MPa 断口呈多源疲劳开裂特征，有明显的放射棱线，未见明显缺陷，见图 2.4-28（c），所有断口疲劳区和瞬断区微观特征相似，$R=0.5$、1000MPa 断口裂纹扩展前期疲劳条带细密，隐约可见 γ′ 组织，并可见第二相质点，见图 2.4-28（d），$R=0.1$、525MPa 和 $R=-1$、400MPa 断口裂纹扩展前期疲劳条带细密，隐约可见 γ′ 组织，沿着疲劳裂纹的扩展方向，疲劳条带逐渐清晰明显，并逐渐加宽，应力较小、应力比较大的断口疲劳条带更为细密，断口可见明显氧化特征，见图 2.4-28（e）～（g）。瞬断区为韧窝和沿枝晶断裂形貌，见图 2.4-28（h）。

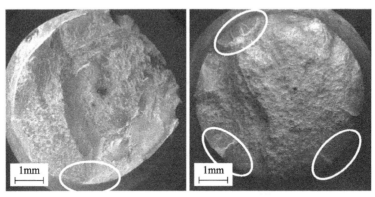

（a）$\sigma_{max}=270$MPa，$N_f=2.512\times10^6$　　（b）$\sigma_{max}=400$MPa，$N_f=2.63\times10^5$

图 2.4-27　850℃、$R=-1$ 下高温缺口疲劳断口宏观形貌

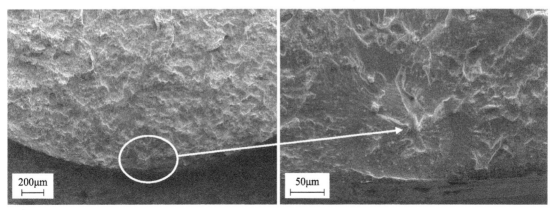

（a）$R=0.5$、1000MPa 断口源区

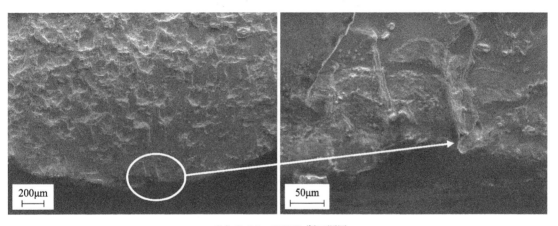

（b）$R=0.1$、525MPa 断口源区

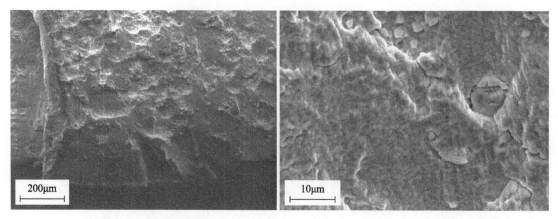

（c）*R*=-1、400MPa断口源区　　　　　　　　（d）*R*=0.5、1000MPa断口疲劳扩展前期

（e）*R*=0.5、1000MPa断口疲劳扩展中期　　　　（f）*R*=0.1、525MPa断口疲劳扩展中期

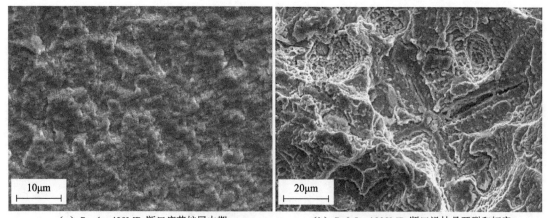

（g）*R*=-1、400MPa断口疲劳扩展中期　　　　（h）*R*=0.5、1000MPa断口沿枝晶开裂和韧窝

图 2.4-28　850℃、不同应力和应力比下高温缺口疲劳断口微观形貌

4.综合分析

（1）疲劳裂纹均起始于试样缺口根部，除 850℃、*R*=-1、400MPa 下的断口为多源特征，其余断口均呈点源疲劳扩展特征。断口上有放射棱线特征。断口源区呈淡蓝色，随着

温度增加源区变为暗黄色、蓝灰色，疲劳扩展区断口较平坦、光滑，瞬断区较粗糙，呈蓝紫色。随着温度增加，断口表面氧化色逐渐变深。随着应力的减小，断口疲劳区面积逐渐增大，随着应力比的增大，断口粗糙程度呈减小趋势。

（2）断口从表面或从近表面缺陷处起源，700℃和760℃、$R=0.5$ 和 0.1 时源区可见类解理刻面特征，源区较平坦，部分断口源区可见滑移平面，有明显的放射棱线，裂纹扩展前期疲劳条带不明显，可见 γ' 组织，沿着疲劳裂纹的扩展方向，疲劳条带逐渐加宽，扩展后期为较宽的疲劳条带特征，瞬断区为沿枝晶断裂和韧窝形貌，并可见二次裂纹特征，850℃下断口可看到氧化特征。

2.4.3.5　低周应变疲劳

1. 700℃、$R_\varepsilon=0.1$

（1）宏观特征：低周疲劳断口为点源特征，试样表面均为蓝黑色。应变 $\varepsilon_{max}=1\%$ 和 $\varepsilon_{max}=1.4\%$ 下的低周疲劳断口分疲劳源区（1区）和稳定扩展区（2区），失稳扩展区（3区）和剪切瞬断区（4区）；疲劳起源于试样一侧，其中 $\varepsilon_{max}=1\%$ 断口起源于试样内部，$\varepsilon_{max}=1.4\%$ 下断口起源于次表面；断口呈现 3 个面，垂直于轴向的疲劳稳定扩展区、疲劳失稳扩展区及纤维特征区，以及两个剪切瞬断斜面。随着应变增大，疲劳稳定扩展区面积减小，$\varepsilon_{max}=1\%$ 和 $\varepsilon_{max}=1.4\%$ 下疲劳稳定扩展区面积约占整个断口面积的 40% 和 30%。应变大的断口（$\varepsilon_{max}=2.5\%$）类似于杯锥形拉伸断口，断裂从试样一侧开始起源，即进入疲劳失稳扩展区，最后在断口边缘形成约 45° 的斜面剪切瞬断区。疲劳起源后往中心扩展，整个断口上几乎未见典型的疲劳稳定扩展特征区。见图 2.4-29。

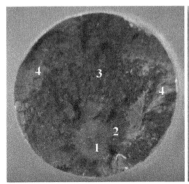
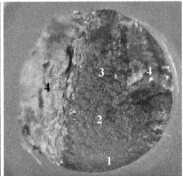
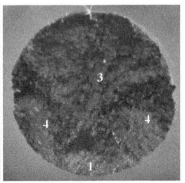

（a）$\varepsilon_{max}=1.0\%$、$N_f=50134$　　　　（b）$\varepsilon_{max}=1.4\%$、$N_f=5425$　　　　（c）$\varepsilon_{max}=2.5\%$、$N_f=112$

图 2.4-29　700℃、$R_\varepsilon=0.1$ 应变疲劳断口宏观形貌

（2）微观特征：700℃、$R_\varepsilon=0.1$ 下低周疲劳断口疲劳源区均呈点源特征，$\varepsilon_{max}=1.0\%$ 应变下断裂从断口内部起源，源区可见尺寸约 200μm 的疏松冶金缺陷，见图 2.4-30（a），$\varepsilon_{max}=1.4\%$ 和 $\varepsilon_{max}=2.5\%$ 应变下的断口断裂从近表面起源，放大可见数十微米的疏松冶金缺陷，见图 2.4-30（b）和（c），$\varepsilon_{max}=1.0\%$ 断口疲劳稳定扩展区（2区）可见较为细密的疲劳条带，并可见 γ' 组织，见图 2.4-30（d），失稳扩展区（3区）可见沿枝晶开裂特征和剪切小平面特征，放大可见韧窝特征，见图 2.4-30（e）和（f），剪切瞬断区可见拉长的剪切韧窝特征，见图 2.4-30（g），ε_{max}＝1.4% 断口微观特征与 ε_{max}＝1.0% 断口一致，疲劳稳定扩展区（2区）可见较为细密的疲劳条带，见图 2.4-30（h），失稳扩展区可见沿枝晶开裂特征，放大可见断面上的析出相，见图 2.4-30（i），ε_{max}＝2.5% 断口断裂起源后迅速进入失稳扩展区，观察不到明显疲劳条带特征，失稳扩展区和纤维区可见沿枝晶开裂特征和韧窝特征，见图 2.4-30（j），剪切瞬断区（4区）可见细小拉长的剪切韧窝，见图 2.4-30（k）。

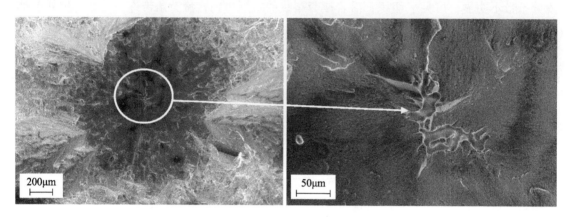

（a）ε_{max}＝1.0%、N_f＝50134断口源区

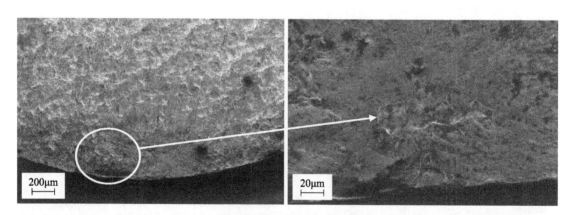

（b）ε_{max}＝1.4%、N_f＝5425断口源区

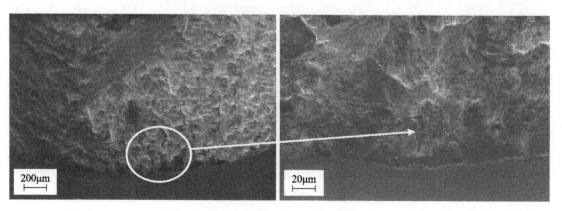

（c）ε_{max}＝2.5%、N_f＝112断口源区

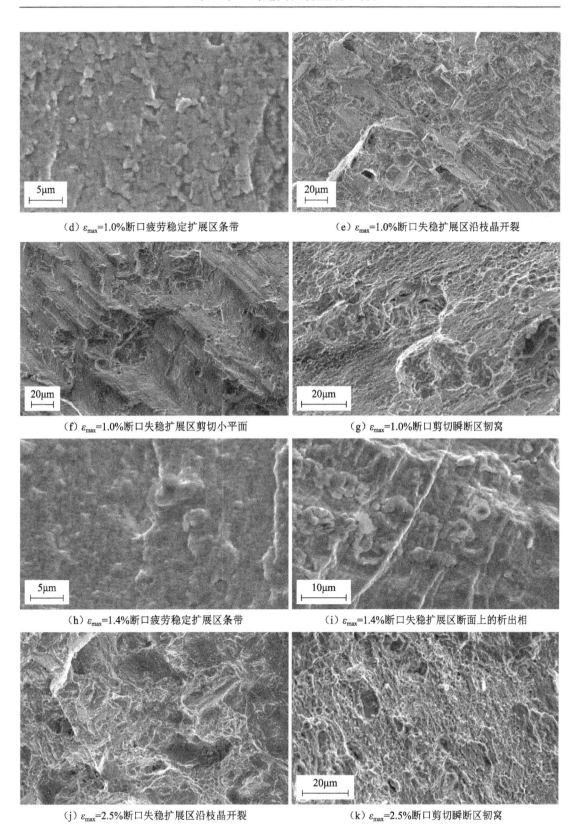

（d）ε_{max}=1.0%断口疲劳稳定扩展区条带　　　　（e）ε_{max}=1.0%断口失稳扩展区沿枝晶开裂

（f）ε_{max}=1.0%断口失稳扩展区剪切小平面　　　　（g）ε_{max}=1.0%断口剪切瞬断区韧窝

（h）ε_{max}=1.4%断口疲劳稳定扩展区条带　　　　（i）ε_{max}=1.4%断口失稳扩展区断面上的析出相

（j）ε_{max}=2.5%断口失稳扩展区沿枝晶开裂　　　　（k）ε_{max}=2.5%断口剪切瞬断区韧窝

图 2.4-30　700℃、R_ε=0.1 应变疲劳断口微观形貌

2. 760℃、R_ε=0.1

（1）宏观特征：试样表面均为蓝黑色，低应变（ε_{max}=1%和1.4%）的R_ε=0.1的低周疲劳断口为点源特征，ε_{max}=1%断口起源于内部，ε_{max}=1.4%的断口起源于表面，高应变（ε_{max}=2.4%）的两个断口起源于表面，呈线源特征。断口可分为疲劳源区（1区）和稳定扩展区（2区），失稳扩展区（3区）和剪切瞬断区（4区），低应变（ε_{max}=1%和1.4%）的断口稳定疲劳扩展区平坦，高应变下稳定疲劳扩展区就相对粗糙，随着应变的增大，剪切瞬断区面积变大，疲劳稳定扩展区面积变小，应变大的断口在整个断面上几乎看不到典型的疲劳稳定扩展特征区，见图2.4-31。

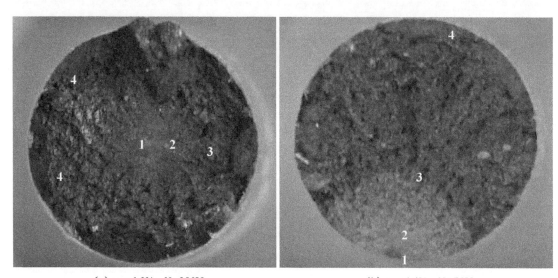

（a）ε_{max}=1.0%，N_f=35689　　　　　　　（b）ε_{max}=1.4%，N_f=7683

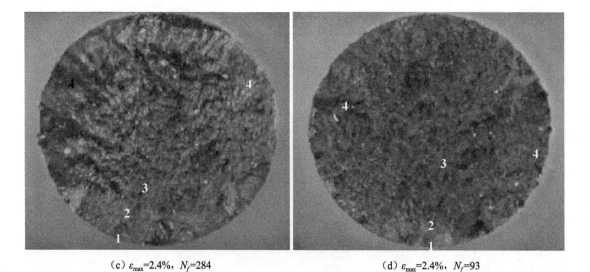

（c）ε_{max}=2.4%，N_f=284　　　　　　　（d）ε_{max}=2.4%，N_f=93

图2.4-31　760℃、R_ε=0.1应变疲劳断口宏观形貌

（2）微观特征：低应变下的低周疲劳断口疲劳源区均为单源特征，ε_{max}=1.0%时断口从心部起源，源区可见百微米的疏松冶金缺陷，见图 2.4-32（a），$\varepsilon_{max}=1.4\%$ 时断口从次表面起源，源区也可见疏松冶金缺陷，见图 2.4-32（b），$\varepsilon_{max}=2.4\%$ 应变下的两个低周疲劳断口疲劳起源于表面，源区均呈线源特征，源区未见冶金缺陷，见图 2.4-32（c）和（d），$\varepsilon_{max}=1.0\%$ 和 $\varepsilon_{max}=1.4\%$ 时断口微观特征一致，疲劳稳定扩展区（2 区）可见较为细密的疲劳条带，隐约可见 γ' 组织，见图 2.4-32（e），失稳扩展区（3 区）可见沿枝晶开裂特征和剪切小平面特征，放大可见韧窝特征，见图 2.4-32（f）和（g），剪切瞬断区可见拉长的剪切韧窝特征，见图 2.4-32（h），$\varepsilon_{max}=2.4\%$ 时断口疲劳稳定扩展区不明显，局部可见疲劳条带特征，见图 2.4-32（i），断口大部分区域为失稳扩展区（3 区），见图 2.4-32（j）。

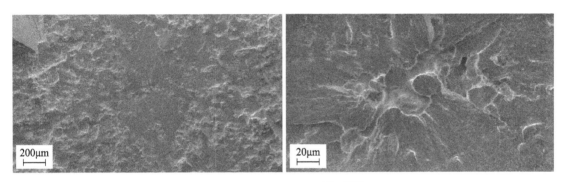

（a）$\varepsilon_{max}=1.0\%$、$N_f=35689$ 断口源区

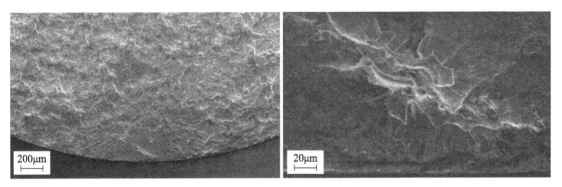

（b）$\varepsilon_{max}=1.4\%$、$N_f=7683$ 断口源区

（c）$\varepsilon_{max}=2.4\%$、$N_f=284$ 源区线源　　　　　　（d）$\varepsilon_{max}=2.4\%$、$N_f=93$ 源区线源

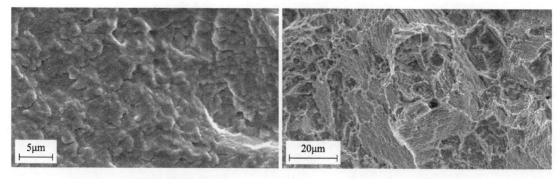

（e）$\varepsilon_{max}=1.0\%$疲劳稳定扩展区条带　　　　　（f）$\varepsilon_{max}=1.0\%$失稳扩展区韧窝

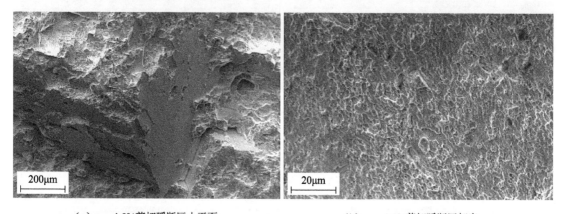

（g）$\varepsilon_{max}=1.0\%$剪切瞬断区小平面　　　　　（h）$\varepsilon_{max}=1.0\%$剪切瞬断区韧窝

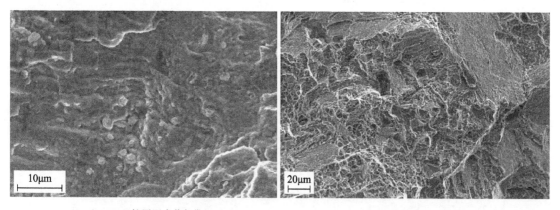

（i）$N_f=284$扩展区疲劳条带　　　　　　　（j）失稳扩展区韧窝

图 2.4-32　760℃、$R_\varepsilon=0.1$ 应变疲劳断口微观形貌

3. 综合分析

（1）700℃下低周疲劳断口为点源特征，760℃下低应变（$\varepsilon_{max}=1\%$ 和 1.4%）的低周疲劳断口为点源特征，中应变（$\varepsilon_{max}=2.4\%$）的断口为线源特征，试样表面均为蓝黑色。

（2）低周疲劳断口分疲劳源区、稳定扩展区、失稳扩展区和剪切瞬断区，断口呈现3个面，即垂直于轴向的疲劳稳定扩展区、疲劳失稳扩展区及纤维瞬断区以及剪切瞬断斜面。随着应变增大，疲劳稳定扩展区变小。应变大的断口类似于杯椎型拉伸断口，从试样一侧开始起源，起源后往中心扩展，随即进入疲劳失稳扩展区，最后在断口边缘形成约 45° 的斜面剪切瞬断区，整个断口上几乎未见典型的稳定疲劳扩展特征区。

（3）700℃ 和 760℃ 低应变（$\varepsilon_{max}=1.0\%$、$\varepsilon_{max}=1.4\%$）下的低周疲劳断口疲劳源区均呈点源特征，从断口心部或近表面起源，源区可见百微米级的疏松冶金缺陷，疲劳稳定扩展区（2 区）可见较为细密的疲劳条带和 γ′ 组织特征，失稳扩展区（3 区）可见沿枝晶开裂特征和剪切小平面特征，放大可见韧窝特征，剪切瞬断区可见拉长的剪切韧窝特征。700℃、$\varepsilon_{max}=2.5\%$ 应变下的断口疲劳源区呈点源特征，断裂从近表面起源，放大可见疏松冶金缺陷，断裂起源后迅速进入失稳扩展区，观察不到明显疲劳条带特征。失稳扩展区和纤维区可见韧窝特征，剪切瞬断区（4 区）可见细小拉长的剪切韧窝。760℃、$\varepsilon_{max}=2.4\%$ 应变下的低周疲劳断口疲劳源区均呈线源特征，源区未见冶金缺陷，疲劳稳定扩展区不明显，局部可见疲劳条带特征，断口大部分区域为失稳扩展区。

2.5　DZ125L

2.5.1　概述

DZ125L 是在美国 Rene 125 合金成分的基础上，通过特殊方法降低 P 等杂质元素含量以减少枝晶偏析发展出的不含铪的高性能定向凝固薄壁空心叶片用镍基高温合金。它是一种沉淀强化型合金，具有良好的高温使用性能。该合金具有优异的力学性能和物理性能，其力学性能水平达到第一代单晶高温合金的力学性能水平。适合于制作 1000℃ 以下工作的航空燃气涡轮转子叶片和 1050℃ 以下工作的导向叶片等高温零件。

2.5.2　组织特征

本书中 DZ125L 热处理制度为：均匀化处理（1220℃±10℃，保温 2h，空冷）+固溶处理（1080℃±10℃，保温 4h，空冷）+时效处理（900℃±10℃，保温 16h，空冷）。该热处理制度下合金的显微组织特征见图 2.5-1，组织均为 γ、γ′、γ+γ′ 共晶相以及块状和条状碳化物，热处理态下的 γ+γ′ 共晶明显少于铸态，γ′ 相是合金的主要强化相。

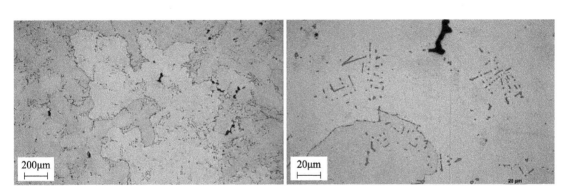

图 2.5-1　DZ125L 热处理态显微组织特征

2.5.3 断口特征

2.5.3.1 光滑拉伸

1. 典型特征

（1）宏观特征：不同温度下DZ125L的光滑拉伸断口大部分区域为纤维区特征，断口在试样边缘可见剪切小斜面；断口上均未见明显扩展棱线；室温下的拉伸断口基本呈现一与轴向垂直的平面，主要为纤维区，而高温下的断口边缘可见剪切小斜面，1050℃和1100℃下的两个断口宏观可见明显颈缩，断面面积变小，见图2.5-2。

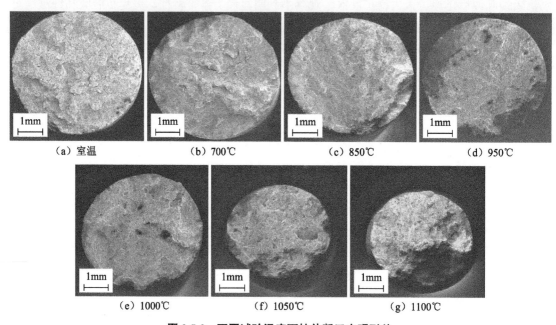

（a）室温　　　　　（b）700℃　　　　　（c）850℃　　　　　（d）950℃

（e）1000℃　　　　　（f）1050℃　　　　　（g）1100℃

图2.5-2　不同试验温度下拉伸断口宏观形貌

（2）微观特征：拉伸断口从中心或者一侧表面起源，有些边缘可见较小面积的剪切唇区。中心纤维区可见二次裂纹，高倍可见沿着析出相断裂＋不规则的韧窝断裂特征，见图2.5-3（a）。边缘斜面上可见细小的韧窝，见图2.5-3（b）。850℃以上的高温断口上可见明显的氧化，见图2.5-3（c）和（d）。

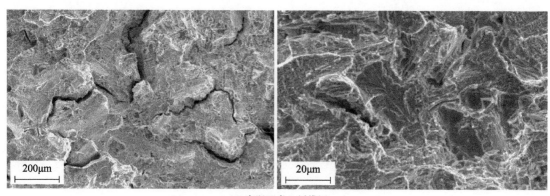

（a）室温下中心纤维区

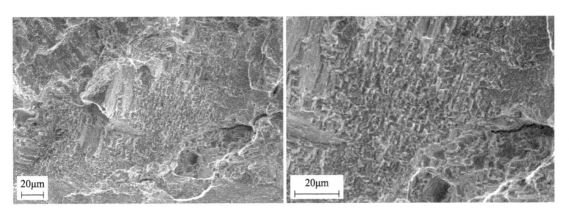

（b）室温下边缘斜面高倍特征

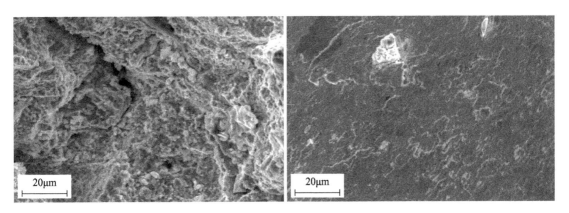

（c）950℃下中心韧窝氧化情况　　　　　　（d）950℃下边缘斜面韧窝氧化情况

图 2.5-3　光滑拉伸断口微观形貌

2. 不同温度

（1）宏观特征：不同试验温度下 DZ125L 的光滑拉伸断口如图 2.5-4（a）所示，室温下断口呈现银灰色，700℃下断口呈现蓝紫色，850℃下断口呈现蓝灰色，950～1100℃下断口均为灰绿色；随着试验温度升高，断面粗糙度增大，950℃下断面开始轻微变小，1050℃和1100℃下的两个断面宏观明显颈缩，面积明显变小；从侧面看，也可明显看到室温～1000℃温度下的断口宏观颈缩不明显，1050℃后出现明显颈缩变形，此外，所有温度下的 DZ125L 拉伸断口侧表面均可见塑性变形横纹甚至二次裂纹现象，且随着温度升高，侧表面的微裂纹开口越大，数量越多，见图 2.5-4（b）。

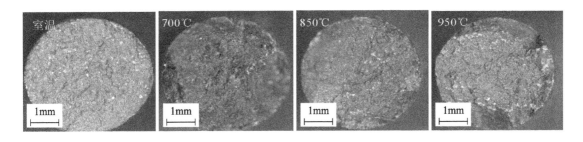

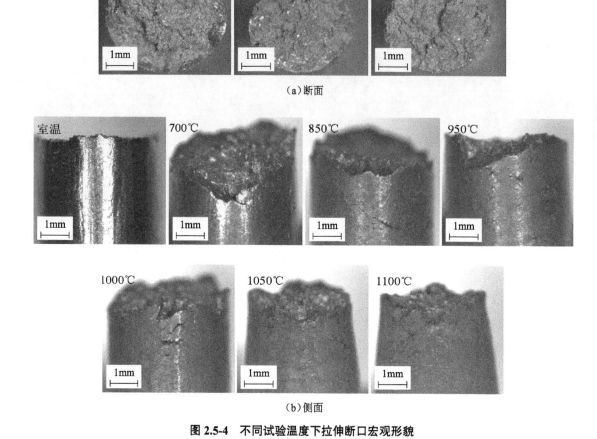

（a）断面

（b）侧面

图 2.5-4　不同试验温度下拉伸断口宏观形貌

（2）微观特征：随着试验温度升高，纤维区沿析出相断裂特征减少，以韧窝为主，且出现一些较深的孔洞，中心纤维区和边缘斜面韧窝的尺寸均呈增大的趋势；750℃下断口微观未见氧化现象，850℃以上断口出现明显的氧化；尤其在1050℃和1100℃，断面纤维区低倍分布着较深的撕裂孔洞，见图2.5-5和图2.5-6。

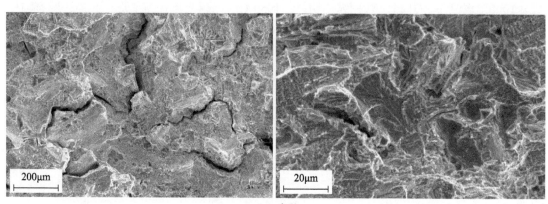

（a）室温

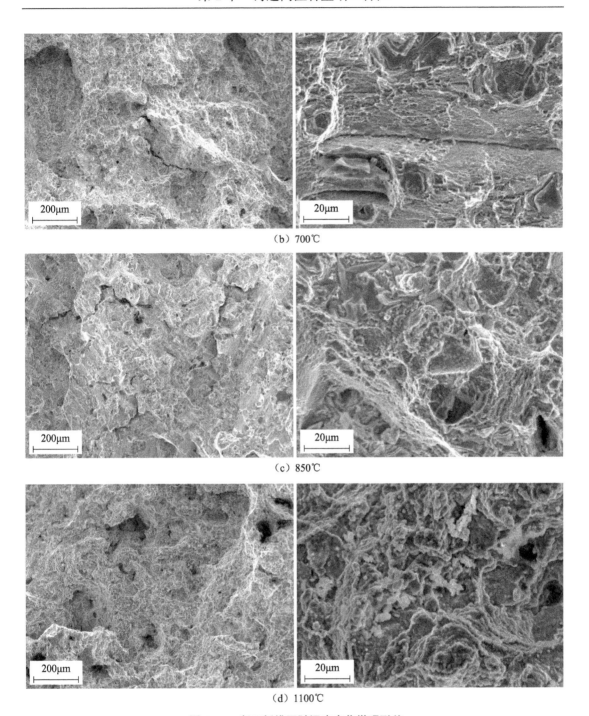

（b）700℃

（c）850℃

（d）1100℃

图 2.5-5　断口纤维区随温度变化微观形貌

3. 综合分析

（1）不同温度下 DZ125L 的光滑拉伸断口整体为一垂直轴向方向的粗糙断面，大部分为纤维区特征，高温下的断口在边缘可见较小面积的剪切小斜面；断口上均未见明显扩展棱线。室温～1000℃温度下的断口宏观颈缩不明显，1050℃后出现明显颈缩变形，断面面积明显变小。

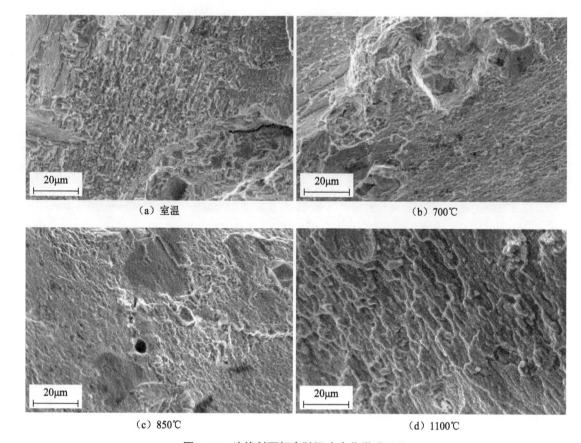

（a）室温 （b）700℃

（c）850℃ （d）1100℃

图 2.5-6 边缘斜面韧窝随温度变化微观形貌

（2）DZ125L 的光滑拉伸断口，室温下断口呈现银灰色，700℃下断口呈现深蓝色，850℃下断口呈现蓝黑色，950～1100℃下断口均为灰黑色。

（3）DZ125L 拉伸断口从中心或者一侧表面起源，纤维区可见二次裂纹，高倍可见沿着析出相断裂＋不规则的韧窝断裂特征；有些边缘可见较小面积的剪切唇区，边缘斜面上可见细小的韧窝；随着试验温度升高，纤维区沿析出相断裂特征减少，以韧窝为主，中心纤维区和边缘斜面韧窝的尺寸均呈增大的趋势；750℃下断口微观未见氧化现象，850℃以上断口出现明显的氧化；尤其在 1050℃和 1100℃，断面纤维区低倍分布着较深的撕裂孔洞。

2.5.3.2 缺口拉伸

1. 不同温度

（1）宏观特征：不同温度下 DZ125L 缺口拉伸断口宏观未见塑性变形，呈现一个与轴向垂直的断面，不同温度下的试样表面和断口面呈现不同的高温色。700℃下的断口表面呈蓝色，断面呈蓝紫色；850℃下断口呈蓝色或浅蓝色；950℃、1000℃和1050℃下 3 个断口整体为失去金属光泽的黄绿色，且随着温度升高，绿色越重。不同温度下各个断口未见明显的分区特征，未见扩展棱线，除颜色差异外，950℃以上的断口开始出现轻微的颈缩，见图2.5-7。不同温度下（相同缺口系数）的 DZ125L 缺口拉伸断口除了颜色差异外，与 700℃、850℃、950℃三个温度下断口宏观相比，1000℃和 1050℃下的断口断面宏观可见明显的二次裂纹，温度越高，断面粗糙程度越大，见图 2.5-8。

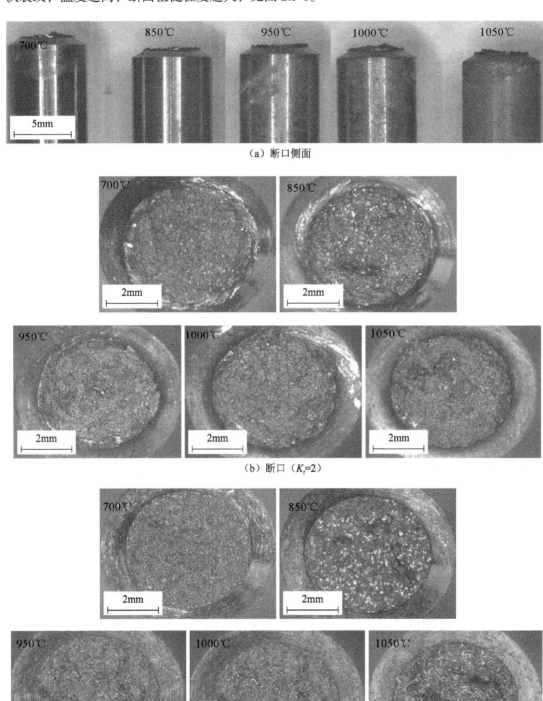

（a）断口侧面

（b）断口（K_t=2）

（c）断口（K_t=5）

图 2.5-7　不同温度下缺口拉伸断口宏观形貌

（a）950℃　　　　　　　（b）1000℃　　　　　　　（c）1050℃

图2.5-8　不同温度下缺口拉伸断口宏观形貌（$K_t=3$）

（2）微观特征：不同温度下的 DZ125L 缺口拉伸断口基本为纤维区，低倍呈现枝晶断裂轮廓，有的区域枝晶粗大，有的地方枝晶细小，高倍为骨架状碳化物＋不规则的韧窝断裂形貌，局部还可见显微疏松形貌；边缘斜面为细小的剪切韧窝形貌。其中 700℃ 和 850℃ 两个温度下断口氧化不严重，特征比较相近，韧窝棱边清晰；见图2.5-9。950℃ 断口上开始出现明显的氧化特征，骨架状碳化物和韧窝棱边明显圆钝；1000℃ 和 1050℃ 两个温度下断口二次裂纹明显，断面氧化更为严重，枝晶中夹杂着氧化的二相质点，韧窝呈现氧化颗粒堆积形貌，见图2.5-10。

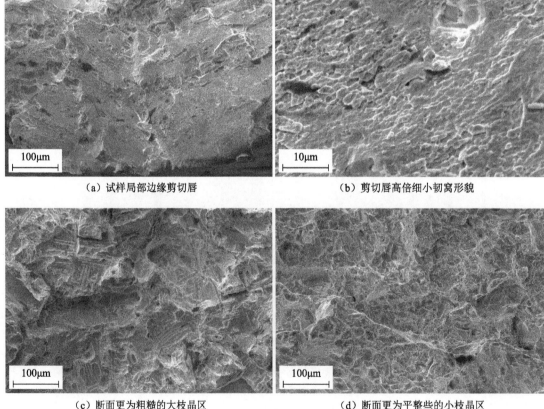

（a）试样局部边缘剪切唇　　　　　　　　　（b）剪切唇高倍细小韧窝形貌

（c）断面更为粗糙的大枝晶区　　　　　　　　（d）断面更为平整些的小枝晶区

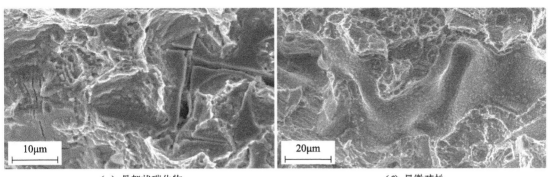

（e）骨架状碳化物　　　　　　　　　　　（f）显微疏松

图 2.5-9　700 ～ 850℃下缺口拉伸断口典型微观形貌（以 700℃、K_t=2 断口为例）

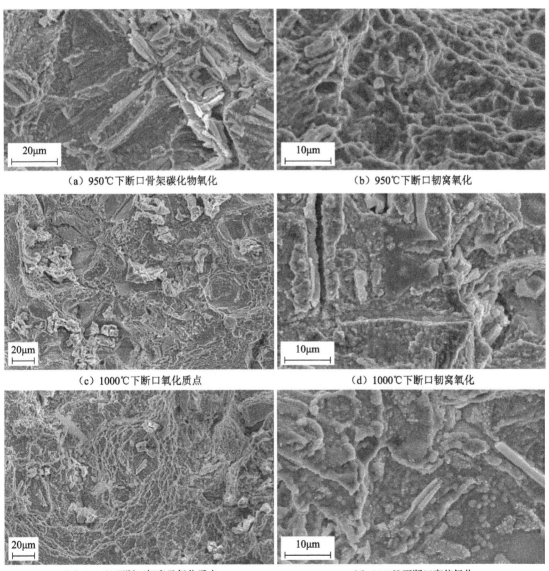

（a）950℃下断口骨架碳化物氧化　　　　　　（b）950℃下断口韧窝氧化

（c）1000℃下断口氧化质点　　　　　　　（d）1000℃下断口韧窝氧化

（e）1050℃下断口韧窝及氧化质点　　　　　（f）1050℃下断口高倍氧化

图 2.5-10　950 ～ 1050℃下缺口拉伸断口氧化形貌（K_t=2）

2.不同缺口系数

（1）宏观特征：不同缺口系数下（相同温度下），缺口系数相对小的（$K_t=2$）断面更为粗糙一些，$K_t=3$ 和 $K_t=5$ 的两个断口断面更为平齐，见图 2.5-11 和图 2.5-12。

（a）700℃   （b）1050℃

图 2.5-11 不同缺口系数下缺口拉伸断口侧面

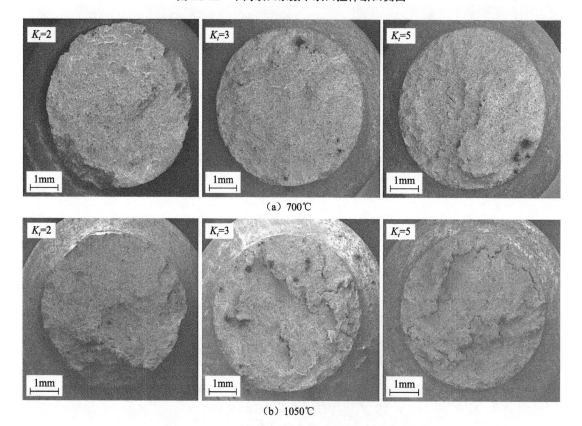

（a）700℃

（b）1050℃

图 2.5-12 不同缺口系数下缺口拉伸断口宏观形貌

（2）微观特征：$K_t=2$ 下的断口边缘的剪切唇面积更大更明显，而缺口系数大边缘基本无明显的剪切唇，见图 2.5-13。其他断口特征差异不大。

3.综合分析

（1）不同温度下 DZ125L 的缺口拉伸试样表面和断口面呈现不同的高温色：700℃下的试样表面呈蓝色，断面呈蓝紫色；850℃的断口呈蓝色或浅蓝色；950℃、1000℃和1050℃下的断口整体为失去金属光泽的黄绿色，且随着温度升高，绿色越重。不同温度下 DZ125L 缺口拉伸断口宏观未见塑性变形，呈现一个与轴向垂直的断面，整个断口未见明显的分区特征，未见扩展棱线，温度越高，断面粗糙程度越大；除颜色差异和断面粗糙度差异外，950℃以上的断口开始出现轻微的颈缩，1000℃和1050℃下的断口断面宏观可见明显的二次裂纹。

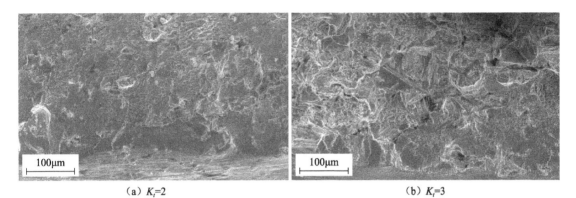

（a）$K_t=2$　　　　　　　　　　　　　　　（b）$K_t=3$

图 2.5-13　不同缺口系数下试样边缘（950℃）微观形貌

（2）不同温度下 DZ125L 的缺口拉伸断口整个断口基本为纤维区，低倍呈现大小枝晶断裂轮廓，高倍为骨架状碳化物 + 不规则的韧窝断裂形貌，局部还可见显微疏松形貌；边缘斜面为细小的剪切韧窝形貌。700℃和850℃两个温度下断口氧化不严重，韧窝棱边清晰；950℃下断口上开始出现明显的氧化特征，骨架状碳化物和韧窝棱边明显圆钝；1000℃和1050℃两个温度下断口二次裂纹明显，断面氧化更为严重，枝晶中夹杂着氧化的二相质点，韧窝呈现氧化颗粒堆积形貌。

（3）不同缺口系数下（相同温度下），缺口系数相对小的（$K_t=2$）断面更为粗糙一些，剪切唇面积更大更明显，$K_t=3$ 和 $K_t=5$ 的两个断口断面更为平齐，缺口系数大，边缘基本无明显的剪切唇，不同缺口系数下，断口微观特征差异不大。

2.5.3.3　轴向高周光滑疲劳

1. 700℃、$R=0.1$

（1）宏观特征：700℃、$R=0.1$ 轴向高周光滑疲劳断口试样表面呈浅蓝色，整个断口面呈一致的深蓝色。两个断口都分为斜刻面区（疲劳区）和粗糙区，其中 $\sigma_{max}=480MPa$ 斜刻面区占断口面积的 70% 左右，$\sigma_{max}=700MPa$ 断口斜刻面面积占断口面积也有 60%。且斜刻面区由多个不同角度的光滑刻面组成，刻面平坦光亮，根据多刻面交汇和刻面上棱线汇合特征可判断疲劳起源均在试样内部，见图 2.5-14。

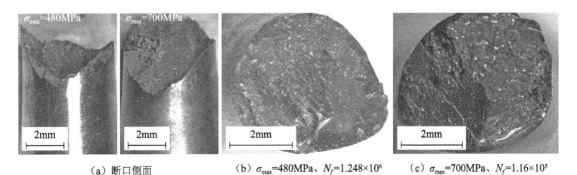

（a）断口侧面　　　（b）$\sigma_{max}=480MPa$、$N_f=1.248\times10^6$　　　（c）$\sigma_{max}=700MPa$、$N_f=1.16\times10^5$

图 2.5-14　700℃、$R=0.1$ 时轴向高周光滑疲劳断口宏观形貌

（2）微观特征：700℃、$R=0.1$、两个应力下的疲劳断口均为单源，起源于断口内部斜刻面交汇处的百微米级的显微疏松处，每个角度的斜刻面光滑平坦，呈现河流状的类解理扩展棱线形貌，高倍未见疲劳条带，呈现网格的组织形貌，疲劳沿斜刻面扩展充分，直接进入粗糙的瞬断区，未见疲劳扩展第二阶段以及第二阶段出现的典型疲劳条带。瞬断区高倍呈现骨架状碳化物＋细小韧窝断裂形貌。在源区对侧的表面可见较小面积的斜面，与斜刻面特征不同，为剪切区，见图 2.5-15。

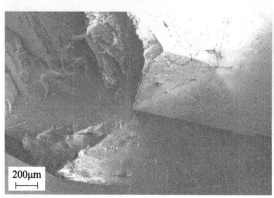

（a）σ_{max}=480MPa、N_f=1.248×10⁶断口源区低倍

（b）σ_{max}=480MPa、N_f=1.248×10⁶断口源区高倍

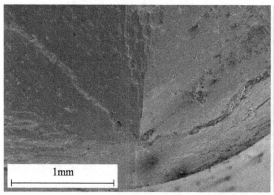
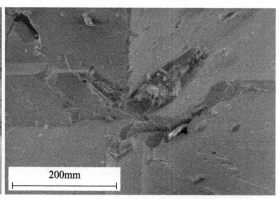

（c）σ_{max}=700MPa、N_f=1.16×10⁵断口源区低倍

（d）σ_{max}=700MPa、N_f=1.16×10⁵断口源区高倍

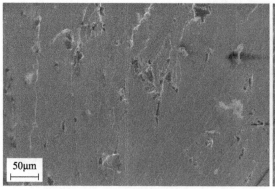
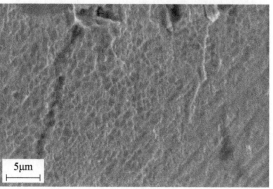

（e）斜刻面的棱线

（f）斜刻面高倍

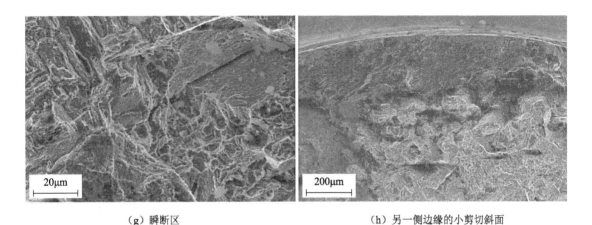

（g）瞬断区　　　　　　　　　　　　　　（h）另一侧边缘的小剪切斜面

图 2.5-15　700℃、R=0.1 时轴向高周光滑疲劳断口微观形貌

2. 700℃、R=0.5

（1）宏观特征：700℃、R=0.5 时轴向高周光滑疲劳断口试样表面呈浅蓝色，整个断口面呈一致的深蓝色。3 个断口断裂的起伏均比较大，且都有不同程度的斜刻面，其中低应力（σ_{max}=625MPa）下斜刻面区占断口面积的 70% 左右，随着应力提高，斜刻面的比例呈减少的趋势，且刻面的粗糙度有所增大，根据多刻面交汇和刻面上棱线汇合特征可判断疲劳起源均在试样内部，见图 2.5-16。

σ_{max}=625MPa　　　　　　σ_{max}=800MPa　　　　　　σ_{max}=1040MPa

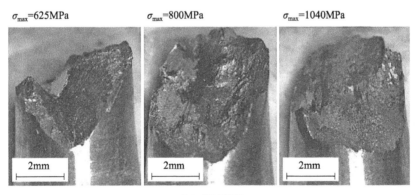

（a）断口侧面

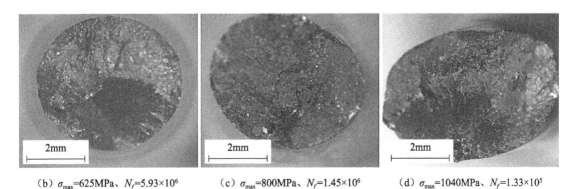

（b）σ_{max}=625MPa、N_f=5.93×10⁶　　（c）σ_{max}=800MPa、N_f=1.45×10⁶　　（d）σ_{max}=1040MPa、N_f=1.33×10⁵

图 2.5-16　700℃、R=0.5 时轴向高周光滑疲劳断口宏观形貌

（2）微观特征：700℃、$R=0.5$、3个应力下的疲劳断口均为单源，起源均在靠一侧的断口内部；$\sigma_{max}=625MPa$ 和 $\sigma_{max}=1040MPa$ 的两个断口源区可见尺寸为百微米级的显微疏松，$\sigma_{max}=800MPa$ 的断口起源在晶界或相界处，冶金缺陷不明显；3个断口疲劳扩展区均为疲劳第一扩展区的斜面特征，但随着应力增大，斜面的棱线变得粗大、粗糙度增大，整体特征和 $R=0.1$ 下的断口类似，见图 2.5-17。

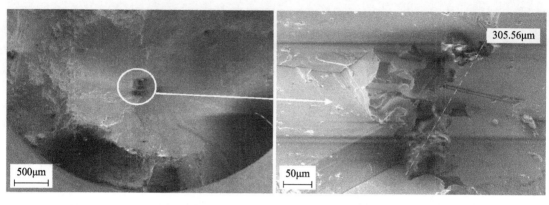

（a）$\sigma_{max}=625MPa$、$N_f=5.93\times10^6$断口源区低倍　　　　（b）$\sigma_{max}=625MPa$、$N_f=5.93\times10^6$断口源区高倍

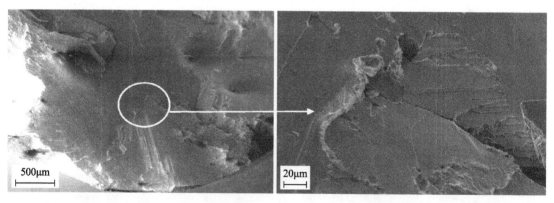

（c）$\sigma_{max}=800MPa$、$N_f=1.45\times10^6$断口源区低倍　　　　（d）$\sigma_{max}=800MPa$、$N_f=1.45\times10^6$断口源区高倍

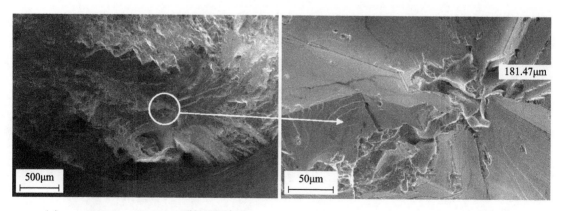

（e）$\sigma_{max}=1040MPa$、$N_f=1.33\times10^5$断口源区低倍　　　　（f）$\sigma_{max}=1040MPa$、$N_f=1.33\times10^5$断口源区高倍

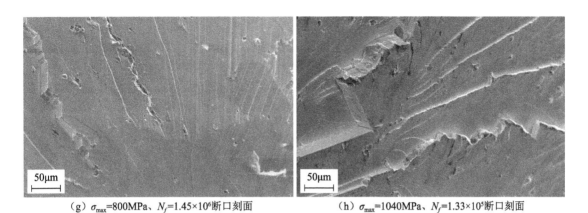

　　（g）σ_{max}=800MPa、N_f=1.45×10⁶断口刻面　　　　　　（h）σ_{max}=1040MPa、N_f=1.33×10⁵断口刻面

图 2.5-17　700℃、R=0.5 时轴向高周光滑疲劳断口微观形貌

3. 700℃、R=-1

（1）宏观特征：700℃、R=-1 时轴向高周光滑疲劳断口试样表面呈浅蓝色，整个断口面呈一致的深蓝色。3 个断口断裂的起伏均比较大，且都有不同程度的斜刻面，其中低应力（σ_{max}=260MPa 和 280MPa）下的两个断口上几乎都为斜刻面区（疲劳区），σ_{max}=500MPa 的断口斜刻面占断口面积的 50% 左右，根据多刻面交汇和刻面上棱线汇合特征可判断疲劳起源均在试样内部，见图 2.5-18。

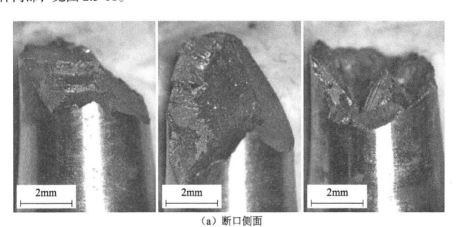

（a）断口侧面

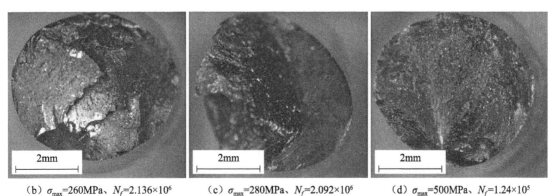

　（b）σ_{max}=260MPa、N_f=2.136×10⁶　　（c）σ_{max}=280MPa、N_f=2.092×10⁶　　（d）σ_{max}=500MPa、N_f=1.24×10⁵

图 2.5-18　700℃、R=-1 时轴向高周光滑疲劳断口宏观形貌

（2）微观特征：700℃、$R=-1$、3个应力下的断口疲劳均为单源，且3个应力下的断口起源均在一侧表面，无明显冶金缺陷，源区呈现一个较大的类解理刻面。起源后沿着类解理刻面扩展，且扩展过程中出现转向从新锯齿状起源转为其他的类解理刻面扩展，有些刻面在扩展后期局部可见类似滑移的"条带"特征，瞬断区特征和前类似，见图2.5-19。

（a）$\sigma_{max}=260$MPa、$N_f=2.136\times10^6$断口源区低倍　　　　（b）$\sigma_{max}=260$MPa、$N_f=2.136\times10^6$断口源区高倍

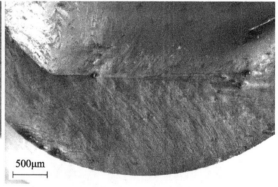

（c）$\sigma_{max}=280$MPa、$N_f=2.092\times10^6$断口源区低倍　　　　（d）$\sigma_{max}=280$MPa、$N_f=2.092\times10^6$断口源区高倍

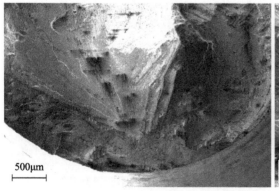
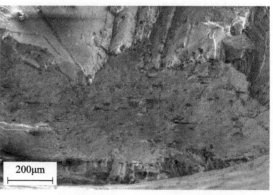

（e）$\sigma_{max}=280$MPa、$N_f=2.092\times10^6$断口源区低倍　　　　（f）$\sigma_{max}=280$MPa、$N_f=2.092\times10^6$断口源区高倍

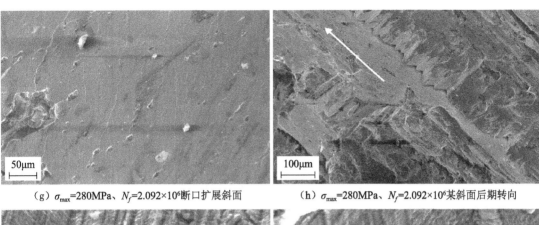

（g）σ_{max}=280MPa、N_f=2.092×10⁶断口扩展斜面　　（h）σ_{max}=280MPa、N_f=2.092×10⁶某斜面后期转向

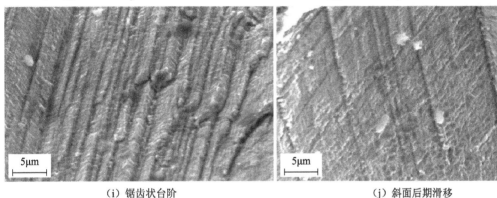

（i）锯齿状台阶　　　　　　　　　　　　　（j）斜面后期滑移

图 2.5-19　700℃、R=-1 时轴向高周光滑疲劳断口微观形貌

4. 760℃

（1）宏观特征：760℃下的试样表面和断面的高温色与 700℃的相近，试样表面均呈浅蓝色。应力比 R=0.1 下 3 个应力的高周疲劳断口上的刻面比例较高，尤其是 σ_{max}=460MPa 断口基本全为斜刻面（疲劳扩展第一阶段）形貌，无明显的疲劳扩展第二阶段和瞬断区，另两个应力下也仅在很小面积区域可见断口粗糙区，见图 2.5-20。应力比 R=0.5 下的刻面比例明显减小，在源区及疲劳扩展前期可见疲劳扩展第一阶段特征，还可见疲劳扩展第二阶段区，断口较大面积为快速扩展和瞬断特征，见图 2.5-21。R=-1 低应力下的断口基本为刻面特征，中高应力的断口和 R=0.5 下的断口相似，但相比于 R=0.5，其刻面特征的比例要更高一些，见图 2.5-22。

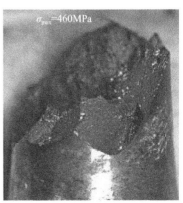

（a）断口侧面

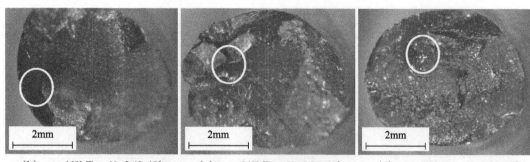

（b）$\sigma_{max}=460MPa$、$N_f=2.43\times10^6$　　（c）$\sigma_{max}=540MPa$、$N_f=5.96\times10^5$　　（d）$\sigma_{max}=700MPa$、$N_f=1.76\times10^5$

图 2.5-20　760℃、$R=0.1$ 时轴向高周光滑疲劳断口宏观形貌

$\sigma_{max}=725MPa$　　　　　　$\sigma_{max}=800MPa$　　　　　　$\sigma_{max}=1000MPa$

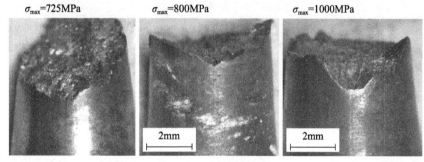

（a）断口侧面

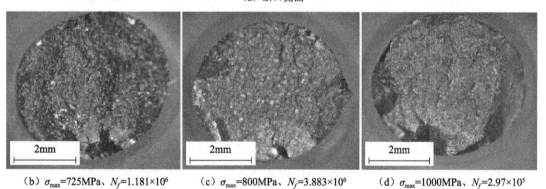

（b）$\sigma_{max}=725MPa$、$N_f=1.181\times10^6$　　（c）$\sigma_{max}=800MPa$、$N_f=3.883\times10^6$　　（d）$\sigma_{max}=1000MPa$、$N_f=2.97\times10^5$

图 2.5-21　760℃、$R=0.5$ 时轴向高周光滑疲劳断口宏观形貌

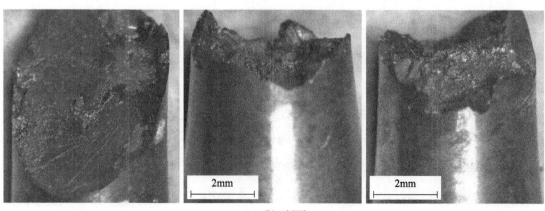

（a）断口侧面

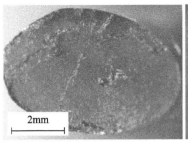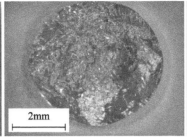

（b）σ_{max}=270MPa、N_f=7.687×10^6　　（c）σ_{max}=340MPa、N_f=9.57×10^5　　（d）σ_{max}=500MPa、N_f=1.29×10^5

图 2.5-22　760℃、R=-1 时轴向高周光滑疲劳断口宏观形貌

（2）微观特征：从断口低倍全貌上看，不管哪个角度的刻面，刻面上均呈现粗大的放射棱线特征，刻面前期光亮，后期稍粗糙，越靠近源区，断面越光滑，棱线也越不明显。粗糙区的特征比较一致，低倍整体为枝晶平断形貌，见图 2.5-23。R=0.1、σ_{max}=460MPa 的断口刻面数量少，且每个刻面面积大、扩展充分，其刻面光整度高，且根据刻面上的棱线，大致判断疲劳断裂起源于试样靠一侧表面的一个刻面上，源区未见明显的冶金缺陷，随后转为沿着另一个角度的刻面扩展；σ_{max}=540MPa、N_f=5.96×10^5 和 σ_{max}=700MPa、N_f=1.76×10^5 两个断口特征比较相似，疲劳均起源于试样内部的显微疏松，大小分别为 156μm 和 260μm（最大角度尺寸），以此为中心沿各个角度的刻面扩展，见图 2.5-24（a）～（c）。R=0.5 下的疲劳扩展第二阶段的特征和快速扩展界面不明显。3 个断口均起始于试样的内部基体处，呈现单个点源特征，且源区均可见显微疏松。σ_{max}=725MPa 及 σ_{max}=800MPa 断口起源于次表面显微疏松处。σ_{max}=1000MPa 源区可见 70μm×30μm 的显微疏松，位于近表面两个刻面的交界线上，见图 2.5-24（d）～（f）。R=-1、σ_{max}=270MPa 断口起源于内部一刻面处，σ_{max}=340MPa、N_f=9.57×10^5 断口起源于表面的刻面处，源区冶金缺陷不明显；σ_{max}=500MPa 的断口起源于次表面显微疏松处，见图 2.5-24（g）～（i）。R=0.1 下的 3 个断口以及 R=-1 的低应力下的断口疲劳区以疲劳扩展第一阶段的斜刻面特征为主，斜刻面上均为扩展棱线形貌，未见疲劳条带，高倍呈现网格的组织形貌，刻面的后期进入瞬断区，见图 2.5-24（j）；R=0.5 的 3 个断口以及 R=-1 的高应力疲劳区有疲劳扩展第一阶段和疲劳扩展第二阶段两个阶段的特征，疲劳扩展第一阶段以刻面特征为主，疲劳扩展第二阶段上可见疲劳条带形貌，见图 2.5-24（k）～（n）。快速扩展区瞬断特征和 700℃下断口特征一致。

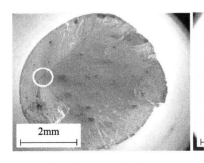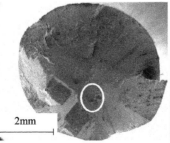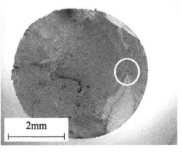

（a）R=0.1、σ_{max}=460MPa、　　　（b）R=0.1、σ_{max}=540MPa、　　　（c）R=0.1、σ_{max}=700MPa、
　　　N_f=2.43×10^6　　　　　　　　　　　　N_f=5.96×10^5　　　　　　　　　　　　N_f=1.76×10^5

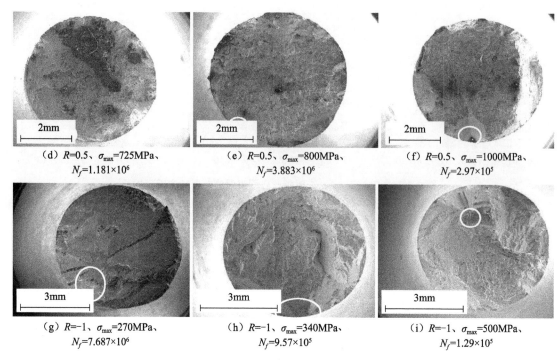

（d）R=0.5、σ_{max}=725MPa、
N_f=1.181×10⁶

（e）R=0.5、σ_{max}=800MPa、
N_f=3.883×10⁶

（f）R=0.5、σ_{max}=1000MPa、
N_f=2.97×10⁵

（g）R=-1、σ_{max}=270MPa、
N_f=7.687×10⁶

（h）R=-1、σ_{max}=340MPa、
N_f=9.57×10⁵

（i）R=-1、σ_{max}=500MPa、
N_f=1.29×10⁵

图 2.5-23　760℃下的轴向高周光滑疲劳断口宏观形貌

（a）R=0.1、σ_{max}=460MPa、N_f=2.43×10⁶断口源区

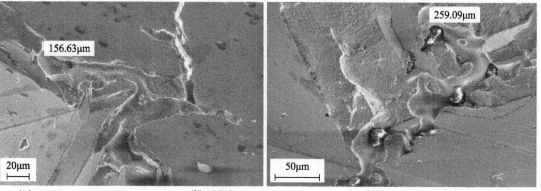

（b）R=0.1、σ_{max}=540MPa、N_f=5.96×10⁵断口源区　　（c）R=0.1、σ_{max}=700MPa、N_f=1.76×10⁵断口源区

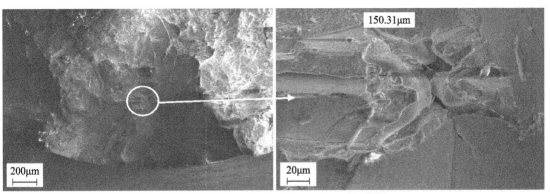

（d）R=0.5、σ_{max}=725MPa、N_f=1.181×10⁶断口源区

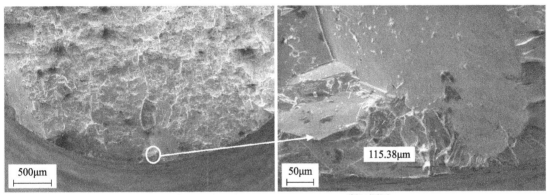

（e）R=0.5、σ_{max}=800MPa、N_f=3.883×10⁶断口源区

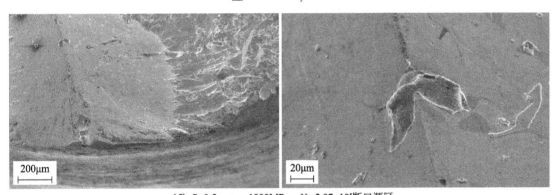

（f）R=0.5、σ_{max}=1000MPa、N_f=2.97×10⁵断口源区

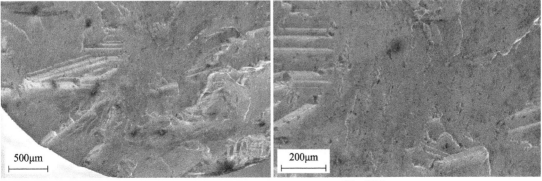

（g）R=-1、σ_{max}=270MPa、N_f=7.687×10⁶断口源区

（h）R=-1、σ_{max}=340MPa、N_f=9.57×10⁵断口源区

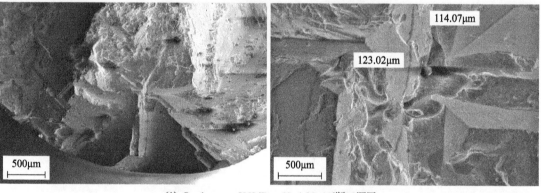

（i）R=-1、σ_{max}=500MPa、N_f=1.29×10⁵断口源区

（j）R=0.1、σ_{max}=540MPa断口疲劳扩展第一阶段

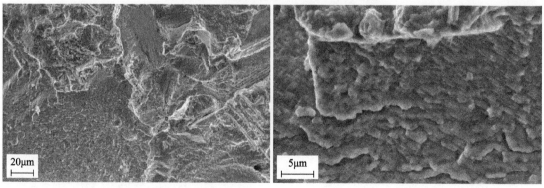

（k）R=0.5、σ_{max}=800MPa断口疲劳扩展第二阶段　　　　（l）R=0.5、σ_{max}=800MPa断口第二阶段上的条带

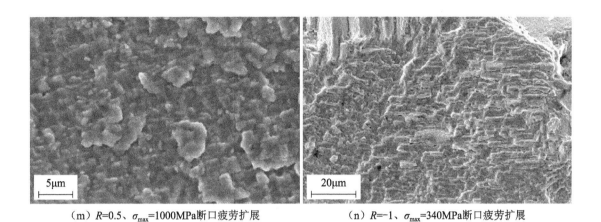

（m）R=0.5、σ_{max}=1000MPa断口疲劳扩展　　　　（n）R=-1、σ_{max}=340MPa断口疲劳扩展
第二阶段条带　　　　　　　　　　　　　　第二阶段条带

图 2.5-24　760℃下轴向高周光滑疲劳断口微观形貌

5. 850℃

（1）宏观特征：850℃下轴向高周光滑疲劳断口试样表面为蓝绿色，断面疲劳区为浅蓝色或蓝灰色，瞬断区呈蓝色。850℃下的轴向高周光滑疲劳断面宏观特征与 700℃ 和 760℃ 下的断口有显著区别，断面的起伏度更小，斜刻面的特征较不明显，除了 R=-1 下的两个断口在平坦疲劳区后期可见一处斜刻面外，3 个应力比下的 6 个断口整体为一个与轴向垂直的断面，断口分疲劳区和瞬断区两部分且有明显分界，疲劳区相对平坦，疲劳扩展第二阶段的特征比较明显。6 个断口起源均为单源，均在靠一侧的次表面或者内部，呈现一定的"鱼眼"特征，见图 2.5-25。

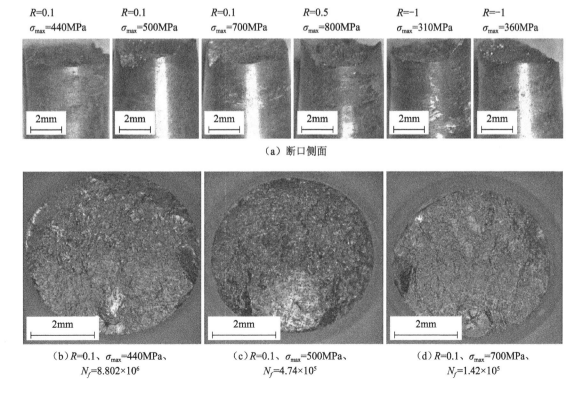

（a）断口侧面

（b）R=0.1、σ_{max}=440MPa、　　　　（c）R=0.1、σ_{max}=500MPa、　　　　（d）R=0.1、σ_{max}=700MPa、
N_f=8.802×10^6　　　　　　　　　　　N_f=4.74×10^5　　　　　　　　　　N_f=1.42×10^5

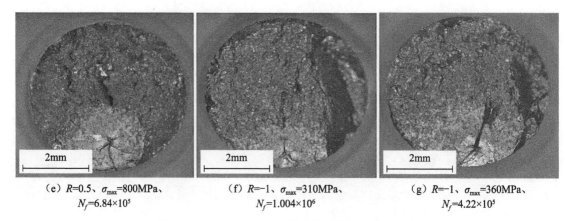

（e）R=0.5、σ_{max}=800MPa、
N_f=6.84×10⁵

（f）R=-1、σ_{max}=310MPa、
N_f=1.004×10⁶

（g）R=-1、σ_{max}=360MPa、
N_f=4.22×10⁵

图 2.5-25　850℃下轴向高周光滑疲劳断口宏观形貌

（2）微观特征：从断口全貌上看，疲劳从偏一侧的试样内部起源，往另一侧扩展，疲劳区呈现以疲劳扩展第二阶段为主的平坦断面，但起源处有一定的小斜面特征；另一侧也有小斜面，但为剪切唇特征。其中 R=-1 下的两个断口在平坦疲劳区后期可见放射棱线状的斜刻面，见图 2.5-26。高倍观察，除了 R=0.1、σ_{max}=440MPa 断口源区显微疏松较不明显，呈现明显的小斜刻面和沿晶外，其他 5 个断口源区均可见一定尺寸的显微疏松，尤其是 R=0.1、σ_{max}=700MPa 的断口源区可见聚集状的显微疏松，尺寸约 400μm，见图 2.5-27（a）～（f）。

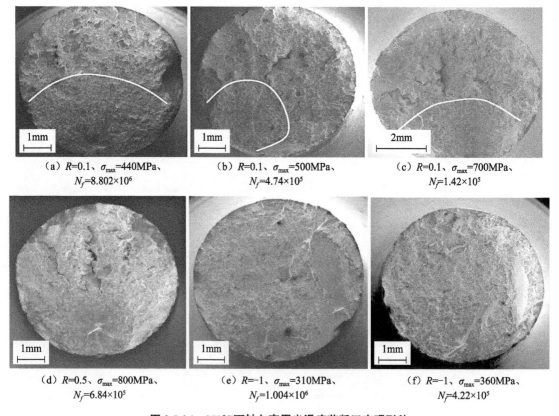

（a）R=0.1、σ_{max}=440MPa、
N_f=8.802×10⁶

（b）R=0.1、σ_{max}=500MPa、
N_f=4.74×10⁵

（c）R=0.1、σ_{max}=700MPa、
N_f=1.42×10⁵

（d）R=0.5、σ_{max}=800MPa、
N_f=6.84×10⁵

（e）R=-1、σ_{max}=310MPa、
N_f=1.004×10⁶

（f）R=-1、σ_{max}=360MPa、
N_f=4.22×10⁵

图 2.5-26　850℃下轴向高周光滑疲劳断口宏观形貌

各断口以源区为中心向四周扩展形成圆形的疲劳平坦区，平坦的疲劳扩展区扩展棱线不清晰，但高倍下可见细碎断续的疲劳条带，高应力下的断口上二次裂纹明显，见图 2.5-27 (g) ～ (j)。$R=-1$ 下的两个断口上的大刻面区的特征和 760℃ 下断口上刻面特征相同，扩展棱线清晰，但未见疲劳条带。6 个断口快速扩展区和瞬断区呈现沿枝晶析出相界 + 小韧窝断裂形貌，源区对侧的边缘可见剪切斜面，高倍为细小韧窝形貌，见图 2.5-27 (k) ～ (n)。

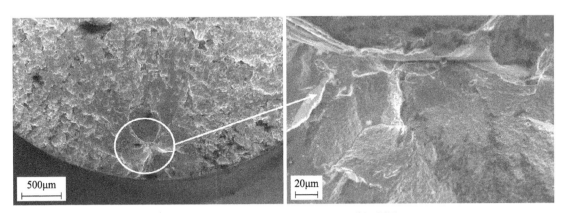

（a）$R=-1$、$\sigma_{max}=440MPa$、$N_f=8.802\times10^6$ 断口源区

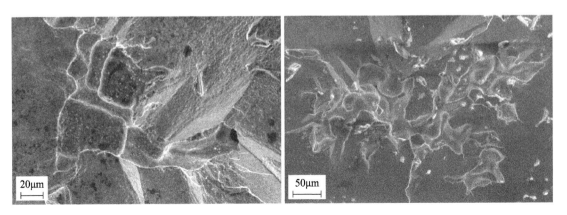

（b）$R=0.1$、$\sigma_{max}=500MPa$、$N_f=4.74\times10^5$ 断口源区　　（c）$R=0.1$、$\sigma_{max}=700MPa$、$N_f=1.42\times10^5$ 断口源区

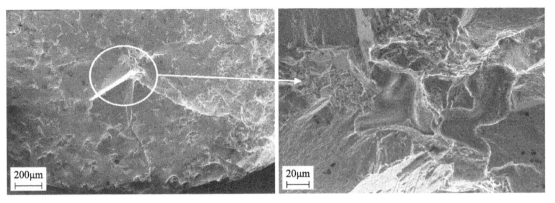

（d）$R=0.5$、$\sigma_{max}=800MPa$、$N_f=6.84\times10^5$ 断口源区

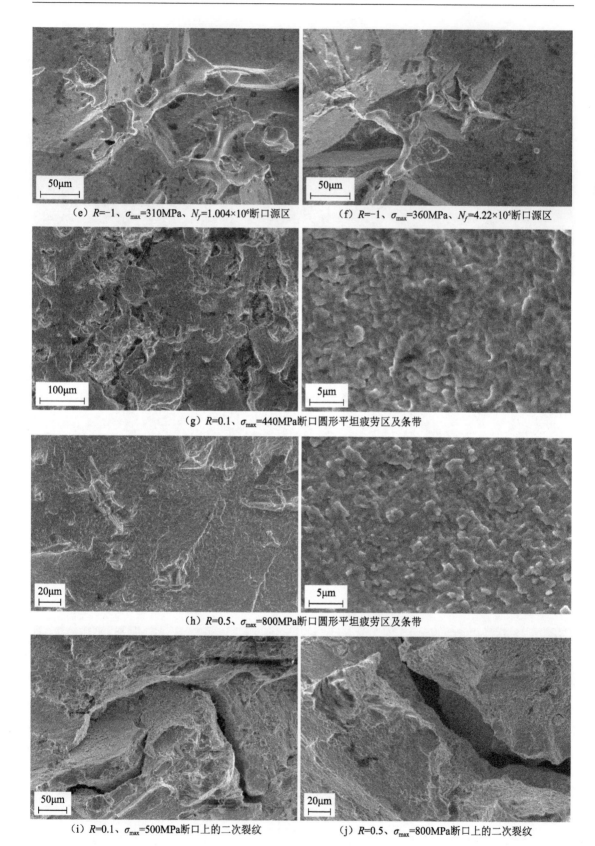

（e）$R=-1$、$\sigma_{max}=310$MPa、$N_f=1.004\times10^6$断口源区

（f）$R=-1$、$\sigma_{max}=360$MPa、$N_f=4.22\times10^5$断口源区

（g）$R=0.1$、$\sigma_{max}=440$MPa断口圆形平坦疲劳区及条带

（h）$R=0.5$、$\sigma_{max}=800$MPa断口圆形平坦疲劳区及条带

（i）$R=0.1$、$\sigma_{max}=500$MPa断口上的二次裂纹

（j）$R=0.5$、$\sigma_{max}=800$MPa断口上的二次裂纹

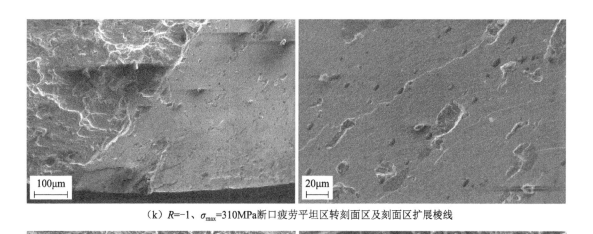

（k）$R=-1$、$\sigma_{max}=310$MPa断口疲劳平坦区转刻面区及刻面区扩展棱线

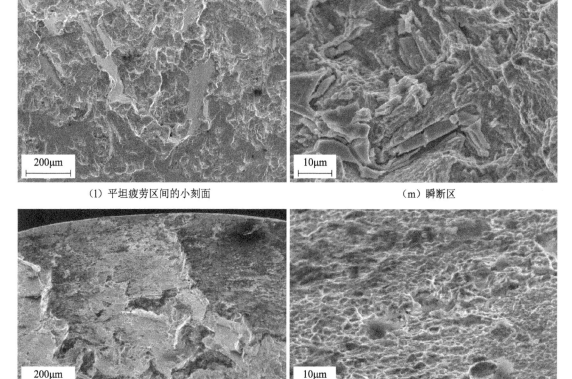

（l）平坦疲劳区间的小刻面　　　　　　　　　（m）瞬断区

（n）另一侧边缘瞬断斜面

图 2.5-27　850℃下轴向高周光滑疲劳断口微观形貌

6．综合分析

综合 700℃、760℃及 850℃，在不同应力比下的轴向高周光滑疲劳断口特征可得出 DZ125L 光滑高周应力疲劳断口以下特征及变化规律：

（1）700℃、760℃及 850℃的 DZ125L 轴向高周光滑应力疲劳断裂断口宏观无颈缩，断口分为疲劳区和瞬断区两个部分。700℃下 3 个应力比的断口上疲劳区基本以多个互成角度的斜刻面的特征出现，即主要出现疲劳扩展第一阶段特征。且斜刻面的比例均比较大，尤其是在低应力下几乎整个断口均为斜刻面特征。760℃下，在 $R=0.1$ 和 $R=-1$ 低应力下的断口疲劳区以斜刻面的特征出现，疲劳扩展第二阶段区域不明显，$R=0.5$ 可见疲劳扩展第二阶段，并可见疲劳条带形貌。850℃下的断口疲劳区则以可见疲劳条带的平坦区为主，仅在低应力下（应力比 $R=-1$）断口源区处可见小的类解理刻面。

（2）DZ125L 的轴向高周光滑疲劳断口多为单源，基本都起源于内部显微疏松类冶金缺陷处；以疲劳扩展第一阶段为主的（如 700℃下的所有断口）疲劳区（大斜刻面）为按多个角度的光滑平坦的类解理刻面扩展，呈现类解理河流花样，高倍未见疲劳条带特征，呈现网格状组织滑移形貌；以疲劳扩展第二阶段为主的平坦疲劳区（如 850℃下的所有断口），一般可观察到疲劳条带特征，但条带细碎断续；瞬断区粗糙，微观为枝晶＋韧窝断裂特征；个别断口在试样边缘出现剪切瞬断区，宏观也呈现小斜面形貌，但与类解理平面不同的是，微观可见细小韧窝形貌。

（3）700～850℃下断口均呈蓝色，但蓝色深浅有所差异，850℃下的断口接近灰蓝色。

（4）相同温度、同一应力比下，应力小时，刻面数少，以某个大刻面扩展为主，应力增大，刻面数较多，且刻面上的光滑度也有所下降，从源区开始沿着各个角度的刻面均匀扩展，呈现多面锥形形貌，且随应力增大，类解理刻面面积呈减小的趋势；类解理刻面面积与应力有一定的对应关系，因此对于不同的应力比，$R=0.5$ 下的断口类解理刻面面积最小。

（5）DZ125L 高温光滑轴向高周应力疲劳断口疲劳扩展区面积随不同的应力、温度和应力比均有变化，约占整个断口面积的 20%～90%。

2.5.3.4　高温轴向高周缺口疲劳

1. 700℃、$K_t=2$

（1）宏观特征：700℃、$K_t=2$ 下 3 个应力比的 9 个断口高温氧化色有所差异。断面整体呈蓝紫高温色，源区附近颜色稍浅，基本是疲劳区呈现淡蓝色，快速扩展区和瞬断区为深蓝色或者蓝褐色。9 个断口均断裂在缺口处，宏观未见明显颈缩。其中 $R=0.1$、$R=0.5$ 的两个应力比的 6 个断口特征类似，断面与轴向垂直，前期疲劳区较为平整，后续瞬断区则较为粗糙，两个应力比下的断口均起源于断面一侧的单源，同时源区可见小刻面的特征，同时源区两侧可见以斜刻面方式扩展的特征；$R=-1$ 应力比的 3 个断口断面均与轴向约呈 45°角，其中两个低应力的断口从缺口位置就开始沿着倾斜刻面扩展，后续断面则转向与轴向垂直，而高应力下的断口一半断面沿着垂直轴向的方向扩展，一半断面沿倾斜刻面扩展，整体呈连续起源特征并可见阶梯状台阶。$R=0.1$，应力从低到高，3 个断口疲劳扩展区的面积分别占整个断口面积的 40%、35% 和 30%；$R=0.5$，应力从低到高，3 个断口疲劳扩展区的面积分别占整个断口面积的 35%、30% 和 20%；$R=-1$，应力从低到高，3 个断口疲劳扩展区的面积分别占整个断口面积的 50%、40% 和 30%，见图 2.5-28～图 2.5-30。

（2）微观特征：$R=0.1$ 和 $R=0.5$ 下的断口均从一侧表面或次表面起源，源区都呈现类解理斜刻面特征，且均在源区刻面边缘可见数十微米的显微疏松，见图 2.5-31（a）～（f）；$R=-1$ 下中低应力的两个断口在一侧边缘表面起源，源区为更大的斜刻面（与 $R=0.1$ 和 $R=0.5$ 应力比下的断口相比），源区未见明显缺陷；而高应力下的断口为一侧表面起源，源区未见类解理刻面特征，但源区两侧可见类解理斜面的疲劳扩展特征，见图 2.5-31（g）～（i）。$R=0.1$ 和 $R=0.5$ 两个应力比下的断口扩展区形貌类似，源区疲劳扩展第一阶段特征比例较小，随后可见典型的疲劳扩展第二阶段特征，此区断面较为平整，为疲劳条带和

网格状的 γ、γ′ 混合形貌，快速扩展区断面粗糙，并可见准解理台阶 + 韧窝混合特征，瞬断区为准解理 + 韧窝特征，见 2.5-31（j）～（o）。$R=-1$ 下，250MPa、300MPa 两个稍低应力下的断口前期扩展区均为大刻面特征，刻面上无典型的条带特征，高倍为网格状的 γ、γ′ 形貌，后期直接进入快速扩展区和瞬断区。高应力下的断口在平面的平坦疲劳区可见疲劳条带，快速扩展区和瞬断区特征与其他断口相似，见图 2.5-31（p）～（s）。

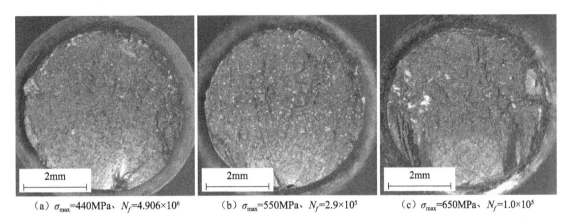

（a）σ_{max}=440MPa、N_f=4.906×10⁶　　（b）σ_{max}=550MPa、N_f=2.9×10⁵　　（c）σ_{max}=650MPa、N_f=1.0×10⁵

图 2.5-28　700℃、K_t=2、R=0.1 时轴向高周缺口疲劳断口宏观形貌

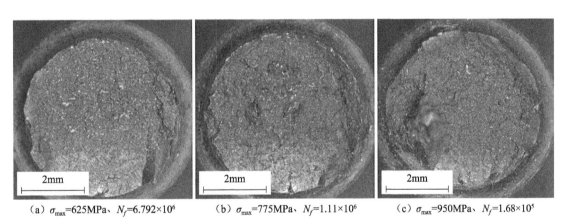

（a）σ_{max}=625MPa、N_f=6.792×10⁶　　（b）σ_{max}=775MPa、N_f=1.11×10⁶　　（c）σ_{max}=950MPa、N_f=1.68×10⁵

图 2.5-29　700℃、K_t=2、R=0.5 时轴向高周缺口疲劳断口宏观形貌

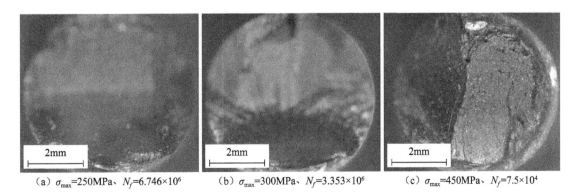

（a）σ_{max}=250MPa、N_f=6.746×10⁶　　（b）σ_{max}=300MPa、N_f=3.353×10⁶　　（c）σ_{max}=450MPa、N_f=7.5×10⁴

图 2.5-30　700℃、K_t=2、R=-1 时轴向高周缺口疲劳断口宏观形貌

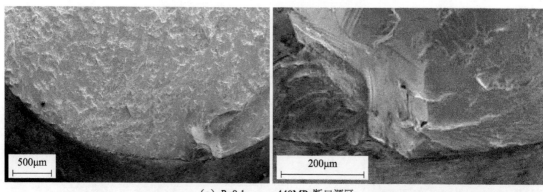

（a）R=0.1、σ_{max}=440MPa断口源区

（b）R=0.1、σ_{max}=550MPa断口源区

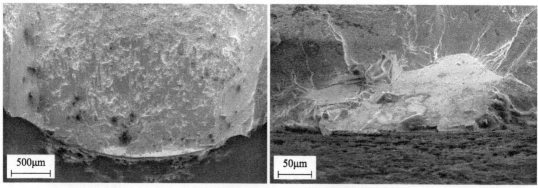

（c）R=0.1、σ_{max}=650MPa断口源区

（d）R=0.5、σ_{max}=625MPa断口源区

（e）R=0.5、σ_{max}=775MPa断口源区

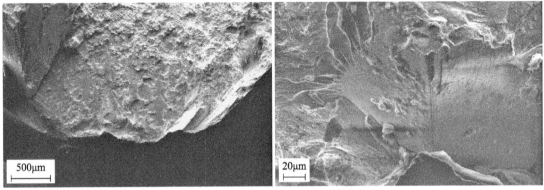

（f）R=0.5、σ_{max}=950MPa断口源区

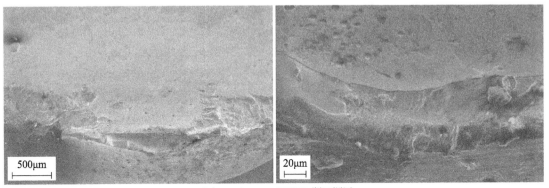

（g）R=-1、σ_{max}=250MPa断口源区

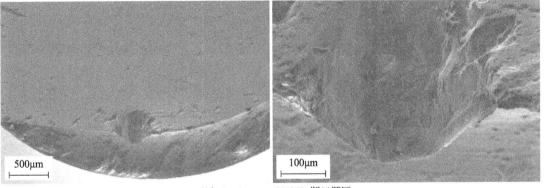

（h）R=-1、σ_{max}=300MPa断口源区

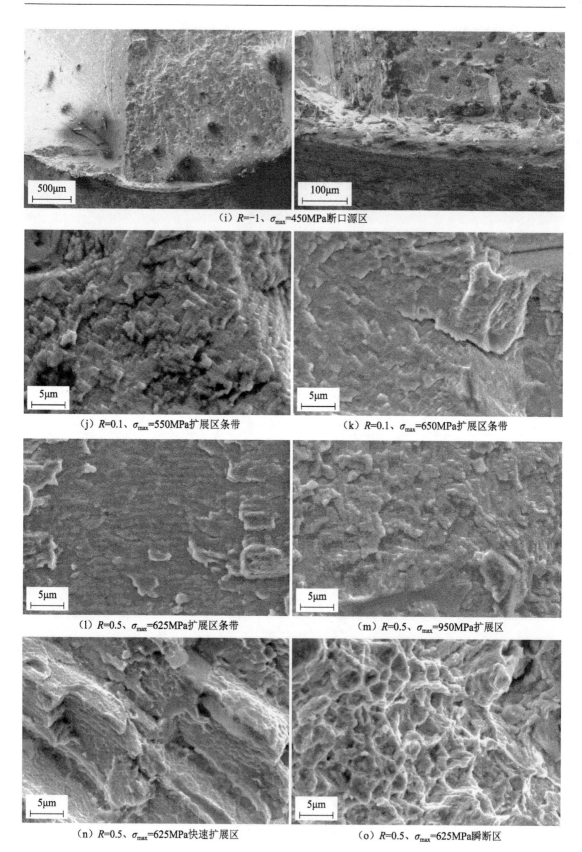

（i）$R=-1$、$\sigma_{max}=450$MPa断口源区

（j）$R=0.1$、$\sigma_{max}=550$MPa扩展区条带

（k）$R=0.1$、$\sigma_{max}=650$MPa扩展区条带

（l）$R=0.5$、$\sigma_{max}=625$MPa扩展区条带

（m）$R=0.5$、$\sigma_{max}=950$MPa扩展区

（n）$R=0.5$、$\sigma_{max}=625$MPa快速扩展区

（o）$R=0.5$、$\sigma_{max}=625$MPa瞬断区

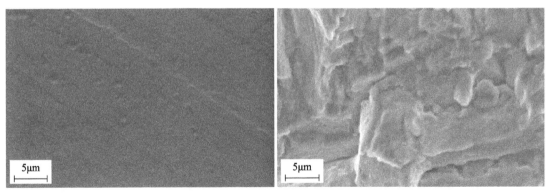

（p）$R=-1$、$\sigma_{max}=550MPa$扩展区前期　　　　（q）$R=-1$、$\sigma_{max}=550MPa$扩展区后期

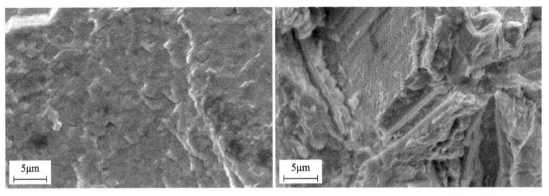

（r）$R=-1$、$\sigma_{max}=650MPa$扩展区前期　　　　（s）$R=-1$、$\sigma_{max}=650MPa$扩展区后期

图 2.5-31　700℃、$K_t=2$ 时轴向高周缺口疲劳断口扩展区微观形貌

2. 760℃、$K_t=2$

（1）宏观特征：760℃、$K_t=2$ 下 3 个应力比的 9 个断口颜色和 700℃差异不大。整体看 760℃下的刻面特征普遍比 700℃下要轻微一些。$R=0.1$、$R=0.5$ 的两个应力比的不同应力的断口均为单源起源，且断面与轴向垂直，但源区仍可见小刻面的特征；$R=-1$ 应力比的 3 个断口低应力下源区可见明显的斜刻面，中应力下斜刻面不明显，但仍为单源起源，高应力下不仅源区的刻面特征消失，而且呈现多处起源。9 个断口疲劳扩展区面积占整个断口面积的 25% ～ 40%。见图 2.5-32 ～图 2.5-34。

（2）微观特征：$R=0.1$、$R=0.5$ 下的 6 个断口特征类似，均起源于试样一侧次表面的显微疏松，同时疏松附近可见较小的准解理刻面延伸至试样表面。$R=-1$ 下的 290MPa 应力断口起源于次表面的显微疏松，源区附近可见小刻面延伸至试样表面，同时扩展区一侧可见倾斜扩展的大刻面特征；稍高应力的 350MPa 断口起源于试样一侧的连续线源，源区未见冶金缺陷，左右两侧的扩展区也可见阶梯状的刻面特征；高应力下的 450MPa 断口主源区起源于试样次表面的显微疏松，附近可见小刻面特征，对侧的次源区为线性起源，源区未见冶金缺陷。几个应力下断口扩展前期断面较为平整，高倍下可见网格状的 γ、γ′ 形貌，条带细腻且不清晰，后期条带加宽，不同应力下疲劳条带宽度和应力无明显对应关系，瞬断区为准解理＋韧窝的混合特征，见图 2.5-35。

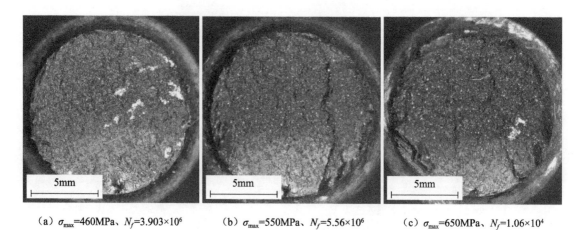

（a）σ_{max}=460MPa、N_f=3.903×10^6 （b）σ_{max}=550MPa、N_f=5.56×10^6 （c）σ_{max}=650MPa、N_f=1.06×10^4

图 2.5-32　760℃、K_t=2、R=0.1 时轴向高周缺口疲劳断口宏观形貌

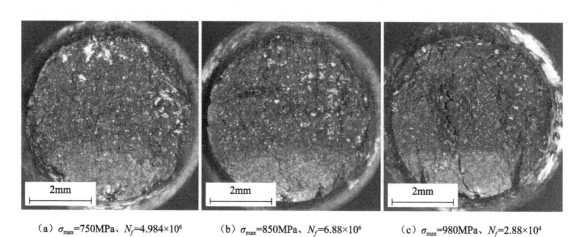

（a）σ_{max}=750MPa、N_f=4.984×10^6 （b）σ_{max}=850MPa、N_f=6.88×10^6 （c）σ_{max}=980MPa、N_f=2.88×10^4

图 2.5-33　760℃、K_t=2、R=0.5 时轴向高周缺口疲劳断口宏观形貌

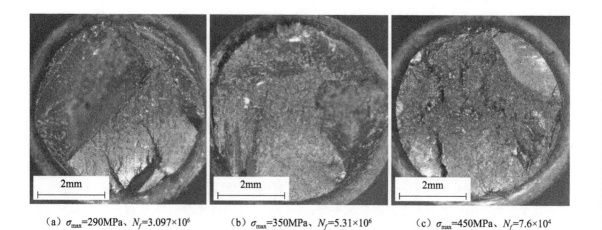

（a）σ_{max}=290MPa、N_f=3.097×10^6 （b）σ_{max}=350MPa、N_f=5.31×10^6 （c）σ_{max}=450MPa、N_f=7.6×10^4

图 2.5-34　760℃、K_t=2、R=-1 时轴向高周缺口疲劳断口宏观形貌

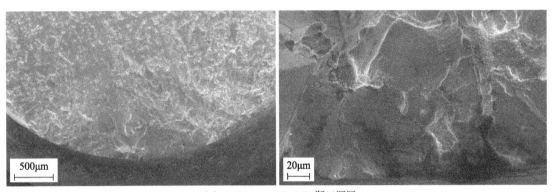

（a）R=0.1、σ_{max}=460MPa断口源区

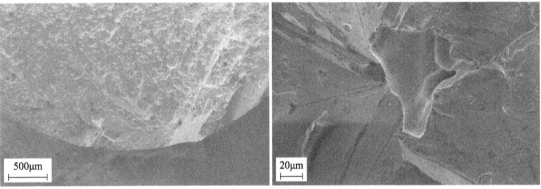

（b）R=0.1、σ_{max}=550MPa断口源区

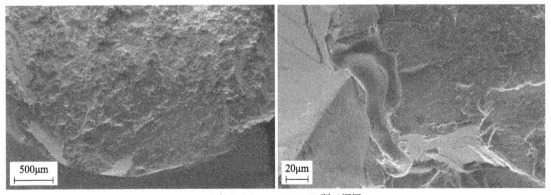

（c）R=0.1、σ_{max}=650MPa断口源区

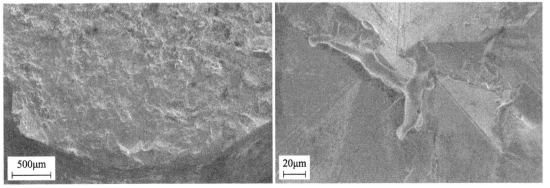

（d）R=0.5、σ_{max}=750MPa断口源区

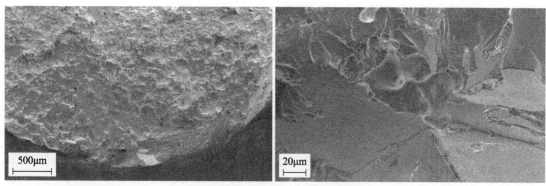

（e）R=0.5、σ_{max}=850MPa断口源区

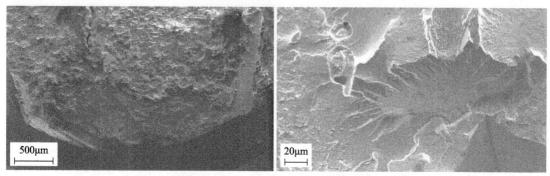

（f）R=0.5、σ_{max}=980MPa、N_f=2.88×10⁵源区

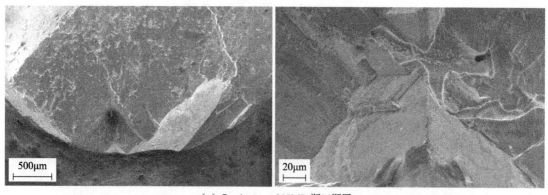

（g）R=−1、σ_{max}=290MPa断口源区

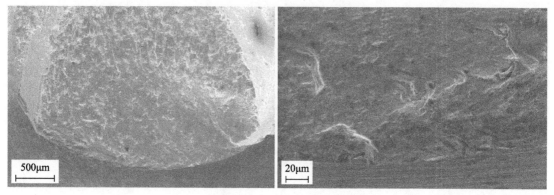

（h）R=−1、σ_{max}=350MPa断口源区

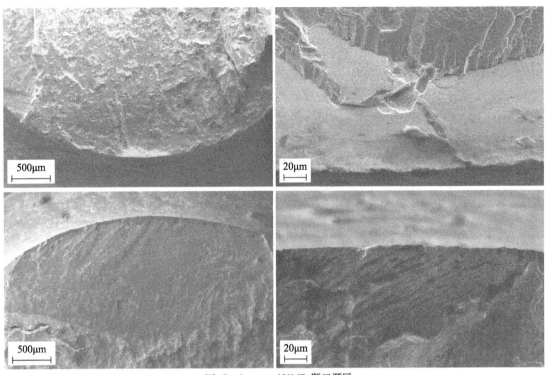

（i）$R=-1$、$\sigma_{max}=450$MPa断口源区

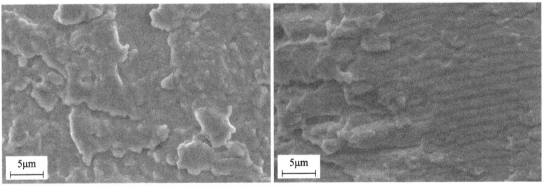

（j）$R=0.1$、$\sigma_{max}=460$MPa断口扩展区条带　　　（k）$R=0.1$、$\sigma_{max}=650$MPa断口扩展区条带

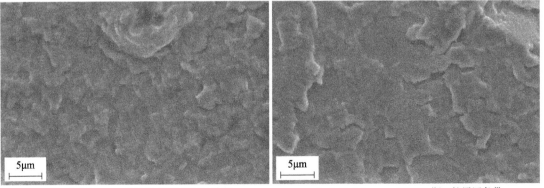

（l）$R=0.1$、$\sigma_{max}=550$MPa断口扩展区前期　　　（m）$R=0.1$、$\sigma_{max}=550$MPa断口扩展区条带

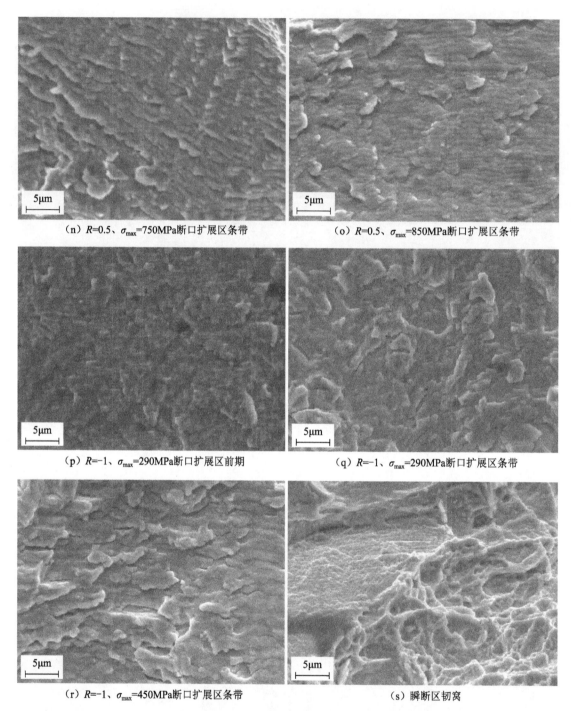

（n）$R=0.5$、$\sigma_{max}=750MPa$断口扩展区条带　　（o）$R=0.5$、$\sigma_{max}=850MPa$断口扩展区条带

（p）$R=-1$、$\sigma_{max}=290MPa$断口扩展区前期　　（q）$R=-1$、$\sigma_{max}=290MPa$断口扩展区条带

（r）$R=-1$、$\sigma_{max}=450MPa$断口扩展区条带　　　　　（s）瞬断区韧窝

图 2.5-35　760℃、$K_t=2$ 时轴向高周缺口疲劳断口微观形貌

3. 850℃、$K_t=2$

（1）宏观特征：850℃、3个应力比下的9个断口氧化色以及断面特征与700℃和760℃下有较大差异，蓝色明显变浅，开始呈现灰绿色。与700℃和760℃下的断口相比，断面上包括源区的类解理斜面特征基本不可见，整个断口为一与轴向垂直的断面，疲劳区主要以平坦的平

断断裂特征（疲劳扩展第二阶段）呈现。$R=0.1$ 和 $R=0.5$ 两个应力比下的断口均为单源起源，$R=-1$ 中、高应力下断口在一侧多源起源，源区可见多个台阶。$R=0.1$，应力从低到高，3 个断口疲劳扩展区的面积分别占整个断口面积的 50%、45% 和 35%；$R=0.5$，应力从低到高，3 个断口疲劳扩展区的面积分别占整个断口面积的 35%、30% 和 25%；$R=-1$，应力从低到高，3 个断口疲劳扩展区的面积分别占整个断口面积的 75%、60% 和 50%。见图 2.5-36 ～ 图 2.5-38。

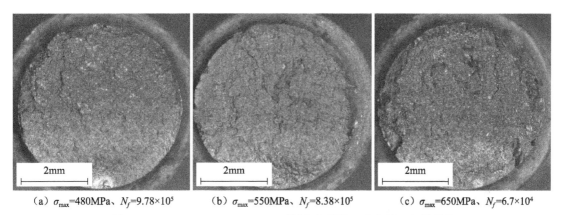

（a）$\sigma_{max}=480\text{MPa}$、$N_f=9.78\times10^5$　　　（b）$\sigma_{max}=550\text{MPa}$、$N_f=8.38\times10^5$　　　（c）$\sigma_{max}=650\text{MPa}$、$N_f=6.7\times10^4$

图 2.5-36　850℃、$K_t=2$、$R=0.1$ 时轴向高周缺口疲劳断口宏观形貌

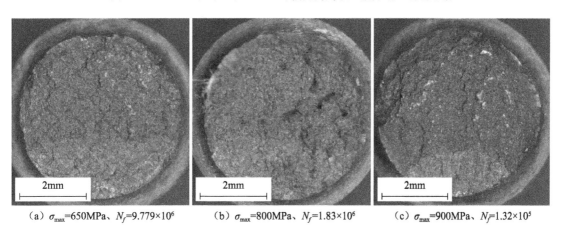

（a）$\sigma_{max}=650\text{MPa}$、$N_f=9.779\times10^6$　　　（b）$\sigma_{max}=800\text{MPa}$、$N_f=1.83\times10^6$　　　（c）$\sigma_{max}=900\text{MPa}$、$N_f=1.32\times10^5$

图 2.5-37　850℃、$K_t=2$、$R=0.5$ 时轴向高周缺口疲劳断口宏观形貌

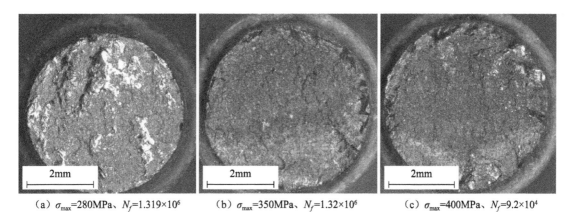

（a）$\sigma_{max}=280\text{MPa}$、$N_f=1.319\times10^6$　　　（b）$\sigma_{max}=350\text{MPa}$、$N_f=1.32\times10^6$　　　（c）$\sigma_{max}=400\text{MPa}$、$N_f=9.2\times10^4$

图 2.5-38　850℃、$K_t=2$、$R=-1$ 时轴向高周缺口疲劳断口宏观形貌

（2）微观特征：$R=0.1$、3个试样断口疲劳均起源于次表面的疏松处，且在 $\sigma_{max}=480MPa$ 的断口上围绕着源区疏松还可见一圆形弧线，源区疏松大小为 $200\mu m \times 55\mu m$，疏松处可见很小的类解理刻面；$R=0.5$ 的3个断口均起源于次表面的疏松，呈点源特征，但未见明显类解理刻面特征，周围可见明显的放射棱线；$R=-1$ 下，其中 $\sigma_{max}=480MPa$ 断口源区在表面，未见刻面特征和冶金缺陷，但可见明显的磨损特征，另两个应力下的断口起源于次表面的疏松处，疏松处可见类解理刻面，具有疲劳扩展第一阶段特征。几个断口均可见典型的平坦疲劳区（疲劳扩展第二阶段），可见明显的放射棱线和疲劳条带，且随着疲劳扩展，条带因变宽开始清晰，不同应力下的断口条带宽度随应力变化规律不明显，疲劳扩展后期和快速扩展区交界明显，快速扩展区粗糙度较大，微观为枝晶断裂＋韧窝断裂特征，剪切瞬断区为一个或几个斜面，微观为细小韧窝特征，见图2.5-39。

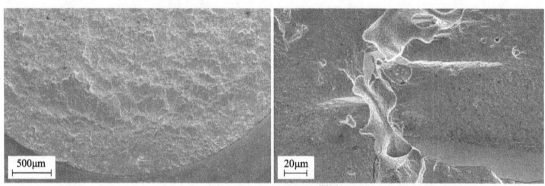

（a）$R=0.1$、$\sigma_{max}=480MPa$源区

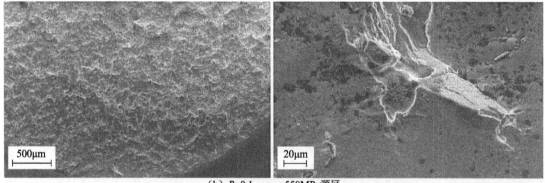

（b）$R=0.1$、$\sigma_{max}=550MPa$源区

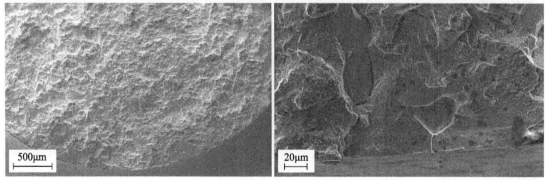

（c）$R=0.1$、$\sigma_{max}=650MPa$源区

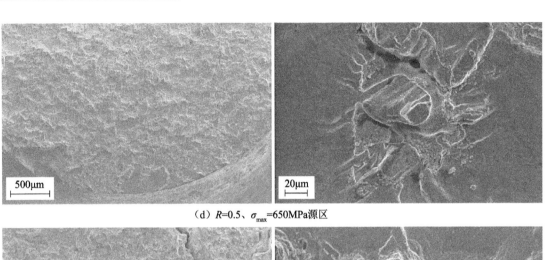

（d）R=0.5、σ_{max}=650MPa源区

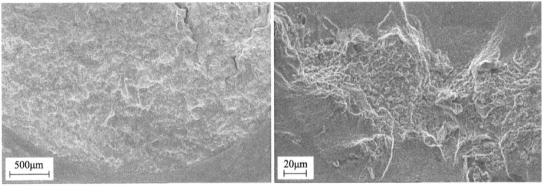

（e）R=0.5、σ_{max}=800MPa源区

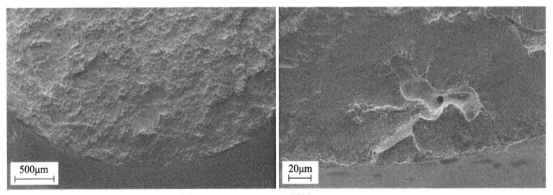

（f）R=0.5、σ_{max}=900MPa源区

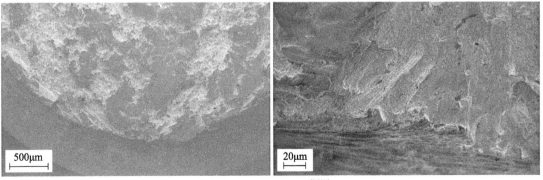

（g）R=-1、σ_{max}=280MPa源区

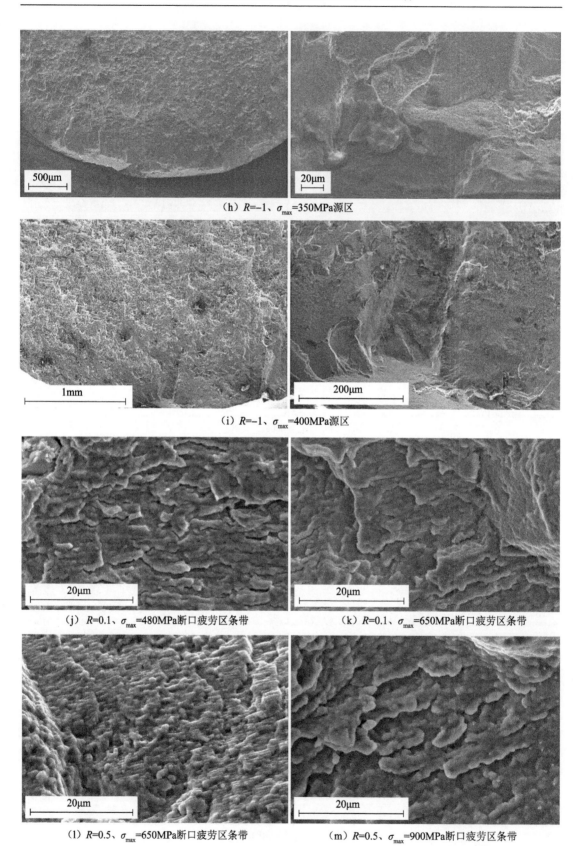

（h）$R=-1$、$\sigma_{max}=350$MPa源区

（i）$R=-1$、$\sigma_{max}=400$MPa源区

（j）$R=0.1$、$\sigma_{max}=480$MPa断口疲劳区条带

（k）$R=0.1$、$\sigma_{max}=650$MPa断口疲劳区条带

（l）$R=0.5$、$\sigma_{max}=650$MPa断口疲劳区条带

（m）$R=0.5$、$\sigma_{max}=900$MPa断口疲劳区条带

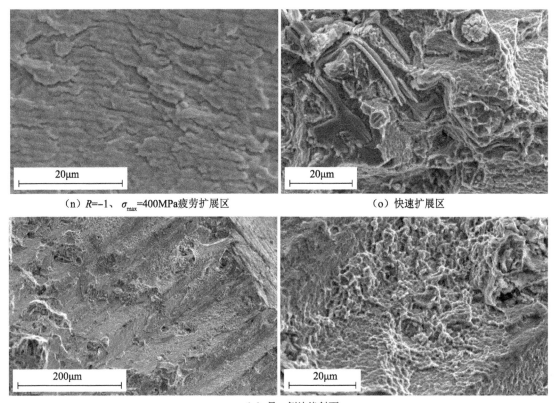

（n）$R=-1$、$\sigma_{max}=400$MPa疲劳扩展区　　　　　　　　（o）快速扩展区

（p）另一侧边缘斜面

图 2.5-39　850℃、$K_t=2$ 时轴向高周缺口疲劳断口微观形貌

4. 700℃、$K_t=3$

（1）宏观特征：700℃、$K_t=3$ 下 3 个应力比的 9 个断口高温色有所差异，但整体为蓝紫色或蓝色，疲劳区蓝色更浅。与 700℃、$K_t=2$ 的断口相比，$K_t=3$ 下断口的类解理刻面特征不明显，整个断口为一与轴向垂直的断面，疲劳区以平坦的平断断裂特征（疲劳扩展第二阶段）呈现。$R=0.1$ 下 3 个应力均为单源起源，$R=0.5$ 低中应力两个断口为单源，高应力为多源起源，$R=-1$ 时在中应力下就出现明显的多源起源，见图 2.5-40～图 2.5-42。

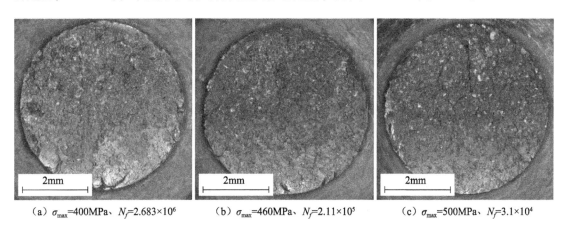

（a）$\sigma_{max}=400$MPa、$N_f=2.683\times10^6$　　　（b）$\sigma_{max}=460$MPa、$N_f=2.11\times10^5$　　　（c）$\sigma_{max}=500$MPa、$N_f=3.1\times10^4$

图 2.5-40　700℃、$K_t=3$、$R=0.1$ 时轴向高周缺口疲劳断口宏观形貌

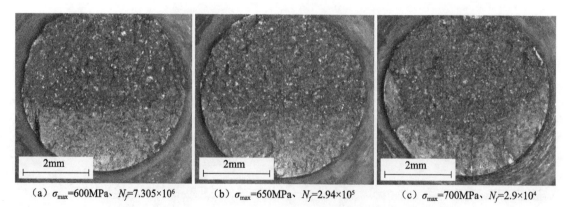

（a）σ_{max}=600MPa、N_f=7.305×10⁶　　　（b）σ_{max}=650MPa、N_f=2.94×10⁵　　　（c）σ_{max}=700MPa、N_f=2.9×10⁴

图 2.5-41　700℃、K_t=3、R=0.5 时轴向高周缺口疲劳断口宏观形貌

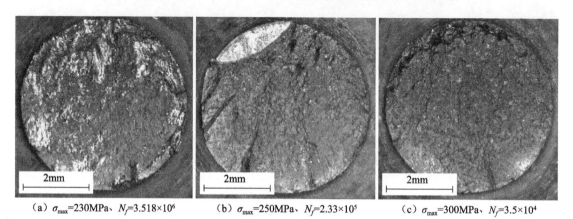

（a）σ_{max}=230MPa、N_f=3.518×10⁶　　　（b）σ_{max}=250MPa、N_f=2.33×10⁵　　　（c）σ_{max}=300MPa、N_f=3.5×10⁴

图 2.5-42　700℃、K_t=3、R=-1 时轴向高周缺口疲劳断口宏观形貌

（2）微观特征：宏观看，700℃、K_t=3 的断口整体类解理刻面不明显，但 R=0.1、R=0.5 低、中应力下的断口以及 R=-1 低应力下的断口起源位置仍可见轻微的类解理刻面特征，应力高的断口源区尤其是主源区则未见明显的类解理刻面，R=0.1、R=0.5 的断口大部分起源于表面或次表面的疏松，R=-1 的断口源区未见冶金缺陷，见图 2.5-43（a）～（i）。9 个断口的疲劳扩展区特征一致，扩展区平坦，高倍可见和网格状的 γ、γ′ 形貌混合的疲劳条带，见图 2.5-43（j）～（n），后期快速扩展区断面粗糙，并可见准解理台阶＋韧窝混合特征，瞬断区为准解理＋韧窝特征，见图 2.5-43（o）。

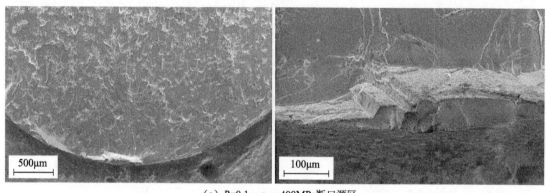

（a）R=0.1、σ_{max}=400MPa断口源区

（b）R=0.1、σ_{max}=460MPa断口源区

（c）R=0.5、σ_{max}=600MPa断口源区

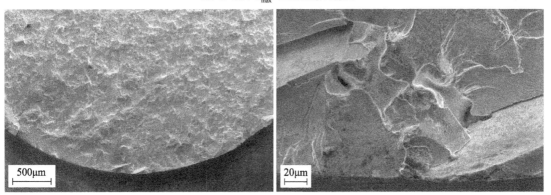

（d）R=0.5、σ_{max}=650MPa断口源区

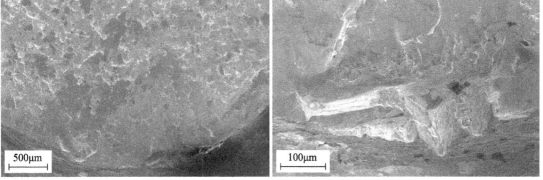

（e）R=-1、σ_{max}=230MPa断口源区

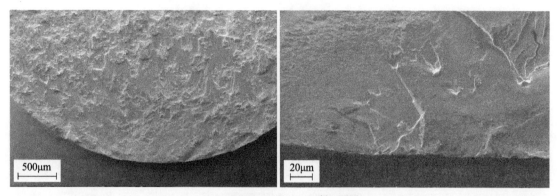

（f）$R=0.1$、$\sigma_{max}=500MPa$断口源区

（g）$R=0.5$、$\sigma_{max}=700MPa$断口源区

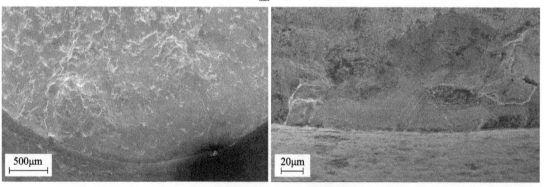

（h）$R=-1$、$\sigma_{max}=250MPa$断口源区

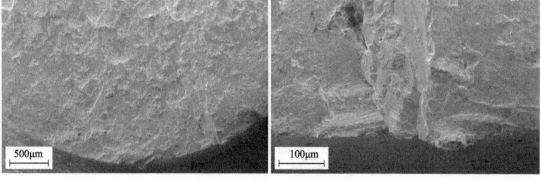

（i）$R=-1$、$\sigma_{max}=300MPa$断口源区

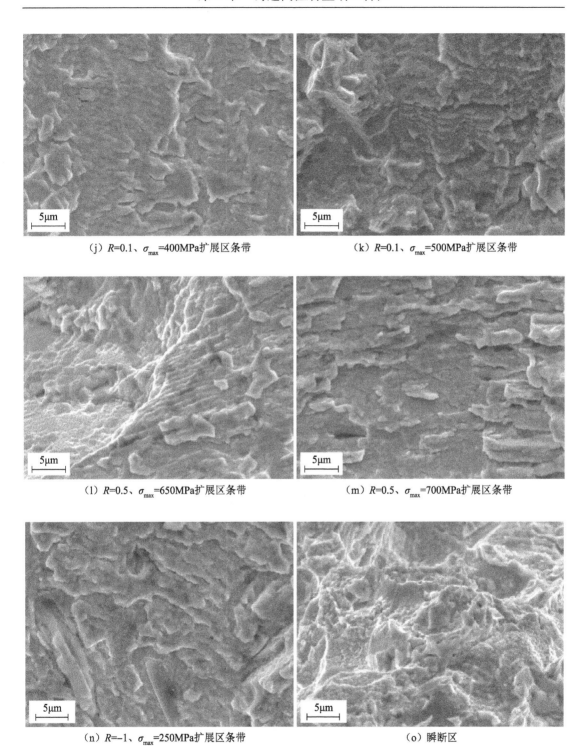

（j）R=0.1、σ_{max}=400MPa扩展区条带　　　　　（k）R=0.1、σ_{max}=500MPa扩展区条带

（l）R=0.5、σ_{max}=650MPa扩展区条带　　　　　（m）R=0.5、σ_{max}=700MPa扩展区条带

（n）R=-1、σ_{max}=250MPa扩展区条带　　　　　（o）瞬断区

图 2.5-43　700℃、K_t=3 时轴向高周缺口疲劳断口微观形貌

5. 760℃和 850℃、K_t=3

760℃、K_t=3 的轴向高周缺口疲劳断口和 700℃、K_t=3 的断口相比，断口及源区的类解理刻面特征同样不明显，疲劳区以平坦的平断断裂特征（疲劳扩展第二阶段）呈现，大部

分断口为多源起源，而对于 850℃、$K_t = 3$ 的轴向高周缺口疲劳断口和 $K_t = 2$ 一致，均没有类解理刻面特征，各区特征和变化规律表现与 $K_t = 2$ 下的一致。见图 2.5-44～图 2.5-48。

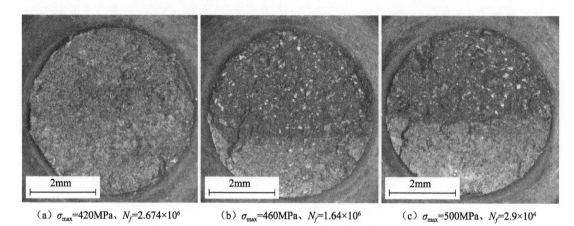

（a）$\sigma_{max} = 420$MPa、$N_f = 2.674 \times 10^6$　　（b）$\sigma_{max} = 460$MPa、$N_f = 1.64 \times 10^6$　　（c）$\sigma_{max} = 500$MPa、$N_f = 2.9 \times 10^4$

图 2.5-44　760℃、$K_t = 3$、$R = 0.1$ 时轴向高周缺口疲劳断口宏观形貌

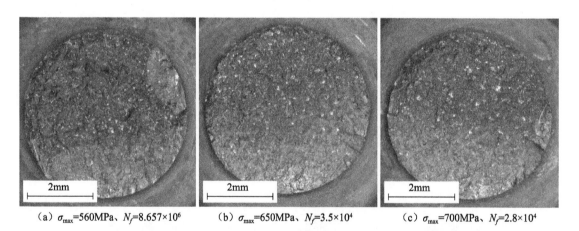

（a）$\sigma_{max} = 560$MPa、$N_f = 8.657 \times 10^6$　　（b）$\sigma_{max} = 650$MPa、$N_f = 3.5 \times 10^4$　　（c）$\sigma_{max} = 700$MPa、$N_f = 2.8 \times 10^4$

图 2.5-45　760℃、$K_t = 3$、$R = 0.5$ 时轴向高周缺口疲劳断口宏观形貌

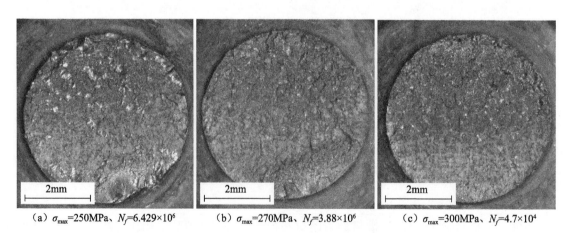

（a）$\sigma_{max} = 250$MPa、$N_f = 6.429 \times 10^6$　　（b）$\sigma_{max} = 270$MPa、$N_f = 3.88 \times 10^6$　　（c）$\sigma_{max} = 300$MPa、$N_f = 4.7 \times 10^4$

图 2.5-46　760℃、$K_t = 3$、$R = -1$ 时轴向高周缺口疲劳断口宏观形貌

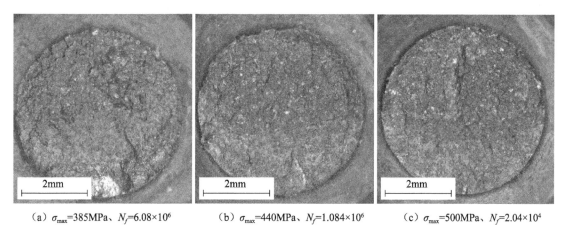

（a）σ_{max}=385MPa、N_f=6.08×10⁶　　（b）σ_{max}=440MPa、N_f=1.084×10⁶　　（c）σ_{max}=500MPa、N_f=2.04×10⁴

图 2.5-47　850℃、K_t=3、R=0.1 时轴向高周缺口疲劳断口宏观形貌

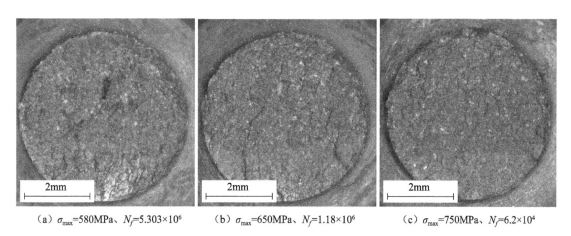

（a）σ_{max}=580MPa、N_f=5.303×10⁶　　（b）σ_{max}=650MPa、N_f=1.18×10⁶　　（c）σ_{max}=750MPa、N_f=6.2×10⁴

图 2.5-48　850℃、K_t=3、R=0.5 时轴向高周缺口疲劳断口宏观形貌

6. 综合分析

根据不同温度、不同应力比、不同缺口系数下的轴向高周缺口疲劳断口特征，给出 DZ125L 轴向高周缺口疲劳断口在 700 ～ 860℃范围的典型特征及变化规律：

（1）高温下的 DZ125L 轴向高周缺口应力疲劳断裂断口宏观无颈缩，断裂面在缺口处，断面高差不大，但一侧可见多个锯齿小台阶。断口上分疲劳区（包括疲劳源区、疲劳扩展区）、快速扩展区（纤维瞬断区）和剪切瞬断区。断口基本从断口一侧的缺口表面或内部起源，R=0.1 和 0.5 时断口大多呈单源特征，且源区多存在疏松类冶金缺陷，R=-1 时断口多为线源特征，随着缺口系数的增大和温度的升高，断口起源逐渐变为多源，760℃、K_t=2、R=-1 时大应力下断口为多源起源，760℃、K_t=3、R=-1 和 850℃、K_t=2、R=-1 时中、高应力下断口在一侧多源起源；与光滑轴向高周应力疲劳断口不同的是，缺口轴向高周应力疲劳断口源区附近宏观未见光滑刻面特征，但 700℃和 760℃两个温度下高倍可见类解理小刻面，随后进入平坦的疲劳扩展第二阶段，微观可见网格状的 γ、γ' 形貌和疲劳条带形貌，随着疲劳扩展条带因变宽开始清晰；快速扩展区或纤维瞬断区面积较大，断面粗糙，微观为枝晶 + 韧窝断裂特征；剪切瞬断区位于源区对应的另一侧的小斜面，但与类解理平面不同的是，微观可见细小韧窝形貌。

（2）相同温度、同一应力比下，随着应力的增大，源区类解理刻面面积呈减小的趋势；类解理刻面面积与应力有一定的对应关系，因此对于不同的应力比，$R=0.5$ 下的断口类解理刻面面积最小。

（3）与轴向高周光滑应力疲劳断口规律一致，随着温度升高，源区类解理刻面特征变小或消失，此外，随着缺口系数比增大，源区类解理刻面特征变小或消失，如 $K_t=2$ 时，700℃和760℃两个温度下断口源区也可见类解理小刻面，但与光滑轴向高周应力疲劳断口相比，其刻面小，甚至宏观不可见，而 $K_t=3$ 下在温度为760℃时应力较大的断口上已不出现类解理小刻面。

（4）DZ125L 高温轴向高周缺口应力疲劳断口疲劳扩展区面积因应力、温度和应力比变化在一定范围内波动，占整个断口面积的 20%～90%。

2.5.3.5　低周应变疲劳

1. 700℃、$R_\varepsilon=0.1$

（1）宏观特征：700℃、$R_\varepsilon=0.1$ 的应变疲劳试样表面呈灰绿色，断口疲劳区呈蓝色，瞬断区呈暗灰色或暗金黄色。低应变断口基本为一轴向垂直的断面，高应变断口起伏较大，有斜断特征。DZ125L 应变疲劳断口低应变断口疲劳从一侧起源，疲劳区有十字枝晶形貌，高应变断口在试样四周分散多个疲劳起源和扩展面积较小的疲劳区，断口粗糙度较大，除颜色分界明显外，疲劳区和瞬断区断面特征分界不明显，见图 2.5-49。

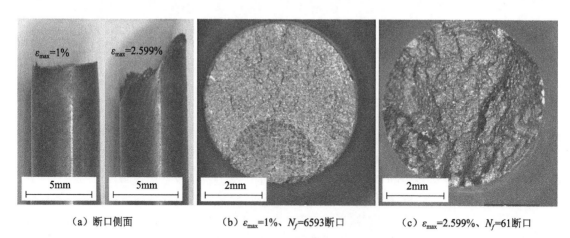

（a）断口侧面　　　　　（b）$\varepsilon_{max}=1\%$、$N_f=6593$断口　　　（c）$\varepsilon_{max}=2.599\%$、$N_f=61$断口

图 2.5-49　700℃、$R_\varepsilon=0.1$ 时低周疲劳断口宏观形貌

（2）微观特征：700℃、$R_\varepsilon=0.1$ 的两个应变疲劳断口，其中 $\varepsilon_{max}=1\%$ 的断口起源在次表面聚集的显微疏松处，尺寸约 0.4mm，可见一段较为平坦的疲劳扩展区，放大可见网格状的 γ、γ' 形貌和不清晰的疲劳条带特征，见图 2.5-50（a）～（c）。高应变（$\varepsilon_{max}=2.599\%$）下断口在多处表面可见面积较小的疲劳区，起源在表面或次表面，源区也可见显微疏松，源区附近可见较粗的断续的疲劳条带，相邻的源区之间有些小斜刻面，斜面上以扩展棱线为主。两个应力下快速扩展区和瞬断区特征均为枝晶间析出相＋不规则韧窝为主的断裂形貌，见图 2.5-50（d）～（i）。

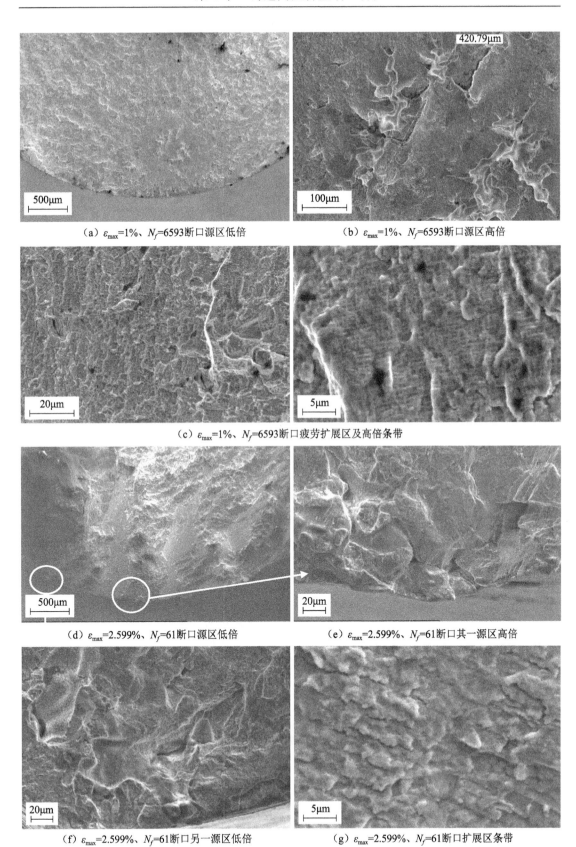

（a）ε_{max}=1%、N_f=6593断口源区低倍

（b）ε_{max}=1%、N_f=6593断口源区高倍

（c）ε_{max}=1%、N_f=6593断口疲劳扩展区及高倍条带

（d）ε_{max}=2.599%、N_f=61断口源区低倍

（e）ε_{max}=2.599%、N_f=61断口其一源区高倍

（f）ε_{max}=2.599%、N_f=61断口另一源区低倍

（g）ε_{max}=2.599%、N_f=61断口扩展区条带

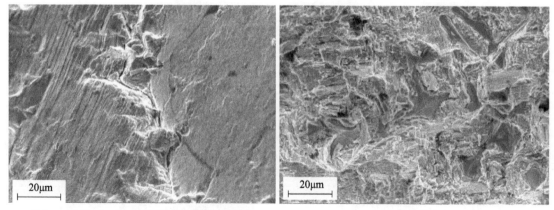

（h）ε_{max}=2.599%、N_f=61断口两疲劳区之间的斜面　　　　　　（i）瞬断区

图 2.5-50　700℃、R_ε=0.1 时低周疲劳断口微观形貌

2. 700℃、R_ε=-1

（1）宏观特征：700℃、R_ε=-1 的 DZ125L 应变疲劳试样表面呈灰绿色，断口疲劳区呈淡蓝色，瞬断区均为深蓝色。低、中、高应力下的 3 个断口起伏均较大，且有斜断特征。低、中应变下的两个断口疲劳从一侧起源，有较为平坦的疲劳区，且起源两侧有斜刻面扩展特征，低应力的斜刻面面积较中应力的大；高应变断口在试样四周多处有起源，相邻的疲劳区之间也有一些斜面形貌，见图 2.5-51。

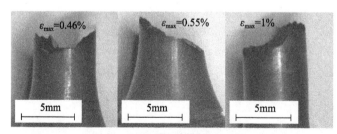

（a）断口侧面

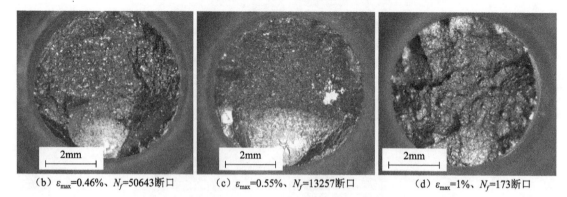

（b）ε_{max}=0.46%、N_f=50643断口　　（c）ε_{max}=0.55%、N_f=13257断口　　（d）ε_{max}=1%、N_f=173断口

图 2.5-51　700℃、R_ε=-1 时低周疲劳断口宏观形貌

（2）微观特征：700℃、R_ε=-1 的 3 个应变疲劳断口，低（ε_{max}=0.46%）、中（ε_{max}=0.55%）应变的两个断口主疲劳起源均在次表面，源区可见数百微米的显微疏松，呈现"鱼眼"状的

平坦区，源区的两侧可见斜刻面，刻面上的类解理棱线收敛在"鱼眼"平坦区和表面交界处，且低应力下的斜刻面比中应力下的斜刻面更为平坦，$\varepsilon_{max}=0.55\%$ 的断口在试样内部还可见一处鱼眼状疲劳起源和扩展特征，但面积很小，源区也可见显微疏松，低（$\varepsilon_{max}=0.46\%$）、中（$\varepsilon_{max}=0.55\%$）应变的两个断口疲劳扩展区整体较为平坦，可见细密但高倍和网格 $\gamma+\gamma'$ 重合的疲劳特征；高应变（$\varepsilon_{max}=2.599\%$）下在多处表面可见疲劳起源和面积较小的疲劳扩展区，起源在表面或次表面，源区也可见显微疏松，局部可见断续的疲劳条带；3 个断口瞬断区特征一致，均为枝晶间析出相+不规则韧窝为主的断裂形貌，见图 2.5-52。

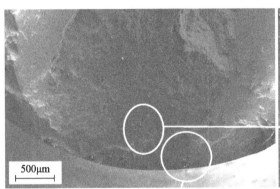

（a）$\varepsilon_{max}=0.46\%$、$N_f=50643$断口源区低倍 　　　　（b）$\varepsilon_{max}=0.46\%$、$N_f=50643$断口源区高倍

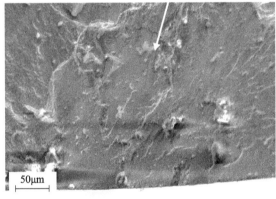

（c）$\varepsilon_{max}=0.46\%$、$N_f=50643$断口斜刻面收敛位置 　　（d）$\varepsilon_{max}=0.46\%$、$N_f=50643$断口斜刻面棱线

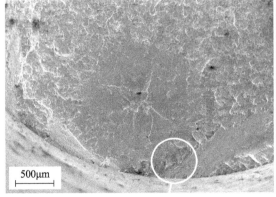 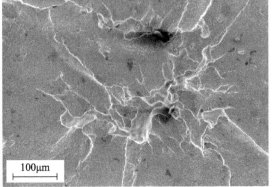

（e）$\varepsilon_{max}=0.55\%$、$N_f=13257$断口源区低倍 　　　　（f）$\varepsilon_{max}=0.55\%$、$N_f=13257$断口源区高倍

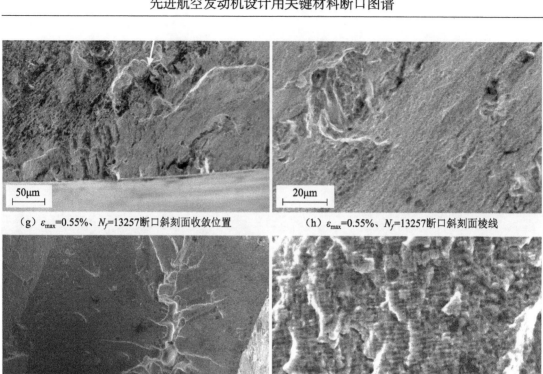

（g）ε_{max}=0.55%、N_f=13257断口斜刻面收敛位置　　　　（h）ε_{max}=0.55%、N_f=13257断口斜刻面棱线

（i）ε_{max}=0.55%、N_f=13257断口内部疲劳区　　　　（j）ε_{max}=0.46%、N_f=50643断口主疲劳扩展区条带

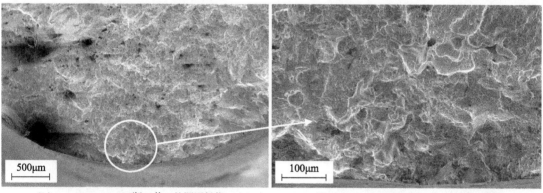

（k）ε_{max}=1%、N_f=173断口其一处源区低倍　　　　（l）ε_{max}=1%、N_f=173断口其一处源区高倍

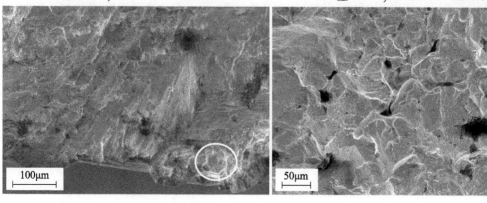

（m）ε_{max}=1%、N_f=173断口另一处源区低倍　　　　（n）ε_{max}=1%、N_f=173断口另一处源区高倍

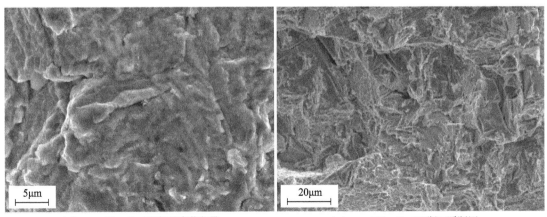

（o）ε_{max}=1%、N_f=173断口疲劳条带　　　　　　（p）ε_{max}=1%、N_f=173断口瞬断区

图 2.5-52　700℃、R_ε=−1 时低周疲劳断口微观形貌

3. 760℃

（1）宏观特征：760℃下，两个应变比（R_ε=0.1 和 R_ε=−1）的 DZ125L 应变疲劳试样表面均呈灰绿色，断口上的高温色稍有差异，ε_{max}=1%、N_f=5760 断口呈灰绿色，其他断口疲劳区呈浅蓝色和蓝色，瞬断区呈蓝色或者蓝紫色。6 个断口的起伏均较大，有一定的斜断特征；R_ε=0.1 下的低、中应变的两个断口起源于试样内部，呈现一个圆形的平坦疲劳扩展区，高应力的断口疲劳从一侧起源，R_ε=−1 的低、中应变的两个断口也在偏一侧的试样内部起源，而高应力的断口起源偏表面，且 R_ε=−1 低应变的断口和 700℃下低应变断口类似，在疲劳区的后期可见较大的斜刻面扩展特征，见图 2.5-53 和图 2.5-54。

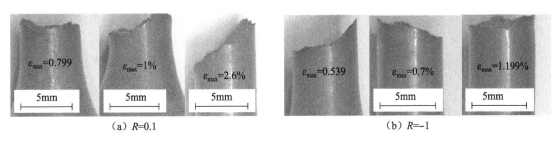

（a）R=0.1　　　　　　　　　　　　　　　　　（b）R=−1

图 2.5-53　760℃下低周疲劳断口侧面形貌

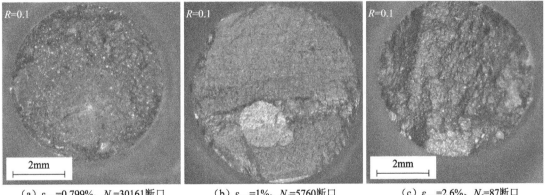

（a）ε_{max}=0.799%、N_f=30161断口　　　（b）ε_{max}=1%、N_f=5760断口　　　（c）ε_{max}=2.6%、N_f=87断口

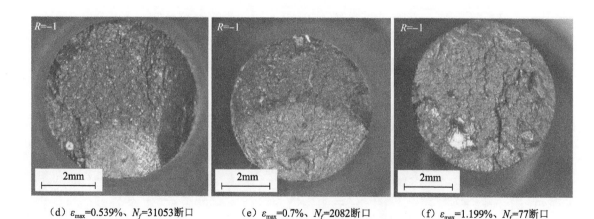

（d）ε_{max}=0.539%、N_f=31053断口　　　　（e）ε_{max}=0.7%、N_f=2082断口　　　　（f）ε_{max}=1.199%、N_f=77断口

图 2.5-54　760℃下低周疲劳断口宏观形貌

（2）微观特征：760℃、R_ε=0.1 下的 3 个断口起源均存在尺寸为百微米级的显微疏松，且低、中应变的断口主疲劳起源在试样内部，呈现圆形平坦的疲劳扩展区；高应变下疲劳起源靠近表面，且为多源，源区较为粗糙，且斜面特征棱线不清晰。疲劳扩展区、瞬断区特征及变化规律和 700℃、R_ε=0.1 相似，低中应变下平坦的疲劳区条带较为清晰，但条带相对断续，和网格组织混合一起，高应变下条带较不明显，见图 2.5-55（a）～（1）。700℃、R_ε=−1 时的低中应变下起源在断口内部，但相比于 R_ε=0.1，起源更偏表面；ε_{max}=0.539% 下的断口起源为单源，源区可见显微疏松，且平坦疲劳区和表面交界处可见斜刻面疲劳扩展特征，ε_{max}=0.7% 下断口在靠一侧表面的内部可见两个相邻的疲劳起源，且源区也可见缺陷，但无明显的斜刻面特征，低中应力的两个断口在平坦的疲劳区处可见疲劳条带特征，ε_{max}=1.199% 下的高应变断口起源为一侧连续多源，源区可见台阶，源区粗糙，起源于表面，显微疏松不明显，扩展区面积很小，且条带也不典型，见图 2.5-56（a）～（1）。

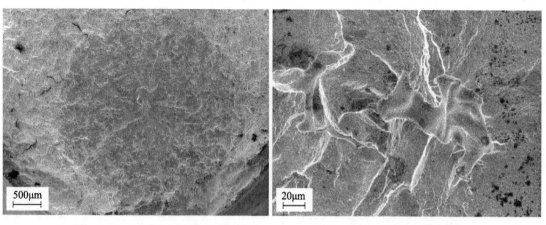

（a）R_ε=0.1、ε_{max}=0.799%、　　　　　　（b）R_ε=0.1、ε_{max}=0.799%、
　　N_f=30161断口源区低倍　　　　　　　　　　　N_f=30161断口源区高倍

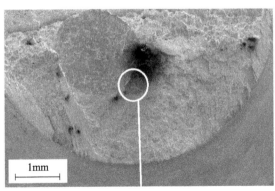

（c）R_ε=0.1、ε_{max}=1%、N_f=5760断口源区低倍

（d）R_ε=0.1、ε_{max}=1%、N_f=760断口源区高倍

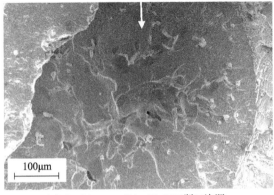

（e）R_ε=0.1、ε_{max}=1%、N_f=5760断口次源

（f）R_ε=0.1、ε_{max}=1%、N_f=5760断口扩展过程中的斜刻面

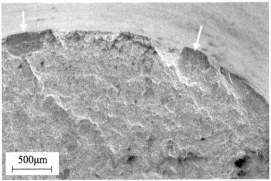

（g）R_ε=0.1、ε_{max}=1%、N_f=5760断口边缘斜刻面

（h）R_ε=0.1、ε_{max}=1%、N_f=5760断口其他小疲劳区

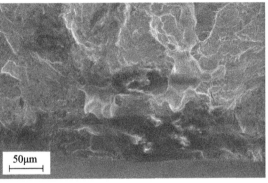

（i）R_ε=0.1、ε_{max}=2.6%、N_f=87断口源区低倍

（j）R_ε=0.1、ε_{max}=2.6%、N_f=87断口源区高倍

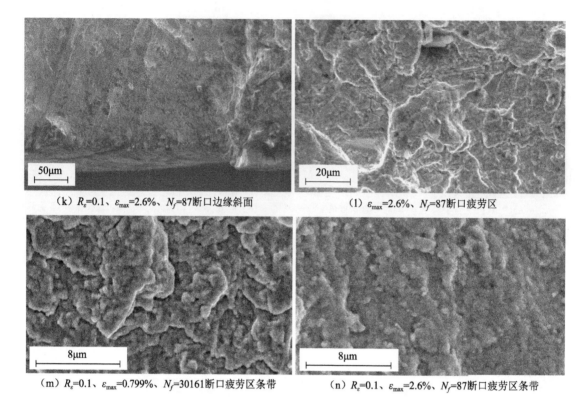

（k）R_ε=0.1、ε_{max}=2.6%、N_f=87断口边缘斜面

（l）ε_{max}=2.6%、N_f=87断口疲劳区

（m）R_ε=0.1、ε_{max}=0.799%、N_f=30161断口疲劳区条带

（n）R_ε=0.1、ε_{max}=2.6%、N_f=87断口疲劳区条带

图 2.5-55　760℃、R_ε=0.1 时低周疲劳断口微观形貌

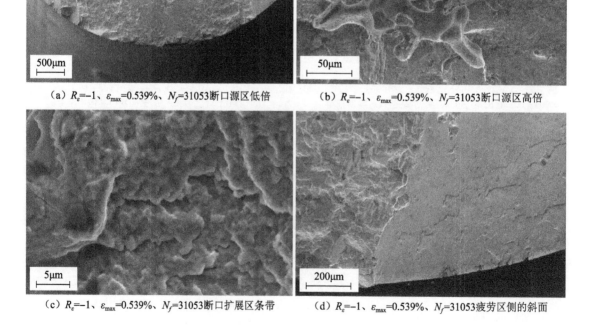

（a）R_ε=-1、ε_{max}=0.539%、N_f=31053断口源区低倍

（b）R_ε=-1、ε_{max}=0.539%、N_f=31053断口源区高倍

（c）R_ε=-1、ε_{max}=0.539%、N_f=31053断口扩展区条带

（d）R_ε=-1、ε_{max}=0.539%、N_f=31053疲劳区侧的斜面

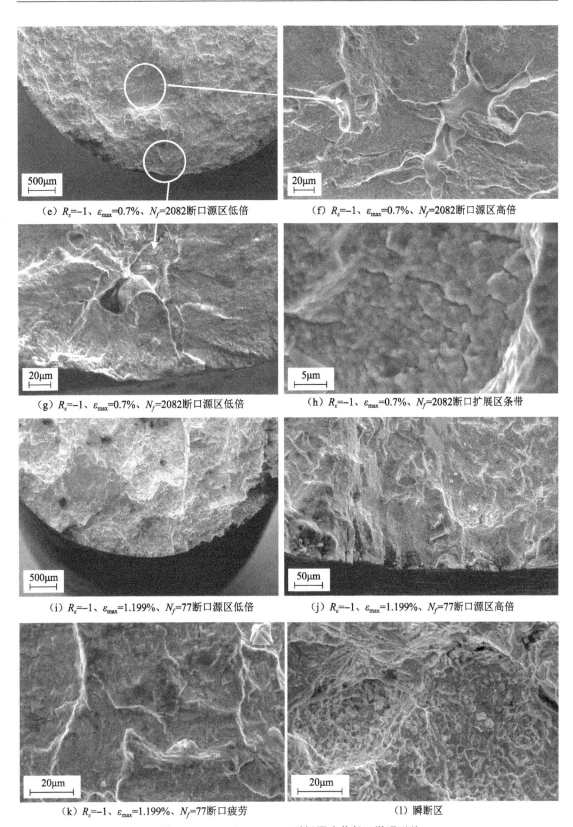

（e）R_ε=-1、ε_{max}=0.7%、N_f=2082断口源区低倍　　　　（f）R_ε=-1、ε_{max}=0.7%、N_f=2082断口源区高倍

（g）R_ε=-1、ε_{max}=0.7%、N_f=2082断口源区低倍　　　　（h）R_ε=-1、ε_{max}=0.7%、N_f=2082断口扩展区条带

（i）R_ε=-1、ε_{max}=1.199%、N_f=77断口源区低倍　　　　（j）R_ε=-1、ε_{max}=1.199%、N_f=77断口源区高倍

（k）R_ε=-1、ε_{max}=1.199%、N_f=77断口疲劳　　　　（l）瞬断区

图 2.5-56　760℃、R_ε=-1 时低周疲劳断口微观形貌

4. 850℃

（1）宏观特征：850℃下，两个应变比（R_ε=0.1 和 R_ε=−1）的 DZ125L 应变疲劳试样表面均呈灰绿色，断口上的高温色稍有差异，呈浅蓝色或者灰绿色，瞬断区基本为蓝色和灰黄色。与 700℃、760℃两个温度下的断口相比，断面上的斜断特征变得不明显，断口整体为垂直轴向的平断面。6 个断口起源均在靠一侧的表面，中低应变下为单源起源，高应变下为多源或者一侧连续多源，见图 2.5-57 ～图 2.5-58。

（a）

（b）ε_{max}=0.8%、N_f=46641断口　（c）ε_{max}=1%，N_f=10070断口　（d）ε_{max}=2.6%、N_f=110断口

图 2.5-57　850℃、R_ε=0.1 时低周疲劳断口宏观形貌

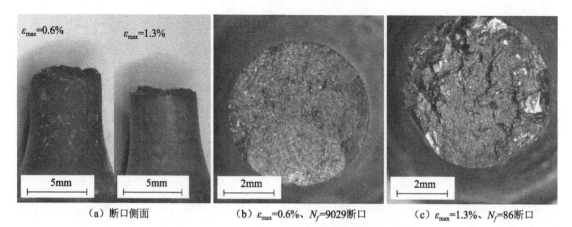

（a）断口侧面　（b）ε_{max}=0.6%、N_f=9029断口　（c）ε_{max}=1.3%、N_f=86断口

图 2.5-58　850℃、R_ε=−1 时低周疲劳断口宏观形貌

（2）微观特征：850℃、R_ε=0.1、中低应变下两个断口起源在次表面，源区可见尺寸为百微米级的显微疏松，ε_{max}=2.6% 高应变下的断口在一侧表面线性起源，源区局部也可见尺

寸较小的显微疏松，低中应变下的疲劳区明显相对平坦，条带较为细密，但与网格的 γ+γ′ 组织混合一起，高应变下也可见典型的疲劳扩展区，条带有所加宽，较为断续。部分断口在边缘也可见小斜面，但斜面上为细小的剪切韧窝形貌，而非 700℃、760℃ 下斜刻面那种类解理扩展棱线形貌，瞬断区特征一致，为枝晶间析出相 + 不规则韧窝为主的断裂形貌，见图 2.5-59。850℃、$R_\varepsilon = -1$ 下的低中应变断口起源在断口内部，但相比于 $R=0.1$，起源更偏表

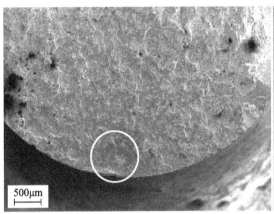
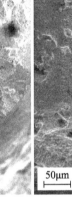

（a）$R_\varepsilon = 0.1$、$\varepsilon_{max} = 0.8\%$、$N_f = 46641$ 断口源区低倍

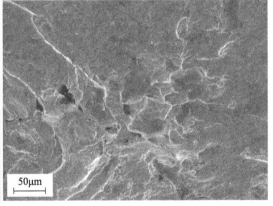

（b）$R_\varepsilon = 0.1$、$\varepsilon_{max} = 0.8\%$、$N_f = 46641$ 断口源区高倍

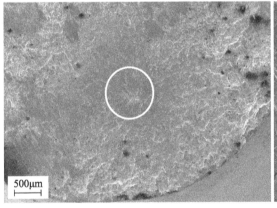

（c）$R_\varepsilon = 0.1$、$\varepsilon_{max} = 1\%$、$N_f = 10070$ 断口源区低倍

（d）$R_\varepsilon = 0.1$、$\varepsilon_{max} = 1\%$，$N_f = 10070$ 断口源区高倍

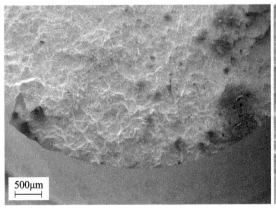

（e）$R_\varepsilon = 0.1$、$\varepsilon_{max} = 2.6\%$、$N_f = 110$ 断口源区低倍

（f）$R_\varepsilon = 0.1$、$\varepsilon_{max} = 2.6\%$、$N_f = 110$ 断口源区高倍

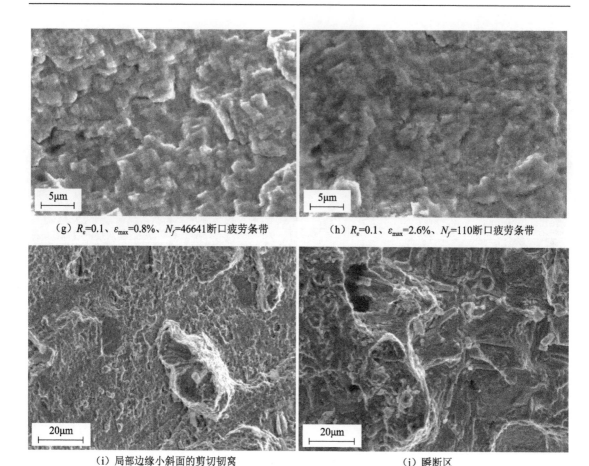

（g）R_ε=0.1、ε_{max}=0.8%、N_f=46641断口疲劳条带

（h）R_ε=0.1、ε_{max}=2.6%、N_f=110断口疲劳条带

（i）局部边缘小斜面的剪切韧窝

（j）瞬断区

图 2.5-59　850℃、R_ε=0.1 时低周疲劳断口微观形貌

面；ε_{max}=0.539% 下的断口起源为单源，源区可见显微疏松，且平坦疲劳区和表面交界处可见斜刻面疲劳扩展特征，ε_{max}=0.7% 下断口在靠一侧表面的内部可见两个相邻的疲劳起源，且源区也可见缺陷，但无明显的斜刻面特征，低中应力的两个断口在平坦的疲劳区处可见氧化颗粒覆盖的疲劳条带特征，ε_{max}=1.199% 下的高应变断口在一侧表面连续多源起源，源区可见台阶，源区粗糙，显微疏松不明显，扩展区面积很小，且条带也不典型，见图 2.5-60。

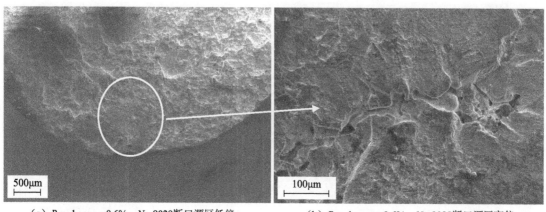

（a）R_ε=-1、ε_{max}=0.6%、N_f=9029断口源区低倍

（b）R_ε=-1、ε_{max}=0.6%、N_f=9029断口源区高倍

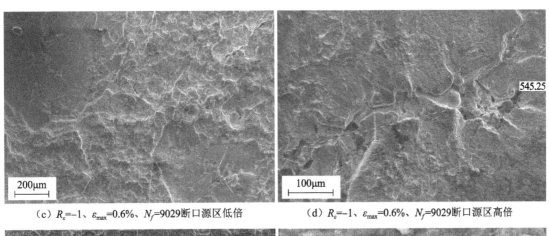

（c）R_ε=−1、$\varepsilon_{\max}$=0.6%、N_f=9029断口源区低倍　　　　（d）R_ε=−1、$\varepsilon_{\max}$=0.6%、N_f=9029断口源区高倍

（e）R_ε=−1、$\varepsilon_{\max}$=0.6%、N_f=9029断口源区低倍　　　　（f）R_ε=−1、$\varepsilon_{\max}$=0.6%、N_f=9029断口源区高倍

图 2.5-60　$\varepsilon_{\max}$=0.6%，N_f=9029 断口微观形貌

5. 综合分析

（1）700℃、760℃、850℃下的 DZ125L 应变疲劳断口断面起伏均较大，且断面相对粗糙，疲劳区有一定的十字枝晶形貌；700℃、760℃下的应变疲劳断口有一定的斜断或者斜刻面特征，尤其是 R=−1 中低应变的断口，可见较大的类解理斜刻面。

（2）DZ125L 应变疲劳几乎所有的起源均可见显微疏松，尤其是低中应变的断口，起源均在试样内部或者次表面，源区可见数百微米尺寸的显微疏松，围绕着显微疏松源区呈现圆形鱼眼状（起源内部的）或者弧形状（起源次表面的）的平坦疲劳区。高应变的断口起源一般也存在显微疏松，但起源基本在表面，有多源或者连续线源的特点，源区更为粗糙。低中应变在平坦的疲劳区可见较为细密的疲劳条带特征，但条带高倍基本和网格的 γ+γ′ 组织混合一起。高应变下条带变得不明显，或者呈现更为粗大、断续状的分层状形貌。断口较大面积为快速扩展和瞬断区特征，且这两个区的特征分界不明显，微观基本都为枝晶间析出相＋不规则韧窝为主的断裂形貌。

（3）700℃、760℃下的斜刻面基本位于起源一侧的平坦疲劳区和表面的交界处，斜刻面上整体为河流状的扩展棱线形貌，且应变越小，刻面面积越大，刻面越光滑。断口其他边缘位置的小剪切斜面比如 850℃下应变疲劳断口边缘的一些小斜面，其特征和斜断面明显不一样，微观为细小剪切韧窝特征。

（4）DZ125L 应变疲劳区面积随应变变化的趋势不明显，且无一致性的规律。

2.5.3.6 光滑持久

1. 不同温度

（1）宏观特征：DZ125L 光滑持久缺口均出现不同程度的颈缩，且随着持久时间延长或温度升高，颈缩越来越明显。如 900℃和 1000℃的 4 个断口颈缩均比较明显，且主断口周围还可见其他与主断口平行的二次裂纹，且持久时间越长，温度越高，二次裂纹越来越明显，见图 2.5-61。从断口上看，持久断口表面均可见明显的高温色，但断口上高温色明显不均匀，说明持久断裂多处起源，为不同起始时间的多裂纹扩展平面相连。760℃下的两个断口颜色以深蓝为主，局部浅蓝；800℃下的两个断口以蓝黑为主，900℃下的两个断口呈现蓝绿色；1000℃下的两个断口主要为黄绿色，见图 2.5-62。

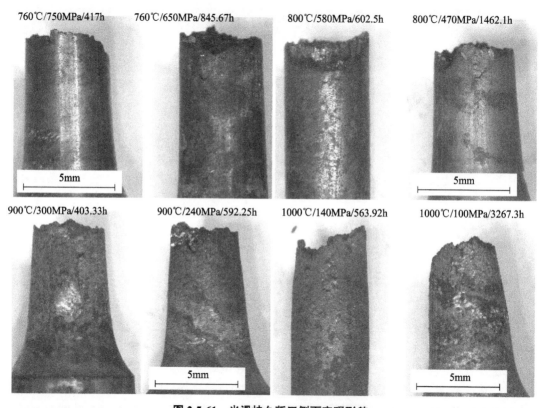

图 2.5-61　光滑持久断口侧面宏观形貌

（a）760℃/750MPa/417　　（b）760℃/650MPa/845.67h　　（c）800℃/580MPa/602.5h　　（d）800℃/470MPa/1462.1h

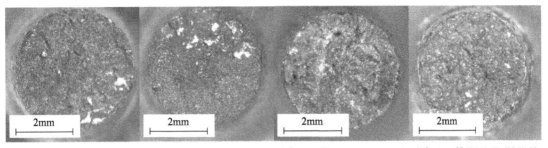

（e）900℃/300MPa/403.33h　（f）900℃/240MPa/592.25h　（g）1000℃/140MPa/563.92h　（h）1000℃/100MPa/3267.3h

图 2.5-62　光滑持久断口宏观形貌

（2）微观特征：DZ125L 光滑高温持久断口附近的试样表面二次裂纹呈现曲折形貌，裂纹短但开口宽，且温度越高、二次裂纹多而密集。温度在 900℃以上的持久试样表面明显呈现颗粒状的氧化表面，氧化层厚且微裂纹多，见图 2.5-63。

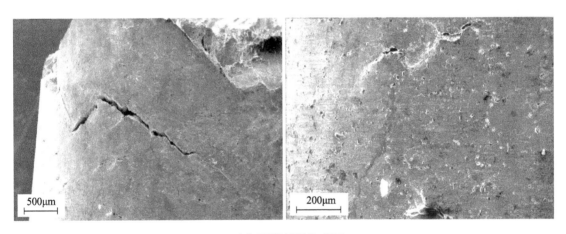

（a）760℃/750MPa/417h

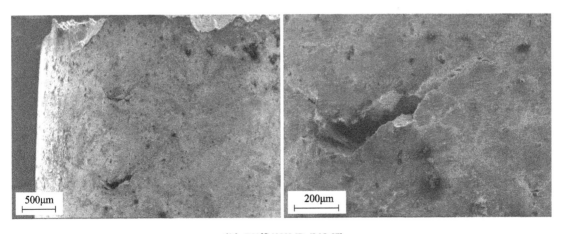

（b）760℃/650MPa/845.67h

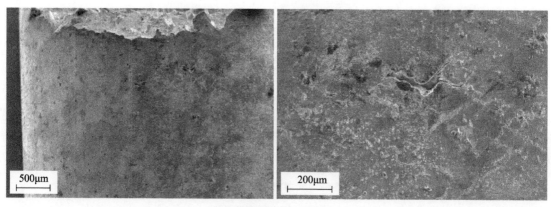

（c）800℃/580MPa/602.5h

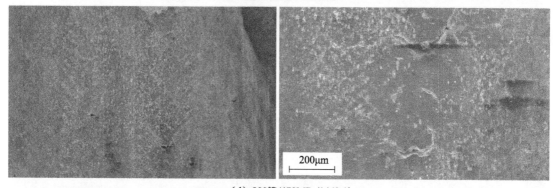

（d）800℃/470MPa/1462.1h

（e）900℃/300MPa/403.33h

（f）900℃/240MPa/592.25h

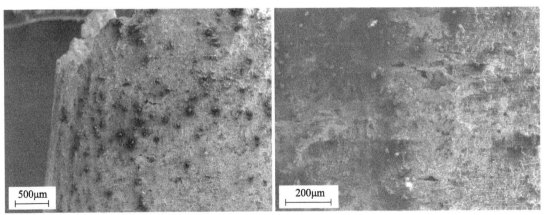

（g）1000℃/140MPa/563.92h

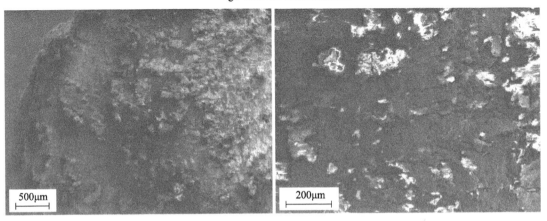

（h）1000℃/100MPa/3267.3h

图 2.5-63　光滑持久断口附近表面的微裂纹

　　DZ125L 光滑持久断口微观特征除氧化程度外，总体微观特征差异不大。760℃边缘可见局部斜面，斜面呈细小韧窝形貌，氧化较平断面区轻微，平断面区呈现起伏的沿枝晶相界 +韧窝断裂形貌，局部可见氧化后的显微疏松，760℃下的两个断口上已可见明显的氧化，见图 2.5-64。800℃/580MPa/602.5h 下的断口和 760℃下的断口整体一致，但 800℃/470MPa/1462.1h

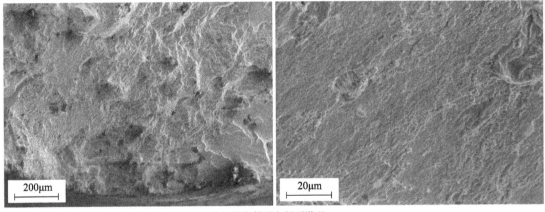

（a）边缘斜面上断面微观

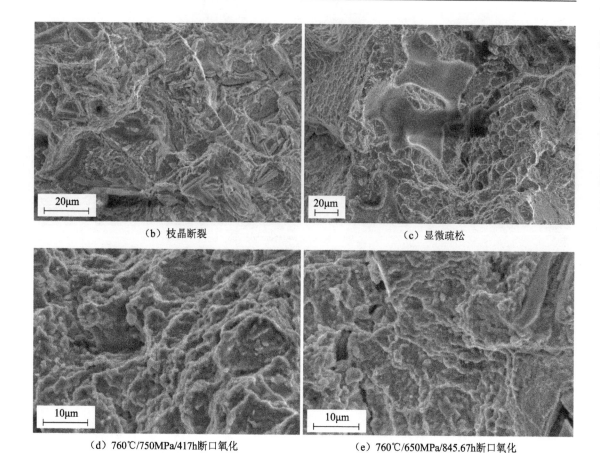

（b）枝晶断裂 　　　　　　　　　　　　　（c）显微疏松

（d）760℃/750MPa/417h断口氧化 　　　　（e）760℃/650MPa/845.67h断口氧化

图 2.5-64　　760℃下两个持久断口微观形貌

持久断口上有两种微观形貌，一种与 800℃/580MPa/602.5h 断口接近，为氧化较重的枝晶＋韧窝形貌，另一种特征上氧化更为轻微，呈现岩石横纵堆砌排列的形貌，见图 2.5-65。900℃的两个断口和 800℃/470MPa/1462.1h 断口相似，也可见两种特征区域，且岩石横纵堆砌排列的断口区氧化较 800℃下更为严重一些，见图 2.5-66。1000℃下的两个断口断面氧化非常严重，基本呈现氧化颗粒堆积状形貌，见图 2.5-67。

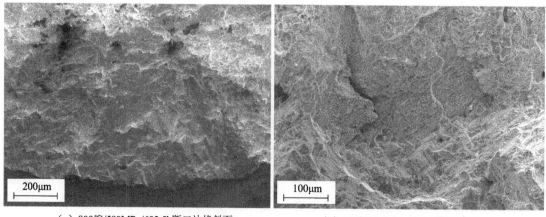

（a）800℃/580MPa/602.5h断口边缘斜面 　　（b）800℃/580MPa/602.5h断口中部

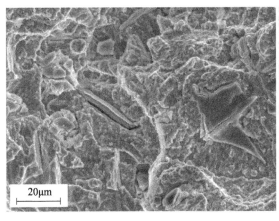

（c）800℃/580MPa/602.5h断口
中部枝晶第二相

（d）800℃/580MPa/602.5h断口
显微疏松及韧窝氧化

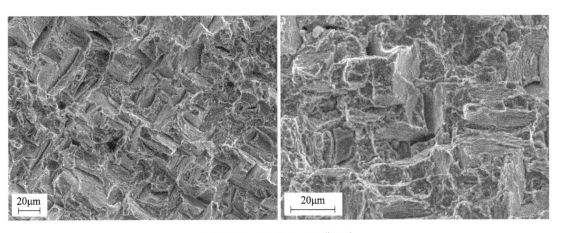

（e）800℃/470MPa/1462.1h断口上

图 2.5-65　800℃下两个持久断口微观形貌

（a）900℃/300MPa/403.33h断口氧化较重的区域

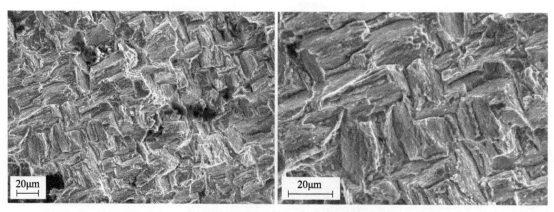

（b）900℃/300MPa/403.33h氧化较轻的区域

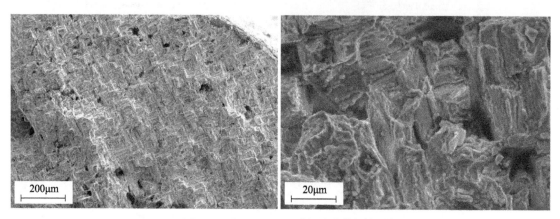

（c）900℃/240MPa/592.25h断口氧化较轻的区域

（d）900℃/240MPa/592.25h断口氧化较重的区域

图 2.5-66　900℃下的两个持久断口微观形貌

2. 光滑持久显微组织

在 DZ125L 的光滑持久断口截面组织上，在工作段的基体内部的枝晶间均可发现不同程度的微裂纹，微裂纹一般长度较短，但开口较大，有的基本呈孔洞形貌，见图 2.5-68。760℃/750MPa/417h 下的光滑持久组织中共晶明显，析出相与原状态基本一致，为点块状的碳化物，组织中的 γ、γ′ 尺寸未发生明显长大，但形状开始变得不规则，且出现了筏排化。到 800℃ 和 900℃ 持久时间下，γ+γ′ 共晶相有所转变，组织明显析出针状相，γ、γ′ 出现粗化、圆钝和筏排现象。1000℃ 下未见针状析出相，短棒状相和周围细小颗粒相大量析出，此时组织中的 γ、γ′ 粗化和筏排严重，呈蠕虫状形貌，见图 2.5-69。从试样表层氧化形貌看，760℃

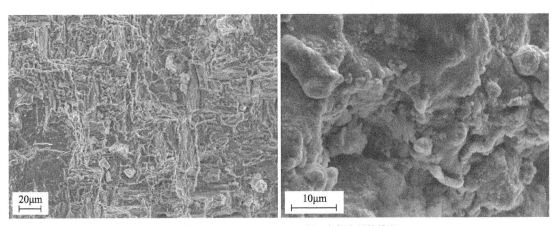

（a）1000℃/140MPa/563.92h断口上氧化颗粒堆积

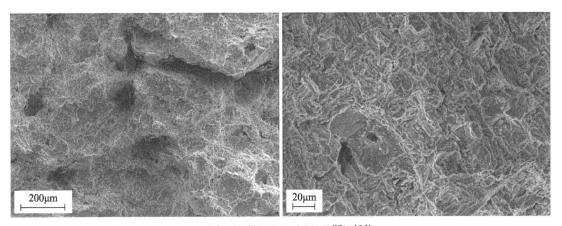

（b）1000℃/100MPa/3267.3h断口低倍

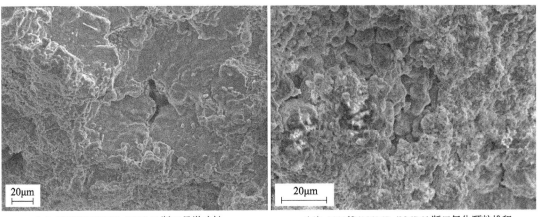

（c）1000℃/100MPa/3267.3h断口显微疏松　　　　　（d）1000℃/100MPa/3267.3h断口氧化颗粒堆积

图 2.5-67　1000℃下的两个持久断口微观形貌

和800℃两个温度下试样表面基体未见明显氧化层，900℃和1000℃两个温度下表层基体可见明显氧化，表层基体出现γ′元素贫化现象，呈现"疏松"状的光板组织形貌，且随着温度升高，基体氧化层厚度越厚，基体氧化层内可见表面往内部发展的氧化孔洞，见图2.5-70。

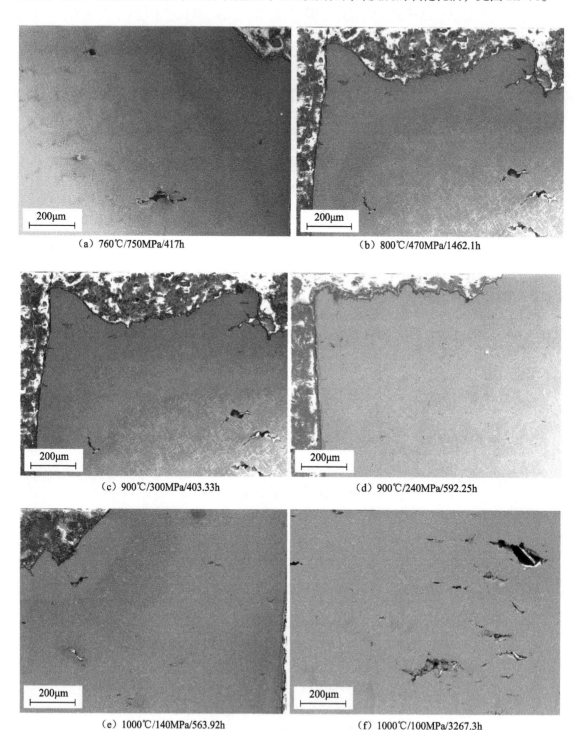

(a) 760℃/750MPa/417h

(b) 800℃/470MPa/1462.1h

(c) 900℃/300MPa/403.33h

(d) 900℃/240MPa/592.25h

(e) 1000℃/140MPa/563.92h

(f) 1000℃/100MPa/3267.3h

图2.5-68　断口纵截面组织微裂纹

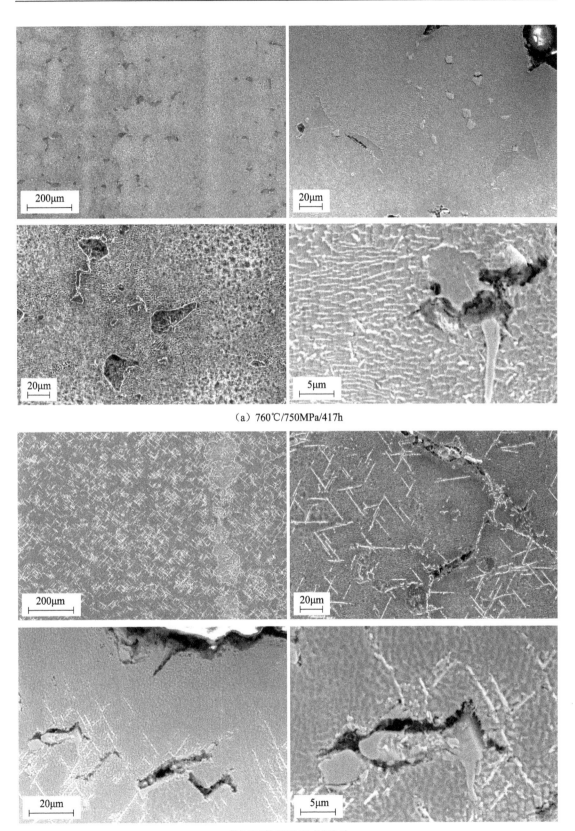

（a）760℃/750MPa/417h

（b）800℃/470MPa/1462.1h

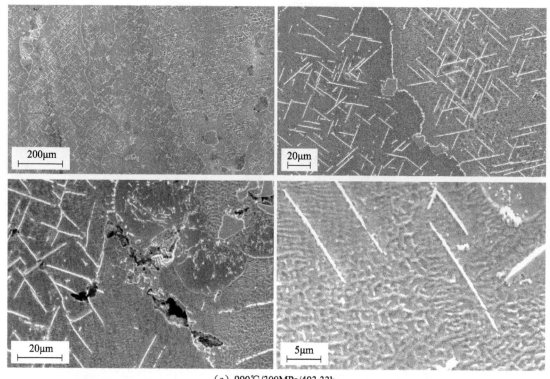

（c）900℃/300MPa/403.33h

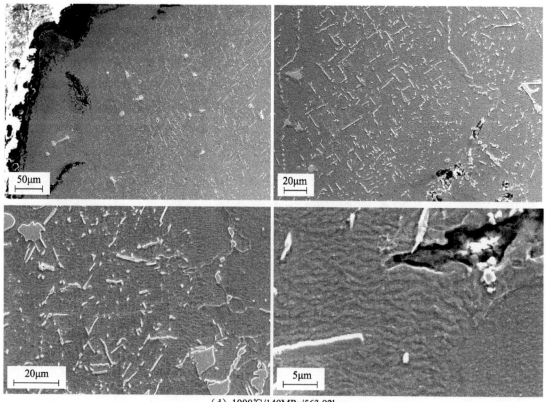

（d）1000℃/140MPa/563.92h

图2.5-69　光滑持久断口组织形貌

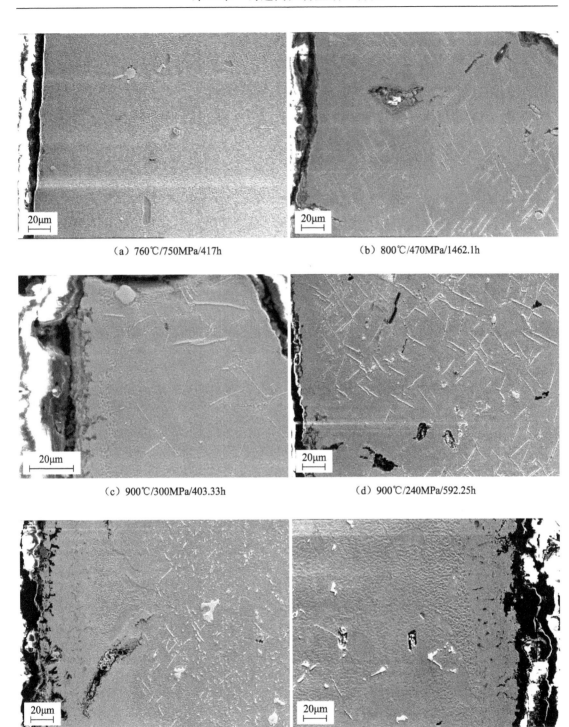

（a）760℃/750MPa/417h

（b）800℃/470MPa/1462.1h

（c）900℃/300MPa/403.33h

（d）900℃/240MPa/592.25h

（e）1000℃/140MPa/563.92h

（f）1000℃/100MPa/3267.3h

图 2.5-70　试样表层基体氧化特征

3. 蠕变规律或趋势

同样温度下，不同持久时间，随着持久时间的延长，组织中析出相的变化不太明显，但 γ′ 筏化和粗化现象随着持久时间延长，趋于严重，见图 2.5-71 和图 2.5-72。

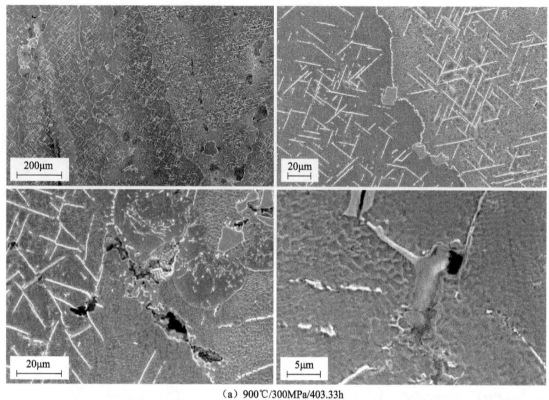

（a）900℃/300MPa/403.33h

（b）900℃/240MPa/592.25h

图 2.5-71　900℃、不同持久时间下持久组织变化

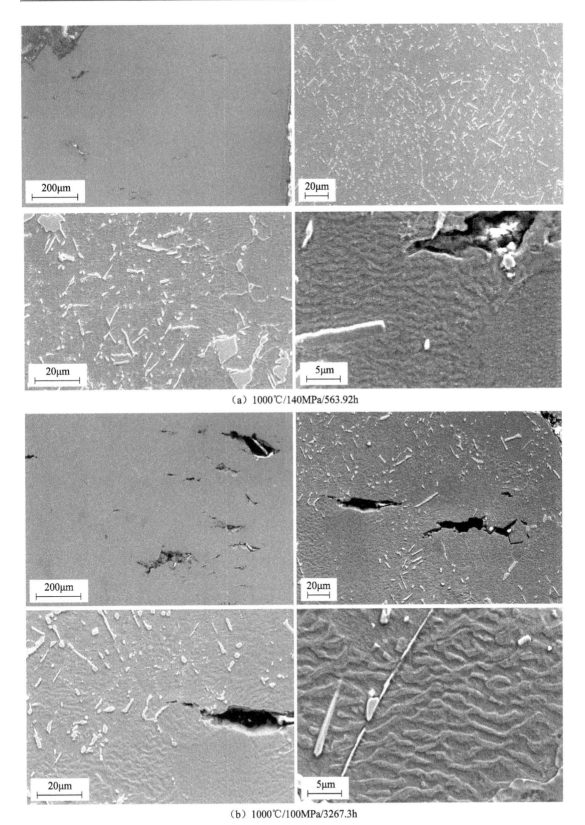

（a）1000℃/140MPa/563.92h

（b）1000℃/100MPa/3267.3h

图 2.5-72　1000℃、不同持久时间下持久组织变化

2.5.3.7　扭转

（1）宏观特征：室温、700℃、850℃下3个扭转断口基本为与轴向垂直的断面，但有一定的台阶和起伏，且从断口侧面看，试样表面有一些与轴向呈一定角度的变形线。断口室温下为银灰色，700℃下为金黄色、850℃下为蓝色。扭转断口起源于表面，除起源处，靠表面的整个圆周处均为轴向的扭转磨损形貌，中心为瞬断区，室温下起始位置的撕裂特征比较明显，700℃和850℃下的断口该特征不明显，以扭转棱线为主，见图2.5-73。

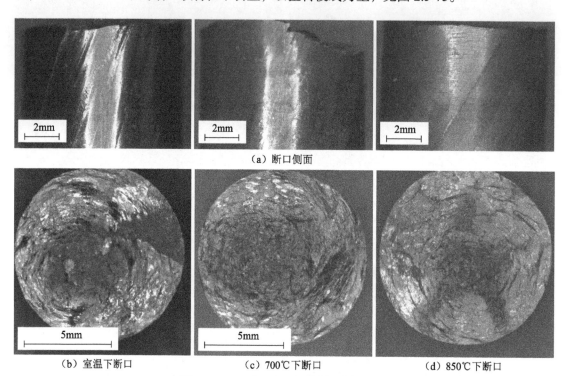

（a）断口侧面

（b）室温下断口　　　　　　（c）700℃下断口　　　　　　（d）850℃下断口

图 2.5-73　不同温度下扭转断口宏观形貌

（2）微观特征：室温、700℃、850℃下3个扭转断口微观特征基本一致，起源位置有一定的撕裂特征，尤其是室温下比较明显，撕裂区特征和瞬断区特征较为一致，起源后沿着扭转方向周向扩展，以平坦的磨损棱线特征为主，局部可见一定拉长的细小韧窝形貌，中心瞬断区以撕裂韧窝＋准解理台阶为主，3个温度下的断口微观特征无明显差异，见图2.5-74。

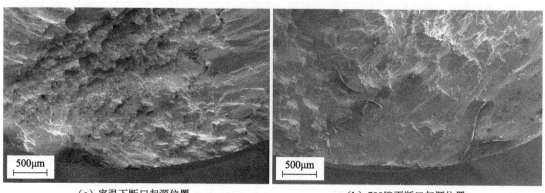

（a）室温下断口起源位置　　　　　　　　（b）700℃下断口起源位置

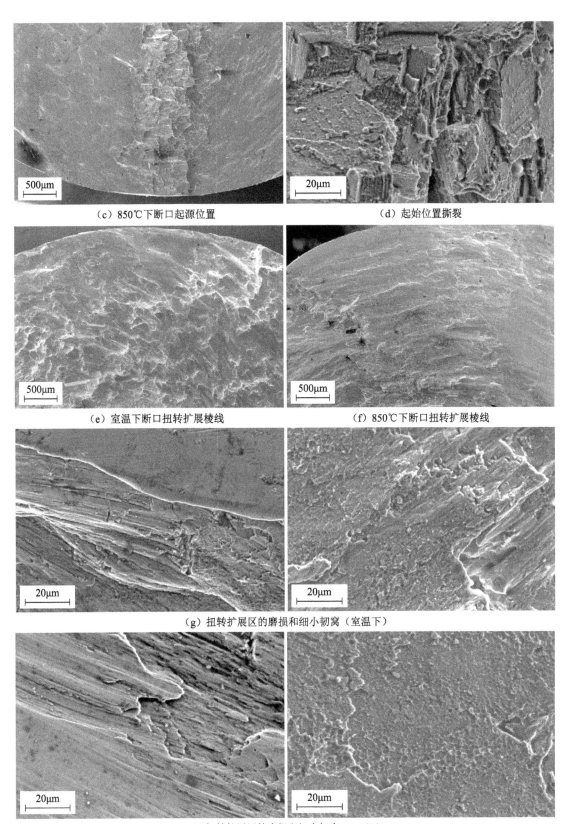

（c）850℃下断口起源位置

（d）起始位置撕裂

（e）室温下断口扭转扩展棱线

（f）850℃下断口扭转扩展棱线

（g）扭转扩展区的磨损和细小韧窝（室温下）

（h）扭转扩展区的磨损和细小韧窝（700℃）

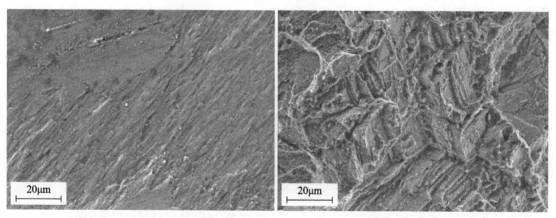

（i）扭转扩展区的磨损和细小韧窝（870℃）　　　　　（j）中心瞬断区的撕裂韧窝+台阶

图 2.5-74　不同温度下扭转断口微观形貌

第 3 章　钛合金断口特征

3.1　TA11

3.1.1　概述

　　TA11 合金是一种近 α 型钛合金，含有 α 稳定元素 Al 和少量同晶形 β 稳定元素 Mo 和 V，其名义成分为 Ti-8Al-1Mo-1V。该合金具有较高的弹性模量和较低的密度，在高温下具有良好的热稳定性、高的蠕变强度和相应较高的高温瞬时抗拉强度，可在 450℃ 下长期工作，主要用于制造航空发动机盘叶片和机匣等。该合金的室温拉伸强度与 TC4 相当，但高温强度和抗蠕变性能优于 TC4 合金。TA11 合金对热盐应力腐蚀的敏感性比 TC4 合金更高。

3.1.2　组织结构

　　本书中 TA11 合金的热处理工艺为双重退火制度为：900～925℃，1h，空冷 +565～595℃，8h，空冷。该热处理制度下的合金的显微组织特征见图 3.1-1，组织主要为 α 相和少量的 β 相。合金在 β 转变温度以下至 900℃ 的（α+β）相区间内快速冷却，β 相转变为马氏体组织，而在此温度区间以下快速冷却，富 Mo 和 V 的 β 相被保留下来。当在 450℃ 下加热时 β 相分解，合金的组织主要为 α 相和少量的 β 相。

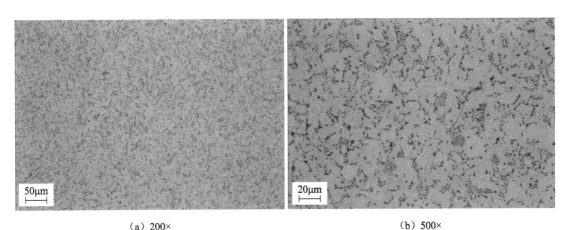

(a) 200×　　　　　　　　　　　　　(b) 500×

图 3.1-1　TA11 合金棒材的显微组织特征

3.1.3 断口特征

3.1.3.1 光滑拉伸

（1）宏观特征：断裂起裂于试样中心纤维区。随着温度增高，断面越来越不平坦、越来越粗糙，剪切区越来越大。断口有不同程度的颈缩变形，随着温度增高颈缩程度逐渐变大，100～300℃试样颜色无明显差异，整体为银灰色，400℃和450℃下试样表面为金黄色。见图 3.1-2。

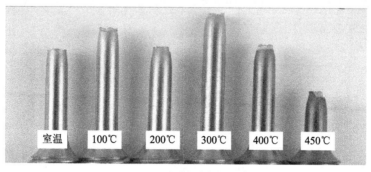

（a）断口侧面

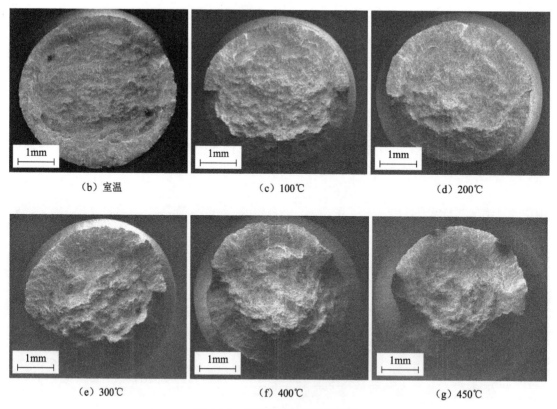

（b）室温   （c）100℃   （d）200℃

（e）300℃   （f）400℃   （g）450℃

图 3.1-2 光滑拉伸断口宏观形貌

（2）微观特征：不同温度下的光滑拉伸断口微观特征基本一致，均为韧窝特征。断口中部为典型等轴韧窝形貌，剪切唇区为剪切韧窝特征，随着温度的增加，韧窝尺寸逐渐变大，但孔洞现象不明显，见图 3.1-3 和图 3.1-4。

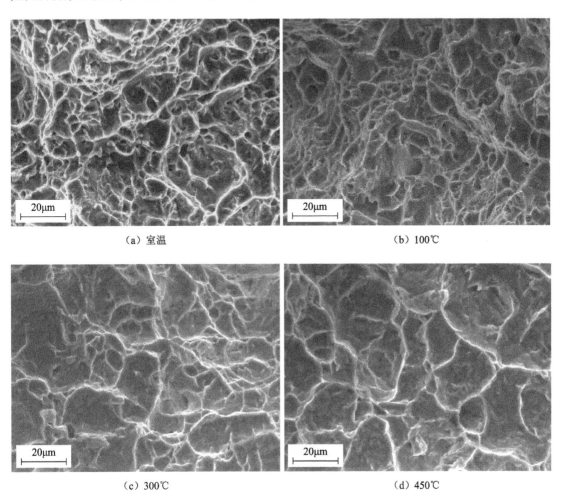

（a）室温　　　　　　　　　　　　　　　　（b）100℃

（c）300℃　　　　　　　　　　　　　　　　（d）450℃

图 3.1-3　光滑拉伸断口心部韧窝形貌

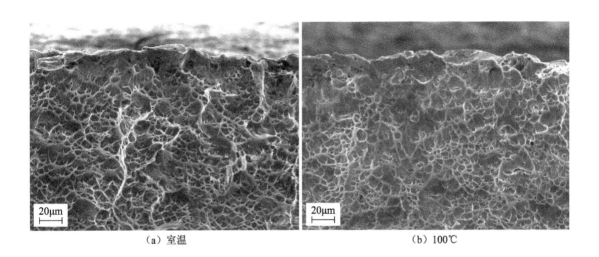

（a）室温　　　　　　　　　　　　　　　　（b）100℃

（c）300℃　　　　　　　　　　　（d）450℃

图 3.1-4　光滑拉伸断口边缘剪切韧窝形貌

3.1.3.2　缺口拉伸

　　1.室温缺口拉伸

　　（1）宏观特征：断裂起裂于表面缺口处，断面平坦。缺口拉伸试样断口宏观形貌基本一致，整个断面主要为纤维区特点，一侧边缘可见与轴向约呈 45° 的剪切斜面，随着 K_t 增大断面粗糙度减小。$K_t=2$ 时断口有轻微颈缩变形，随着 K_t 增大颈缩程度逐渐减小，见图 3.1-5。

（a）$K_t=2$　　　　（b）$K_t=3$　　　　（c）$K_t=4$　　　　（d）$K_t=5$

图 3.1-5　室温下缺口拉伸断口宏观形貌

　　（2）微观特征：室温下缺口拉伸断口微观特征基本一致，均为韧窝特征。断口中部为典型等轴韧窝形貌，剪切唇区为剪切韧窝特征，随着 K_t 的变化，韧窝形貌差别不大，见图 3.1-6。

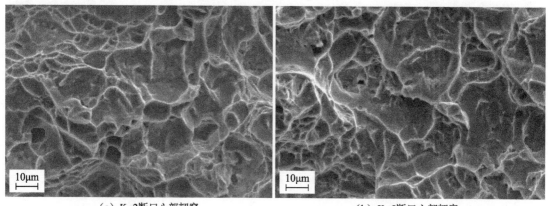

（a）$K_t=2$断口心部韧窝　　　　　　　（b）$K_t=5$断口心部韧窝

（c）K_t=2断口边缘韧窝　　　　　　　　（d）K_t=5断口边缘韧窝

图 3.1-6　室温下缺口拉伸断口微观形貌

2.高温缺口拉伸

（1）宏观特征：断裂起裂于表面缺口处，以 K_t=2 下的断口为例，200℃下断口呈灰色，400℃及 450℃下断口呈灰黄色，见图 3.1-7。K_t=2 时断口有颈缩，且边缘有剪切唇特征，随着温度升高颈缩程度变大，断面逐渐粗糙。随着 K_t 增大，断口一侧边缘的剪切区越来越小，整个断面主要为纤维区特点，K_t=3 ～ 5 时的断口颜色和粗糙程度随温度变化的趋势与 K_t=2 时相同，但是断口无颈缩，随着 K_t 增大，断面越来越趋于平坦，见图 3.1-8。

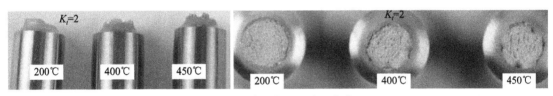

图 3.1-7　断口侧面及断口颜色

（a）K_t=2、200℃　　　　　（b）K_t=2、400℃　　　　　（c）K_t=2、450℃

（d）K_t=3、200℃　　　　　（e）K_t=3、400℃　　　　　（f）K_t=3、450℃

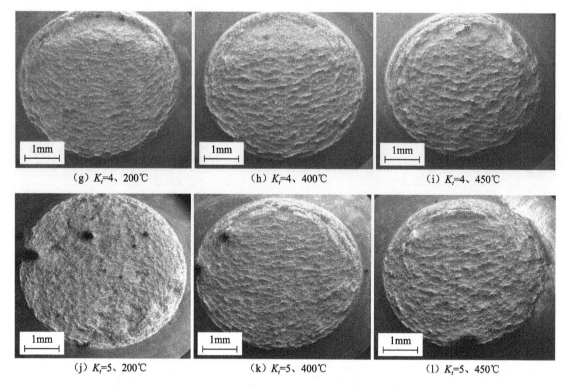

（g）K_t=4、200℃   （h）K_t=4、400℃   （i）K_t=4、450℃

（j）K_t=5、200℃   （k）K_t=5、400℃   （l）K_t=5、450℃

图 3.1-8   不同 K_t 和温度下高温缺口拉伸断口宏观形貌

（2）微观特征：高温缺口拉伸断口微观特征均为韧窝特征。断口中部为典型等轴韧窝形貌，剪切区为剪切韧窝特征，同温度不同 K_t 值下的韧窝变化不大，但随着温度的升高，韧窝形貌相应地变大变深，不同 K_t 值和温度下的韧窝形貌见图 3.1-9。

3.1.3.3 扭转

（1）宏观特征：断口均起裂于试样外表面，呈螺旋状向中部扩展，最终断裂于靠近中部位置。整个断面较为平坦，断口边缘呈金属光亮色，且有摩擦痕迹，最后断裂区呈纤维状，断面较粗糙，见图 3.1-10。从断口侧面看，随着温度的升高，扭转变形更加严重，表面氧化色逐渐明显。断面上存在不在同一平面起始交汇而形成的台阶，每个台阶对应侧面表面都有

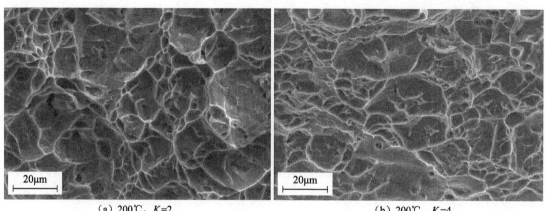

（a）200℃、K_t=2   （b）200℃、K_t=4

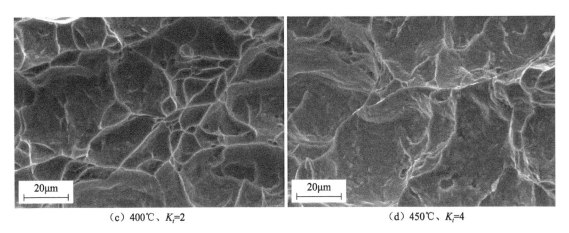

（c）400℃、K_t=2　　　　　　　　　　（d）450℃、K_t=4

图 3.1-9　高温缺口拉伸断口心部韧窝形貌

较深的二次裂纹，室温下断口的台阶和二次裂纹最多，断面高差最大。随着温度的升高，断面上的台阶和二次裂纹逐渐减少，450℃下断面几乎没有高差。

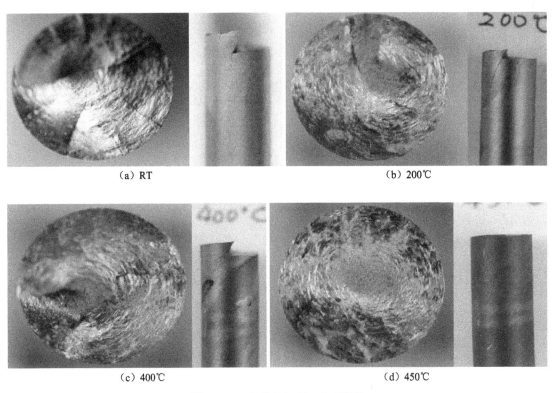

（a）RT　　　　　　　　　　　　　　（b）200℃

（c）400℃　　　　　　　　　　　　　（d）450℃

图 3.1-10　扭转剪切断口宏观形貌

（2）微观特征：断口扩展区由少量剪切小平面和剪切韧窝组成，见图 3.1-11。越靠近边缘，剪切韧窝的拉长越严重，扭转磨损特征也越明显，见图 3.1-12。靠近最后断裂区的韧窝拉长变形较小，最后断裂区基本为等轴韧窝形貌，图 3.1-13。随着温度升高，边缘舌状剪切韧窝变得更明显，中心最后断裂区面积变大，韧窝变深。

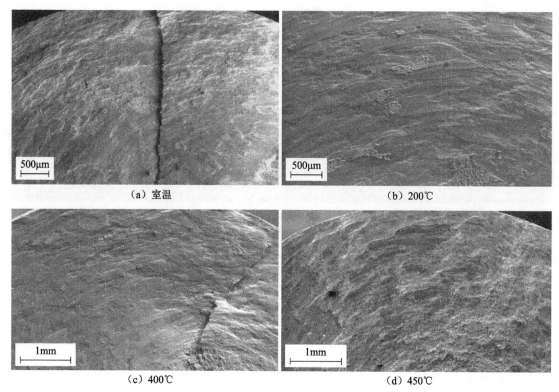

（a）室温 　　　　　　　　　　　　　（b）200℃

（c）400℃ 　　　　　　　　　　　　　（d）450℃

图 3.1-11　扭转剪切断口扩展区低倍形貌

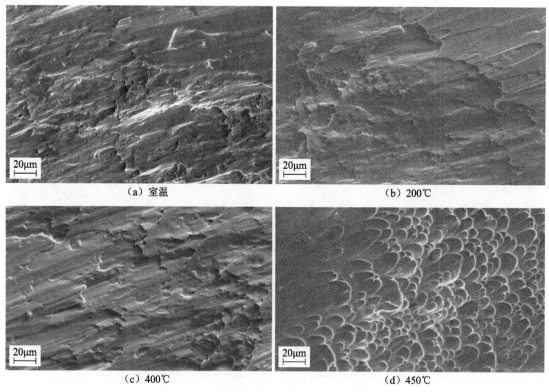

（a）室温 　　　　　　　　　　　　　（b）200℃

（c）400℃ 　　　　　　　　　　　　　（d）450℃

图 3.1-12　扭转剪切断口剪切韧窝和磨损特征

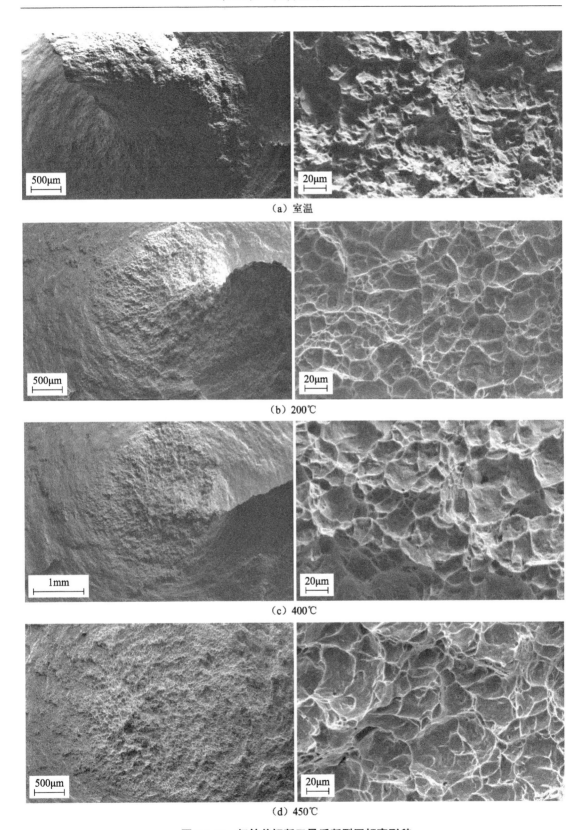

（a）室温

（b）200℃

（c）400℃

（d）450℃

图 3.1-13　扭转剪切断口最后断裂区韧窝形貌

3.1.3.4 轴向高周光滑疲劳

1. 室温

（1）宏观特征：疲劳裂纹起始于试样一侧，呈单源疲劳特征，断口上有放射棱线特征。断口疲劳扩展区较平坦、光滑，呈银灰色。随着应力增大，扩展区面积逐渐减小，$R=0.1$，3 个断口疲劳扩展区的面积分别占整个断口面积的 55%、65% 和 50%；$R=0.5$，两个断口疲劳扩展区的面积分别占整个断口面积的 70% 和 55%；$R=-1$ 时断口可见疲劳弧线，3 个断口疲劳扩展区的面积分别占整个断口面积的 80%、70% 和 70%；$R=0.1$ 和 0.5 时，瞬断区较粗糙，与主断面约呈 45°，3 个应力比条件下 $R=-1$ 时断面最为平坦，$R=-1$ 时断面可见磨损形貌，见图 3.1-14。

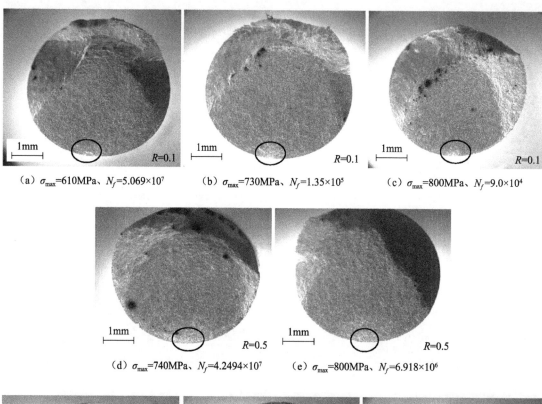

（a）$\sigma_{max}=610MPa$、$N_f=5.069\times10^7$　　（b）$\sigma_{max}=730MPa$、$N_f=1.35\times10^5$　　（c）$\sigma_{max}=800MPa$、$N_f=9.0\times10^4$

（d）$\sigma_{max}=740MPa$、$N_f=4.2494\times10^7$　　（e）$\sigma_{max}=800MPa$、$N_f=6.918\times10^6$

（f）$\sigma_{max}=410MPa$、$N_f=2.386\times10^6$　　（g）$\sigma_{max}=500MPa$、$N_f=2.11\times10^5$　　（h）$\sigma_{max}=600MPa$、$N_f=7.3\times10^4$

图 3.1-14　室温下不同应力比光滑高周疲劳断口宏观形貌

（2）微观特征：室温下不同应力比和应力下的断口断裂均起始于表面，除 $R=-1$、$\sigma_{max}=600\text{MPa}$ 下断口源区可见小线源特征，其余断口均呈点源特征，$R=0.1$ 和 0.5 时疲劳扩展第一阶段可见类解理小平面和河流状花样，$R=-1$ 时该特征不明显（断口磨损），疲劳扩展第二阶段可见疲劳条带，沿着疲劳裂纹的扩展方向，疲劳条带逐渐清晰明显，并逐渐加宽，二次裂纹增多、加宽，瞬断区主要为大小不等的韧窝形貌，同一应力比、3 个应力水平下的断口疲劳扩展区微观特征基本相同，断口疲劳条带宽度变化无明显规律，但随着应力比的增大，同一扩展时期的疲劳条带间距有一定差异，见图 3.1-15。

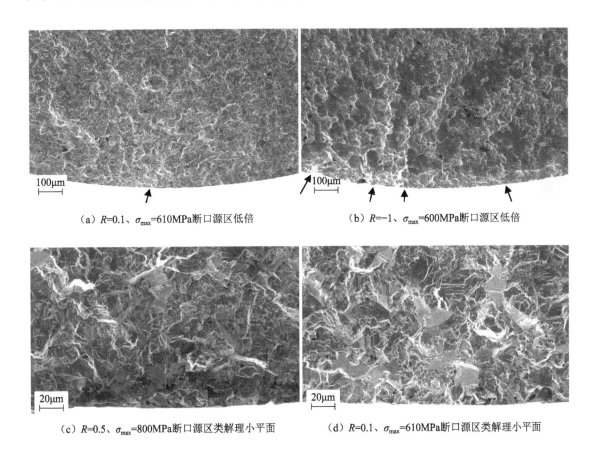

（a）$R=0.1$、$\sigma_{max}=610\text{MPa}$ 断口源区低倍　　　　　（b）$R=-1$、$\sigma_{max}=600\text{MPa}$ 断口源区低倍

（c）$R=0.5$、$\sigma_{max}=800\text{MPa}$ 断口源区类解理小平面　　　（d）$R=0.1$、$\sigma_{max}=610\text{MPa}$ 断口源区类解理小平面

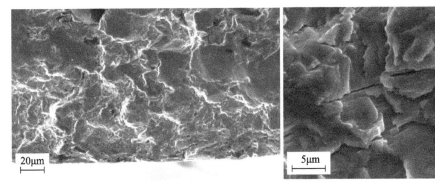

（e）$R=-1$、$\sigma_{max}=600\text{MPa}$ 断口源区磨损　　　（f）$R=0.5$、$\sigma_{max}=800\text{MPa}$ 断口扩展前期疲劳条带及二次裂纹

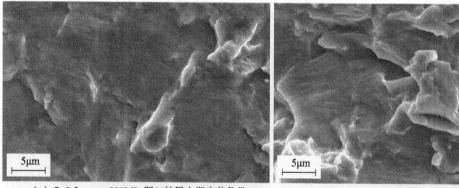

（g）R=0.5、σ_{max}=800MPa断口扩展中期疲劳条带　（h）R=0.5、σ_{max}=800MPa断口扩展后期疲劳条带

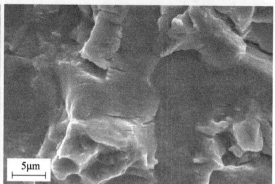

（i）R=0.5、σ_{max}=800MPa断口瞬断韧窝　　（j）R=0.5、σ_{max}=740MPa断口疲劳中期条带

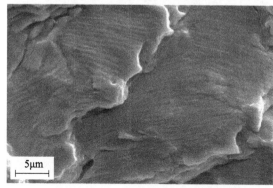

（k）R=0.1、σ_{max}=800MPa断口疲劳中期条带　（l）R=-1、σ_{max}=500MPa断口疲劳中期条带

图 3.1-15　室温下光滑高周疲劳断口微观形貌

2. 300℃

（1）宏观特征：300℃下的疲劳断口较室温下的疲劳断口粗糙，源区颜色较深，呈暗黄色，扩展区由浅黄色过渡到瞬断区银灰色，R=-1时断面可见磨损形貌。R=0.5、σ_{max}=600MPa下断口起源于断口内部，其余断口疲劳裂纹起始于试样一侧，R=-1、σ_{max}=560MPa下断口源区可见线源特征，其余断口均呈单源疲劳特征。中低应力下断口可见疲劳弧线，同一条件下，随着应力增大，扩展区面积逐渐减小。R=0.5，3 个断口疲劳扩展区的面积分别占整个断口面积的 60%、45% 和 50%；R=0.1，3 个断口疲劳扩展区的面积分别占整个断口面积的 70%、60% 和 60%；R=-1，3 个断口疲劳扩展区的面积分别占整个断

口面积的 75%、75% 和 90%；$R=0.1$ 和 $R=0.5$ 时瞬断区较粗糙，与主断面约呈 45°，应力比为 $R=-1$ 时断口最为平坦，见图 3.1-16。

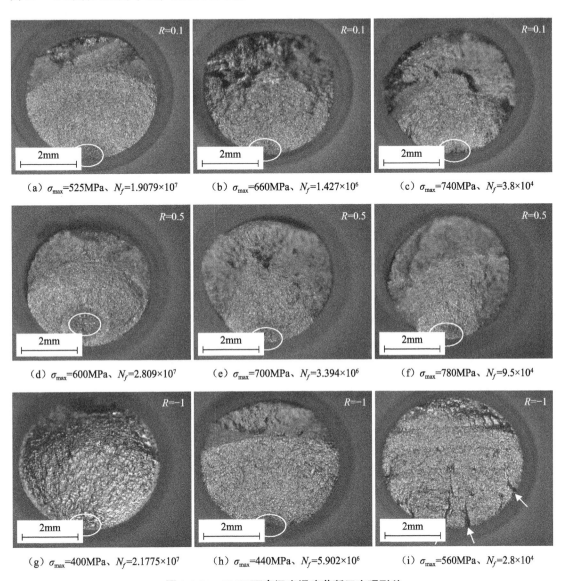

(a) σ_{max}=525MPa、N_f=1.9079×10⁷ 　　(b) σ_{max}=660MPa、N_f=1.427×10⁶ 　　(c) σ_{max}=740MPa、N_f=3.8×10⁴

(d) σ_{max}=600MPa、N_f=2.809×10⁷ 　　(e) σ_{max}=700MPa、N_f=3.394×10⁶ 　　(f) σ_{max}=780MPa、N_f=9.5×10⁴

(g) σ_{max}=400MPa、N_f=2.1775×10⁷ 　　(h) σ_{max}=440MPa、N_f=5.902×10⁶ 　　(i) σ_{max}=560MPa、N_f=2.8×10⁴

图 3.1-16　300℃下高温光滑疲劳断口宏观形貌

（2）微观特征：300℃、$R=-1$、σ_{max}=560MPa 断口为线源起源，其他断口为单源起源，其中 $R=0.5$、σ_{max}=600MPa 断口起源于断口内部，其他不同应力比和应力下的断口断裂均起始于表面，源区未见冶金缺陷，$R=0.1$ 和 $R=0.5$ 时疲劳扩展第一阶段可见类解理小平面和河流状花样，$R=-1$ 时该特征不明显（断口磨损），疲劳扩展第二阶段可见疲劳条带，沿着疲劳裂纹的扩展方向，疲劳条带逐渐清晰明显，并逐渐加宽，二次裂纹增多、加宽，瞬断区主要为大小不等的韧窝形貌。同一应力比、3 个应力水平下的断口疲劳扩展区微观特征基本相同，断口疲劳条带宽度变化无明显规律，但随着应力比的增大，同一扩展时期的疲劳条带间距有一定差异，见图 3.1-17。

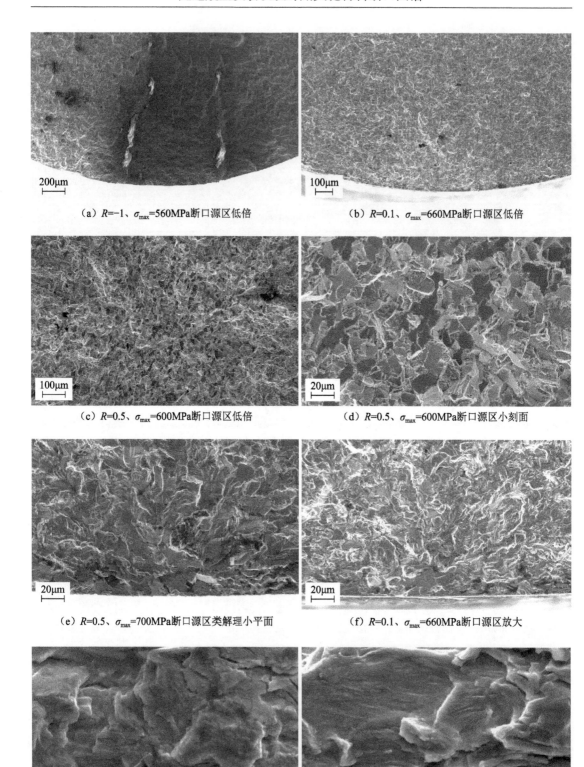

（a）$R=-1$、$\sigma_{max}=560\text{MPa}$断口源区低倍

（b）$R=0.1$、$\sigma_{max}=660\text{MPa}$断口源区低倍

（c）$R=0.5$、$\sigma_{max}=600\text{MPa}$断口源区低倍

（d）$R=0.5$、$\sigma_{max}=600\text{MPa}$断口源区小刻面

（e）$R=0.5$、$\sigma_{max}=700\text{MPa}$断口源区类解理小平面

（f）$R=0.1$、$\sigma_{max}=660\text{MPa}$断口源区放大

（g）$R=0.5$、$\sigma_{max}=700\text{MPa}$断口扩展前期疲劳条带

（h）$R=0.5$、$\sigma_{max}=700\text{MPa}$断口扩展中期疲劳条带

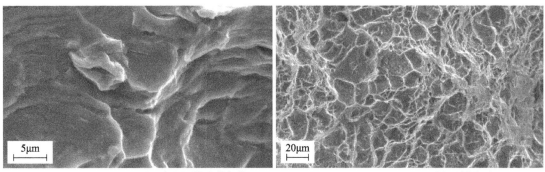

（i）$R=0.5$、$\sigma_{max}=700$MPa断口扩展后期疲劳条带　　　（j）$R=0.5$、$\sigma_{max}=700$MPa断口瞬断韧窝

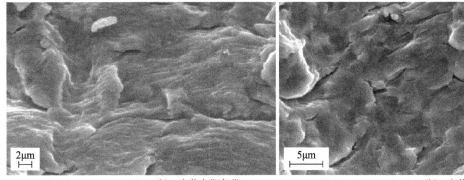

（k）$R=0.1$、$\sigma_{max}=525$MPa断口疲劳中期条带　　　（l）$R=-1$、$\sigma_{max}=560$MPa断口疲劳中期条带

图 3.1-17　300℃下高温光滑疲劳断口微观形貌

3. 400℃

（1）宏观特征：400℃下疲劳断口较粗糙，源区颜色较深，呈暗黄色，扩展区呈金黄色，循环周次越高颜色越深，瞬断区呈银灰色。疲劳裂纹起始于试样表面，低中应力下为单源疲劳特征，高应力下为线源或者多源特征，如 $R=0.1$、$\sigma_{max}=660$MPa 断口可见线源特征，$R=0.5$、$\sigma_{max}=700$MPa 和 $R=-1$、$\sigma_{max}=460$MPa 断口为多源特征，多源的每个源区均从表面起源，并沿扩展方向形成不同高度的扇形扩展面。疲劳扩展区较平坦、光滑，瞬断区较粗糙，与主断面约呈 45º。同一应力比下，随着应力增大疲劳扩展区减小，应力较低时可见疲劳弧线，$R=0.5$，3 个断口疲劳扩展区的面积分别占整个断口面积的 50%、45% 和 15%（主源）；$R=0.1$，两个断口疲劳扩展区的面积分别占整个断口面积的 55% 和 45%；$R=-1$，3 个断口疲劳扩展区的面积分别占整个断口面积的 90%、50% 和 35%（主源），见图 3.1-18。

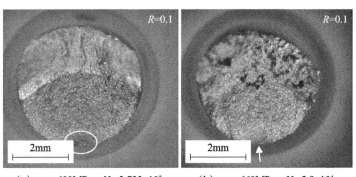

（a）$\sigma_{max}=600$MPa、$N_f=3.733\times10^7$　　　（b）$\sigma_{max}=660$MPa、$N_f=2.9\times10^4$

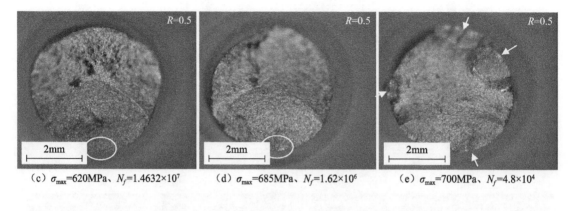

（c）σ_{max}=620MPa、N_f=1.4632×10⁷　　（d）σ_{max}=685MPa、N_f=1.62×10⁶　　（e）σ_{max}=700MPa、N_f=4.8×10⁴

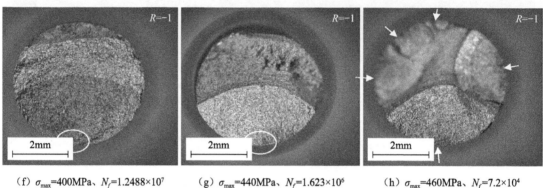

（f）σ_{max}=400MPa、N_f=1.2488×10⁷　　（g）σ_{max}=440MPa、N_f=1.623×10⁶　　（h）σ_{max}=460MPa、N_f=7.2×10⁴

图 3.1-18　400℃下高温光滑疲劳断口宏观形貌

（2）微观特征：R=0.1、σ_{max}=660MPa，R=0.5、σ_{max}=700MPa 和 R=−1、σ_{max}=460MPa 断口为多源特征，放大可见线源特征，其他断口源区位于试样表面，呈点源特征，断口可见放射棱线，沿着疲劳裂纹的扩展方向，疲劳条带逐渐清晰明显，并逐渐加宽，可见二次裂纹。瞬断区主要为大小不等的韧窝形貌。同一应力比、3 个应力水平下的断口疲劳扩展区微观特征基本相同，断口疲劳条带宽度变化无明显规律，但随着应力比的增大，同一扩展时期的疲劳条带间距有一定差异，断口微观形貌见图 3.1-19。

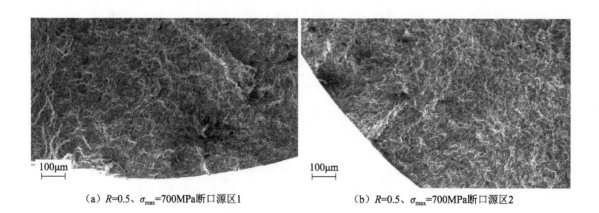

（a）R=0.5、σ_{max}=700MPa断口源区1　　　　　（b）R=0.5、σ_{max}=700MPa断口源区2

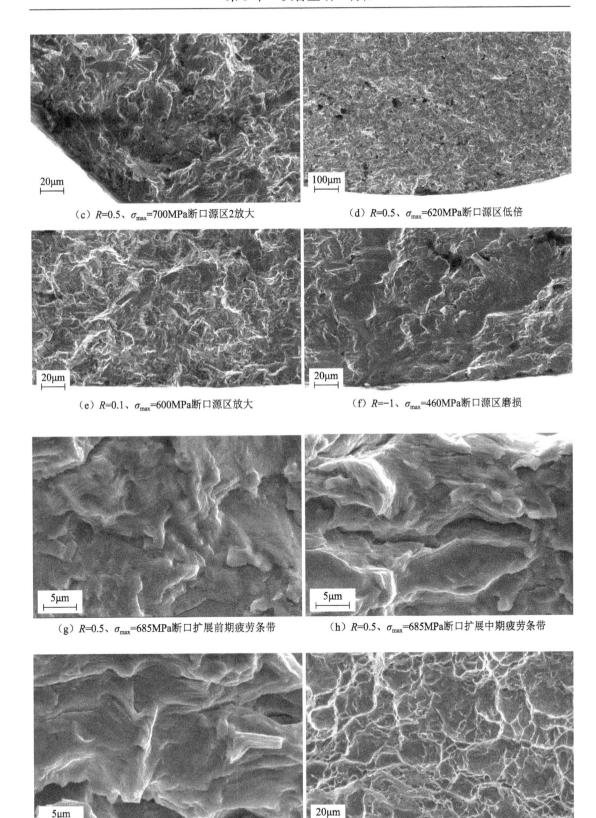

（c）$R=0.5$、$\sigma_{max}=700$MPa断口源区2放大

（d）$R=0.5$、$\sigma_{max}=620$MPa断口源区低倍

（e）$R=0.1$、$\sigma_{max}=600$MPa断口源区放大

（f）$R=-1$、$\sigma_{max}=460$MPa断口源区磨损

（g）$R=0.5$、$\sigma_{max}=685$MPa断口扩展前期疲劳条带

（h）$R=0.5$、$\sigma_{max}=685$MPa断口扩展中期疲劳条带

（i）$R=0.5$、$\sigma_{max}=685$MPa断口扩展后期疲劳条带及二次裂纹

（j）$R=0.5$、$\sigma_{max}=685$MPa断口瞬断区韧窝

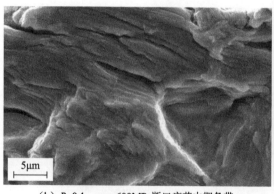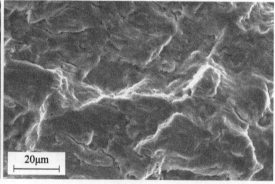

（k）R=0.1、σ_{max}=600MPa断口疲劳中期条带　　　　（1）R=-1、σ_{max}=460MPa断口疲劳中期条带

图 3.1-19　400℃下高温光滑疲劳断口微观形貌

4. 综合分析

根据不同试验条件下的光滑高周疲劳断口特征可知，TA11 合金高周光滑疲劳断口特征具有以下特点：

（1）TA11 合金光滑高周疲劳断口断面疲劳区平坦，断口基本为单源起源，扩展棱线较为清晰，随着温度升高和应力增大，断口开始出现多源，R=0.1、R=0.5 时疲劳扩展第一阶段可见类解理小平面和河流状花样，R=-1 时该特征不明显，疲劳扩展第二阶段可见细密的脆性疲劳条带特征，中后期条带和二次裂纹并存，瞬断区较为粗糙，与主断面约呈 45º，为韧窝形貌。

（2）不同应力比的光滑高周疲劳断口疲劳扩展面积大小随应力变化的规律：基本应力增大疲劳扩展区面积减小的趋势，不同应力下的试样疲劳扩展区面积占整个断口面积的 35% ~ 90%；应力比 0.5 的断口比应力比 0.1 和 -1 的断口明显粗糙，断面高差大，低应力断面可见明显疲劳弧线。

（3）室温时断口颜色呈银灰色，300℃时源区呈暗黄色，扩展区由浅黄色过渡到瞬断区银灰色，400℃时断口氧化颜色更深，源区呈暗黄色，扩展区呈金黄色，瞬断区呈银灰色。300℃、R=-1、σ_{max}=560MPa 下断口源区可见线源特征，400℃、R=0.5、σ_{max}=700MPa 和 R=-1、σ_{max}=460MPa 断口为多源+线源特征，断口疲劳扩展区微观特征基本相同，同一应力比、3 个应力水平下的断口疲劳条带宽度变化无明显规律，但随着应力比的增大，同一扩展时期的疲劳条带间距有一定差异。

3.1.3.5　轴向高周缺口疲劳

1. 室温、K_t=2

（1）宏观特征：断口呈银灰色，同一条件下，随着应力增大，扩展区面积略有减小，断口源区粗糙程度降低。疲劳裂纹起始于试样缺口根部，除 R=0.1、σ_{max}=600MPa 断口为多源起源外，其余 R=0.1 和 R=0.5 断口均呈单源疲劳特征，断口上有放射棱线特征，断口源区较为粗糙不平，断口疲劳扩展区较平坦、光滑，疲劳扩展区面积约占整个断口面积的 90%。随着应力比增大，疲劳裂纹起源由单源变为多源，R=-1 时疲劳裂纹起始于试样缺口根部，断口源区平坦，呈线源扩展，σ_{max}=250MPa 和 σ_{max}=280MPa 断口沿 1/2 圆周起源，σ_{max}=350MPa 断口沿 3/4 圆周起源，应力较大时扩展棱线明显，断口疲劳扩展区较平坦、光滑，随着应力增大，疲劳扩展区面积由 90% 降低到 80%，瞬断区较粗糙面积较小，为与主断面约呈一定角度的斜面。断口低倍形貌见图 3.1-20。

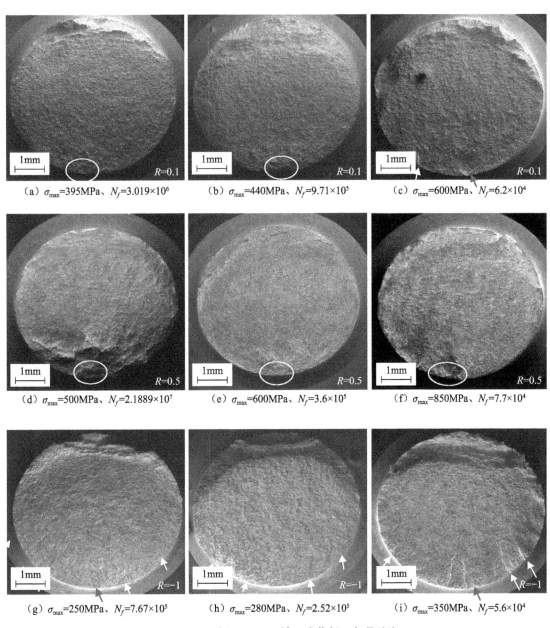

（a）σ_{max}=395MPa、N_f=3.019×10⁶

（b）σ_{max}=440MPa、N_f=9.71×10⁵

（c）σ_{max}=600MPa、N_f=6.2×10⁴

（d）σ_{max}=500MPa、N_f=2.1889×10⁷

（e）σ_{max}=600MPa、N_f=3.6×10⁵

（f）σ_{max}=850MPa、N_f=7.7×10⁴

（g）σ_{max}=250MPa、N_f=7.67×10⁵

（h）σ_{max}=280MPa、N_f=2.52×10⁵

（i）σ_{max}=350MPa、N_f=5.6×10⁴

图 3.1-20　室温下 K_t=2 缺口疲劳断口宏观形貌

（2）微观特征：R=0.1 和 0.5 时断口起源于试样表面，源区可见放射棱线，疲劳扩展第一阶段的特征不明显，疲劳扩展第二阶段扩展前期疲劳条带较细密，随着疲劳裂纹的扩展，疲劳条带逐渐清晰明显，并逐渐加宽，二次裂纹增多、加宽，瞬断区主要为大小不等的韧窝形貌，R=-1 时断口沿圆周起源，σ_{max}=250MPa 和 σ_{max}=280MPa 断口源区未见扩展棱线，σ_{max}=350MPa 断口扩展棱线明显，断口微观形貌见图 3.1-21。

（a）R=0.1、σ_{max}=440MPa断口疲劳源区低倍

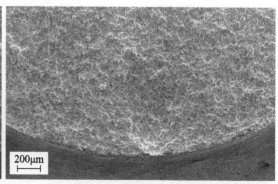

（b）R=0.1、σ_{max}=600MPa断口疲劳源区低倍

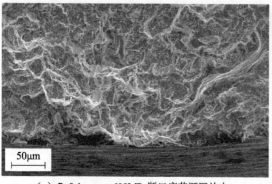

（c）R=0.1、σ_{max}=600MPa断口疲劳源区放大

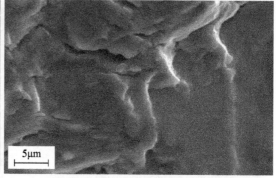

（d）R=0.1、σ_{max}=600MPa断口扩展前期疲劳条带

（e）R=0.1、σ_{max}=600MPa断口扩展中期疲劳条带

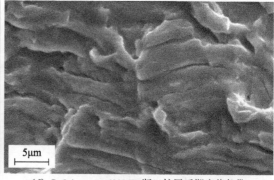

（f）R=0.1、σ_{max}=600MPa断口扩展后期疲劳条带

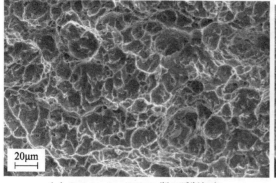

（g）R=0.1、σ_{max}=600MPa断口瞬断韧窝

（h）R=0.5、σ_{max}=600MPa断口疲劳源区低倍

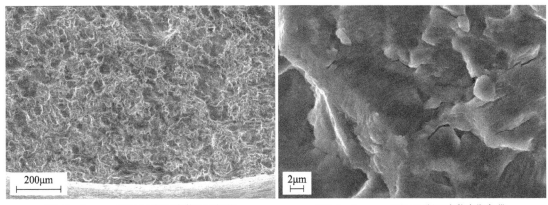

（i）R=-1、σ_{max}=250MPa断口疲劳源区低倍　　　（j）R=-1、σ_{max}=250MPa断口疲劳中期条带

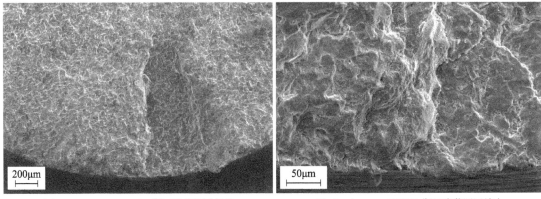

（k）R=-1、σ_{max}=350MPa断口疲劳源区低倍　　　（l）R=-1、σ_{max}=350MPa断口疲劳源区放大

图 3.1-21　室温下缺口疲劳（K_t=2）断口微观形貌

2. 室温、K_t=3

（1）宏观特征：R=0.5 和 R=-1 时疲劳裂纹起始于试样缺口根部，呈现多线源或大线源特征，且随着应力增大，断口上线性起源长度占断口圆周周长比例越高，高应力下（如 R=0.5、σ_{max}=750MPa 和 R=-1、σ_{max}=300MPa），断口 1/2 圆周均可见起源。随着应力比增大，断口更为粗糙，断口疲劳扩展区较平坦、光滑，R=0.5 时疲劳扩展区面积约占整个断口面积的 90%，R=-1 时随着应力增大，疲劳扩展区面积所占整个断口面积由 90% 降低到 80%，瞬断区较粗糙，与主断面约呈 45°。断口低倍形貌见图 3.1-22。

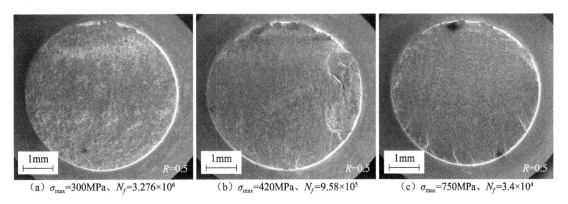

（a）σ_{max}=300MPa、N_f=3.276×10⁶　　（b）σ_{max}=420MPa、N_f=9.58×10⁵　　（c）σ_{max}=750MPa、N_f=3.4×10⁴

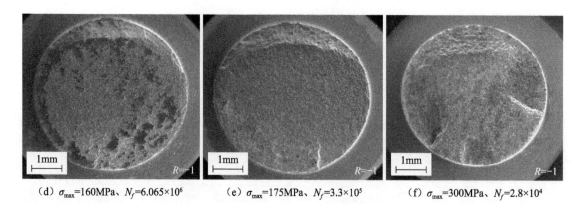

（d）$\sigma_{max}=160$MPa、$N_f=6.065\times10^6$　　　（e）$\sigma_{max}=175$MPa、$N_f=3.3\times10^5$　　　（f）$\sigma_{max}=300$MPa、$N_f=2.8\times10^4$

图 3.1-22　室温下 $K_t=3$ 缺口疲劳断口宏观形貌

（2）微观特征：断口起源于试样表面，$R=0.5$、$\sigma_{max}=300$MPa 断口源区扩展棱线不明显，放大可见类解理特征，$R=0.5$、$\sigma_{max}=420$MPa 和 $R=0.5$、$\sigma_{max}=750$MPa 断口源区可见放射棱线，源区放大可见类解理特征，$R=-1$ 时该特征不明显，不同应力比下的断口疲劳扩展区特征基本一致，扩展前期疲劳条带较细密，随着疲劳裂纹的扩展，疲劳条带逐渐清晰明显，并逐渐加宽，二次裂纹增多、加宽，瞬断区主要为大小不等的韧窝形貌，断口微观形貌见图 3.1-23。

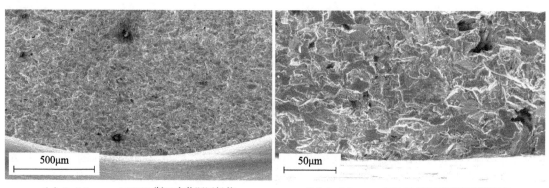

（a）$R=0.5$、$\sigma_{max}=300$MPa断口疲劳源区低倍　　　（b）$R=0.5$、$\sigma_{max}=300$MPa断口疲劳源区类解理

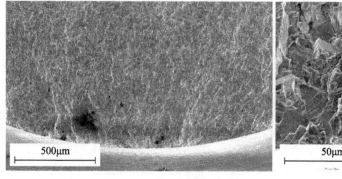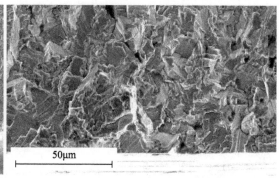

（c）$R=0.5$、$\sigma_{max}=420$MPa断口疲劳源区低倍　　　（d）$R=0.5$、$\sigma_{max}=750$MPa断口疲劳源区类解理

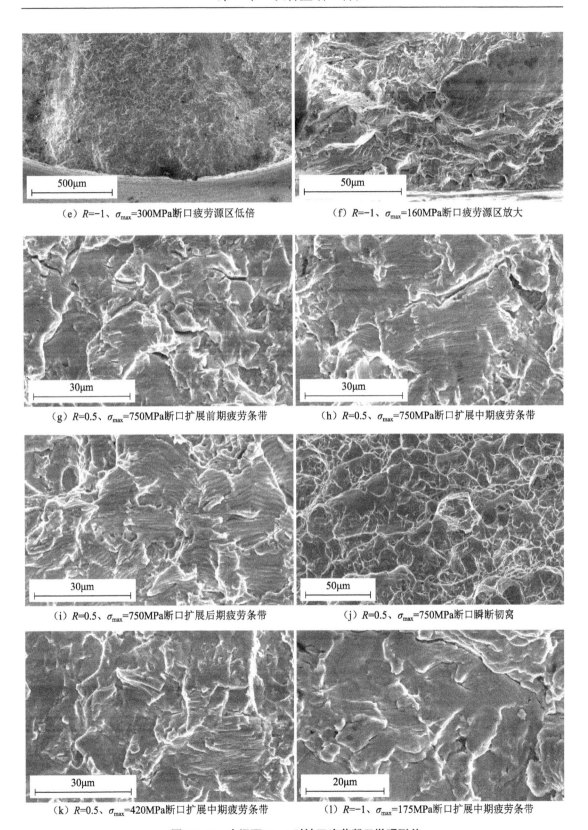

（e）$R=-1$、$\sigma_{max}=300$MPa断口疲劳源区低倍

（f）$R=-1$、$\sigma_{max}=160$MPa断口疲劳源区放大

（g）$R=0.5$、$\sigma_{max}=750$MPa断口扩展前期疲劳条带

（h）$R=0.5$、$\sigma_{max}=750$MPa断口扩展中期疲劳条带

（i）$R=0.5$、$\sigma_{max}=750$MPa断口扩展后期疲劳条带

（j）$R=0.5$、$\sigma_{max}=750$MPa断口瞬断韧窝

（k）$R=0.5$、$\sigma_{max}=420$MPa断口扩展中期疲劳条带

（l）$R=-1$、$\sigma_{max}=175$MPa断口扩展中期疲劳条带

图 3.1-23　室温下 $K_t=3$ 时缺口疲劳断口微观形貌

3. 室温、$K_t=5$

（1）宏观特征：断口呈银灰色，裂纹起始于试样缺口根部，呈线源特征，随着应力增大，断口上线源区域越宽，断口上有放射棱线特征，断口源区较为粗糙不平，断口疲劳扩展区平坦、光滑，随着应力增大，疲劳扩展区面积占整个断口面积由 90% 降低到 70%，瞬断区较粗糙，见图 3.1-24。

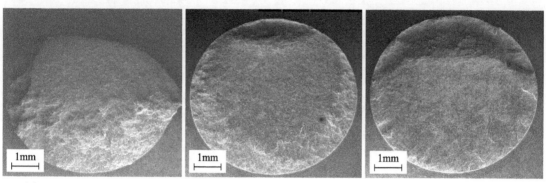

（a）$\sigma_{max}=186MPa$、$N_f=1.278\times10^6$　（b）$\sigma_{max}=250MPa$、$N_f=2.25\times10^5$　（c）$\sigma_{max}=400MPa$、$N_f=2.6\times10^4$

图 3.1-24　室温（$R=0.1$、$K_t=5$）下缺口疲劳断口宏观形貌

（2）微观特征：源区可见放射棱线，扩展前期疲劳条带较细密、不明显，随着疲劳裂纹的扩展，疲劳条带逐渐清晰明显，并逐渐加宽，二次裂纹增多、加宽。瞬断区主要为大小不等的韧窝形貌。断口微观形貌见图 3.1-25。

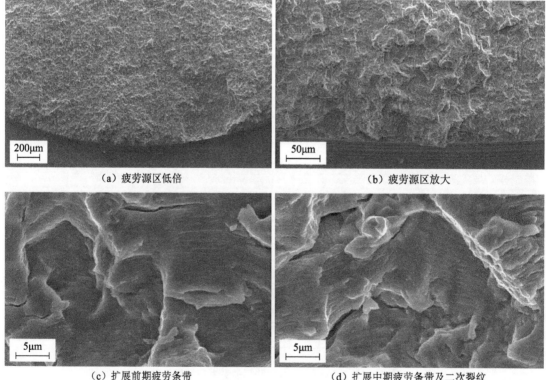

（a）疲劳源区低倍　　　　　　　　　　　　　（b）疲劳源区放大

（c）扩展前期疲劳条带　　　　　　　　　　　（d）扩展中期疲劳条带及二次裂纹

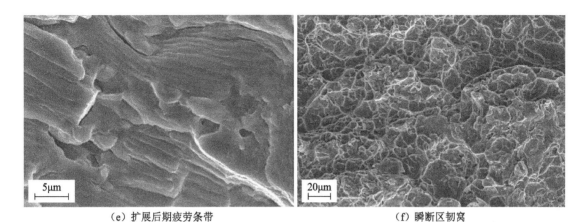

（e）扩展后期疲劳条带　　　　　　　　　　　　（f）瞬断区韧窝

图 3.1-25　室温下（$R=0.1$、$K_t=5$）试样缺口疲劳断口微观形貌

4. 300℃、$K_t=3$

（1）宏观特征：断口源区颜色较深，呈暗黄色，扩展区由浅黄色过渡到瞬断区银灰色，低应力寿命较长的断口氧化色更深，断口上有放射棱线特征。疲劳裂纹起始于试样缺口根部，随着应力增大疲劳扩展区面积减小，$R=0.5$、$\sigma_{max}=370$MPa 和 $\sigma_{max}=500$MPa 下断口沿 2/3 圆周起源，$R=0.5$、$\sigma_{max}=600$MPa 下断口沿 1/2 圆周起源，疲劳扩展区面积占整个断口的面积由 75% 降低到 60%，$R=0.1$ 的 3 个断口沿 3/4 圆周起源，疲劳扩展区面积约占整个断口面积的 85%～90%，$R=-1$、$\sigma_{max}=150$MPa 和 $\sigma_{max}=200$MPa 断口几乎沿整个圆周起源，$R=-1$、$\sigma_{max}=250$MPa 断口沿整个圆周起源，瞬断区在断口内部偏一侧，疲劳扩展区面积约占整个断口面积的 95%，见图 3.1-26。

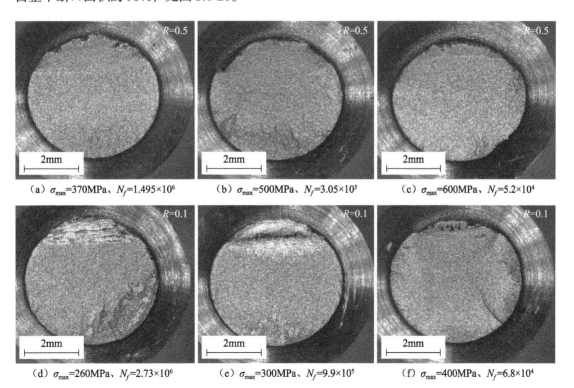

（a）$\sigma_{max}=370$MPa、$N_f=1.495\times10^6$　　（b）$\sigma_{max}=500$MPa、$N_f=3.05\times10^5$　　（c）$\sigma_{max}=600$MPa、$N_f=5.2\times10^4$

（d）$\sigma_{max}=260$MPa、$N_f=2.73\times10^6$　　（e）$\sigma_{max}=300$MPa、$N_f=9.9\times10^5$　　（f）$\sigma_{max}=400$MPa、$N_f=6.8\times10^4$

（g）σ_{max}=150MPa、N_f=9.685×10⁶   （h）σ_{max}=200MPa、N_f=1.32×10⁵   （i）σ_{max}=250MPa、N_f=3.2×10⁴

图 3.1-26　300℃下 K_t=3 缺口疲劳断口宏观形貌

（2）微观特征：断口起源于试样表面，R=0.1、σ_{max}=260MPa 和 σ_{max}=300MPa 断源区放大可见类解理特征，R=0.1、σ_{max}=400MPa 断口该特征不明显，R=0.5、σ_{max}=370MPa、600MPa 断口源区可见扩展棱线，R=0.5、σ_{max}=500MPa 断口扩展棱线不明显，源区放大均可见类解理特征，R=−1 断口源区可见线源扩展棱线，未见类解理特征，断口疲劳扩展区微观特征基本相同：沿着疲劳裂纹的扩展方向，疲劳条带逐渐清晰明显，并逐渐加宽，二次裂纹增多、加宽，瞬断区主要为韧窝形貌。断口微观形貌见图 3.1-27。

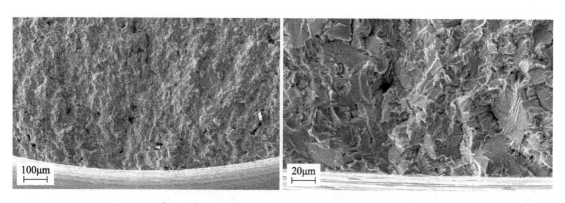

（a）R=0.5、σ_{max}=370MPa断口疲劳源区低倍   （b）R=0.5、σ_{max}=370MPa断口疲劳源区类解理

（c）R=0.5、σ_{max}=500MPa断口疲劳源区低倍   （d）R=0.5、σ_{max}=600MPa断口疲劳源区类解理

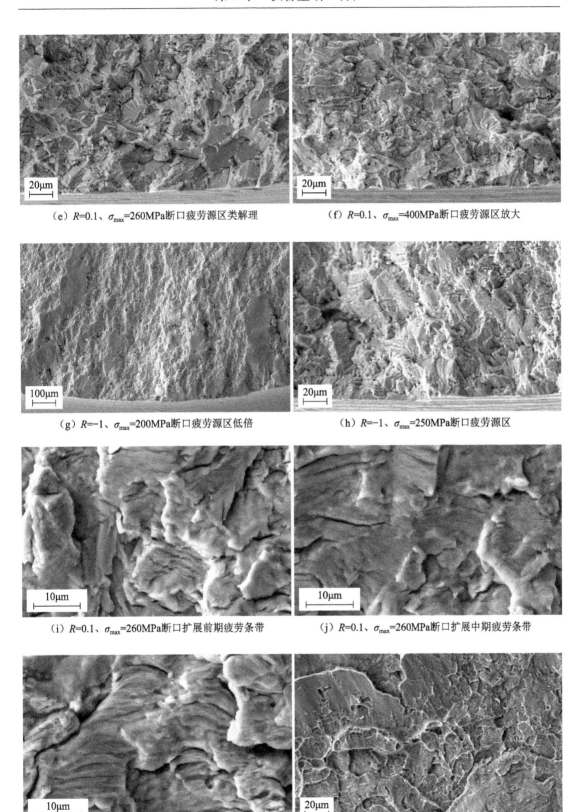

（e）R=0.1、σ_{max}=260MPa断口疲劳源区类解理

（f）R=0.1、σ_{max}=400MPa断口疲劳源区放大

（g）R=-1、σ_{max}=200MPa断口疲劳源区低倍

（h）R=-1、σ_{max}=250MPa断口疲劳源区

（i）R=0.1、σ_{max}=260MPa断口扩展前期疲劳条带

（j）R=0.1、σ_{max}=260MPa断口扩展中期疲劳条带

（k）R=0.1、σ_{max}=260MPa断口扩展后期疲劳条带

（l）R=0.1、σ_{max}=260MPa断口瞬断韧窝

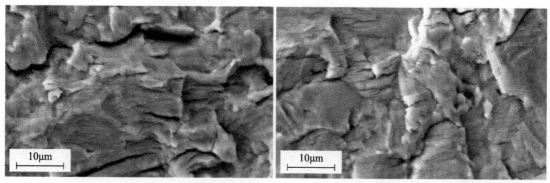

（m）R=0.5、σ_{max}=500MPa断口扩展中期疲劳条带　　（n）R=-1、σ_{max}=200MPa断口扩展中期疲劳条带

图3.1-27　300℃下K_t=3缺口疲劳断口微观形貌

5. 300℃、K_t=5

（1）宏观特征：断口源区颜色较深，呈暗黄色，瞬断区呈银灰色。与300℃、K_t=3缺口疲劳断口相比，K_t=5时断口高差明显较大，断裂起源于整个圆周，瞬断区在整个断面的靠近边缘处，区域较小，R=0.5时疲劳扩展区面积约占整个断面面积的90%，R=0.1时疲劳扩展区面积约占整个断面面积的70%，随着应力增大，断口更为平坦，R=0.1时断口更为平坦，见图3.1-28。

（a）σ_{max}=230MPa、N_f=9.137×10⁶　　（b）σ_{max}=300MPa、N_f=4.12×10⁵　　（c）σ_{max}=500MPa、N_f=5.2×10⁴

（d）σ_{max}=155MPa、N_f=6.413×10⁶　　（e）σ_{max}=200MPa、N_f=3.01×10⁵　　（f）σ_{max}=350MPa、N_f=2.9×10⁴

图3.1-28　300℃下K_t=5缺口疲劳断口宏观形貌

（2）微观特征：断口源区可见多源扩展断裂特征，不同应力比下的断口疲劳扩展区特征基本一致，沿着疲劳裂纹的扩展方向，疲劳条带逐渐清晰明显，并逐渐加宽，二次裂纹增多、加宽，瞬断区主要为大小不等的韧窝形貌。断口微观形貌见图 3.1-29。

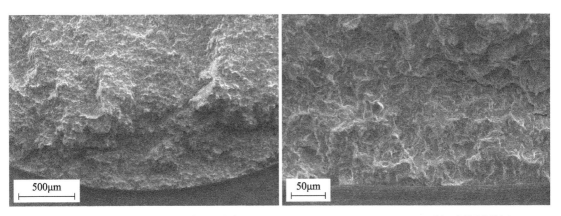

（a）R=0.5、σ_{max}=500MPa断口疲劳源区低倍　　　　（b）R=0.5、σ_{max}=500MPa断口疲劳源区放大

（c）R=0.5、σ_{max}=500MPa断口扩展前期疲劳条带　　　（d）R=0.5、σ_{max}=500MPa断口扩展中期疲劳条带

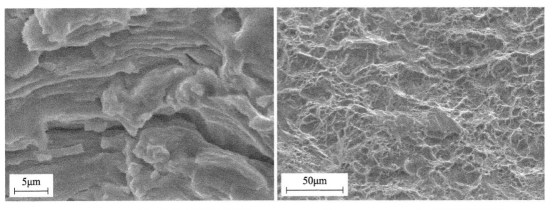

（e）R=0.5、σ_{max}=500MPa断口扩展后期疲劳条带及
二次裂纹　　　　　　　　　（f）R=0.5、σ_{max}=500MPa断口瞬断区韧窝

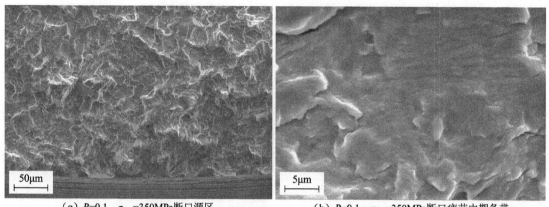

（g）$R=0.1$、$\sigma_{max}=350$MPa断口源区　　　　（h）$R=0.1$、$\sigma_{max}=350$MPa断口疲劳中期条带

图3.1-29　300℃下 $K_t=5$ 缺口疲劳断口微观形貌

6. 400℃，$K_t=3$

（1）宏观特征：断口源区颜色较深，呈暗黄色，扩展区由金黄色过渡到瞬断区银灰色，断口上有放射棱线特征。疲劳裂纹起始于试样缺口根部，随着应力增大疲劳扩展区面积减小，$R=0.1$、$\sigma_{max}=290$MPa 和 $\sigma_{max}=320$MPa 断口沿 3/4 圆周起源，$\sigma_{max}=400$MPa 断口几乎沿整个圆周起源，疲劳扩展区面积由 90% 降低到 80%，$R=0.5$、$\sigma_{max}=385$MPa 断口沿 3/4 圆周起源，$R=0.5$、$\sigma_{max}=440$MPa 和 $\sigma_{max}=520$MPa 断口沿 2/3 圆周起源，疲劳扩展区面积占整个断口面积由 80% 降低到 70%，$R=-1$、$\sigma_{max}=160$MPa 和 $\sigma_{max}=180$MPa 断口几乎沿整个圆周起源，$R=-1$、$\sigma_{max}=220$MPa 断口沿整个圆周起源，疲劳扩展区面积约占整个断口面积的 95%，见图 3.1-26。

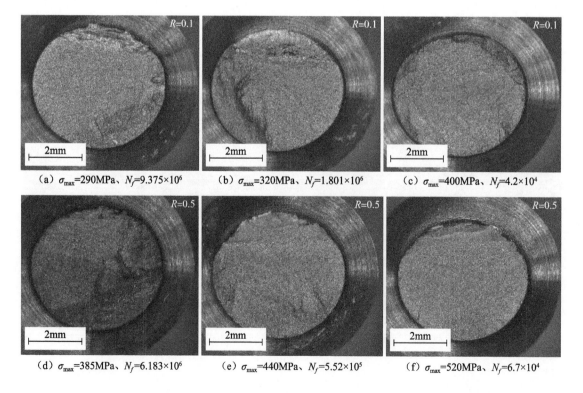

（a）$\sigma_{max}=290$MPa、$N_f=9.375\times10^6$　　（b）$\sigma_{max}=320$MPa、$N_f=1.801\times10^6$　　（c）$\sigma_{max}=400$MPa、$N_f=4.2\times10^4$

（d）$\sigma_{max}=385$MPa、$N_f=6.183\times10^6$　　（e）$\sigma_{max}=440$MPa、$N_f=5.52\times10^5$　　（f）$\sigma_{max}=520$MPa、$N_f=6.7\times10^4$

（g）σ_{max}=160MPa、N_f=9.448×10⁶　　（h）σ_{max}=180MPa、N_f=2.08×10⁵　　（i）σ_{max}=220MPa、N_f=4.5×10⁴

图 3.1-30　400℃下 K_t=3 缺口疲劳断口宏观形貌

（2）微观特征：断口起源于试样表面，R=0.1 断口源区放大可见类解理特征，R=0.5 断口扩展棱线不明显，源区放大均可见类解理特征，R=−1 断口均有磨损痕迹，局部显示的源区特征表明源区类解理特征不明显，断口疲劳扩展区微观特征基本相同：沿着疲劳裂纹的扩展方向，疲劳条带逐渐清晰明显，并逐渐加宽，二次裂纹增多、加宽，瞬断区主要为韧窝形貌。同一应力比、3 个应力水平下的断口疲劳扩展区微观特征基本相同，断口疲劳条带宽度变化无明显规律，但随着应力比的增大，同一扩展时期的疲劳条带间距有一定差异，断口微观形貌见图 3.1-31。

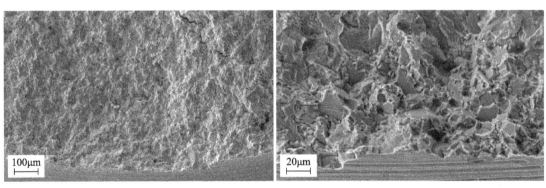

（a）R=0.5、σ_{max}=385MPa断口疲劳源区低倍　　　　（b）R=0.5、σ_{max}=385MPa断口疲劳源区类解理

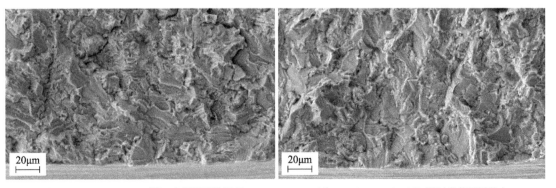

（c）R=0.5、σ_{max}=520MPa断口疲劳源区类解理　　　　（d）R=0.1、σ_{max}=290MPa断口疲劳源区放大

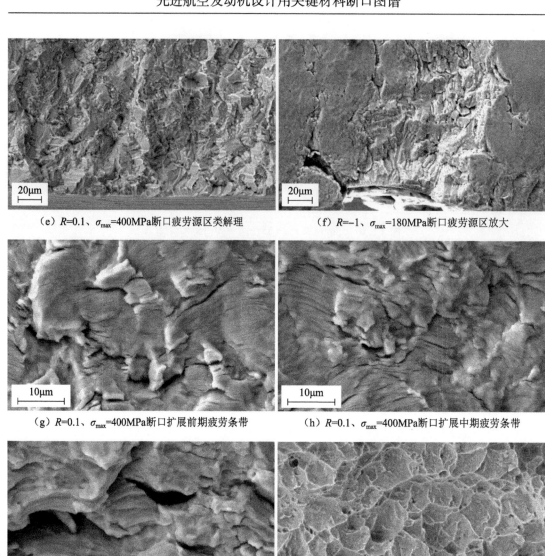

（e）R=0.1、σ_{max}=400MPa断口疲劳源区类解理　　　　（f）R=−1、σ_{max}=180MPa断口疲劳源区放大

（g）R=0.1、σ_{max}=400MPa断口扩展前期疲劳条带　　　（h）R=0.1、σ_{max}=400MPa断口扩展中期疲劳条带

（i）R=0.1、σ_{max}=400MPa断口扩展后期疲劳条带　　　（j）R=0.1、σ_{max}=400MPa断口瞬断韧窝

（k）R=0.5、σ_{max}=440MPa断口扩展中期疲劳条带　　　（l）R=−1、σ_{max}=160MPa断口扩展中期疲劳条带

图 3.1-31　400℃下缺口疲劳断口微观形貌

7. 400℃，$K_t=5$

（1）宏观特征：断口源区为暗黄色，疲劳扩展区呈黄色，低应力寿命较长的断口氧化色更深，疲劳裂纹起始于试样整个圆周缺口根部，呈多源或线源疲劳特征，断口扩展区高差较大，瞬断区在整个断面的心部，呈银灰色，$R=0.1$ 和 $R=0.5$ 时疲劳扩展区面积占整个断口面积的 90% ～ 95%，$R=-1$ 时疲劳扩展区面积占整个断口面积的 70%，见图 3.1-32。

（a）$\sigma_{max}=88MPa$、$N_f=5.733\times10^6$　　（b）$\sigma_{max}=100MPa$、$N_f=3.91\times10^5$　　（c）$\sigma_{max}=200MPa$、$N_f=5.6\times10^4$

（d）$\sigma_{max}=168MPa$、$N_f=6.372\times10^6$　　（e）$\sigma_{max}=192MPa$、$N_f=2.26\times10^5$　　（f）$\sigma_{max}=320MPa$、$N_f=2.3\times10^4$

（g）$\sigma_{max}=270MPa$、$N_f=6.666\times10^6$　　（h）$\sigma_{max}=300MPa$、$N_f=4.86\times10^5$　　（i）$\sigma_{max}=500MPa$、$N_f=4.7\times10^4$

图 3.1-32　400℃下 $K_t=5$ 缺口疲劳断口宏观形貌

（2）微观特征：断口源区可见多源扩展断裂特征，局部可见线性扩展棱线，放大未见类解理特征，沿着疲劳裂纹的扩展方向，疲劳条带逐渐清晰明显，并逐渐加宽，二次裂纹增多、加宽，瞬断区主要为大小不等的韧窝形貌。断口微观形貌见图 3.1-33。

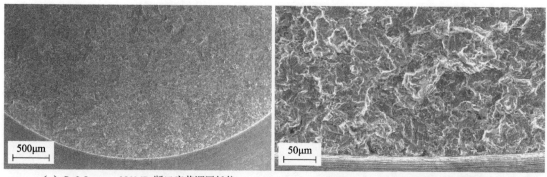

（a）$R=0.5$、$\sigma_{max}=320MPa$断口疲劳源区低倍　　（b）$R=0.5$、$\sigma_{max}=320MPa$断口疲劳源区放大

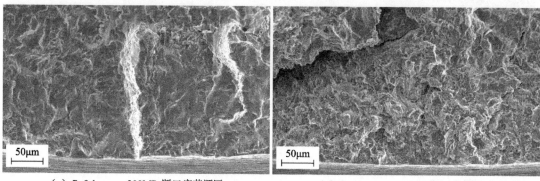

（c）$R=0.1$、$\sigma_{max}=200MPa$断口疲劳源区　　（d）$R=-1$、$\sigma_{max}=300MPa$断口疲劳源区

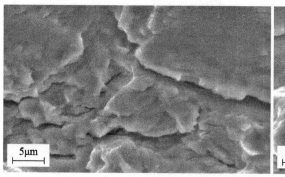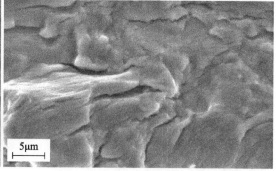

（e）$R=0.5$、$\sigma_{max}=320MPa$断口扩展前期疲劳条带　　（f）$R=0.5$、$\sigma_{max}=320MPa$断口扩展中期疲劳条带

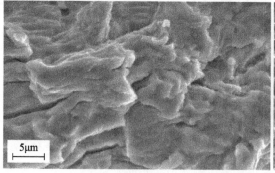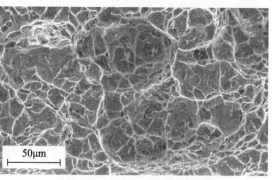

（g）$R=0.5$、$\sigma_{max}=320MPa$断口扩展后期疲劳条带及　　（h）$R=0.5$、$\sigma_{max}=320MPa$断口瞬断区韧窝
二次裂纹

（i）R=0.1、σ_{max}=200MPa断口疲劳中期条带　　　　（j）R=−1、σ_{max}=300MPa断口疲劳中期条带

图 3.1-33　400℃下缺口疲劳断口微观形貌

8. 综合分析

不同温度（室温、300℃、400℃）、不同 K_t、不同应力比、不同应力下的轴向高周缺口疲劳断口特征具有以下特点：

（1）室温下断口呈银灰色，300℃下断口源区为暗黄色，扩展区浅黄色过渡到瞬断区银灰色，400℃下源区呈暗黄色，扩展区呈金黄色，瞬断区呈银灰色，低应力寿命较长的断口氧化色更深；轴向高周缺口疲劳断口分为源区、扩展区和瞬断区，其中疲劳扩展区面积较大，均在断面的 60% 以上。

（2）室温下，与光滑高周疲劳断口对比，轴向高周缺口疲劳断口相对更为平坦一些，随着温度升高，断口更为粗糙；3 个应力比下，R=0.5 的断口更为粗糙；同一条件下，随着应力增加，断口更为平坦。

（3）断口疲劳起源均在表面，室温下，K_t=2 时，应力比为 0.1 和 0.5 时断口仍为单源起源，应力比为 −1 时断口变为多源起源，较大应力下为线源起源，300℃、400℃，K_t=3、K_t=5 条件下断口均为多源 / 线源起源，K_t=5 时基本为从缺口根部整个圆周起源，400℃、K_t=5 条件下瞬断区位于断面的心部。

（4）微观特征上，单源特征的断口仍可见类解理小平面，多源 / 线源起源的断口无该特征，同一应力比下，断口扩展中期疲劳条带间距变化不大。

3.1.3.6　旋转弯曲疲劳

1. K_t=1

（1）宏观特征：疲劳裂纹均起始于试样圆周表面，室温、3 个应力下断口呈单源疲劳特征，300℃时 3 个应力下断口呈多源疲劳特征。300℃部分断口可见放射棱线特征，并可见周向磨损痕迹。室温断口呈银灰色，断口源区和扩展区较平坦、光滑，瞬断区较粗糙，300℃、σ_{max}=600MPa 断口有一定的高差，瞬断区在断口心部，其他断口瞬断区基本分布在断口一侧，见图 3.1-34。

（a）光滑旋弯断口侧面

（b）σ_{max}=490MPa、N_f=1.13×10⁷ （c）σ_{max}=510MPa、N_f=5.97×10⁶ （d）σ_{max}=650MPa、N_f=3.71×10⁴

（e）σ_{max}=440MPa、N_f=2.49×10⁷ （f）σ_{max}=500MPa、N_f=1.37×10⁶ （g）σ_{max}=600MPa、N_f=3.76×10⁴

图3.1-34 光滑旋弯疲劳断口宏观形貌（R=-1）

（2）微观特征：室温下断口源区可见单源起源特征，源区未见冶金缺陷，300℃断口源区放大可见周向磨损痕迹。扩展前期疲劳条带较细密，随着疲劳裂纹的扩展，疲劳条带逐渐清晰明显，并逐渐加宽，二次裂纹增多、加宽，瞬断区主要为大小不等的韧窝形貌。同一温度不同应力下的断口微观特征基本一致，断口微观形貌见图3.1-35～图3.1-36。

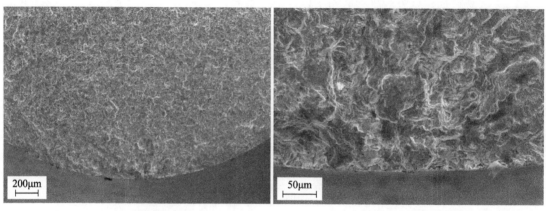

（a）断口疲劳源区低倍 （b）断口疲劳源区放大

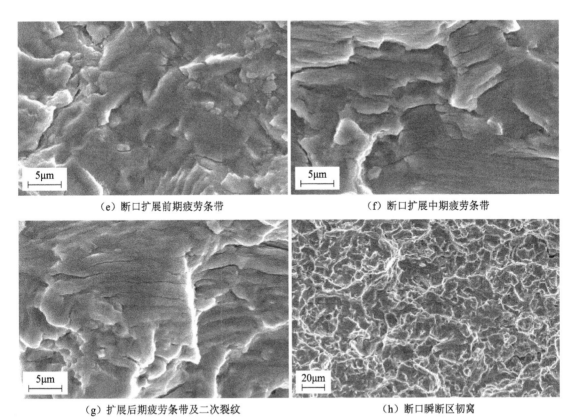

（e）断口扩展前期疲劳条带

（f）断口扩展中期疲劳条带

（g）扩展后期疲劳条带及二次裂纹

（h）断口瞬断区韧窝

图 3.1-35　室温、$R=-1$、$\sigma_{max}=510$MPa 光滑旋弯疲劳断口微观形貌

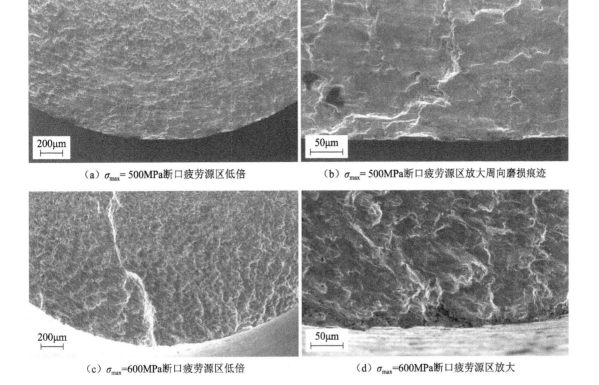

（a）$\sigma_{max}=500$MPa断口疲劳源区低倍

（b）$\sigma_{max}=500$MPa断口疲劳源区放大周向磨损痕迹

（c）$\sigma_{max}=600$MPa断口疲劳源区低倍

（d）$\sigma_{max}=600$MPa断口疲劳源区放大

（e）σ_{max}=500MPa断口扩展前期疲劳条带　　　　（f）σ_{max}=500MPa断口扩展中期疲劳条带

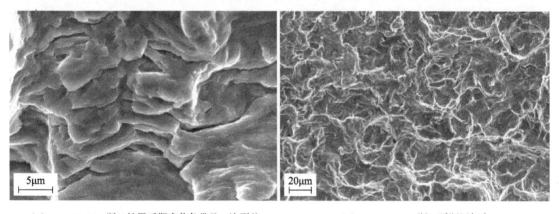

（g）σ_{max}=500MPa断口扩展后期疲劳条带及二次裂纹　　　（h）σ_{max}=500MPa断口瞬断区韧窝

图 3.1-36　300℃下光滑旋弯疲劳断口微观形貌

2. K_t=3

（1）宏观特征：断口呈多源疲劳特征，疲劳裂纹起始于试样整个圆周缺口根部，室温下断口呈银灰色，300℃下断口疲劳区呈浅黄色，400℃下断口疲劳区呈金黄色，断口源区较为平坦，瞬断区较为粗糙。随着温度增高，断口粗糙度变大，随着应力增大，瞬断区在整个断面心部的面积也增大，见图 3.1-37。

（a）断口侧面

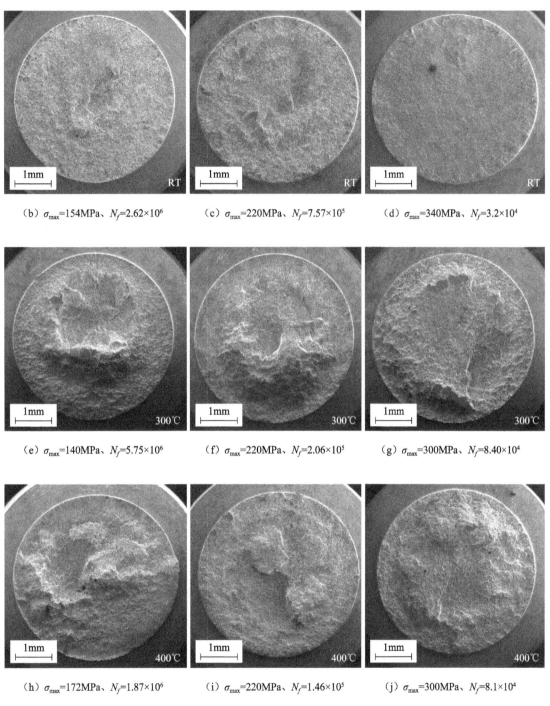

（b）σ_{max}=154MPa、N_f=2.62×10⁶　　　（c）σ_{max}=220MPa、N_f=7.57×10⁵　　　（d）σ_{max}=340MPa、N_f=3.2×10⁴

（e）σ_{max}=140MPa、N_f=5.75×10⁶　　　（f）σ_{max}=220MPa、N_f=2.06×10⁵　　　（g）σ_{max}=300MPa、N_f=8.40×10⁴

（h）σ_{max}=172MPa、N_f=1.87×10⁶　　　（i）σ_{max}=220MPa、N_f=1.46×10⁵　　　（j）σ_{max}=300MPa、N_f=8.1×10⁴

图 3.1-37　缺口旋弯疲劳（K_t=3）断口宏观形貌

（2）微观特征：断口微观形貌特征基本一致，源区可见多源扩展断裂特征，沿着疲劳裂纹的扩展方向，疲劳条带逐渐清晰明显，并逐渐加宽，二次裂纹增多、加宽，瞬断区主要为大小不等的韧窝形貌。断口微观形貌见图 3.1-38 ～图 3.1-40。

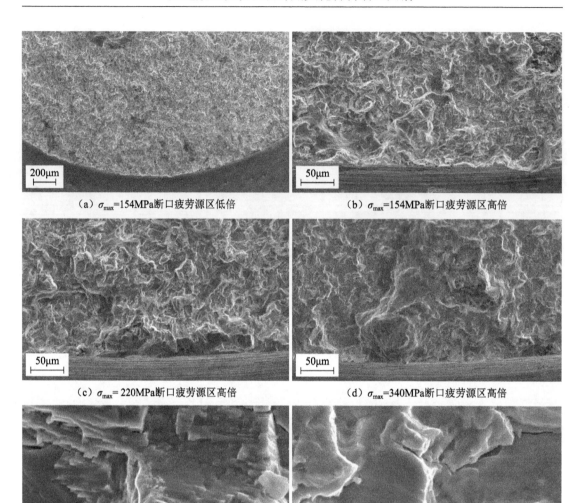

（a）σ_{max}=154MPa断口疲劳源区低倍

（b）σ_{max}=154MPa断口疲劳源区高倍

（c）σ_{max}=220MPa断口疲劳源区高倍

（d）σ_{max}=340MPa断口疲劳源区高倍

（e）σ_{max}=154MPa断口疲劳中期条带

（f）σ_{max}=340MPa断口疲劳中期条带

图 3.1-38　室温、K_t=3 时缺口旋弯疲劳断口微观形貌

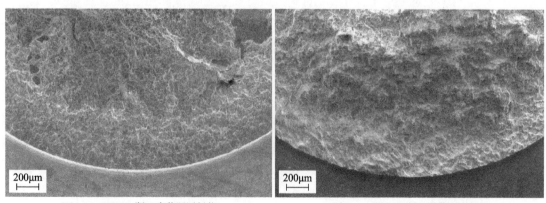

（a）σ_{max}=140MPa断口疲劳源区低倍

（b）σ_{max}=220MPa断口疲劳源区低倍

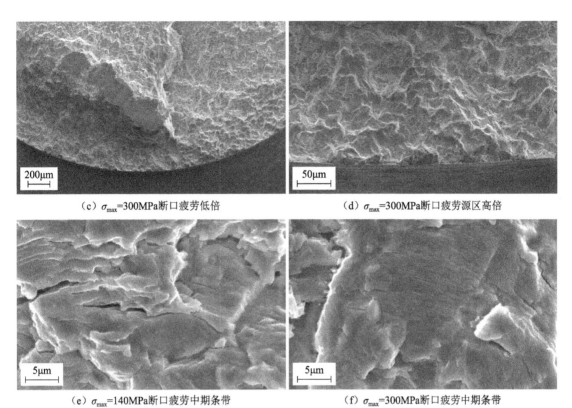

（c）σ_{max}=300MPa断口疲劳低倍　　　　　　　（d）σ_{max}=300MPa断口疲劳源区高倍

（e）σ_{max}=140MPa断口疲劳中期条带　　　　　（f）σ_{max}=300MPa断口疲劳中期条带

图 3.1-39　300℃（K_t=3）下缺口旋弯疲劳断口微观形貌

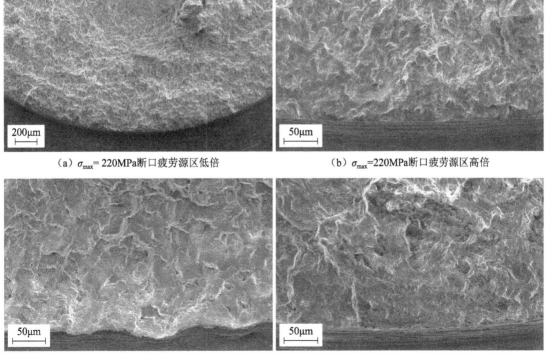

（a）σ_{max}=220MPa断口疲劳源区低倍　　　　　（b）σ_{max}=220MPa断口疲劳源区高倍

（c）σ_{max}=172MPa断口疲劳源区高倍　　　　　（d）σ_{max}=300MPa断口疲劳源区高倍

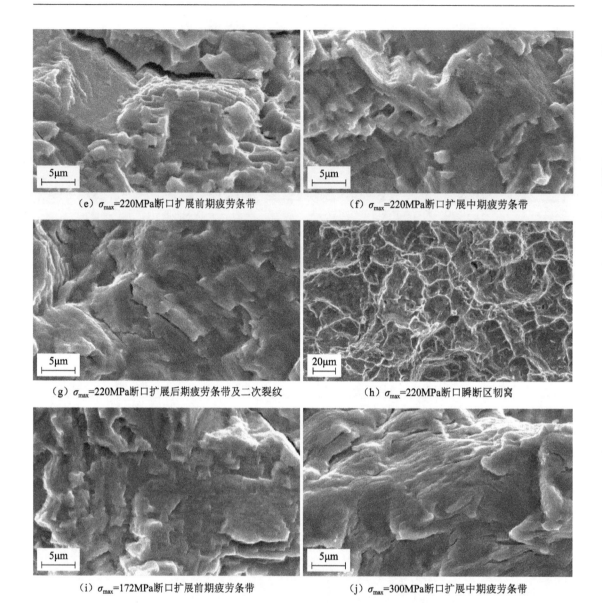

（e）σ_{max}=220MPa断口扩展前期疲劳条带　　　　　　（f）σ_{max}=220MPa断口扩展中期疲劳条带

（g）σ_{max}=220MPa断口扩展后期疲劳条带及二次裂纹　　　（h）σ_{max}=220MPa断口瞬断区韧窝

（i）σ_{max}=172MPa断口扩展前期疲劳条带　　　　　　（j）σ_{max}=300MPa断口扩展中期疲劳条带

图3.1-40　400℃、K_t=3时缺口旋弯疲劳断口微观形貌

3.综合分析

不同试验条件下的旋转弯曲疲劳断口特征具有以下特点：

（1）光滑旋转弯曲疲劳断口较为平坦，室温下低中应力均为一侧表面单源起源，瞬断区在一侧边缘，疲劳区面积占整个断口面积的60%～80%，300℃的断口较室温粗糙，疲劳区呈浅黄色，沿圆周起源，源区可见周向磨损特征，疲劳区面积占整个断口面积的40%～50%，扩展区条带形貌差异不大。

（2）缺口旋转弯曲疲劳特征均为试样圆周线性起源，瞬断区在断口内部（中心偏一侧），室温下断口呈银灰色，300℃下断口疲劳区呈浅黄色，400℃下断口疲劳区呈金黄色，断口源区较为平坦，瞬断区较为粗糙。随着温度增高，断口粗糙度变大，随着应力增大，瞬断区在整个断面心部的面积也增大，扩展区条带形貌差异不大。

3.1.3.7　低周应变疲劳

1.室温、$R=-1$

（1）宏观特征：室温，$R_\varepsilon=-1$ 的低周疲劳断口为多源特征，试样表面均为银灰色。应变 $\varepsilon_{max}=0.6\%$ 下的低周疲劳断口分疲劳起源（1 区）和稳定扩展区（2 区），失稳扩展区（3 区）和剪切瞬断区（4 区），疲劳起源于试样一侧，断口呈现 3 个面，垂直于轴向的疲劳稳定扩展区、疲劳失稳扩展区及纤维特征区，以及两个剪切瞬断斜面。疲劳稳定扩展区约占整个断口的 50%。

应变 $\varepsilon_{max}=1.0\%$ 的断口与 $\varepsilon_{max}=0.6\%$ 的断口类似，疲劳起源于试样一侧，断口呈现 3 个面，垂直于轴向的疲劳稳定扩展区、失稳扩展区以及两个剪切瞬断斜面。相比于低应变下的断口，其剪切瞬断区面积更大，疲劳稳定扩展区面积减小，约占整个断口面积的 40%。

应变量大的断口（$\varepsilon_{max}=1.5\%$）类似于杯椎型拉伸断口，断裂从试样一侧开始起源，即进入疲劳失稳扩展区，最后在断口边缘形成约 45° 的斜面剪切瞬断区。疲劳起源后往中心扩展，整个断口上几乎未见典型的疲劳稳定扩展特征区。见图 3.1-41。

（a）$\varepsilon_{max}=0.6\%$、$N_f=14344$　　　（b）$\varepsilon_{max}=1.0\%$、$N_f=2359$　　　（c）$\varepsilon_{max}=1.5\%$、$N_f=376$

图 3.1-41　室温、$R_\varepsilon=-1$ 时应变疲劳断口宏观形貌

（2）微观特征：低应变下（$\varepsilon_{max}=0.6\%$）的低周疲劳断口疲劳源区呈多源特征，见图 3.1-42（a），源区未见冶金缺陷，见图 3.1-42（b），疲劳稳定扩展区（2 区）可见较为细密的疲劳条带，见图 3.1-42（c），疲劳扩展后期（2 区后期）可见条带 + 韧窝特征，见图 3.1-42（d），失稳扩展区（3 区）可见韧窝特征，见图 3.1-42（e），剪切瞬断区（4 区）可见拉长的剪切韧窝特征，见图 3.1-42（f）。

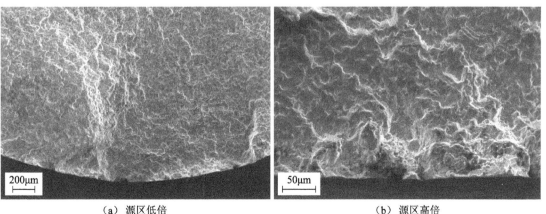

（a）源区低倍　　　　　　　　　　　　　　　（b）源区高倍

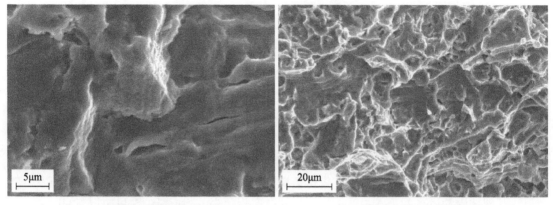

（c）疲劳稳定扩展区条带　　　　　　　　　（d）疲劳稳定扩展后期条带+韧窝

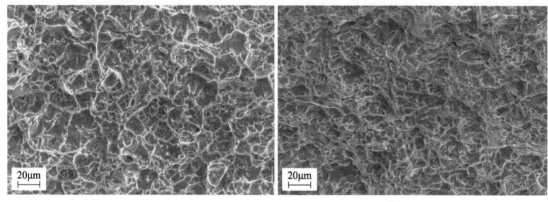

（e）失稳扩展区韧窝　　　　　　　　　　　（f）剪切瞬断区韧窝

图 3.1-42　ε_{max}＝0.6% 断口微观形貌

中应变下（ε_{max}＝1.0%）的断口疲劳源区呈线源特征，见图 3.1-43（a），源区较为平坦，未见冶金缺陷，见图 3.1-43（b），源区附近即可见疲劳条带，疲劳条带间可见二次裂纹，见图 3.1-43（c），疲劳稳定扩展区后期可见条带＋韧窝特征，见图 3.1-43（d），失稳扩展区可见韧窝特征，见图 3.1-43（e），剪切瞬断区可见拉长的剪切韧窝特征，见图 3.1-43（f）。

（a）源区低倍　　　　　　　　　　　　　　（b）源区高倍

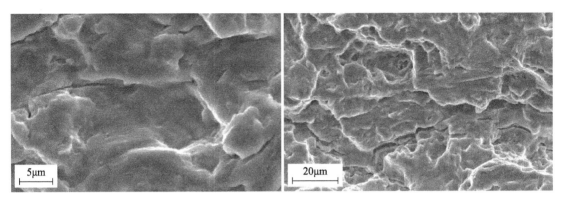

（c）疲劳稳定扩展区条带　　　　　　　　　（d）疲劳稳定扩展区后期条带+韧窝

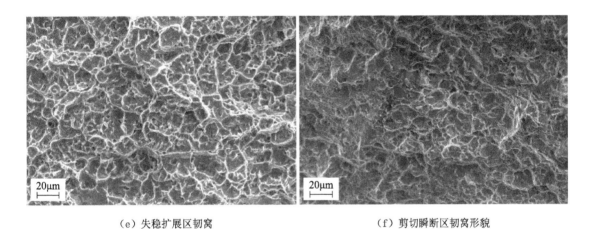

（e）失稳扩展区韧窝　　　　　　　　　　　（f）剪切瞬断区韧窝形貌

图 3.1-43　$\varepsilon_{max}=1.0\%$ 断口微观形貌

高应变（$\varepsilon_{max}=1.5\%$）下的断口起源于试样表面，呈多源特征，起源处可见一凸起小平面，见图 3.1-44（a），放大该区域可见疲劳条带特征，见图 3.1-44（b）～（d），断裂起源后迅速进入失稳扩展区，失稳扩展区和纤维区可见韧窝特征，见图 3.1-44（e），剪切瞬断区可见细小拉长的剪切韧窝，见图 3.1-44（f）。

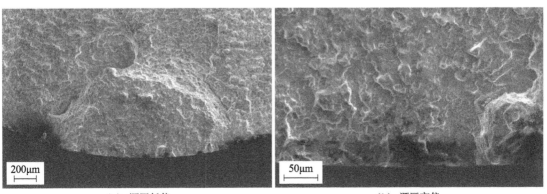

（a）源区低倍　　　　　　　　　　　　　　（b）源区高倍

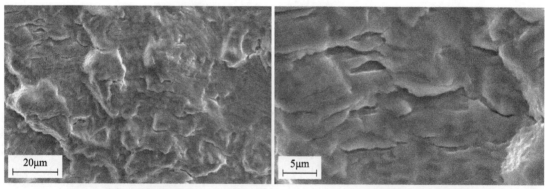

（c）疲劳稳定扩展区条带 （d）疲劳稳定扩展区后期条带

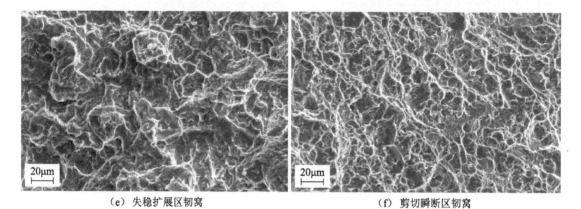

（e）失稳扩展区韧窝 （f）剪切瞬断区韧窝

图 3.1-44 $\varepsilon_{max}=1.5\%$ 断口微观形貌

2. 室温、$R=0.1$

（1）宏观特征：室温下，$R=-1$ 的低周疲劳断口为多源特征，试样表面均为银灰色。断口分为疲劳起源（1 区）和稳定扩展区（2 区），失稳扩展区（3 区）和剪切瞬断区（4 区），疲劳起源于试样一侧，断口呈现 3 个面，垂直于轴向的疲劳稳定扩展区、疲劳失稳扩展区及纤维特征区，以及剪切瞬断斜面。随着应变的增大，剪切瞬断区面积变大，疲劳稳定扩展区面积变小。见图 3.1-45。

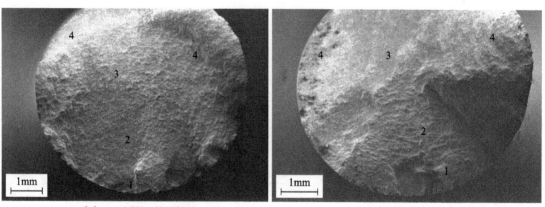

（a）$\varepsilon_{max}=1.2\%$、$N_f=15268$ （b）$\varepsilon_{max}=2.4\%$、$N_f=605$

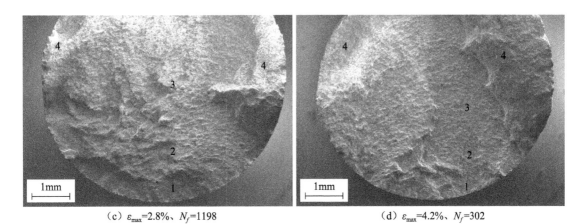

（c）ε_{max}=2.8%、N_f=1198　　　　　　　　　（d）ε_{max}=4.2%、N_f=302

图 3.1-45　室温、R=0.1 应变疲劳断口宏观形貌

（2）微观特征：低周疲劳断口疲劳源区呈多源特征，见图 3.1-46（a），源区未见冶金缺陷，见图 3.1-46（b），疲劳稳定扩展区（2 区）可见较为细密的疲劳条带，见图 3.1-46（c），疲劳扩展后期（2 区后期）可见条带＋韧窝特征，见图 3.1-46（d），失稳扩展区（3 区）可见韧窝特征，见图 3.1-46（e），剪切瞬断区可见拉长的剪切韧窝特征，见图 3.1-46（f）。

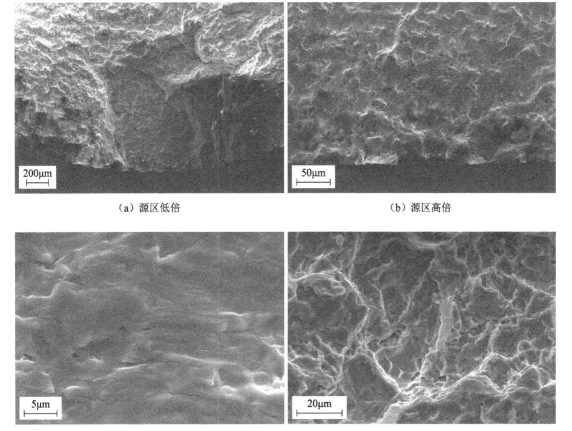

（a）源区低倍　　　　　　　　　　　　　　　　（b）源区高倍

（c）疲劳稳定扩展区条带　　　　　　　　　　（d）疲劳稳定扩展后期条带+韧窝

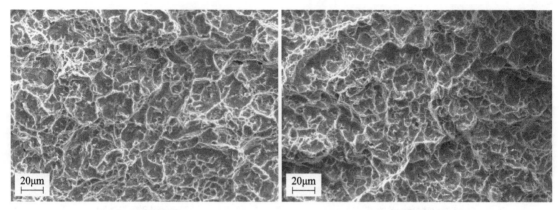

（e）纤维区韧窝   （f）剪切瞬断区韧窝

图 3.1-46　$\varepsilon_{max}=2.4\%$ 断口微观形貌

3. 综合分析

不同试验条件下的应变疲劳（低周疲劳）断口特征具有以下特点：

（1）总体看，与高周疲劳断口对比，低周疲劳断口整体更为粗糙，断口分源区、稳定疲劳扩展区、失稳扩展区和剪切瞬断区 4 个区域。

（2）应变小时（循环周次 $10^3 \sim 10^4$）断口和光滑高周疲劳断口相近，稳定疲劳扩展区相对平坦，且面积比例较高（30% ~ 40%），起源于表面，中应变下的低周疲劳断口比较典型，源区和疲劳区均比较粗糙，断口大部分为失稳扩展区，稳定疲劳扩展区面积约占整个断口面积的 5%。

（3）TA11 应变疲劳断口的稳定疲劳扩展区均可见疲劳条带，且疲劳条带整体相对细密，尤其是低应变的断口，中、高应变的断口稳定疲劳区条带宽度有所变宽，失稳扩展区主要为等轴韧窝形貌，最后的剪切瞬断区为剪切韧窝形貌。

3.2　TA19

3.2.1　概述

TA19（Ti-6Al-2Sn-4Zr-2Mo）是一种近 α 型的两相钛合金。在 560℃ 左右其抗蠕变性能稳定，具有良好的焊接性能，抗热盐断裂性能，但是对氯化物水溶液的应力腐蚀裂纹有一定的敏感性，主要用于制造航空发动机前机匣等环形件。

3.2.2　组织结构

本书中 TA19 模锻件采用的热处理制度为：960℃ ± 5℃，保温 1h，空冷；590℃ ± 10℃，保温 8h，空冷。本书性能试样热处理制度为：960℃ ± 5℃ 下保温 1h，空冷；590℃ 下保温 8h，空冷。该热处理制度下合金显微组织特征见图 3.2-1，组织为双态组织，微观组织为初生 α+β 转，初生 α 较粗大。

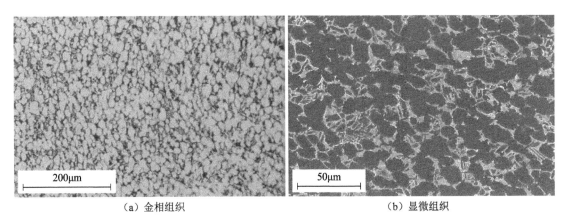

（a）金相组织   （b）显微组织

图 3.2-1 TA19 显微组织特征

3.2.3 断口特征

3.2.3.1 缺口拉伸

（1）宏观特征：3 件不同缺口系数下的室温缺口拉伸断口沿着缺口断裂，断裂均起始于缺口表面处，断口呈灰色较平坦，无明显颈缩现象。断口无明显差异，相比之下，$K_t=3$ 断口断面略显粗糙些，见图 3.2-2。

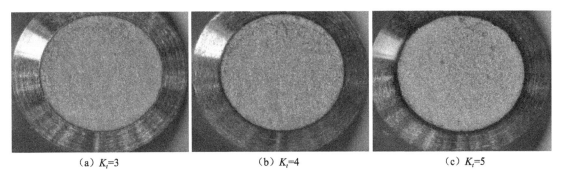

（a）$K_t=3$ （b）$K_t=4$ （c）$K_t=5$

图 3.2-2 室温缺口拉伸断口宏观形貌

（2）微观特征：不同缺口系数下断口微观特征差异不大，整个断口均为等轴韧窝特征，韧窝尺寸也无明显差异，见图 3.2-3。

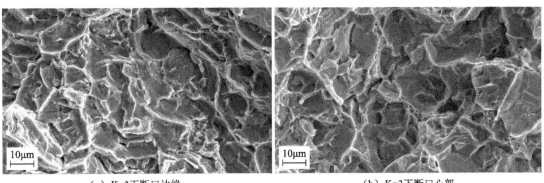

（a）$K_t=3$ 下断口边缘   （b）$K_t=3$ 下断口心部

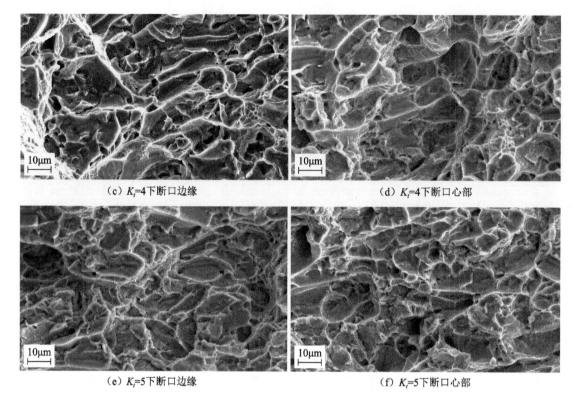

（c）K_t=4下断口边缘 　　　　　　　　　　（d）K_t=4下断口心部

（e）K_t=5下断口边缘 　　　　　　　　　　（f）K_t=5下断口心部

图 3.2-3　室温缺口拉伸断口微观形貌

3.2.3.2　光滑持久

（1）宏观特征：3 件断口断面呈褐色，断口均有颈缩现象，随着应力增大，断口颈缩严重，断口外表面有周向分布的小裂纹。310MPa 应力下断口，断面与轴向呈 45º，呈斜断口特征，断面较平坦；355MPa 和 399MPa 应力下断口较粗糙，断面中部起裂区与周边剪切区可见分界，见图 3.2-4（a）～（f）。

（2）微观特征：310MPa 应力下断口中部起裂区较小，呈等轴韧窝＋孔洞特征，剪切区面积较大，呈剪切韧窝，见图 3.2-5（a）和（b）。355MPa 应力下断口中部呈等轴韧窝＋孔洞特征，边缘大部分区域呈剪切韧窝特征，局部 0.5mm×0.9mm 区域呈沿晶＋解理特征，见图 3.2-5（c）～（f）。399MPa 应力下断口中部纤维区呈等轴韧窝＋孔洞特征，韧窝大小、深浅不一，周边呈剪切韧窝特征，见图 3.2-5（g）和（h）。

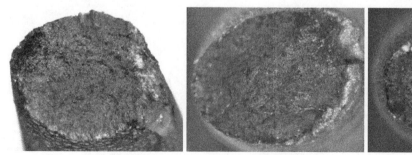

（a）σ=310MPa断口全貌 　　（b）σ=355MPa断口全貌 　　（c）σ=399MPa断口全貌

（d）σ=310MPa断口侧面形貌　　　　（e）σ=355MPa断口侧面形貌　　　　（f）σ=399MPa断口侧面形貌

图 3.2-4　不同温度下光滑持久断口宏观形貌

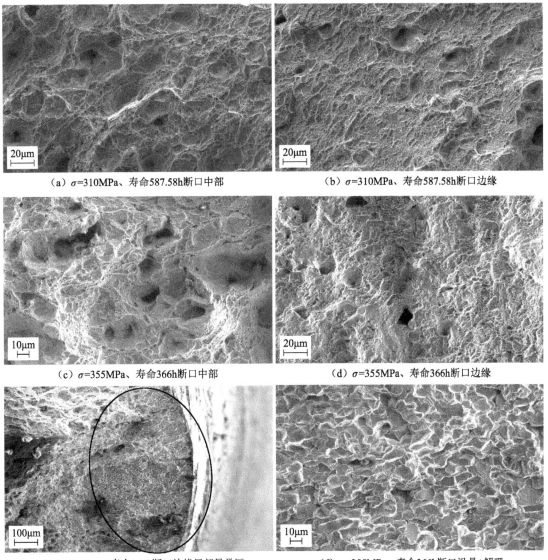

（a）σ=310MPa、寿命587.58h断口中部　　　　（b）σ=310MPa、寿命587.58h断口边缘

（c）σ=355MPa、寿命366h断口中部　　　　（d）σ=355MPa、寿命366h断口边缘

（e）σ=355MPa、寿命366h断口边缘局部异常区　　　　（f）σ=355MPa、寿命366h断口沿晶+解理

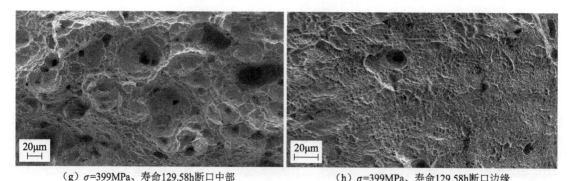

（g）σ=399MPa、寿命129.58h断口中部　　　　（h）σ=399MPa、寿命129.58h断口边缘

图 3.2-5　550℃、不同应力水平下的光滑持久拉伸断口微观形貌

3.2.3.3　轴向高周光滑疲劳

1. 室温、R=0.5

（1）宏观特征：室温、R=0.5、3个应力下的光滑高周断口宏观特征基本一致，疲劳起源于断口一侧，呈单源向另一侧扩展，疲劳扩展区平坦（1区），宏观未见疲劳弧线；瞬断区位于断口源区另一侧，且分为平断区和剪切区（2区为瞬断平断区，3区为瞬断剪切区）。随着应力水平逐渐增大，断口疲劳扩展区面积占整个断口面积由55%减少到30%。断口颜色均匀，呈灰色，见图3.2-6（a）～（c）。

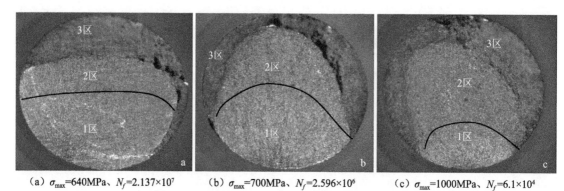

（a）σ_{max}=640MPa、N_f=2.137×10⁷　　（b）σ_{max}=700MPa、N_f=2.596×10⁶　　（c）σ_{max}=1000MPa、N_f=6.1×10⁴

图 3.2-6　室温、R=0.5 时轴向高周光滑疲劳断口宏观形貌

（2）微观特征：3个应力下的断口均单源，起始于一侧表面，源区有一定的准解理特征。3件断口疲劳扩展区特征相近，疲劳扩展前期条带细密，随裂纹的扩展，疲劳条带数量逐渐增多、间距加宽；扩展后期疲劳条带特征减少，为疲劳条带+韧窝混合特征；瞬断平断区微观形貌为等轴韧窝，剪切区呈剪切韧窝，见图3.2-7。

2. 300℃、R=0.1

（1）宏观特征：300℃、R=0.1下的3种应力水平断口源区及扩展区均呈淡黄色，且颜色深浅略有差异，瞬断区呈浅灰色。2件较低应力水平断口均由一侧表面单源起始，见图3.2-8（a）和（b）。大应力700MPa断口多处起源，存在4个疲劳区，其中主源区由一侧双源起始，一处次疲劳区位于瞬断区一侧，疲劳扩展区平坦，可见扩展棱线特征，疲劳扩展区到剪切瞬断区之间有一段粗糙的平断区（瞬断平断区或者快速扩展区），见图3.2-8（c）。随着应力逐渐增大断口疲劳扩展区面积逐渐减小，占整个断口的面积由75%减小到50%。

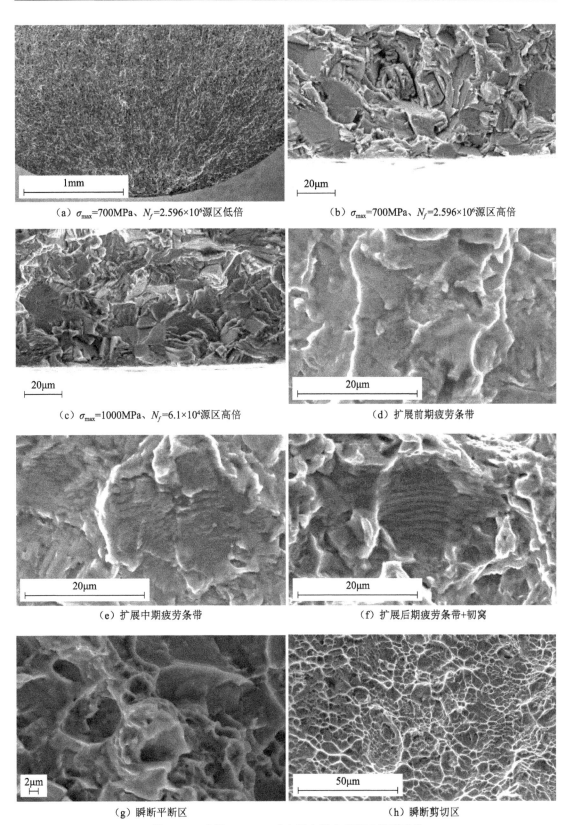

（a）σ_{max}=700MPa、N_f=2.596×10⁶源区低倍

（b）σ_{max}=700MPa、N_f=2.596×10⁶源区高倍

（c）σ_{max}=1000MPa、N_f=6.1×10⁴源区高倍

（d）扩展前期疲劳条带

（e）扩展中期疲劳条带

（f）扩展后期疲劳条带+韧窝

（g）瞬断平断区

（h）瞬断剪切区

图 3.2-7　室温、R=0.5 时光滑高周疲劳断口微观形貌

 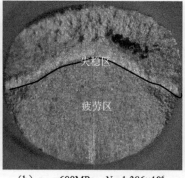 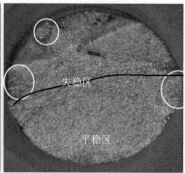

（a）σ_{max}=500MPa、N_f=1.1699×10⁷ （b）σ_{max}=600MPa、N_f=1.386×10⁶ （c）σ_{max}=700MPa、N_f=4.6×10⁴

图 3.2-8　300℃、R=0.1 时轴向高周光滑疲劳断口宏观形貌

（2）微观特征：2 件较低应力水平断口源区微观形貌相似，起始于表面，短线源，可见一些准解理刻面特征；σ_{max}=700MPa 断口以一侧的双源起源为主，其他位置可见圆弧状的次疲劳起源和扩展区，源区高倍特征相似，有一定的准解理特征。3 个断口的疲劳扩展区特征相似，前期条带细密，随着裂纹进一步扩展疲劳条带增宽，二次裂纹数量增多，扩展中期呈疲劳条带＋二次裂纹特征；扩展区后期断面略显粗糙，呈韧窝＋疲劳条带＋二次裂纹特征，属失稳扩展特征，失稳扩展区面积约占疲劳区面积的 10%～15%；瞬断区呈韧窝特征，见图 3.2-9。

 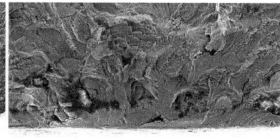

（a）σ_{max}=600MPa、N_f=1.386×10⁶源区低倍 （b）σ_{max}=600MPa、N_f=1.386×10⁶源区高倍

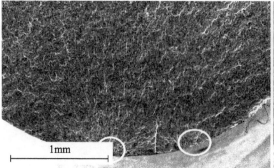 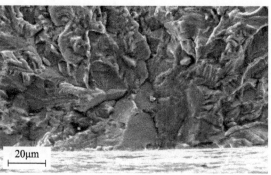

（c）σ_{max}=700MPa、N_f=4.6×10⁴断口主源区低倍 （d）σ_{max}=700MPa、N_f=4.6×10⁴断口其一主源区高倍

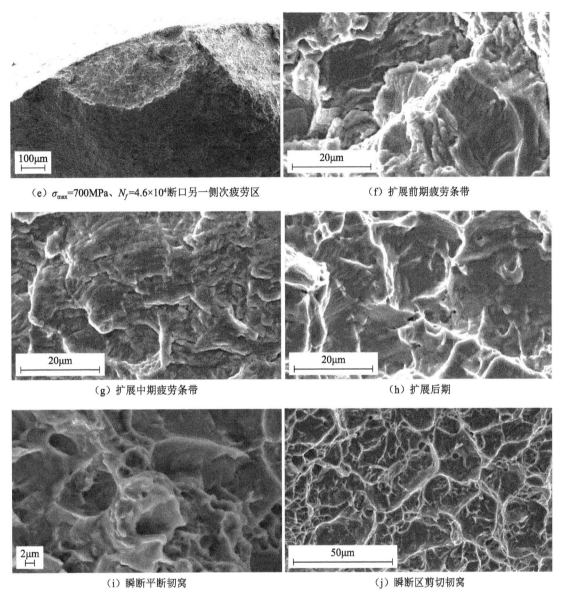

（e）σ_{max}=700MPa、N_f=4.6×10⁴断口另一侧次疲劳区　　　　　（f）扩展前期疲劳条带

（g）扩展中期疲劳条带　　　　　　　　　　　　（h）扩展后期

（i）瞬断平断韧窝　　　　　　　　　　　　　（j）瞬断区剪切韧窝

图 3.2-9　300℃、R=0.1 时轴向高周光滑疲劳断口微观形貌

3. 300℃、R=0.5

（1）宏观特征：3 种不同应力状态下，断口宏观形貌有差异。

应力 σ_{max}=600MPa 断口高差较大，断面内部靠近中心一侧，有一 3mm² 圆形疲劳扩展区，扩展区圆心处为疲劳源区，呈深灰色，源区可见闪光小刻面，扩展棱线较粗，呈放射状向四周扩展，约占整个断口面积的 40%；瞬断区位于源区另一侧及扩展区周边，与断口轴向呈 45°，形成剪切断口区，见图 3.2-10（b）。瞬断区一侧边缘，有另一处约 1mm² 圆形次疲劳区，其断口特征及颜色均与主疲劳扩展源区相似，源区可见闪光小刻面特征。

应力 σ_{max}=740MPa 断口从侧面看也有轻微的颈缩变形，疲劳由一侧表面单源起始，源区呈灰色，疲劳扩展区平坦，可见扩展棱线，疲劳扩展区约占断口总面积的 35%（1 区）；

瞬断区分为平断区（2 区）和剪切瞬断区（3 区），见图 3.2-10（c）。

应力 σ_{max}=860MPa 断口有明显颈缩现象。断面较粗糙，高差较大，一侧局部极小区域断口呈金黄色，断面较平，其他区域断口呈灰色，见图 3.2-10（d）。

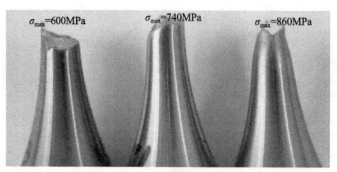

（a）断口侧面

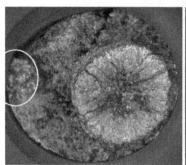

（b）σ_{max}=600MPa、N_f=1.118×10⁷

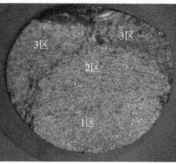

（c）σ_{max}=740MPa、N_f=1.25×10⁵

（d）σ_{max}=860MPa、N_f=2.3×10⁴

图 3.2-10　300℃、R=0.5 时轴向高周光滑疲劳断口宏观形貌

（2）微观特征：σ_{max}=600MPa 断口，两次疲劳起源都在试样内部，且围绕着起源呈现圆形疲劳扩展区，扩展面积较大的主疲劳起源于断口内部一直径为 20μm×20μm 的沿相界开裂区，源区较粗糙，可见准解理小平面，扩展棱线较粗，呈放射状向四周扩展，扩展区可见疲劳条带，瞬断区面积相对比较大，微观为韧窝特征。瞬断一侧圆形次疲劳区也起源于内部，疲劳区较小，整个区域呈现准解理小平面＋沿晶微裂纹特征，见图 3.2-11。

（a）σ_{max}=600MPa、N_f=1.118×10⁷内部源区低倍

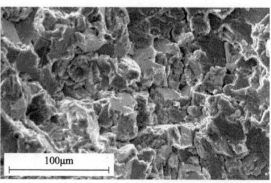

（b）σ_{max}=600MPa、N_f=1.118×10⁷主源区沿相界开裂

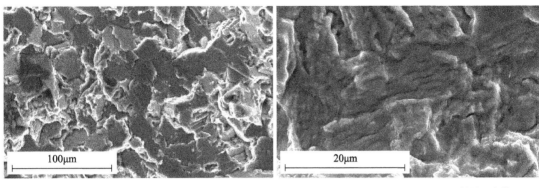

（c）σ_{max}=600MPa、N_f=1.118×10^{7}另一次源区　　　（d）σ_{max}=600MPa、N_f=1.118×10^{7}扩展区条带

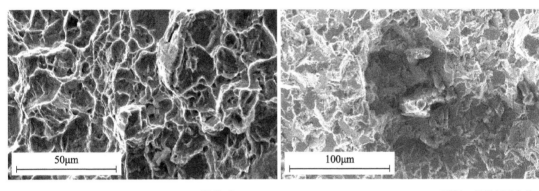

（e）σ_{max}=600MPa、N_f=1.118×10^{7}瞬断韧窝　　　（f）σ_{max}=600MPa、N_f=1.118×10^{7}瞬断一侧沿晶区高倍

图 3.2-11　300℃、R=0.5 时低应力轴向高周光滑疲劳断口微观形貌

应力 σ_{max}=740MPa 和 σ_{max}=860MPa 下的两个断口均起源于表面，呈短线源，源区呈准解理特征，但刻面不明显。疲劳区均可见典型的疲劳条带，且条带宽度差异不大，但 σ_{max}=860MPa 的断口典型疲劳区面积非常小，99% 断面为瞬断韧窝特征，疲劳扩展区大小约为 0.32mm × 0.27mm。瞬断平断区为等轴韧窝，瞬断剪切区呈剪切韧窝形貌，见图 3.2-12。

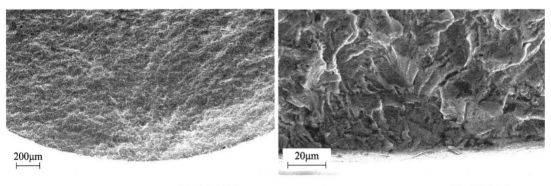

（a）σ_{max}=740MPa、N_f=1.26×10^{5}断口源区低倍　　　（b）σ_{max}=740MPa、N_f=1.26×10^{5}断口源区高倍

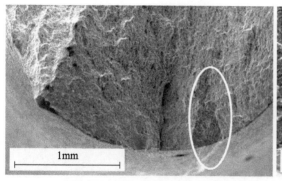

（c）σ_{max}=860MPa、N_f=2.3×10⁴断口源区低倍　　　　（d）σ_{max}=860MPa、N_f=2.3×10⁴断口源区高倍

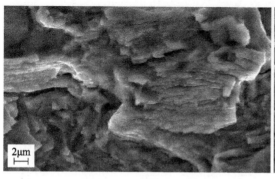

（e）σ_{max}=740MPa、N_f=1.26×10⁵断口疲劳区条带　　（f）σ_{max}=860MPa、N_f=2.3×10⁴断口疲劳区条带

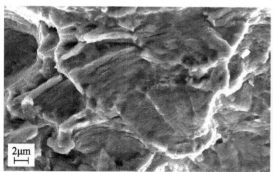
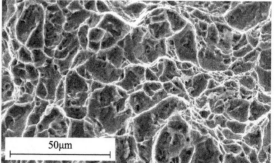

（g）σ_{max}=740MPa、N_f=1.26×10⁵断口扩展后期条带　　　　（h）瞬断区韧窝

图3.2-12　300℃、R=0.5、两个中高应力下轴向高周光滑疲劳断口微观形貌

4. 300℃、R=−1

（1）宏观特征：300℃、R=−1、3种不同应力水平断口源区及扩展区均呈黄色，颜色深浅略有差异，瞬断区呈浅灰色，但断面在快速扩展区可见数条弧线（可能为裂纹后期扩展试验应力不稳所致）。3个应力下的轴向高周光滑疲劳断口宏观形貌相似，均由一侧表面单源起始，疲劳扩展区较平，可见疲劳弧线，随着应力增加扩展棱线愈加粗糙；瞬断区经历一段快速扩展区（瞬断平断区）后再出现剪切瞬断。断口疲劳扩展面积差异不大，疲劳扩展区约

占整个断口面积的 80% ～ 90%，见图 3.2-13。

（a）断口侧面

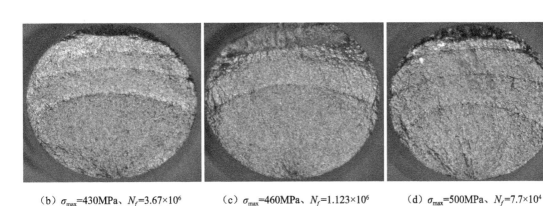

（b）σ_{max}=430MPa、N_f=3.67×10^6　　　（c）σ_{max}=460MPa、N_f=1.123×10^6　　　（d）σ_{max}=500MPa、N_f=7.7×10^4

图 3.2-13　300℃、R=-1 时轴向高周光滑疲劳断口宏观形貌

（2）微观特征：300℃、R=-1、3 个断口微观特征比较相似，都是单源起源于表面，因此以应力为 500MPa 断口为例：裂纹起始于一侧表面，短线源，源区有磨损，见图 3.2-14（a）和（b）；疲劳扩展前期呈较细密的疲劳条带＋少量二次裂纹，随着疲劳裂纹扩展，疲劳条带间距逐渐加宽，二次裂纹数量增多，扩展中期为疲劳条带＋二次裂纹；扩展后期疲劳条带间距较宽，呈疲劳条带＋二次裂纹，见图 3.2-14（c）～（e）。瞬断区微观形貌为韧窝，见图 3.2-14（f）。

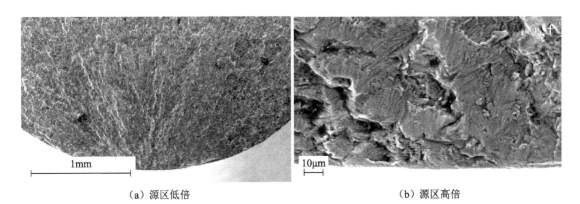

（a）源区低倍　　　　　　　　　　　　　　　　　（b）源区高倍

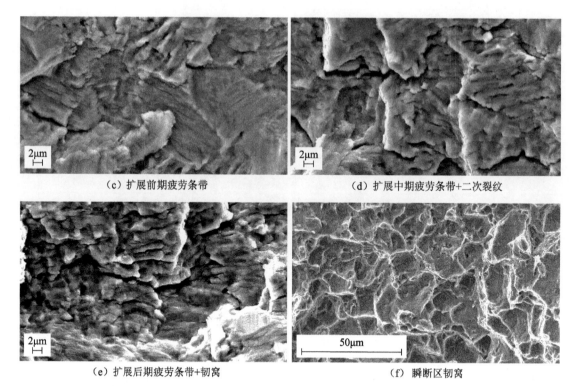

（c）扩展前期疲劳条带 　　　　　　　　　　（d）扩展中期疲劳条带+二次裂纹

（e）扩展后期疲劳条带+韧窝 　　　　　　　　　　（f）瞬断区韧窝

图 3.2-14　300℃、$R=-1$ 时轴向高周光滑疲劳断口微观形貌（$\sigma_{max}=500\text{MPa}$、$N_f=7.7\times10^4$ 断口图示）

5. 400℃

（1）宏观特征：400℃、$R=0.1$ 和 $R=0.5$ 两个应力比、不同应力水平下的轴向高周光滑疲劳断口疲劳区呈淡黄色，深浅有所差异。从侧面看，断口存在一定高差，400℃下的轴向高周光滑疲劳断口上都有一定的塑性变形或颈缩，$R=0.5$ 断口起伏要更大一些，见图 3.2-15。其中应力比 $R=0.1$ 的 3 个断口宏观形貌相似，由一侧单源起始，疲劳扩展区平坦，未见明显疲劳弧线，疲劳区后期可见一定面积的平断瞬断区，剪切瞬断区与断面呈一定角度。3 个断口随着应力水平逐渐增大，扩展区面积由 70% 逐渐减少到 60%，见图 3.2-16。$R=0.5$ 下 3 个应力下断口，其中 $\sigma_{max}=625\text{MPa}$ 断口，源区位于一侧距表面约 1mm 处的断口内部，向周边扩展，呈凸起状；疲劳扩展区较平坦，约占整个断口面积的 35%，另两个应力下的断口宏观相似，一侧单源起始，疲劳扩展区平坦，随应力增大疲劳扩展区面积由 35% 减少到 25%，见图 3.2-17。整体看同循环周次级别下，应力比 $R=0.1$ 的断口疲劳扩展区面积比 $R=0.5$ 的断口大，且断面更平坦些。

（a）$R=0.1$ 　　　　　　　　　　　　（b）$R=0.5$

图 3.2-15　400℃、两个应力比下不同应力断口侧面

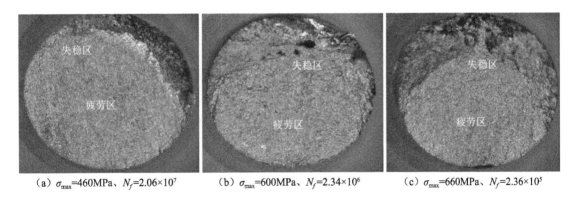

（a）σ_{max}=460MPa、N_f=2.06×10^7　　（b）σ_{max}=600MPa、N_f=2.34×10^6　　（c）σ_{max}=660MPa、N_f=2.36×10^5

图 3.2-16　400℃、R=0.1 时光滑高周疲劳断口宏观形貌

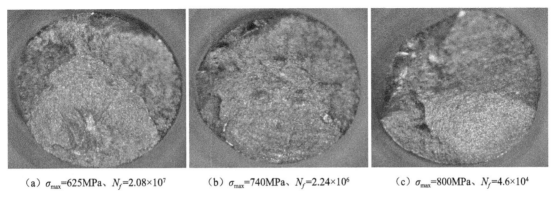

（a）σ_{max}=625MPa、N_f=2.08×10^7　　（b）σ_{max}=740MPa、N_f=2.24×10^6　　（c）σ_{max}=800MPa、N_f=4.6×10^4

图 3.2-17　400℃、R=0.5 时光滑高周疲劳断口宏观形貌

（2）微观特征：400℃下 6 个高周疲劳断口疲劳起源均为单源，起源于内部（R=0.5、σ_{max}=625MPa）和次表面 R=0.1、σ_{max}=460MPa 和 σ_{max}=660MPa；R=0.5、σ_{max}=740MPa）的断口源区均可见类似沿相界开裂的小平面或者准解理特征，尤其是起源于内部的，见图 3.2-18（a）～（f）。应力相对较高的断口（R=0.1、σ_{max}=660MPa 和 R=0.5、σ_{max}=800MPa）起源于表面，源区小平面特征稍微轻微一些，见图 3.2-18（g）～（j）；高周疲劳断口微观特征尤其是疲劳扩展区和瞬断区特征均类似，条带宽度差异不大，见图 3.2-18（k）和（l）。

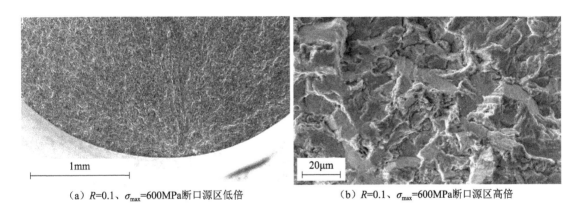

（a）R=0.1、σ_{max}=600MPa断口源区低倍　　　　　　（b）R=0.1、σ_{max}=600MPa断口源区高倍

（c）R=0.5、σ_{max}=625MPa断口源区低倍

（d）R=0.5、σ_{max}=625MPa断口源区高倍

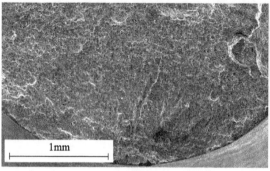

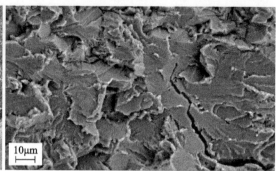

（e）R=0.5、σ_{max}=740MPa断口源区低倍

（f）R=0.5、σ_{max}=740MPa 断口源区高倍

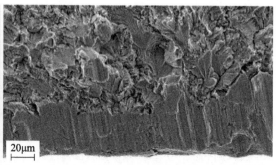

（g）R=0.1、σ_{max}=660MPa断口源区低倍

（h）R=0.1、σ_{max}=660MPa断口源区高倍

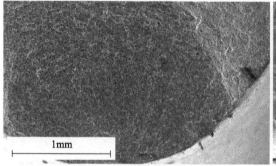

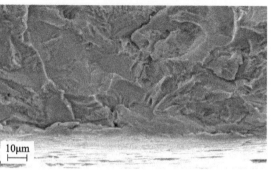

（i）R=0.5、σ_{max}=800MPa断口源区低倍

（j）R=0.5、σ_{max}=800MPa断口源区高倍

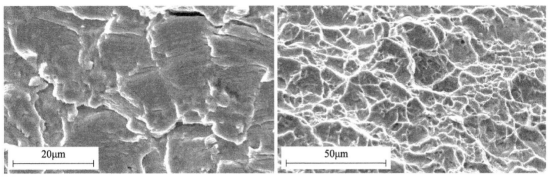

（k）扩展区疲劳条带　　　　　　　　　　（l）剪切瞬断区韧窝

图 3.2-18　400℃下轴向高周光滑疲劳断口微观形貌

3.3　TC17

3.3.1　概述

　　TC17 是一种富 β 稳定元素的（α+β）型两相钛合金，其名义成分为 Ti-5Al-2Sn-2Zr-4Mo-4Cr。TC17 合金俗称三高钛合金，即具有高强度、高韧性、高淬透性，而且具有强度和韧性的良好配合及锻造温度范围宽等一系列优点，能够满足损伤容限设计的要求和高结构效益、高可靠性及低制造成本的要求。TC17 采用 β 锻造工艺可获得网篮组织，从而提高其断裂韧性和疲劳性能。该合金的主要半成品是棒材和锻材。主要用于制造发动机风扇、压气机盘件和大截面的锻件。通过热处理可以调整强度、塑性和韧度的匹配，并能采用各种焊接方式进行焊接。TC17 的最高工作温度是 427℃。

3.3.2　组织结构

　　本书中 TC17 合金采用的热处理制度为：固溶（800℃±10℃，保温 4h，水冷）+时效（630℃±10℃，允许在 585～685℃范围内调整，保温 8h，空冷）。本书中性能试样热处理制度为固溶（800℃×300min，迅速水冷）+时效（630℃×515min，空冷）。经固溶和时效处理后，晶粒尺寸约数百微米，形成（α+β）两相网篮组织和亚稳定 β 相晶界，见图 3.3-1 和图 3.3-2。

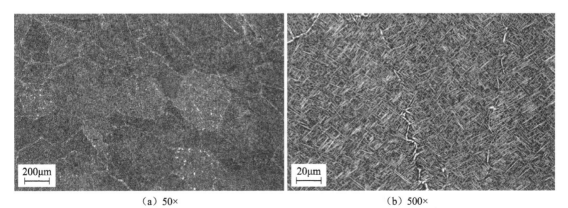

（a）50×　　　　　　　　　　　　　（b）500×

图 3.3-1　TC17 金相组织特征

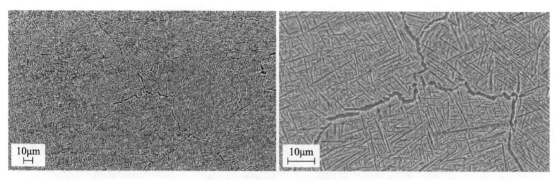

图 3.3-2 TC17 显微组织特征

3.3.3 断口特征

3.3.3.1 光滑拉伸

1. 典型特征

（1）宏观特征：TC17 光滑拉伸断口有一定的杯锥形貌，断口附近的表面可见明显的塑性变形和轻微的颈缩现象，以 100℃下的断口为例。断口宏观大致可分为（纤维区、放射区和剪切唇区）3 个区，纤维区位于断口中心，紧邻为放射区，边缘与轴向呈 45°的为剪切唇区，见图 3.3-3。

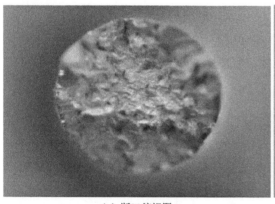

（a）断口俯视图 　　　　　　　　　　　　（b）试样表面

图 3.3-3 TC17 光滑拉伸断口宏观形貌

（2）微观特征：TC17 光滑拉伸断口微观特征基本相同。断裂起始于断口中心，中心纤维区和放射区特征分界不明显，微观均为不规则的等轴韧窝形貌，见图 3.3-4（a）；四周的剪切唇区为拉长的韧窝形貌，见图 3.3-4（b）。

2. 不同温度

（1）宏观特征：100 ～ 450℃下的 TC17 光滑拉伸断口颜色随着温度的升高由银灰色变为暗灰色，侧表面颜色由银灰色变为淡金黄色。100℃下光滑拉伸断口有一定杯锥形状，200 ～ 450℃下光滑拉伸断口与轴向呈一定的斜面。100℃下断口附近表面塑性变形不明显，200℃下断口附近塑性可见轻微塑性变形，300℃以上断口附近可见明显的塑性变形，随着温度的升高，断口颈缩现象越来越明显，见图 3.3-5 和图 3.3-6。

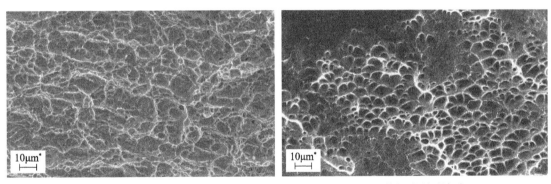

（a）纤维区或放射区等轴韧窝　　　　　　　　　（b）剪切唇区拉长韧窝

图 3.3-4　100℃下光滑拉伸断口微观形貌

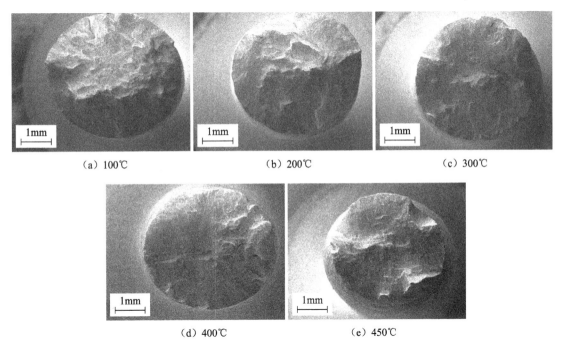

（a）100℃　　　　　　　（b）200℃　　　　　　　（c）300℃

（d）400℃　　　　　　　（e）450℃

图 3.3-5　不同试验温度下的拉伸断口宏观形貌

（a）100℃　　　（b）200℃　　　（c）300℃　　　（d）400℃　　　（e）450℃

图 3.3-6　不同试验温度下的拉伸断口侧面变化趋势

（2）微观特征：随着温度的升高，纤维区面积逐渐减小，等轴韧窝尺寸呈现逐渐增大的趋势，剪切韧窝变化不明显，见图 3.3-7。

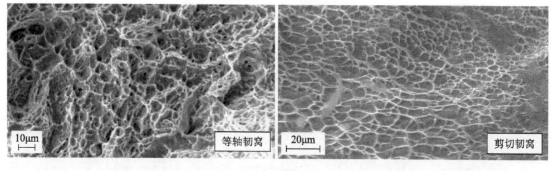

（a）100℃

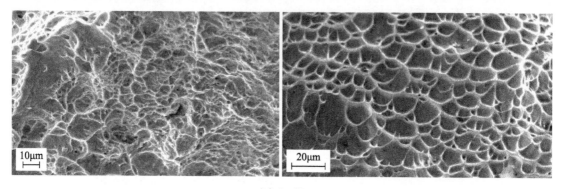

（b）300℃

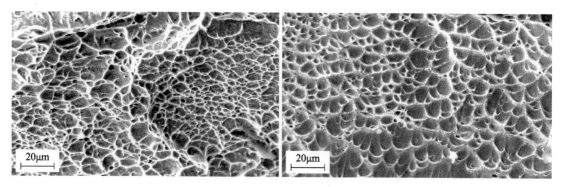

（c）400℃

图 3.3-7 不同试验温度下的拉伸断口微观形貌变化

3.3.3.2 缺口拉伸

1. $K_t = 2$

（1）宏观特征：$K_t = 2$、不同温度下缺口拉伸断口宏观形貌见图 3.3-8。断口均较为平坦，断面粗糙，断口无明显颈缩现象，断裂起源于表面缺口处。断口颜色随着温度的升高由银灰色变为暗灰色，断面粗糙度有所增大。

（2）微观特征：不同温度下、$K_t = 2$ 缺口拉伸断口微观特征基本相同，以 400℃ 下的断口为例，断裂起源于表面缺口处，呈拉长的韧窝形貌，见图 3.3-9（a），断口中间微观呈等轴韧窝形貌，见图 3.3-9（b），另一侧边缘也呈拉长的韧窝形貌，见图 3.3.3-9（c）。

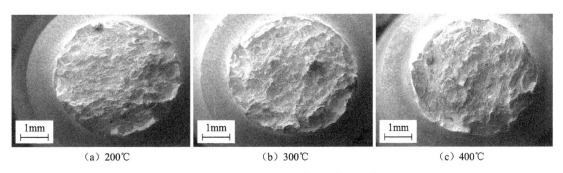

（a）200℃　　　　　　　（b）300℃　　　　　　　（c）400℃

图 3.3-8　$K_t=2$、不同温度下缺口拉伸断口宏观形貌

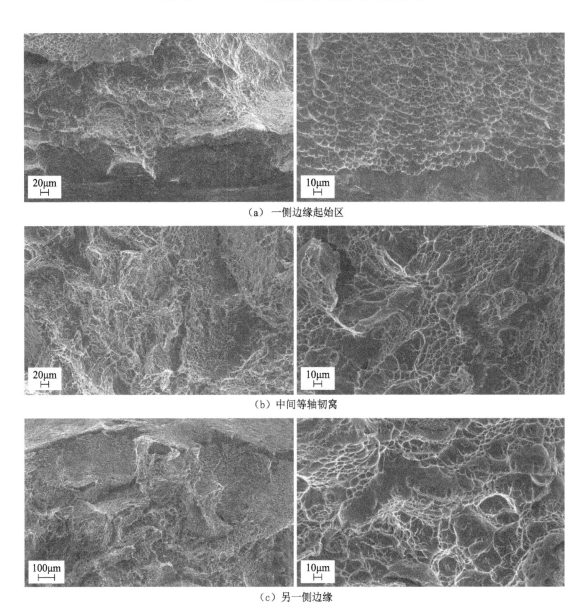

（a）一侧边缘起始区

（b）中间等轴韧窝

（c）另一侧边缘

图 3.3.3-9　$K_t=2$、400℃下缺口拉伸断口微观形貌

2. $K_t=4$ 和 $K_t=5$

（1）宏观特征：$K_t=4$ 和 $K_t=5$、不同温度下缺口拉伸断口宏观形貌见图 3.3-10 和图 3.3-11，与 $K_t=2$ 的缺口相比，断面更为平整，尤其是 $K_t=5$ 的缺口拉伸。所有断口无明显颈缩。断裂起源于表面缺口处，断面扩展棱线不明显。随着温度的升高断面颜色由银灰色变为暗灰色，颜色差异不大，但断口表面颜色由银灰色变为金黄色。

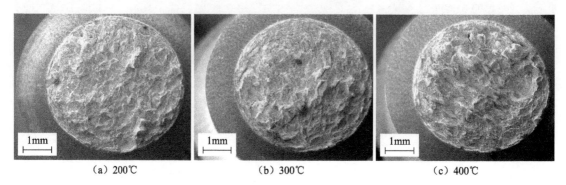

(a) 200℃　　　　　　　　(b) 300℃　　　　　　　　(c) 400℃

图 3.3-10　$K_t=4$、不同温度下缺口拉伸断口宏观形貌

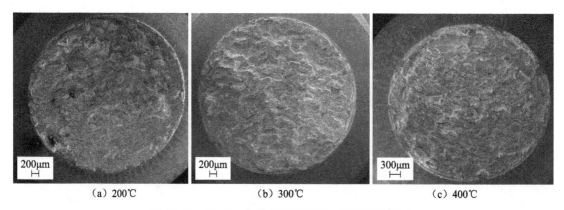

(a) 200℃　　　　　　　　(b) 300℃　　　　　　　　(c) 400℃

图 3.3-11　$K_t=5$、不同温度下缺口拉伸断口宏观形貌

（2）微观特征：不同温度、不同缺口系数的缺口拉伸断口微观特征基本一致，温度对断口形貌无明显影响。整体呈现一次性的断裂形貌，微观为韧窝断裂，裂纹萌生于表面，韧窝有一定的拉长形貌，中间基本为等轴韧窝形貌，见图 3.3-12。

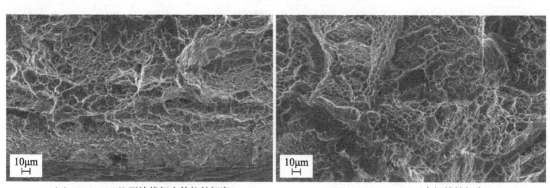

(a) $K_t=4$、400℃下边缘细小的拉长韧窝　　　　　　(b) $K_t=4$、400℃下中间等轴韧窝

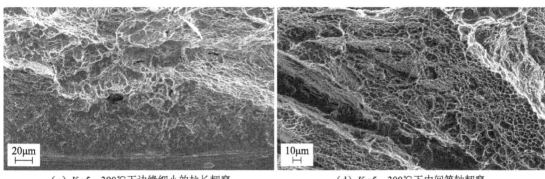

（c）K_t=5、300℃下边缘细小的拉长韧窝　　　　（d）K_t=5、300℃下中间等轴韧窝

图 3.3-12　K_t=4、K_t=5 的缺口拉伸断口微观形貌

3.3.3.3　光滑持久

（1）宏观特征：400℃、不同应力作用下的持久拉伸断口均可见持久裂纹扩展区和瞬断区，持久裂纹扩展区主要呈现黄褐色，表面起源区为蓝色，且每个断口上有多条持久裂纹区，分散地分布在试样四周表面，每个持久裂纹扩展区扩展深度不一，随着应力增大持久时间越短的断口持久裂纹扩展区的比例越小，比如 σ=920MPa、t=38.5h 的断口持久裂纹上基本未见明显的持久裂纹区，断面与光滑拉伸断口相似，呈现一个与受力方向呈 45° 角的斜面，见图 3.3-13。

（a）σ=750MPa、t=7138.25h　　　（b）σ=800MPa、t=3133.5h　　　（c）σ=800MPa、t=945h

（d）σ=850MPa、t=656.33h　　　（e）σ=920MPa，t=38.5h

图 3.3-13　400℃下持久拉伸断口宏观形貌

（2）微观特征：宏观形貌大体一致的4个持久试样断口（t=7138.25h、t=3133.5h、t=945h、t=656.33h）微观特征也基本相同，以400℃、σ=750MPa，t=7138.25h持久断口为例，裂纹萌生于试样表面，呈多处起始特征，起始区可见明显的放射线特征，微观为准解理断裂特征，断面有明显的氧化，瞬断区分为平断区和剪切斜断区，平断区为等轴韧窝特征，且氧化轻微，斜断区为剪切韧窝形貌，见图3.3-14。

高应力下的持久试样（σ=920MPa、t=38.5h）宏观未见明显的持久裂纹扩展区，但微观在断口表面局部小范围可见该区域，其上可见明显的扩展棱线，微观特征和低应力下的持久断口类似。断面其余大部分区域为斜断特征，微观以细小的剪切韧窝为主，见图3.3-15。

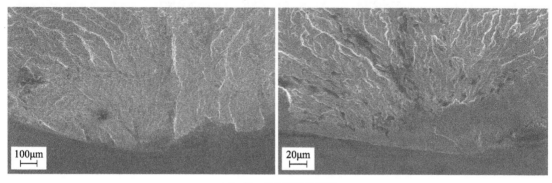

（a）其一持久裂纹扩展区

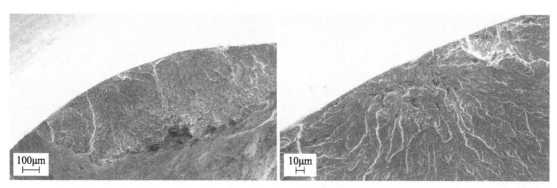

（b）另一持久裂纹扩展区

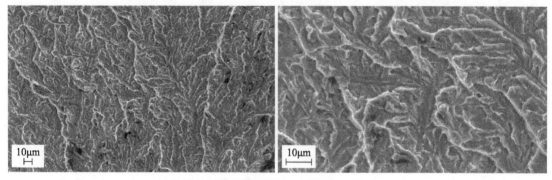

（c）持久裂纹扩展区高倍

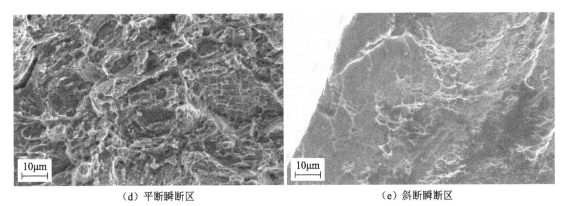

（d）平断瞬断区　　　　　　　　　　（e）斜断瞬断区

图 3.3-14　400℃、750MPa、*t*=7138.25h 时持久试样断口微观形貌

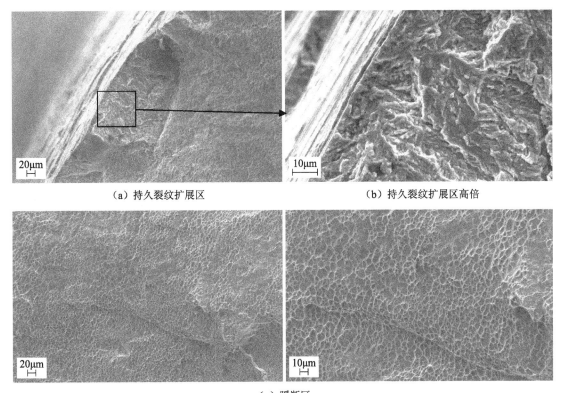

（a）持久裂纹扩展区　　　　　　　　　　（b）持久裂纹扩展区高倍

（c）瞬断区

图 3.3-15　400℃、*σ*=920MPa，*t*=38.5h 时持久试样断口微观形貌

3.3.3.4　光滑持久显微组织

在不同应力水平下的持久断口试样上截取靠近断裂处的横截面，研究不同应力水平下的持久试样横向方向上的持久组织演变情况。在相同温度下，相比于原状态组织，不同应力下的持久横向组织上的晶粒有所拉长，尤其是高应力低持久时间下，试样晶粒明显出现往一个方向拉长的晶粒形貌，见图 3.3-16。从金相组织上看，与原状态组织相比，高温持久后的网篮组织中的长针状组织更为明显，高应力低持久时间（*σ*=920MPa、*t*=38.5h）下的持久组织中（α+β）网篮结构组织轻微变模糊，见图 3.3-17。

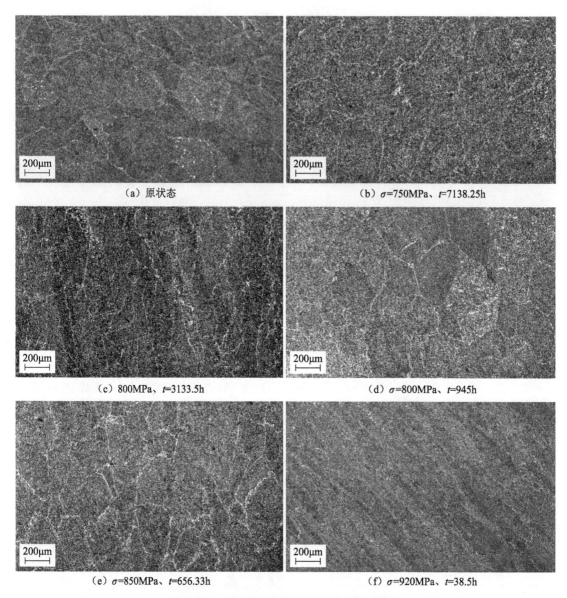

（a）原状态　　　　　　　　　　　（b）σ=750MPa、t=7138.25h

（c）800MPa、t=3133.5h　　　　　　（d）σ=800MPa、t=945h

（e）σ=850MPa、t=656.33h　　　　　（f）σ=920MPa、t=38.5h

图 3.3-16　不同应力下持久试样横向组织演变

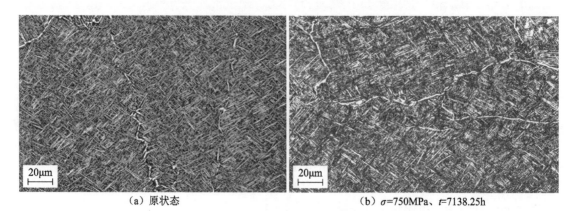

（a）原状态　　　　　　　　　　　（b）σ=750MPa、t=7138.25h

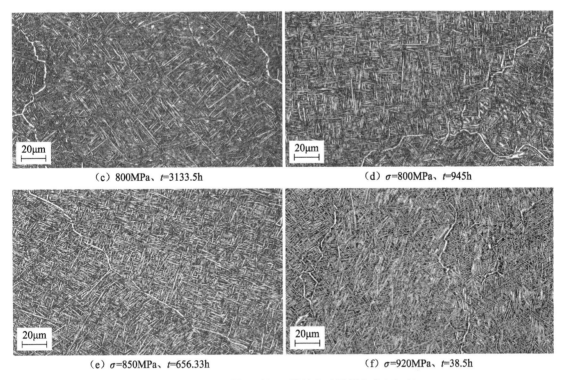

（c）800MPa、t=3133.5h

（d）σ=800MPa、t=945h

（e）σ=850MPa、t=656.33h

（f）σ=920MPa、t=38.5h

图 3.3-17　不同持久时间下的持久试样横向金相组织

　　扫描电镜下，不同应力水平下的持久组织与原状态组织相比，原状态弯曲毛刺状的晶界开始变得圆润平直，网篮针状组织也变得棱角分明，见图 3.3-18。

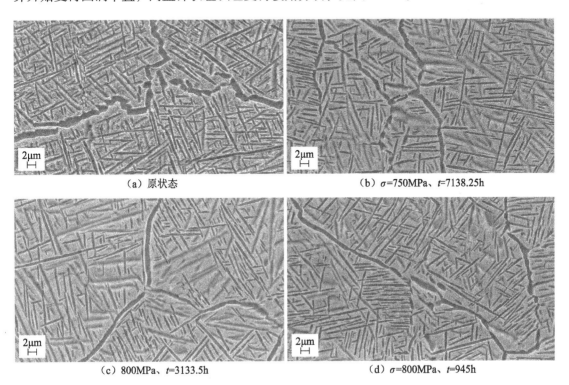

（a）原状态

（b）σ=750MPa、t=7138.25h

（c）800MPa、t=3133.5h

（d）σ=800MPa、t=945h

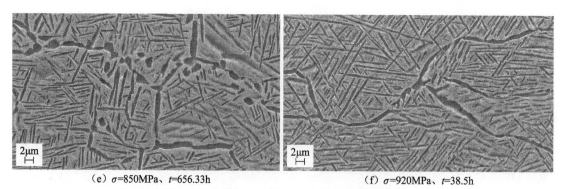

（e）σ=850MPa、t=656.33h （f）σ=920MPa、t=38.5h

图 3.3-18　不同持久时间下的持久试样横向显微组织

　　在不同应力水平下的持久断口试样上截取断口附近的纵截面，研究不同应力水平下的持久试样纵向方向上的持久组织演变情况。在相同温度、不同应力下的持久纵向组织在断口附近的表面均可见从表面向内部扩展的持久裂纹，裂纹穿晶扩展，见图 3.3-19。

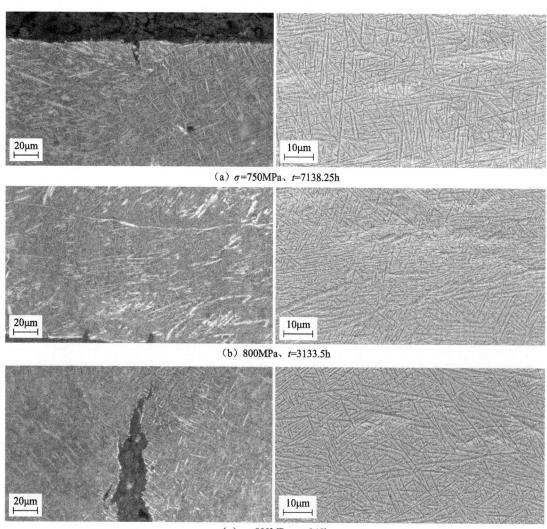

（a）σ=750MPa、t=7138.25h

（b）800MPa、t=3133.5h

（c）σ=800MPa、t=945h

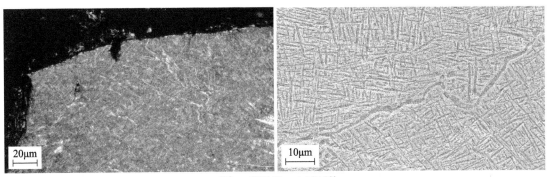

（d）σ=850MPa、t=656.33h

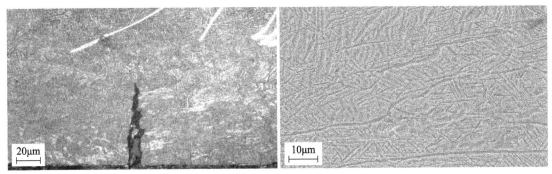

（e）σ=920MPa、t=38.5h

图 3.3-19　不同应力下持久试样断口附近纵向组织

3.3.3.5　轴向高周光滑疲劳

1. 室温

（1）宏观特征：室温、不同应力比条件下的轴向高周光滑疲劳断口呈银灰色，无塑性变形，大部分断口从一侧单源起始，由源区向中心可见明显的放射棱线；R=0.5 下的高应力断口为一侧多源；R=0.5，σ_{max}=1000MPa 断口从心部起始，四周放射性扩展。整个断面较不平整，但疲劳扩展区相对平坦一些，且面积较大，一侧起源的断口瞬断区位于试样另一侧，较粗糙，与疲劳区有明显高差；瞬断区可分为平断区（正断区）和剪切瞬断区（与主断面约成 45° 斜面），见图 3.3-20 ～图 3.3-22。

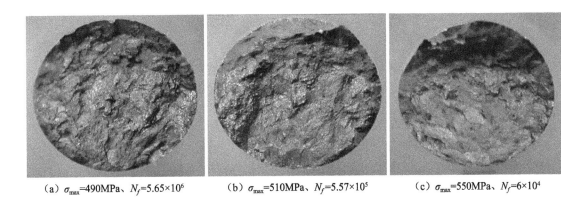

（a）σ_{max}=490MPa、N_f=5.65×10^6　　　（b）σ_{max}=510MPa、N_f=5.57×10^5　　　（c）σ_{max}=550MPa、N_f=6×10^4

图 3.3-20　室温、R=−1 时轴向高周光滑疲劳断口宏观形貌

 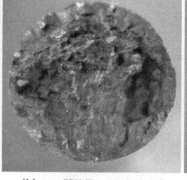 

（a）σ_{max}=750MPa、N_f=2.6×10^7　　　（b）σ_{max}=770MPa、N_f=5.37×10^6　　　（c）σ_{max}=800MPa、N_f=3.19×10^4

图 3.3-21　室温、R=0.1 时光滑高周疲劳断口宏观形貌

（a）σ_{max}=1000MPa、N_f=1.22×10^7　　（b）σ_{max}=1010MPa、N_f=7.26×10^6　　（c）σ_{max}=1100MPa、N_f=3.0×10^4

图 3.3-22　室温、R=0.5 时轴向高周光滑疲劳断口宏观形貌

相同应力比，随着应力水平的增加，断面粗糙度增加，疲劳区面积减小，此外，剪切瞬断区占瞬断区面积减小，正断瞬断区面积增大。以所选断口为例：R=−1 条件下，疲劳区面积占整个断口的面积由约 75% 减少到 70%；R=0.1 条件下，疲劳区面积占整个断口的面积由约 55% 减少到 45%；R=0.5 条件下，疲劳区面积占整个断口的面积由约 40% 减少到 30%。

（2）微观特征：3 个应力比、不同应力作用下的断口大多数从表面起始，部分断口源区可见轻微的加工刀痕；R=−1、σ_{max}=490MPa 断口，R=0.1、σ_{max}=770MPa 断口和 R=0.5、σ_{max}=1010MPa 断口起源于试样次表面，源区有一定的准解理特征，R=0.5、σ_{max}=1000MPa 断口断裂从试样内部起始，向四周放射性扩展，但源区未见明显冶金缺陷。见图 3.3-23（a）～（g）。断口疲劳扩展区微观特征基本相同，以 R=0.5、σ_{max}=1000MPa 断口为例，疲劳扩展前、中期相对平坦，扩展前期可见细小的疲劳条带；随着裂纹扩展，条带逐渐加宽，扩展中期可见疲劳条带和二次裂纹特征；扩展后期断面开始变得粗糙，微观为较宽的疲劳条带、二次裂纹与韧窝混合特征，疲劳区到最后剪切瞬断区中间有一段快速扩展区（正断瞬断区），微观为等轴韧窝形貌，最后的剪切瞬断区为剪切韧窝形貌，见图 3.3-23（h）～（q）。

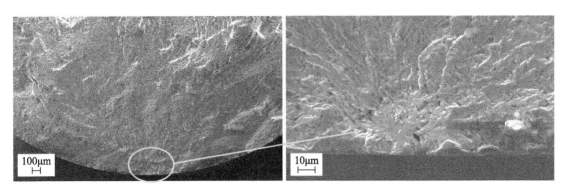

（a）$R=-1$、$\sigma_{max}=490$MPa时疲劳源区

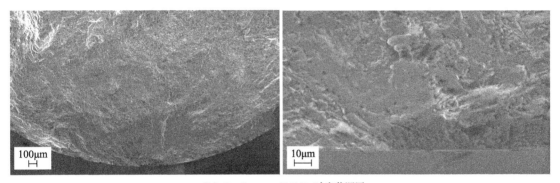

（b）$R=-1$、$\sigma_{max}=510$MPa时疲劳源区

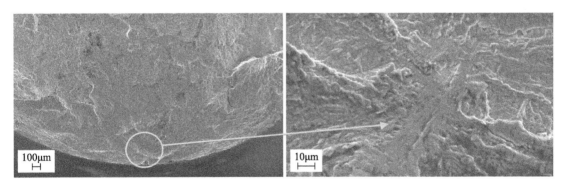

（c）$R=0.1$、$\sigma_{max}=770$MPa时断口亚表面疲劳源区

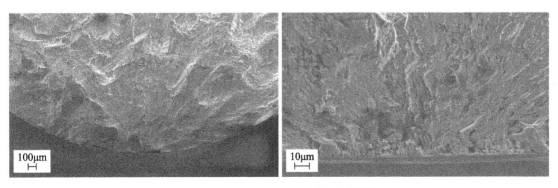

（d）$R=0.1$、$\sigma_{max}=800$MPa时断口疲劳源区

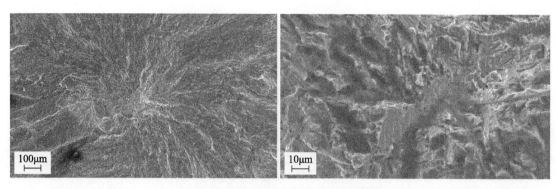

（e）R=0.5、σ_{max}=1000MPa时断口内部疲劳源区

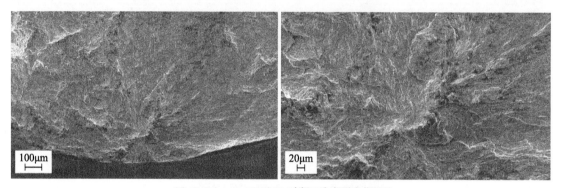

（f）R=0.5、σ_{max}=1010MPa时断口次表面疲劳源区

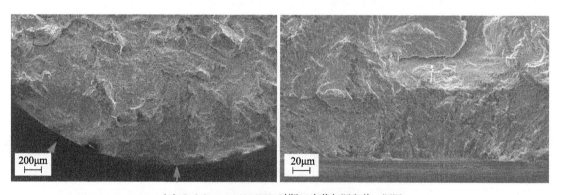

（g）R=0.5、σ_{max}=1100MPa时断口疲劳起源和其一源区

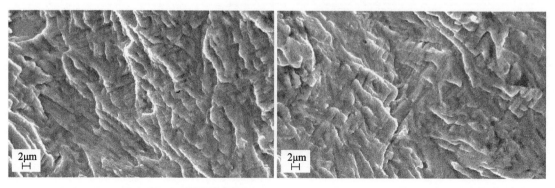

（h）R=0.5、σ_{max}=1000MPa断口扩展前期疲劳条带   （i）R=0.5、σ_{max}=1000MPa断口扩展中期疲劳条带

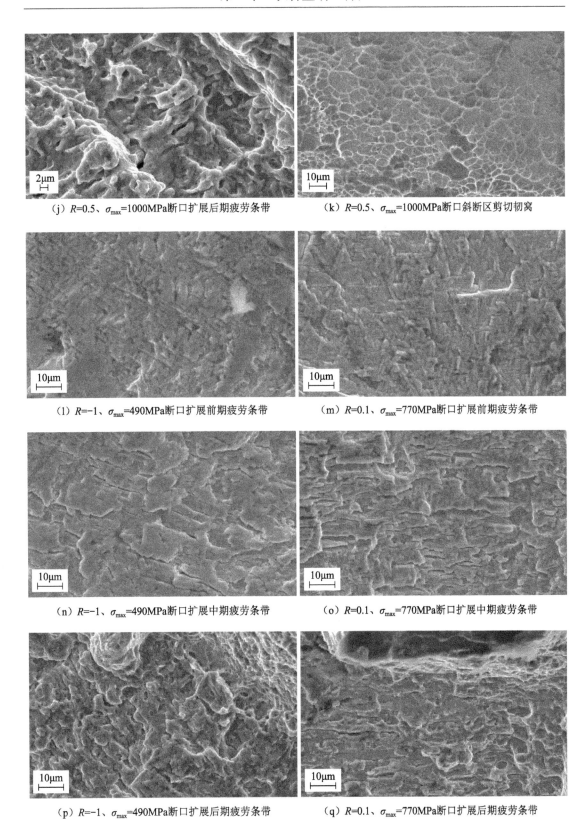

（j）R=0.5、σ_{max}=1000MPa断口扩展后期疲劳条带　　　　（k）R=0.5、σ_{max}=1000MPa断口斜断区剪切韧窝

（1）R=-1、σ_{max}=490MPa断口扩展前期疲劳条带　　　　（m）R=0.1、σ_{max}=770MPa断口扩展前期疲劳条带

（n）R=-1、σ_{max}=490MPa断口扩展中期疲劳条带　　　　（o）R=0.1、σ_{max}=770MPa断口扩展中期疲劳条带

（p）R=-1、σ_{max}=490MPa断口扩展后期疲劳条带　　　　（q）R=0.1、σ_{max}=770MPa断口扩展后期疲劳条带

图 3.3-23　室温、不同应力比下光滑高周疲劳断口表面源区及扩展区微观形貌

2. 300℃

（1）宏观特征：300℃、不同应力比下的轴向高周光滑疲劳断口疲劳区呈淡黄色，瞬断区为银灰色，无明显塑性变形，大部分试样断裂从一侧起始，由源区向中心可见明显的放射棱线。整个断面较不平整，但疲劳扩展区相对平坦一些，且面积较大，$R=0.5$、$\sigma_{max}=880$MPa断口断裂从心部起始，向四周放射性扩展。一侧起源的断口瞬断区位于试样另一侧，较粗糙，包括平断区和斜断区，斜断区与疲劳区有明显高差。见图3.3-24～图3.3-26。

相同应力比下，随着应力水平的增加，疲劳区面积减小。以所选断口为例：$R=-1$条件下，疲劳区面积占整个断口面积由约65%减少到55%；$R=0.1$条件下，疲劳区面积相差不大，占整个断口面积的60%；$R=0.5$条件下，疲劳区面积占整个断口面积的40%～35%。

（a）$\sigma_{max}=460$MPa、$N_f=7.53\times10^6$　　（b）$\sigma_{max}=500$MPa、$N_f=1.13\times10^5$　　（c）$\sigma_{max}=520$MPa、$N_f=2.67\times10^4$

图3.3-24　300℃、$R=-1$时轴向高周光滑疲劳断口宏观形貌

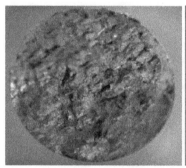  

（a）$\sigma_{max}=690$MPa、$N_f=4.22\times10^6$　　（b）$\sigma_{max}=710$MPa、$N_f=1.08\times10^6$　　（c）$\sigma_{max}=730$MPa、$N_f=7.87\times10^5$

图3.3-25　300℃、$R=0.1$时轴向高周光滑疲劳断口宏观形貌

（a）$\sigma_{max}=880$MPa、$N_f=1.05\times10^7$　　（b）$\sigma_{max}=900$MPa、$N_f=1.15\times10^5$　　（c）$\sigma_{max}=950$MPa、$N_f=5.85\times10^4$

图3.3-26　300℃、$R=0.5$时轴向高周光滑疲劳断口宏观形貌

（2）微观特征：$R=-1$、低应力下断口起源在次表面，中高应力起源在表面，$\sigma_{max}=500$MPa 源区可见轻微的加工刀痕；$R=0.1$ 下 3 个应力下断口起源均在次表面，源区可见准解理特征；$R=0.5$ 下，$\sigma_{max}=880$MPa 起源在内部，可见准解理特征，$\sigma_{max}=900$MPa 和 950MPa 的两个断口起源均在表面，呈小线源特征，无准解理形貌。见图 3.3-27（a）～（g）。

断口疲劳扩展区微观特征基本相同，以 $R=0.1$、$\sigma_{max}=710$MPa 断口为例，疲劳扩展前、中期相对平坦，扩展前期可见细小的疲劳条带；随着裂纹扩展，条带逐渐加宽，扩展中期可见疲劳条带和二次裂纹特征；扩展后期断面开始变得粗糙，微观为较宽的疲劳条带、二次裂纹与韧窝混合特征，疲劳区到最后剪切瞬断区中间有一段快速扩展区（正断瞬断区），微观为等轴韧窝形貌，最后断裂的瞬断区为韧窝形貌，见图 3.3-27（h）～（q）。

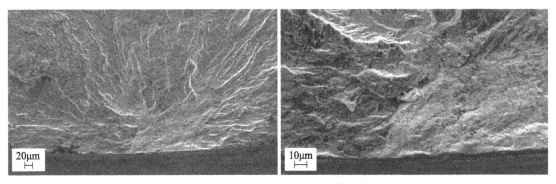

（a）$R=-1$、$\sigma_{max}=460$MPa断口疲劳源区

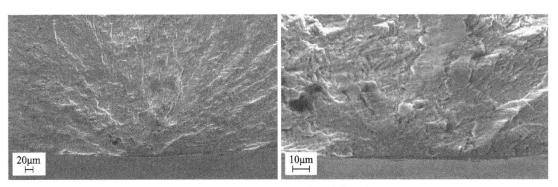

（b）$R=-1$、$\sigma_{max}=500$MPa断口疲劳源区

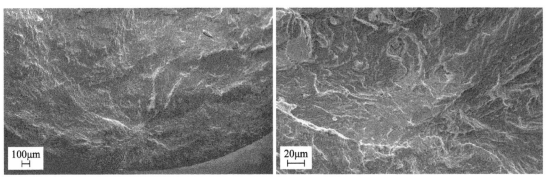

（c）$R=0.1$、$\sigma_{max}=690$MPa断口疲劳源区

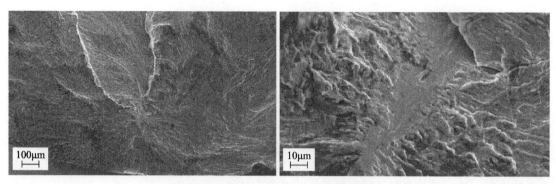

（d）R=0.1、σ_{max}=710MPa断口疲劳源区

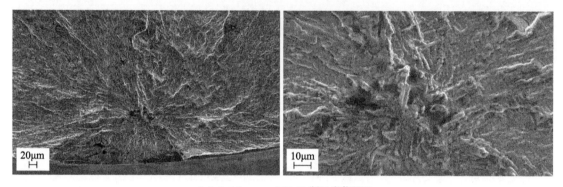

（e）R=0.1、σ_{max}=730MPa断口疲劳源区

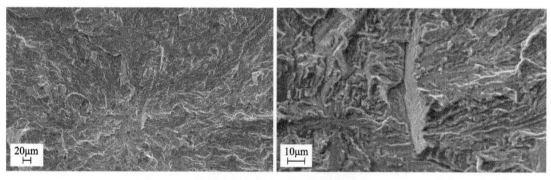

（f）R=0.5、σ_{max}=880MPa断口疲劳源区

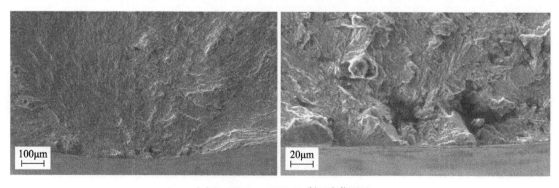

（g）R=0.5、σ_{max}=900MPa断口疲劳源区

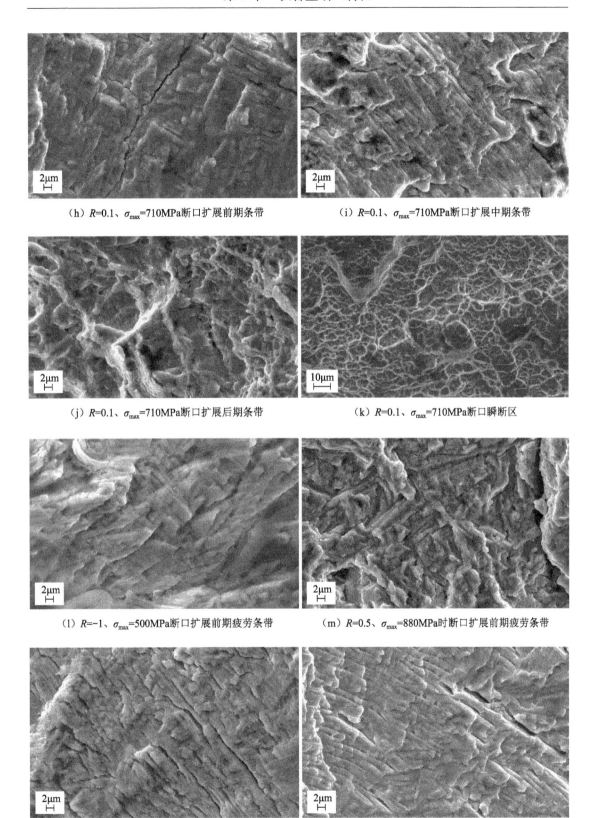

（h）$R=0.1$、$\sigma_{max}=710$MPa断口扩展前期条带

（i）$R=0.1$、$\sigma_{max}=710$MPa断口扩展中期条带

（j）$R=0.1$、$\sigma_{max}=710$MPa断口扩展后期条带

（k）$R=0.1$、$\sigma_{max}=710$MPa断口瞬断区

（l）$R=-1$、$\sigma_{max}=500$MPa断口扩展前期疲劳条带

（m）$R=0.5$、$\sigma_{max}=880$MPa时断口扩展前期疲劳条带

（n）$R=-1$、$\sigma_{max}=500$MPa时断口扩展中期疲劳条带

（o）$R=0.5$、$\sigma_{max}=880$MPa时断口扩展中期疲劳条带

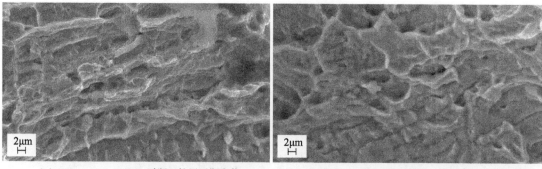

（p）$R=-1$、$\sigma_{max}=500MPa$时断口扩展后期疲劳　　　（q）$R=0.5$、$\sigma_{max}=880MPa$时断口扩展后期疲劳条带

图 3.3-27　300℃、不同应力比下轴向高周光滑疲劳断口表面源区及扩展区微观形貌

3. 400℃

（1）宏观特征：400℃、不同应力比条件下的高温光滑疲劳断口呈金黄色，瞬断区为银灰色，无明显塑性变形。断口均从一侧起始，呈单线源起始特征，由源区向中心可见明显的放射棱线，瞬断区位于试样另一侧，表面较粗糙，最后断裂区为与主断面约成45°的一个斜面；在相同应力比情况下，随着应力增大，剪切瞬断区占瞬断区面积减小，正断瞬断区面积增大，断面粗糙度增加，疲劳区面积减小。以所选断口为例：$R=-1$ 条件下，疲劳区面积占整个断口面积由约 60% 减少到 50%；$R=0.1$ 条件下，疲劳区面积占整个断口面积由约 80% 减少到 55%；$R=0.5$ 条件下，疲劳区面积占整个断口面积由约 60% 减少到 40%。见图 3.3-28～图 3.3-30。

（a）$\sigma_{max}=410MPa$、$N_f=4.62\times10^6$　　（b）$\sigma_{max}=470MPa$、$N_f=1.51\times10^5$　　（c）$\sigma_{max}=530MPa$、$N_f=3.05\times10^4$

图 3.3-28　400℃、$R=-1$ 时光滑高周疲劳断口宏观形貌

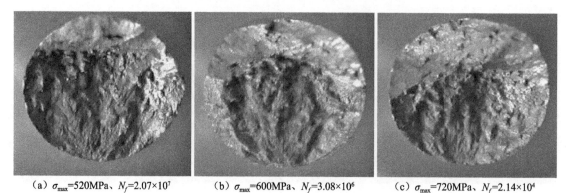

（a）$\sigma_{max}=520MPa$、$N_f=2.07\times10^7$　　（b）$\sigma_{max}=600MPa$、$N_f=3.08\times10^6$　　（c）$\sigma_{max}=720MPa$、$N_f=2.14\times10^4$

图 3.3-29　400℃、$R=0.1$ 时光滑高周疲劳断口宏观形貌

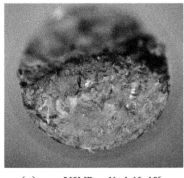  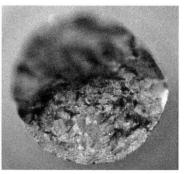

（a）σ_{max}=560MPa、N_f=1.46×10^6　　（b）σ_{max}=580MPa、N_f=2.43×10^5　　（c）σ_{max}=780MPa、N_f=4.96×10^4

图 3.3-30　400℃、R=0.5 时光滑高周疲劳断口宏观形貌

（2）微观特征：3 个应力比、不同应力作用下的断口从试样表面或次表面起始，呈单源特征，见图 3.3-31（a）～（d）；R=0.5 的断口源区可见加工刀痕，见图 3.3-31（e）～（f）；疲劳源区相对平坦，可见明显的放射棱线特征。断口疲劳扩展区微观特征基本相同，以 R=0.5，σ_{max}=780MPa 断口为例：扩展前期可见细小的疲劳条带，扩展中期可见疲劳条带和二次裂纹特征，扩展后期主要为较宽的疲劳条带、二次裂纹与韧窝混合特征，疲劳条带和二次裂纹随裂纹扩展有所加宽，瞬断区为韧窝形貌，见图 3.3-31（g）～（p）。

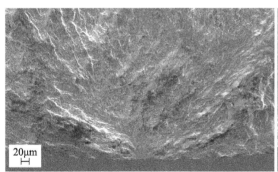 

（a）R=-1、σ_{max}=470MPa 时断口疲劳源区　　　　（b）R=0.1、σ_{max}=520MPa 时断口疲劳源区

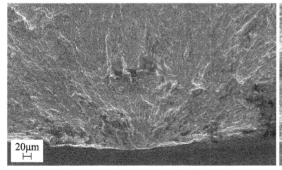 

（c）R=0.1、σ_{max}=600MPa 时断口疲劳源区　　　　（d）R=0.5、σ_{max}=560MPa 时断口疲劳源区

（e）R=0.5、σ_{max}=580MPa时断口疲劳源区

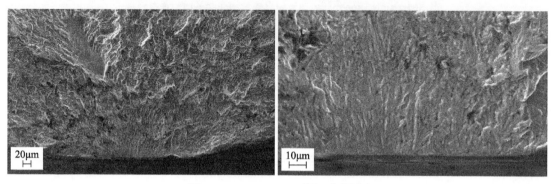

（f）R=0.5、σ_{max}=780MPa时断口疲劳源区

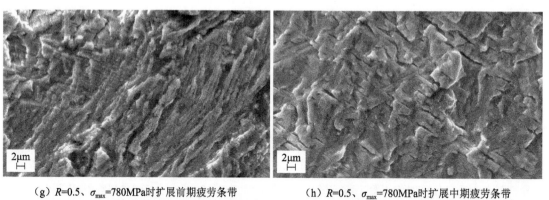

（g）R=0.5、σ_{max}=780MPa时扩展前期疲劳条带　　　（h）R=0.5、σ_{max}=780MPa时扩展中期疲劳条带

（i）R=0.5、σ_{max}=780MPa时扩展后期疲劳条带　　　（j）R=0.5、σ_{max}=780MPa时瞬断区韧窝

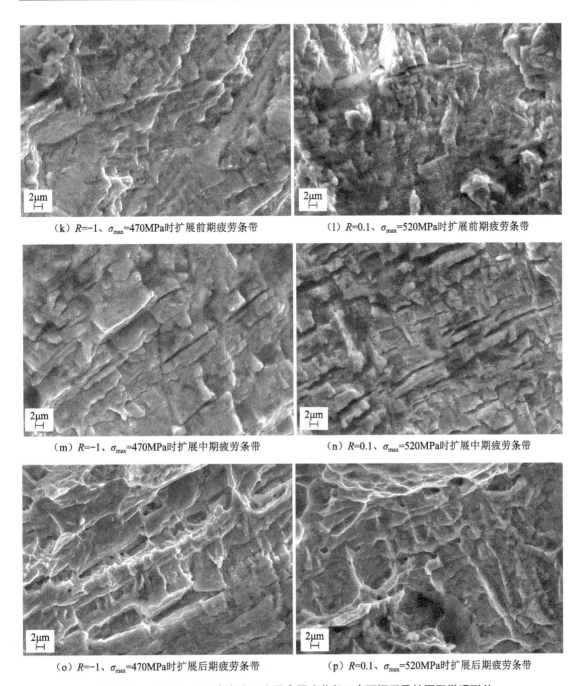

（k）$R=-1$、$\sigma_{max}=470MPa$时扩展前期疲劳条带

（l）$R=0.1$、$\sigma_{max}=520MPa$时扩展前期疲劳条带

（m）$R=-1$、$\sigma_{max}=470MPa$时扩展中期疲劳条带

（n）$R=0.1$、$\sigma_{max}=520MPa$时扩展中期疲劳条带

（o）$R=-1$、$\sigma_{max}=470MPa$时扩展后期疲劳条带

（p）$R=0.1$、$\sigma_{max}=520MPa$时扩展后期疲劳条带

图 3.3-31   400℃、不同应力比下光滑高周疲劳断口表面源区及扩展区微观形貌

4. 综合分析

不同试验条件下的轴向高周缺口疲劳断口特征具有以下特点：

（1）相对传统的材料高周疲劳断口，TC17 轴向高周光滑疲劳断口断面尤其是室温下光滑高周更为粗糙，疲劳区稍平坦些，扩展棱线较为清晰，扩展区可见细密的脆性疲劳条带特征，中后期条带和二次裂纹并存，瞬断区分为平断区和剪切瞬断区两部分，整体都是韧窝形貌。

（2）室温、不同应力比下的轴向高周光滑疲劳断口疲劳扩展面积大小随应力变化的规律：基本应力增大疲劳扩展区面积减小的趋势，不同应力下的断口疲劳扩展区面积占整个断口面积的 30% ～ 80%。

（3）应力比 0.5 的断口比应力比 0.1 和 -1 的断口更为粗糙，除个别高应力下的断口外，大部分断口均为单源起源。低应力、高循环周次下，尤其是循环周次在 10^7 的断口起源一般在试样内部或次表面（相界处），源区有一定的准解理特征。中、高应力下，起源多在表面加工刀痕处，呈现小线源特征。

3.3.3.6　轴向高周缺口疲劳

1. 室温、$K_t=2$

（1）宏观特征：室温、$K_t=2$、不同应力比条件下的轴向高周缺口疲劳断口呈银灰色，无塑性变形，断口较平坦。中、低应力下，断口从一侧单源起源，疲劳扩展区较平坦且面积较大；随着应力水平的增加，疲劳由单源起源变成多源起源，疲劳区仍平坦，面积有所减少；瞬断区位于另一侧，较粗糙，最后断裂区为与主断面约成 45° 的一个斜面，见图 3.3-32 ～图 3.3-34。相同应力比下，随着应变水平的增加，断面粗糙度增加，疲劳区面积有所减小。以所选断口为例：$R=-1$ 条件下，疲劳区面积占整个断口面积由 75% 减小到 50%；$R=0.1$ 条件下，疲劳区面积占整个断口面积由 50% 减小到 45%；$R=0.5$ 条件下，疲劳区面积差异不大，占整个断口面积的 45% ～ 50%。

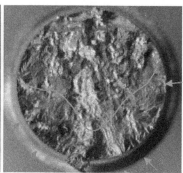

（a）σ_{max}=300MPa、N_f=6.2×10⁴　　（b）σ_{max}=330MPa、N_f=2.78×10⁵　　（d）σ_{max}=500MPa、N_f=1.2×10⁴

图 3.3-32　室温、$K_t=2$、$R=-1$ 时轴向高周缺口疲劳断口宏观形貌

（a）σ_{max}=520MPa、N_f=4.146×10⁶　　　　（b）σ_{max}=560MPa、N_f=3.3×10⁴

图 3.3-33　室温、$K_t=2$、$R=0.1$ 时轴向高周缺口疲劳断口宏观形貌

（a）σ_{max}=675MPa、N_f=6.509×10^6　　　（b）σ_{max}=800MPa、N_f=3.2×10^4

图 3.3-34　室温、K_t=2、R=0.5 时轴向高周缺口疲劳断口宏观形貌

（2）微观特征：室温、K_t=2、不同应力比条件下的轴向高周缺口疲劳断口平坦，大部分断口起源于表面，个别起源于次表面，有一定的准解理特征。且中、低应力下的断口源区呈现点源或者小线源特征，大应力下的断口不仅多源、且源区线源特征明显，见图 3.3-35（a）～（f）。不同应力水平下的断口疲劳区微观特征基本相同：疲劳扩展前、中期相对平坦，扩展前期可见细小的疲劳条带，随着裂纹扩展，条带逐渐加宽，扩展中期可见疲劳条带特征，扩展后期断面开始变得粗糙，微观为较宽的疲劳条带、二次裂纹与韧窝混合特征，瞬断区为等轴韧窝形貌特征；最后断裂的剪切唇区为拉长韧窝形貌，见图 3.3-36（g）～（n）。

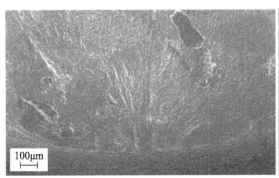 

（a）R=-1、σ_{max}=330MPa、N_f=2.78×10^{5}断口源区

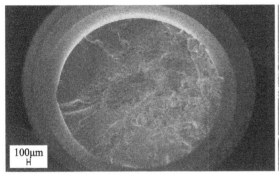 

（b）R=-1、σ_{max}=500MPa、N_f=1.2×10^{4}断口源区

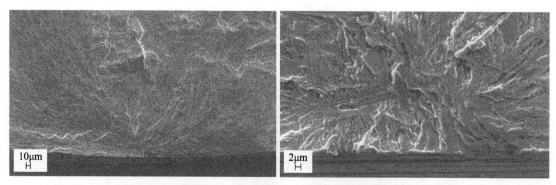

（c）R=0.1、σ_{max}=520MPa、N_f=4.146×10⁶断口源区

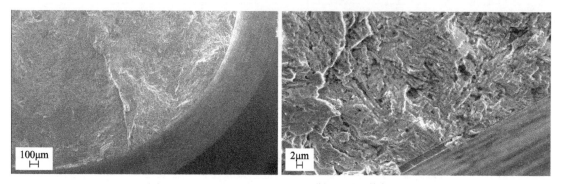

（d）R=0.1、σ_{max}=560MPa、N_f=3.3×10⁴断口源区及其中一源区

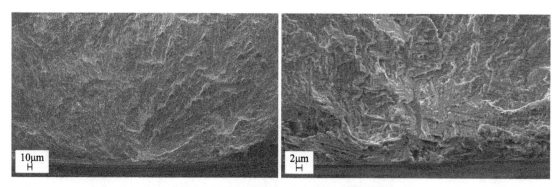

（e）R=0.5、σ_{max}=675MPa、N_f=6.509×10⁶断口源区

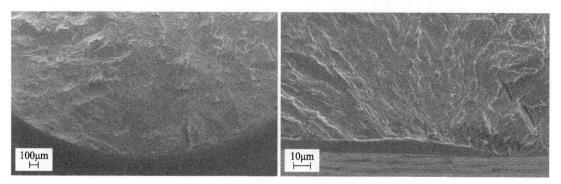

（f）R=0.5、σ_{max}=800MPa、N_f=3.2×10⁴断口源区

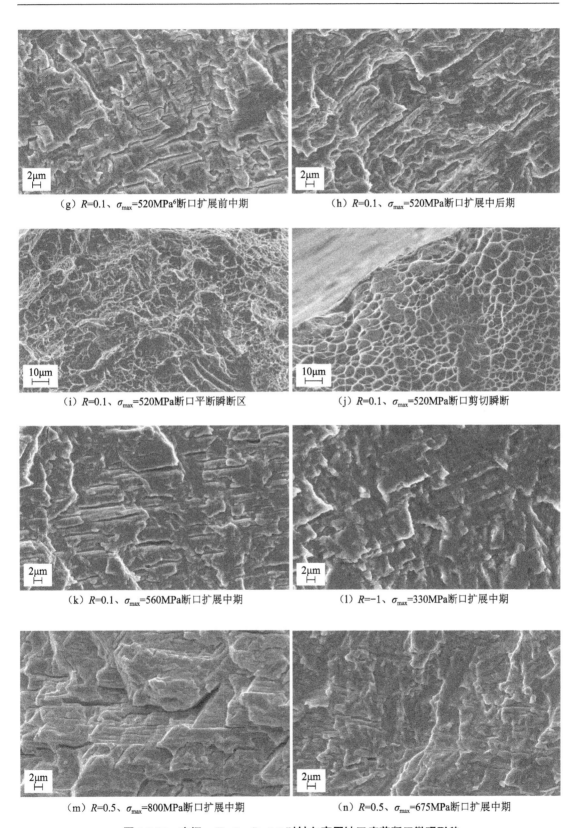

（g）R=0.1、σ_{max}=520MPa断口扩展前中期

（h）R=0.1、σ_{max}=520MPa断口扩展中后期

（i）R=0.1、σ_{max}=520MPa断口平断瞬断区

（j）R=0.1、σ_{max}=520MPa断口剪切瞬断

（k）R=0.1、σ_{max}=560MPa断口扩展中期

（l）R=-1、σ_{max}=330MPa断口扩展中期

（m）R=0.5、σ_{max}=800MPa断口扩展中期

（n）R=0.5、σ_{max}=675MPa断口扩展中期

图 3.3-35　室温、K_t=2、R=0.5 时轴向高周缺口疲劳断口微观形貌

2. 300℃、K_t=2

（1）宏观特征：300℃、K_t=2、不同应力比条件下的轴向高周缺口疲劳断口呈淡黄色，无塑性变形，断口较平坦。R=-1，低应力为双源，高应力（σ_{max}=350MPa）为四周线性起源，R=0.1 下的两个断口为一侧单源起源；R=0.5 的断口为一侧多源起源，瞬断区位于另一侧，

（a）σ_{max}=290MPa、N_f=1.78×10⁵　（b）σ_{max}=300MPa、N_f=6.4×10⁴　（c）σ_{max}=350MPa、N_f=3.1×10⁴

图 3.3-36　300℃、K_t=2、R=-1 时轴向高周缺口疲劳断口宏观形貌

（a）σ_{max}=480MPa、N_f=1.013×10⁶　　（b）σ_{max}=540MPa、N_f=3.6×10⁴

图 3.3-37　300℃、K_t=2、R=0.1 时轴向高周缺口疲劳断口宏观形貌

（a）σ_{max}=540MPa、N_f=6.7×10⁴　　（b）σ_{max}=600MPa、N_f=6.5×10⁴　　（c）σ_{max}=700MPa、N_f=3.5×10⁴

图 3.3-38　300℃、K_t=2、R=0.5 时轴向高周缺口疲劳断口宏观形貌

见图 3.3-36 ～图 3.3-38。相同应力比下，随着应变水平的增加，断面粗糙度增加，疲劳区面积有所减小。以所选试样为例：$R=-1$ 条件下，疲劳区面积占整个断口面积由 85% 减小到75%；$R=0.1$ 条件下，疲劳区面积占整个断口面积由 70% 减小到 60%；$R=0.5$ 条件下，疲劳区面积差异不大，占整个断口面积的 35% ～ 40%。

（2）微观特征：300℃、$K_t=2$、不同应力比条件下的轴向高周缺口疲劳试样断口起源均在表面，线源，源区未见冶金和明显加工缺陷。疲劳扩展前、中期相对平坦，扩展前期可见细小的疲劳条带，随着裂纹扩展，条带逐渐加宽，扩展中期可见疲劳条带特征，扩展后期断面开始变得粗糙，微观为较宽的疲劳条带、二次裂纹与韧窝混合特征，瞬断区为等轴韧窝形貌特征；最后断裂的剪切唇区为拉长韧窝形貌，见图 3.3-39。

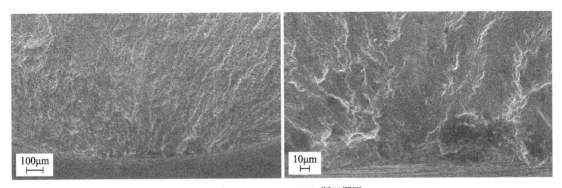

（a）$R=-1$、$\sigma_{max}=290MPa$断口源区

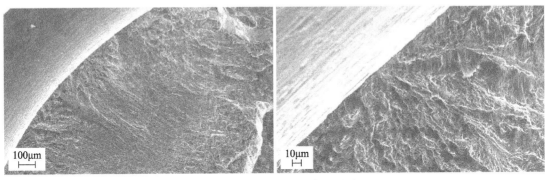

（b）$R=-1$、$\sigma_{max}=300MPa$断口源区

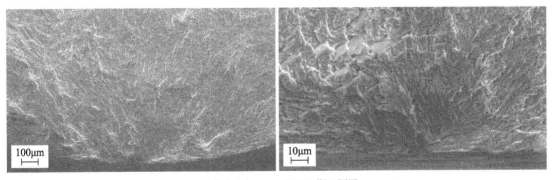

（c）$R=0.1$、$\sigma_{max}=480MPa$断口源区

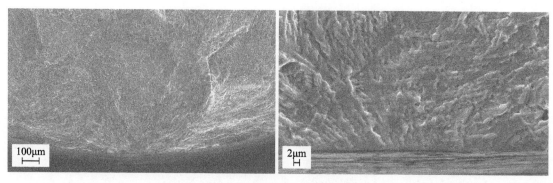

（d）R=-1、σ_{max}=540MPa断口源区

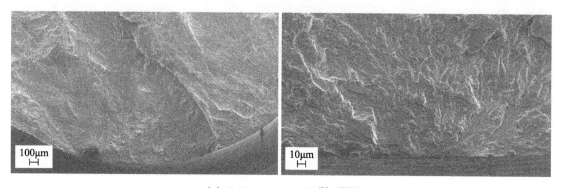

（e）R=0.5、σ_{max}=600MPa断口源区

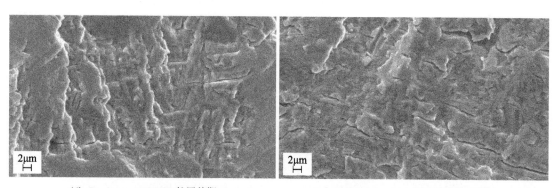

（f）R=-1、σ_{max}=350MPa扩展前期　　　　　　（g）R=-1、σ_{max}=350MPa扩展中期

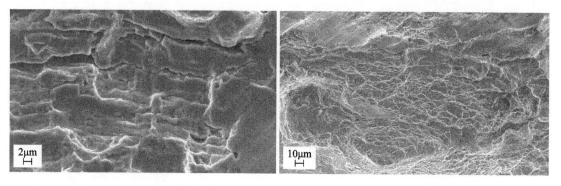

（h）R=-1、σ_{max}=350MPa扩展后期　　　　（i）R=-1、σ_{max}=350MPa瞬断区等轴韧窝

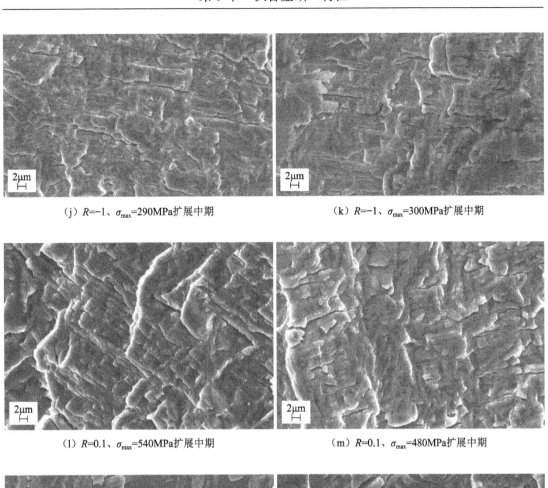

（j）R=-1、σ_{max}=290MPa扩展中期　　　　　　（k）R=-1、σ_{max}=300MPa扩展中期

（l）R=0.1、σ_{max}=540MPa扩展中期　　　　　　（m）R=0.1、σ_{max}=480MPa扩展中期

（n）R=0.5、σ_{max}=600MP扩展中期　　　　　　（o）R=0.5、σ_{max}=700MPa扩展中期

图 3.3-39　300℃、K_t=2 时轴向高周缺口疲劳断口微观形貌

3. 400℃、K_t=2

（1）宏观特征：400℃、K_t=2、3 个应力比下的 8 个轴向高周缺口疲劳断口疲劳区呈金黄色，瞬断区为银灰色。断口无塑性变形，疲劳区均平坦。3 个应力比下，R=-1 的断口更为平坦。随着应力水平的增加，疲劳均由单源疲劳变成多源疲劳。同循环周次级别下，应力比 0.5 的应力最高，其高应力水平下断口起源的数量明显多于其他应力水平和应力比的断口。疲劳区大小和应力无明显对应关系，见图 3.3-40 ～图 3.3-42。

（a）σ_{max}=290MPa、N_f=7.325×10^6 （b）σ_{max}=310MPa、N_f=2.66×10^5 （c）σ_{max}=550MPa、N_f=3.9×10^4

图 3.3-40　400℃、K_t=2、R=−1 时轴向高周缺口疲劳断口宏观形貌

（a）σ_{max}=380MPa、N_f=4.532×10^6 （b）σ_{max}=520MPa、N_f=1.9×10^4

图 3.3-41　400℃、K_t=2、R=0.1 时轴向高周缺口疲劳断口宏观形貌

（a）σ_{max}=430MPa、N_f=2.391×10^6 （b）σ_{max}=600MPa、N_f=1.34×10^6 （c）σ_{max}=700MPa、N_f=2.07×10^4

图 3.3-42　400℃、K_t=2、R=0.5 时轴向高周缺口疲劳断口宏观形貌

（2）微观特征：400℃、K_t=2、3 个应力比下的 8 个轴向高周缺口疲劳不管单源还是多源，均起源于表面，呈小线源特征，个别源区可见轻微的加工刀痕。同一应力比下，断口扩展中期疲劳条带宽度变化不大，不同应力比下疲劳条带宽度有所变化，整体看应力比 R=−1 下条带最为细密，见图 3.3-43。

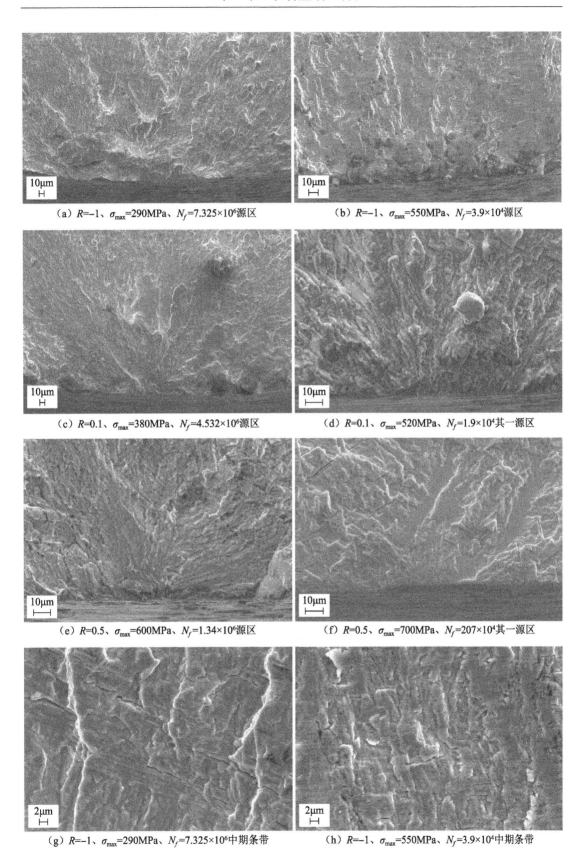

（a）R=−1、σ_{max}=290MPa、N_f=7.325×10^{6}源区

（b）R=−1、σ_{max}=550MPa、N_f=3.9×10^{4}源区

（c）R=0.1、σ_{max}=380MPa、N_f=4.532×10^{6}源区

（d）R=0.1、σ_{max}=520MPa、N_f=1.9×10^{4}其一源区

（e）R=0.5、σ_{max}=600MPa、N_f=1.34×10^{6}源区

（f）R=0.5、σ_{max}=700MPa、N_f=207×10^{4}其一源区

（g）R=−1、σ_{max}=290MPa、N_f=7.325×10^{6}中期条带

（h）R=−1、σ_{max}=550MPa、N_f=3.9×10^{4}中期条带

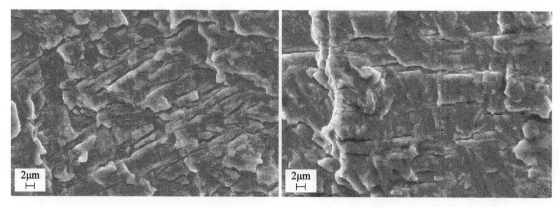

（i）R=0.1、σ_{max}=380MPa、N_f=4.532×10⁶中期条带 （j）R=0.1、σ_{max}=520MPa、N_f=1.9×10⁴中期条带

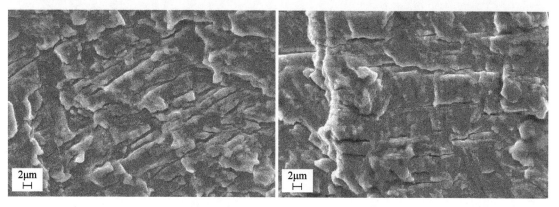

（k）R=0.5、σ_{max}=600MPa、N_f=1.34×10⁶中期条带 （l）R=0.5、σ_{max}=700MPa、N_f=207×10⁴中期条带

图3.3-43 400℃、K_t=2时轴向高周缺口疲劳断口微观形貌

4.综合分析

K_t=2、不同温度（室温、300℃、400℃）、不同应力比、不同应力下的轴向高周缺口疲劳断口特征具有以下特点：

（1）总体看，与轴向高周光滑疲劳断口对比，轴向高周缺口疲劳断口相对更为平坦一些，300℃和400℃下的断口比室温下的断口疲劳区更平坦，3个应力比下，R=-1的断口更为平坦。断口分源区、疲劳扩展区、瞬断区（平断区和剪切瞬断区），疲劳区的比例均比较高，且对于瞬断区来说平断区的比例大一些。

（2）相同温度和应力比下，随着应力水平的增加，疲劳均由单源疲劳变成多源疲劳。除个别室温下的断口在次表面起源外，大部分断口疲劳起源均在表面，呈小线源特征，有些线性起源处可见加工刀痕。

（3）同一应力比下，断口扩展中期疲劳条带宽度变化不大，不同应力比下疲劳条带宽度有所变化，整体看应力比R=-1下条带最为细密。

3.3.3.7 旋转弯曲疲劳

1. K_t=1

（1）宏观特征：旋转弯曲疲劳试样应力比为R=-1，300℃下断口表面呈轻微的淡黄色，400℃下断口表面呈金黄色，瞬断区均为银灰色。断裂从试样表面起始，由源区向中心可见放射棱线。应力较小时，断裂从一侧起始，呈单源特征；应力较大时，断裂从对称的两侧起始，以一侧扩展为主，一侧的扩展面积明显大于另一侧；中间为瞬断区。疲劳扩展区较平坦，瞬断区较粗糙，同一温度下，不同应力作用下的疲劳区面积差异不大：300℃下，疲劳区面积约占整个断口面积的 75% ～ 80%；400℃下，疲劳区面积占整个断口面积的 75% ～ 90%，见图 3.3-44 和图 3.3-45。

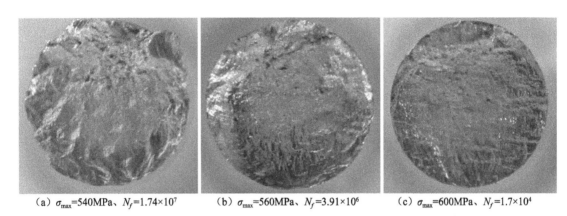

（a）σ_{max}=540MPa、N_f=1.74×10^7　　（b）σ_{max}=560MPa、N_f=3.91×10^6　　（c）σ_{max}=600MPa、N_f=1.7×10^4

图 3.3-44　300℃、K_t=1、R=−1 时旋转弯曲疲劳断口宏观形貌

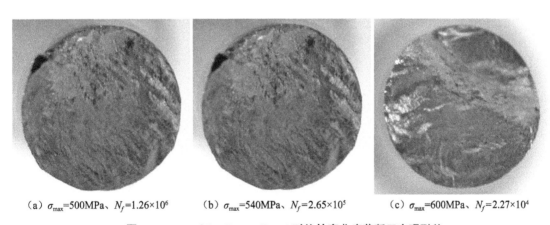

（a）σ_{max}=500MPa、N_f=1.26×10^6　　（b）σ_{max}=540MPa、N_f=2.65×10^5　　（c）σ_{max}=600MPa、N_f=2.27×10^4

图 3.3-45　400℃、K_t=1、R=−1 时旋转弯曲疲劳断口宏观形貌

（2）微观特征：在应力较低时，疲劳断裂从试样一侧表面起始，呈线源特征，见图 3.3-46（a）和（c）；应力较高时，试样从两侧起源，均为线源，次源线性的长度宽一些，源区均可见明显的放射棱线特征，疲劳源区相对平坦，磨损严重，见图 3.3-46（b）和（d）。断口疲劳扩展区微观特征基本相同：扩展前期可见细小的疲劳条带和二次裂纹，见图 3.3-46（e），扩展中期可见疲劳条带和二次裂纹特征，见图 3.3-46（f），扩展后期主要为较宽的疲劳条带、二次裂纹与韧窝混合特征，见图 3.3-46（g），瞬断区为韧窝形貌，见图 3.3-46（h）。不同应力下的断口扩展区的疲劳条带随应力的增加而逐渐加宽，疲劳条带和二次裂纹随裂纹扩展有所加宽，见图 3.3-46（i）～（n）。

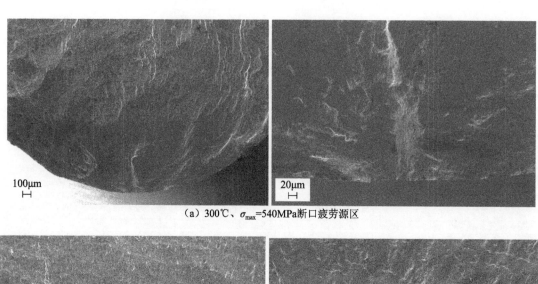

（a）300℃、σ_{max}=540MPa断口疲劳源区

（b）300℃、σ_{max}=600MPa断口主疲劳源区及其他疲劳源区

（c）400℃、σ_{max}=540MPa断口疲劳源区

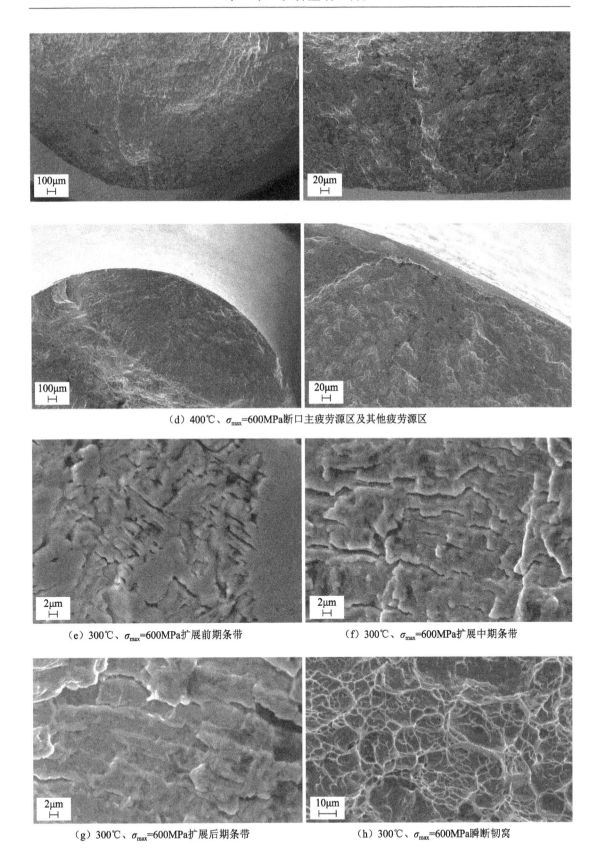

（d）400℃、σ_{max}=600MPa断口主疲劳源区及其他疲劳源区

（e）300℃、σ_{max}=600MPa扩展前期条带

（f）300℃、σ_{max}=600MPa扩展中期条带

（g）300℃、σ_{max}=600MPa扩展后期条带

（h）300℃、σ_{max}=600MPa瞬断韧窝

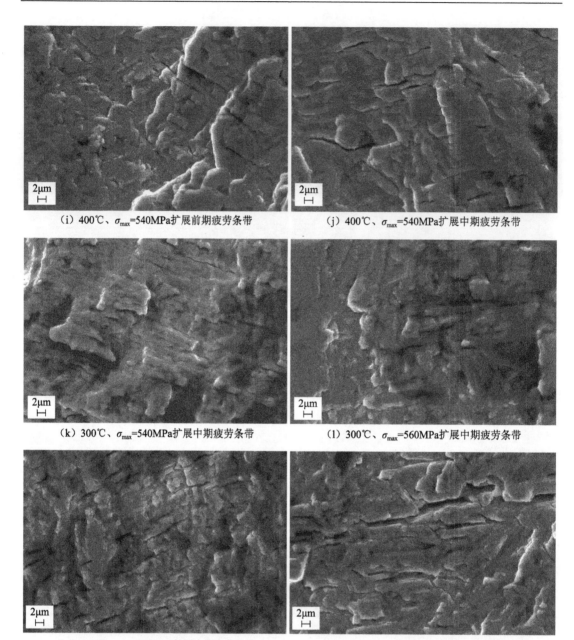

（i）400℃、σ_{max}=540MPa扩展前期疲劳条带　　　（j）400℃、σ_{max}=540MPa扩展中期疲劳条带

（k）300℃、σ_{max}=540MPa扩展中期疲劳条带　　　（l）300℃、σ_{max}=560MPa扩展中期疲劳条带

（m）400℃、σ_{max}=500MPa扩展中期疲劳条带　　　（n）400℃、σ_{max}=600MPa扩展中期疲劳条带

图 3.3-46　K_t=1、R=-1 时旋转弯曲疲劳断口微观形貌

2. K_t=3

（1）宏观特征：应力比为 R=-1、K_t=3 的缺口旋转弯曲疲劳断口疲劳区，室温下呈银灰色，300℃下呈淡黄色，400℃下断口表面呈金黄色，瞬断区均为银灰色。不同温度、不同应力下试样断裂均从试样四周表面起始，呈多源起始特征，由源区向中心可见明显的放射棱线。断面平整，可见磨损特征，断口疲劳扩展区较平坦，面积较大，瞬断区位于断口中心偏一侧，较粗糙，呈纤维状断裂特征，见图 3.3-47 ～图 3.3-49。不同温度下的试样随着疲劳应力增大，扩展区面积略微减小，以所选试样为例：室温下疲劳区面积占整个断口面积由

95% 减少至 90% ；300℃下疲劳区面积占整个断口面积由 93% 减少至 88% ；400℃下疲劳区面积占整个断口面积由 95% 减少至 85%。

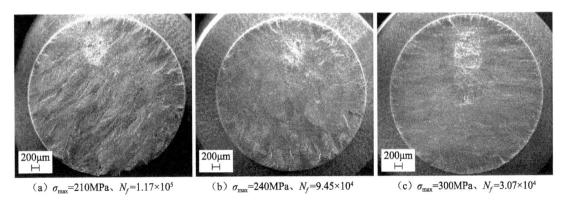

（a）σ_{max}=210MPa、N_f=1.17×10⁵   （b）σ_{max}=240MPa、N_f=9.45×10⁴   （c）σ_{max}=300MPa、N_f=3.07×10⁴

图 3.3-47　室温、K_t=3、R=-1 时旋转弯曲疲劳断口宏观形貌

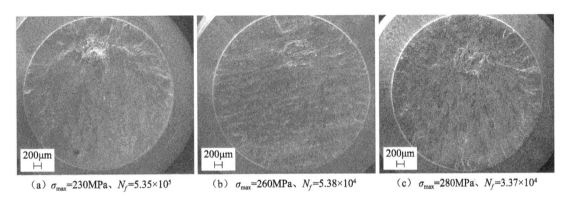

（a）σ_{max}=230MPa、N_f=5.35×10⁵   （b）σ_{max}=260MPa、N_f=5.38×10⁴   （c）σ_{max}=280MPa、N_f=3.37×10⁴

图 3.3-48　300℃、K_t=3、R=-1 时旋转弯曲疲劳断口宏观形貌

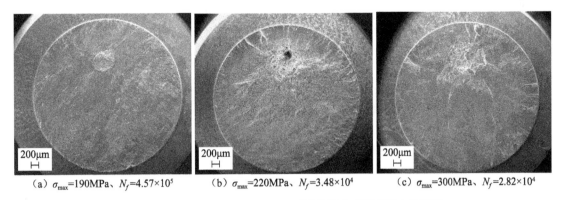

（a）σ_{max}=190MPa、N_f=4.57×10⁵   （b）σ_{max}=220MPa、N_f=3.48×10⁴   （c）σ_{max}=300MPa、N_f=2.82×10⁴

图 3.3-49　400℃、K_t=3、R=-1 时旋转弯曲疲劳断口宏观形貌

（2）微观特征：所有试样的疲劳断裂均起源于试样缺口根部表面，呈多源疲劳，源区沿试样周向分布，无明显的主源区，有明显的放射棱线特征，见图 3.3-50（a）～（c）。疲劳源区相对平坦，但磨损严重，瞬断区呈等轴韧窝形貌特征。断口疲劳扩展区微观特征基本相同：扩展前期可见细小的疲劳条带和少量的二次裂纹，扩展中期可见疲劳条带和二次裂纹特征，扩展后期主要为较宽的疲劳条带、二次裂纹与韧窝混合特征，瞬断区为韧窝形貌，见

图 3.3-50（d）～（g）。疲劳条带和二次裂纹随裂纹扩展有所加宽。不同应力下的断口扩展区的疲劳条带随应力的增加而逐渐加宽，见图 3.3-50（h）～（o）。

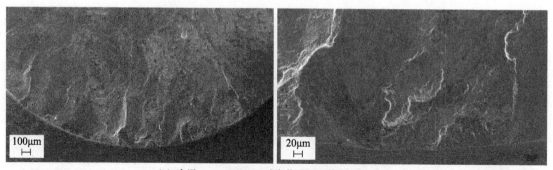

（a）室温、σ_{max}=240MPa时疲劳源区及其一源区

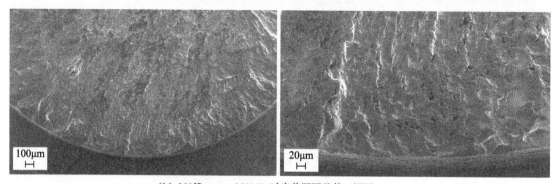

（b）300℃、σ_{max}=280MPa时疲劳源区及其一源区

（c）400℃、σ_{max}=220MPa时疲劳源区及其一源区

（d）300℃、σ_{max}=280MPa扩展前期疲劳条带　　　　　　（e）300℃、σ_{max}=280MPa扩展中期疲劳条带

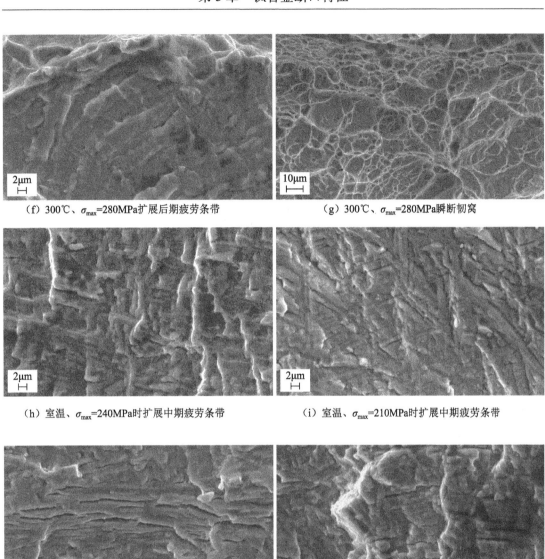

（f）300℃、σ_{max}=280MPa扩展后期疲劳条带

（g）300℃、σ_{max}=280MPa瞬断韧窝

（h）室温、σ_{max}=240MPa时扩展中期疲劳条带

（i）室温、σ_{max}=210MPa时扩展中期疲劳条带

（j）室温、σ_{max}=300MPa时扩展中期疲劳条带

（k）300℃、σ_{max}=230MPa扩展中期疲劳条带

（l）300℃、σ_{max}=230MPa扩展中期疲劳条带

（m）300℃、σ_{max}=220MPa扩展中期疲劳条带

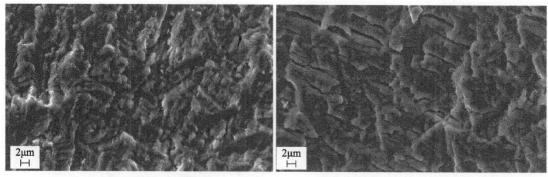

（n）400℃、σ_{max}=190MPa扩展中期疲劳条带　　　　（o）400℃、σ_{max}=300MPa扩展中期疲劳条带

图 3.3-50　K_t=3 时旋转弯曲疲劳断口微观形貌

3.3.3.8　低周应变疲劳

1.室温

（1）宏观特征：室温、不同应力比条件下的光滑试样低周疲劳断口呈银灰色，断口表面整体较为粗糙，无塑性变形。小应变断口疲劳区可见一定的放射棱线，大应变断口表面放射棱线特征不清晰，断口大部分为快速扩展或平断瞬时断裂形貌，且与疲劳区无明显的分界。疲劳从一侧表面起源，有多个台阶，呈多源或者连续线源特征，向对面扩展。疲劳扩展区面积较小，宏观未见明显的平坦区，源区对侧的 3/4 圆周边缘均为剪切瞬断区，与主断裂面约成 45° 的斜面，见图 3.3-51～图 3.3-52。相同应力比下，随着应变水平的增加，断面粗糙度增加，疲劳区面积减小。以所选试样为例：R_ε=-1 条件下，疲劳区面积占整个断口面积由约20% 减少到 10%；R_ε=0.1 条件下，疲劳区面积占整个断口面积由约 30% 减少到 20%；一般情况下，同一水平的应变，应力比大的寿命比应力比小的寿命偏高。

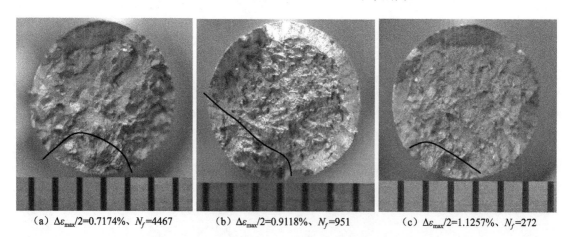

（a）$\Delta\varepsilon_{max}/2$=0.7174%、$N_f$=4467　　（b）$\Delta\varepsilon_{max}/2$=0.9118%、$N_f$=951　　（c）$\Delta\varepsilon_{max}/2$=1.1257%、$N_f$=272

图 3.3-51　室温、R_ε=-1 时低周疲劳断口宏观形貌

（2）微观特征：两个应力比、不同应变作用下的低周疲劳试样均为多源起始，大部分试样起源于表面，呈线源特征。应力比为 R_ε=-1 条件下，$\Delta\varepsilon_{max}/2$=0.7174% 断口疲劳区可见准解理和放射棱线特征，见图 3.3-53（a）；$\Delta\varepsilon_{max}/2$=0.9118% 和 1.1257% 断口的疲劳区多存在磨损特征，放射棱线不明显，见图 3.3-53（b）。应力比为 R_ε=0.1 条件下，$\Delta\varepsilon_{max}/2$=0.5576% 断

口上可见次表面和内部两处起源，以次表面起源为主，源区可见准解理刻面形貌，内部源区也可见刻面特征，见图 3.3-53（c）；$\Delta\varepsilon_{max}/2=1.0114\%$ 和 $\Delta\varepsilon_{max}/2=1.1404\%$ 的两个试样断口断裂均起源于试样表面，呈多个大线源，且源区粗糙不平，见图 3.3-53（d）。试样疲劳扩展区微观特征基本相同，以 $R_\varepsilon=-1$，$\Delta\varepsilon_{max}/2=1.1257\%$ 试样为例：稳定扩展区可见疲劳条带和二次裂纹形貌特征，随着裂纹的扩展，疲劳条带间距有所加宽，稳定疲劳扩展后期条带已不明显；失稳扩展区为较宽的条带和韧窝混合特征；断口大部分为失稳扩展区，瞬断区分为平断区和剪切瞬断区，平断区为韧窝特征，见图 3.3-53（e）～（n）。

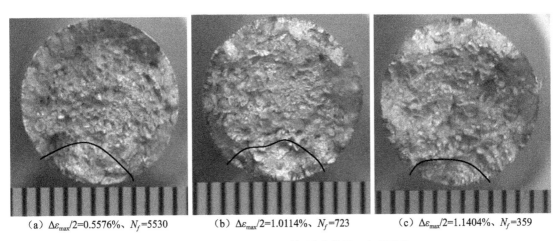

（a）$\Delta\varepsilon_{max}/2=0.5576\%$、$N_f=5530$ （b）$\Delta\varepsilon_{max}/2=1.0114\%$、$N_f=723$ （c）$\Delta\varepsilon_{max}/2=1.1404\%$、$N_f=359$

图 3.3-52　室温、$R_\varepsilon=0.1$ 时低周疲劳断口宏观形貌

（a）$R_\varepsilon=-1$、$\Delta\varepsilon_{max}/2=0.7174\%$ 低周疲劳断口源区

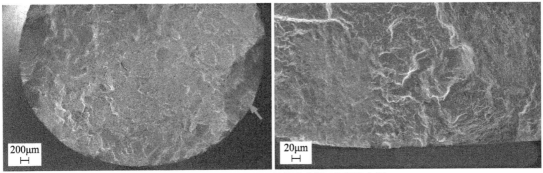

（b）$R_\varepsilon=-1$、$\Delta\varepsilon_{max}/2=1.1257\%$ 低周疲劳断口起源和主源

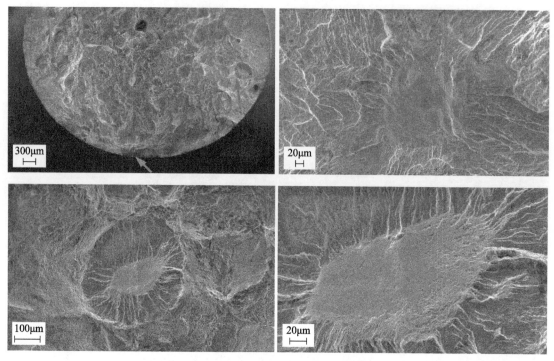

（c）$R_\varepsilon=-1$、$\Delta\varepsilon_{max}/2=0.5576\%$低周疲劳断口源区

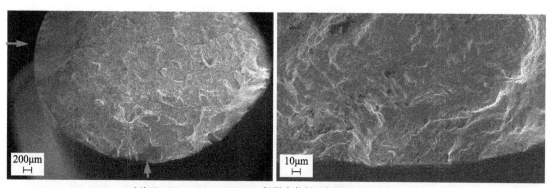

（d）$R_\varepsilon=0.1$、$\Delta\varepsilon_{max}/2=1.1404\%$低周疲劳断口起源和其一源区

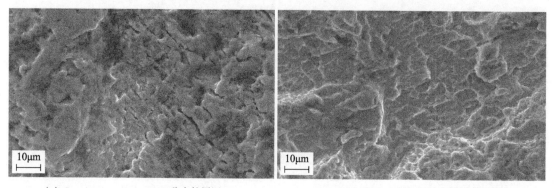

（e）$R_\varepsilon=-1$、$\Delta\varepsilon_{max}/2=1.1257\%$稳定扩展区　　　　　（f）$R_\varepsilon=-1$、$\Delta\varepsilon_{max}/2=1.1257\%$稳定扩展区和失稳扩展区交界处

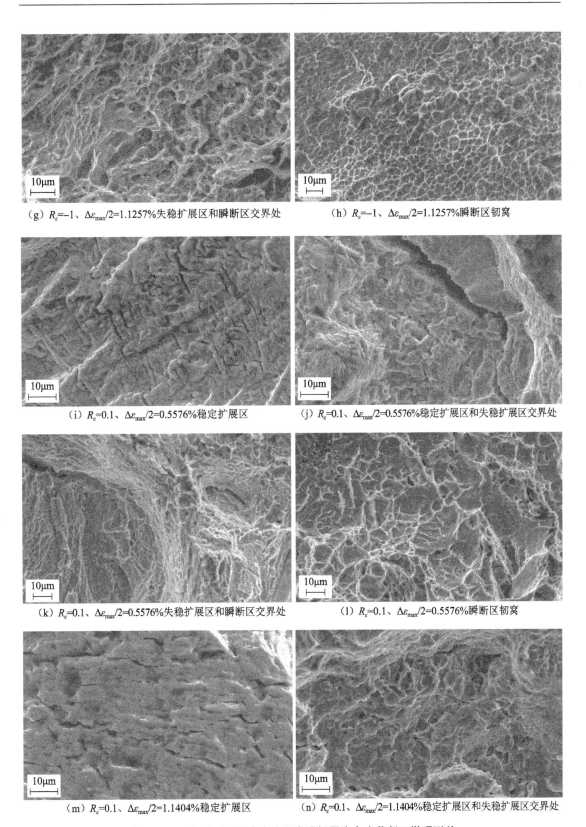

（g）R_ε=−1、$\Delta\varepsilon_{max}/2$=1.1257%失稳扩展区和瞬断区交界处

（h）R_ε=−1、$\Delta\varepsilon_{max}/2$=1.1257%瞬断区韧窝

（i）R_ε=0.1、$\Delta\varepsilon_{max}/2$=0.5576%稳定扩展区

（j）R_ε=0.1、$\Delta\varepsilon_{max}/2$=0.5576%稳定扩展区和失稳扩展区交界处

（k）R_ε=0.1、$\Delta\varepsilon_{max}/2$=0.5576%失稳扩展区和瞬断区交界处

（l）R_ε=0.1、$\Delta\varepsilon_{max}/2$=0.5576%瞬断区韧窝

（m）R_ε=0.1、$\Delta\varepsilon_{max}/2$=1.1404%稳定扩展区

（n）R_ε=0.1、$\Delta\varepsilon_{max}/2$=1.1404%稳定扩展区和失稳扩展区交界处

图 3.3-53　室温、不同应力比下光滑低周应变疲劳断口微观形貌

2. 300℃

（1）宏观特征：300℃、不同应变比条件下的光滑试样低周疲劳断口呈淡黄色，瞬断区为银灰色，无明显塑性变形。试样疲劳起源于试样一侧表面，多源，向对面扩展，疲劳扩展区也较为粗糙，小应变（循环周次大于 10^3 量级）的断口疲劳扩展区可见明显棱线特征，且和失稳扩展区分界较为明显，随着应变的增大，断口疲劳区扩展棱线较不清楚，和失稳扩展区交界不明显。瞬断区断裂区与主断裂面约成 45° 的斜面，与高周疲劳断口相比，断面粗糙，高低不平，见图 3.3-54、图 3.3-55。相同应力比下，随着应变水平的增加，断面粗糙度增加，疲劳区面积减小。以所选试样为例：$R_\varepsilon=-1$ 条件下，疲劳区面积占整个断口面积由约 40% 减少到 20%；$R_\varepsilon=0.1$ 条件下，疲劳区面积占整个断口面积由约 50% 减少到 30%。

(a) $\Delta\varepsilon_{max}/2=0.611\%$、$N_f=6457$　　(b) $\Delta\varepsilon_{max}/2=1.0265\%$、$N_f=654$　　(c) $\Delta\varepsilon_{max}/2=1.4065\%$、$N_f=204$

图 3.3-54　300℃、$R_\varepsilon=-1$ 时低周疲劳断口宏观形貌

(a) $\Delta\varepsilon_{max}/2=0.554\%$、$N_f=9902$　　(b) $\Delta\varepsilon_{max}/2=0.7325\%$、$N_f=5914$　　(c) $\Delta\varepsilon_{max}/2=1.2805\%$、$N_f=376$

图 3.3-55　300℃、$R_\varepsilon=0.1$ 时低周疲劳断口宏观形貌

（2）微观特征：两个应变比、不同应变作用下的低周疲劳试样均为多源起始，大部分试样起源于表面，呈线源特征；应变较小的情况下（循环周次大于 10^3 量级），断口起源处和疲劳扩展区相对平坦些，见图 3.3-56（a）和（c）；应变较大情况下，呈多个大线源或连续线源特征，断裂源区起伏较大，且磨损严重，见图 3.3-56（b）和（d）。疲劳扩展区微观特征基本相同，稳定疲劳扩展区条带相对细密，随着裂纹的扩展，疲劳条带间距有所加宽，稳定疲劳扩展后期条带已不明显；失稳扩展区为较宽的条带和韧窝混合特征，疲劳扩展后期的失稳扩展区和最后的剪切瞬断区微观分别为等轴韧窝和剪切韧窝形貌，见图 3.3-56（e）～（j）。

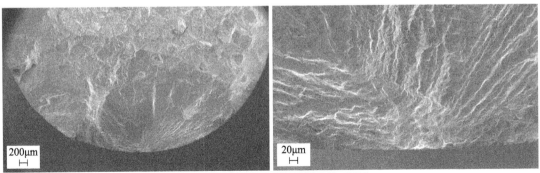

（a）R_ε=−1、$\Delta\varepsilon_{max}/2$=0.611% 断口起源和其一源区

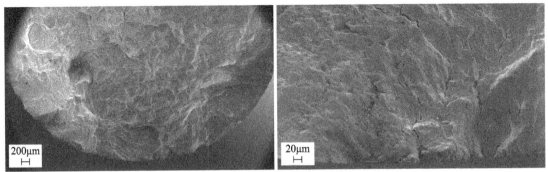

（b）R_ε=−1、$\Delta\varepsilon_{max}/2$=1.4065% 断口源区

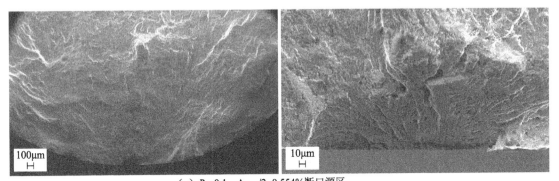

（c）R_ε=0.1、$\Delta\varepsilon_{max}/2$=0.554% 断口源区

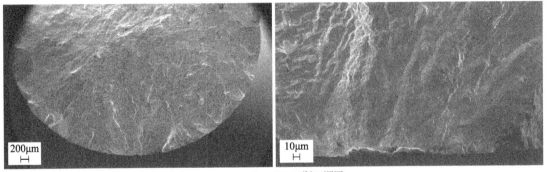

（d）R_ε=0.1、$\Delta\varepsilon_{max}/2$=1.2805% 断口源区

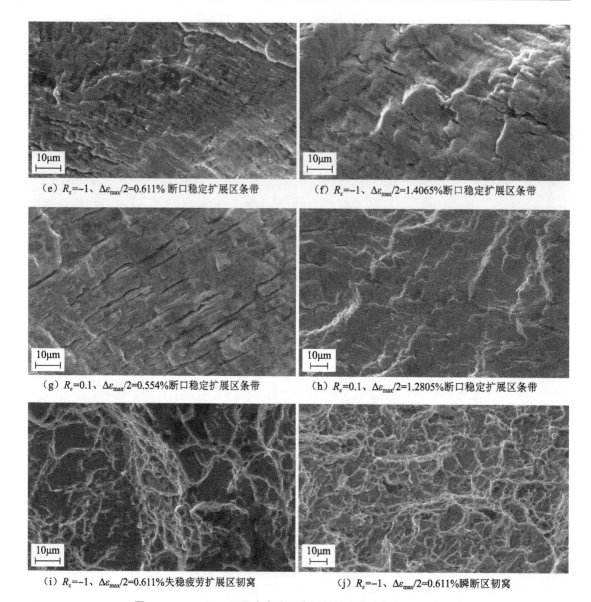

（e）$R_\varepsilon=-1$、$\Delta\varepsilon_{max}/2=0.611\%$ 断口稳定扩展区条带

（f）$R_\varepsilon=-1$、$\Delta\varepsilon_{max}/2=1.4065\%$ 断口稳定扩展区条带

（g）$R_\varepsilon=0.1$、$\Delta\varepsilon_{max}/2=0.554\%$ 断口稳定扩展区条带

（h）$R_\varepsilon=0.1$、$\Delta\varepsilon_{max}/2=1.2805\%$ 断口稳定扩展区条带

（i）$R_\varepsilon=-1$、$\Delta\varepsilon_{max}/2=0.611\%$ 失稳疲劳扩展区韧窝

（j）$R_\varepsilon=-1$、$\Delta\varepsilon_{max}/2=0.611\%$ 瞬断区韧窝

图 3.3-56　300℃、不同应变比下光滑低周应变疲劳断口微观形貌

3.400℃

（1）宏观特征：400℃下断口疲劳区呈金黄色，瞬断区为银灰色。两个应变比下的断口宏观特征与应变变化的规律类似。低应变下（循环周次 $10^3\sim10^4$）的断口起源为一侧单线源，线性源区长度较短，且扩展棱线明显；中应变下（循环周次 10^3）的断口四周可见多个起源，但以一侧的多个线性起源扩展为主，疲劳区相对平坦，且扩展棱线清晰；高应变下（循环周次 10^2）的断口起源又集中在一侧，呈连续线性起源或者大线源特征，线性源区长度明显比低应力下的源区长，且源区粗糙，扩展棱线相对不清楚。按黄色区域比例看疲劳区面积，断口疲劳扩展区面积随应变增大没有呈现变小的趋势，高应变下，疲劳区面积占整个断口面积反而增大到 50% 以上，但实际上高应变下的断口疲劳扩展区主要以失稳扩展区为主，稳定扩展区面积显著比中、低应变下的小，因此按稳定疲劳扩展区面积看，应变比 $R_\varepsilon=-1$

的 3 个断口稳定疲劳区面积分别占整个断口面积的 60%、30% 和 10%，应变比 $R_\varepsilon = 0.1$ 的 3 个断口稳定疲劳区面积分别占整个断口面积的 55%、40% 和 10%，见图 3.3-57 和图 3.3-58。

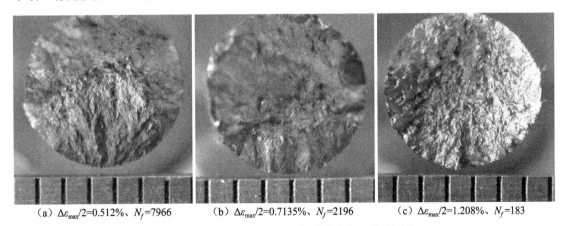

（a）$\Delta\varepsilon_{max}/2 = 0.512\%$、$N_f = 7966$　　（b）$\Delta\varepsilon_{max}/2 = 0.7135\%$、$N_f = 2196$　　（c）$\Delta\varepsilon_{max}/2 = 1.208\%$、$N_f = 183$

图 3.3-57　400℃、$R_\varepsilon = -1$ 时低周疲劳断口宏观形貌

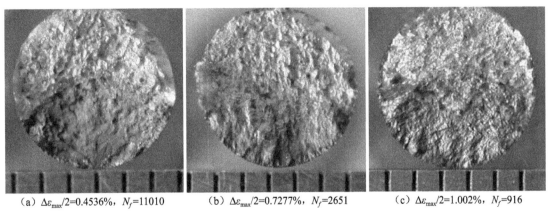

（a）$\Delta\varepsilon_{max}/2 = 0.4536\%$、$N_f = 11010$　　（b）$\Delta\varepsilon_{max}/2 = 0.7277\%$、$N_f = 2651$　　（c）$\Delta\varepsilon_{max}/2 = 1.002\%$、$N_f = 916$

图 3.3-58　400℃、$R_\varepsilon = 0.1$ 时低周疲劳断口宏观形貌

（2）微观特征：400℃下的 TC17 光滑低周疲劳断口疲劳扩展区和瞬断区的特征和变化规律和室温、300℃下的类似，微观特征主要以疲劳源区特征为主。两个应力比下的 6 个断口疲劳起源均在表面，只是随着应变增大，疲劳源区粗糙度明显变化，线性起源的宽度变宽，见图 3.3-59。

（a）$R_\varepsilon = -1$、$\Delta\varepsilon_{max}/2 = 0.512\%$ 断口疲劳源区和其中一源区

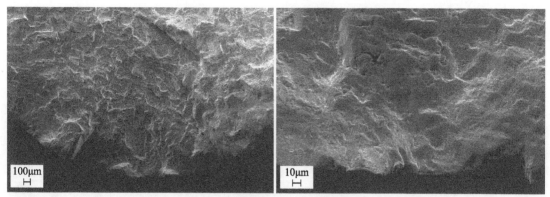

（b）$R_\varepsilon=-1$、$\Delta\varepsilon_{max}/2=1.208\%$断口疲劳源区

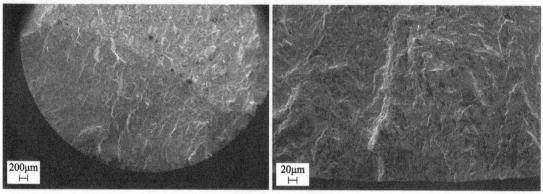

（c）$R_\varepsilon=0.1$、0.7277%断口疲劳源区

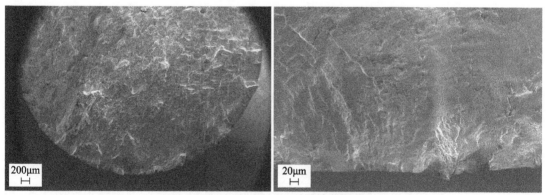

（d）$R_\varepsilon=-0.1$、$\Delta\varepsilon_{max}/2=1.002\%$断口疲劳源区

图 3.3-59　400℃下的低周疲劳断口源区形貌

4. 综合分析

不同试验条件下的应变疲劳（低周疲劳）断口特征具有以下特点：

（1）总体看，与高周疲劳断口对比，低周疲劳断口整体更为粗糙，断口分源区、稳定疲劳扩展区、失稳扩展区和剪切瞬断区 4 个区域。300℃和 400℃下的断口比室温下的断口疲劳区更平坦。

（2）应变小时（循环周次 $10^3 \sim 10^4$）断口和光滑高周疲劳断口相近，稳定疲劳扩展区相对平坦，且占整个断口面积比例较高（30% ～ 60%），起源于表面、次表面、内部均有可能，且起源于次表面或者内部的大多可见类解理刻面特征。中、高应变下的低周疲劳断口比较典型，源区和疲劳区均比较粗糙，扩展棱线几乎不清楚，试样均从表面起源，呈多线源或者连续大线源的特征，且线源区域也较宽，断口大部分为失稳扩展区，稳定疲劳扩展区面积占整个断口面积的 10% ～ 30%。

（3）TC17 应变疲劳断口的稳定疲劳扩展区均可见疲劳条带，且条带整体相对细密，尤其是低应变的断口，中、高应变的断口稳定疲劳区条带宽度有所变宽，且出现磨损和二次裂纹并存的特征。失稳扩展区主要为等轴韧窝形貌，最后的剪切瞬断区为剪切韧窝形貌。

第4章 其他合金断口特征

4.1 7A09

4.1.1 概述

7A09 属于 Al-Zn-Mg-Cu 系超高强度变形铝合金，因其可通过热处理进行强化而具有较高的比强度，同时还具有良好的热加工性、较好的耐腐蚀性能和较高的韧性，是我国目前使用的强度最高的铝合金之一。主要用于制造整流叶片，它在 T6 状态的强度最高，可生产各种规格的板材、棒材、型材、厚壁管材及锻件。该合金的化学成分比 7A04 合理，综合性能较好，且有 4 种热处理状态可供选用。在退火或固溶热处理状态下，在常温具有良好的成形性能。在固溶热处理加人工时效状态下，成形性能较低，但随着温度提高，成形性能得到改善。可以进行电阻焊，但不宜熔焊。在 T6 状态下，该合金具有满意的断裂韧度。它在 T73 过时效状态的强度及屈服强度均较 T6 状态低，但具有优异的耐应力腐蚀性能，且具有较高的断裂韧度。T76 是一种适用于抗剥落腐蚀的状态。CGS3 同时具有高的强度和较好的耐应力腐蚀性能。该合金的抗拉强度比 2A12 及 2A14 铝合金高，而且耐应力腐蚀性能也比后两个合金好，但其疲劳强度并不按比例提高，因此，在设计主要承受疲劳载荷的部件时，要仔细考虑这个问题。此外温度升高时合金的强度降低，长期使用温度一般不超过 125℃。

4.1.2 组织结构

合金由 α 相固溶体及第二相质点组成。按其生成机理第二相质点可分为 3 类：第一类是初生的金属间化合物，有 $FeCrAl_7$、$FeAl_3$、Mg_2Si 等。这些化合物在合金结晶时直接从液相生成，故尺寸较大，在光学显微镜下呈块状，继而在压力加工过程中被打碎，往往排列成串，根据合金的铸造及加工条件不同，其尺寸为 0.5 ~ 10μm，这些相加热时不溶于固溶体，降低合金的断裂韧度。第二类是含铬的弥散质点 $Al_{12}Mg_2Cr$，它们是在合金均匀化、压力加工前加热、以及固溶处理加热时，在高温下从固溶体中析出的，其尺寸为 0.05 ~ 0.5μm。这些质点对合金再结晶和晶粒长大有明显的阻碍作用。第三类是时效强化质点，合金固溶处理时，它们溶入固溶体中，时效时，它们从固溶体中析出，形状和尺寸变化较大，是影响合金性能的重要因素。合金在 T6 状态时，强化质点主要是 ≤ 4nmG·P 区；在 CGS3 状态时，强化质点主要是 5 ~ 6nm 的 η′ 过渡相；在 T73 状态时，则是 8 ~ 12nm 的 η′ 过渡相及 20 ~ 80nm 的 η 相质点。本书中 7A09 试样采用的热处理制度为：固容 470℃ ±5℃ ×（1 ~ 2h），水淬；人工时效：140℃ /16 ~ 16.6h，空冷，该热处理制度下的合金显微组织特征见图 4.1-1。

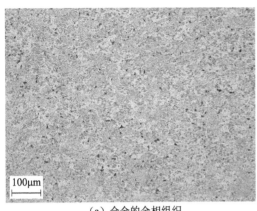
（a）合金的金相组织

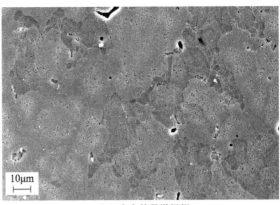
（b）合金的显微组织

图 4.1-1 7A09 显微组织特征

4.1.3 断口特征

4.1.3.1 光滑拉伸

（1）宏观特征：7A09 合金不同温度下（室温～ 150℃）的拉伸断口，室温下断口无颈缩，并且断口高度差大，随着温度的升高，断口颈缩越来越明显，断口呈现典型的杯锥状断口形貌，分为中心纤维区和四周剪切唇区两个区，四周光滑的剪切唇区与平断面呈一定角度。随着温度升高纤维区面积所占比例呈上升的趋势，见图 4.1-2。

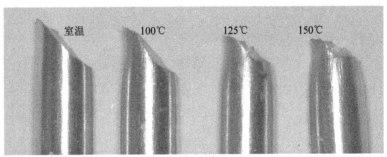
（a）断口侧面

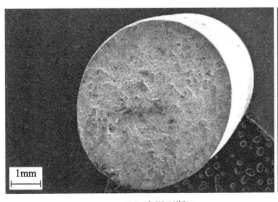
（b）室温下断口

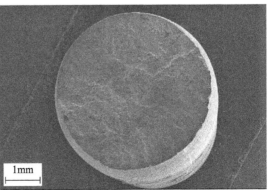
（c）100℃下断口

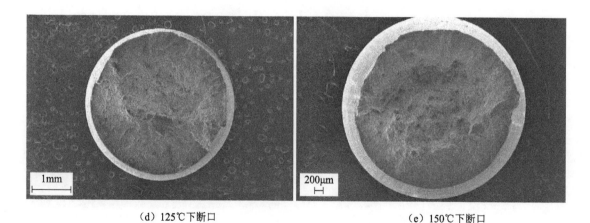

（d）125℃下断口 　　　　　　　　　　　（e）150℃下断口

图 4.1-2　光滑拉伸断口宏观形貌

（2）微观特征：光滑拉伸断口微观特征基本相同，均为韧窝断裂形貌。断裂起源于试样中部，纤维区为等轴韧窝形貌，边缘剪切唇区为较浅的拉长韧窝。随着试验温度的升高可见到韧窝内强化相质点，纤维区开始出现大且深的韧窝，其大韧窝里的强化相质点开始明显，见图 4.1-3。

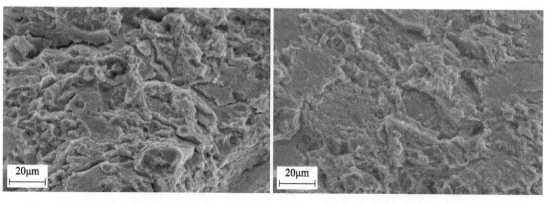

（a）室温中心纤维区韧窝 　　　　　　　　（b）室温边缘剪切唇区韧窝

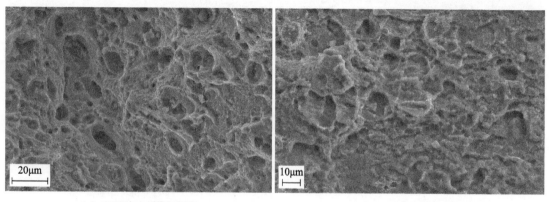

（c）125℃中心纤维区韧窝 　　　　　　　　（d）125℃边缘剪切唇区韧窝

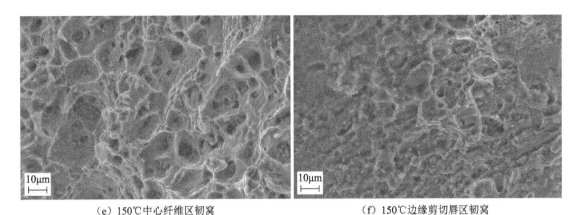

（e）150℃中心纤维区韧窝   （f）150℃边缘剪切唇区韧窝

图 4.1-3 不同试验温度下拉伸断口微观形貌

4.1.3.2 缺口拉伸

（1）宏观特征：同一温度、不同缺口系数下的拉伸断口对比，K_t=2 下的断口相对 K_t=3、K_t=4 和 K_t=5 的断口边缘起伏大一些，断口更粗糙，断面呈灰色，断口无颈缩，断裂于试样缺口，为一个垂直于轴向的平断面；相比于室温缺口拉伸断口，高温缺口拉伸断口断面更为粗糙，在不同温度下均呈灰色，无明显颈缩现象，见图 4.1-4。

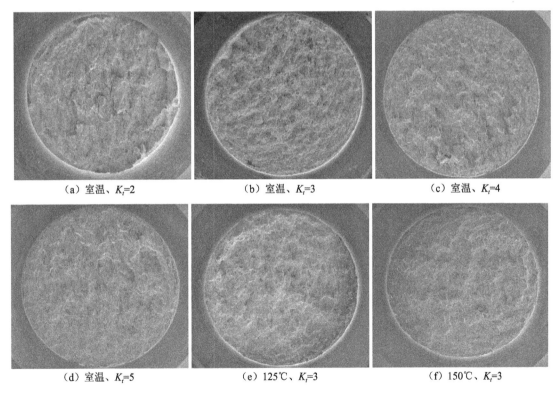

（a）室温、K_t=2   （b）室温、K_t=3   （c）室温、K_t=4

（d）室温、K_t=5   （e）125℃、K_t=3   （f）150℃、K_t=3

图 4.1-4 缺口拉伸断口宏观形貌

（2）微观特征：以 K_t=3 高温缺口拉伸断口为例，7A09 缺口拉伸断口微观特征主要为韧窝形貌，韧窝底部可见强化相质点，部分强化相质点发生开裂，见图 4.1-5。

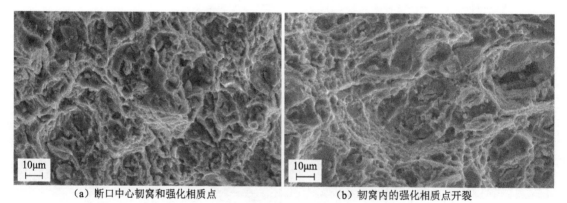

（a）断口中心韧窝和强化相质点　　　　　　　（b）韧窝内的强化相质点开裂

图 4.1-5　缺口拉伸断口微观形貌（125℃、K_t=3）

4.1.3.3　轴向高周光滑疲劳

1. 室温

（1）宏观特征：室温下 3 个应力比的高周疲劳断口颜色为银灰色，断口台阶高度差大，9 个断口疲劳起始于试样一侧，呈单源特征，但 R=0.1 和 R=0.5 两个应力比下的断口起源趋于点源，疲劳源区放射棱线明显，R=-1 的 3 个断口起源有明显线源特征；瞬断区有平断和剪切瞬断区两部分，且剪切瞬断区比例较大。同一应力比下，随着应力的增加，疲劳区面积减小，R=0.1 下的 3 个断口应力从低到高，疲劳区面积分别占整个断口面积的 40%、35% 和 30%；R=0.5 下的 3 个断口应力从低到高，疲劳区面积分别占整个断口面积的 25%、15% 和 5%；R=-1 下的 3 个断口应力从低到高，疲劳区面积分别占整个断口面积的 15%、10% 和 5%；见图 4.1-6 ～图 4.1-8。

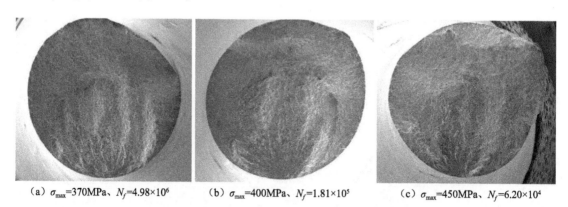

（a）σ_{max}=370MPa、N_f=4.98×10⁶　　（b）σ_{max}=400MPa、N_f=1.81×10⁵　　（c）σ_{max}=450MPa、N_f=6.20×10⁴

图 4.1-6　室温、R=0.1 高周轴向疲劳断口宏观形貌

（2）微观特征：疲劳起源于试样一侧表面，R=0.1 和 0.5 两个应力比下的 6 个断口起源类似，在表面，呈点源或小线源特征，源区未见缺陷，放射棱线清晰；R=-1 的 3 个断口源区更为粗糙，呈线源特征，源区可见磨损，且随着应力的增加，源区线源区域越大。断口疲劳扩展区和瞬断区特征相似，疲劳区平坦，疲劳扩展前期条带非常细密，随着疲劳裂纹的扩展条带逐渐变宽，R=-1 的疲劳扩展深度很浅；以 R=0.1、σ_{max}=450MPa 的断口为例，疲劳条带间距为：前期 120nm，中期 320nm，后期 720nm。瞬断区可见等轴韧窝和剪切韧窝两种韧窝形貌，见图 4.1-9。

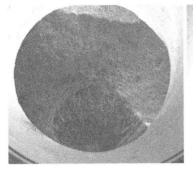  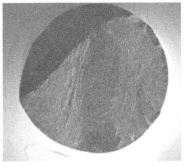

（a）σ_{max}=495MPa、N_f=2.25×10⁶　　　（b）σ_{max}=550MPa、N_f=4.89×10⁵　　　（c）σ_{max}=625MPa、N_f=4.10×10⁴

图 4.1-7　室温、R=0.5 高周轴向疲劳断口宏观形貌

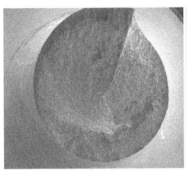 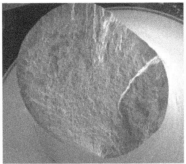 

（a）σ_{max}=105MPa、N_f=9.66×10⁶　　　（b）σ_{max}=150MPa、N_f=4.57×10⁵　　　（c）σ_{max}=300MPa、N_f=3.17×10⁴

图 4.1-8　室温、R=−1 高周轴向疲劳断口宏观形貌

（a）R=0.1、σ_{max}=370MPa断口源区　　　　　（b）R=0.1、σ_{max}=450MPa断口源区

 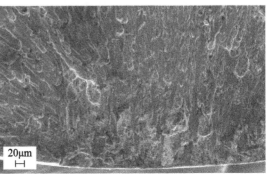

（c）R=0.5、σ_{max}=495MPa断口源区　　　　　（d）R=0.5、σ_{max}=625MPa断口源区

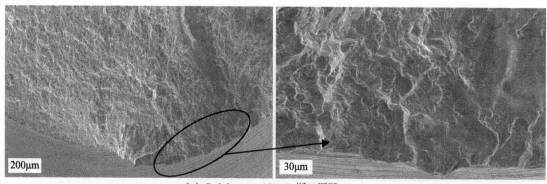

（e）R=0.5、σ_{max}=150MPa断口源区

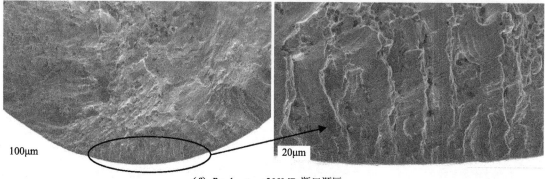

（f）R=-1、σ_{max}=300MPa断口源区

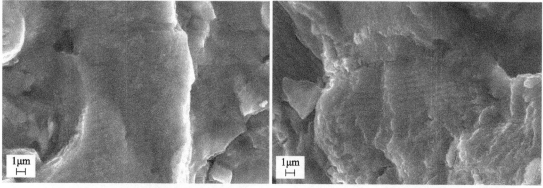

（g）R=0.1、σ_{max}=450MPa疲劳扩展前中期条带　　　　（h）R=0.1、σ_{max}=450MPa疲劳扩展后期条带

（i）R=0.5、σ_{max}=625MPa疲劳扩展前中期条带　　　　（j）R=0.5、σ_{max}=625MPa疲劳扩展后期条带

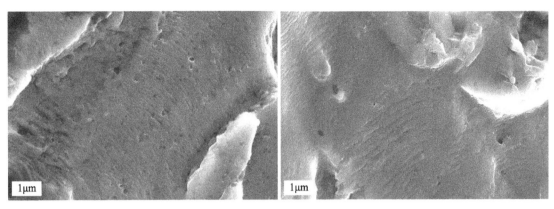

（k）$R=-1$、$\sigma_{max}=150$MPa疲劳扩展前中期条带　　　（l）$R=-1$、$\sigma_{max}=150$MPa疲劳扩展后期条带

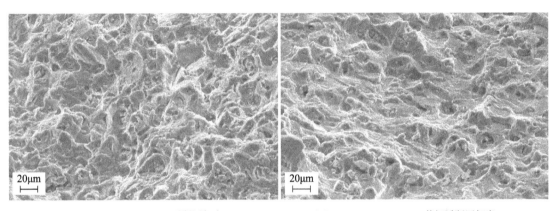

（m）$R=-1$、$\sigma_{max}=150$MPa平断区韧窝　　　（n）$R=-1$、$\sigma_{max}=150$MPa剪切瞬断区韧窝

图 4.1-9　室温下高周轴向疲劳断口微观形貌

2. 125℃

（1）宏观特征：125℃下断口颜色为银灰色，断口台阶高度差大。除了 $R=0.5$、$\sigma_{max}=440$MPa 疲劳起始于试样内部外，其他断口起源均在试样一侧，放射棱线明显；$R=0.1$ 下的 3 个断口为单个点源特征，而 $R=0.5$ 和 $R=-1$ 两个应力比下，到高应力时，源区呈现线源特征，尤其 $R=0.5$、$\sigma_{max}=600$MPa 断口，呈大线源或者连续线源特征，瞬断区以剪切断裂为主。同一应力比下，随着应力的增加，疲劳区面积呈减小的趋势，$R=0.1$ 下的 3 个断口，应力从低到高，疲劳区面积分别占整个断口面积的 45%、40% 和 30%；$R=0.5$ 下的 3 个断口，应力从低到高，疲劳区面积分别占整个断口面积的 20%、15% 和 10%；$R=-1$ 下的 3 个断口，应力从低到高，疲劳区面积分别占整个断口面积的 75%、75% 和 45%，见图 4.1-10～图 4.1-12。

（2）微观特征：125℃下高周疲劳断口，$R=0.1$ 的 3 个断口疲劳起源相似，均在试样表面，呈点源特征，源区无明显缺陷，放射棱线清晰；$R=0.5$、低应力（$\sigma_{max}=440$MPa）的断口疲劳起源于试样内部夹杂物，围绕着夹杂有明显的类解理小刻面特征，中应力（$\sigma_{max}=500$MPa）断口起源和 $R=0.1$ 的相似；高应力（$\sigma_{max}=600$MPa）断口源区为大线源特征。$R=-1$ 低应力的两个断口相似，起源在表面，呈点源特征；高应力（$\sigma_{max}=350MPa$）下，源区为典型线源。断口疲劳扩展区和瞬断区特征相似，疲劳扩展区平坦，疲劳扩展前期条带较细，随着疲劳裂纹的扩展条带逐渐变宽，瞬断区可见等轴韧窝和剪切韧窝两种形貌，见图 4.1-13。

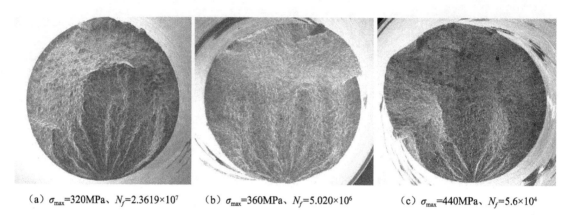

（a）$\sigma_{max}=320MPa$、$N_f=2.3619\times10^7$　　（b）$\sigma_{max}=360MPa$、$N_f=5.020\times10^6$　　（c）$\sigma_{max}=440MPa$、$N_f=5.6\times10^4$

图 4.1-10　125℃、$R=0.1$ 高周轴向疲劳断口宏观形貌

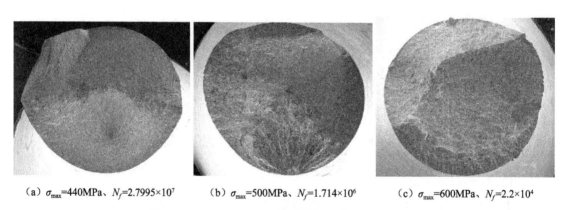

（a）$\sigma_{max}=440MPa$、$N_f=2.7995\times10^7$　　（b）$\sigma_{max}=500MPa$、$N_f=1.714\times10^6$　　（c）$\sigma_{max}=600MPa$、$N_f=2.2\times10^4$

图 4.1-11　125℃、$R=0.5$ 高周轴向疲劳断口宏观形貌

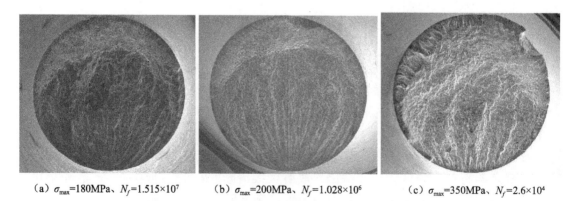

（a）$\sigma_{max}=180MPa$、$N_f=1.515\times10^7$　　（b）$\sigma_{max}=200MPa$、$N_f=1.028\times10^6$　　（c）$\sigma_{max}=350MPa$、$N_f=2.6\times10^4$

图 4.1-12　125℃、$R=-1$ 高周轴向疲劳断口宏观形貌

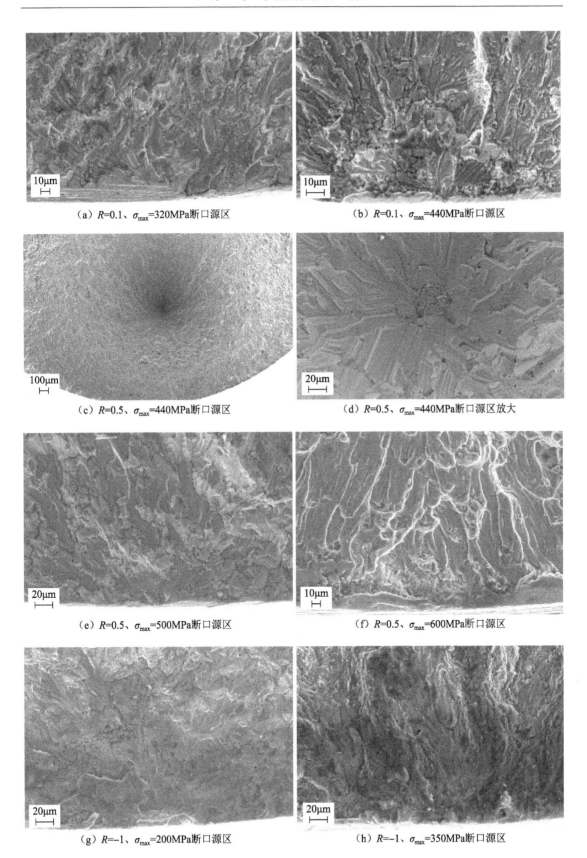

（a）R=0.1、σ_{max}=320MPa断口源区

（b）R=0.1、σ_{max}=440MPa断口源区

（c）R=0.5、σ_{max}=440MPa断口源区

（d）R=0.5、σ_{max}=440MPa断口源区放大

（e）R=0.5、σ_{max}=500MPa断口源区

（f）R=0.5、σ_{max}=600MPa断口源区

（g）R=-1、σ_{max}=200MPa断口源区

（h）R=-1、σ_{max}=350MPa断口源区

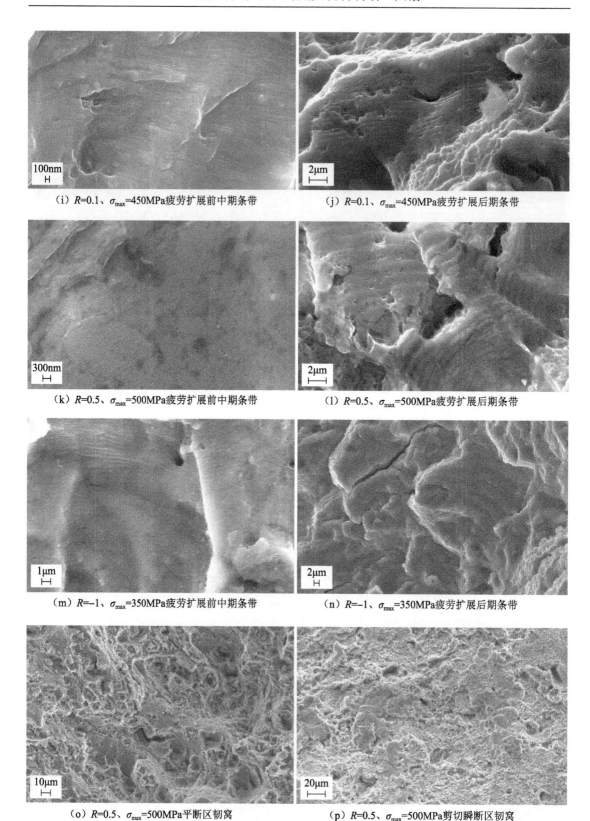

（i）R=0.1、σ_{max}=450MPa疲劳扩展前中期条带

（j）R=0.1、σ_{max}=450MPa疲劳扩展后期条带

（k）R=0.5、σ_{max}=500MPa疲劳扩展前中期条带

（l）R=0.5、σ_{max}=500MPa疲劳扩展后期条带

（m）R=-1、σ_{max}=350MPa疲劳扩展前中期条带

（n）R=-1、σ_{max}=350MPa疲劳扩展后期条带

（o）R=0.5、σ_{max}=500MPa平断区韧窝

（p）R=0.5、σ_{max}=500MPa剪切瞬断区韧窝

图4.1-13　125℃下高周轴向疲劳断口微观形貌

3.综合分析

上述两个条件下的 7A09 光滑高周疲劳断口特征具有以下特点：

（1）125℃以下断口颜色为银灰色，与室温下断口颜色无明显差异。

（2）低应力下，疲劳在试样一侧起源，随着疲劳应力增大，疲劳沿试样圆周多源起源，断口台阶高度差较大；疲劳源区放射棱线明显；放大观察可见类解理断裂的小刻面。

（3）不同应力比和不同温度下的疲劳断口微观特征差异不明显。

（4）随着疲劳应力增大，疲劳扩展区面积有减小的趋势，疲劳源由单源特征变为线源起始；而拉—压（$R=-1$）疲劳断口在高应力下疲劳源呈现单侧线源特征更明显，断口磨损较重。

4.1.3.4　轴向高周缺口疲劳

1.室温、$K_t=2$

（1）宏观特征：室温下轴向高周缺口疲劳断口较平坦，颜色为银灰色。3 个断口疲劳均起源于试样缺口处一侧，向另一侧扩展，放射棱线清晰，疲劳区平坦，瞬断区粗糙，且在另一侧有小面积的剪切瞬断区。低中应力的两个断口起源为单源，$\sigma_{max}=300$MPa 下的断口在一侧两个疲劳源。3 个断口疲劳区面积分别占整个断口面积的 60%、50% 和 30%，见图 4.1-14。

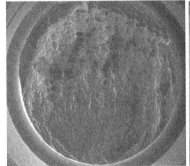  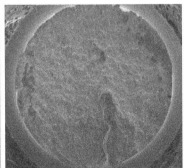

（a）$\sigma_{max}=220$MPa、$N_f=5.188\times10^6$　　（b）$\sigma_{max}=240$MPa、$N_f=1.28\times10^5$　　（c）$\sigma_{max}=300$MPa、$N_f=3.1\times10^4$

图 4.1-14　室温、$R=0.1$、$K_t=2$ 轴向高周疲劳断口宏观形貌

（2）微观特征：室温下，3 个应力断口疲劳均起源于一侧缺口表面，疲劳源区放射线清晰。其中 $\sigma_{max}=220$MPa 和 $\sigma_{max}=240$MPa 的断口呈现小线源特征，源区未见冶金缺陷，以 $\sigma_{max}=220$MPa 下断口为例，见图 4.1-15（a）和（b）。$\sigma_{max}=300$MPa 的断口在一侧可见临近的两个疲劳源，两个源区均未见冶金缺陷，见图 4.1-15（c）和（d）。在疲劳扩展中期断口较平坦，3 个断口疲劳扩展区和瞬断区特征基本一致，疲劳扩展前中期条带非常细密，随着疲劳裂纹的扩展，疲劳扩展后期疲劳条带逐渐变宽，见图 4.1-15（e）和（f），瞬断区可见韧窝特征，见图 4.1-15（g）和（h）。疲劳扩展区疲劳条带宽度：初期 80nm，中期 250nm，后期 800nm。

2.100℃、$K_t=2$

（1）宏观特征：100℃下断口颜色为银灰色，$R=0.1$ 和 $R=0.5$ 条件下的断口相对平坦，疲劳均起始于试样缺口一侧，放射棱线清晰；断口可见疲劳源区、疲劳扩展区和剪切区，剪切断裂区位于源区对面；低应力和中应力下断口疲劳源为单源，到高应力时，断口呈现多源特征。$R=-1$ 条件下的断口高差较大，呈现多个台阶面，低应力下断口为单个线源起始，中应力和高应力下断口为多源起始。同一应力比下，随着应力的增加，疲劳区面积呈减小的趋势，$R=0.1$ 下的 3 个断口，应力从低到高，疲劳区面积分别占整个断口面积的 60%、25%、15%；$R=0.5$ 下的 3 个断口，应力从低到高，疲劳区面积分别占整个断口面积的 45%、25%、20%；$R=-1$ 下的 3 个断口，应力从低到高，疲劳区面积分别占整个断口面积的 40%、20%、15%，见图 4.1-16～图 4.1-18。

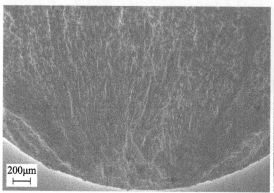

（a）$\sigma_{max}=220MPa$、$N_f=5.188\times10^6$断口源区

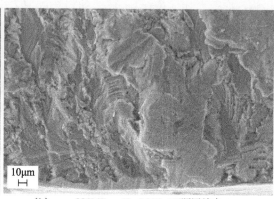

（b）$\sigma_{max}=220MPa$、$N_f=5.188\times10^6$源区放大

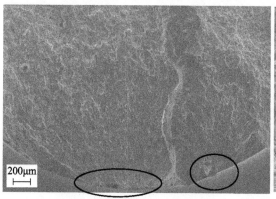

（c）$\sigma_{max}=300MPa$、$N_f=3.1\times10^4$断口源区

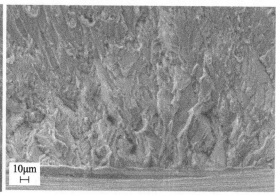

（d）$\sigma_{max}=300MPa$、$N_f=3.1\times10^4$源区放大

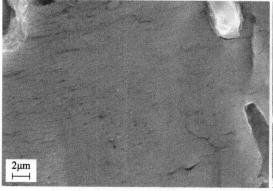

（e）$\sigma_{max}=300MPa$、$N_f=3.1\times10^4$扩展前中期疲劳条带

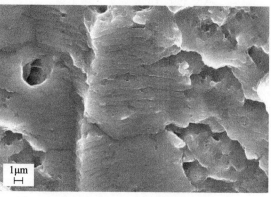

（f）$\sigma_{max}=300MPa$、$N_f=3.1\times10^4$扩展后期疲劳条带

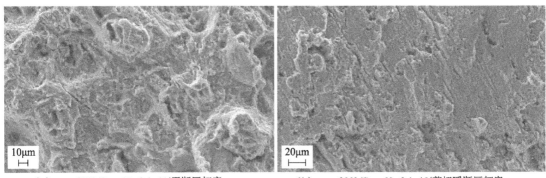

（g）σ_{max}=300MPa、N_f=3.1×10⁴平断区韧窝　　　　（h）σ_{max}=300MPa、N_f=3.1×10⁴剪切瞬断区韧窝

图 4.1-15　室温、R=0.1、K_t=2 时疲劳断口微观形貌

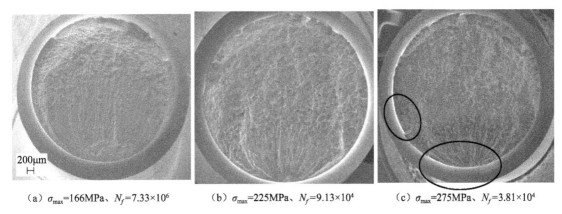

（a）σ_{max}=166MPa、N_f=7.33×10⁶　　（b）σ_{max}=225MPa、N_f=9.13×10⁴　　（c）σ_{max}=275MPa、N_f=3.81×10⁴

图 4.1-16　100℃、R=0.1、K_t=2 时高周轴向疲劳断口宏观形貌

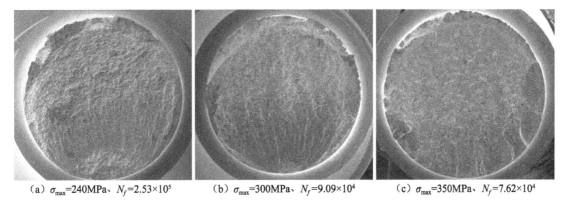

（a）σ_{max}=240MPa、N_f=2.53×10⁵　　（b）σ_{max}=300MPa、N_f=9.09×10⁴　　（c）σ_{max}=350MPa、N_f=7.62×10⁴

图 4.1-17　100℃、R=0.5、K_t=2 时高周轴向疲劳断口宏观形貌

（2）微观特征：100℃下轴向高周缺口疲劳断口，各断口不管单源起源还是多源起源，其疲劳源区的微观特征差异不大，疲劳均起源于试样缺口根部表面，源区无明显缺陷，放射棱线清晰。源区有磨损，尤其 R=-1 断口源区磨损更重。源区放大观察呈现类解理断裂特征。疲劳扩展前期疲劳条带清晰细密，随着疲劳裂纹的扩展，疲劳条带逐渐变宽，以 σ_{max}=180MPa 断口为例，疲劳条带宽度：初期 100nm，中期 200nm，后期 1500nm。瞬断区为韧窝形貌。见图 4.1-19。

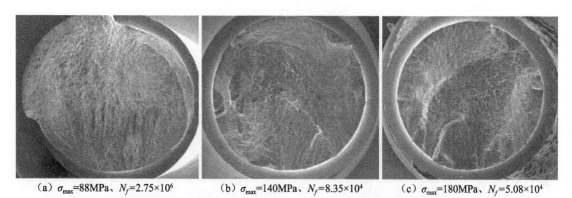

（a）σ_{max}=88MPa、N_f=2.75×10⁶　　　（b）σ_{max}=140MPa、N_f=8.35×10⁴　　　（c）σ_{max}=180MPa、N_f=5.08×10⁴

图 4.1-18　100℃、R=−1、K_t=2 时高周轴向疲劳断口宏观形貌

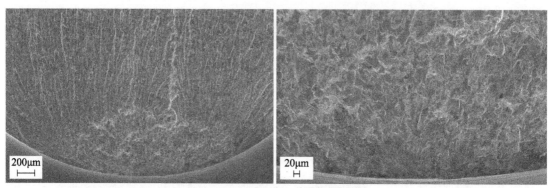

（a）R=0.1、σ_{max}=166MPa断口单源起源及源区

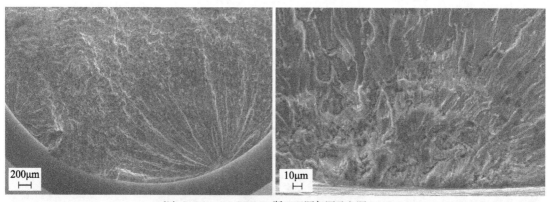

（b）R=0.1、σ_{max}=275MPa断口双源起源及主源

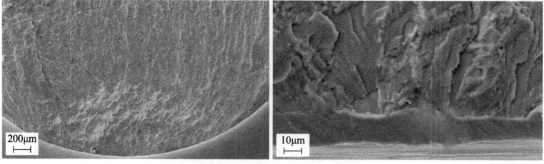

（c）R=0.5、σ_{max}=240MPa断口单源起源及源区

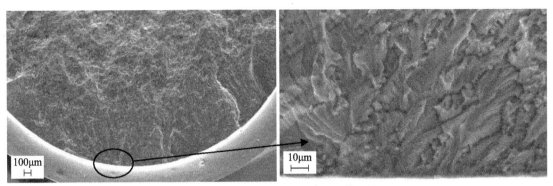

（d）R=0.5、σ_{max}=350MPa断口多源起源及其一源区

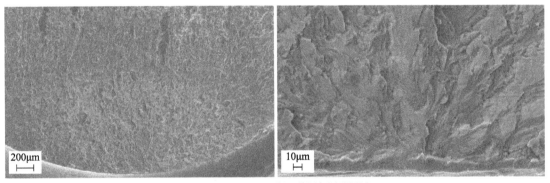

（e）R=-1、σ_{max}=88MPa断口单源起源及源区

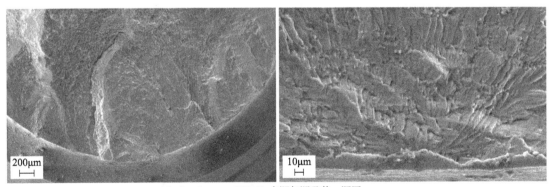

（f）R=-1、σ_{max}=180MPa多源起源及其一源区

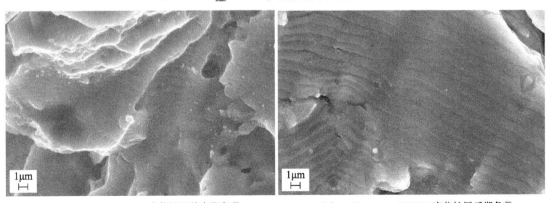

（g）R=0.1、σ_{max}=275MPa疲劳扩展前中期条带　　　　（h）R=0.1、σ_{max}=275MPa疲劳扩展后期条带

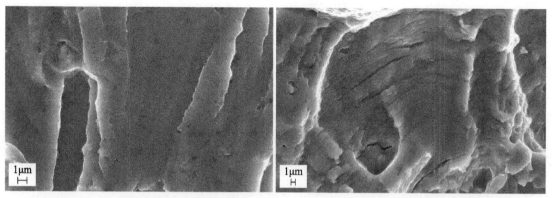

（i）R=0.5、σ_{max}=350MPa疲劳扩展前期条带　　　　　（j）R=0.5、σ_{max}=350MPa疲劳扩展后期条带

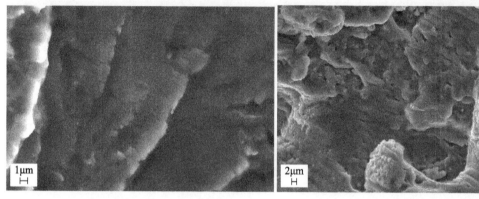

（k）R=−1、σ_{max}=180MPa疲劳扩展前中期条带　　　　（l）R=−1、σ_{max}=180MPa疲劳扩展后期条带

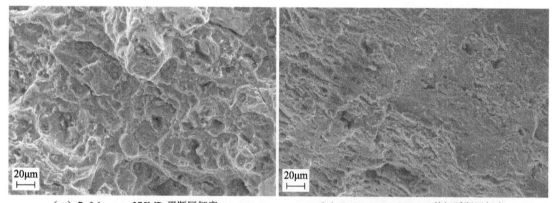

（m）R=0.1、σ_{max}=275MPa平断区韧窝　　　　　　　（n）R=0.1、σ_{max}=275MPa剪切瞬断区韧窝

图 4.1-19　100℃、K_t=2 高周轴向疲劳断口微观形貌

3. 125℃、K_t=2

（1）宏观特征：125℃下断口颜色仍为银灰色，R=0.1 条件下断口相对平坦，低应力下断口为单源起源，高应力（σ_{max}=250MPa）下断口为两个源。R=0.5 下 3 个断口均为单源。R=−1 条件下低中应力两个断口为单源，高应力下的断口为四周连续多线源起源。低应力下源区放射棱线更为明显，且同一应力比下，随着应力的增加，断口逐渐粗糙，疲劳扩展区

面积呈减小趋势，$R=0.1$ 下的 3 个断口，应力从低到高，疲劳区面积分别约占断口面积的70%、60%、50%；$R=0.5$ 下的 3 个断口，应力从低到高，疲劳区面积分别占整个断口面积的 40%、30%、15%；$R=-1$ 下的 3 个断口，应力从低到高，疲劳区面积分别占整个断口面积的 80%、60%、40%，见图 4.1-20～图 4.1-22。

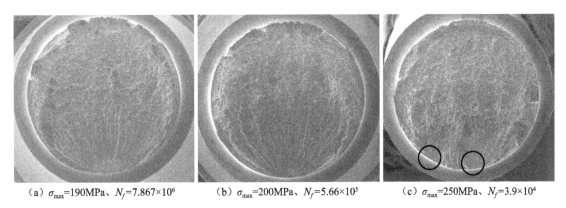

（a）$\sigma_{max}=190\text{MPa}$、$N_f=7.867\times10^6$　　　（b）$\sigma_{max}=200\text{MPa}$、$N_f=5.66\times10^5$　　　（c）$\sigma_{max}=250\text{MPa}$、$N_f=3.9\times10^4$

图 4.1-20　125℃、$R=0.1$、$K_t=2$ 时高周轴向疲劳断口宏观形貌

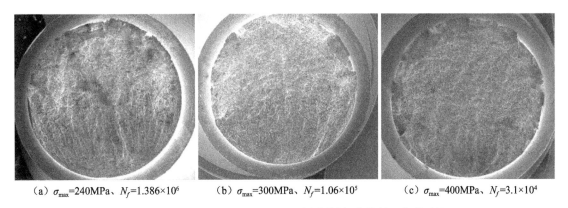

（a）$\sigma_{max}=240\text{MPa}$、$N_f=1.386\times10^6$　　　（b）$\sigma_{max}=300\text{MPa}$、$N_f=1.06\times10^5$　　　（c）$\sigma_{max}=400\text{MPa}$、$N_f=3.1\times10^4$

图 4.1-21　$K_t=2$、125℃、$R=0.5$ 时高周轴向疲劳断口宏观形貌

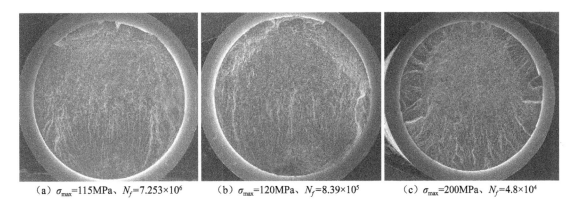

（a）$\sigma_{max}=115\text{MPa}$、$N_f=7.253\times10^6$　　　（b）$\sigma_{max}=120\text{MPa}$、$N_f=8.39\times10^5$　　　（c）$\sigma_{max}=200\text{MPa}$、$N_f=4.8\times10^4$

图 4.1-22　$K_t=2$、125℃、$R=-1$ 时高周轴向疲劳断口宏观形貌

（2）微观特征：125℃下轴向高周缺口疲劳断口，疲劳均起源于试样表面，低应力条件下呈点源特征，随着应力的增大，源区呈现线源或多源特征。源区无明显缺陷，断口源区放射棱线清晰。疲劳扩展前期和中期条带细密，随着疲劳扩展，疲劳扩展后期条带间距变宽，且可见大量的韧窝及二次裂纹，瞬断区为韧窝特征，见图4.1-23。$R=-1$断口较$R=0.1$和$R=0.5$断口源区磨损较重。$R=0.1$、$\sigma_{max}=190MPa$断口疲劳条带宽度：疲劳扩展初期70nm，中期220nm，后期600nm。$R=0.5$、$\sigma_{max}=400MPa$断口疲劳条带宽度：扩展初期30nm，中期350nm，后期820nm。

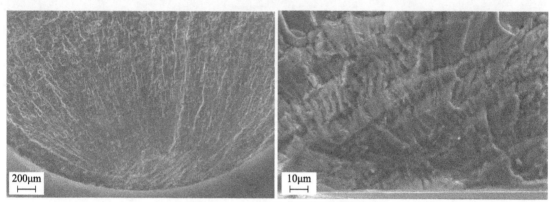

（a）$R=0.1$、$\sigma_{max}=190MPa$断口单源起源及源区

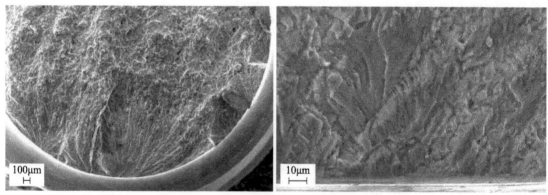

（b）$R=0.1$、$\sigma_{max}=250MPa$断口双源起源及主源区

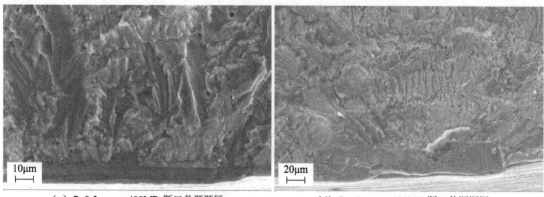

（c）$R=0.5$、$\sigma_{max}=400MPa$断口单源源区　　　（d）$R=-1$、$\sigma_{max}=120MPa$断口单源源区

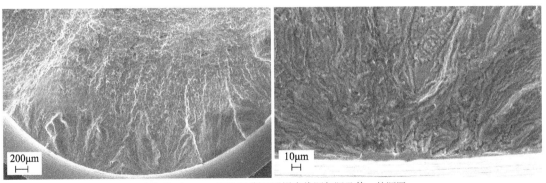

（e）R=-1、σ_{max}=200MPa断口四周多线源起源及其一处源区

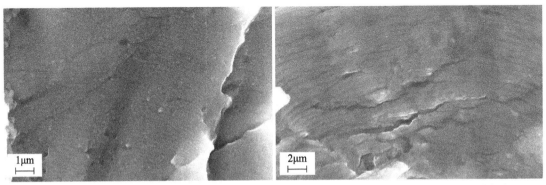

（f）R=0.1、σ_{max}=190MPa疲劳扩展前中期条带　　　（g）R=0.1、σ_{max}=190MPa疲劳扩展后期条带

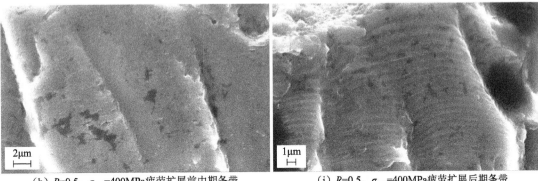

（h）R=0.5、σ_{max}=400MPa疲劳扩展前中期条带　　　（i）R=0.5、σ_{max}=400MPa疲劳扩展后期条带

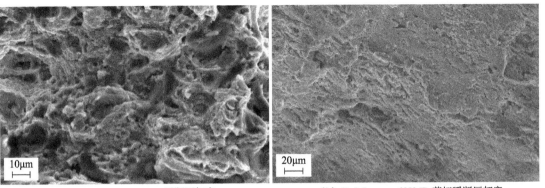

（j）R=0.5、σ_{max}=400MPa平断区韧窝　　　（k）R=0.5、σ_{max}=400MPa剪切瞬断区韧窝

图 4.1-23　125℃、K_t=2 高周轴向疲劳断口微观形貌

4. 室温、$K_t=3$

（1）宏观特征：$K_t=3$、室温条件下断口颜色有两种，疲劳起始区为银灰色，粗糙的瞬断区呈暗灰色。与 $K_t=2$ 断口相比，3 个应力比条件下断口疲劳均非点源起始，各应力比下，低应力时，沿试样一侧起源，疲劳源为单线源，随着应力的增加，疲劳从单线源转为一侧多线源再为试样四周多线源起始。且 $R=-1$ 条件下的断口源区台阶高差明显大于 $R=0.1$ 和 $R=0.5$ 的断口。$R=0.1$ 下的 3 个断口，应力从低到高，疲劳区面积分别占整个断口面积的 50%、35%、30%；$R=0.5$ 下的 3 个断口，应力从低到高，疲劳区面积分别占整个断口面积的 40%、35%、30%；$R=-1$ 下的 3 个断口，应力从低到高，疲劳区面积分别占整个断口面积的 65%、55%、50%，见图 4.1-24 ～图 4.1-26。

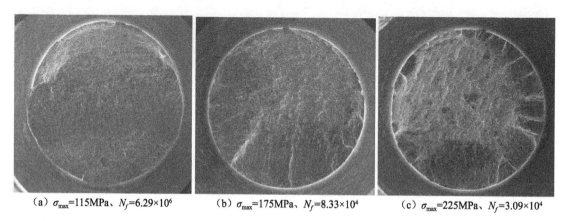

(a) $\sigma_{max}=115MPa$、$N_f=6.29\times10^6$ (b) $\sigma_{max}=175MPa$、$N_f=8.33\times10^4$ (c) $\sigma_{max}=225MPa$、$N_f=3.09\times10^4$

图 4.1-24　室温、$R=0.1$、$K_t=3$ 时高周轴向疲劳断口宏观形貌

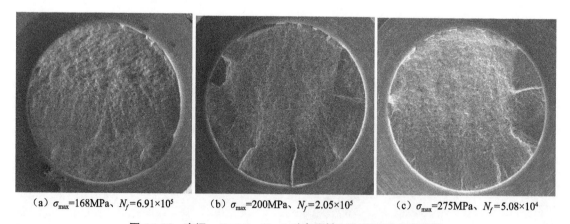

(a) $\sigma_{max}=168MPa$、$N_f=6.91\times10^5$ (b) $\sigma_{max}=200MPa$、$N_f=2.05\times10^5$ (c) $\sigma_{max}=275MPa$、$N_f=5.08\times10^4$

图 4.1-25　室温、$R=0.5$、$K_t=3$ 时高周轴向疲劳断口宏观形貌

（2）微观特征：室温下，轴向高周缺口疲劳均起源于缺口处表面，疲劳均为线源起始，疲劳条带不清晰，源区无明显缺陷。$R=-1$ 断口较 $R=0.1$、$R=0.5$ 断口疲劳扩展区磨损严重。在疲劳扩展前期，可见细密的疲劳条带，随着疲劳裂纹的扩展，扩展区后期疲劳条带变宽，以 $R=0.1$、$\sigma_{max}=225MPa$ 断口为例，疲劳条带宽度：疲劳扩展前期 80nm，中期 200nm，后期 400nm，瞬断区可见韧窝特征，见图 4.1-27。

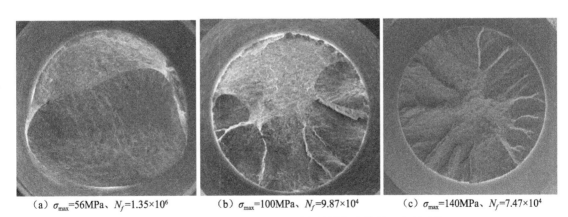

（a）σ_{max}=56MPa、N_f=1.35×10⁶　　　（b）σ_{max}=100MPa、N_f=9.87×10⁴　　　（c）σ_{max}=140MPa、N_f=7.47×10⁴

图 4.1-26　室温、R=−1、K_t=3 时高周轴向疲劳断口宏观形貌

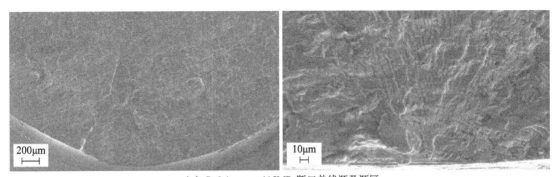

（a）R=0.1、σ_{max}=115MPa断口单线源及源区

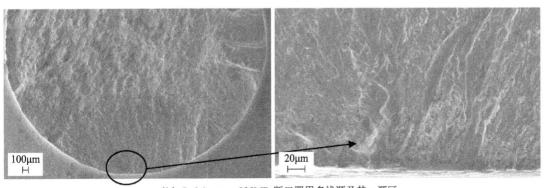

（b）R=0.1、σ_{max}=225MPa断口四周多线源及其一源区

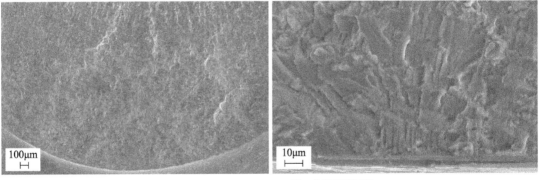

（c）R=0.5、σ_{max}=168MPa断口单线源及源区

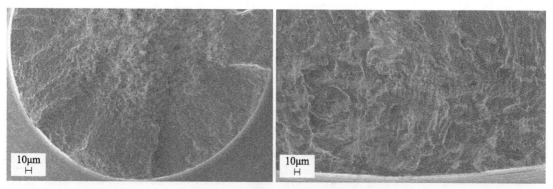

（d）R=0.5、σ_{max}=275MPa断口多线源及其一源区

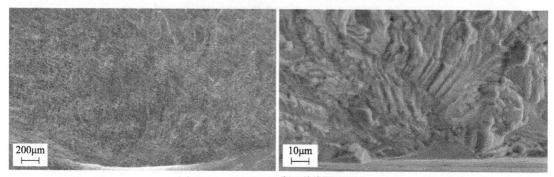

（e）R=-1、σ_{max}=56MPa断口单线源及源区

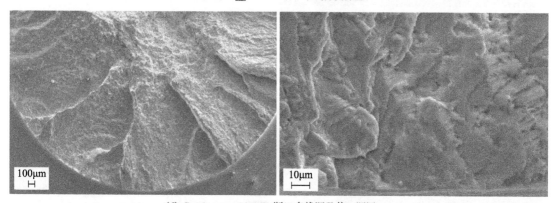

（f）R=-1、σ_{max}=140MPa断口多线源及其一源区

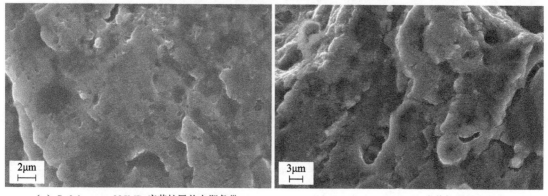

（g）R=0.1、σ_{max}=225MPa疲劳扩展前中期条带　　　　（h）R=0.1、σ_{max}=225MPa疲劳扩展后期条带

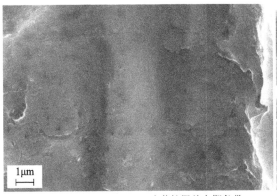
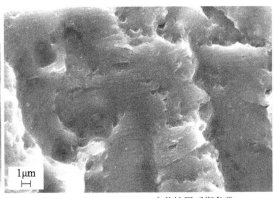

（i）$R=0.5$、$\sigma_{max}=275$MPa疲劳扩展前中期条带 　　（j）$R=0.5$、$\sigma_{max}=275$MPa疲劳扩展后期条带

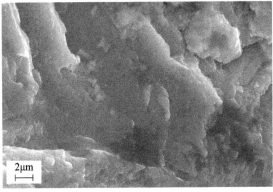

（k）$R=-1$、$\sigma_{max}=56$MPa疲劳扩展前中期条带 　　（l）$R=-1$、$\sigma_{max}=56$MPa疲劳扩展后期条带

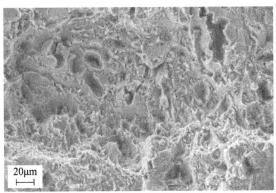
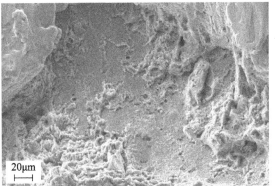

（m）$R=0.1$、$\sigma_{max}=56$MPa瞬断区 　　　　（n）$R=-1$、$\sigma_{max}=56$MPa瞬断区韧窝

图 4.1-27　室温、$R=0.1$、$K_t=3$ 时高周轴向疲劳断口微观形貌

5. 100℃、$K_t=3$

（1）宏观特征：100℃下轴向高周缺口疲劳断口颜色为银灰色。与室温下断口相似，3个应力比条件下的断口疲劳均非点源起始。$R=0.1$下，低应力断口为单线源起源，随着应力增大源区数量增多，高应力下断口在3/4圆周区域连续线性起源；$R=0.5$条件下，低应力为双源，高应力下为四周连续线源起源；$R=-1$下，3个应力下均四周起源，中心偏一侧为瞬断区。$R=-1$与$R=0.1$和$R=0.5$断口比较，疲劳断口台阶较多，台阶高差较大。同一

应力比条件下，随着应力的增加，四周起源的疲劳台阶随着增多，疲劳区面积呈减小的趋势。$R=0.1$ 下的 3 个断口，应力从低到高，疲劳区面积分别占整个断口面积的 60%、25%、15%；$R=0.5$ 下的 3 个断口，应力从低到高，疲劳区面积分别占整个断口面积的 45%、25%、20%；$R=-1$ 下的 3 个断口，应力从低到高，疲劳区面积分别占整个断口面积的 80%、70%、60%，见图 4.1-28 ～图 4.1-30。

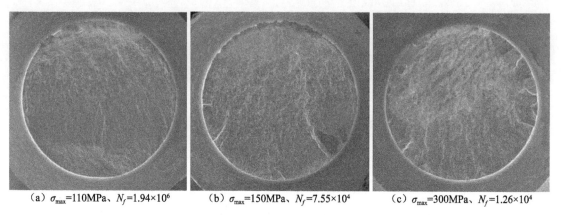

(a) $\sigma_{max}=110\text{MPa}$、$N_f=1.94\times10^6$ (b) $\sigma_{max}=150\text{MPa}$、$N_f=7.55\times10^4$ (c) $\sigma_{max}=300\text{MPa}$、$N_f=1.26\times10^4$

图 4.1-28   100℃、$R=0.1$、$K_t=3$ 时高周轴向疲劳断口宏观形貌

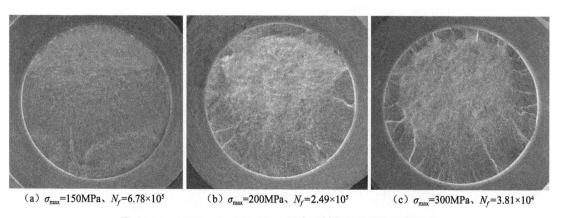

(a) $\sigma_{max}=150\text{MPa}$、$N_f=6.78\times10^5$ (b) $\sigma_{max}=200\text{MPa}$、$N_f=2.49\times10^5$ (c) $\sigma_{max}=300\text{MPa}$、$N_f=3.81\times10^4$

图 4.1-29   100℃、$R=0.5$、$K_t=3$ 时高周轴向疲劳断口宏观形貌

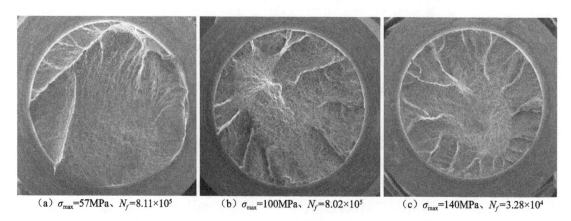

(a) $\sigma_{max}=57\text{MPa}$、$N_f=8.11\times10^5$ (b) $\sigma_{max}=100\text{MPa}$、$N_f=8.02\times10^5$ (c) $\sigma_{max}=140\text{MPa}$、$N_f=3.28\times10^4$

图 4.1-30   100℃、$R=-1$、$K_t=3$ 时高周轴向疲劳断口宏观形貌

（2）微观特征：100℃下轴向高周缺口疲劳断口微观特征与室温下断口差别不大，且无论是单源起源还是多源起源，疲劳均起源于缺口处表面，线源起始，放射棱线清晰，源区无明显的缺陷。裂纹扩展前期可见较密的疲劳条带，随着疲劳扩展，疲劳条带逐渐变宽，以 $R=0.5$、$\sigma_{max}=150$MPa 断口为例，疲劳条带宽度：疲劳扩展初期80nm，中期200nm，后期400nm。四周起源的断口中心瞬断区为等轴韧窝形貌，一侧起源的瞬断区可见平断和剪切瞬断两种形貌。见图4.1-31。

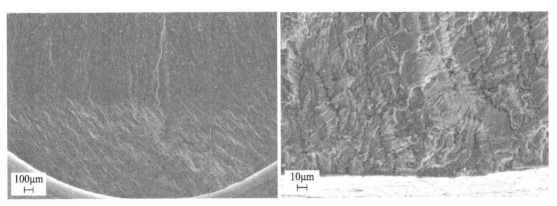

（a）$R=0.1$、$\sigma_{max}=110$MPa断口源区

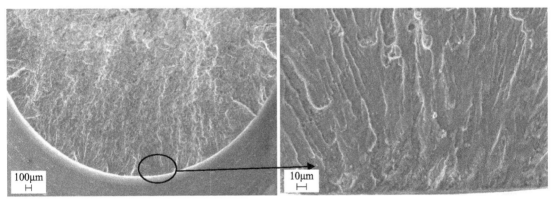

（b）$R=0.1$、$\sigma_{max}=300$MPa断口多线源及其一源区

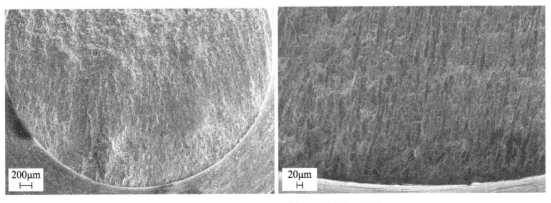

（c）$R=0.5$、$\sigma_{max}=150$MPa断口双源及其一源区

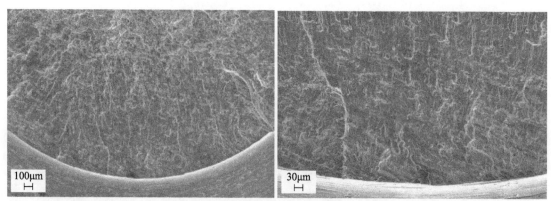

（d）R=0.5、σ_{max}=200MPa断口多线源及其一源区

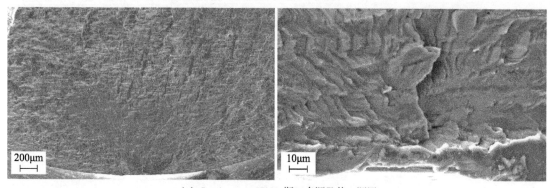

（e）R=-1、σ_{max}=57MPa断口多源及其一源区

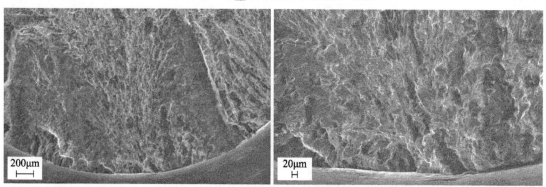

（f）R=-1、σ_{max}=100MPa断口多线源起源及其一源区

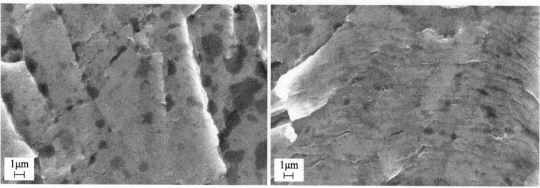

（g）R=0.1、σ_{max}=300MPa疲劳扩展前中期条带　　　　　（h）R=0.1、σ_{max}=300MPa疲劳扩展后期条带

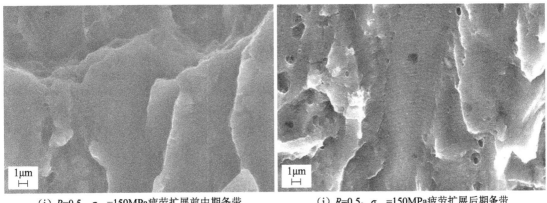

（i）R=0.5、σ_{max}=150MPa疲劳扩展前中期条带　　　（j）R=0.5、σ_{max}=150MPa疲劳扩展后期条带

（k）R=-1、σ_{max}=100MPa疲劳扩展前中期条带　　　（l）R=-1、σ_{max}=100MPa疲劳扩展后期条带

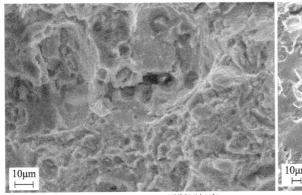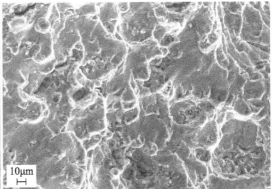

（m）R=-1、σ_{max}=100MPa平断区韧窝　　　（n）R=-1、σ_{max}=100MPa剪切瞬断区韧窝

图 4.1-31　100℃、K_t=3 高周轴向疲劳断口微观形貌

6. 125℃、K_t=3

（1）宏观特征：125℃下轴向高周缺口疲劳断口颜色仍为银灰色，与室温和 100℃下的断口相比，断口相对平坦，3 个应力比条件下断口疲劳无点源起始。R=0.1 条件下的 3 个应力断口沿试样一侧起源，疲劳源为线源，同一应力比下，随着应力的增加，疲劳源由一侧单源变为一侧多源起源。R=0.5 条件下的低应力断口磨损严重，高应力下断口，沿试样四周起源，呈现多个台阶。R=-1 条件下低应力断口为一侧单源，高应力下断口，沿试样四

周起源，呈现多个台阶。同一应力比条件下，随着应力的增加，断口逐渐粗糙，疲劳区面积呈减小趋势。$R=0.1$ 下的 3 个断口，应力从低到高，疲劳区面积分别占整个断口面积的 80%、75%、40%；$R=0.5$ 下的 3 个断口，应力从低到高，疲劳区面积分别占整个断口面积的 50%、40%、30%；$R=-1$ 下的 3 个断口，应力从低到高，疲劳区面积分别占整个断口面积的 85%、80%、50%，见图 4.1-32～图 4.1-34。

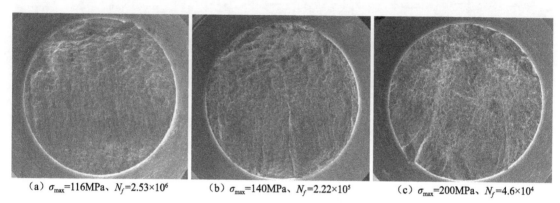

（a）σ_{max}=116MPa、N_f=2.53×10⁶   （b）σ_{max}=140MPa、N_f=2.22×10⁵   （c）σ_{max}=200MPa、N_f=4.6×10⁴

图 4.1-32 125℃、R=0.1、K_t=3 时高周轴向疲劳断口宏观形貌

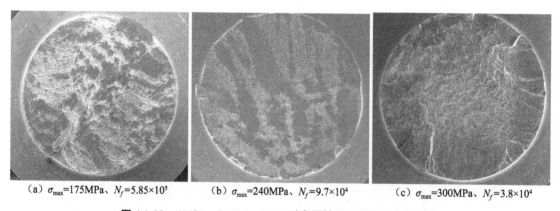

（a）σ_{max}=175MPa、N_f=5.85×10⁵   （b）σ_{max}=240MPa、N_f=9.7×10⁴   （c）σ_{max}=300MPa、N_f=3.8×10⁴

图 4.1-33 125℃、R=0.5、K_t=3 时高周轴向疲劳断口宏观形貌

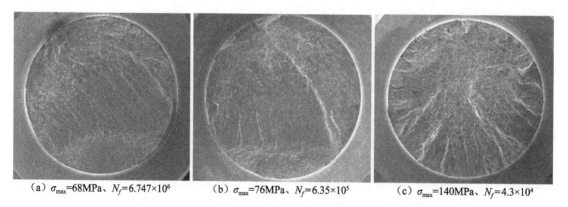

（a）σ_{max}=68MPa、N_f=6.747×10⁶   （b）σ_{max}=76MPa、N_f=6.35×10⁵   （c）σ_{max}=140MPa、N_f=4.3×10⁴

图 4.1-34 125℃、R=-1、K_t=3 时高周轴向疲劳断口宏观形貌

（2）微观特征：125℃下轴向高周缺口疲劳断口，疲劳起源于试样缺口表面，与室温和100℃条件下断口相比，大多呈线源特征，源区放射棱线清晰，源区无明显的缺陷。疲劳扩展前期条带较细，疲劳扩展前期与疲劳扩展中期断口磨损严重，随着疲劳裂纹的扩展条带逐渐变宽，以 R=0.1、σ_{max}=200MPa 下断口为例，疲劳条带宽度：疲劳扩展初期 110nm，中期 400nm，后期 1400nm。疲劳扩展后期即与瞬断区交界处为韧窝和条带的混合断裂特征，瞬断区为韧窝形貌，韧窝较室温和 100℃的大，见图 4.1-35。

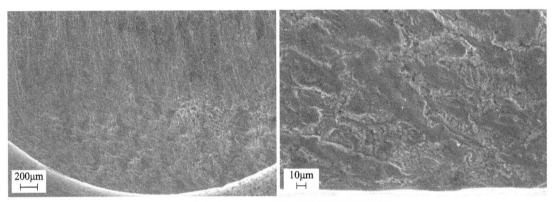

（a）R=0.1、σ_{max}=116MPa断口单源起源及源区

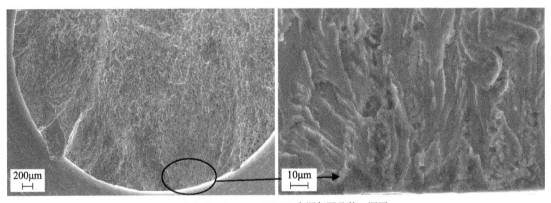

（b）R=0.1、σ_{max}=200MPa多源起源及其一源区

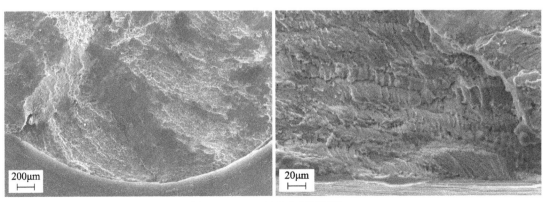

（c）R=0.5、σ_{max}=175MPa断口源区

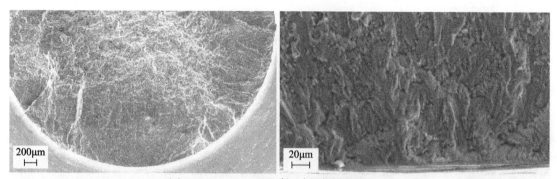

（d）$R=0.5$、$\sigma_{max}=300$MPa断口多源起源及主源

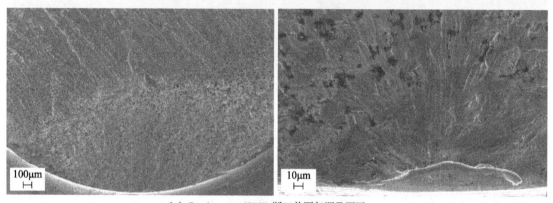

（e）$R=-1$、$\sigma_{max}=68$MPa断口单源起源及源区

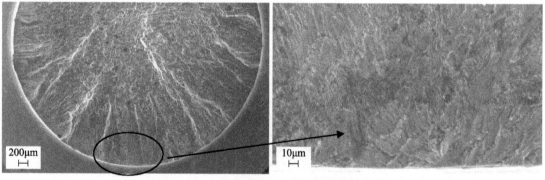

（f）$R=-1$、$\sigma_{max}=140$MPa断口四周多源及其一源区

（g）$R=0.1$、$\sigma_{max}=200$MPa疲劳扩展前期条带　　　　（h）$R=0.1$、$\sigma_{max}=200$MPa疲劳扩展后期条带

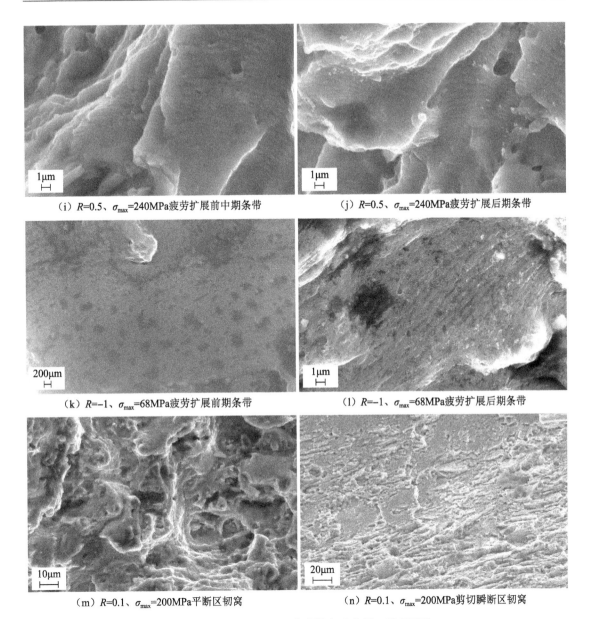

（i）$R=0.5$、$\sigma_{max}=240$MPa疲劳扩展前中期条带　　　（j）$R=0.5$、$\sigma_{max}=240$MPa疲劳扩展后期条带

（k）$R=-1$、$\sigma_{max}=68$MPa疲劳扩展前期条带　　　（l）$R=-1$、$\sigma_{max}=68$MPa疲劳扩展后期条带

（m）$R=0.1$、$\sigma_{max}=200$MPa平断区韧窝　　　（n）$R=0.1$、$\sigma_{max}=200$MPa剪切瞬断区韧窝

图 4.1-35　125℃、$K_t=3$ 高周轴向疲劳断口微观形貌

7. 综合分析

不同试验条件下的 7A09 轴向高周缺口疲劳断口特征具有以下特点：

（1）不同温度、不同缺口系数下轴向高周缺口疲劳断口疲劳扩展面积大小随应力变化的规律，基本呈随应力增大疲劳扩展区面积减小的趋势；

（2）不同应力下的拉－拉（$R=0.1$ 和 $R=0.5$）轴向高周缺口疲劳断口与拉－压（$R=-1$）疲劳断口相比，断口平坦，拉－压（$R=-1$）疲劳断口高差较大；

（3）不同温度、不同缺口系数下轴向高周缺口疲劳断口，在高应力下疲劳源呈现多源甚至四周起源的特征；

（4）不同缺口系数下，$K_t=3$ 的轴向高周缺口疲劳断口与 $K_t=2$ 的轴向高周缺口疲劳断口相比，断口平坦，断口大多为线源或四周多源起源。

4.1.3.5 扭转

（1）宏观特征：断口像刀切一样平齐，断口面垂直于轴线方向，呈回旋状扭转花纹形貌，见图4.1-36。随着温度的升高，中心瞬断区面积呈减小的趋势，且中心瞬断区向边缘偏移，温度最高（150℃）时中心最偏。断口未见明显氧化色，断口未见疲劳特征，未见材质冶金缺陷。

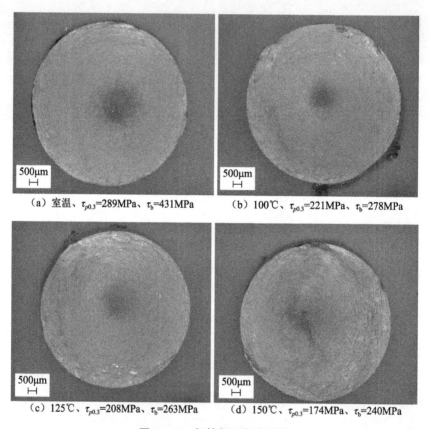

（a）室温、$\tau_{p0.3}$=289MPa、τ_b=431MPa　　　（b）100℃、$\tau_{p0.3}$=221MPa、τ_b=278MPa

（c）125℃、$\tau_{p0.3}$=208MPa、τ_b=263MPa　　　（d）150℃、$\tau_{p0.3}$=174MPa、τ_b=240MPa

图4.1-36　扭转断口宏观形貌

（2）微观特征：断口边缘磨损程度较中心区域重。断口中心微观观察为等轴韧窝形貌，边缘区域微观观察为拉长韧窝，呈抛物线形貌，见图4.1-37。

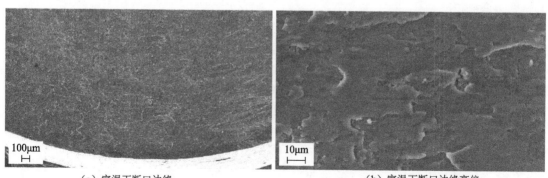

（a）室温下断口边缘　　　　　　　　　　　　　　　（b）室温下断口边缘高倍

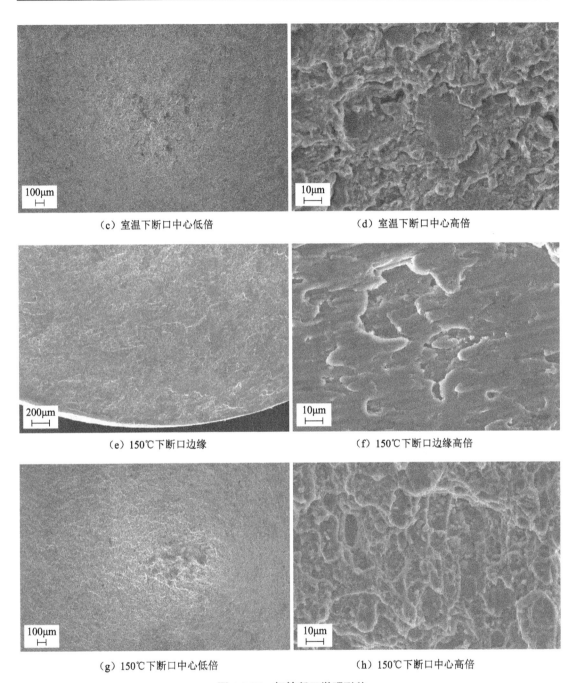

（c）室温下断口中心低倍　　　　　　　　　　　（d）室温下断口中心高倍

（e）150℃下断口边缘　　　　　　　　　　　　（f）150℃下断口边缘高倍

（g）150℃下断口中心低倍　　　　　　　　　　（h）150℃下断口中心高倍

图 4.1-37　扭转断口微观形貌

4.2　16Cr3NiWMoVNbE

4.2.1　概述

16Cr3NiWMoVNbE（E —特级优质）是仿苏联 16X3HBMФБ（ДИ39、BKC-5）钢研制

出的一种合金化程度较高的结构钢，属热强钢系。该钢的热强性能较好，具有很好的淬透性、高韧塑性和高疲劳强度。经渗碳处理后，表面具有很高的硬度和强度，心部具有良好的韧性和塑性，抗热性好，使用温度可达350℃，具有良好的综合性能，适于制造工作温度在350℃以下的重要承载齿轮和其他在接触和弯曲载荷条件下工作的零件，不仅可以渗碳处理，也可以氮化处理，因此作为我国新一代高性能航空齿轮钢材料的代表，该钢已成功应用于国内先进航空发动机上。

4.2.2　组织结构

本书研究状态下的16Cr3NiWMoVNbE合金为模锻件，采用标准规定的热处理制度，具体制度为：正火（940℃±10℃，保温1h，空冷）+回火（680℃±10℃，保温1h，空冷）+淬火（900±10℃，保温15min，油冷）+回火（300±5℃，保温2～3h，空冷）。该热处理制度下合金显微组织特征见图4.2-1，组织以回火马氏体为主，板条状的马氏体交错分布，无明显奥氏体残留，组织均匀，晶粒度为8～9级。

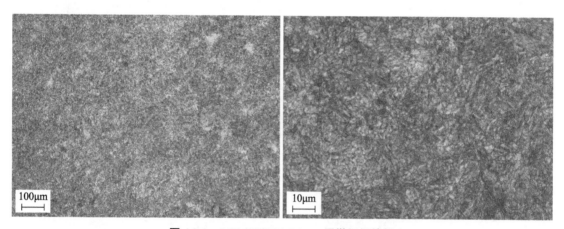

图 4.2-1　16Cr3NiWMoVNbE 显微组织特征

4.2.3　断口特征

4.2.3.1　光滑拉伸

1.典型特征

（1）宏观特征：室温下断口和试样表面为银灰色，200℃下光滑拉伸试样表面有一定的淡黄色，断面基本无高温色，呈现带金属光泽的灰色；300℃下高温色较为明显，试样表面为带点紫色的棕黄色，断面为棕黄色，3个温度下的光滑拉伸断口有明显的颈缩，且300℃下的颈缩程度比室温和200℃下的更大一些。断口呈现典型的杯锥状断口，分心部纤维区和边缘剪切唇区两个区，心部纤维区与轴向呈90°平面；四周边缘与轴向呈45°斜面。随着温度升高，断口心部纤维区面积减小且起伏更大，剪切唇区面积及倾斜度变大，见图4.2-2。

（2）微观特征：除中心纤维区面积有所差异外，3个温度下光滑拉伸断口微观特征无明显差异。心部纤维区呈带孔洞的撕裂形貌，断面较粗糙，可见许多撕裂形成的小孔洞，高倍为尺寸较小的等轴韧窝形貌。边缘剪切唇区呈斜面撕裂，较平滑，高倍下韧窝尺寸比纤维区更细且浅，见图4.2-3。

（a）断口侧面颈缩

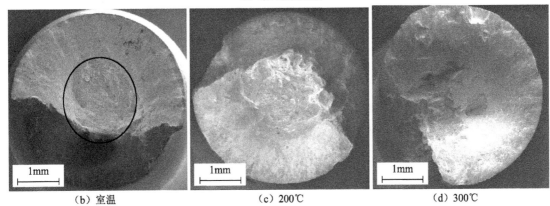

（b）室温　　　　　　　　（c）200℃　　　　　　　（d）300℃

图 4.2-2　光滑拉伸断口宏观形貌

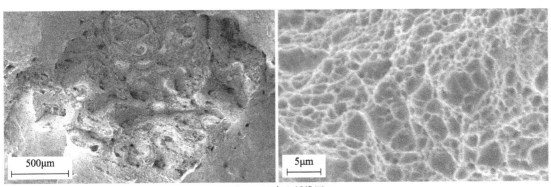

（a）200℃中心纤维区

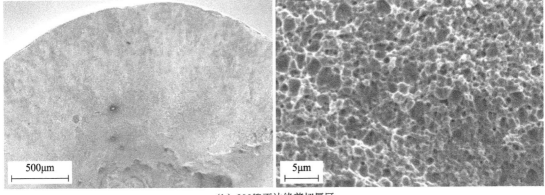

（b）200℃下边缘剪切唇区

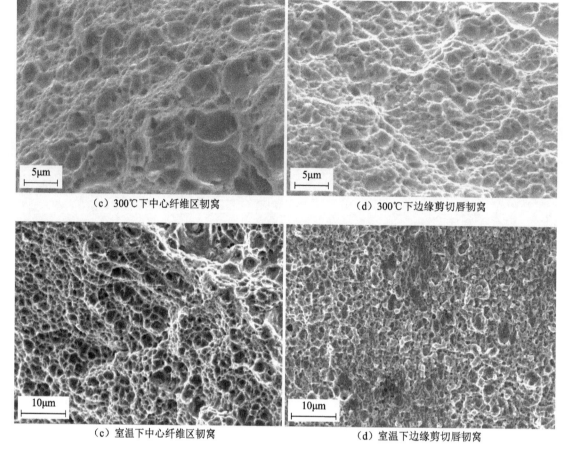

（c）300℃下中心纤维区韧窝　　　　（d）300℃下边缘剪切唇韧窝

（c）室温下中心纤维区韧窝　　　　（d）室温下边缘剪切唇韧窝

图 4.2-3　不同温度下光滑拉伸断口微观形貌

2. 综合分析

（1）16Cr3NiWMoVNbE 合金使用温度（200～300℃）下的光滑拉伸断口都为典型的杯锥状断口，试样有明显颈缩，断面有明显的分区（主要为中心纤维区和四周边缘剪切唇区），起源于心部。

（2）光滑拉伸断口微观均为韧窝形貌，心部纤维区呈带孔洞的等轴撕裂韧窝形貌，边缘剪切唇区为细小浅显的剪切韧窝形貌。

（3）16Cr3NiWMoVNbE 合金 200℃及以下光滑拉伸断口高温色不明显，300℃下高温色较为明显，断面为棕黄色。温度越高，断面颈缩越明显，中心纤维区面积比例减少，起伏变大；200℃和 300℃下光滑拉伸断口微观特征则无明显差异。

4.2.3.2　缺口拉伸

1. 典型特征

（1）宏观特征：缺口拉伸断口宏观无明显颈缩，断口宏观有两种形貌，$K_t=2$ 下的缺口拉伸断口分心部垂直于轴向的纤维区和边缘与轴向呈一定角度的剪切唇区，因此呈现杯锥状形貌。$K_t=4$ 和 $K_t=5$ 下的缺口拉伸断口剪切唇区不明显，基本为一与轴向垂直的粗糙断面，以 $K_t=2$ 和 $K_t=5$ 为例，见图 4.2-4。由于锻造组织具有方向性特点，因此缺口拉伸断口大部分断口纤维区呈现明显的层状形貌。

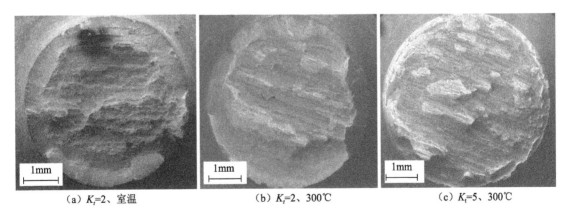

（a）$K_t=2$、室温 　　　　　（b）$K_t=2$、300℃ 　　　　　（c）$K_t=5$、300℃

图 4.2-4　缺口拉伸断口宏观形貌

（2）微观特征：缺口拉伸断口微观特征均为韧窝断裂。中间可见明显层状断裂特征的低倍可见层状台阶，但与部分不出现层状断裂的纤维区韧窝相比，台阶上的韧窝尺寸小一些。边缘的剪切唇区域较窄，呈较小的斜度，断面相对平滑，各断口剪切区高倍形貌特征相似，均为尺寸小且深度较浅的韧窝形貌，见图 4.2-5。

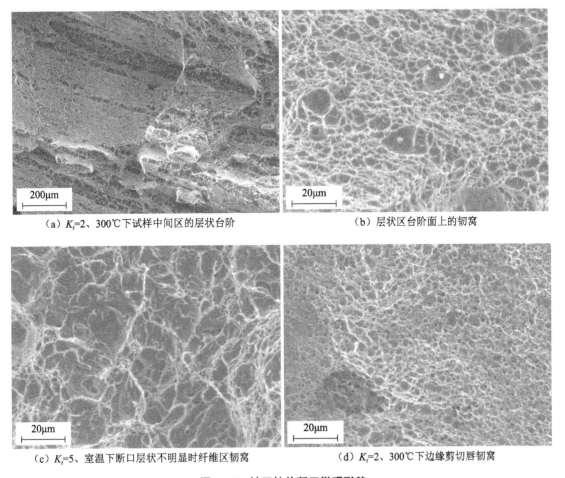

（a）$K_t=2$、300℃下试样中间区的层状台阶 　　　　　（b）层状区台阶面上的韧窝

（c）$K_t=5$、室温下断口层状不明显时纤维区韧窝 　　　　　（d）$K_t=2$、300℃下边缘剪切唇韧窝

图 4.2-5　缺口拉伸断口微观形貌

2. 不同缺口系数

随着缺口系数增大，边缘剪切唇区逐渐变小直至基本消失，见图4.2-6。对应各区微观特征无明显差异。

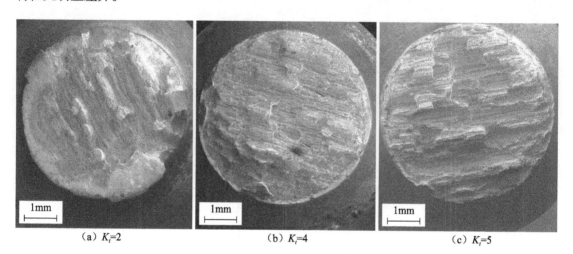

（a）$K_t=2$ （b）$K_t=4$ （c）$K_t=5$

图 4.2-6 200℃、不同缺口系数下的缺口拉伸断口宏观形貌

3. 不同温度

同一缺口系数下，室温下断口表面和断面均为金属光泽的银灰色，200℃下断面上高温色不明显，试样表面泛淡黄色，300℃下断面高温色较为明显，为暗金黄色，表面为带点紫色的棕黄色，见图4.2-7～图4.2-9。随着温度升高，微观上的韧窝大小尺寸无明显差异，见图4.2-10。

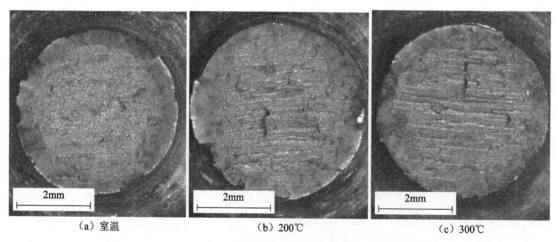

（a）室温 （b）200℃ （c）300℃

图 4.2-7 $K_t=2$、不同试验温度下的缺口拉伸断口宏观形貌及氧化色

4. 综合分析

（1）16Cr3NiWMoVNbE合金在使用温度（室温～300℃）的缺口拉伸断口宏观无明显颈缩，16Cr3NiWMoVNbE合金在200℃及以下缺口拉伸断口高温色不明显，300℃下高温色较为明显，断面为棕黄色；断口宏观有两种形貌，低缺口系数（$K_t=2$）下的缺口拉伸断口为杯锥状形貌，边缘有剪切唇区。随着缺口系数增大，边缘剪切唇区逐渐变小直至基本消失，高缺口系数（$K_t = 4$、5）下断口剪切唇区不明显，基本为一与轴向垂直的粗糙断面；锻造组织具有方向性特点，16Cr3NiWMoVNbE 合金缺口拉伸断口大部分断口纤维区呈现明显的层状形貌。

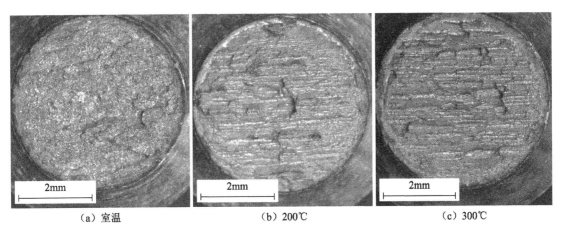

（a）室温　　　　　　　　　（b）200℃　　　　　　　　　（c）300℃

图 4.2-8　$K_t = 4$、不同试验温度下的缺口拉伸断口宏观形貌及氧化色

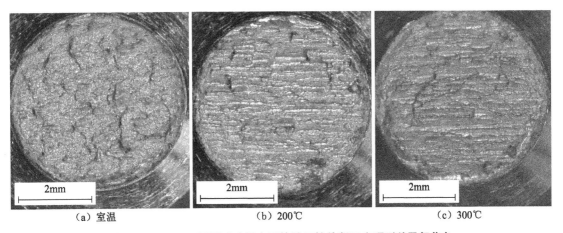

（a）室温　　　　　　　　　（b）200℃　　　　　　　　　（c）300℃

图 4.2-9　$K_t = 5$、不同试验温度下的缺口拉伸断口宏观形貌及氧化色

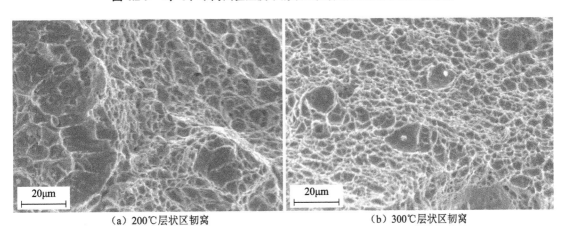

（a）200℃层状区韧窝　　　　　　　　　（b）300℃层状区韧窝

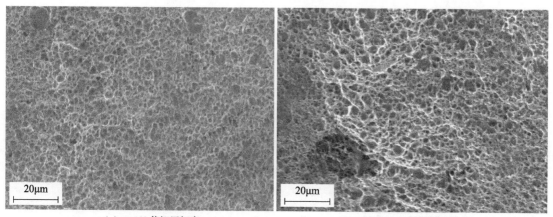

（c）200℃剪切唇韧窝　　　　　　　　（d）300℃剪切唇韧窝

图 4.2-10　同一缺口系数（K_t=2）、不同试验温度下缺口拉伸断口微观形貌

（2）缺口拉伸断口微观特征均为韧窝断裂。纤维区为不规则的等轴韧窝形貌，且有层状形貌的纤维区韧窝尺寸更小一些。边缘的剪切唇为尺寸小且深度较浅的韧窝形貌。室温～300℃，随温度升高，微观上的韧窝尺寸大小无明显差异。

4.2.3.3　轴向高周缺口疲劳

1. 200℃、R=0.5、K_t=2

（1）宏观特征：200℃下的缺口疲劳断口试样表面呈金黄色，断口疲劳区呈轻微的淡黄色，瞬断区为银灰色。K_t=2、R=0.5下，3个应力水平的轴向高周缺口疲劳断口均为单源疲劳断裂特征，扇形疲劳区断面平坦细腻，可见放射棱线，随着应力水平的提高，疲劳扩展区面积有所减小，从低到高，3个应力疲劳区所占整个断口面积比例分别为45%、40%和30%。瞬断区分快速扩展区（平断区）和剪切瞬断区，且快速扩展区面积比例较大，断面粗糙，且可能与锻造流线方向有关，断面呈现层状断裂的形貌，与源区相对一侧的剪切瞬断区面积较小，呈月牙形环绕，与扩展区有明显分界，呈一斜面，其面积随应力水平的变化不大。见图 4.2-11。

（a）σ_{max}=940MPa、N_f=3.517×10⁶　　（b）σ_{max}=980MPa、N_f=4.317×10⁶　　（c）σ_{max}=1100MPa、N_f=2.96×10⁵

图 4.2-11　200℃、R=0.5、K_t=2 时高周轴向疲劳断口宏观形貌

（2）微观特征：3个应力下的轴向高周缺口疲劳断口，σ_{max}=940MPa 和 σ_{max}=1100MPa 下起源于试样次表面，源区有轻微的类似于相界的斜刻面形貌，σ_{max}=980MPa 的断口起源于表面，源区有轻微的加工刀痕，见图 4.2-12（a）～（f）。3个断口疲劳扩展区和瞬断区微观特征相似，扩展区前期可见极细的疲劳条带，中期条带间距有所增大，后期条带变形和破碎进一步加剧，并开始出现二次裂纹，应力 σ_{max}=1100MPa 的断口疲劳扩展中期条带基本无连续形貌，见图 4.2-12（g）～（j）。瞬断区分平断区和剪切瞬断区，平断区低倍有明显的层状台阶形貌，微观为多次扩展撕裂产生的撕裂韧窝和正向拉开产生的等轴韧窝，见图 4.2-12（k），剪切瞬断区呈一个平整斜面，高倍为典型的剪切韧窝形貌，韧窝尺寸和深度均较小，见图 4.2-12（l）。

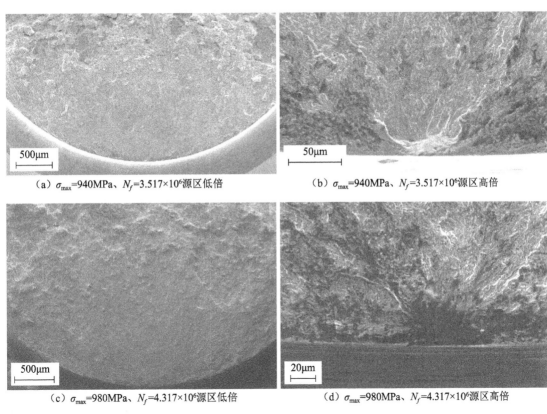

（a）σ_{max}=940MPa、N_f=3.517×10⁶源区低倍　　　　（b）σ_{max}=940MPa、N_f=3.517×10⁶源区高倍

（c）σ_{max}=980MPa、N_f=4.317×10⁶源区低倍　　　　（d）σ_{max}=980MPa、N_f=4.317×10⁶源区高倍

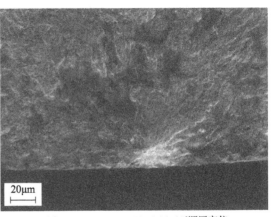

（e）σ_{max}=1100MPa、N_f=2.96×10⁵源区低倍　　　　（f）σ_{max}=1100MPa、N_f=2.96×10⁵源区高倍

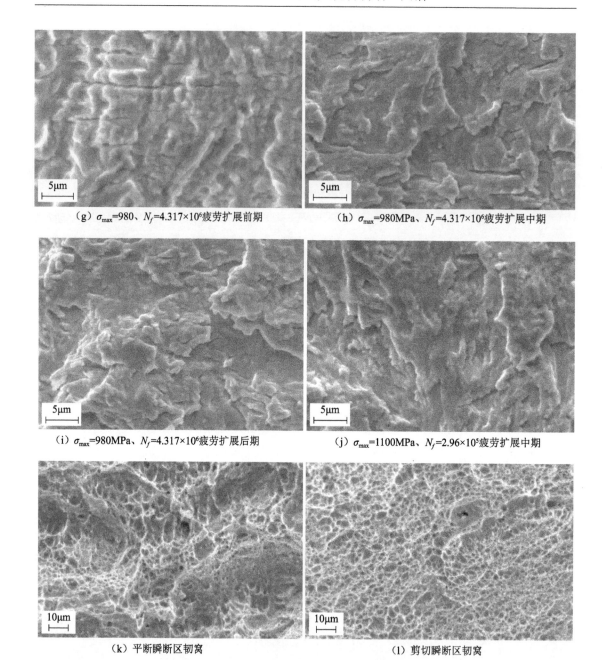

（g）σ_{max}=980、N_f=4.317×10⁶疲劳扩展前期

（h）σ_{max}=980MPa、N_f=4.317×10⁶疲劳扩展中期

（i）σ_{max}=980MPa、N_f=4.317×10⁶疲劳扩展后期

（j）σ_{max}=1100MPa、N_f=2.96×10⁵疲劳扩展中期

（k）平断瞬断区韧窝

（l）剪切瞬断区韧窝

图 4.2-12　200℃、R=0.5、K_t=2 时疲劳断口微观形貌

2. 200℃、R=0.1、K_t=2

（1）宏观特征：200℃、R=0.1、K_t=2 条件下的缺口高周疲劳断口颜色和 R=0.5 类似，疲劳区呈淡黄色，瞬断区为银灰色。相对 R=0.5 条件下的疲劳区更平坦，面积比例更高。3 个应力水平下断口均为单源疲劳断裂特征，3 个应力水平随着应力提高，疲劳区面积有所减小，分别占整个断口面积的 55%、50% 和 45%，疲劳区面积变化不明显；与 R=0.5 条件下的形貌相似，瞬断区仍分平断区（快速扩展区）和剪切瞬断区两个区域，平断区断面相对粗糙，剪切瞬断区呈上弦月形环绕。见图 4.2-13。

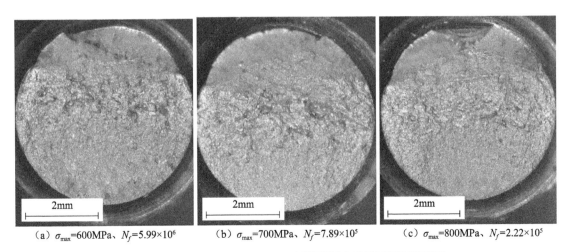

（a）σ_{max}=600MPa、N_f=5.99×10⁶　　（b）σ_{max}=700MPa、N_f=7.89×10⁵　　（c）σ_{max}=800MPa、N_f=2.22×10⁵

图 4.2-13　200℃、R=0.1、K_t=2 时高周轴向疲劳断口宏观形貌

（2）微观特征：3 个疲劳断口微观无明显差异，断裂均起源于试样次表面，源区呈点源特征，无明显冶金缺陷，其中 σ_{max}=700MPa、N_f=7.89×10⁵ 的断口源区可见轻微的类似相界的斜刻面特征，见图 4.2-14（a）～（f）；3 个应力下，疲劳扩展区条带间距差异不大，只是高应力下其条带变得更为断续，瞬断区特征和 R=0.5 下的断口类似，见图 4.2-14（g）～（j）。

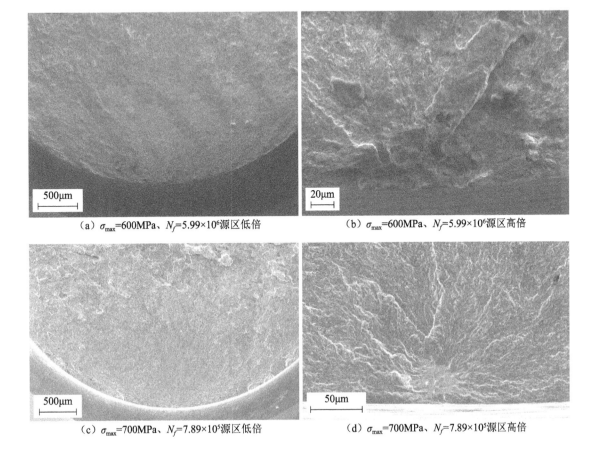

（a）σ_{max}=600MPa、N_f=5.99×10⁶源区低倍　　　　（b）σ_{max}=600MPa、N_f=5.99×10⁶源区高倍

（c）σ_{max}=700MPa、N_f=7.89×10⁵源区低倍　　　　（d）σ_{max}=700MPa、N_f=7.89×10⁵源区高倍

（e）σ_{max}=800MPa、N_f=2.22×10⁵源区低倍　　　　（f）σ_{max}=800MPa、N_f=2.22×10⁵源区高倍

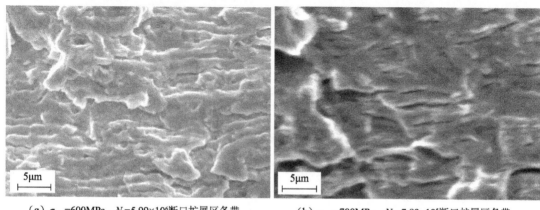

（g）σ_{max}=600MPa、N_f=5.99×10⁶断口扩展区条带　　　（h）σ_{max}=700MPa、N_f=7.89×10⁵断口扩展区条带

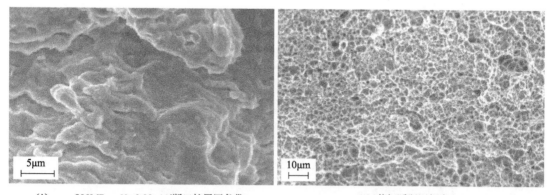

（i）σ_{max}=800MPa、N_f=2.22×10⁵断口扩展区条带　　　　（j）剪切瞬断区韧窝

图4.2-14　200℃、R=0.1、K_t=2时疲劳断口微观形貌

3.200℃、R=-1、K_t=2

（1）宏观特征：200℃、R=-1、K_t=2下轴向高周缺口疲劳断口平坦，均起源于断口一侧，为单源疲劳断裂特征，扩展区面积很大，为整个断口的80%，剪切瞬断区面积较小，且随应力增大，瞬断区面积变化不大。相比于R=0.1和R=0.5的断口，R=-1的断面疲劳区面积明显增大，且整个断面均可见明显的磨损痕迹。见图4.2-15。

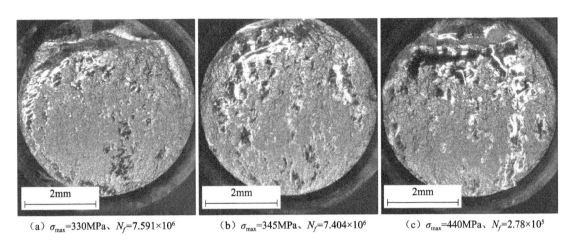

（a）σ_{max}=330MPa、N_f=7.591×10⁶　　（b）σ_{max}=345MPa、N_f=7.404×10⁶　　（c）σ_{max}=440MPa、N_f=2.78×10⁵

图 4.2-15　200℃、R=-1、K_t=2 时高周轴向疲劳断口宏观形貌

（2）微观特征：200℃、R=-1、3 个应力水平下的断口疲劳源区均被挤压磨平，从磨损的棱线走向看，起源应该在次表面，单点源特征，见图 4.2-16（a）～（f）。疲劳扩展区特征和瞬断区特征和规律与 R=0.1 和 R=0.5 的断口类似，3 个应力下条带宽度变化不大，但高应力下二次裂纹较多；瞬断区分平断区和剪切瞬断区，平断区低倍有明显的层状台阶形貌，微观为多次扩展撕裂产生的撕裂韧窝和正向拉开产生的等轴韧窝，剪切瞬断区为细小浅显的韧窝形貌，见图 4.2-16（g）～（j）。

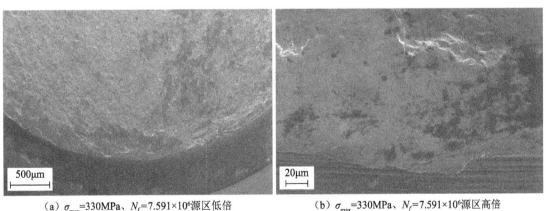

（a）σ_{max}=330MPa、N_f=7.591×10⁶源区低倍　　　　　（b）σ_{max}=330MPa、N_f=7.591×10⁶源区高倍

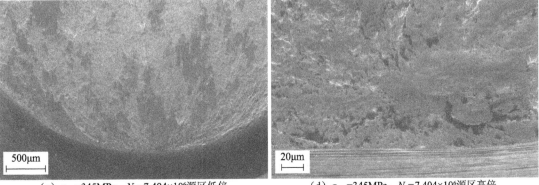

（c）σ_{max}=345MPa、N_f=7.404×10⁶源区低倍　　　　　（d）σ_{max}=345MPa、N_f=7.404×10⁶源区高倍

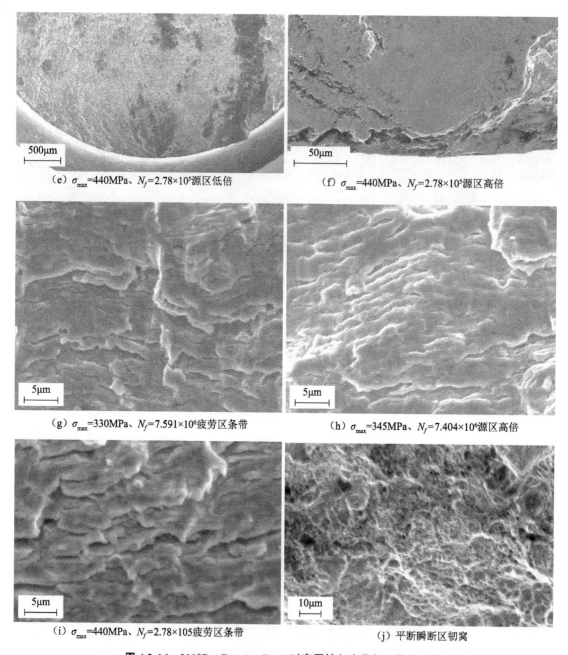

（e）σ_{max}=440MPa、N_f=2.78×10⁵源区低倍　　　　（f）σ_{max}=440MPa、N_f=2.78×10⁵源区高倍

（g）σ_{max}=330MPa、N_f=7.591×10⁶疲劳区条带　　　（h）σ_{max}=345MPa、N_f=7.404×10⁶源区高倍

（i）σ_{max}=440MPa、N_f=2.78×105疲劳区条带　　　（j）平断瞬断区韧窝

图 4.2-16　200℃，R=−1，K_t=2 时高周轴向疲劳断口微观形貌

4. 300℃、K_t=2

（1）宏观特征：300℃、不同应力比下的断口高温色有一定的差异，R=0.1 和 R=0.5 两个应力比下的断口整体为暗黄色，但疲劳区颜色泛紫。R=−1 的断口可能由于断面摩擦有所温升，断面表面的高温色明显重于300℃的正常高温色，呈现明显的紫色甚至是蓝色。3个应力比下的大部分断口均为单源疲劳断裂特征，仅在 R=−1 条件下，高应力（σ_{max}=550MPa）的断口可见三处疲劳起源，其中两处扩展比较充分。断口特征总体分布和 200℃ 下的断口一致，疲劳区平坦，瞬断区分平断区和剪切瞬断区两个区域。平断区断面粗糙，有一定的层状

断裂形貌，剪切瞬断区为一呈上弦月形环绕的斜面。其中 $R=0.5$ 下 3 个断口疲劳区所占面积约为整个断口面积的 30%，随应力变化差异不大，$R=0.1$ 下，3 个应力断口疲劳区面积分别占整个断口面积的 45%、35% 和 30%，$R=-1$ 下两个单源起源的断口疲劳区面积约占整个断口面积的 70%，大应力多源起源的断口两个主疲劳起源疲劳区总面积占整个断口面积的 40%。见图 4.2-17 ～图 4.2-19。

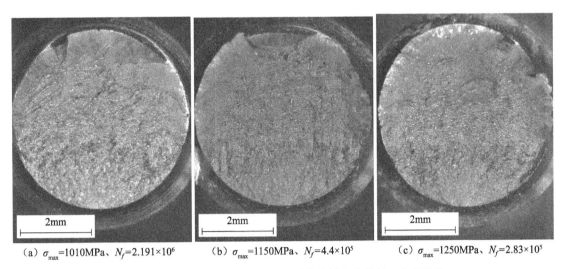

（a）$\sigma_{max}=1010\text{MPa}$、$N_f=2.191\times10^6$　　（b）$\sigma_{max}=1150\text{MPa}$、$N_f=4.4\times10^5$　　（c）$\sigma_{max}=1250\text{MPa}$、$N_f=2.83\times10^5$

图 4.2-17　300℃、$R=0.5$、$K_t=2$ 时高周轴向疲劳断口宏观形貌

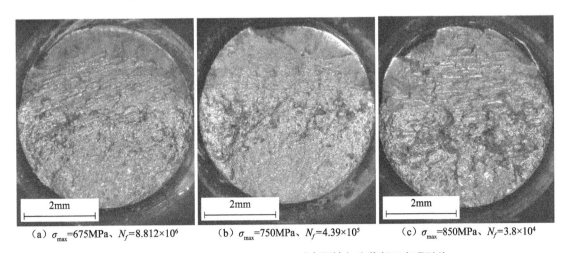

（a）$\sigma_{max}=675\text{MPa}$、$N_f=8.812\times10^6$　　（b）$\sigma_{max}=750\text{MPa}$、$N_f=4.39\times10^5$　　（c）$\sigma_{max}=850\text{MPa}$、$N_f=3.8\times10^4$

图 4.2-18　300℃、$R=0.1$、$K_t=2$ 时高周轴向疲劳断口宏观形貌

（2）微观特征：3 个应力比下的大部分断口均为单源疲劳断裂特征，但基本是中、高应力起源于表面，低应力起源于次表面，且次表面源区未见明显冶金缺陷，有的可见斜刻面，应为微观相界结构差异。$R=-1$、低中应力的两个断口为单源，但源区微观特征磨损严重，高应力（$\sigma_{max}=550\text{MPa}$）下可见三处起源，起源均在表面，呈现线源或小线源特征，其中主源区特征与低中应力下的一样，均被磨损，次源起源呈线源形貌，另一个次疲劳区位于对侧剪切瞬断区，呈一个小扇形，疲劳区面积很小，长约 500μm，最宽处约 150μm，见图 4.2-20（a）～（g）。

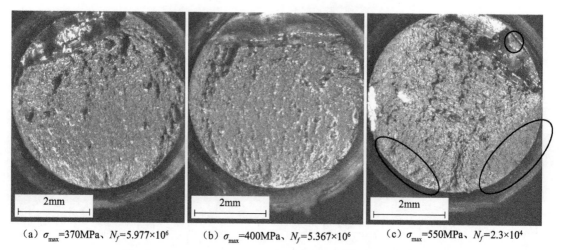

（a）σ_{max}=370MPa、N_f=5.977×10⁶　　（b）σ_{max}=400MPa、N_f=5.367×10⁶　　（c）σ_{max}=550MPa、N_f=2.3×10⁴

图 4.2-19　300℃、R=−1、K_t=2 时高周轴向疲劳断口宏观形貌

300℃下断口疲劳区和瞬断区微观特征和 200℃下的断口相似，扩展前期可见极细的疲劳条带，中期条带间距增大，后期条带间距进一步增大，并出现二次裂纹特征，瞬断区分平断区和剪切瞬断区，平断区低倍有明显的层状台阶形貌，微观为多次扩展撕裂产生的撕裂韧窝和正向拉开产生的等轴韧窝，剪切瞬断区为细小浅显的韧窝形貌。不同应力比和不同应力下，疲劳区条带均比较断续，R=−1 下条带相对较连续，条带宽度整体差异不明显，见图 4.2-20（h）～（m）。

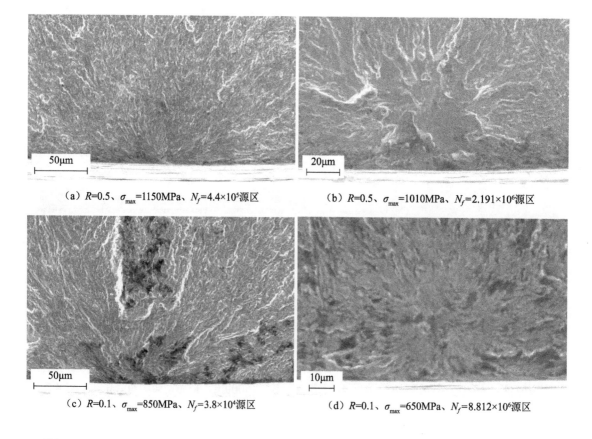

（a）R=0.5、σ_{max}=1150MPa、N_f=4.4×10⁵源区　　（b）R=0.5、σ_{max}=1010MPa、N_f=2.191×10⁶源区

（c）R=0.1、σ_{max}=850MPa、N_f=3.8×10⁴源区　　（d）R=0.1、σ_{max}=650MPa、N_f=8.812×10⁶源区

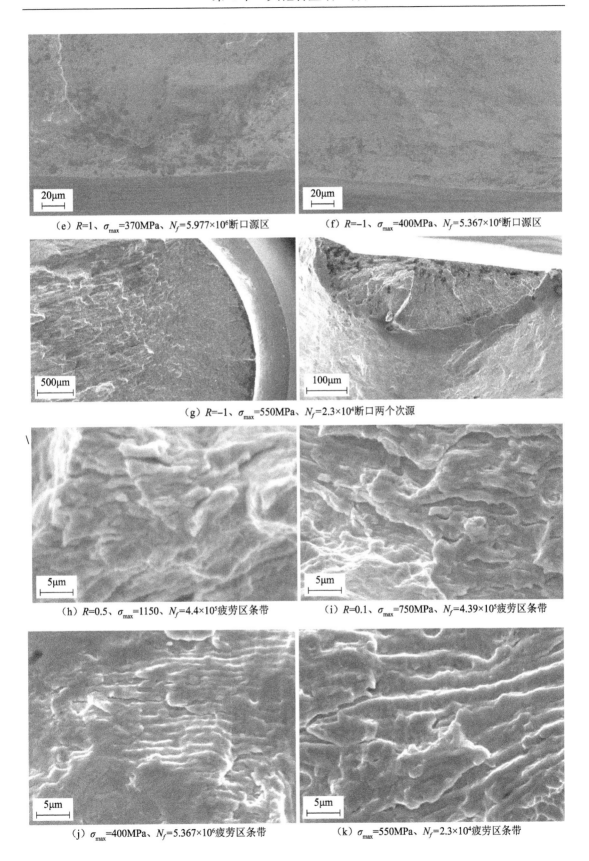

（e）$R=1$、$\sigma_{max}=370MPa$、$N_f=5.977\times10^6$断口源区

（f）$R=-1$、$\sigma_{max}=400MPa$、$N_f=5.367\times10^6$断口源区

（g）$R=-1$、$\sigma_{max}=550MPa$、$N_f=2.3\times10^4$断口两个次源

（h）$R=0.5$、$\sigma_{max}=1150$、$N_f=4.4\times10^5$疲劳区条带

（i）$R=0.1$、$\sigma_{max}=750MPa$、$N_f=4.39\times10^5$疲劳区条带

（j）$\sigma_{max}=400MPa$、$N_f=5.367\times10^6$疲劳区条带

（k）$\sigma_{max}=550MPa$、$N_f=2.3\times10^4$疲劳区条带

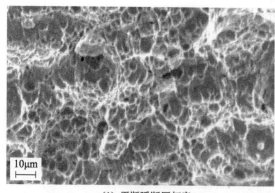 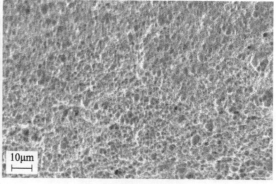

（1）平断瞬断区韧窝　　　　　　　　　　　（m）剪切瞬断区韧窝

图 4.2-20　300℃、$K_t=2$、不同应力比、不同应力下高周轴向疲劳断口疲劳区和瞬断区微观形貌

5. 综合分析

（1）16Cr3NiWMoVNbE 合金使用温度（200～300℃）的轴向高周缺口疲劳断口除个别断口（300℃、$R=-1$、高应力下）有多源特征外，大部分断口均为单源起源，且源区和疲劳区均很平坦，$R=-1$ 下的疲劳扩展区面积比例最高，占整个断口面积的 70%～80%，$R=0.5$ 下的疲劳扩展区面积比例最低，占整个断口面积的 30%～45%，且基本呈现随着应力增大，疲劳扩展区面积变小的趋势。

（2）16Cr3NiWMoVNbE 合金轴向高周缺口疲劳断口起源特点，大多断口起源于次表面，尤其是低应力下的断口，且次表面源区未见明显冶金缺陷，有的可见斜刻面，应为微观相界结构差异导致。一些高应力下的断口，尤其是多源起源的源区在表面，有的可见明显的线性起源特点。

（3）16Cr3NiWMoVNbE 合金轴向高周缺口疲劳扩展区的条带整体扩展前期条带极细，中期条带间距增大，后期条带间距进一步增大，并出现二次裂纹特征，瞬断区分平断区和剪切瞬断区，平断区低倍有明显的层状台阶形貌，微观为多次扩展撕裂产生的撕裂韧窝和正向拉开产生的等轴韧窝，剪切瞬断区为细小浅显的韧窝形貌。200℃和300℃、不同应力比和不同应力下，疲劳区条带均比较断续，$R=-1$ 下条带相对较连续，条带宽度整体差异不明显。

4.2.3.4　低周应变疲劳

1. 200℃，$R_\varepsilon=0.1$

（1）宏观特征：200℃、$R_\varepsilon=0.1$ 的低周疲劳断口呈原始的灰色，疲劳区稍有泛黄；中、低应变下起源为单源，且源区较平坦，高应变（$\Delta\varepsilon_{max}/2=1.6\%$）下在试样一侧可见连续的多个起源及台阶，源区较为粗糙。中、低应变的断口与高周疲劳断口接近，疲劳区面积约占整个断口面积的 30%～45%，高应变下断口几乎未见明显的平坦区，稳定疲劳扩展深度较浅，主要为快速扩展和瞬断区，见图 4.2-21。

（2）微观特征：3 个应变下均起源于表面，$\Delta\varepsilon_{max}/2=0.56\%$ 的断口起源呈现小线源特征，源区表面有不平现象，$\Delta\varepsilon_{max}/2=0.7\%$ 的断口源区有明显的凹坑损伤（为表面电烧伤孔洞，尺寸 200～300μm），两个断口源区的扩展棱线均较为明显，见图 4.2-22（a）～（d）。高应变（$\Delta\varepsilon_{max}/2=1.6\%$）下源区起伏较大，扩展棱线也不如低应变下的明显，见图 4.2-22（e）和

（f）。低、中应变两个断口疲劳区相对平坦，可见疲劳条带从细到宽的发展过程，见图 4.2-22（g）和（h），$\Delta\varepsilon_{max}/2=1.6\%$ 的疲劳断口在源区附近即可见较宽的疲劳条带，之后进入快速疲劳扩展区，快速扩展区和瞬断平断区的特征相似，基本为韧窝断裂特征，见 4.2-22（i）和（j）。

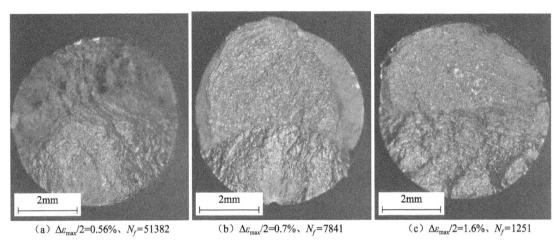

(a) $\Delta\varepsilon_{max}/2=0.56\%$、$N_f=51382$　　(b) $\Delta\varepsilon_{max}/2=0.7\%$、$N_f=7841$　　(c) $\Delta\varepsilon_{max}/2=1.6\%$、$N_f=1251$

图 4.2-21　200℃、$R_\varepsilon=0.1$ 应变疲劳断口宏观形貌

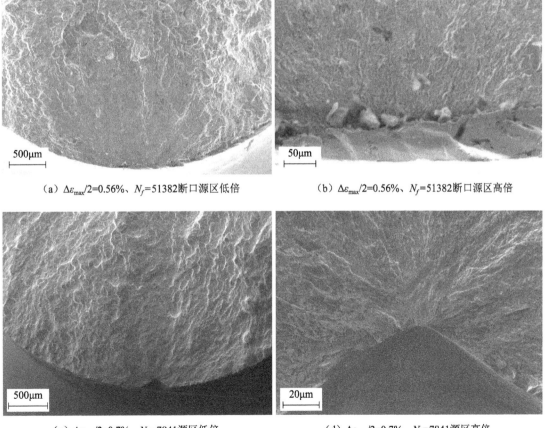

(a) $\Delta\varepsilon_{max}/2=0.56\%$、$N_f=51382$断口源区低倍　　(b) $\Delta\varepsilon_{max}/2=0.56\%$、$N_f=51382$断口源区高倍

(c) $\Delta\varepsilon_{max}/2=0.7\%$、$N_f=7841$源区低倍　　(d) $\Delta\varepsilon_{max}/2=0.7\%$、$N_f=7841$源区高倍

（e）$\Delta\varepsilon_{max}/2$=1.6%、$N_f$=1251断口源区低倍　　　　　（f）$\Delta\varepsilon_{max}/2$=1.6%、$N_f$=1251断口源区低倍

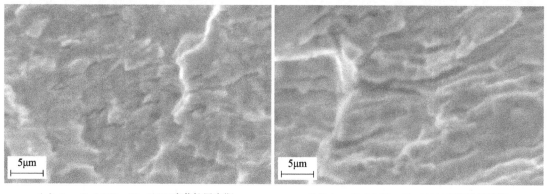

（g）$\Delta\varepsilon_{max}/2$=0.56%、$N_f$=51382疲劳扩展中期　　　　（h）$\Delta\varepsilon_{max}/2$=0.56%、$N_f$=51382疲劳扩展后期

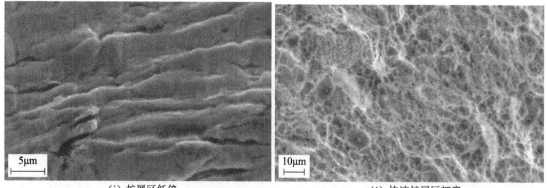

（i）扩展区低倍　　　　　　　　　　　　　　（j）快速扩展区韧窝

图 4.2-22　200℃、R_ε=0.1 应变疲劳断口微观形貌

2. 200℃，R_ε=−1

（1）宏观特征：200℃、R_ε=−1 下 3 个应变的疲劳断口呈原始的灰色，疲劳区稍有泛黄；断面均较为粗糙，低应变（$\Delta\varepsilon_{max}/2$=0.5%）下断口为单源起源，另两个较高应变下的断口均为多源起源，可见疲劳交汇台阶。断面均粗糙，无明显的平坦区，典型的疲劳扩展区面积均不大，快速扩展的特征比较明显，见图 4.2-23。

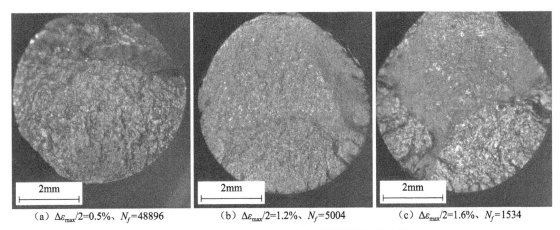

(a) $\Delta\varepsilon_{max}/2$=0.5%、$N_f$=48896　　(b) $\Delta\varepsilon_{max}/2$=1.2%、$N_f$=5004　　(c) $\Delta\varepsilon_{max}/2$=1.6%、$N_f$=1534

图 4.2-23　200℃、R_ε=−1 应变疲劳断口宏观形貌

（2）微观特征：3 个应变下的断口起源均在表面，低应变（$\Delta\varepsilon_{max}/2$=0.5%）断口呈点源特征，低倍可见放射棱线，见图 4.2-24（a）和（b）；$\Delta\varepsilon_{max}/2$=1.2% 和 $\Delta\varepsilon_{max}/2$=1.6% 的两个断口均为多源线性起源，且高应变下源区可见磨损，见图 4.2-24（c）～（f）。$\Delta\varepsilon_{max}/2$=0.5% 下的断口疲劳扩展区条带和高周疲劳断口相似，条带较为细密，但断续，且可见随着扩展深度条带逐渐加宽的特征；$\Delta\varepsilon_{max}/2$=1.2% 和 $\Delta\varepsilon_{max}/2$=1.6% 的两个断口在源区附近较低倍数下即可见较宽的疲劳条带，且应变越大，条带更为断续，见图 4.2-24（g）～（j），之后进入快速疲劳扩展区，快速扩展区整体以韧窝为主，瞬断区平断区韧窝更为典型，深度更深，剪切瞬断区为细小浅显韧窝，见图 4.2-24（k）和（l）。

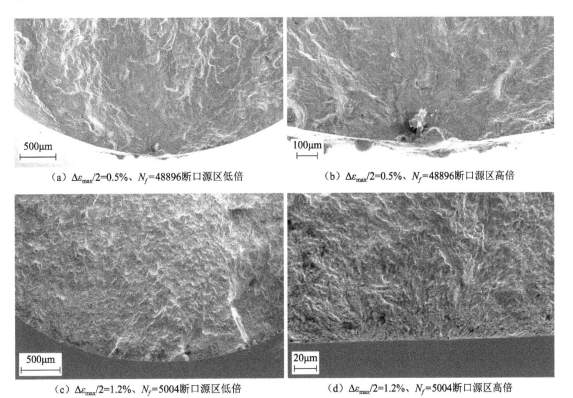

（a）$\Delta\varepsilon_{max}/2$=0.5%、$N_f$=48896断口源区低倍　　　　（b）$\Delta\varepsilon_{max}/2$=0.5%、$N_f$=48896断口源区高倍

（c）$\Delta\varepsilon_{max}/2$=1.2%、$N_f$=5004断口源区低倍　　　　（d）$\Delta\varepsilon_{max}/2$=1.2%、$N_f$=5004断口源区高倍

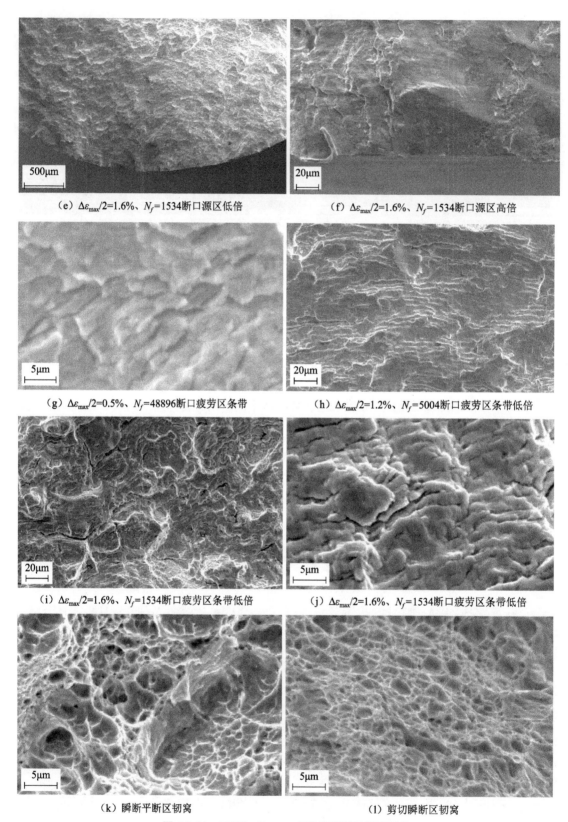

（e）$\Delta\varepsilon_{max}/2$=1.6%、$N_f$=1534断口源区低倍

（f）$\Delta\varepsilon_{max}/2$=1.6%、$N_f$=1534断口源区高倍

（g）$\Delta\varepsilon_{max}/2$=0.5%、$N_f$=48896断口疲劳区条带

（h）$\Delta\varepsilon_{max}/2$=1.2%、$N_f$=5004断口疲劳区条带低倍

（i）$\Delta\varepsilon_{max}/2$=1.6%、$N_f$=1534断口疲劳区条带低倍

（j）$\Delta\varepsilon_{max}/2$=1.6%、$N_f$=1534断口疲劳区条带低倍

（k）瞬断平断区韧窝

（l）剪切瞬断区韧窝

图 4.2-24　200℃、R_ε=−1 应变疲劳断口微观形貌

3. 300℃

（1）宏观特征：300℃下的应变疲劳断口疲劳区由蓝紫色过渡到黄色，瞬断区为黄色或者暗灰色。与200℃下的断口随应变变化规律一致，断口低应变下呈现单源起源，且源区处可见一定面积的平坦疲劳区，高应变下连续多源起源，可见多个粗糙的台阶。尤其是$R_\varepsilon = -1$时的高应变（$R_\varepsilon = -1$、$\Delta\varepsilon_{max}/2 = 1.6\%$、$N_f = 738$）下断口特征几乎与光滑拉伸断口相似，整个断面呈大斜度扩展。随着应变增大，疲劳区面积无减小的趋势，但出现条带的稳定疲劳扩展区面积减小，高应变下几乎无稳定疲劳扩展区，以快速扩展区为主，见图4.2-25和图4.2-26。

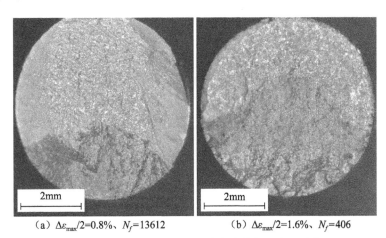

（a）$\Delta\varepsilon_{max}/2 = 0.8\%$、$N_f = 13612$　　　　（b）$\Delta\varepsilon_{max}/2 = 1.6\%$、$N_f = 406$

图4.2-25　300℃、$R_\varepsilon = 0.1$ 应变疲劳断口宏观形貌

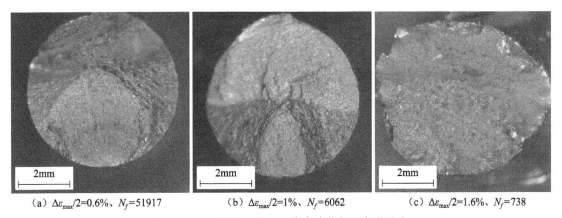

（a）$\Delta\varepsilon_{max}/2 = 0.6\%$、$N_f = 51917$　　（b）$\Delta\varepsilon_{max}/2 = 1\%$、$N_f = 6062$　　（c）$\Delta\varepsilon_{max}/2 = 1.6\%$、$N_f = 738$

图4.2-26　300℃、$R_\varepsilon = -1$ 应变疲劳断口宏观形貌

（2）微观特征：300℃、两个应变比下的断口疲劳起源均在表面，其中低、中应变下起源均为单个小线性起源，其中$R_\varepsilon = -1$、$\Delta\varepsilon_{max}/2 = 1\%$ 和 $R_\varepsilon = 0.1$、$\Delta\varepsilon_{max}/2 = 0.8\%$的两个断口源区可见表面烧伤孔洞缺陷。不同应变下的断口起源均在表面，低应变（$\Delta\varepsilon_{max}/2 = 0.5\%$）断口起源于表面，呈点源特征，低倍可见放射棱线，见图4.2-27（a）～（c）；高应变下呈现多线性起源，源区粗糙不平，见图4.2-27（d）和（e）；5个断口均可见稳定疲劳扩展条带区域，但应变高时稳定扩展条带粗，且仅限于在源区附近很小面积区域，$R_\varepsilon = -1$下高应变扩展区条带磨损严重，见图4.2-27（f）～（j），之后进入快速疲劳扩展区，快速扩展区整体以韧窝为主，瞬断区平断区韧窝更为典型，深度更深，剪切瞬断区为细小浅显韧窝，见图4.2-27（k）～（m）。

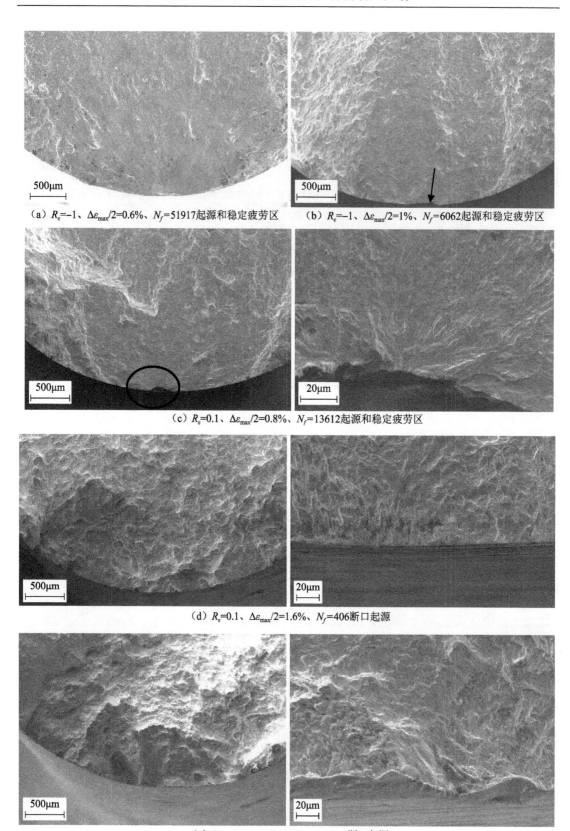

（a）R_ε=-1、$\Delta\varepsilon_{max}/2$=0.6%、$N_f$=51917起源和稳定疲劳区

（b）R_ε=-1、$\Delta\varepsilon_{max}/2$=1%、$N_f$=6062起源和稳定疲劳区

（c）R_ε=0.1、$\Delta\varepsilon_{max}/2$=0.8%、$N_f$=13612起源和稳定疲劳区

（d）R_ε=0.1、$\Delta\varepsilon_{max}/2$=1.6%、$N_f$=406断口起源

（e）R_ε=-1、$\Delta\varepsilon_{max}/2$=1.6%、$N_f$=738断口起源

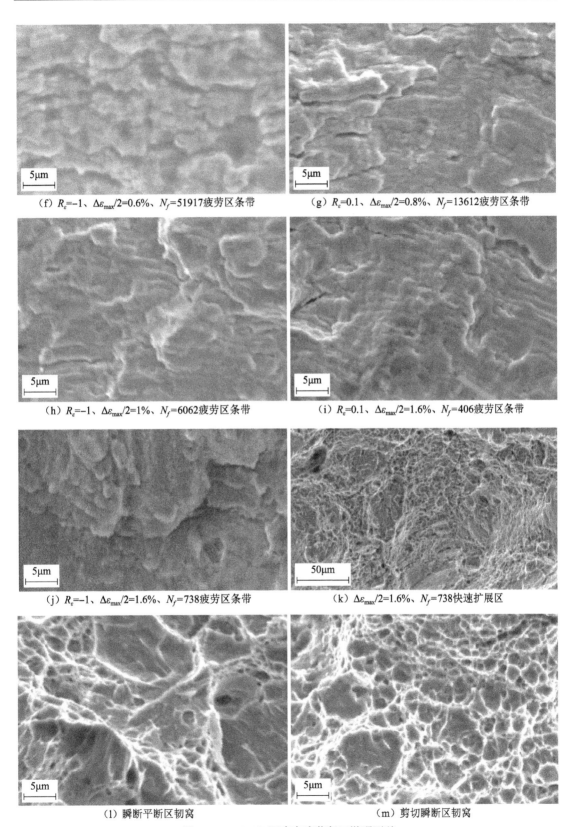

（f）$R_\varepsilon=-1$、$\Delta\varepsilon_{max}/2=0.6\%$、$N_f=51917$疲劳区条带

（g）$R_\varepsilon=0.1$、$\Delta\varepsilon_{max}/2=0.8\%$、$N_f=13612$疲劳区条带

（h）$R_\varepsilon=-1$、$\Delta\varepsilon_{max}/2=1\%$、$N_f=6062$疲劳区条带

（i）$R_\varepsilon=0.1$、$\Delta\varepsilon_{max}/2=1.6\%$、$N_f=406$疲劳区条带

（j）$R_\varepsilon=-1$、$\Delta\varepsilon_{max}/2=1.6\%$、$N_f=738$疲劳区条带

（k）$\Delta\varepsilon_{max}/2=1.6\%$、$N_f=738$快速扩展区

（l）瞬断平断区韧窝

（m）剪切瞬断区韧窝

图 4.2-27　300℃下应变疲劳断口微观形貌

4.综合分析

（1）16Cr3NiWMoVNbE合金在使用温度（200～300℃）的应变疲劳断口，低、中应变下的断口和轴向高周疲劳断口相似，起源为单源，可见平坦的疲劳扩展区；高应变下均为典型的低周疲劳断口特点：连续多源，可见多个起伏较大的台阶，宏观未见平坦的疲劳区。随着应变增大，疲劳区面积无减小的趋势，但出现条带的稳定疲劳扩展区面积减小，高应变下几乎无稳定疲劳扩展区，以快速扩展区为主。

（2）16Cr3NiWMoVNbE合金应变疲劳断口起源均在表面，个别可见烧伤孔洞缺陷，高应变下断口为线源特征。所有断口均可见稳定疲劳扩展条带区域，但应变高时稳定扩展条带粗，且仅限于在源区附近很小面积区域，之后进入快速疲劳扩展区，快速扩展区整体以韧窝为主，瞬断区平断区韧窝更为典型，深度更深，剪切瞬断区为细小浅显韧窝。